U0314049

教育部高等学校电子信息类专业教学指导委员会规划教材
高等学校电子信息类专业系列教材

Principles and Testing of Modern Television

现代电视原理与检测

陈鹏飞　编著
Chen Pengfei

清华大学出版社
北京

内 容 简 介

本书系统地论述了彩色电视的基本原理、检测、维修及视频制作技术。全书共包括 4 篇：电视原理、模拟电视、数字电视和视频制作，深入浅出地阐述了从模拟彩色电视到数字彩色电视检测与维修的基础知识，使读者对彩色电视系统有一个基本、全面的了解。同时，详细地介绍了 LCD、PDP 等平板电视的结构、工作原理，高清电视和数字电视的标准和特点；并以西湖、长虹、创维等典型机型为例，对模拟彩色电视和数字彩色电视各功能模块电路的结构、特点及工作原理作出较详尽的分析与检测，最后简要介绍了视频制作基础，以拓宽知识面。为便于教学，本书配套编写了实验指导教材。

本书内容丰富，涵盖面广，实用性强，可以作为大专院校电子信息类专业学习彩色电视接收机的电路结构、工作原理的专业教材，也可以作为电器维修相关专业学习电路系统检修方法的实践教材。同时，本书也非常适合作为广大电路工程师及电子爱好者的参考工具书。

图书在版编目(CIP)数据

现代电视原理与检测/陈鹏飞编著. —北京：清华大学出版社，2014 (2016.12 重印)

高等学校电子信息类专业系列教材

ISBN 978-7-302-36395-8

Ⅰ.①现…　Ⅱ.①陈…　Ⅲ.①电视－理论－高等学校－教材 ②电视－检测－高等学校－教材
Ⅳ.①TN94

中国版本图书馆 CIP 数据核字(2014)第 099170 号

责任编辑：盛东亮
封面设计：李召霞
责任校对：梁　毅
责任印制：宋　林

出版发行：清华大学出版社
　　　　　网　　　址：http://www.tup.com.cn，http://www.wqbook.com
　　　　　地　　　址：北京清华大学学研大厦 A 座　　　　邮　　编：100084
　　　　　社 总 机：010-62770175　　　　　　　　　　　邮　　购：010-62786544
　　　　　投稿与读者服务：010-62776969，c-service@tup.tsinghua.edu.cn
　　　　　质 量 反 馈：010-62772015，zhiliang@tup.tsinghua.edu.cn
　　　　　课 件 下 载：http://www.tup.com.cn，010-62795954
印 刷 者：清华大学印刷厂
装 订 者：北京市密云县京文制本装订厂
经　　销：全国新华书店
开　　本：185mm×260mm　印　张：34.5　插　页：2　字　　数：863 千字
版　　次：2014 年 10 月第 1 版　　　　　　　　印　　次：2016 年 12 月第 2 次印刷
印　　数：2001～2500
定　　价：59.00 元

产品编号：055636-01

高等学校电子信息类专业系列教材

序
FOREWORD

我国电子信息产业销售收入总规模在 2013 年已经突破 12 万亿元,行业收入占工业总体比重已经超过 9%。电子信息产业在工业经济中的支撑作用凸显,更加促进了信息化和工业化的高层次深度融合。随着移动互联网、云计算、物联网、大数据和石墨烯等新兴产业的爆发式增长,电子信息产业的发展呈现了新的特点,电子信息产业的人才培养面临着新的挑战。

(1) 随着控制、通信、人机交互和网络互联等新兴电子信息技术的不断发展,传统工业设备融合了大量最新的电子信息技术,它们一起构成了庞大而复杂的系统,派生出大量新兴的电子信息技术应用需求。这些"系统级"的应用需求,迫切要求具有系统级设计能力的电子信息技术人才。

(2) 电子信息系统设备的功能越来越复杂,系统的集成度越来越高。因此,要求未来的设计者应该具备更扎实的理论基础知识和更宽广的专业视野。未来电子信息系统的设计越来越要求软件和硬件的协同规划、协同设计和协同调试。

(3) 新兴电子信息技术的发展依赖于半导体产业的不断推动,半导体厂商为设计者提供了越来越丰富的生态资源,系统集成厂商的全方位配合又加速了这种生态资源的进一步完善。半导体厂商和系统集成厂商所建立的这种生态系统,为未来的设计者提供了更加便捷却又必须依赖的设计资源。

教育部 2012 年颁布了新版《高等学校本科专业目录》,将电子信息类专业进行了整合,为各高校建立系统化的人才培养体系,培养具有扎实理论基础和宽广专业技能的、兼顾"基础"和"系统"的高层次电子信息人才给出了指引。

传统的电子信息学科专业课程体系呈现"自底向上"的特点,这种课程体系偏重对底层元器件的分析与设计,较少涉及系统级的集成与设计。近年来,国内很多高校对电子信息类专业课程体系进行了大力度的改革,这些改革顺应时代潮流,从系统集成的角度,更加科学合理地构建了课程体系。

为了进一步提高普通高校电子信息类专业教育与教学质量,贯彻落实《国家中长期教育改革和发展规划纲要(2010—2020 年)》和《教育部关于全面提高高等教育质量若干意见》(教高【2012】4 号)的精神,教育部高等学校电子信息类专业教学指导委员会开展了"高等学校电子信息类专业课程体系"的立项研究工作,并于 2014 年 5 月启动了《高等学校电子信息类专业系列教材》(教育部高等学校电子信息类专业教学指导委员会规划教材)的建设工作。其目的是为推进高等教育内涵式发展,提高教学水平,满足高等学校对电子信息类专业人才培养、教学改革与课程改革的需要。

本系列教材定位于高等学校电子信息类专业的专业课程,适用于电子信息类的电子信息工程、电子科学与技术、通信工程、微电子科学与工程、光电信息科学与工程、信息工程及其相近专业。经过编审委员会与众多高校多次沟通,初步拟定分批次(2014—2017 年)建设约 100 门课程教材。本系列教材将力求在保证基础的前提下,突出技术的先进性和科学的前沿性,体现创新教学和工程实践教学;将重视系统集成思想在教学中的体现,鼓励推陈出新,采用"自顶向下"的方法编写教材;将注重反映优秀的教学改革成果,推广优秀的教学经验与理念。

为了保证本系列教材的科学性、系统性及编写质量,本系列教材设立顾问委员会及编审委员会。顾问委员会由教指委高级顾问、特约高级顾问和国家级教学名师担任,编审委员会由教育部高等学校电子信息类专业教学指导委员会委员和一线教学名师组成。同时,清华大学出版社为本系列教材配置优秀的编辑团队,力求高水准出版。本系列教材的建设,不仅有众多高校教师参与,也有大量知名的电子信息类企业支持。在此,谨向参与本系列教材策划、组织、编写与出版的广大教师、企业代表及出版人员致以诚挚的感谢,并殷切希望本系列教材在我国高等学校电子信息类专业人才培养与课程体系建设中发挥切实的作用。

吕志伟 教授

前 言
FOREWORD

为了有效提高理工科电类和非电类专业学生的实践动手能力和创新能力,浙江大学采取了形式多样的措施——笔者根据多年来为本科生进行通识课和相关专业课教学实践的经验,选择了彩色电视作为电子电路实践的较为理想的平台,先后开设了"彩电维修技术"、"数字电视基础与检测"、"电子系统检测与维修"等课程,并积累了宝贵的经验和大量素材。本书就是以浙江大学音像实验室原有讲义为基础,参考国内外同类教材和专业资料编写而成。

彩色电视机的有关电路涉及电子信息学科课程体系中的低频和高频电子线路、脉冲与数字电路、微机原理与应用、信号处理、电子系统设计等内容,比较完整地覆盖了电子信息学科知识。同时,彩色电视机作为一个比较完整的"电子系统",具有声、光、电等各种故障表现,可以有效地反映出电路的工作状况,便于通过有关电路的检测与分析,来解决实际工作中可能出现的各类问题。同时,配合智能故障控制实验系统,有助于提高学生分析问题和解决问题的能力;通过实际故障的检测与修复,极大提高学生的实践动手能力。

彩色电视机涉及的电路广泛而全面,而且检测过程简单方便,只需要简单的测量仪器即可完成。同时,通过彩色电视机整机电路的学习,使具有一定理论基础的学生看到了所学的各种电路知识在现实生活中的应用,有效地激发了理论学习的兴趣和动力。因此,彩色电视具有极强的实践教学价值。

全书共分 4 篇 19 章,全面地介绍了模拟和数字彩色电视的原理、检测与维修以及视频制作的基础知识。为了使读者能够更好地掌握各部分功能电路的原理,书中合理安排了各单元电路和整机电路的检测和维修实验。

本书编写得到了浙江大学信息与电子工程实验教学中心的大力支持,特别是本中心音像实验室的所有同事以及有关同学的帮助,在此表示衷心的感谢。

由于作者水平有限,时间仓促,书中一定存在不少缺点和疏漏之处,恳请各位专家和广大读者提出批评指正。

编　者
2014 年 1 月

目 录
CONTENTS

第一篇　电 视 原 理

第二篇 模 拟 电 视

第三篇　数 字 电 视

第四篇　视频制作

电视原理

第 1 章

电视基础知识

1.1　电视发展简史

"没有人发明了电视机,大部分的发明家都是走在了他们时代和技术的前沿;有一些是虚幻的梦想家,有些是坚持不懈的行动者,他们把梦想变成了现实。"

1862 年,意大利血统的神父卡塞利在法国创造了用电报线路传输图像的方法。

1873 年,英国电器工程师史密斯发现光电效应现象,为现代电视图像的形成奠定了物理基础。

1884 年,德国人尼普科夫发明了用机械扫描式方法发射图像,每幅画面有 24 行线,但图像相当模糊。

尼普科夫(Paul Nipkow)(见图 1.1)是德国电气工程师,1860 年 8 月 22 日生于德国劳恩堡,1940 年 8 月 24 日卒于柏林。他在 1884 年获得专利的圆盘扫描法,被认为是解决电视机械扫描问题的经典方法,在电视发展史上占有重要地位。这种圆盘被称作"尼普科夫圆盘"。它是在一个圆盘的周边,按螺旋形开若干小孔,圆盘转动时便对图像进行顺序扫描,并通过硒光电管进行电转换,实现了画像电传扫描的设想。这是世界电视史上的第一个专利,专利中描述了电视工作的三个基本要素:①把图像分解成像素,逐个传输;②像素的传输逐行进行;③用画面

图 1.1　尼普科夫(Paul Nipkow)

传送运动过程时,许多画面快速逐一出现。后来,J.L.贝尔德在实验中使用了这一圆盘。

1904 年,英国人贝克威尔发明了一次电传一张照片的电视技术,但每传一张照片需要 10 分钟。

1908 年,英国人肯培尔·斯文顿、俄国人罗申克夫提出电子扫描原理,奠定了近代电视技术的理论基础。

1923 年,俄裔美国科学家兹沃里金申请到光电显像管(静电积贮式摄像管)、电视发射器及电视接收器的专利,他首次采用全面性的"电子电视"发收系统,成为现代电视技术的先驱。

美国科学家兹沃里金(Vladimir Kosma Zworykin)(见图1.2)在1931年制造出比较成熟的光电摄像管,即电视摄像机,并在一次试验中将一个由240条扫描线组成的图像传送给4英里以外的一台电视机,再利用镜子把9英寸显像管的图像反射到电视机前,完成了使电视摄像与显像完全电子化的过程。随着电子技术在电视上的应用,电视开始走出实验室,进入公众生活之中,开始成为真正的信息传播媒介。而阴极射线管(Cathode Ray Tube,CRT)也开始作为电视的核心部件,一直沿用至今,使用阴极射线管为显像部件的电视,被称为CRT电视。他发明了电子扫描式显像管,成为近代电视摄像技术的先驱。

1925年10月2日,英国发明家贝尔德在前人研究的基础上终于制成了世界上第一台有实用价值的电视机。

英国发明家约翰·贝尔德(John Logie Baird)(见图1.3)在"尼普科夫圆盘"的基础上,发明了机械扫描式电视摄像机和接收机,并首次在相距4英尺远的地方传送了一个"十"字影像,当时画面分辨率仅30行线,扫描器每秒只能5次扫过扫描区,画面本身仅2英寸高,一英寸宽,从此宣告了世界首台电视的诞生,贝尔德也因此被称为"电视之父"。但机械电视存在着清晰度和灵敏度低下的致命缺陷,很快被随后出现的电子电视所取代。

图1.2　兹沃里金(Vladimir Kosma Zworykin)　　　图1.3　约翰·贝尔德(John Logie Baird)

1926年1月27日,贝尔德向英国报界作了一次播发和接收电视的表演。他第一次向人们展示了这台能以无线电播放电影的机器,因其在阴极真空管中以电子显现影像而被称为电视。这台外形古怪、图像也不清晰的电视机每秒钟只可电传30幅画面,但它的诞生揭开了电视发展的新篇章,是20世纪的标志性发明之一。

1928年春,贝尔德研制出彩色立体电视机,成功地把图像传送到大西洋彼岸,成为卫星电视的前奏。同年,美国纽约31家广播电台进行了世界上第一次电视广播试验,此举宣告作为社会公共事业的电视艺术问世。

1929年,美国科学家伊夫斯在纽约和华盛顿之间播送50行的彩色电视图像。

1930年,实现电视图像和声音同时发播。

1931年,首次把影片搬上电视银幕。人们在伦敦通过电视欣赏了英国著名的地方赛马会实况转播。美国发明了每秒钟可以映出25幅图像的电子管电视装置。

　　1933 年,兹沃里金又研制成功了可供电视摄像用的摄像管和显像管。完成了使电视摄像与显像完全电子化的过程,至此,现代电视系统基本成型。

　　1936 年,英国广播公司采用贝尔德机电式电视广播,第一次播出了具有较高清晰度,步入实用阶段的电视图像。

　　1936 年 11 月 2 日,英国广播公司在伦敦郊外的亚历山大宫播出了一场颇具规模的歌舞节目,首次开办每天 2 小时的电视广播。它标志着世界电视事业开始发迹。当年柏林奥运会的报道,更是年轻电视事业的一次大亮相。当时使用了 4 台摄像机拍摄比赛情况。其中最引人注目的是全电子摄像机,它的一个 1.6 米焦距的镜头就重达 45 千克,长达 2.2 米,被人们戏称为电视大炮。这 4 台摄像机的图像信号通过电缆传送到帝国邮政中心的演播室,在那里图像信号经过混合后,通过电视塔被发射出去。柏林奥运会期间,每天用电视播出长达 8 小时的比赛实况,共有 16 万多人通过电视观看了奥运会的比赛。那时许多人挤在小小的电视屏幕前,兴奋地观看一场场激动人心的比赛,这一动人情景,使人们更加确信:电视业是一项大有前途的事业,电视正在成为人们生活中的一员。

　　1937 年,英国广播公司播映英王乔治五世的加冕大典时,英国已有 5 万观众在观看电视。

　　1939 年,第二次世界大战爆发时,英国约有两万家庭拥有了电视机。同年,美国无线电公司开始播送全电子式电视。1939 年 4 月 30 日,美国无线电公司通过帝国大厦屋顶的发射机,传送了罗斯福总统在世界博览会上致开幕词和纽约市市长带领群众游行的电视节目,吸引了成千上万的人拥入百货商店排队观看这个新鲜场面。二战结束时,美国约有 7000 台电视机。瑞士菲普发明了第一台黑白电视投影机,同年美国无线电公司(RCA)推出世界上第一台黑白电视机。

　　1940 年,美国古尔马研制出机电式彩色电视系统。

　　1954 年,美国得克萨斯仪器公司研制出第一台全晶体管电视接收机。

　　1966 年,美国无线电公司研制出集成电路电视机。三年后又生产出具有电子调谐装置的彩色电视接收机。

　　1972 年,日本研制出彩色电视投影机。

　　1977 年,英国研制出第一批携带式电视机。

　　1979 年,世界上第一条"有线电视"在伦敦开通。它是英国邮政局发明的。它能将计算机里的信息通过普通电话线传送出去并显示在用户电视机屏幕上。

1. 日本的电视发展情况

　　1981 年,日本索尼公司研制出袖珍黑白电视机,液晶屏幕仅 2.5 英寸,由电池供电。

　　1984 年,日本松下公司推出"宇宙电视"。该系统的画面宽 3.6 米,高 4.62 米,相当于 210 英寸。

　　1985 年 3 月 17 日,在日本举行的万国博览会上,索尼公司建造的超大屏幕彩色电视墙亮相。它位于中央广场上,长 40 米、高 25 米,面积达 1000 平方米,整个建筑有 14 层楼房那么高,相当一台 1857 英寸彩电。超大屏幕由 36 块大型发光屏组成,每块重 1 吨,厚 1.8 米,共有 45 万个彩色发光元件。

　　1991 年 11 月 25 日,日本索尼公司的高清晰度电视开始试播。

　　1995 年,日本索尼公司推出超微型彩色电视接收机(即手掌式彩电)。

　　1996 年,日本索尼公司推向市场"壁挂"式电视:其长度 60 厘米、宽 38 厘米,而厚度只有 3.7 厘米,重量仅 1.7 千克,犹如一幅壁画。

2. 美国的电视发展情况

第二次世界大战后美国电视事业发展超过英国,从 1949 年到 1951 年,电视机数目从 100 万台跃升为 1000 多万台;1960 年全美电视台高达 780 座,电视机近 3000 万台,约有 87％的家庭拥有至少一台电视机。同一时期,英国约有 190 万台电视机,法国约 3 万台,加拿大约 2 万台,日本约 4000 台。1993 年底,美国 98％的家庭拥有至少一台电视机,其中 99％为彩色电视机。

美国 1576 家电视台中的 46 家,从 1998 年 11 月起在洛杉矶等 13 个大城市正式播出数字式电视节目,其中 23 家从 11 月 1 日开始在 10 个城市播出高清晰度电视节目。2009 年 6 月 12 日,美国完成了地面电视信号数字化的整体转换。

3. 中国的电视发展情况

1958 年 3 月 17 日,是我国电视发展史上值得纪念的日子。这天晚上,我国电视广播中心在北京第一次试播电视节目,国营天津无线电厂(后改为天津通信广播公司)研制的中国第一台电视接收机实地接收试验成功。为了纪念这台电视机的诞生,它被命名为"北京",如图 1.4 所示。至此,结束了中国没有电视工业的历史。

图 1.4　中国第一台电视机

1970 年 12 月 26 日,天津通信广播电视厂又制造出了中国的第一台彩色电视机。

1971 年,全国已建有电视台 32 座。到 21 世纪初,中国大陆的电视覆盖率高达 94％。

1978 年,国家批准上海电视机厂引进第一条彩电生产线,1982 年 10 月份正式竣工投产,生产金星牌彩电,这标志着我国彩电工业已跨越自行摸索阶段,开始直接和国外先进技术对接。不久,国内第一个彩色显像管生产厂——咸阳彩虹显像管厂成立。彩电得以在国内大规模生产。

1982—1985 年,中国的彩电业迅速增长,并向规模化发展,四年间全国共引进大小彩电生产线 100 多条,涌现出一批国产名牌如熊猫、金星、牡丹、飞跃等。

1985 年前后,我国电视机年产量已达 1663 万台,超过了美国,仅次于日本,名列世界第二。到 1987 年,我国电视机产量达到 1934 万台,超过了日本,成为世界最大的电视机生产国。

1989 年 8 月,长虹彩电在国内全面降价,发起了彩电史上第一次价格战。50 天后,国家出台了彩电降价政策,企业取得了对自己产品营销的主动权。此后,国产彩电不断降价,在获得市场占有率的同时,也使彩电在中国实现普及。城镇居民彩电拥有量已经超过 100％,农村的彩电拥有量也已经达到了 32.5％。

到 90 年代中期,全国已有彩电企业 98 家,国产品牌彩电年产量高达 3500 万台。实力弱小的企业相继出局,而长虹、康佳、TCL 等企业在质量和技术上不断提高,并通过一轮轮价格战清理市场,迅速发展成中国彩电市场的骨干企业和主导品牌。

1996 年,国产彩电销售额首次超过进口彩电。外国品牌在国产彩电技术飞跃提升和连续的大战后,市场占有率明显减少,国产品牌与国外品牌的占有率之比由以前的 2：8 逐渐变成了 8：2。1997 年的统计数字表明,电视机的年产量为 2643 万台。

1999—2001 年,随着我国加入 WTO,彩电市场发展进入平台期,传统彩电需求开始趋于饱和。随着技术升级换代,显示器由球面到平面,制式由模拟向数字化迈进,大屏幕等离子、背投、立体、高清晰度等彩电技术不断开发面世,电视技术创新的步伐越来越快。

从 2002 年开始,长虹、TCL、创维、康佳等企业分别发起了普及战略,背投、等离子、液晶、纯平彩电迅速普及,高清、数字化、大屏幕、立体、互动电视迅猛发展,继 LCD、LED、3D 电视之后,三星、海信、TCL 等彩电厂商将主攻方向聚焦于智能产品,集可视电话、监控、计算机、电视于一体的新型电视即将出现,彩电业又将迎来新的发展契机,内容更丰富、娱乐互动性更强的智能电视将掀起彩电业新一轮的发展高潮。

中国在 1998 年开始数字电视试验,从 2003 年开始已有北京、上海、山东青岛、江苏、浙江杭州、广东佛山、大连等地开通了数字电视播出,预计到 2015 年将淘汰模拟电视。

浙江大学是我国最早从事数字电视研究的高校单位之一,从 20 世纪 90 年代初开始,通过参与国家自然科学基金重大项目、国家科委高清晰度电视功能样机等项目,全面参与了我国数字电视基础研究、标准制定和产业化开发三个发展阶段。

浙江大学信息与通信工程研究所虞露教授负责两项国际标准《ITU—T H.264(11/2007)即 ISO/IEC 14496—part 10 (2008)Advanced video coding for generic audiovisual services(通用音视频服务的先进视频编码)》和《ISO/IEC 23002—2 Fixed-point 8×8 inverse discrete cosine transform and discrete cosine transform(定点 8×8 离散余弦反变换和离散余弦变换)》的制定。

在信息化时代,人们欣赏音乐、收看电视时所接受的音频、视频信号,都要经过编码压缩,以一定的形式存储、传输。我们日常生活中常见的 DVD、MP3、MP4、数字电视机顶盒、网络摄像机等,就是这些多媒体信息的转换和存储设备。这些多媒体信息的内容交换必须遵循统一的编码压缩标准,相关国际标准制定成为"兵家"必争之地。所谓标准的核心技术,是国际标准涉及的产品中必须使用的专利技术,使用该技术的一般生产厂家或用户,必须向专利所有者支付一定的专利使用费。近 20 年来,飞利浦、汤姆逊、索尼、东芝、摩托罗拉、诺基亚等国外著名的大企业和研究机构,纷纷将自己的发明创新和专利技术纳入国际标准,从而达到长期垄断市场的目的,部分企业还借此向其他厂商和用户提出了越来越苛刻的专利收费条款。这种垄断局面直接导致了我国相关产业,特别是数字电视和 DVD 产业长期处于被动地位,由于其广泛采用的 MPEG-2 等技术标准完全是国外专利技术,初步估算 10 年内我国累计在数字电视一个应用领域就可能会被收取 2400 亿元的专利使用费。

从 2002 年开始,虞露教授就带领团队参与了国际数字音视频编码技术标准的制定工作。由于《定点 8×8 离散余弦反变换和离散余弦变换》标准的产业涉及面广,该项目一启动就引起广泛关注,微软、高通、IBM、博通、华为等国际通信和多媒体产业界的知名企业和机构提交了上百份技术提案。浙大提出的高精度、低复杂性的变换专利技术经与高通和 IBM 的方案融合,最终被采纳为该标准唯一核心技术方案。视频编码国际标准 ITU H.264,即 ISO/IEC 14496—10,可应用于多媒体通信、数字娱乐、网络多媒体的视频编码。浙江大学提交的"色度上采样插值滤波技术"因其实现复杂度低、性能优,仅经过三次提案就被采纳,成为该标准的核心技术之一。

　　浙江大学信息与通信工程研究所张明教授、王匡教授与杭州国芯科技有限公司等企业单位合作,开发了"卫星数字电视接收一体化 SoC 芯片",荣获 2008 年度信息产业重大技术发明奖。高清晰度电视 SoC 平台创建于 2003 年,历经 5 年就获得了重大产业化成果,有了这块芯片,就可以在荒漠或孤岛上收看卫星电视,可以同时完成数字电视和卫星数字电视信号的接收与图像播放。这是国产首款高集成度卫星 SoC 芯片,并获得 9 项技术发明专利,经浙江省新产品技术鉴定,技术指标达到国际先进、国内领先水平。芯片内置国产 32 位CPU,片内集成卫星信道解调、TS 流解复用、MPEG-2 解码、视频去隔行与后处理单元、OSD 生成及 TV 编码等功能模块。

1.2　人的视觉特性

1.2.1　视觉灵敏度

　　人眼对不同波长光的灵敏度不同。经实验证明,人眼对波长在 555nm 的草绿色光最敏感。在该波长两侧,随着波长的增大或减少,亮度感觉逐渐降低。在可见光谱之外,辐射能量再大,人眼也是没有亮度感觉的。标准视敏度曲线如图 1.5 所示。

1.2.2　彩色视觉

　　人眼视网膜上有大量的光敏细胞,按形状分为对亮度灵敏度很高但对色彩不敏感的杆状细胞和对色彩敏感的锥状细胞。因此在夜间,主要依靠前者作用,在暗处只能看到黑白图像;而白天主要是后者起作用,可以看见五彩斑斓的世界。

　　锥状细胞又分为红敏细胞、绿敏细胞和蓝敏细胞,它们对可见光的敏感峰值分别在580nm、540nm 和 440nm 处,如图 1.5 所示。因此人眼对于强度相等但波长不同的光线有不同的灵敏度或感应度,而且白天与黑夜的亮度响应曲线不同。如图 1.6 所示,给出人眼视觉灵敏度特性。从白天的视觉曲线可知,人眼对波长 550nm 左右的绿色光亮度感觉最强。

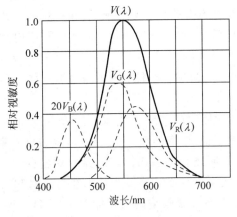

图 1.5　标准视敏度曲线

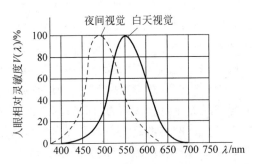

图 1.6　人眼的视觉灵敏度曲线

1.2.3　分辨率

分辨率是指人眼在观看景物时对细节的分辨率能力。分辨率定义为：眼睛对被观察物体上相邻两点之间能分辨的最小距离所对应的视角 α 的倒数，如图 1.7 所示。

$$分辨率 = 1/\alpha$$

对于正常视力的人，在中等亮度下观看静止图像时，α 为 $1' \sim 1.5'$。

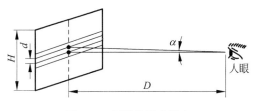

图 1.7　人眼的最小视角

分辨率与亮度有关，但过亮或过暗分辨率都会下降。

此外，人眼对彩色细节的分辨率比黑白细节的分辨率低。对不同彩色的分辨率也各不相同。实验证明，若眼睛对黑白细节的分辨率定义为 100%，对黑绿、黑红、黑蓝、红绿、红蓝、绿蓝细节的相对分辨率分别为 94%、90%、26%、40%、23%、19%。

因此，在传送彩色电视节目时，只传送黑白图像细节部分，而不传送彩色细节，这就是彩电系统大面积着色原理的依据。

1.2.4　视觉惰性

视觉残留或视觉惰性是指人眼的亮度感觉总是要滞后于实际亮度的特性。在中等亮度的光刺激下，视力正常人的视觉残留时间约为 0.1s，如图 1.8 所示。

人眼受低频周期性光脉冲刺激时，会感到一亮一暗闪烁，若将频率提高到某一定值，由于视觉惰性将使眼睛感觉不到闪烁。不引起闪烁感的最低重复频率称为临界闪烁频率。但随着光脉冲频率提高，临界频率也将提高。临界闪烁频率还与亮度变化有关。亮度变化幅度越大，临界频率越高。人眼的临界闪烁频率约为 46Hz。对于重复频率在临界闪烁频率以上的光脉冲，人眼不再感觉到闪烁，这时主观感觉的亮度等于光脉冲亮度的平均值。

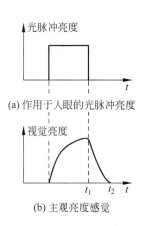

(a) 作用于人眼的光脉冲亮度

(b) 主观亮度感觉

图 1.8　人眼的视觉惰性

1.3　色彩学基础

1.3.1　光与色彩

彩色电视是通过彩色图像展示的，电视图像是一种光信号，涉及光和色彩学的基本知识。研究电视，必须了解光和色彩的特性。

  宇宙间充斥着频率范围很广的各种电磁波,光就是具有特定波长的一种电磁波,与无线电波一样,传播速度为 3×10^8 m/s。它的波长要比无线电领域中所应用的电磁波短得多。可见光的波长范围在 $380 \sim 780$ nm 之间,由于这个波长范围的光波可以被人眼所见,所以我们把这个频率范围的光波称为可见光,如图 1.9 所示。

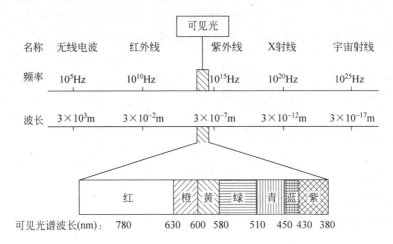

图 1.9   电磁波谱及可见光所在的位置和波长

  在可见光的光谱范围中,不同波长的光给人以不同的色感。$380 \sim 410$ nm 之间的光波为紫光,$430 \sim 450$ nm 为蓝光,$510 \sim 580$ nm 为绿光等,随着可见光波长从短到长变化,颜色从紫到红,形成所谓"赤橙黄绿青蓝紫"七彩。可见光波直射或通过物体反射到人眼时,我们就看到物体和色彩。当光线的波长短于或长于可见光时,人眼就无法感受。

  太阳光具有不同波长的可见光成分,合成为耀眼的白光,如将一束太阳光透过一块棱镜投射到白色屏幕上,便会出现一组由红、橙、黄、绿、青、蓝、紫构成的彩色光带,这是由于光的折射引起的。因为光的波长越短,其折射角就越大,如图 1.10 所示。这个现象说明了,光是可以分解的,作为光源的太阳光包含各种颜色。

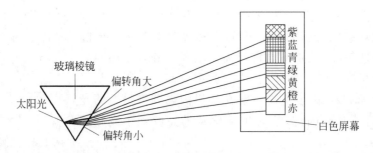

图 1.10   太阳光经三棱镜分解产生七色彩虹

  物体能够呈现彩色,主要是由于某些物体本身能够发射可见光波,或者不能发光的物体在外界光源色彩照射下,能够有选择地吸收某些特定波长的光或反射另外波长的光所致。绿色的树叶能反射绿光而吸收其他颜色的光,因而呈绿色。白布能反射全部的太阳光,因而呈白色。煤炭能吸收所有颜色的照射光,因而呈黑色。

  既然物体颜色是由它反射或透射光的颜色决定的,那么物体的颜色必然与照射它的光源有关。如果把红领巾拿到只有绿光的房间里,只能呈现黑色,因为红领巾只能反射红光而吸收其他颜色的光。

1.3.2　三基色原理

1. 色彩的三要素

任何一种颜色都可以用亮度、色调、色饱和度三个物理量来表示。通常把这三个物理量称为彩色三要素。其中,亮度用 Y 表示,色调和色饱和度合称色度,用 F 表示。

亮度是指彩色光作用于人眼时引起人眼视觉的明暗程度。亮度与光线的强弱和波长有关。同一波长的光,光线越强,亮度越亮。

色调表示彩色的颜色类别,与波长或光谱成分有关。我们所说的红色、黄色、蓝色等都是指不同的色调。

色饱和度表示了颜色的深浅、浓淡程度。对于同一色调的彩色,饱和度越高,颜色就越深、越浓。某一色调的彩色光中若掺入白光,会使彩色光的饱和度下降,掺入的白光越强,彩色光的饱和度就越低。饱和度低到零时完全变为白色。

2. 混色效应

不同波长的光会引起人眼有不同的彩色感觉,具有某一光谱成分的彩色光引起人眼的彩色感觉是唯一的,但不同光谱成分的光也可以引起人眼产生相同的彩色感觉。例如,以适当比例混合的绿光和红光,可以使人眼产生与黄单色光相同的彩色感觉,白光可以用一定比例的红、绿、蓝三种光合成得到。单色光可以用几种颜色的混合来等效,几种颜色的混合光可以用其他几种颜色的混合光来等效,这一现象就叫做混色效应。

自然界中颜色千差万别,如果用一种电信号传送一种颜色,就需要无数电信号,显然是行不通的。实际上,自然界中的各种颜色几乎都可以用三种基色按不同的比例混合来得到,反之,绝大多数的颜色也都能分解为三种基色,这就是三基色原理。三基色的选择,原则上是任意的,但考虑到人眼对红、绿、蓝三色反应最灵敏,而且用这三种颜色能混合出自然界中绝大多数的颜色,因此在彩色电视中采用了红(R)、绿(G)、蓝(B)作为三基色[①]。

三基色原理的主要内容:

(1) 三基色必须是相互独立的彩色,即其中任何一种基色都不能由其他两种基色混合得到。

(2) 自然界中的绝大多数彩色,都可以用三基色按照一定比例混合得到。反之,自然界中的彩色都可以分解为三基色。

(3) 三基色之间的混合比例决定了混合色的色调和饱和度,混合色的亮度则等于三基色亮度之和。

三基色原理是对彩色进行分解、混合的重要原理,为彩色电视技术奠定了基础,极大地简化了用电信号来传送彩色的技术问题,使彩色电视的实现成为可能。我们知道,黑白电视只是重现景物的亮度,它只需要传送一个反映景物亮度的电信号,而彩色电视要传送的却是亮度不同,色度千差万别的彩色,如果每一种彩色都使用一个与它对应的电信号,这就需要同时传送无数个电信号,这显然是不可能的。若根据三基色原理,我们只需要把传送的彩色

---

① R、G、B 既可作三基色代号,又可作三基色的亮度取值,故统一用斜体表示。

分解成红、绿、蓝三基色,然后再将它们变成三种基色电信号分别进行传送。在接收端,用这三个基色电信号分别控制能发红光、绿光、蓝光的彩色显像管就能混色合成,重现原来的彩色图像。

3. 混色方法

利用三基色按一定比例混合获得彩色的方法叫混色法,混色法有如下几种。

1) 直接相加混色法

将三基色按一定比例直接相加混合得到各种彩色的方法称为直接相加混色,如图 1.11 所示,将三束圆形截面的红、绿、蓝三种基色同时投射在白屏幕上,可呈现出一幅品字形色彩。

可以看出:

(1) 红色+绿色=黄色

(2) 绿色+蓝色=青色

(3) 蓝色+红色=紫色

(4) 红色+绿色+蓝色=白色

可以推出:

(1) 红色+青色=白色

(2) 绿色+紫色=白色

(3) 蓝色+黄色=白色

为了把三基色与它们的混合色之间的关系简单、明了地描绘出来,同时又给出混合色的大致范围,我们常用色度三角形来表示,如图 1.12 所示。

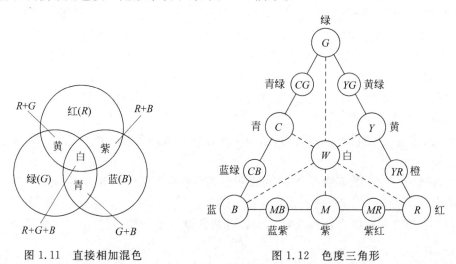

图 1.11　直接相加混色　　　　图 1.12　色度三角形

色度三角形只描述色调与饱和度,并不描述亮度。色度三角形上每一点对应一种彩色,三角形的三个顶点对应三种基色,三角形边上各点所对应的是其两顶点的基色按相应比例混合得到的彩色,三边中点对应黄、青、紫三个基色的补色,三边及顶角上各点对应彩色的饱和度均为 100%。三角形的中心对应白色,饱和度为 0。三角形边线上任一点与中心的连线叫等色调线,如图中虚线所示,该线上各点所对应的彩色色调相同,离中心越近的点所对应的彩色饱和度越低。

2）空间混色法

利用人眼空间分辨率低的特点,将三基色光点放在同一表面的相邻处,当三光点足够小、距离足够近,且当人眼离它有一定的距离时,就会看到三种基色混合后的彩色光。彩电显像管就是利用空间相加法来显示色彩的。

3）时间相加法

利用人眼视觉惰性,顺序地让三种基色光先后出现在同一表面的同一点处,当三种基色光顺序交替出现的速度足够快时,就会看到这三种颜色的混合色。

4）生理相加混色法

利用人眼同时观看两种不同颜色的同一彩色景象,使之同时获得两种彩色印象,这两种彩色印象在人的头脑中会产生相加混色效果。

根据混色原理,我们可以测定某种色彩中三基色分量的大小或比例,如图 1.13 所示。

图 1.13　配色实验

1.3.3　亮度方程

由人眼视觉灵敏度曲线可知,对于等强度的三基色,人眼感知的亮度感觉是不同的,绿光亮度最强、红光次之、蓝光最弱。在彩色显像管中显示的彩色是由红、绿、蓝三种荧光粉所产生的显像三基色混合得到的,经实验证明,若白光亮度 Y 为 100%,分解成显像三基色的亮度百分比分别为:红色 R 占 30%,绿色 G 占 59%,蓝色 B 占 11%。该关系可以用亮度方程表示为

$$Y = 0.30R + 0.59G + 0.11B \tag{1-1}$$

式中,当 $R=G=B$ 时,混合色为灰度变化;当 $R=G=B=1$(饱和度为 100%)时,$Y=1$,为白色最亮;若 R、G、B 取值小于 1 时,白色亮度降低,为灰色;当 $R=G=B=0$ 时,$Y=0$,为黑色。

当 R、G、B 取不同值时,根据三基色原理,可以得到不同彩色,Y 仍然表示该颜色的总亮度。

在彩色电视系统中,三基色光转换成对应的电压形式传送,亮度信号电压用 E_Y 表示,三基色分量信号电压分别用 E_R、E_G、E_B 表示,这时的亮度方程表示为

$$E_Y = 0.30E_R + 0.59E_G + 0.11E_B \tag{1-2}$$

彩色电视机的亮度方程公式,与黑白电视的图像信号一样,反映了图像的亮度。

第 2 章

电视基本原理

2.1 电视的频段划分

无线电广播电视信号的传送方式有无线电波和有线电视信号两种形式。广播电台的声音信号和电视台的电视信号,经过调制,将音频信号和电视节目调制到无线电载波上,再进行功率放大后送到发射天线,以电磁波的形式发射出去,送到千家万户。

电波的波长与传输方式有关,如图 2.1 所示,不同波长的电波信号受到电离层的影响不同,势必带来不同的传输方式。中波指 $0.5\sim1.6\mathrm{MHz}$ 的电磁波,它通常沿地面传输,又称为地面波或地上波,传播距离比较近。短波指 $1\sim30\mathrm{MHz}$ 的电磁波,它可以穿透 E 电离层,遇到 F 电离层会反射回来,因此能传播的更远一些。中波广播电台的节目是在 $525\sim1605\mathrm{kHz}$ 波段范围,采用调幅方式,以地面波形式传输,调频节目是在 $88\sim108\mathrm{MHz}$ 波段范围。

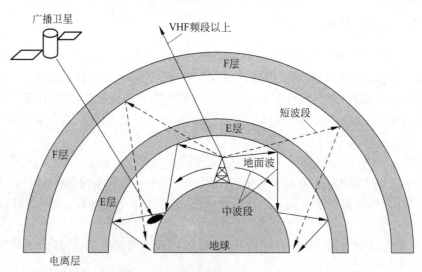

图 2.1 电波传输路径

电视信号是图像和伴音的合成信号,覆盖 $30\mathrm{MHz}\sim300\mathrm{GHz}$ 频率范围,其中的图像信号采用调幅的方式,伴音信号采用调频的方式,两者合成一个信号发射出去。

我国的电视频道可以划分为四个频段:①甚高频 VHF($30\sim300\mathrm{MHz}$);②特高频 UHF($300\sim3000\mathrm{MHz}$);③超高频 SHF($3\sim30\mathrm{GHz}$);④极高频 EHF($30\sim300\mathrm{GHz}$)。其

中，VHF、UHF用于电视地面广播；SHF、EHF用于卫星电视广播。

模拟电视每个频道的带宽为8MHz，我国电视广播频道划分为三个频段，分别为L频段、H频段和U频段。各频段的频道划分如表2.1所示。

表2.1　我国电视广播频道划分表

频段	频道	频率范围/MHz	频段	频道	频率范围/MHz
L 频段	DS-1	48.5～56.5		DS-35	686～694
	DS-2	56.5～64.5		DS-36	694～702
	DS-3	64.5～72.5		DS-37	702～710
	DS-4	76～84		DS-38	710～718
	DS-5	84～92		DS-39	718～726
H 频段	DS-6	167～175		DS-40	726～734
	DS-7	175～183		DS-41	734～742
	DS-8	183～191		DS-42	742～750
	DS-9	191～199		DS-43	750～758
	DS-10	199～207		DS-44	758～766
	DS-11	207～215		DS-45	766～774
	DS-12	215～223		DS-46	774～782
U 频段	DS-13	470～478		DS-47	782～790
	DS-14	478～486		DS-48	790～798
	DS-15	486～494		DS-49	798～806
	DS-16	494～502		DS-50	806～814
	DS-17	502～510	U 频段	DS-51	814～822
	DS-18	510～518		DS-52	822～830
	DS-19	518～526		DS-53	830～838
	DS-20	526～534		DS-54	838～846
	DS-21	534～542		DS-55	846～854
	DS-22	542～550		DS-56	854～862
	DS-23	550～558		DS-57	862～870
	DS-24	558～566		DS-58	870～878
	DS-25	606～614		DS-59	878～886
	DS-26	614～622		DS-60	886～894
	DS-27	622～630		DS-61	894～902
	DS-28	630～638		DS-62	902～910
	DS-29	638～646		DS-63	910～918
	DS-30	646～654		DS-64	918～926
	DS-31	654～662		DS-65	926～934
	DS-32	662～670		DS-66	934～942
	DS-33	670～678		DS-67	942～950
	DS-34	678～686		DS-68	950～958

VHF-L段包括1～5频道，频率范围为48.5～92MHz，每个频道占有各自的载波频率，如第1频道图像载频 $f_p=49.75$ MHz，伴音载频 $f_a=56.25$ MHz；第5频道图像载频 $f_p=85.25$ MHz，伴音载频 $f_a=91.75$ MHz。

VHF-H 段包括 6～12 频道,频率范围为 167～223MHz,如第 6 频道图像载频 $f_p=$ 168.25MHz 伴音载频 $f_a=174.75$MHz;第 12 频道图像载频 $f_p=216.25$MHz,伴音载频 $f_a=222.75$MHz。

UHF 段包括 13～68 频道,又可以划分为两部分:13～24 频道的频率范围为 470～ 566MHz;25～68 频道的频率范围为 606～958MHz,如第 13 频道图像载频 $f_p=471.25$MHz, 伴音载频 $f_a=477.75$MHz;第 68 频道图像载频 $f_p=951.25$MHz,伴音载频 $f_a=957.75$MHz。

上述 68 个频道称为标准频道(用 DS 表示),在有线闭路电视系统中,设置了增补频道 (用 Z 表示),它也可以划分为三段:

A 波段包括 Z1～Z7 频道,频率范围为 111～167MHz,如 Z1 频道图像载频 $f_p=112.25$MHz, 伴音载频 $f_a=118.75$MHz;Z7 频道图像载频 $f_p=160.25$MHz,伴音载频 $f_a=166.75$MHz。

B 波段包括 Z8～Z16 频道,频率范围为 223～295MHz,如 Z8 频道图像载频 $f_p=224.25$MHz, 伴音载频 $f_a=230.75$MHz;Z16 频道图像载频 $f_p=288.25$MHz,伴音载频 $f_a=294.75$MHz。

Z17～Z37 频道的频率范围为 295～470MHz,这样我们就能够看 68 个基本频道和 37 个增补频道的有线数字电视或全频道节目。

2.2　电视标准和制式

电视技术标准可以分为黑白电视和彩色电视两类技术标准。彩电是在黑白电视的基础上附加彩色量的色度信号,构成彩色全电视信号。

黑白电视机的技术标准包括电视系统的扫描方式、扫描行数、场频、行频、图像基带宽度、射频带宽、调制极性、伴音调制位置和方式等多种技术参数。

经国际无线电咨询委员会(CCIR)规范后,建议全世界采用 13 种黑白电视技术标准:代号分别为 CCIR-A,M,N,C,B,H,G,I,D,K,L,E 等。中国采用的是 CCIR-D. K 标准;美国、日本、加拿大等国家采用 M 制标准;德国、北欧等国家采用 B、G 制标准;英国、中国香港等国家和地区采用 I 制标准;俄罗斯、东欧等国家采用 D、K 制标准;法国等国家采用 L 制标准。

彩色电视是在黑白电视的基础上附加彩色的色度信号,经电视编码构成彩色全电视信号。这个信号包括:①亮度信号 Y;②色度信号 R-Y、B-Y;③色同步信号;④复合同步信号;⑤复合消隐信号等。其中,亮度信号能被黑白电视机所接收、解调,并还原成黑白图像。

国际无线电咨询委员会认可的三种彩电制式有 NTSC 制、PAL 制和 SECAM 制。

NTSC 制是美国在 1953 年研制成功的,它是国家电视体制委员会(National Television Committee)的缩写。这种制式的色度信号调制特点为平衡正交调幅制,即包括平衡调制和正交调制两种,虽然解决了彩色电视和黑白电视广播相互兼容的问题,但是存在相位容易失真、色彩不太稳定的缺点。目前,美国、日本、加拿大、韩国、菲律宾等国家和中国台湾地区采用这种制式。

PAL 制是联邦德国在 1962 年研制成功的一种电视体制,是逐行倒相正交平衡调幅制的缩写,简称相位逐行正交(Phase Alternation Line)。它对同时传送的两个色差信号中的一个色差信号采用逐行倒相,另一个色差信号进行正交调制方式。这样,如果在信号传输过程中发生相位失真,则会由于相邻两行信号的相位相反起到互相补偿作用,从而有效地克服了因相位失真而起的色彩变化。因此,PAL 制对相位失真不敏感,图像彩色误差较小,与黑白电视的兼容也好,采用 PAL 制的国家较多,目前,中国、德国、意大利、新加坡、澳大利亚等国采用这种制式。

SECAM 制是法文"顺序传送彩色与存储"(Sequential Couleur a memoire)的缩写,由法国在 1959 年研制,1966 年定型,它是为了克服 NTSC 制的色调失真而出现的另一彩色电视制式。SECAM 制的主要特点是逐行顺序传送色差信号 $R-Y$ 和 $B-Y$。由于在同一时间内传输通道中只传送一个色差信号,因而从根本上避免了两个色差发量的相互串扰。因此,它具有较强的抗色失真能力,但兼容性较前两种制式差。SECAM 制是一种顺序—同时制,目前法国、俄罗斯、波兰、埃及、希腊等国采用这种制式。

从实现的观点来看,NTSC 制已使用 30 年以上,SECAM 制和 PAL 制也均使用 20 多年。所以,三种制式都是行之有效的彩色广播电视制式,都积累了相当丰富的经验。单从技术性能方面比较,决不能得出完全肯定或否定某一制式的结论。实际上,各国在选定制式中往往受到各方面因素的制约,而决非都是技术考虑。

鉴于采用不同制式给国际间节目交换、设备制造等带来不便,随着科学技术的不断发展和进步,目前已开始为卫星电视广播研究新的制式的工作。另外,关于下一代的高清晰度电视 HDTV(High Definition Television)和高保真度电视 Hi-FiTV(High-Fidelity Television)制式的研究工作也正在进行。

中国的彩色电视在 CCIR-D 的基础上采用 PAL 制,所以又称为 CCIR-D. K/PAL 制;英国采用 CCIR-A. I/PAL 制;美国、日本采用 CCIR-M/NTSC 制;波兰采用 CCIR-D. K/SECAM 制;法国和它以前的群体采用 SECAM-L 制;SECAM-B/G 制用在中东、前东德和希腊;SECAM D/K 用在俄罗斯、西欧等国家和地区。

2.3 彩色电视信号的形成和显示

根据三基色原理,要实现彩色电视摄像,首先要将一幅彩色画面分解为红、绿、蓝三基色图像,这是通过分色光学系统,由物镜、分色棱镜和反射镜来完成,如图 2.2 所示。

由图 2.2 可知,一幅白、黄、青、绿、紫、红、蓝、黑的彩条图像,通过分色光学系统后,可得到如图所示的三幅三基色图像,分别投射到三个摄像管靶面,拍摄下三幅图像画面。同时,三只摄像管的电子束同步地在自己靶面上扫描,把各基色图像上的亮度变化转换成相应的随时间变化的电信号。摄像管 R 输出的是反映红基色图像的电信号 E_R,同理,摄像管 G 输出的是 E_G 信号,摄像管 B 输出的是 E_B 信号。E_R、E_G、E_B 信号反映了彩色画面三基色强弱和比例分配特点,所以称它们为三基色电信号。彩条图像分解成三基色图像后产生三基色电信号(波形如图 2.2 所示),然后通过各自的信号传送通道把三基色信号传送出去。

为了把三基色电信号由发送端传输到接收端,简单的办法是用三个通道,采用有线或无线的方式,分别把三个基色电信号 E_R、E_G、E_B 传送到接收端,然后由 E_R、E_G、E_B 电信号分别控制红、绿、蓝三支单色显像管,显示出红、绿、蓝三幅单色图像,再通过光学系统把它们同时投影在白色屏幕上,就能够还原出彩色图像,如图 2.2 所示。

以上摄像、传输、显像过程,从原理上讲简单、形象、直观,但实际上实施过程会很复杂,有难度。接收端采用了三只显像管和光学系统来实现显像,显然是很麻烦的,目前的彩色电

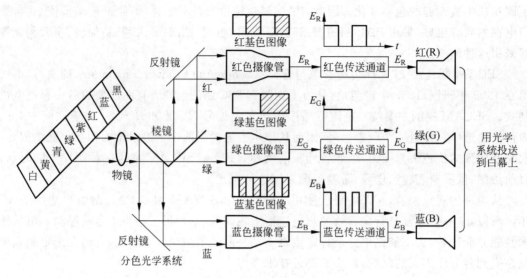

图 2.2　彩色图像的摄像和显像

视就用一只彩色显像管来代替它们。上述传输过程,需要三个传输通道,占据 18MHz 的频带宽度,这给发射和接收带来了很多技术上的困难,也不能实现与黑白电视的"兼容"。目前的彩色电视就采用了一个传输通道,通过编码压缩其频带,使传输通道的频带宽度压缩在 6MHz 范围内,并实现了与黑白电视的"兼容"。

2.4　自会聚彩色显像管及外围电路

彩色显像管是彩色电视机中用来重现彩色图像的器件。彩色显像管最早使用并被当时广泛采用的是三枪三束荫罩管。这种显像管的清晰度高,彩色好,但会聚调整十分复杂和困难,所以现在一般的彩色电视机中都已经不再使用这种彩色显像管。后来出现的是单枪三束彩色显像管,这种显像管的会聚调整有所简化,但对于大规模生产来说会聚调整仍显得复杂。20 世纪 70 年代初期,在单枪三束彩色显像管的基础上发明了自会聚彩色显像管,这种显像管完全不需要会聚调整电路而仍然有良好的会聚,使彩色显像管的使用几乎和黑白显像管一样简单方便。目前,几乎所有的彩色电视机中都采用自会聚彩色显像管。

2.4.1　显像管工作过程

彩色显像管内的灯丝在脉冲电压的作用下温度迅速升高而发亮,并加热阴极,使阴极发射电子。其中一部分电子能通过阴极与栅极(又称控制极或调制板)之间的电场而得到加速极的加速,并被聚焦极等形成的大口径电子透镜聚焦成很细的电子束,再在阳极高压所形成的强电场作用下以极高的速度轰击荧光屏上的荧光粉。受高速电子轰击的荧光屏根据电子束电流的大小发出强弱不同的光,完成电→光的转换。电子束在射向荧光屏的过程中,受到行、场扫描磁场的作用力而偏转,产生扫描运动,这样就在荧光屏上形成了光栅。为了重现彩色图像,显像管内部有三支电子枪,在荧光屏内侧按一定规律涂敷着紧密排列的红、绿、蓝三色荧光粉条,这些荧光粉条以红、绿、蓝三条一组排列,称为像素。荧光屏上约有44万个这样的像素。彩色显像管形成三束电子束,它们分别受红、绿、蓝三个基色信号的控制,并分别轰击与三基色信号电压相应的三基色荧光粉条,产生红、绿、蓝三种单色光。将三基色电信号分别加在彩色显像管三个阴极上,控制各自电子束的强弱,使彩色显像管屏幕上呈现三幅基色图像,由于它们紧密镶嵌在一起,依据空间相加混色原理,当人们在显像管外一定距离观看一个像素中的荧光粉条时,便会看到一个具有三色合成亮度的由相应三基色混合后产生的发光像素。这样荧光屏上的约44万个不同亮度颜色的像素便组成了一幅彩色图像,工作原理如图2.3所示。

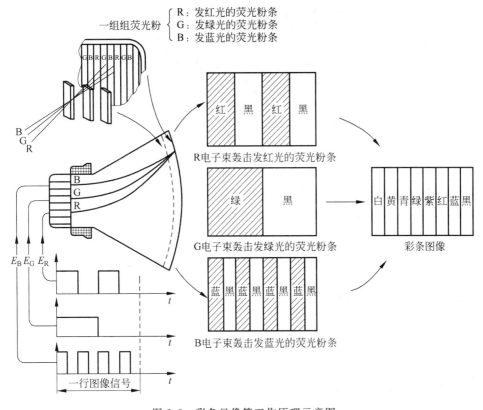

图2.3 彩色显像管工作原理示意图

2.4.2 自会聚彩色显像管

自会聚彩色显像管管颈外部有偏转线圈、六极磁环、色纯度磁环(二级磁环)、橡皮契、磁屏蔽罩和消磁线圈等部件,如图2.4所示。色纯度磁环与六极和四极磁环的位置可调换。

偏转线圈要装在偏转轭上,由行偏转线圈和场偏转线圈组成。马鞍形的行偏转线圈放在内侧,场偏转线圈绕在偏转轭上,位于外侧。自会聚彩色显像管是利用偏转线圈的特别绕制形式,形成非均匀分布的磁场来实现动会聚的。它不再需要动会聚线圈和动会聚调整电路。在自会聚彩色显像管中,场偏转磁场设计成桶形分布,行偏转磁场设计成枕形分布,它的电子枪做成一体化结构,机械精度相当高。在电子枪顶部装有磁分路器和磁增强器,用于配合自会聚作用,校正显像管内两侧边束(红、蓝电子束)和中间中束(绿电子束)在自会聚后光栅尺寸的不一致(红和蓝光栅大,绿光栅小)。磁分路器使红、蓝电子束的磁场减弱,磁增强器使绿电子束处的磁场增强。

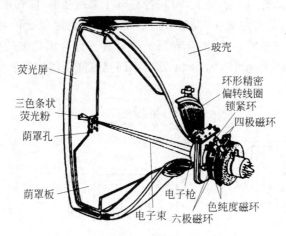

图 2.4   自会聚彩色显像管的外围部件

色纯度校正一般由 2 片二极磁环(色纯度磁环)组成,它安装在静会聚磁环的前方或后方。调整色纯度磁环可以同时改变 3 束电子束在显像管颈内位移的方向和大小,使 3 束电子束分别轰击它们相应的荧光粉,避免彩色杂乱而不纯净。调整色纯度后,还必须调整静会聚(即屏幕中心部位的会聚调整)。

静会聚调整磁环由 2 片四极磁环和 2 片六极磁环装在一起组成。靠近偏转轭的是四极磁环,四极磁环的后面是六极磁环。

橡皮楔用来调整画面四周的会聚。将橡皮楔慢慢插入显像管锥体和偏转线圈之间,使偏转轭上、下、左、右移动,以实现动会聚的调整。

需要注意的是,在彩色电视机中,由于自会聚彩色显像管的色纯与会聚在显像管出厂以前已受到了严格的调整,所以一般的电视机通常都不需要作色纯与会聚的调整。只有在更换显像管或偏转线圈以后才需要作一定的调整。

2.4.3   显像管外围电路

整个显像管的电子扫描过程由显像管外围电路控制,如图 2.5 所示,这是一种彩电的显像管驱动电路。图中第 6~7 引脚为加热灯丝,灯丝加热阴极使电子逸出,在阴极附近产生电子云,阴极电位低,穿过栅极的电子多,屏幕亮度高。3、8、12 引脚分别是蓝、红、绿三个电子枪的阴极,三基色图像信号从这里发射。9 引脚为控制栅极,控制从阴极射出的电子数目。10 引脚为加速极,使电子加速。加速极旁为聚焦极,对电子束进行聚焦。最右边电极提供 2 万多伏的阳极高压。在高压和行、场偏转线圈共同作用下,随着偏转线圈上的电流极性改变,使电子束在屏幕上偏转扫描,形成逐行逐场的扫描光栅,组成图像画面。

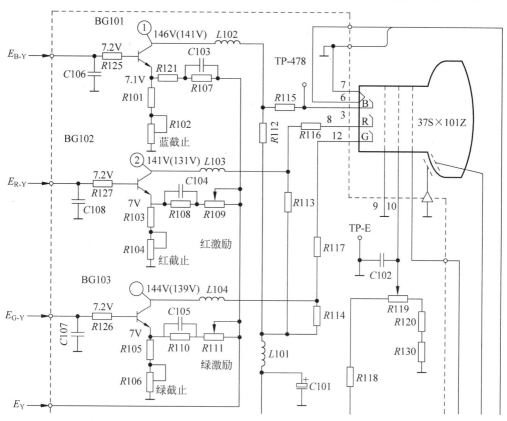

图 2.5 一种彩电的显像管驱动电路

2.5 电视扫描原理

顺序地传送一幅电视图像像素的信号,好比在阅读横排版本的书籍一样,从左向右一字一字地读过去,读完一行文字后,读下面一行最左边的第一个字。如此逐字逐行地直到把一页书全部读完。电视摄像时拾取像素信号和显像时重现图像都采用人眼扫视书籍相同的方式,称为扫描。电视中,扫描是分解和复合图像的过程。不过两者有一点差异,就是人眼扫视书籍时目光完全沿着一行文字水平右移,而电视扫描在右移过程中,还不断地稍微下移,形成水平、垂直两个方向同时移动。所以,电视扫描线始终是向下倾斜的。这样,在扫描完一行后紧接着开始下一行扫描时,始端的垂直位置自然已移到上一行的正下方了。这样,扫描继续进行,就可以扫遍一个区域。通常在显像管屏幕上可以看到被扫描后发光的长方形区域。这是由一根根看起来近乎水平的扫描线构成的,称为电视扫描光栅。彩电图像是采用扫描的形式显示在荧光屏上,通过电子枪以一定的频率很快地在屏幕上逐点从左到右,逐行从上向下扫描形成图像。下面介绍电视扫描的具体过程。

2.5.1 水平扫苗、垂直扫描和扫描光栅

电视摄像和显像都要通过电子束的不断扫描才能完成。电子束自画面的最左边向右,以相对较慢的速度向右移动,称为水平扫描或行扫描。它是摄像端拾取信号和接收端显示

图像的过程,我们称它为行扫描正程(正扫)。当电子束到达画面的最右边时,行扫描正程就结束了,接着电子束要以快得多的速度自右向左回扫到画面的左边,构成行扫描的另一个过程,我们称为行扫描逆程(回扫)。逆程期间,摄像端停止拾取信号,显像端也不进行图像显示。逆程结束后,接着是下一行的正程开始。因此,行扫描包括正程和逆程两个阶段。

扫描的目的是要形成一个规则的扫描光栅,故在电子束作水平方向扫描的同时,给它加一个垂直力,使它同时作向下的扫描,以便在电子束回扫到光栅左边时,落在上一行的下面。水平扫描线一行一行从上到下移动,称为垂直扫描。

水平扫描和垂直扫描配合进行,电子束就形成一个矩形光栅,如图 2.6 所示是电视扫描光栅示意图。如果在正程扫描的同时输送图像信号,就形成电视图像。

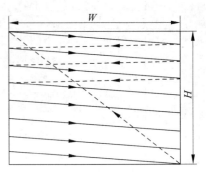

按照电视标准规定,早期 CRT 电视扫描光栅的宽高比为

$$W : H = 4 : 3$$

后来出现的宽屏电视扫描光栅矩阵的宽高比为

$$W : H = 16 : 9$$

电视扫描光栅有逐行扫描和隔行扫描两种形式,以前的 CRT 电视机全部采用隔行扫描,现在的电视机

图 2.6　扫描光栅

有部分采用逐行扫描。下面分别介绍形成这两种不同光栅的扫描过程。

2.5.2　逐行扫描

我们先简单介绍电子束扫描与锯齿波扫描电流的关系。为了强迫电子束改变它原来行进的方向使它产生上下左右偏转,就要给电子束加相应的作用力。电视中,较多采用与电子束行进方向相垂直的磁场来获得这种作用力。因此,在电视摄像管和显像管外面,都装有行与场两对偏转线圈。在线圈中分别流过行、场锯齿波扫描电流时,会产生垂直方向和水平方向的偏转磁场,当电子束通过上述磁场时,就向水平方向和垂直方向偏转。当偏转磁场强度以线性规律变化时,电子束以等角速度偏移,形成恒速直线性扫描。所以,在分析电子束扫描时,有必要与扫描锯齿电流的变化规律联系起来。

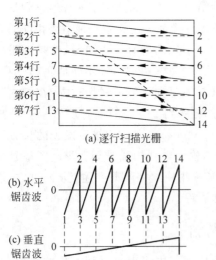

图 2.7　逐行扫描光栅及其扫描电流

逐行扫描是一行紧跟一行的扫描方式。图 2.7 所示是逐行扫描光栅及相应的逐行扫描锯齿波电流。当图 2.7(b)所示的水平锯齿波电流流过偏转线圈时,电子束将在水平方向上受力而作水平偏转,产生行扫描。行锯齿波电流从"1"变化到"2"期间,电子束受到作用力的方向自左向右,因而,从左端经过中点到达右端,形成行的正程扫描;当行锯齿波电流由"2"迅速变化到"3"时,电子束所受水平作用力的方向改变为自右向左,故从右端很快地返回到左端,形成行的逆程扫描。电子束左右来回一次扫描所需的时间,决定于锯齿波电流的变化周期。行锯

齿波变化一周所需的时间称为行扫描周期,用 T_H 表示。其中正程扫描时间为 T_HF,逆程扫描时间为 T_HR。我国的电视标准规定行扫描频率 $f_\mathrm{H} = 15\,625\mathrm{Hz}$,故 $T_\mathrm{H} = 1/f_\mathrm{H} = 64\mu\mathrm{s}$。其中正程时间一般不小于 $52\mu\mathrm{s}$,逆程时间一般不大于 $12\mu\mathrm{s}$。

当场偏转线圈中流过图 2.7(c)所示的场频锯齿波电流时,电子束因垂直方向受力而产生场扫描。在场锯齿电流缓慢地作线性变化期间,电子束受向下作用力,从光栅顶部向底部移动,形成场的正程扫描;当场锯齿电流以较快的速度由最高点向最低点变化时,电子束快速返回到顶部,形成场的逆程扫描。电子束上下来回一次扫描所需的时间,称为场扫描周期,以 T_v 表示,我国电视标准规定的场频为 $50\mathrm{Hz}$。

2.5.3　隔行扫描

我国的电视机一般都采用隔行扫描的方式,一幅图像分成两场来完成,通过奇数场和偶数场两场扫描构成一幅(帧)完整的图像。人眼分辨细节的能力是有限的这一视觉特性,是能采用隔行扫描代替逐行扫描,而不致降低图像质量的基础。由于分辨力有限,所以在一定距离外观看电视图像时,相继两行上的上下两点事实上是分不清楚的,给人的感觉是连在一起的一个点。这样,如果上下两点相隔一定时间分别发光一次,看起来好像该区域在该时间内发光了两次。也就是说,人眼感觉到的发光频率比事实上提高了一倍。因此,采用了把一幅电视图像的扫描线分成 1,3,5,…奇数行为一半(奇数场);2,4,6,…偶数行为另一半(偶数场)的办法,并且扫描奇数行时让偶数行的位置空着不扫描,等到奇数行全部扫描完,再扫偶数行,最终把一幅图像的像素全部扫描一次。如果所取场频不变,则每一个像素要间隔一场时间才被扫描发光一次,但给人的印象似乎每场都在发光,因此,我们把传送图像的速度降低了一半,但并不会因此造成图像闪烁的感觉,这已为实践所证明。这样一来,从发送画面数来看,隔行扫描相当于把逐行扫描时的换幅频率降低了一半,这里称为帧频率。在隔行扫描中,帧频率是每秒钟传送的图像数,帧频为 $25\mathrm{Hz}$,场频频率是每秒钟扫描的奇数场和偶数场的总数,场频为 $50\mathrm{Hz}$,可见帧频率是场频率的一半。

隔行扫描就是将一幅图像分两次扫描完成。第一次扫完一幅图像的奇数行,第二次再扫完余下的偶数行,为了避免两次扫描线的重叠,必须将两次扫描线错开,即将第二次的各根扫描线分别插在第一次扫描线的中间。我们称这种形式的扫描为 $2:1$ 隔行扫描,连续两场为一帧。隔行扫描光栅及其锯齿波扫描电流,如图 2.8 所示。为了方便作图起见,假定扫描逆程的时间为零。

由图可见,隔行扫描电视光栅中,一场只是一帧图像的一半扫描线组成的。为使两场的扫描时间相同,以便使两场扫描线相互安插,一帧图像的扫描线数应取为奇数。所以一个场周期是半行周期的奇数倍,即

$$T_\mathrm{v} = (2m+1)\frac{T_\mathrm{H}}{2}$$

式中,m 为正整数,其值视各国规定的扫描标准而定。中国的场频取 $50\mathrm{Hz}$,故 $T_\mathrm{v} = 20$ 毫秒(ms);一幅图像的扫描行数 $Z = 625$ 行,故行频为

$$f_\mathrm{H} = 625 \times 26 = 15\,625\mathrm{Hz}$$

行周期为

$$T_\mathrm{H} = \frac{1}{f_\mathrm{H}} = 64\mu\mathrm{s}$$

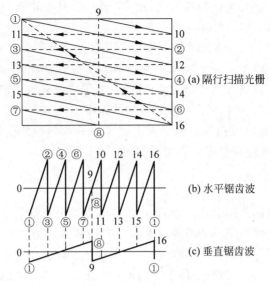

图 2.8　隔行扫描光栅与扫描锯齿电流

隔行扫描的过程如图 2.8 所示,以 7 行扫描线形成的光栅为例。第一场(奇数场)从第 1 行开始,扫描第 1、3、5 和 7 行的前半行,扫描点到达⑧。因为第一场的场逆程此刻开始,故扫描随即从⑧向上偏转到 9。从第 7 行的后半行开始第二场(偶数场)的扫描。当这半行扫完到达⑩并进行行回扫之后,接着扫描第二场的第 2、4、6 各行,直到第二场扫描结束,整个光栅都被扫过一遍,一帧扫描才告完成。

隔行扫描要求两场扫描线间置得正确,才能保证图像的清晰度,否则,由于并行,将会降低图像质量,因此,隔行扫描对场、行频率稳定性有很高要求,并且要严格保持它们频率的比例关系。一般要求,电视机扫描周期为:行正程时间为 $52.2\mu s$,回扫时间为 $11.8\mu s$,行周期为 $64\mu s$,行频为 $15\,625\,\text{Hz}$;场正扫时间为 $18.4\,\text{ms}$,回扫时间为 $1.6\,\text{ms}$,场周期为 $20\,\text{ms}$,场频为 $50\,\text{Hz}$。

2.5.4　广播电视采用隔行扫描的原因

一幅电视图像要有足够的清晰度和不产生闪烁感觉,就需要有足够的行扫描线和足够高的换场频率。电视图像的清晰度越高,要求的线数和场频就越高,得到的电视图像信号将有很宽的带宽和很高的频率,这对电视收发设备有很高的要求,会带来一定的技术困难。隔行扫描就是为了解决这一矛盾而采用的方法之一。下面介绍行频、场频及图像信号频带如何确定。

1. 行频的确定

图像的清晰度与它的扫描行数的多少有密切的关系。一幅图像扫描行数的确定,要根据人眼能分辨垂直方向细节的能力,这种细节分辨能力以图 1.7 所示的最小视角 α 的倒数来表示。所谓最小视角是指人眼对观察物体上能够分辨的相邻最近两点所张的视角。根据图形的几何关系,可以写出下面的关系式:

$$\frac{d}{2\pi D} = \frac{\alpha}{360 \times 60}$$

于是

$$\alpha = 3438 \frac{d}{D}$$

在正常条件下,观察静止图像时,最小视角 α 约为 $1' \sim 1.5'$。设 Z 为一幅光栅的扫描线数,H 是屏幕高度,则可得

$$d = \frac{H}{Z}$$

这样

$$\alpha = 3438 \frac{d}{D} = 3438 \frac{H}{ZD}$$

或

$$Z = 3438 \frac{H}{\alpha D}$$

取标准视距 D 为屏幕高度 H 的 $4 \sim 6$ 倍,并取 α 为 $1'$,则可以算出一幅图像应该取的扫描行数为 $570 \sim 860$ 行之间。但考虑到一些技术和经济因素,目前世界上不同制式的电视采用的标准扫描行数有 SECAM 制的 819 行,PAL 制的 625 行以及 NTSC 制的 525 行。我国采用 625 行制。

2. 场频的确定

在选择换场速度时,要满足图像的连续性要求和不产生亮度闪烁感觉。根据人眼视觉残留效应,电视换场次数不能低于每秒 48 次,即场频不能小于 48Hz,考虑到与电源频率一致,目前,中国电视标准规定场频为 50Hz,在电源频率为 60Hz 的国家,场频采用 60Hz。

3. 图像信号的最高频率和视频通道带宽

图像信号的最高频率,出现在图像的细节部分,图像信号的最高频率与像素或清晰度有关,如图 2.9 所示是一幅全是细节的图像,图中每一个细节的大小相当于一个像素,表面细节越细,图像越清晰,像素越小,扫描时电子束扫过连续两个像素的时间越短,信号频率越高。下面计算图像信号的最高频率。

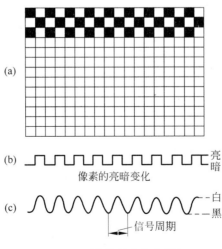

图 2.9 图像信号的频率图解

这幅图像是由许多黑白小方格组成的。这是把图像按纵横交错划分成的黑白小方格图案。当这种小方格小到它们的宽度等于垂直方向扫描线间距时就是最细的图像,一个像素就是一个黑或白的小方块。设每帧图像的扫描线数为 Z,若不计逆程等因素,水平方向共计可能达到的像素数为

$$N = Z \times \frac{4}{3} = (扫描线数) \times (宽高比)$$

如果扫描一行,正好扫过这个数量的黑白相间的小方块,得到的理想电压波形为如图 2.9(b)所示的方波。但实际上只能得到如图 2.9(c)所示的正弦波形。扫过一个黑块和白块正好相当于交流电压一周。

可以算出一幅图像的像素数为

$$m = N \cdot Z = \frac{4}{3} \cdot Z^2$$

按照中国电视标准,每帧图像的扫描行数为 625,以 $Z = 625$ 代入,则 $m \approx 52$ 万。为了计算信号最高频率,我们可以设想,若一秒钟传送 f_v 幅图像,则每秒钟传送的像素总数为

$$M = \frac{4}{3} Z^2 f_v$$

可以推算出图像信号的最高频率公式为

$$f_{max} = \frac{1}{2} M = \frac{2}{3} Z^2 f_v$$

f_{max} 是图像信号的上限频率。如果要传送一幅亮度变化极其缓慢的景象背景亮度,或一幅明暗几乎不变的图像,那么图像信号的频率就很低,甚至接近于零,这就是图像信号的下限频率。所以,可以认为图像信号的频率范围是 $0 \sim f_{max}$。

如果取 $Z = 625$ 行,$f_v = 50\text{Hz}$,则最高频率为

$$f_{max} = \frac{2}{3} Z^2 f_v = \frac{2}{3} \times (625)^2 \times 50\text{MHz} \approx 13\text{MHz}$$

换句话说,要全频带传送视频信号,就得使通道达到 $0 \sim 13\text{MHz}$ 带宽,这在技术上、经济上都存在一定困难,为了使图像达到足够的清晰度和不产生闪烁,取每幅 625 行扫描线和每秒播送 50 幅画面似乎是必不可少的,因此,就采用了隔行扫描方法,把一幅电视图像的扫描线按照先扫描奇数行(奇数场),后扫描偶数行(奇数场)方法,分两场完成一帧图像的扫描。

隔行扫描相当于把逐行扫描时的换幅频率(帧频率)降低一半。采用隔行扫描后,可使图像最高频率降低一半,隔行扫描的最高频率为 $f_{max} = 6.5\text{MHz}$。

2.6 兼容制彩电编码原理

所谓"兼容",就是用彩色电视机能收看黑白电视节目,而用黑白电视机也能收看彩色电视节目,当然,所看到的电视图像都是黑白的。

为了满足兼容的要求,兼容制彩色电视必须具有下列条件:

(1) 彩色电视必须采用与黑白电视相同的调制方式和基本参数,如图像和伴音的调制方式,扫描频率和方式,信号的频带宽度等。

（2）彩色电视各摄像管得到的三个基色电信号需转换为一个亮度信号和一个色度信号。亮度信号只反映图像的亮度信息，与黑白电视的图像信号相同；色度信号只反映图像的色度信息。

上述两个信号再加上同步、消隐等信号合成为彩色全电视信号 FBAS。彩色全电视信号的频带宽度应在 6MHz 范围内，而亮度和色度信号的相互干扰应尽量小。

2.6.1　亮度信号和色差信号

1. 亮度信号

彩电的亮度信号可以用亮度方程来表述：

$$E_Y = 0.3E_R + 0.59E_G + 0.11E_B$$

其中：E_Y 表示亮度信号电平，E_R 表示红色分量电平，E_G 表示绿色分量电平，E_B 表示蓝色分量电平。

以彩条图案为例，若各种颜色的饱和度为 100%，则根据各彩条颜色，根据三基色原理，可求得相应三基色电信号值，再把亮度方程中有关的分量值 E_R，E_G，E_B 代入亮度方程式，可求出各彩条对应的亮度值 E_Y，如表 2.2 所示。

表 2.2　彩条图案相应电信号值

彩条	E_R	E_G	E_B	E_Y	E_{R-Y}	E_{B-Y}	E_{G-Y}
白	1	1	1	1	0.00	0.00	0.00
黄	1	1	0	0.89	+0.11	−0.89	+0.11
青	0	1	1	0.70	−0.70	+0.30	+0.30
绿	0	1	0	0.59	−0.59	−0.59	+0.41
紫	1	0	1	0.41	+0.59	+0.59	−0.41
红	1	0	0	0.30	+0.70	−0.30	−0.30
蓝	0	0	1	0.11	−0.11	+0.89	−0.11
黑	0	0	0	0.00	0.00	0.00	0.00

根据表 2.2 中的数值，可画出彩条图案的 E_R、E_G、E_B 和 E_Y 的波形。

彩条顺序依次为白、黄、青、绿、紫、红、蓝、黑。

以白条为例，当 $E_R = E_G = E_B = 1$ 时，从亮度方程可以求得 $E_Y = 0.3 + 0.59 + 0.11 = 1$。此时对应的各色差信号均为 0：

$$E_R - E_Y = E_G - E_Y = E_B - E_Y = 1 - 1 = 0$$

以黄条为例，该图案仅由红、绿分量组成，取 $E_R = E_G = 1$，无蓝色成分，取 $E_B = 0$。根据亮度方程可以求得黄条亮度信号的幅值为 $E_Y = 0.3E_R + 0.59E_G = 0.3 + 0.59 = 0.89$。

而黄色条的色差信号：

$$E_{R-Y} = E_R - E_Y = 1 - 0.89 = 0.11$$
$$E_{G-Y} = E_G - E_Y = 1 - 0.89 = 0.11$$
$$E_{B-Y} = E_B - E_Y = 0 - 0.89 = -0.89$$

其余色条的 E_Y，$E_R - E_Y$，$E_G - E_Y$，$E_B - E_Y$ 的电信号值以此类推，各彩条相应的波形图如图 2.10 所示。

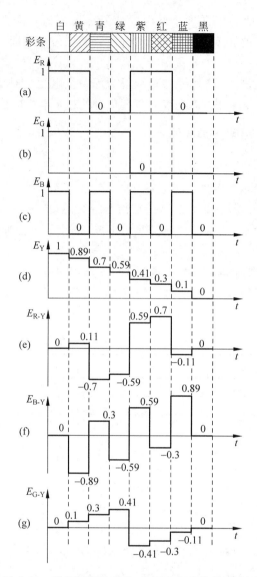

图 2.10　彩条图案的基色、亮度和色差信号波形图

2. 色差信号

用基色信号减去亮度信号就可以获得色差信号，其中仅包含色调和饱和度成分。可以求出色差信号基本方程组为

红色差信号：

$$E_R - E_Y = E_{R-Y} = 0.70E_R - 0.59E_G - 0.11E_B \tag{2-1}$$

绿色差信号：

$$E_G - E_Y = E_{G-Y} = -0.30E_R + 0.41E_G - 0.11E_B \tag{2-2}$$

蓝色差信号：

$$E_B - E_Y = E_{B-Y} = -0.30E_R - 0.59E_G + 0.89E_B \tag{2-3}$$

红色差方程推导如下：

$$E_R - E_Y = E_R - (0.3E_R + 0.59E_G + 0.11E_B)$$

$$= (1-0.3)E_R - 0.59E_G - 0.11E_B$$
$$= 0.70E_R - 0.59E_G - 0.11E_B$$

实际上，三个色差信号不是完全独立的，每个色差信号都可由其他两个色差信号合成得到。由于 E_{G-Y} 信号比另外两个色差信号的幅度小，为了保证传送信号的信噪比，所以不传送 E_{G-Y} 信号，只传送红色色差和蓝色色差信号。

若需要绿色差 E_{G-Y}，可通过亮度方程推导得到

$$E_{G-Y} = -(0.30/0.59)E_{R-Y} - (0.11/0.59)E_{B-Y} \qquad (2\text{-}4)$$

推导过程如下：

亮度方程为

$$E_Y = 0.3E_R + 0.59E_G + 0.11E_B$$

等式左边改写为

$$0.3E_Y + 0.59E_Y + 0.11E_Y = 0.3E_R + 0.59E_G + 0.11E_B$$

移项，合并得

$$0.3(E_R - E_Y) + 0.59(E_G - E_Y) + 0.11(E_B - E_Y) = 0$$

再移项得

$$-0.59\,E_{G-Y} = 0.30\,E_{R-Y} + 0.11\,E_{B-Y}$$

等式两边同除以 -0.59，即得到式(2-4)。

根据色差信号的定义，可计算出各彩条的色差信号值如表2.2所示。根据表2.2的数值，可以绘出 E_{R-Y}、E_{B-Y}、E_{G-Y} 的波形，如图2.10所示。

3. 频带压缩与大面积着色原理

由于人眼对色彩细节的分辨率远低于黑白的分辨率，所以对色差信号而言，只需传送图像的轮廓——大面积部分，而不必传送细节，这就是大面积着色原理。

中国电视标准规定，用 $0\sim6\mathrm{MHz}$ 带宽传送亮度信号，用较窄的频带 $0\sim1.3\mathrm{MHz}$ 传送色差信号，用亮度信号的高频成分来代替色差信号未被传送的高频成分，以保证清晰度，这就叫高频混合原理。根据上述原理，我们将 E_{R-Y}、E_{B-Y} 信号通过低通滤波进行频带压缩，只保留其 $0\sim1.3\mathrm{MHz}$ 的低频成分。

4. 编码矩阵电路

三基色信号输入编码矩阵电路，就可以得到两个色差和一个合成的亮度信号。只要通过简单的电阻分压，再通过加法器和倒相器就可以实现，如图2.11所示。

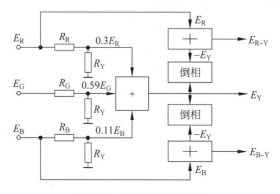

图2.11 编码矩阵电路图

2.6.2　正交平衡调幅制——NTSC 制

NTSC 制、SECAM 制与 PAL 制这三种制式之间的主要差别是色差信号对副载波调制方法不同。

1. 频谱交错原理

亮度信号虽然占据 6MHz 带宽,但其能量只集中在行频的 n 整倍数及其谐波频率附近,如图 2.12 所示,在 $(n-1/2)f_H$ 附近并无亮度信号的能量。因此,可以把色度信号安插到亮度信号谱线中的空隙处,达到频谱交错的目的,可以在 0～6MHz 的频带内同时传送亮度信号和色度信号,这需要用移动信号频谱的调幅方法实现。

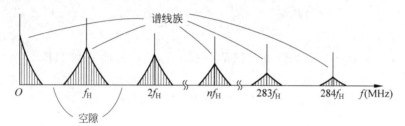

图 2.12　亮度信号谱线

2. 平衡调幅

根据调幅原理,如果调制信号为 $E_1 = E_{1m}\cos\omega_1 t$,载波信号为 $E_S = E_{Sm}\cos\omega_S t$,则 E_S 被 E_1 调幅后,调幅信号表达式为

$$E_{Am} = (E_{Sm} + E_{1m}\cos\omega_1 t)\cos\omega_S t$$
$$= E_{Sm}\cos\omega_S t + E_{1m}\cos\omega_1 t\cos\omega_S t$$

式中:第一项是载波分量;第二项是调制乘积。显然,需要移动频谱及传送的信息只包含在调制乘积中,而有较大功率的载波分量并不包含传送的信息内容,因此,可以在传送过程中把它抑制掉。这种抑制掉载波分量的调幅方式称为平衡调幅,这样,平衡调幅波的表达式为

$$E_A = E_{1m}\cos\omega_1 t\cos\omega_S t \tag{2-5}$$

由上式可知,利用相乘器,就可以完成平衡调幅。

在彩色电视中,采用平衡调幅来实现亮度信号和色度信号的频谱交错,不但减少了色度信号的功率,而且还大大减少了载波对亮度信号的干扰。

为了实现频谱交错,载波 f_S 的选择应满足下式:

$$f_S = nf_H + 1/2f_H = (n+1/2)f_H \tag{2-6}$$

这称为半行频选取原则。

为使色度信号对亮度信号的干扰最小,载波频率 f_S 应选在亮度频带的高端,同时,为了使调幅后的色度信号高频端仍应落在 6MHz 带宽内,f_S 又不能选取太高,一般在(式 2-6)中,取 $n=283$,可以使色度信号的插入对亮度信号的干扰基本可以忽略,按此可以得到载波频率为

$$f_S = (n+1/2)f_H = 283.5 * 15\,625 \approx 4.43(\text{MHz}) \tag{2-7}$$

这样,f_S 被安插在亮度频谱 $283f_H$ 和 $284f_H$ 这两个主谱线中间,而其他色度信号的主谱

线 $f_S \pm f_H, f_S \pm 2f_H, \cdots$ 就都落在亮度信号的空隙中。

由于载波 f_S 的作用是为了把色度信号频谱向亮度信号频带的高处搬,以实现频谱交错,所以常把 f_S 称作副载波。

3. 正交平衡调幅制

由于一个副载波要调制红、蓝两个色差信号,而又不应相互干扰,所以采用正交法来实现。即把两个色差信号平衡调幅在频率相同,相位差 90° 的副载波上,然后合成一个已调制信号输出,该调幅方式称为正交平衡调幅。

设副载波 $\cos\omega_S t$ 的振幅为 1,两个正交平衡调幅后的已调色差信号分别为 $E_{R-Y}\cos\omega_S t$、$E_{B-Y}\sin\omega_S t$,则合成后的信号称为色度信号:

$$F = E_{R-Y}\cos\omega_S t + E_{B-Y}\sin\omega_S t$$
$$= \sqrt{(E_{R-Y})^2 + (E_{B-Y})^2}\sin(\omega_S t + \phi)$$
$$= F_m\sin(\omega_S t + \varphi) \tag{2-8}$$

式中:振幅 $F_m = \sqrt{(E_{R-Y})^2 + (E_{B-Y})^2}$;相角 $\phi = \arctan(E_{R-Y}/E_{B-Y})$,如图 2.13 所示。

正交平衡调幅波的振幅和相位携带了全部色度信息,其中,振幅 F_m 决定了彩色的色饱和度,相角 ϕ 是色差信号的相对比例,决定了彩色的色调。100% 彩条信号中各彩色所对应矢量的振幅(色饱和度)和相角(色调)数值如表 2.3 所示。

把正交平衡调幅后所得的色度信号 F 和亮度信号 E_Y 混合相加,就得到彩色视频信号:

$$e = E_Y + F = E_Y + F_m\sin(\omega_S t + \phi) \tag{2-9}$$

彩色视频信号所对应的彩条信号的动态范围值如表 2.3 所示。

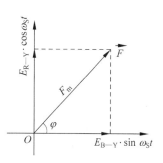

图 2.13 正交平衡调幅矢量图

表 2.3 各彩色所对应矢量的振幅(色饱和度)和相角(色调)

彩色	E_Y	E_{R-Y}	E_{B-Y}	F_m	ϕ	$E_Y \pm F_m$	e
白	1	0	0	0		1 ± 0	1
黄	0.89	+0.11	−0.89	0.90	173°	0.89 ± 0.90	−0.01~1.79
青	0.70	−0.70	+0.30	0.76	293°	0.70 ± 0.76	−0.06~1.46
绿	0.59	−0.59	−0.59	0.83	225°	0.59 ± 0.83	−0.24~1.24
紫	0.41	+0.59	+0.59	0.83	45°	0.41 ± 0.83	−0.42~1.24
红	0.30	+0.70	−0.30	0.76	113°	0.30 ± 0.76	−0.46~1.06
蓝	0.11	−0.11	+0.89	0.90	353°	0.11 ± 0.90	−0.79~1.01
黑	0	0	0	0	0	0	0

4. 色度信号幅度的压缩

从表 2.3 可知,白色电平幅度为 1,黑色电平为 0,而黄色条的最高电平 $E_Y + F_m = 1.79$,超过白电平 79%,蓝条的最低电平为 −0.79,比同步电平还低。这样大的动态范围将使电路过调制、过载,产生彩色失真和失步等不良后果。为此,必须进行色度信号幅度的相对压缩,但亮度信号幅度不需要压缩,以达到较好的兼容效果。

为了使色度信号不要压缩过多,一般规定,彩色视频信号电平的变化范围相对于黑白电平(0～1)来说不超过±33％。根据这个压缩原则,可得 E_{R-Y} 信号的压缩系数为 0.877,E_{B-Y} 信号的压缩系数为 0.493。

规定:幅度压缩后的两个色差信号分别用 U、V 表示,即

$$U = 0.493E_{B-Y}, \quad V = 0.877E_{R-Y} \tag{2-10}$$

同样,经过压缩调制后的色度信号分量分别为

$$F_U = U\sin\omega_S t, \quad F_V = V\cos\omega_S t \tag{2-11}$$

压缩调制后的色度信号为

$$F = F_U + F_V = F_m\sin(\omega_S t + \phi) \tag{2-12}$$

式中: $F_m = \sqrt{U^2 + V^2}$,$\phi = \arctan(V/U)$

压缩后的彩条波形见图 2.14,对应图 2.10 中的波形 E_{B-Y} 和 E_{R-Y},其幅度明显减少一定的比例。压缩后的彩色矢量图如图 2.15 所示。

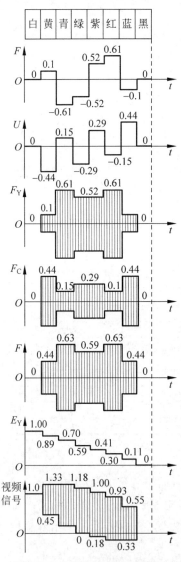

图 2.14 压缩后的彩条波形图

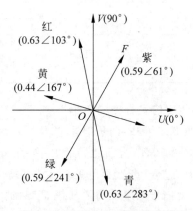

图 2.15 压缩后的彩色矢量图

必须指出,在接收时,应将压缩的倍数恢复,以还原成原来的色差信号。

5. 色同步信号和彩色全电视信号(FBAS)

因蓝、红信号用平衡调幅方式正交调制在同一频率副载波上,在接收端必须有一个与发送端副载波严格同频、同相的副载波信号,通过同步分解,分别将 U、V 信号还原出来。但因在发送端平衡调幅中将副载波抑制掉了,所以发送端必须再传送一个副载波信号作频率基准,供接收端恢复副载波用,这就是色同步信号。

色同步信号由9～11个周期的副载波正弦信号组成,如图2.16所示,它位于行消隐脉冲的后肩上,起始于距行同步脉冲前沿滞后 $5.6\mu s$ 处,其峰峰值和行同步幅值相等,相位和 F_U 信号反相,即

$$F_b = F_{bm}\sin(\omega_s t + 180°) \tag{2-13}$$

发送端输出的彩色电视信号称为彩色全电视信号。彩色全电视信号(FBAS)包括亮度信号、压缩后的已调色度信号、色同步信号以及复合同步信号和复合消隐信号。一行标准的彩条全电视信号波形如图2.17所示(负极性)。

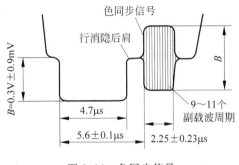

图2.16　色同步信号　　　　图2.17　标准彩条彩色全电视信号波形

2.6.3　逐行倒相正交平衡调幅制(PAL)

在彩色图像传送过程中,亮度、色饱和度和色调中任何一个发生失真都会引起图像失真,而人眼对色调失真最敏感。亮度失真,主要影响图像的灰度层次,色饱和度失真主要影响颜色的深浅。相对而言,人眼对后两者不很敏感。

由于在传送过程中,总有非线性部件存在,加之传送过程中的相位干扰、反射回波等,使色调将随亮度变化而变化,从而发生色调失真。实践证明,要使人眼觉察不到色调变化,色度相位畸变要求 $\Delta\phi<\pm5°$。NTSC制的主要缺点就是相位畸变大,不太可能满足 $\Delta\phi<\pm5°$ 的要求,所以规定 $\Delta\phi$ 的容限为 $\pm12°$。

1. 逐行倒相和相位失真的补偿

NTSC制的缺点是相位畸变大,存在色调失真。PAL制是在NTSC制上发展而来的,它是将其中一个已调色差信号 $F_V=V\cos\omega_s t$ 进行逐行倒相,例如传送第 n 行时为 $+V\cos\omega_s t$,则传送第 $n+1$ 行时为 $-V\cos\omega_s t$,于是PAL制色度信号为

$$F = U\sin\omega_s t \pm V\cos\omega_s t \tag{2-14}$$

PAL制仍采用正交平衡调幅,但把 F_V 分量进行逐行倒相,这样做的目的,是为了减少相位失真。

逐行倒相能有效减少相位失真的影响,实现相位失真的补偿,如图 2.18 所示,只要色度相位 $\Delta\phi$ 畸变不太大,利用人眼的生理混色特点,就觉察不出色调变化。其原理简述如下。

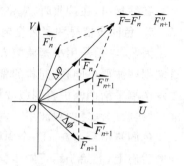

图 2.18　相位失真的补偿

设被传送的色度信号 F 第 n 行的色度矢量为 $F(n)$,第 $(n+1)$ 行的色度矢量 $F(n+1)$,则因 F_V 分量被倒相,如无相位失真,将处在以 U 轴为对称轴的 $F(n)$ 的镜像位置上,如图 2.18 所示。若在传送过程中,由于某种原因,使第 n 行的 $F(n)$ 相位失真,产生 $+\Delta\phi$ 的偏离变成 $F'(n)$,由于逐行倒相,第 $(n+1)$ 行的 $F(n+1)$ 也因相位失真,将产生同样的 $+\Delta\phi$ 偏离变成 $F'(n+1)$。接收时,也要进行逐行倒相,把倒相的这一行 $F'(n+1)$ 倒相还原,变成 $F''(n+1)$,显然,$F'(n)$ 和 $F''(n+1)$ 正好对称地位于 $F(n)$ 的两旁,只要 $\Delta\phi$ 不太大,利用人眼的生理混色特性,将产生它们的平均效果,即得到原来的色调,补偿了相位的失真。

当 $\Delta\phi$ 相位误差较大时,这种平均视觉效果会变差,较理想的办法是采用延迟线,将一行的已调色度信号延迟近一行时间,然后与当前行相加,来实现把相邻两行的色度信号加以平均,实践证明,采用延迟线后,可使相位失真容限扩大到 $\Delta\phi=\pm40°$。

2. PAL 制副载波频率的选择

在 PAL 制中,由于红色差信号 F_V 分量是逐行倒相的,所以 PAL 制的频谱将有所变化。根据 PAL 制色度信号表达式

$$F = F_U + F_V = U\sin\omega_s t \pm V\cos\omega_s t$$

可知,F_U 分量的频谱与 NTSC 制仍相同,没有发生任何变化,而 F_V 分量变成逐行倒相,经分析,它的频谱集中在半行频的奇数倍 $(n+1/2)f_H$ 上,这样一来,如果 PAL 制仍同 NTSC 制一样,副载波频率仍按半行频原则选取,其结果必然使 F_V 分量与 Y 的频谱重合,使 F_V 和 Y 间引起串扰。为此,PAL 制采用了 1/4 行频原则,选取副载波频率,即

$$f_s = (n+1/2+1/4)f_H \tag{2-15}$$

这样已调色差信号 F_U、F_V 的谱线正好间置在 Y 主谱线的两边,如图 2.19 所示。

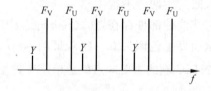

图 2.19　1/4 间置时的 Y、F_U、F_V 频谱分布

为了减少副载波干扰的能见度,副载波频率还应加半场频($F_V=50$Hz),若取 $n=283$,则

$$f_s = (n+1/2+1/4)f_H + 1/2f_V = 283.75f_H + 25 = 4.433\,618\,75(\text{MHz})$$

$$\tag{2-16}$$

3. PAL 制色同步信号

由于 PAL 制中 F_V 信号是逐行倒相的,所以接收解调 V 信号时,也必须把 F_V 信号逐行倒相回来,这就需要一个判断 F_V 极性的识别信号。在 PAL 制中,色同步信号的作用,除了

作为副载波的频率基准外,还担任识别作用,识别哪一行信号是倒相的,哪一行信号是不倒相的。为此,把色同步信号做成相位逐行摆动的副载波串,如图 2.20(a)所示,一行是 135°,下一行是 225°,逐行交替摆动,并规定:135°为不倒相的行,称 NTSC 行(简称 N 行),225°为倒相的行,称 PAL 行(简称 P 行),如图 2.20(b)所示为色同步信号的矢量图。

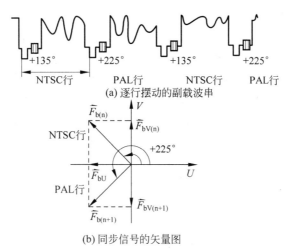

(a) 逐行摆动的副载波串

(b) 同步信号的矢量图

图 2.20　PAL 制色同步信号

4. PAL 制编码器编码过程

彩色全电视信号是通过编码器来形成的。编码器将三基色电信号 E_R、E_G、E_B 编制成彩色全电视信号 FBAS。PAL 制编码器框图如图 2.21 所示,编码过程如下。

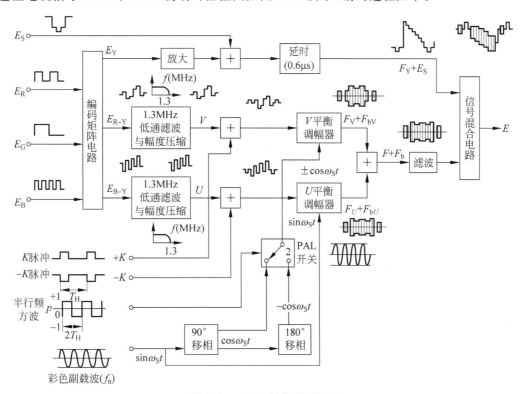

图 2.21　PAL 制编码器框图

（1）E_R、E_G、E_B三基色电信号通过编码矩阵电路变换成亮度信号E_Y和色差信号E_{R-Y}、E_{B-Y}。

（2）把E_Y信号放大后再与行、场同步和消隐信号E_S混合。考虑到色差信号需通过低通滤波器后会引起延时，为了使亮度信号与色度信号同时进入信号混合电路，必须对亮度信号加以适当延时。一般亮度延迟量约$0.6\mu s$。

（3）将色差信号E_{R-Y}、E_{B-Y}进行幅度和频带压缩后，得到红色差信号V和蓝色差信号U。

（4）将色差信号V与$+K$脉冲混合后，再与副载波$\pm\cos\omega_s t$进行平衡调幅，得到色度信号分量F_V和色同步信号分量F_{bV}。K脉冲的宽度与色同步信号宽度相同，幅度为行同步幅度B的一半，出现在行消隐后肩色同步位置处。同样，色差信号U和$-K$脉冲混合后，再与副载波$\sin\omega_s t$进行平衡调幅，得到色度信号分量F_U和色同步信号分量F_{bU}。上述信号混合后，得色度信号$F=F_U\pm F_V$和色同步信号：

$$F_b = \frac{1}{2}B\sin(\omega_s t \pm 135°)$$

$\pm\cos\omega_s t$副载波的获得需用90°移相器，180°倒相器和PAL开关电路。由周期为$2T_H$的逐行倒相器的半行频方波信号P脉冲控制PAL开关电路。

（5）亮度信号E_Y、色度信号F、色同步信号F_b、行场同步和行场消隐信号E_S共同在信号混合电路中混合得到彩色全电视信号FBAS输出。

5. 彩色高频电视信号

将彩色全电视信号对图像载波f_{pz}进行调幅，得到图像调幅波；将伴音信号对伴音载波f_{sz}进行调频，得到伴音调频波；两者混合相加，即得到彩色高频电视信号，其频率范围就称为某一个频道，彩色高频电视信号频道频谱图如图2.22所示。

一个电视频道的频带宽度规定为8MHz，在比图像载频f_{pz}高(4.43 ± 1.3)MHz处插有色度和色同步信号。

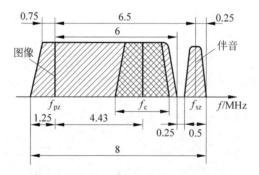

图2.22　彩色高频电视信号频道频谱图

注：f_{pz}—图像载频；f_{sz}—伴音载频；$f_c=f_{pz}+4.43$MHz

第 3 章

彩电检测基础知识

3.1 彩电整机结构及读图方法

3.1.1 熟悉电路图中的常用符号

电路原理图是电路系统最基本最直观的表达方式,也是了解电路结构、工作原理的窗口。

在检测彩色电视机之前,首先必须看懂电路符号和彩色电视机电路图。在彩色电视机电路图中的常用电路符号有电阻、电容、电感、电位器、微调电位器、热敏电阻、保险丝、保险丝电阻、变压器、线圈、晶体二极管、稳压二极管、发光二极管、三极管、场效应管、集成电路、厚膜电路、天线、高频调谐器(高频头)、晶体梳状滤波器、陶瓷滤波器、延迟线、同轴线、插头、插座、开关、按键、阻抗变换器、火花隙、喇叭、彩色显像管及测试点电压和波形等,具体电路符号如表 3.1 所示。

3.1.2 彩电电路图的一般组成

无论是什么样的电路系统,都需要利用电路原理图来表示该电路的原理性结构,该电路中使用了哪些元器件,这些元器件相互间的连接方式以及具体参数。它们构成的哪些功能模块,每个功能模块各起到什么作用。

一般遥控彩色电视机的组成框图如图 3.1 所示。当拿到一张遥控彩色电视机电路图后,除应了解图中各种电路符号所表示的含义外,还应把整张图浏览一遍,了解各基本部分的电路结构,摸清各部分电路的直流供电情况。

1. 了解各基本部分的电路结构

无论彩色电视机的型号和外形如何,其基本电路总是由电源电路、行场扫描电路、公共通道电路(包括高频调谐电路和中频通道电路)、亮度通道电路及显像管外围电路、色信号处理(解码)电路、伴音通道电路、遥控电路等组成。对于各种不同型号的彩色电视机来说,虽然这 7 部分电路结构可以各不相同,但它们处理信号的功能一定是相同的。例如,不同的行场扫描电路,其基本功能都是在行、场偏转线圈中产生锯齿波扫描电流。

对于识读电路图来说,首先应该了解这 7 部分电路的基本形式和基本结构;了解它们是由分立元件组成的还是由集成电路构成的,是和其他电路一起由某一集成电路构成的,还是由一块甚至几块集成电路组成的;并了解这些电路中各种信号的来龙去脉,为进一步深入分析各部分电路做好准备。

表 3.1　常用元器件的电路符号

箭头（能量、信号的单向传输）		二极管（一般符号）	
接地（一般符号）		发光二极管	
接机壳或接底板		稳压二极管（单向击穿二极管）	
屏蔽导线		光电二极管	
同轴电缆		可控硅（三极晶体闸流管）	
导线的连接		NPN 型三极管	
导线的不连接（跨线）		PNP 型三极管	
插头和插座		电感器	
电阻器		带磁芯的电感器	
可变电阻器		电压互感器（变压器）	
压敏电阻器		源电池或蓄电池	
热敏电阻器		开关（一般符号）	
熔断电阻器		熔断器（一般符号）	
滑动触点电位器		火花间隙	
电容器（一般符号）		无线电台（一般符号）	
极性电容器		N 沟道结型场效应管	
可变电容器		P 沟道结型场效应管	
微调电容器		桥式全波整流管	
2 个电极的压电晶体		电喇叭（扬声器）	
3 个电极的压电晶体			

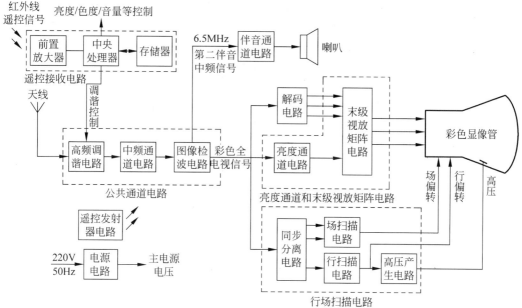

图 3.1 遥控彩色电视机的组成框图

2. 分清各部分电路的直流供电情况

在彩色电视机中,其各部分电路的供电电压来源可能不同。例如,有的电视机所有电路的供电电压都来自于稳压电源的输出,有的电视机只有局部电路采用稳压电源供电,其他部分电路则采用行逆程(回扫)脉冲经整流滤波后供给,甚至某些电路的供电由电源电压与逆程脉冲经整流滤波后的电压一起供给。因此,在浏览全图时,要求把各部分电路直流供电电压的来源分析清楚,以利于检修时正确判断彩色电视机的故障部位。

3. PAL 彩电接收机的典型结构框图

图 3.2 是 PAL 制彩色电视接收机的框图。可以看出,它由公共通道、伴音通道、电源电路、图像重显电路与解码电路组成。前四部分与黑白电视机相应部分的电路作用基本相同,只是技术指标高一些,解码电路是彩色电视接收机独有的。

解码电路由色度通道、副载波恢复电路、亮度通道与解码矩阵电路组成,前两部分合称色处理电路。它的作用是对彩色全电视信号进行处理,得到三基色电信号。

4. 读图方法简述

对于初学者而言,通过读图了解彩电的结构,分析彩电的工作原理,是掌握彩电相关知识必不可少的一个重要环节。对比较复杂的电路系统,我们经常采用框图形式对其结构进行简单的描述,如图 3.2 所示。

看图纸要像庖丁解牛一样,对整机按模块进行分解,再对各功能模块的工作原理进行分析研究,逐块弄清工作原理以及特点。

本书主要对西湖 54CD6 和长虹 SF2515(A)电视接收机原理图进行详细分析,数字电视部分还会介绍一些液晶电视的结构与工作原理,通过读图、分析工作原理,了解电视机的结构,信号的走向,电路的具体工作原理。通过对原理图中具体工作点的测量,我们可以知道电视机以及电路中各元器件是否在正常工作。

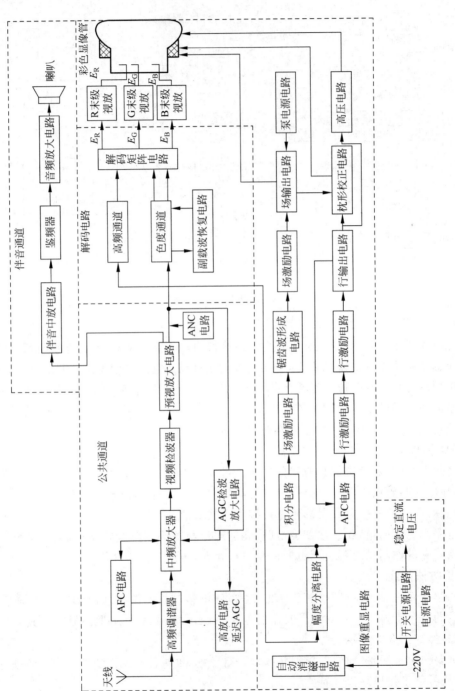

图 3.2 PAL 制彩电接收机结构框图

　　读图就是一边看图纸，一边和电视机对照，学会识别电路元器件和实物。读图时可以沿着两条通路进行，一条是信号通路，另一条是电源通路。沿有关通路，摸清整个电视机的电路结构。

　　西湖 54CD6 彩电的电路结构模块包括：①高频头；②中频放大；③视频放大；④场（帧）扫描；⑤行扫描；⑥色处理电路；⑦音频电路；⑧电源；⑨遥控。共计九个功能模块。具体分布位置如表 3.2 所示。

表 3.2　西湖 54CD6 彩电电路模块分布位置

	天线	音频电路	显像管板/显像管
遥控板	高频头	色处理	
	中频放大 IC D7680AP	视频色度偏转 IC D7698AP	视频放大 V202
		帧扫描	偏转线圈
键板	遥控器（红外发射板）	电源	行扫描	回扫变压器

　　各模块的基本功能如下：

　　（1）高频头（高频调谐器）——通过高频放大、本机振荡、混频，调谐后，从接收的电视信号中取出选定频道的中频信号。

　　（2）中频放大——对音视频中频信号放大、检波、信号分离、消噪等处理，并产生 AGC、AFT 反馈信号送高频调谐器。

　　（3）视频放大——主要对亮度信号延时、放大，送显像管末级视放电路与色差信号合成三基色信号到显像管。

　　（4）行扫描——通过行振荡、同步、推动、放大，产生水平扫描锯齿波电流，使电子束水平扫描。

　　（5）场（帧）扫描——通过帧振荡、同步、推动、放大，产生垂直扫描锯齿波电流，使水平扫描线逐行下移。

　　（6）色处理电路——通过副载波振荡，逐行倒相，对色信号进行解码，还原出三基色信号。

　　（7）音频电路——对音频信号调频检波、放大，送扬声器。

　　（8）电源——对整机系统提供各路所需要的工作电压。

　　（9）遥控——内置单片微处理器，对从遥控器发射手柄、键板输入的控制信号进行处理并对整机做出相应调整控制。

　　长虹 SF2515 彩电的电路结构模块包括：①公共通道（0 字头）；②伴音电路（6 字头）；③亮度电路（2 字头）；④场扫描（4 字头）；⑤行扫描（4 字头）；⑥色处理电路（1 字头）；⑦电源（8 字头）；⑧接口电路（3 字头）等 8 个功能模块。具体分布位置如表 3.3 所示。

表 3.3　长虹 SF2515 电路模块的分布位置

接口电路	伴音电路		220V 输入遥控
公共通道	色处理电路	亮度电路	键板
	行扫描		
电源	场扫描		显像管座板

3.2　常用检测方法及注意事项

3.2.1　一般整机故障检测顺序

在动手检测彩色电视机之前,首先要利用电视机外部各功能旋钮、拉杆天线、遥控装置等来判断故障现象;然后结合原理和整机电路进行分析,判断出故障发生的大致部位;最后针对具体故障采取有效的检修方法,一步一步地把故障原因找出来。彩色电视机的一般检修顺序如下:

(1) 检修电源电路。在检修电源电路时,应先修交流电路,再检修整流滤波电路,最后检修稳压电路。

(2) 检修光栅形成回路。在检修光栅形成回路时,应先检修行扫描电路和与行扫描电路有关的电路,再检修场扫描电路。如果这几部分电路均正常后还没有光栅或光栅不正常,则应检修亮度通道、显像管及显像管外围电路。

(3) 检修图像电路。如无图像或图像不正常,则应检修图像通道及图像稳定电路;若图像稳定但无彩色,则应检修色通道电路及其控制电路。

(4) 检修伴音电路、遥控电路及一些辅助功能电路。

3.2.2　检测的基础条件

1. 测试工具、仪器仪表

检测彩色电视机的常用工具有:电烙铁(25W、35W 和 45W 等)、镊子、各种规格的一字和十字形螺丝刀、尖嘴钳、斜口钳、剪刀、吸锡器或铜编织线(或各种规格的空心针头,用于拆卸集成电路等多脚元器件)、大镜子、接线板等。

常用的仪表有万用表、示波器、扫频仪、信号发生器等。

1) 万用表

万用表是电视机测量和检修中不可缺少的、最常用的检修仪表。它可以用来检测电路的直流电压和电流、交流电压及电阻等参数,以寻找和判断电路的故障所在。同时,它还可以用来判断元器件的优劣,检查显像管阴极发射能力,测量电平、电容、电感和晶体管的主要参数等。在使用万用表时应注意下列事项:

(1) 在测量前,必须明确要测量什么和怎样测法,然后将万用表旋钮旋至相应的测量种类和量程挡上。如果预先无法估计被测量值的大小,则应先旋到最大量程挡,再逐渐减小量程到合适的位置。每一次拿起表笔准备测量时,务必再核对一下测量种类及量程选择开关是否正确。必须养成这种习惯!因为这是避免损坏万用表的最后机会。

(2) 万用表在使用时应水平放置。若发现表针不指在机械零点,必须用螺丝刀调节表头的调整螺丝,使表针回零。读数时视线应正对着表针。若表盘上有反射镜,眼睛看到的表针应与镜里的影子重合。

(3) 测量完毕,将量程选择开关旋到最高电压挡,防止下一次开始测量时不慎烧表。有的万用表(如 500 型)应将开关旋钮旋到"·"位置,有的万用表(如 VC890D 型)应将开关旋钮旋到"OFF"位置,使测量机构断开。

(4) 测电流时应将万用表串联到被测电路中。测直流电流时应注意正负极性,若表笔

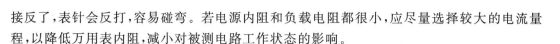

接反了,表针会反打,容易碰弯。若电源内阻和负载电阻都很小,应尽量选择较大的电流量程,以降低万用表内阻,减小对被测电路工作状态的影响。

(5) 测电压时,应将万用表并联在被测电路的两端。也可以先测电路两端的对地电压,再将两电压值相减获得压降。测直流电压时要注意正负极性。如果误用直流电压挡去测交流电压,表针就不动或略微抖动。如果误用交流电压挡去测直流电压,读数可能偏高一倍,也可能读数为零(和万用表的接法有关)。选取的电压量程,应尽量使表针偏转到满刻度的1/3 至 2/3 范围内。

(6) 严禁在测量高电压(如 220V)或大电流(如 0.5A)时旋转量程选择开关,以免产生电弧,烧坏转换开关触点。当交流电压上叠加有直流电压时,交、直流电压之和不得超过转换开关的耐压值,必要时需串接 0.1μF/450V 的隔直电容。

(7) 测高阻值电阻时,不允许两手分别捏住两支表笔的金属端,以免引入人体电阻(约为几百千欧),使读数减小。

(8) 测量晶体管、电解电容等有极性元器件的等效电阻时,必须注意两表笔的极性。在指针式万用表的电阻挡,正表笔(即红表笔,其插座上标有"＋")接表内电池负极,所以带负电;负表笔(即黑表笔,其插座上标有"－"或"＊")接表内电池正极,因此带正电。这一点十分重要,若表笔接反了,测量结果会不同。

(9) 采用不同量程的电阻挡,测量非线性元器件的等效电阻(如晶体二极管的正向电阻)时,测得的电阻值亦不同。因 $R×1$、$R×10$、$R×100$、$R×1k$ 挡一般公用一节 1.5V 电池,而各挡欧姆中心值又不同,所以通过被测元件的电流也不相等。二极管伏安特性是非线性的,正向电流愈大,正向电阻就愈小。以 500 型万用表为例,$R×1$ 挡的满刻度电流(即两表笔短接时的电流)等于 150mA,而 $R×1k$ 挡仅为 150μA。因此,用该表的 $R×1$ 挡测出的正向电阻最小,$R×1k$ 挡测出的正向电阻较大,这属于正常现象。

(10) 测量有感抗的电路中的电压时,必须在切断电源之前先把万用表断开,防止由于自感现象产生的高电压损坏万用表。

2) 示波器

示波器是用途最为广泛的一种检测仪器,它不仅可以直观地显示信号的波形,还可以用来测量信号的电压、频率、周期及相位等参数。如果加以适当转换,它还可以用来测量电阻、电流以及各种非电量等。下面简要地介绍用示波器测量信号波形、幅度和频率的方法。

(1) 测量信号波形和幅度。用示波器测量信号波形时,可按下列步骤进行调节:

第一步,将 X 轴选择开关置"扫描"位置,调节扫描的各控制器,使荧光屏上出现水平的扫描基线。然后调节上下、左右移动电位器,使扫描基线位于示波器荧光屏的中心,并调节亮度、聚焦、辅助聚焦等电位器,使扫描线的亮度适中,聚焦良好。

第二步,将被测信号接至示波器的 Y 轴放大器输入端,选择适当的 Y 轴衰减量和增益,使被测信号的显示幅度适中。

第三步,选择扫描频率范围,并调节扫描频率,使示波器上显示被测信号 1～3 个周期。

第四步,调节同步极性和同步方式开关(在有触发扫描的示波器中,还需调节"稳定度"和"触发电平"),使被测信号的波形稳定地显示在示波器荧光屏上。

如果要用示波器测量信号波形的幅度时,则首先要用示波器内部的基准信号对示波器 Y 轴进行定标,或者将示波器 Y 轴增益调至"校正"位置,由 Y 轴灵敏度分挡指示 V/div 对 Y

轴定标。定标后,就可以直接根据荧光屏上的标度尺读出被测信号波形的幅度。如果是用 10∶1 的探头测量时,则实际信号幅度应为读数的 10 倍。

(2) 测量信号的周期或频率。用示波器测量信号的周期或频率时,首先要用示波器内部的基准信号频率进行校正,或者直接把 X 轴扫描调节至"校正"位置,这时就可以根据扫描速度和信号在荧光屏水平方向的显示宽度计算出被测信号的周期或频率。

使用示波器时应注意以下事项:电源电压应符合交流 220V±10% 的要求;在测量前应让示波器预热 5～10min,使示波器进入正常工作状态,从而减少因仪器工作不稳而引起的测量误差;输入信号电压不能超过额定值,过大的输入信号造成饱和失真而引起测量误差或损坏示波器;在使用衰减探头进行电压测量时,要计算探头本身的衰减量(一般为 10∶1,即 20dB 衰减量),即实际电压值＝读数值×10;在使用双踪示波器进行相位差测量时,应先用同一信号分别输入 Y_1、Y_2 通道,检查示波器本身的初始相位差,以便在测量中扣除;在测量过程中,应注意示波器显示光点的辉度不宜过亮,以免损坏屏幕,转换各控制旋钮时,不要用力过猛。

3) 扫频仪(频率特性测试仪)

扫频仪由扫频信号发生器和示波器组合而成,它可以用来测试电视机的高频通道、中频通道和视频通道的频率特性,伴音中频频率特性及鉴频特性,大致估测电路增益,测试本振频率等。

4) 彩色电视信号发生器

一般彩色电视信号发生器能提供射频(高频)、中频和视频信号,并能提供点、格、棋盘、圆、0.5～5MHz 清晰度线(多波群信号)、彩条信号、8 级黑白灰度等级信号和伴音信号等,以及被它们调制的射频、中频和视频信号。我们可以利用以上信号配合示波器,对彩色电视机进行高频、中频、视频和伴音通道电路的检查和调整,其各种信号的应用如下:

(1) 标准彩条信号:用来检查调整解码电路、亮度通道电路和末级视放矩阵电路等。

(2) 点信号:用来检查调整聚焦性能,也可以作为会聚调整用。

(3) 格子、棋盘和圆信号:用来检查行、场扫描线性,检查会聚质量和进行会聚调整,也可用来检查图像位置及宽高比、水平和垂直的幅度、视频带宽及黑白"阶跃"效应等。

(4) 清晰度线(多波群信号):用来检查电视机的清晰度,即检查通道的频率特性。

(5) 灰度等级信号:用于检查亮度、对比度电路,置定电视机灰度,调整白平衡等。

(6) 伴音信号:用于检查伴音通道电路。

2. 电子电路基础知识

进行电子系统的检测维修,必须掌握电路系统的相关基础知识,了解各种类型元器件的性能、作用及检测方法,了解电路系统的结构及工作原理,有的放矢地进行检测、分析、判断、检修。

在故障检测前要熟悉读图和直流工作点检测方法:

(1) 熟悉常用元器件符号图(见表 3.1),熟悉各种各样对应的元器件实物(参见电路板)。

(2) 熟悉彩色遥控电视机结构全图,了解整个电视机的信号走向。

(3) 学习测量仪器(万用表)的使用方法。

(4) 了解元器件的好坏的判断。

3. 常用实践方法

在具备了一定的电路系统检修基本常识、检修顺序和基本方法后,还需要有一定的实践操作经验和检修技术。在检修和故障排除中,要养成看、拍、闻、听、摸、测兼备的检修基本习惯,学习理性分析思考、准确判断的技能。检修彩色电视机的常用方法有:

1) 直观检查法

直观检查法就是通过人的眼睛或其他感觉器官去发现和排除故障。在开始检修彩色电视机时,若采用直观检查法,通常能发现电视机中的一些直观性故障,如连线有否脱落,元器件有否缺损、相碰或虚焊,保险丝有否熔断,行输出变压器、保险丝电阻等有否烧焦、冒烟后的痕迹,电解电容有否胀裂、漏液,引脚有否烂断,显像管及机壳有否破损等。在电视机通电后,又能检查显像管灯丝有否亮,管颈内有否紫光,机内有否"吱吱"声或其他异常声音,有否冒烟、焦味等。

2) 电阻测量法

电阻测量法是通过使用万用表电阻挡测量电路或元器件的电阻值来判断故障。这一方法最适合那些不宜通电检修的电视机。一般采用电阻测量法时,需要进行正反向二次测量。例如,测量某三极管的在路电阻时,应先用万用表的红表笔接该三极管的基极,黑表笔分别接发射极和集电极测一次,然后把万用表的表笔对换后再测量一次。若测得的正反向电阻均很小,表明该三极管可能击穿;若正反向电阻均很大,表明该三极管可能开路。又如测量某只电阻的在路电阻值时,也需要进行正反向二次测量,一般取二次测量所得电阻值较大的一次作为参考值。若测得的实际电阻值大于被测电阻值时,说明该电阻阻值增大或开路。一般电感线圈的电阻值较小,只有零点几欧至几十欧,若测得的电阻值较大时,表明该电感线圈阻值增大或开路。电容的阻值一般为几百千欧以上,甚至无穷大,电解电容还应有明显的充放电现象,若测得的正反向电阻均很小,表明该电容已击穿或严重漏电。

需要注意的是,由于集成电路和晶体管内 PN 结的作用,使测得的正反向电阻(即万用表的红表笔接地时和黑表笔接地时)不一致。另外,由于万用表的内阻不同、使用的电池电压不同和测量时的量程不同(如×100Ω 挡与×1k 挡),也使测量结果不一定相同,在与标准值进行比较时要注意。

3) 电压测量法

电压测量法就是利用万用表的电压挡,对被怀疑电路的各点电压进行测量。根据测量值与已知值或经验值的比较,通过逻辑推理,最后找出故障原因。一般放大器类电路(如高放、中放、视频前置放大、音频低放等)中,三极管的基极电位比集电极电位要低,而比发射极电位要高,NPN 型硅管基极电压 V_b 大于发射极电压 V_e 约 0.7V,PNP 型锗管基极电压 V_b 小于发射极电压 V_e 约 0.2V。振荡器类电路(如本振振荡器、场振荡器、行振荡器等)启振后,其三极管的基极与发射极之间的正偏电压减小,以致出现反偏。所以振荡管 be 结电压的变化或反偏是判断振荡器是否启振的一个很重要的依据。

4) 电流测量法

测量电流时,可以把万用表电流挡或电流表串接在电路中直接进行测量,也可通过测量电路中电阻两端的压降,根据欧姆定律 $I=U/R$,计算出电路中的工作电流。另外,还可以选择适当阻值的取样电阻,一般可取 0.1~1Ω 串接在被测电路中,再测量该取样电阻两端的电压来求得被测电路的电流。采用电流测量法,能定量地反映出各部分电路的静态工作是否正常,从而查出负载电路是否有短路、元器件是否有漏电或击穿等。电流测量法最常检查的是开关型稳压电源输出的直流电流和各单元电路的工作电流等。

5）彩色对比法

当彩色电视机的彩色显示不正常时，可通过与正常时的彩色相比较，再根据三基色原理来判断故障和部位。表 3.4 为彩色解码电路中典型故障的彩色失真情况（当输入信号为标准彩条信号时）。

表 3.4 解码电路中典型故障的彩色失真情况

故障现象	彩条排列情况						
标准彩条	白	黄	青	绿	紫	红	蓝	黑
R 束截止	青	绿	青	绿	蓝	黑	蓝	黑
G 束截止	紫	红	蓝	黑	紫	红	蓝	黑
B 束截止	黄	黄	绿	绿	红	红	黑	黑
无 $R-Y$	白	黄绿	淡青	黄绿	紫蓝	浅红	紫蓝	黑
无 $G-Y$	白	橙	青蓝	浅绿	淡紫	橙	青蓝	黑
无 $B-Y$	白	淡黄	青绿	青绿	紫红	紫红	淡蓝	黑
V 解调器无输出	白	黄绿	紫蓝	黄绿	紫蓝	黄绿	紫蓝	黑
U 解调器无输出	白	紫红	青绿	青绿	紫红	紫红	青绿	黑
不正确识别	白	黄绿（偏黄）	紫红（偏紫）	橙（偏红）	青蓝（偏青）	青绿（偏绿）	紫蓝（偏蓝）	黑
PAL 开关不工作	白	黄绿	浅紫	淡黄	淡紫	深黄	蓝	黑

6）干扰法（信号注入法）

干扰法就是对电视机加注某种感应信号后，根据荧光屏上或扬声器中是否有反应或反应的程度来判断故障的范围。例如在检修伴音电路时，可用镊子或万用表表笔瞬间触碰伴音电路，听扬声器是否有反应或反应的强度来判断故障的大致范围。但这种方法由于信号较弱，有时效果并不明显。需要注意的是，在用万用表表笔触碰时，不要将万用表表笔误触至各路电源上，否则容易把万用表表针打歪，甚至损坏万用表。

7）信号发生器检查法

信号发生器检查法就是利用信号发生器输出的射频信号、中频信号、视频信号和音频信号，分别送至电视机的射频信号输入端（即天线输入端）、中频信号输入端（即中频通道电路与高频头中频信号输出端相连的端子）、亮度通道电路和伴音低放电路中，通过显像管荧光屏上的图像或扬声器中的声音反应及反应的强弱来检查和判断故障部位，再结合万用表测试有关点的电压和电阻，就可以迅速判断出故障所在。

8）示波器检查法

示波器主要用于色信号解码电路、行场扫描电路、亮度通道及显像管外围电路等的检修。它可以用来测量这些电路中的信号有无及是否正常，作为故障判断和检修的依据。在用示波器检查时，彩色电视机接收的最好是彩色信号发生器发出的标准彩条信号或电视台节目开始前的彩色电视测试卡信号。当然，电视台发出的电视节目信号也可以，不过一般只能利用其同步信号及色同步信号部分。在用示波器进行波形检查前，一般应知道被测点的正确波形。利用示波器测得被测点上波形的形状、幅度、宽度及周期，与正确的波形对照就可以确定故障的部位。

9）脱焊测量法

就是将怀疑有故障的元器件（晶体管、集成电路、电阻、电容等）从电路板上焊下，再用万用表或其他仪器进行测量,并判断其损坏与否的一种方法。用这种方法检测一般比较准确,但比较麻烦,有时因故障范围判断不准确,将元器件拆下后再装上,反而有可能造成人为的损坏(如大规模集成电路的拆装等),以致引起另外的故障。因此,用这种方法检测时一般应慎重。另外还应注意,对于晶体管和集成电路等,用万用表测量其各脚之间电阻值时,不要使用 $R \times 10k$ 量程挡,以免造成击穿损坏。

10)替换法

通常是指用确认好的元器件去替换那些被怀疑有故障的或不便于测量的元器件,从而帮助确定那些被怀疑的元器件是否真正有故障。替换法一般最适合以下两种情况使用:

(1)利用万用表和其他普通仪器很难判断故障的元器件。如各类变压器、偏转线圈等内部是否有击穿、短路;集成电路是否损坏;声表面波滤波器和其他陶瓷滤波器、晶体、延迟线等是否失效等。对于小容量电容器也可以采用替换法判断其故障。

(2)为了更快速准确地判断和缩小故障范围,也可以进行部分电路板的替换或单元电路的替换。例如:当怀疑某高频头灵敏度降低时,就可以用一只好的高频头进行替换,若替换高频头后故障排除,则说明确实是高频头不好,可再对高频头进行修理。另外,还可以根据判断不同部位的故障,替换某个单元电路板,例如调谐器板、选台板、控制板、显像管管座板、开关电源板等。当然在进行这种替换时,一定要注意不要造成相关部分的人为损坏,例如开关式稳压电源就不能工作在空载状态,否则容易造成损坏。

11)比较法

通过对无故障电视机和有故障电视机相同点的测量和比较,来确定故障部位的一种方法。采用比较法,一般要求平时能积累一些正常电视机的测试数据,例如集成块各引脚的对地电阻和电压,关键测试点的电压、电阻、波形等。有了这些数据,在检修时就可以进行比较,以便发现故障的部位。

12)触摸法

触摸法是指电视机在工作过程中或者电视机工作一段时间后瞬间关机,用手去触摸元器件,通过人的触觉去发现元器件是否有过热,或者应该发热而没有发热的现象,从而判断该电路是否存在故障。如触摸回扫变压器时,若发现发热或发烫,说明回扫变压器工作不正常。若触摸电源开关管时,是"冷冰冰"的,说明开关电源没有工作,因为电源开关管在工作时应有微热。采用触摸法时,要注意安全。

13)分割法

分割法是指在电视机检修过程中,通过切断或拔掉某部分的电路或接插件,以逐步缩小故障范围,最后把故障点孤立起来的方法。分割法常用于电视机发生短路性故障时的检修。例如某彩色电视机的电源负载有短路性故障,如果要进一步判断电源负载上的哪个部分或哪个元件有短路性故障,就需要把某部分或者某一元件断开后再测量。一般应先把行扫描电路切断,这时若电源输出端对地电阻恢复正常,说明是行扫描电路有短路,只要再采用分割法进行检查,即可找到故障的根源。要注意的是,在应用分割法时,一般可以把电路中的某个元件或跳线焊开一只脚来切断支路,而不宜用切割铜箔的方法来分割支路。

14)拍击法

拍击法就是利用绝缘工具或医用榔头轻拍电视机的外壳或故障的大致部位,通过观察荧光屏或扬声器中是否有反应或反应的程度来判断故障部位。采用拍击法,往往能检查出电路中存在的虚焊、插件松动、元器件内部接触不良、印刷电路板有裂缝、连接线断（但绝缘外皮未断）等故障。例如,对于时隐时现（即电视机一会儿好、一会儿坏）的故障,根本的处理方法与这种故障一直存在时的故障排除法相同。但是往往正在检测时,故障却消失了,若等待故障的再次出现,又不知需要多少时间,这时就可以采用拍击法,使故障快速出现,以便检测和排除。

15）加热法

有的电视机在工作一段时间后,由于温度升高而发生故障。在彩色电视机检修中,为了缩短检修时间,通常用局部加热法来模拟电视机工作一段时间后的温度升高。例如,有台电视机工作约 2 小时后,就出现无光栅、无伴音的故障,关机一段时间后再开机又能恢复正常,说明电源或行扫描电路中的某个元器件接触不好或热稳定性差。为了加速故障出现,可以用电吹风对某部分电路用热风加热,或用电烙铁去靠近电源或行扫描电路中某个被怀疑的故障点,使其局部受热。若加热后出现上述故障,说明故障部位的判断基本正确。

3.2.3 检测注意事项

为了保证检修人员、电视机和检修设备的安全,避免人为的操作不当而扩大电视机故障,甚至损坏电视机、损坏检修设备或发生人身触电等事故,电视机检修人员在检修工作前后及检修过程中,必须注意下列事项。

（1）检修场地应保持整洁、明亮、通风、干燥,地上和检修台面要铺盖绝缘橡胶,室内消防和电气设备应符合要求,保证安全。

（2）电视机电源插头应插入与电视机工作电压、频率均相同的电网上,要注意千万不能把电视机的天线输入端错插到电网上。

（3）为了防止彩电磁化,影响色纯和会聚,切勿将带有磁性的物体靠近电视机,以免给检修带来新的麻烦。

（4）由于现在的彩色电视机基本上都采用开关稳压电源供电,电网电压直接整流进入开关电源,而不像串联型稳压电源那样有隔离型降压变压器（如黑白电视机中的电源变压器）,因此有的彩电底盘可能局部带电,也可能整个底盘带电。在检修测量时,一方面会给人身安全带来危险;另一方面,由于测量仪器（如示波器、扫频仪等）接地端与电视机底盘（接地端）相连接时,就有可能造成电源短路,导致电视机内元器件损坏。为此,在检修彩色电视机时,应在交流市电与电视机电源输入端之间加入匝数比为 1:1(220V/220V)、容量 100W 以上的隔离变压器。在隔离变压器没有时,也可用万用表电压挡检测仪器接地端与电视机底盘之间的电压,若电压接近 0V 时,才可进行连接;若电压较高,可将电视机 220V 电源插头反向与电源插座连接;或将仪器的 220V 电源插头反向与电源插座连接后再用电压挡检测,直至检测到的电压接近 0V 时,方可进行连接,否则将可能造成电视机和测量仪器的损坏。

（5）彩色电视机中显像管阳极高压达 18～25kV,在检修中不能用"放电法"检查彩色电视机高压,而必须用高压仪表测试。测试时一定要先关机,把测试表笔负端固定在接"地"点上,正端接阳极高压处,选择好仪表量程,再启动电视机电源进行测量。注意,决不允许双手操作,更不允许在带电情况下,用双手取正、负两根表笔直接跨接在高压两端进行测量。

（6）在需要拆除显像管阳极高压帽时,应先关机,然后让显像管高压嘴与显像管玻璃壳外导电层上的铜丝编织线（接地线）或"底板"地线之间进行多次放电。为避免直接放电产生的尖脉冲、大电流损坏元器件，放电时应远离易损件(如集成电路、晶体管等)，同时接上一只10～30kΩ(2W以上)的放电电阻。

(7) 当彩色电视机高压引线或者高压帽老化，画面出现"打火"和"漏电"现象时，高压引线或者高压帽都应整根整只更换，千万不能剪接或用胶带纸封贴，以免因小失大，造成重大事故。

(8) 当发现保险丝熔断时，应尽可能先找出保险丝熔断的原因，不要盲目更换新保险丝，更不能用大容量的保险丝来代替，否则，将造成原来尚未损坏的元器件损坏，扩大故障范围。如果需要通电对故障机器进行观察，应迅速进行。如发现机内某处有冒烟、打火放电、异常气味时，应立即切断电源，待找到产生异常现象的原因后，才能再次开启电源。

(9) 电视机通电出现异常现象，如冒烟、打火、某元件过热、有焦臭味等，应立即切断电源，待找到产生异常现象原因后，才能再次开启电源。

(10) 当显像管荧光屏上出现水平或垂直一条亮线、或中心出现一个亮点时，都应把亮度关小，观察时间也应尽可能短，否则会烧伤显像管相应部分的荧光粉。

(11) 显像管应避免受热或相碰，如果遇有明火，应把电视机放置在安全可靠的地方，防止显像管破裂而导致玻璃飞溅。安装或更换显像管时，要双手托住显像管屏面，切不可抓住显像管管颈进行搬动，以防止管颈断裂。安装时，要保证显像管石墨层良好接地，否则会使石墨层在通电时，感应出高压而造成触电。

(12) 当有的故障需要拿掉显像管管座板(又称 T 板)后才能进行检修时，除了要拿下显像管管座板外，还要把高压帽取下，悬空固定，以防止个别显像管因带有"冷高压"而击穿。

(13) 在带电检修彩电时偶尔会麻电，应注意防止手抽回时碰着显像管管座板而造成显像管漏气损坏。

(14) 在检修过程中决不允许随意短路测试端子或引线(除非有特别说明可以短路者除外)，也要注意防止在测试过程中，将集成电路、厚膜电路等的脚与脚之间短路，从而造成损坏。

(15) 在用万用表测量时，绝不允许带电测量电阻，也不允许在测量电压、电流过程中变换量程。当用电阻挡测量大电容时，应先把储存在电容上的电荷放掉，同时还要注意万用表的量程和内阻。在用万用表测电压时，内阻应大于被测电路阻抗的 10 倍；测电流时，内阻应小于被测电路阻抗的 1/10 倍，否则测量结果将会有较大的误差。

(16) 检修电视机时不要盲目地调整机内可调元件，如磁芯、磁帽、可变电阻、可变电容等，否则会造成那些本来无故障部位发生失常，影响整机性能。

(17) 检修时若要更换元器件，要求所用元器件必须为正品元器件或经测试合格后才能使用。焊接元器件时，必须先切断电视机电源，并注意避免烫伤塑料线、塑料外壳，更不能烫伤电源线。

(18) 在更换集成电路或场效应管时，一定要在电视机断电的条件下进行操作。焊接用的电烙铁要求外壳不应带电，一般可将电烙铁的外壳接地，或焊接时临时将电烙铁的电源插头从插座上拔下。电烙铁的功率一般应在 20～35W 为宜。在拆卸损坏或被怀疑损坏的集成电路时，应先用吸锡器或吸锡绳(即屏蔽线外层的金属编织层)将各引脚上的锡吸附干净，然后再将集成电路拔取下来。也可用适当大小的医用注射针头，将集成电路各个引脚周围的焊锡掏空，然后用小起子将集成电路慢慢撬下，更换新集成电路时，一定要注意插入方向(即集成电路上的缺口朝向)，切莫焊错，否则将前功尽弃，甚至损坏新的集成电路。另应注意，在更换时，一般应采用型号完全相同的新集成电路取代已损坏的集成电路，只有在同型号集成电路无法找到的情况下,才考虑用功能相近的来代换。这时,集成电路的外围电路也要作相应的改变。

(19) 晶体管损坏时,应换以相同型号的晶体管,或选用晶体管代换表中所列的晶体管。更换大功率晶体管时,要特别注意其反向击穿电压、电流放大倍数、饱和压降和外形(即安装条件)等是否达到电路要求。更换小功率晶体管时,应注意其反向击穿电压、截止频率、电流放大倍数和最大工作电流等参数是否符合要求。同时还要注意不同生产厂家的晶体管管脚排列位置是否一致。当高耐压晶体管(如行输出管、电源开关管等)与散热片之间的绝缘薄膜需要更换时,应采用专用绝缘薄膜或其他有足够耐压的薄膜来替代,以防击穿。

(20) 当发现有电阻被烧坏时,一定要查明烧坏的原因,不要盲目更换电阻,更不能因此而换用大功率电阻,而应用同类型、同规格的电阻来代换,以防止故障隐患被隐蔽。保险丝电阻切不可用一般电阻替代,以免失去保护作用。当更换电路板上的大功率电阻时,一般应让电阻离开电路板 10mm 左右;而更换小功率电阻时,应紧贴印刷电路板安装。

(21) 更换高、中频电路的退耦电容时,可用同型号或容量大些的高频瓷介质电容。对于高、中频调谐回路中的电容,则一定要用同型号同规格的电容来更换,并要求保持与它相连回路的位置和参数不变。低频滤波电容可用同耐压、同容量的电容更换,如果安装条件允许,也可以选用高耐压、高容量的电容来更换。对于有极性电容器的更换,要注意正、负极性不要插错。

(22) 在更换振荡和延迟回路中的电感线圈时,除要求电感量与原来保持一致外,还要求保持与它相连回路的位置和参数不变。

(23) 当故障修复后还要注意检查,凡留有过热痕迹的元器件,需要全部更换。焊接结束后,会有溢出的焊锡和松香粘在印刷电路板上,要用刀子和刷子除去,保证清洁。一般不宜采用焊锡膏焊接,因为焊锡膏在高压下会导电,且会腐蚀印刷电路板和元器件。

(24) 有些彩色电视机电源部分的"热地线"和主电路板部分的"冷地线"分开,检修时要连接好相应的"地线",以免测量结果不对,且两部分"地线"不宜短路。

(25) 在原理图和元器件表中有阴影部分和做有 ⚠ 记号者,表示是属于对安全很重要的特殊性质的元器件。在更换时,应使用与原电路中完全相同的或者元器件表中指定的元器件。

(26) 需要用外部信号检查彩色电视机时,应采用交流耦合。

(27) 检修过的彩色电视机,应把所有拆过的元器件、连线、屏蔽罩、散热器、缺口等恢复原样,并保证焊接质量。螺丝、螺母也应按原样放置并旋紧。

(28) 检修结束后,应通电作一次全面检查,确认没有问题后,再盖上后盖。装配好后,应对外露的金属件(如天线、频道选择钮、金属机壳、螺钉头、耳机插孔和控制器轴等)进行一次绝缘检查,以确保电视机的使用安全。

3.3 常用元器件简介及好坏判断

彩电是一个很好的复杂电路系统平台,它包含电类专业学过的所有电路形式:有线、无线电路,高频、低频、脉冲电路,编码、解码电路,高压、低压电路,等等。其中模拟电路包括:放大、衰减、耦合、退耦、升压、降压、带通、吸收、混频、检波、整流、振荡、隔离、调制、解调、合成、分离、扫描、CRT 显示等功能电路;数字电路包括遥控器电路中的 MCU、数字编码、红外收发、键盘扫描、LED 数码管显示等功能电路。功能模块包括电源电路、高频调谐(公共通道)、伴音电路、行、场扫描电路、色处理电路、亮度控制电路、显像管外围电路、遥控电路,等等。

彩电中使用的元器件有各种类型的电阻 R、电感 L、电容 C、二极管 D、晶体管 V、集成电路 IC,晶体振荡器、声表面波滤波器、延迟线、扬声器、显像管、变压器、红外发射接收对管、数码管、微处理器,等等。这里主要对一些常用的元器件进行介绍,常用的元器件有电阻、电容、电感,各类二极管和晶体管,各类集成电路,等等,可以分成许许多多类型和系列。

元器件是构成电路系统的最基本单元,任何电路系统都是由各种元器件按照不同的结构形式连接而成。元器件种类众多,而每一类元器件按照其参数、性能、功能、结构、原理、工艺、材料等因素不同,分成不同的系列,每个系列往往还可以按不同特点进行细分。例如最简单最基本的元器件电阻,按材料分就有碳膜电阻、金属膜电阻、线绕电阻、水泥电阻等。按功率分有 1/16W、1/8W、1/4W、1/2W、1W、2W 以上的大功率电阻等。按结构有固定电阻和可变电阻,固定电阻有各类普通电阻,贴片电阻,排阻等;根据性能还有热敏电阻、光敏电阻、压敏电阻等,根据温度系数有正温度系数 PTC 电阻、负温度系数 NTC 电阻保护电阻等。

3.3.1 电阻器

电阻器(resistor)是我们在看电路过程中能够看到的最多的最基本的电路元器件之一,几乎所有的电路中都有它的存在。在彩色电视机中,电阻的用量占相当大的比例,使用的种类也比较多,主要有碳膜电阻、金属膜电阻、氧化膜电阻、线绕水泥电阻、热敏电阻、保险丝电阻(熔断电阻)等,其中碳膜电阻用得最多。

1. 电阻器基本知识

电阻器是一种对电流流动具有一定阻挡力的元件,简称电阻。电阻的阻值越大,阻碍作用越大。通常用字母 R 来表示,它是电子电路中最常用的元器件之一。它们在电路中的作用有:限流、降压、分压、保护、启动、去耦等。

电阻器在电路图中的符号表示如图 3.3 所示,国内表示法和国际表示法有所区别。

(a) 固定电阻(国内) (b) 固定电阻(国外) (c) 可调电阻(国内)(d) 可调电阻(国外) (e) 电位器(国内) (f) 电位器(国外)

图 3.3　电阻器在电路图中的符号

电阻的标准单位为 Ω(欧姆),此外为了方便还常用 kΩ、MΩ 来表示,电阻的阻值一般可以从零点几欧姆(Ω)到几十千欧(kΩ)甚至几百兆欧(MΩ)。它们的换算关系为:
$$1k\Omega = 1000\Omega, \quad 1M\Omega = 1\,000\,000\Omega$$

在电子线路图中,电阻的单位 Ω 常常省略不标出,如 33k、10M、100 等,这是我们在看电路图的时候是要注意的。

2. 电阻器的分类与命名

在电路中实际使用的电阻器按其外形及制作材料分类有金属膜电阻、碳膜电阻、线绕电阻、水泥电阻、无感电阻、热敏电阻、压敏电阻、贴片电阻等,下面分别作一些具体的介绍。

碳膜电阻和金属膜电阻是在绝缘的陶瓷管上镀一层极薄的导电碳膜或金属膜制成的。导电膜外涂有保护油漆并印有色环,以表示其阻值的大小。其中金属膜电阻的阻值受温度影响小、稳定度较高,但售价也比碳膜电阻略贵。

线绕电阻是用镍铬丝或康铜丝在陶瓷管上绕制而成,外面一般涂有黑色保护漆,电阻值通常直接印在保护漆外面。这种电阻工作稳定可靠,误差较小,耐温较高,一般用于大功率高精度场合。但由于电阻丝绕制成线圈状在高频应用环境下会有电感效应,所以在高频环境下一般不使用这类电阻。非用不可时也有用双线绕制法来减少其电感效应。

如果按照阻值是否可变来分,电阻器又可分为固定电阻、可变电阻和微调电阻等数种。

固定电阻是指电阻阻值固定的电阻器,常用型号有 RTX 型(小型碳膜固定电阻器)和 RJ 型(金属膜固定电阻器)。它们的外形如图 3.4 所示。

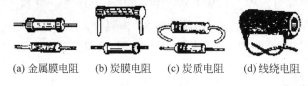

(a) 金属膜电阻　　(b) 炭膜电阻　　(c) 炭质电阻　　(d) 线绕电阻

图 3.4　常见固定电阻外形

可变电阻又叫电位器,使用时其电阻值在一定的范围内可以改变。它用在需要经常调整电阻值的地方,常见的有旋转式和滑杆(直线)式两种,它们的外形如图 3.5 所示。

(a) 旋转式　　　　(b) 直划式　　　　(c) 拉杆式

图 3.5　常见电位器外形

这种可变电阻实际上是在一个固定电阻器的中间引出一个位置可以任意改变的引脚。这样一来,如果在这个电阻器的两端加上一个固定的电压,那么只要调节引脚的位置,就能够改变这个引脚上引出的电位,所以又叫做电位器。

电位器按调节时阻值的变化规律有指数式、对数式和直线式三种,它们分别用 Z、D、X 来表示。指数式电位器在刚开始调节时其阻值变化较慢,以后变化越来越快,变化规律成指数状。这种电位器常用在音响设备的音量控制调节电路上。这是因为人耳在音量较小的情况下对音量变化比较敏感;但音量达到一定响度时,人耳感觉就比较迟钝。所以用指数式电位器调节音量,正好适应了人耳的听觉特点。而对数式电位器的变化规律刚好与指数式电位器相反,其阻值在刚开始调节时变化较快,以后变化越来越慢,它常用于音响设备的音调控制电路中。直线式电位器在调节时其阻值的变化是均匀的,主要用在一些仪器仪表电路里。

微调电阻器又叫半可变电阻或可调电阻,它的体积通常很小,用在需要调整但又不是经常调整阻值的电路中。它的变化规律一般都是直线式的,结构也以碳膜型居多。图3.6是微调电阻器的外形。

图3.6 微调电阻的外形

电阻器的型号命名一般至少包括四部分内容,每一部分的含义如表3.5所示。

表3.5 电阻器和电位器的型号命名法

第一部分		第二部分		第三部分		第四部分
用字母表示名称		用字母表示材料		用数字或字母表示分类		用数字表示序号
符号	意义	符号	意义	符号	意义	
R W	电阻器 电位器	T	碳膜	1	普通	
		P	硼碳膜	2	普通	
		U	硅碳膜	3	超高频	
		H	合成膜	4	高阻	
		I	玻璃釉膜	5	高温	
		J	金属膜(箔)	6	精密	
		Y	氧化膜	7	精密	
		S	有机实芯	8	高压或特殊函数	
		N	无机实芯	9	特殊	
		X	线绕	G	高功率	
		R	热敏	T	可调	
		G	光敏	X	小型	
		M	压敏	L	测量用	
				W	微调	
				D	多圈	

3. 电阻器的标称值和读值方法

1)直标法

直标法就是直接用字母、数字或符号把电阻的标称值和容许偏差印在电阻表面上。规定用 Ω 表示欧,用 kΩ 表示千欧,用 MΩ 表示兆欧(在一些电路中 Ω 有时省略)。电阻器的容许偏差用百分数表示。为便于生产和使用标准化,国家规定了电路中使用电阻的各种标称值和三种误差等级,不同等级误差的电阻器有不同数目的标称值,如表3.6所示。

2)文字符号法

这种表示方法是将电阻的标称阻值和容许偏差用文字、数字符号或两者有规律的组合起来,标志在电阻表面上。如 2k7 表示 2.7kΩ,5M6 表示 5.6MΩ 等。

表3.6 不同电阻器的标称阻值系列

系列	容许偏差	电 阻 值
E24	±5%(一级)	1.0 1.1 1.2 1.3 1.4 1.5 1.6 1.8 2.0 2.2 2.4 2.7 3.0 3.3 3.6 3.9 4.0 4.3 4.7 5.1 5.6 6.2 6.8 7.5 8.2 9.1
E12	±10%(二级)	1.0 1.2 1.5 1.8 2.2 2.7 3.3 3.9 4.7 5.6 6.8 8.2
E6	±20%(三级)	1.0 1.5 2.2 3.3 4.7 6.8

注:表中数字乘以 10^0、10^1、10^2、…可得出各种标称阻值,单位:Ω

3）数字法

一些体积比较小的可变电阻器，其外壳上所印的数字往往是一个三位数。如果这个三位数的第三位不是零，如 102,473 等，那么它的阻值读数从左到右以左边第一位为十位数，第二位为个位数，再乘以第三位数字表示的 10 的次方数（如第三位数是 3，就乘以 10 的 3 次方，即 1000），单位是欧姆（Ω）。这样，上面的 102 就表示 $10 \times 100 = 1000\Omega$，473 表示 $47 \times 1000 = 47\,000\Omega$，即 47kΩ。

4）色标法

在电路中看到的 RTX 型碳膜电阻通常用 4~5 条色环和色点来表示电阻器的标称阻值及容许偏差。我国彩色电视机中一般都采用四色环电阻，每一种颜色代表一个数字。按照国家标准规定，从电阻的某一端开始，通常标有四道或五道色环，分别称为第一、第二、第三、第四、第五色环（较靠近某一引脚的色环为第一色环）。有四道色环的电阻我们称为"四色环电阻"，有五道色环的电阻我们称为"五色环电阻"。

对于有四个色环标志的电阻，读出阻值的方法为：以第一环为十位数，第二环为个位数，再乘以第三环所表示的 10 的次方数，单位是欧姆。后面的第四环表示该电阻的误差范围。对于有五个色环标志的电阻，读出阻值的方法为：以第一环为百位数，第二环为十位数，第三环为个位数，再乘以第四环所表示的 10 的乘方数，单位是欧姆。第五环表示该电阻的误差范围。金、银既表示 ±5%、±10%，又表示 0.1 和 0.01。只有当第三环（四色环电阻）或第四环（五色环电阻）出现金、银色时，这两种颜色才分别表示 0.1 和 0.01，表示有效数字的数值要乘以 0.1 或 0.01。用色标法表示的标称电阻值，以"Ω"为单位，然后可换算为"kΩ"或"MΩ"。

四色环电阻可按表 3.7 识别。

五色环电阻可按表 3.8 识别。

表 3.7　四色环电阻表示法

颜色	第一有效数	第二有效数	倍率	容许偏差
黑	0	0	10^0	
棕	1	1	10^1	
红	2	2	10^2	
橙	3	3	10^3	
黄	4	4	10^4	
绿	5	5	10^5	
蓝	6	6	10^6	
紫	7	7	10^7	
灰	8	8	10^8	
白	9	9	10^9	±20%~±50%
金			10^{-1}	±5%
银			10^{-2}	±10%
无色				±20%

表 3.8　五色环电阻表示法

颜色	第一有效数	第二有效数	第三有效数	倍率	容许偏差
黑	0	0	0	10^0	
棕	1	1	1	10^1	$\pm 1\%$
红	2	2	2	10^2	
橙	3	3	3	10^3	
黄	4	4	4	10^4	
绿	5	5	5	10^5	$\pm 0.5\%$
蓝	6	6	6	10^6	$\pm 0.25\%$
紫	7	7	7	10^7	$\pm 0.1\%$
灰	8	8	8	10^8	
白	9	9	9	10^9	
金				10^{-1}	
银				10^{-2}	
无色					

下面举两个例子：

（1）某一电阻在电阻体的一端标以四个彩色环，电阻的色标是由左向右排列的，分别为红、紫、橙、银，如图 3.7(a)所示，那么它的电阻值为 27 000Ω，误差为 10％。

（2）高精密度的电阻器通常采用五个色环标志来表示。第一至第 3 色环表示电阻的有效数字，第 4 色环表示倍乘数，第 5 色环表示容许偏差，如图 3.7(b)所表示的电阻其色环排列为棕、紫、绿、金、棕，表示阻值和误差为 17.5Ω±1％。

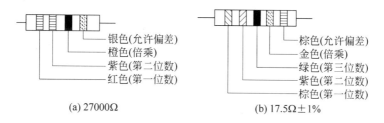

(a) 27000Ω　　　　　(b) 17.5Ω±1%

图 3.7　色环电阻识别示例

4. 电阻器的主要性能指标

对于一个在电路中应用的电阻器（包括固定电阻，可变电阻器和电位器）来说，主要的电气性能指标有标称阻值、误差、额定功率、最高工作电压和高频特性等。关于标称阻值和误差前已述及，下面主要介绍额定功率、最高工作电压和高频特性。

电阻器的额定功率是指电阻器在大气压力为(99.99±4)×103 帕斯卡(750±30 毫米水银柱)和在规定的温度条件下，长期连续满负荷运行所容许消耗的最大功率。单位是"瓦"，用字母"W"表示。当电流通过电阻时，由于电流的热效应，电能将转变为热能被消耗，当消耗功率过大，超过电阻器的额定功率时，电阻器就会因过热而被烧毁损坏。所以在选用电阻器时，不仅要注意电阻阻值的大小，也要看电路中的功率要求。我们可以根据电阻在电路中的具体情况计算出电阻 R 上流过的电流 I 和电阻两端的电压 U，按照欧姆定律：

$$I = U/R \quad \text{或} \quad U = IR$$

可以知道，通过电阻上的电流等于电压除以电阻。加在电阻上的功率等于降在电阻上的电

压和流过电阻上的电流之乘积,即

$$P = UI$$

可以求得计算功率 P 的公式:

$$P = I^2 \cdot R \quad 或 \quad P = U^2/R$$

以此来计算出该电阻在电路中所承受的实际功率,以选择适当功率大小的电阻。例如对于 12V 的直流工作电压,加到 12Ω 的电阻上,将流过 1 安培(A)的电流,降在电阻上的压降 12V,消耗在电阻上的功率 12W。若加到一个 $12k\Omega$ 的电阻上,流过电阻的电流是 1mA,消耗在电阻上的功率是 12mW。

电阻器和电位器的额定功率如表 3.9 所示。

表 3.9 电阻器和电位器的额定功率

种类	额定功率系列
线绕电阻	0.05 0.125 0.25 0.5 1 2 4 8 10 16 25 40 50 75 100 150 250 500
非线绕电阻	0.05 0.125 0.25 0.5 1 2 5 10 25 50 100
线绕电位器	0.25 0.5 1 1.6 2 3 5 10 16 25 40 63 100
非线绕电位器	0.025 0.05 0.1 0.25 0.5 1 2 3

通常小功率电阻的功率标称值有 1/16W、1/8W、1/4W,功率大一点的有 1W、2W、10W 等。实际使用时应该留有余量,我们应选择额定功率比所需功率稍大一些的电阻,以保证安全可靠运行。在看电路图的时候,电路图中所表明电阻标称功率的符号如图 3.8 所示。

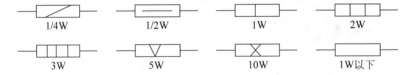

图 3.8 电阻器额定功率的表示

常用的碳膜电阻和金属膜电阻的额定功率通常可以由其体积大小来判断:一般来说电阻的体积越大,其额定功率也就越大。具体可见表 3.10。

表 3.10 电阻功率与体积大小

额定功率/W	碳膜电阻		金属膜电阻	
	长度/mm	直径/mm	长度/mm	直径/mm
1/8	11	3.9	7	2
1/4	18.5	5.5	8	2.5
1/2	28	5.5	10.8	4.2
1	30.5	7.2	13.0	6.6
2	48.5	9.5	18.5	8.6

最高工作电压是指能够使电阻器长期工作而不发生过热或电击穿损坏时的最高电压值。如果电阻的工作电压超过这个规定值,电阻器内部就会产生火花,引起噪声,甚至击穿损坏,如表 3.11 所示。

表 3.11　电阻器的功率与最高工作电压

标称功率/W	1/16	1/8	1/4	1/2	1	2
最高工作电压/V	100	150	350	500	750	1000

高频特性：电阻器在高频电路中使用时，要考虑其固有电感和固有电容对电路产生的影响。这时，电路中的电阻器将等效为一个直流电阻与一个分布电感相串联，然后再与分布电容并联的等效电路。根据统计，非线绕电阻器的分布电感 $L_R=(0.01\sim0.05)$ 微亨，分布电容 $C_R=(0.1\sim5)$ 皮法；线绕电阻器的 L_R 可达几十微亨，C_R 可达几十皮法，即使是无感绕法的线绕电阻器，其分布电感 L_R 仍有零点几微亨。因此，在电路中选用电阻器时要注意它的使用的场合，如果是高频电路，则应选用电感小的电阻(非绕线电阻)或无感电阻器。

5. 电阻的作用和使用方法

电阻在电路中应用广泛，其常见作用有：

(1) 降压：电阻与其他元器件串联，可起到降低其他元器件上电压的作用。

(2) 分流：电阻与其他元器件并联，可从总电流中分去部分电流，使这些元器件中的电流减小。

(3) 限流：为了限制某个元器件的工作电流，也可用电阻与它串联，以确保该元器件的电流在安全范围内。例如发光二极管电路中通常都接有限流电阻。

(4) 建立电路图中需要的特定数值的电压或电流。例如，选用适当的电阻可以使晶体三极管放大电路建立合适的静态工作点(电流 I_C、电压 V_{CE} 等)。

(5) 可以提供偏置、分压、采样、传递信号、进行比较等多种用途。

在根据电路需要选用电阻器时，如果手头上一时没有合适的阻值的电阻器，我们可以用已有的电阻器通过串联、并联等方法来得到所需的电阻值。电阻串、并联阻值的计算方法如下：

如果有 n 个电阻相串联，那么串联后的总电阻值等于各电阻阻值之和，即

$$R=R_1+R_2+R_3+\cdots+R_n$$

如果有 n 个电阻相并联，那么并联后的总电阻值为每一个电阻的阻值倒数之和的倒数，即

$$R=1/(1/R_1+1/R_2+1/R_3+\cdots+1/R_n)$$

电路中电阻器串联、并联后的额定功率可以这样来考虑确定：即在这些串联或并联在一起的电阻中，有任何一个电阻首先达到其额定功率时，所对应的总电阻的功率就是串、并联后总电阻的额定功率。例如一个 $20\Omega1W$ 的电阻和一个 $40\Omega1W$ 的电阻相串联，根据 $P=I^2\cdot R$ 可以算出前者的额定功率时的最大电流为 0.22A，后者的额定功率时的最大电流为 0.16A，因为串联电路中各电阻电流相等，所以后者先达到额定功率，那么总电阻的额定功率就是当 $40\Omega1W$ 的电阻达到 1W 时总电阻的功率，即电路中的电流为 0.16A 时总电阻的功率为 $P=0.16^2\times(20+40)=1.536(W)$。并联时也是一样，只不过应注意根据各支路电压相等来计算。

6. 电阻好坏的判断

判断电阻的好坏时，首先应从其外观上进行判别，观察电阻表面涂层是否变色，有无损伤，以及通电后的发热情况等。因为电阻烧毁时，表面往往发黑或变色。然后再用万用表测量其阻值，若阻值在误差范围以内就可以认为是好的。电阻损坏一般是开路或阻值变大，特

别是保险丝电阻尤其容易损坏。在线测量电阻时，只要实际测量值明显大于图纸标称值，即可判定此电阻开路。

3.3.2 电容器

和电阻器一样，电容器(capacitor)也是我们在看电路过程中看到的最多的最基本的电路元器件之一，几乎所有的电路中都有它的存在。彩色电视机中使用的电容器种类较多，主要有陶瓷、涤纶、聚丙烯、铝电解、钽电解等电容器，可以分为固定电容器和可变电容器，实际应用中绝大多数都是固定电容。

1. 电容器基本知识

电路中经常使用的电容器是一种具有储存电荷能力的电子元器件，或者说是一种存放电荷的容器。所以我们把它叫做电容器，简称电容，用字母 C 来表示。电容器通常由两个导电的极板和夹在中间的绝缘介质组成，它是通过内部这两个极板的充电和放电来实现电荷的储存和泄放的。电容器在电路中表现出的最基本的特性是"通交流，隔直流"，因此在电路中电容器常被用来实现信号耦合、交流旁路、电源滤波等。

电容器在电子电路图中的电路符号国内表示法和国际表示法基本相同，也就是普通电容器符号在国内和国际上各种电路图中的表示都差不多。唯一的区别就是在有极性的电容器上有所不同，如图 3.9 所示。

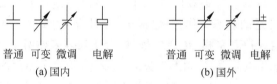

普通 可变 微调 电解　　　　普通 可变 微调 电解
(a) 国内　　　　　　　　　　(b) 国外
图 3.9 电容的符号

电容器容量的基本单位是 F(法拉)，此外还有 μF(微法拉)、pF(皮法拉)，由于电容 F 是一个很大的单位，所以我们看到的一般都是 μF、pF 的单位，而不是 F 的单位。它们的具体换算如下：

$$1F = 1\,000\,000\mu F$$
$$1\mu F = 1\,000\,000 pF$$

2. 电容器的分类与命名

电容有瓷片电容、独石电容、钽电容、电解电容、涤纶电容、金属膜电容等。

电路图中的电容器如果按其有无极性来区分，则可分为无极性电容器和有极性电容器两种。无极性电容器的两个引脚在电路中连接时可以任意调换连接，而有极性的电容器的引脚分为正极和负极，在电路连接中不能接反，否则会引起电路故障甚至发生危险。在有极性电容器的电路符号中，方框一边为正极，另一端是负极。有极性电容器的极性识别方法是看外壳上面的标识，一般的极性电容器外壳上都有标出容量、耐压和正负极。也有用引脚的长短来区别正负极的，通常长脚为正，短脚为负。极性电容的外形如图 3.10 所示。

如果我们按照电容器极板之间所用的绝缘介质的不同来对电容器进行分类，那么电容器的种类又可以分为 CBB(聚乙烯)电容器、涤纶电容器、瓷片电容器、云母电容器、独石电容器、电解电容器、钽电容器等。不同种类的电容器其用途也不同，如表 3.12 所示，是各种电容器的不同点及优缺点比较。

各种介质的电容器的外形如图 3.11 所示。

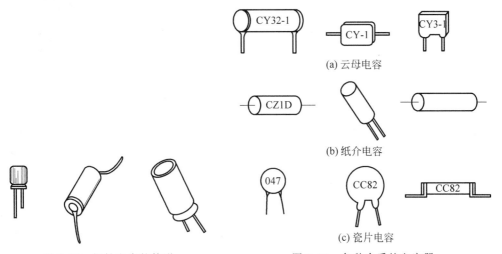

(a) 云母电容

(b) 纸介电容

(c) 瓷片电容

图 3.10 极性电容的外形　　　　　图 3.11 各种介质的电容器

表 3.12 常用电容器优缺点比较

名称	极性	结　　构	优　　点	缺　　点
无感 CBB 电容	无	2 层聚丙乙烯塑料和 2 层金属箔交替夹杂然后捆绑而成	无感,高频特性好,体积较小	不适合做大容量,价格比较高,耐热性能较差
CBB 电容	无	2 层聚乙烯塑料和 2 层金属箔交替夹杂然后捆绑而成	有感,高频特性好,体积较小	
瓷片电容	无	薄瓷片两面渡金属膜银而成	体积小,耐压高,价格低,频率高(有一种是高频电容)	易碎,容量低
云母电容	无	云母片上镀两层金属薄膜	容易生产,技术含量低	体积大,容量小
独石电容	无		体积比 CBB 更小,其他同 CBB,有感	
电解电容	有	两片铝带和两层绝缘膜相互层叠,转捆后浸泡在电解液(酸性合成溶液)中	容量大	高频特性不好,漏电流大
钽电容	有	用金属钽作为正极,在电解质外喷上金属作为负极	稳定性好,容量大,高频特性好	造价高(一般用于关键地方)

如果按照在使用中电容器的容量能否改变来分类,又可分为固定电容器、可变电容器和半可变电容器等几种。固定电容器在制作时根据国家标准规定的容量确定好极板的尺寸,选定绝缘介质的材料,按照有关工艺制造出固定容量的电容器。这种电容器一旦做好其容量就不能再改变,所以称为固定电容器。可变电容器常由动片、定片和绝缘介质组成,改变动片和定片的相对覆盖面积,即可改变其电容量。可变电容器常用于收音机的调谐电路中,根据绝缘介质的不同又有空气可变电容器和有机膜密封可变电容器之分,如图 3.12 所示。

可变电容器又有单联、双联、三联、四联之分。所谓双联(或三联、四联)可变电容器是指两只(或三只、四只)可变电容器采用同一个旋转轴联动进行调节容量。超外差式收音机一般采用双联可变电容器。若要用单联电容器,也可以只采用双联(三联、四联)的其中一联,另一联不用就是了。可变电容器的容量变化范围,不同型号有所不同,常用的 CBM-202B 薄膜介质可变电容器容量变化范围为 5～270pF;CBM-203B1 变化范围为 6～260pF 等。空气介质的可变电容器体积较大,因此在实际电路中应用较少。

(a) 空气单联　　　(b) 密封单联

(c) 空气双联　　　(d) 密封双联

图 3.12　可变电容的外形

半可变电容器也叫微调电容器,它的常见外形如图 3.13 所示。常见的类型有陶瓷拉线电容、薄膜介质微调电容和瓷介质微调电容。陶瓷拉线电容拉线未拉出时电容量最大;拉出并剪断部分拉线,则电容量下降。薄膜介质微调电容用小螺丝刀调节电容量大小。微调电容的容量不大,常用在收音机的调谐或振荡电路中。这种电容器的规格常采用其最小电容量与最大电容量之比来表示,微调电容器的常用的容量规格有 3/10pF,5/20pF,5/25pF 等几种。

图 3.13　微调电容器外形图

电容器的型号命名一般至少包括三部分内容,各部分的含义如表 3.13 所示。

表 3.13　电容器的型号命名含义

第一部分		第二部分		第三部分	
主称(用字母表示)		材料(用字母表示)		分类(用数字表示)	
符号	意义	符号	意义	符号	意义
C	电容器	C	高频瓷	1	圆片(瓷片)
		T	低频瓷		非密封(云母)
		I	玻璃釉	2	箔式(电解)
		O	玻璃膜		管形(瓷片)
		Y	云母		非密封(云母)
		V	云母纸		箔式(电解)
		Z	纸介	3	迭式(瓷片)
		J	金属化纸		密封(云母)
		B	聚苯乙烯		烧结粉固体
		L	涤纶		(电解)
		Q	漆膜	4	密封(云母)
		H	复合介质		烧结粉固体
		D	铝电解		(电解)
		A	钽电解	5	穿心(瓷介)
		N	铌电解	6	支柱(瓷介)
		G	合金电解	7	无极性(电解)
		E	其他材料电解	8	高压
				9	高功率

3. 电容器的标称值和读值方法

电路图中经常看到的电容器其参数的表示是有规定标准的,这些描述电容器性能的数据有不同的表示方法,下面我们就来介绍这些表示方法。

1) 直接表示法(直标法)

这是一种把电容器的型号、规格直接用数字或字母表示在外壳上的方法。有些小型电容器由于体积限制,不可能标出很多内容,但其电容量是一定标明的。电容器的电容量用1～4位数字直接表示,容量单位一般为 pF,若用小数表示,单位通常为 μF。如 330 为330pF,3 为 3pF,0.1 为 0.1μF,0.047 为 0.047μF。而对于像 474,333,101 等这些末位数字不为 0 的标注值,则最后一位数字代表零的个数,单位仍为 pF,如 474 则代表 47 后面有4 个 0,即 474＝470 000pF＝0.47μF,同样 333＝33 000pF＝0.033μF,101＝100pF,依此类推,一般小电容器的容量标志常采用这种方法。

另外如电解电容器,由于其体积比较大,一般都将其电容量、单位、耐压值等数据都直接在其外壳上标注出来。

2) 色码表示法(色标法)

有些厂家也采用这种表示法来标志电容器的电容量。在我国彩色电视机中所用的电容器一般都采用直标法标志。具体方法是沿电容引线的方向,用不同的颜色表示不同的数字,颜色排列的第一、二位的不同颜色表示它的电容量的有效值,第三位的颜色表示有效数字后面零的个数(单位为 pF),每种颜色所代表的意义与电阻相同:黑＝0、棕＝1、红＝2、橙＝3、黄＝4、绿＝5、蓝＝6、紫＝7、灰＝8、白＝9。计算方法也与电阻相同,这里不再赘述。

4. 电容器的主要性能指标

电路中使用的电容器的主要电气性能指标有标称电容量、耐压值、标称误差和绝缘电阻等几项。下面主要介绍耐压值、标称误差和绝缘电阻。

1) 耐压值

每一个电容器都有它的耐压值,这是电容器的重要参数之一,它表明电容器能安全工作的电压范围。电容器接在电路中工作时,它的两端将承受一定的电压。当这个电压的值大到一定的程度时,它的两个极板之间的绝缘物质就有可能承受不了时,电容器就会被击穿损坏。电容器在某个直流电压下能够长时间正常工作,而不被击穿的最大值就是这个电容器的额定直流工作电压(简称耐压)。普通无极性电容器的标称耐压值有 63V、100V、160V、250V、400V、600V、1000V 等几挡;有极性电容器的耐压值相对要比无极性电容器的耐压值要低,常用的标称耐压值有 4V、6.3V、10V、16V、25V、35V、50V、63V、80V、100V、220V、400V 等几挡。在电路中使用时要注意电容器两端实际受到的电压千万不能超过其耐压值。

2) 标称误差

在电路中使用的电容器的标称容量和它的实际容量之间会有一定的误差,这是由电容器制作工艺确定的。具体测算的方法是采用抽样法来实现的:即我们在同一批相同标称容量的电容器中,找出一个和该标称容量值相差最大的电容器,测出它的实际容量大小,求出它和标称容量值之间的差值,将这个差值除以标称容量值并取其百分数,这个百分数就代表这一批电容器的误差范围。在电路中常用的固定电容器的允许误差的等级如表 3.14 所示。

表 3.14 常用固定电容器的允许误差的等级

级别	0	Ⅰ	Ⅱ	Ⅲ	Ⅳ	Ⅴ	Ⅵ
允许误差	±2%	±5%	±10%	±20%	（+20%～30%）	（+50%～−20%）	（+100%～−10%）

3) 绝缘电阻

理想的电容器它的两个极板之间是绝对绝缘的,不可能流过直流电。但是实际的电容器,在其两端加上一定的直流电压时,往往会有一个很小的漏电流流过此电容器,这个电流被称为电容器的漏电流。当一个直流电压加在电容器上经过一定时间后,电容器的漏电流就会达到稳定状态,用此时电容器两端所加的直流电压值除以这个漏电流的大小,就可以求出该电容器的绝缘电阻。不同的容量的电容器,其漏电流的大小也是不相同的。一般正常的电容器的漏电流都是非常小的,常常只有微安级,或者更小,因此在大多数情况下都能够作为理想电容器来使用。电容器的耐压高低和漏电流大小主要取决于组成电容器的两块金属极板之间的绝缘介质的性能。

5. 电容器在电路中的作用和使用方法

电容器在电路中应用很广,由于电容器上的电压不能突变,因此常用来隔直、耦合、退耦、滤波、谐振、储能等。在电路中它起的主要作用有:

(1) 充放电和延时作用:如果把电容器两端分别接到一个电池的正、负极上,那么接电池正极的那个电容器极板上的电子(负电荷)就会被电池正极所吸引而流走,这个极板因损失电子破坏了电中性而带上正电荷;同样在电场力的作用下,电池的负极(有负电荷)又把电子送到电容器另一端的金属电极板上,使它带上负电荷。这种现象就叫做电容器的"充电"。充电的时候,电路里就有电流流动。充好电的电容,如果用一个电阻和导线把它的正、负极板连接起来,形成一个回路,电子由带负电的极板跑回带正电的极板,则正负电荷通过外加的电路相互抵消,这种现象叫做"放电",放电的时候电路里有与充电时相反方向的电流流动。

电路中充、放电的快慢与电路中的电容器的电容量、电阻值大小有关,电路中电阻 R 越大,对电荷流动的阻碍越大,充放电过程就进行得越缓慢。同样,电路中的电容量 C 越大,能容纳更多的电荷,充放电过程也越慢。我们把电路中电阻值 R 和电容量 C 的乘积定义为电路的时间常数 τ:

$$\tau = RC$$

τ 是衡量电阻电容电路充放电快慢的物理量。

充电时,随着电容极板电荷的充入,电容两端的电位差也随之变大;放电时,随着电荷的放掉,电容两端的电位差也随之下降。因此,在电子电路中利用改变电阻 R 和电容 C 的大小,可以直接控制充放电的快慢,进而控制电路中某两点电位差建立和消失的时间,以达到延时和定时控制的目的。

(2) 通交流隔直流作用:如果将电容器的两个极板接上交流电源,我们知道交流电源的极性是在不断地变化的,因此迫使电容器的两极板交替不断地充电和放电。两种方向(充电和放电)的电流也就交替地在电路中流动,这就是电容器能通过交流电的原理。由于电容器具有能顺利地通过交流这个特性,因此在传递交流信号的场合,常常被称为耦合电容(与其他元件串联时)或旁路电容(与其他元件并联时)。

其实电容器在传递交流电时对交流也有一定的阻碍作用,其阻碍作用的大小用 X_C 来表示,在电路原理中称为容抗。它和电阻具有相同的单位欧姆(Ω)。电容元件中交流电流的有效值 I_C 与电容两端电压有效值 U_C 之间的关系为:

$$U_C = X_C I_C$$

式中,

$$X_C = 1/2\pi fC$$

称为电容器的容抗,其中 f 为流过电容器交流电的频率,单位是赫兹(Hz),C 为电容器的电容量,单位是法拉(F)。可见对某一个电容器来说,交流电的频率越高,它所表现出的容抗越小,对交流电的阻碍作用也就越小。当频率 $f=0$ 时(相当于直流),电容器的容抗表现为无穷大,即"隔直流"作用。

如果在某个电路中同时存在着交流和直流,则当电容两极板所充的电压与直流电源电压相等时,电路中的直流电流被隔断,剩下的仅是交流电源充放电作用形成的交流电流通过电容。利用此性质,电容常用作交流滤波。

电容器在电路中除了具有延时、耦合、旁路、隔直、滤波作用外,还有其他用途。例如与电感元件 L 构成 LC 调谐回路,与电阻构成 RC 移相回路以及退耦,消振等作用,这里暂不详细讨论。

在使用电容器的时候,如果手上正巧没有合适容量大小的电容器,那么也可以采用和使用电阻时相类似的方法,即通过将几个不同容量的电容器互相串联或并联的方法来得到所需容量大小的电容器。

电容器并联或串联以后,其容量的计算方法如下:

当有 n 个电容器相互并联时,并联后的总容量为各电容器容量之和:

$$C = C_1 + C_2 + C_3 + \cdots + C_n$$

当有 n 个电容器相互串联时,串联后的总容量为各电容器容量倒数之和的倒数:

$$C = 1/(1/C_1 + 1/C_2 + 1/C_3 + \cdots + 1/C_n)$$

当电路中有几个电容器串联使用或并联使用时,它们的耐压值可以这样来考虑,也就是串联或并联的这些电容器中,只要有任何一个电容首先达到它自己的耐压,那么此时的总电容的两端电压就是总电容的耐压。根据这个原则,我们可以知道在有许多电容器并联的时候,由于所有电容器的两端所承受的外电压都一样,所以总电容的耐压就等于这些并联的电容器中耐压值最小的那个电容器的耐压;电容器串联时则需要考虑各个电容器在电路中得到的分压值和各自的耐压,尤其在铝电解电容的串联时,由于其绝缘电阻较小,往往要并联上"均压电阻"才能正常工作。

6. 电容器好坏的判断

电容器的常见故障有短路击穿、开路失效、漏电、介质损耗增大或电容量减小等。根据电容充放电原理,可用万用表电阻挡来判断电容器的好坏及电容量大小。测量时,将万用表电阻挡置最高量程挡($R\times1$k 或 $R\times10$k 或 $R\times100$k),两表笔分别接电容器两端,这时指针应很快摆动一下,然后复原;再将两表笔对调测量,指针摆动的幅度更大,而后复原。这样的电容器是好的。指针摆动越大说明电容器的容量越大。这种方法适合测量 0.01μF 以上的电容器。但也要注意,在测量 10μF 以上的大容量电容器时,为防止过大的放电电流将表头指针打弯,在测量前应将电容器两极短路放电后再测量。

对于小容量电容器,由于其充放电电流很小,指针几乎不动,难以观察,这时可以在万用表与被测电容器之间加一个 NPN 型三极管,利用三极管的放大作用,将微小的充放电电流放大,使指针有较大幅度的摆动,而后复原。

如果测得电容器两端间的电阻值接近于零,说明该电容器已击穿短路,不能再使用。如果用 $R \times 10k$ 挡或 $R \times 100k$ 挡测试容量为 $0.01\mu F$ 以上的电容时,指针没有任何摆动,说明电容器内部开路。如果指针摆动后不能复原(电阻∞处)而停在某一数值上,则该数值就是此电容器的漏电电阻。好的电容器(除电解电容外)的漏电电阻都非常大(几十至几百兆欧),用万用表测不出来。电解电容有正负极之分,测量时应将指针式万用表的黑表笔(相当于万用表内电池的正极)接电容器的正极,红表笔(相当于万用表内电池的负极)接电容器的负极。这样测出的漏电电阻较大,反之则较小。另外,可利用电解电容器的这一特点来判别其正负极性。

电视中比较常见的电容故障是击穿短路现象,正反向阻值均变得很小。

3.3.3　电感器和变压器

电感器(inductor)和变压器(transformer)也是电路中经常看到的电子元器件,它们都是应用电流流过线圈时的电磁感应的原理而工作的,前者依靠线圈本身的"自感"作用工作,后者则是依靠线圈之间的"互感"工作。彩色电视机中常用的电感线圈有色码电感和色环电感。

1. 电感线圈的基本知识

电路中应用的电感线圈是用绝缘导线如漆包线、纱包线、丝包线等绕在一个绝缘支架上(也有少数不用支架的,称为脱胎线圈)制成的,在电路图中通常用字母 L 表示。电感线圈是利用电磁感应原理做成的元器件,与电容器相反,它具有阻碍交流电通过的特性。为了增加电感量,线圈常常采用铁氧体磁芯。电路图中各种线圈的电路符号见图 3.14。可以看到,不同内芯的电感线圈的电路符号不相同,图中线圈旁边的实线段表示铁芯,虚线段表示铁氧体内芯,线圈旁边没有线段则表示线圈脱胎,以空气作内芯。

空心电感　带有磁芯的电感　带有铁芯的电感　带有磁芯的微调电感

图 3.14　电路图中电感线圈的电路符号

电感线圈性能用电感量大小来描述,电感量的单位为 H(亨利)。H 的单位很大,普通电路中常用单位是 mH(毫亨)和 μH(微亨),它们与 H 的换算关系如下:

$$1H = 1000mH$$

$$1H = 1\,000\,000\mu H$$

一个线圈电感量的大小跟线圈的绕法、几何尺寸、线圈匝数以及内芯的材料等有密切的关系。一般来说,线圈匝数越多,电感量越大。在相同的匝数情况下,采用不同的内芯,电感量相差也是很大的。例如 $M \times 400$ 型铁氧体磁棒的导磁系数是空气的 400 倍左右,所以在线圈中插入 $M \times 400$ 磁芯,电感量可增大到原来的 400 倍左右。因此采用磁芯后可以大大减少线圈匝数,从而可以大大减少电能在线圈上的损失。

2. 电感线圈的分类

在电路中常用的电感线圈种类也是很多的,具体可以根据不同的分类方法来确定。如果按照电感线圈所使用的线圈芯的材料来分,则有铁芯电感线圈、铜芯电感线圈、铁氧体芯电感线圈、空心电感线圈,等等;如果按照电感线圈的绕制方法来分,则有单层式线圈、多层式线圈、密绕式线圈、间绕式线圈、脱胎式线圈、蜂房式线圈、乱绕式线圈,等等;如果按照电感线圈在电路中的用途来分又有振荡线圈、扼流线圈(阻流线圈)、滤波线圈等。在电路中常见电感线圈的外形如图 3.15 所示。

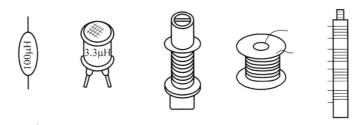

图 3.15　常见电感线圈的外形

下面具体介绍几种电路中经常遇见的电感线圈:

(1) 单层螺线管线圈:单层螺线管线圈是用漆包线在选定的管芯上绕制而成,绕好后再抽出管芯,这种绕法叫脱胎绕。这种线圈的特点是分布电容小,具有较高的品质因数。改变线圈匝与匝之间的间距可以改变这种线圈的电感量。这种线圈多用于超短波电路,如调频收音机,电视机的高频头电路中等。

(2) 蜂房式线圈:这种线圈的特点是所绕的线圈平面不与旋转平面相平行,而是相交成一定的角度,当绕骨架旋转一周时,导线可能来回折弯二、三次或者更多次。这种线圈体积小,分布电容小,电感量大。收音机中波段振荡电路多采用这种线圈。

(3) 铁氧体芯线圈:为了调整方便,提高线圈的电感量和品质因数,常在线圈中心插入铁氧体材料的磁芯。对应不同的使用频率,采用不同的磁芯。利用磁芯螺纹的旋动,可以调节磁芯插入线圈的相对位置。从而也改变了线圈的电感量。许多接收机中的中频电路多采用这种线圈。

(4) 扼流圈:在电路中,用来限制交流电通过某一部分电路的线圈,叫做扼流圈。它分为高频扼流圈和低频扼流圈两种。高频扼流圈是用来阻止高频信号通过而让较低频率的交流和直流通过的一种线圈。这种扼流圈电感量较小(一般只有几毫亨),要求分布电容和介质损耗都小,所以通常采用陶瓷或铁粉芯做骨架。低频扼圈则常用在滤波电路,电感量较大,线圈中都插有铁芯。

3. 电感线圈的标称和读值方法

由于各种电路对电感线圈的需要极不确定,通常不容易采购到合适的电感线圈,特别是一些高频电路中使用的电感线圈。所以电感器一般没有什么标称。对于特殊电路中需要的电感线圈,常常需要自制或定制。在自己动手绕制电感线圈的时候主要应该考虑它的电感量是否能够满足电路的要求,这可以通过参阅相应的资料来解决。查到有关资料后再决定绕制的方法,例如是否要采用线圈芯、用什么材料做线圈芯、应该绕多少匝等。然后再根据电路中可能流过这个线圈的电流大小来决定绕制它的导线的粗细,绕好后的线圈一般需要进行浸蜡浸漆等绝缘处理。

不过有一类通用的电感器件——色码电感,其标称方法与前面所介绍的电阻色环标称相似,这里不再赘述,它的外形也与电阻相似。

4. 电感线圈的主要性能指标

电感线圈的性能指标主要有电感量、品质因数、额定工作电流等。

品质因数是衡量线圈电性能好坏的物理量,简称 Q 值,它是电感线圈最重要的特性指标之一。

$$Q = 2\pi fL/R$$

式中,f 为交流电信号的频率,L 为线圈的电感量,R 为线圈导线的电阻。

一般来说,这个比值越大,线圈的品质因数越高。

根据研究,高频交流电流在导线中流动时,其电流往往是密集在导线的表面流动,导线的中心部分几乎没有电流流动,这种现象叫做集肤效应。频率越高,集肤效应越明显,因此导线截面积的利用率将随高频交流电频率增高而下降。为了克服集肤效应,提高电感的 Q 值,在高频电路里,常采用多股编织纱包线绕制线圈,以提高 Q 值,股数越多,Q 值越高。这种线圈,焊接时如果弄断一股或漏掉一股都会降低 Q 值,这是使用时要注意的。也有些线圈采用表面镀银的铜线来绕制,表面上镀银层的导电率较高,因此采用镀银线绕制的线圈 Q 值也较高。

额定工作电流是指在一定的工作条件下,电感元件所能承受的最大限度的工作电流。

在由电感元件和电容元件构成的谐振回路中,主要考虑的技术参数有电感量 L 和品质因数 Q;当电感元件用于滤波回路时,主要考虑电感量 L 和额定工作电流。另外,在高压电路中,还应考虑电感线圈两端所能承受的最大限度的工作电压和线圈匝与匝之间的绝缘耐压程度。

5. 电感线圈在电路中的作用和使用方法

电感线圈上的电流不能突变,彩电中的电感器通常用来滤波、谐振、移相等,在电路中的作用主要有:

(1) 阻流作用:根据楞次定律,线圈中有电流变化时会产生自感电动势,这个自感电动势总是与线圈中的电流变化趋势相对抗。所以,电感线圈对交流电流动有一定的阻力,阻力的大小称为"感抗",在电路原理中用符号 X_L 表示。它和电阻具有相同的单位欧姆(Ω),其大小可以用下面的公式来表示:

$$X_L = 2\pi fL$$

其中,f 为交流电的频率,L 为线圈的电感量。

从公式可见,线圈的感抗大小与其本身电感量 L 及交流电的频率 f 成正比,即电感量愈大,对于相同频率的交流所呈现的感抗也愈大;而对于有一定电感量的线圈来说,通过的交流的频率愈高,其对交流呈现的感抗也愈大。直流时频率为 0,即 $f=0$,所以电感线圈对直流呈现的感抗为 0。

在电子线路中常利用线圈的阻流作用进行分频或滤波,分离出高频电流和低频电流。

例如,用高频阻流圈(高频扼流圈)来阻止较高频率的信号通过而让较低频率的交流信号通过。高频阻流圈的电感量较小,一般只有几毫亨。另一种是低频阻流圈,常用在电源滤波电路中,消除市电整流后残存的交流成分而只让直流通过;低频阻流圈的电感量较大,可达几亨,往往绕在铁芯上,体积也较高频阻流圈大得多。

(2) 调谐与选频作用:电感线圈与电容器并联可以组成 LC 谐振回路。回路的固有谐振频率 f_0 为

$$f_0 = \frac{1}{2\pi} \frac{1}{\sqrt{LC}}$$

若回路的谐振频率 f_0 与外加交流信号的频率 f 正好相等,则回路的感抗与容抗也相等,于是电磁能量就在电感、电容间来回振荡,这就是 LC 回路的谐振现象。谐振时由于回路内的感抗与容抗等值又反号,因此回路内总电抗最小,回路内谐振电流最大(指 $f=f_0$ 的交流信号),所以 LC 谐振电路具有选频作用,能把某一频率 f 的交流信号选择出来。

电感线圈的 Q 值越高,LC 谐振电路的选频作用就越好。

电感线圈也可以通过串联、并联来调整所需的电感量。绕向相同的电感线圈串联后的总电感量等于各电感器电感量之和,即

$$L = L_1 + L_2 + \cdots + L_n$$

例如:两个 $400\mu H$ 的电感,串联后的总电感量为 $800\mu H$。因此,电感线圈串联后,其等效的电感量增加。绕向相同的电感线圈并联后的总电感量的倒数等于各电感器电感量的倒数之和,即

$$\frac{1}{L} = \frac{1}{L_1} + \frac{1}{L_2} + \cdots + \frac{1}{L_n}$$

例如:两个 $400\mu H$ 的电感,并联后的总电感量为 $200\mu H$。因此,电感线圈并联后,其等效的电感量减小。

6. 变压器的基本知识

电路中的变压器是应用电磁感应原理工作的电感器件。变压器有两个或两个以上的靠得很近的线圈,由于这些线圈间存在着互感作用,所以变压器能够变换电压和阻抗。在电路中变压器用符号 Tr 或 B 表示,图形符号如图 3.16 所示。

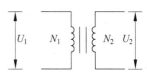

图 3.16 变压器的符号

7. 变压器的工作原理和作用

在一个铁芯(由硅钢片或铁氧体磁芯组成)上分别绕上两组线圈绕组 N_1 和 N_2,如图 3.16 所示。图中 N_1 为初级线圈的圈数,N_2 为次级线圈的圈数,这就是最简单的变压器结构。当初级线圈 N_1 通有交流电 U_1 时,铁芯中便产生交变磁场,这个磁场的磁力线也穿过次级线圈 N_2 并在它的两端产生感应电动势(感应电压)U_2,这种线圈间相互作用而产生感应电压的现象,叫做互感。利用互感原理使变压器在电路中起着各种重要的作用,归纳一下主要有:

1) 变压器的变换电压作用

变压器的初级线圈加有电压 U_1,圈数为 N_1,因此每圈自感电压为 $\frac{U_1}{N_1}$。通过耦合很紧(U_1 产生的交变磁场全部通过线圈 N_2)的互感作用,次级线圈产生的感应电压也与它的圈数成正比,即满足如下关系:

$$U_2 = \frac{U_1}{N_1} \times N_2 = \frac{U_1}{\frac{N_1}{N_2}} = \frac{U_1}{n}$$

其中，$n = \dfrac{N_1}{N_2}$ 为变压器的匝数比（简称变比），显然有

$$\frac{U_1}{U_2} = \frac{N_1}{N_2} = n$$

公式表明，变压器的感应电压的大小与两个线圈的匝数比成正比。当 $N_1 > N_2$ 时，$U_2 < U_1$，变压器起降压作用；当 $N_1 < N_2$ 时，$U_2 > U_1$，变压器起升压作用。

2）变压器的变换阻抗作用

在图 3.16 中，如果变压器初级线圈的电流为 I_1，次级线圈接有负载阻抗 R_L，电流为 I_2。假设变压器 Tr 是理想的（不考虑变压器内部的功率损耗），则变压器输入功率 $P_1 = U_1 I_1$，应等于次级输送给负载的功率 $P_2 = U_2 I_2$，所以有

$$U_2 I_2 = U_1 I_1$$

另一方面，$U_2 = \dfrac{U_1}{n}$，代入上式得

$$\frac{U_1}{n} I_1 = U_1 I_1$$

所以，

$$I_2 = n I_1$$

这样，从初级线圈两端看进去包括变压器在内的等效负载阻抗 R'_L，用欧姆定律表示为

$$R'_L = \frac{U_1}{I_1} = \frac{n U_2}{\dfrac{I_2}{n}} = n^2 \times \frac{U_2}{I_2}$$

由于 U_2 与 I_2 正好是负载 R_L 上的电压和电流，即 $\dfrac{U_2}{I_2} = R_L$，因此有

$$R'_L = n^2 R_L$$

可见，改变变压器的匝数比 n，可以进行负载阻抗 R_L 的变换作用。例如，$R_L = 10\Omega$，$n = 10$，则有 $R'_L = 10^2 \times 10 = 1(\text{k}\Omega)$。

当电子电路输入端与信号源实现阻抗匹配时，信号源可以把信号功率有效地输送给电子设备；当电子电路输出端实现阻抗匹配时，负载 R_L 上可以得到最大不失真的输出功率。因此，实现阻抗匹配在电子电路中是很重要的。

8. 变压器的主要性能指标

变压器的主要性能指标除了变比即匝数比 n 外，还有效率 η、绝缘电阻、频率响应等。

在负载一定的情况下，变压器的输出功率 P_2 与输入功率 P_1 之比，就称为变压器的效率，即

$$\eta = \frac{P_2}{P_1} \times 100\%$$

变压器的效率是由于它在传输能量的过程中存在损耗而引起的。造成损耗的主要原因主要有以下 3 条：①铜耗：线圈绕组的铜导线电阻引起的热损耗，铜导线电阻在有电流流过时就会发热而消耗电能。②铁（磁）芯的磁滞损耗，变压器的铁芯即铁磁材料在交变磁化过程中，由于磁畴翻转是不可逆过程，使得磁感应强度的变化总是滞后于磁场强度的变化，这种磁滞现象在铁（磁）芯中形成的损耗，就称为铁（磁）芯的磁滞损耗。③铁（磁）芯的涡流损耗：当变压器绕组线圈通一交流电时，在线圈周围就会产生交变的磁场，从而同时在铁（磁）

芯中产生感应电动势和感应电流,这种感应电流通常称为涡流,涡流在铁(磁)芯中流动发热所产生的损耗就称为铁(磁)芯的涡流损耗。除此以外,一般地说变压器的效率 η 还与其功率大小有一定程度的关系:变压器的功率越大,其效率往往也就越高。

绝缘电阻指的是变压器各线圈绕组之间以及各线圈绕组与铁芯(外壳)之间的绝缘强度,一般用电阻值来表示。线圈绕组间绝缘电阻的大小与变压器所加电压的大小和时间、变压器温度的高低以及绝缘材料的潮湿程度有关系。理想变压器的绝缘电阻应为无穷大,但实际变压器材料本身的绝缘性能不可能十分理想,因此实际变压器的绝缘电阻不可能为无穷大。绝缘电阻是衡量变压器绝缘性能好坏的重要参数。

频率响应是针对音频变压器的一项重要参数,对电源变压器而言要求不高。在实际使用电路中,对音频变压器的要求是:对于不同频率的音频信号输入,变压器都能按一定的变压比作不失真的传输。但是,由于初级电感和漏感以及分布电容的影响,不太可能做到这一点。初级电感越大,对低频信号电压的失真也就越小;漏感和分布电容越大,对高频信号电压的失真也就越大。

9. 变压器的种类和用途

变压器在电路中主要用于耦合、升压或降压等用途。

1) 电源变压器

电源变压器的主要用途是进行电源电压变换,最常用的是降压变压器,以适应电子设备低压电源的要求。图 3.17 为叠片式电源变压器的外形图。电源变压器的线圈(绕组)通常用漆包线绕成,电源变压器按铁芯不同可分为叠片式电源变压器和卷绕式变压器两种。叠片式电源变压器,工艺简单、价格低廉,因此在电视机、收录机、稳压电源等电子设备

图 3.17 叠片式电源变压器

中应用广泛。卷绕式电源变压器是把硅钢带卷绕成一定厚度,经点焊和热处理,再切割成两部分 C 型铁芯,以便插入线圈中,这种变压器漏磁小、效率高、体积小,但工艺复杂,成本较高,主要用于要求较高的电子设备中。

使用电源变压器除选用合适的功率和电流容量外,还应注意有些变压器的初级线圈是由两个绕组构成,以便灵活应用于 220V 或 110V 不同的交流电源。这种变压器若应用于 220V 交流电源,则应将它的两个绕组串联使用,若用于 110V 交流电源,则应将两个绕组并联使用。在串联或并联时要注意线圈的绕向(即同名端和异名端),接反了会造成损坏。绕组串联使用时必须将异名端相串接,而并联使用时必须同名端相并接。

2) 脉冲变压器

变压器的绕组都是工作于电流,电压的非正弦脉冲状态,这种变压器称为脉冲变压器。电视机的行推动变压器和行输出变压器都是典型的脉冲变压器。这种变压器的铁芯要求用高频整体磁芯,若用普通的硅钢片铁芯,因涡流等损耗作用而无法正常工作。这种变压器还兼有阻抗变换和升压的作用。

3) 低频变压器

低频变压器的结构与电源变压器相类似,但体积小得多。低频变压器主要用作阻抗变换。例如:收音机功率放大器与喇叭之间的输出变压器等。低频变压器工作于音频范围(30Hz～20kHz)。

4）中频和高频变压器

工作频率较高的变压器根据其工作的频率范围可以分为中频变压器和高频变压器。收音机的中频变压器（也叫"中周"），工作频率在 465kHz，而电视机中的中频变压器工作频率高达 38MHz。实际上已属于高频范围。图 3.18 为收音机中频变压器的外形和结构图。为避免外界电磁干扰，一般中频变压器均固定在金属屏蔽壳内。中频变压器除利用初级线圈与次级线圈的匝数比进行阻抗变换外，还可以用初级线圈的电感量 L 与底部的固定电容 C 构成一个 LC 谐振回路。通常这种变压器的线圈都带有可调高频磁芯（在中频变压器外壳顶部开槽，用小螺丝刀调节），通过调节磁芯可以改变初级线圈的电感量，所以中频变压器还具有选频作用。初级线圈的抽头 2 接向电源，在收音机电路中也具有阻抗变换的作用。

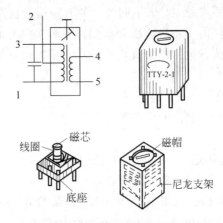

图 3.18　中频变压器的外形和结构图

10. 电感线圈和变压器好坏的判断

电感线圈的常见故障是开路，只要用万用表的电阻挡就很容易检查出来。正常的电感线圈阻抗很小，一般在零点几欧姆到几欧姆之间，若测量出来的电阻变大，达到几十欧姆以上，就可以判定电感线圈开路损坏。

在彩色电视机中，常用的变压器有电源开关变压器、行推动变压器、行输出变压器等。变压器在电视机中的工作条件比较恶劣，其故障率比较高，特别是行输出变压器尤其容易损坏。变压器的常见故障是线圈开路和线圈匝间或层间短路，一般可用万用表电阻挡进行开路性故障的检查，短路时要观察变压器是否电压下降、发热、发出焦味等来判断。

检查行输出变压器好坏的具体方法是：首先仔细观察行输出变压器的外观，有无环氧树脂溢出、烧焦的痕迹，温度是否过高。这是判别行输出变压器内部短路的最直观的办法。然后开机检查，如果断开行输出变压器供电，给开关电源接上模拟负载（可用 500Ω/40W 线绕电阻或用 100W 电烙铁）后电源输出电压正常，检查行输出管、行输出管集电极对地电阻、行输出管 be 极之间的负压均正常，而接上行输出变压器后的行电流（指流入行输出变压器初级线圈的电流）比正常时明显增大，则怀疑行输出变压器内部有局部短路。这时，断开行输出变压器的负载，包括行偏转线圈、阳极高压、聚焦电压、加速极电压、灯丝电压（可断开限流电阻）、供给末级视放电路的中压（180V 左右）、低压电源等所有经过行输出变压器耦合输出的负载电路（不断开接地端），然后再测量行电流。如果测得的行电流仍偏大，则行输出变压器内部短路，应更换行输出变压器。否则，可能是行输出变压器的负载电路（即外围电路)有故障。

3.3.4 二极管

晶体二极管(diode)又称半导体二极管或简称二极管。它是我们在看电路过程中最常见的半导体器件之一。几乎在所有的电子设备中,都可以看到晶体二极管的身影。

1. 二极管基本知识

晶体二极管是一个非线性器件,在保护电路、整流电路、检波电路和脉冲数字电路等多种电路的设计中都要用到。晶体二极管的基本结构是 PN 结,它的最大的特点就是单向导电性能。在电子电路中常用字母 D 表示(发光二极管常用字母 LED 表示)。图 3.19 是常见二极管的实物外形。

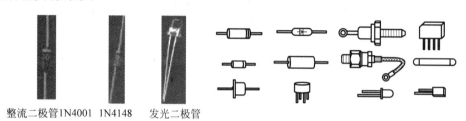

整流二极管1N4001　1N4148　发光二极管

图 3.19　常见二极管的实物外形

晶体二极管的正负极一般都在管子的外壳上直接标出,常见的有以下几种方式:在管子的外表面上涂有白点的一端表示负极,另一端为正极,如 2AP9 型检波二极管;或者直接把二极管的符号印制在管子外壳上,明了直观;或者在它的负极端印有一条黑色环(或白色环)来表示,如 1N4001,1N4007,1N4148 就用这种方法;也有用引脚长短来区分的,如发光二极管的正极引线比负极长。

在电路图中,二极管的符号如图 3.20 所示,电路符号三角形底边一端为正极,竖线端为负极。

普通二极管　稳压二极管　变容二极管　发光二极管　光电二极管

图 3.20　二极管的电路符号

2. 晶体二极管的结构和工作原理

实际应用电路中,大量的二极管都是半导体晶体二极管,其中绝大多数的二极管由半导体硅材料制成。半导体物理知识告诉我们,半导体材料可以分为含带正导电粒子空穴的 P 型半导体和含带负导电粒子电子 N 型半导体两种,当我们将 P 型半导体材料和 N 型半导体材料结合起来的时候,在结合面的两侧会形成薄薄的一层特殊结构,称为 PN 结。如图 3.21 所示,PN 结是二极管的最基本结构,它的性能直接决定了二极管的导电特性。

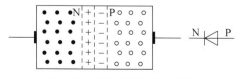

图 3.21　PN 结的结构示意图

在 PN 结处,即使不在两电极加电压,由于扩散作用也有载流子移动。P 型区的多数载流子(空穴)向 N 型区扩散,N 型区的多数载流子(自由电子)向 P 型区扩散。扩散的空穴和自由电子由于复合而消失。消失之后,留下带电的杂质原子。其结果在结合面附件形成了载流子不存在的区域,这个区域称为耗尽层。在耗尽层中,P 型区内杂质带负电,N 型区内杂质带正电。由于这些带电杂质不能移动,故称为固定电荷。这些固定电荷在 PN 结处产生了电位差,这个电位差阻碍了载流子的继续移动,如图 3.22 所示。

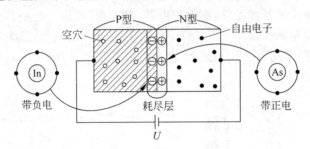

图 3.22　PN 结二极管的结构

当 PN 结外加有正向电压(也就是 P 这边接外电源的正极,N 这边接外电源的负极)的时候,PN 结处于正向导通状态,电路中会有较大的正向电流流动。当 PN 结外加反向电压(也就是 P 这边接外电源的负极,N 这边接外电源的正极)的时候,PN 结处于不导通状态,电路中没有电流出现,这就是 PN 结的单向导电特性。但是我们发现在反向时存在着非常微弱的一点点反向漏电流,而且它基本上不会随着反向电压的增大而变化,所以把它称为反向饱和电流。

从理论上说,PN 结在加上反向电压的时候,不管这个反向电压有多大,都是不会导通的。但是我们发现当 PN 结外加的反向电压高到一定程度时,PN 结会发生反向击穿而出现大电流。此现象称为 PN 结(二极管)的反向击穿现象。

3. 二极管的导电特性

为了便于看懂和分析电路,有时我们往往把电路中的二极管理想化,理想化二极管的特点是绝对的单向导电。也就是当有一个反向电压加在二极管两端时,二极管相当于开路,电路中没有反向漏电电流通过。而当一个正向电压加在二极管两端时,二极管完全导通相当于一根短路的导线,此时,二极管呈无阻状态,不管流过的电流有多大其上无任何电压降,如图 3.23 所示。

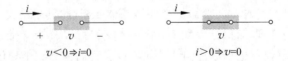

图 3.23　理想化二极管的反向和正向情况

上述反向电压加在二极管上的这种状态在电路分析中称为反向偏置,简称反偏,所加的电压叫做反偏电压;而正向电压加在二极管上的这种状态在电路分析中称为正向偏置,简称正偏,所加的电压叫做正偏电压。

在电路中实际应用的二极管与理想二极管之间是有区别的,它们的区别在于实际的二极管在正偏时其压降并不为零;反偏时的电压也不能无限大,反偏漏电流也不绝对为零。

其具体的电压电流关系(称伏安特性)可以用图3.24所示的曲线来表示。

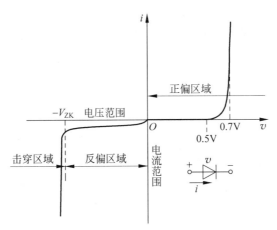

图 3.24 二极管的伏安特性曲线

我们可以把二极管的特性曲线图划分出三个区域,即正偏区域、反偏区域和击穿区域。

正偏区域就是二极管处在正偏状态下的电压电流关系。实际电路中的二极管在正偏时,并不是在正向电压一大于零就立刻就完全导通的。从图中我们可以看出,当正偏电压在0～0.5V之间时,流过二极管的正向电流还是很小,几乎可以忽略;而只有在正偏电压达到0.5V以上时,二极管中的电流才呈指数型迅速增大。因此在实际应用中,我们通常认为当二极管的正向偏压小于0.5V(硅二极管)时,没有明显的正向电流出现,二极管实际上并没有导通;而只有当正偏电压达到或超过0.5V时,二极管才正式进入正向导通状态。我们把0.5V称为硅晶体二极管的门限电压。而且二极管在处于真正导通状态时,其两端存在着一个大约0.6～0.7V的导通电压。应该指出,加有正向偏置的二极管在正常导通的情况下其两端的电压往往有一个比较恒定的数值(对于硅管为0.6～0.7V;锗二极管约为0.2V;发光二极管为1.6V),而且几乎与正向电流大小无关。

在这里有一点需要提请大家注意:虽然我们认为正常导通的二极管两端的压降约为0.7V左右,但0.7V的正偏电压对不同的二极管会产生不同的正向电流,其原因在于不同的二极管具有不同的物理参数。同时温度的变化也会影响PN结,使得曲线产生一些变化:在保持正偏电流不变的情况下,每当温度升高1摄氏度,正向电压会下降2mV。

在实际电路中当二极管处在反偏状态时,它的反偏电流并不完全为零,而是一个非常接近于0的数值,对半导体硅材料制造的晶体二极管而言大约为几nA。当二极管的反偏电压逐渐增加时,此反向电流基本保持不变,因此称为反向饱和电流。不同材料制作的二极管,其反向饱和电流大小不同。硅材料制作的二极管约为1微安到几十微安,锗材料制作的二极管则可高达数百微安。二极管的反向饱和电流受温度变化的影响很大,温度每升高10℃它就会增大为原来的两倍。由于锗二极管的反向漏电流本身就比较大,所以温度稳定性比硅二极管要差一些。由于二极管的反向漏电流总体来说是比较小的,所以在实际电路分析中常常将二极管的反向电流忽略。

从曲线图中还可以看出,二极管在正偏时其正向电阻并不为零,它随着正偏电压的增大而减小。二极管反偏时的反向电阻也不为无穷大,而是一个有限值。

从图中还可以看到,当二极管的反向电压增加到某一数值并超过它时,二极管中的反向电流将急剧增大,这种现象称为二极管的反向击穿。发生击穿所对应的电压称为反向击穿电压。不同结构、工艺和材料制成的二极管,其反向击穿电压值差异很大,可由 1 伏到几百伏,甚至高达数千伏。

4. 二极管的主要参数

1）额定正向工作电流

这是指电路中的二极管长期连续工作时允许通过的最大正向电流值。因为电流通过管子时会使管芯发热而温度上升。当温升超过半导体材料容许的限度(硅管为 140℃左右,锗管为 90℃左右)时,就会使管芯过热而损坏。所以,在电路中使用二极管时尽量不要超过它的额定正向工作电流值。例如,常用的 IN4001—4007 型锗二极管的额定正向工作电流为 1A。

2）最高反向工作电压

加在二极管两端的反向电压高到一定程度时,会将管子击穿损坏,失去单向导电能力。为了保证使用安全,规定了二极管的最高反向工作电压值大约为反向击穿电压的一半。例如,IN4001 二极管反向耐压为 50V,IN4007 反向耐压为 1000V。

3）反向饱和电流

反向饱和电流是指二极管在规定的温度和最高反向电压作用下,流过二极管的反向漏电流。反向漏电流越小,管子的单方向导电性能越好。值得注意的是反向电流与温度有着密切的关系,前面已经说过,温度每升高 10℃,反向电流将增大一倍。例如某一 2AP1 型锗二极管,在 25℃时测得反向漏电流为 250μA,当温度升高到 35℃时,其反向漏电流将上升到 500μA。依此类推,在 75℃时,它的反向漏电流可达 8mA。反向漏电流的增大不仅使二极管的单向导电性能变坏,还会使管子过热而损坏。为了保持电路工作的稳定,我们应该选用反向漏电小的二极管,如 2CP10 型硅二极管,25℃反向电流仅为 5μA,当温度升高到 75℃时,其反向漏电流也不过 160μA。故硅二极管比锗二极管在高温下具有较好的稳定性。

二极管的其他参数如表 3.15 所示。

表 3.15　二极管的主要参数

正向电压降 V_f	二极管通过额定正向电流时,在两极间所产生的电压降
最大整流电流(平均值)I_{om}	在半波整流连续工作的情况下,允许的最大半波电流的平均值
反向击穿电压 V_b	二极管反向电流急剧增大到出现击穿现象时的反向电压值
正向反向峰值电压 V_{rm}	二极管正常工作时所允许的反向电压峰值,通常 V_{rm} 为 V_b 的三分之二或略小一些
结电容 C	结电容包括电容和扩散电容,在高频场合下使用时,要求结电容小于某一规定数值
最高工作频率 f_m	二极管具有单向导电性的最高交流信号的频率

5. 电路中常见的晶体二极管及其分类

在我们看电路的过程中,发现电路中二极管的种类有很多。那么如何来区分呢?如果按照制造二极管所用的半导体材料来分,可以把二极管大体上分为锗二极管(Ge 管)和硅二极管(Si 管)两种;如果根据其在电路中的不同用途来分,则可分为检波二极管、整流二极

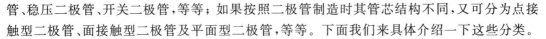

管、稳压二极管、开关二极管,等等;如果按照二极管制造时其管芯结构不同,又可分为点接触型二极管、面接触型二极管及平面型二极管,等等。下面我们来具体介绍一下这些分类。

1)根据物理结构分类

半导体二极管主要是依靠PN结而工作的,根据PN结构方面的特点,我们把常见的晶体二极管分类如下:

(1)点接触型二极管:点接触型二极管是在半导体材料锗或硅的单晶片上压触一根金属针后,再通过电流融合法而形成的。因此,点接触型二极管的PN结面积很小,只有一"点"。这种结构的二极管特别适用于高频电路。因为构造简单制作方便,所以价格也便宜。这种二极管大量使用于小信号的检波、整流、调制、混频和限幅等电路中,它是应用范围较广的一种二极管。

(2)键型二极管:键型二极管是在半导体材料锗或硅的单晶片上熔接金或银的细丝而形成的。其特性介于点接触型二极管和合金型二极管之间。与点接触型相比较,虽然键型二极管的PN结面积稍有增加,高频特性比点接触型稍差,但正向特性特别优良。这种二极管多作开关用,有时也被应用于检波和电源整流(不大于50mA)。在键型二极管中,熔接金丝的二极管有时被称金键型,熔接银丝的二极管有时被称为银键型。

(3)合金型二极管:在N型锗或硅的单晶片表面上,采用铟、铝等金属通过合金的方法制作PN结而形成的二极管。这种二极管正向电压降小,特别适于大电流整流。因其PN结反向时静电容量大,所以不适于高频检波和高频整流。

(4)扩散型二极管:采用高温扩散工艺,使得高浓度的P型杂质原子向N型硅单晶片表面扩散,在晶体表面上形成P型区域,以此法制造出的二极管称为扩散型二极管。用这种方法制造的二极管因PN结正向电阻小,特别适用于大电流整流。

(5)台面型二极管:PN结的制作方法与扩散型基本相同,但是,只保留PN结及其必要的部分,把不必要的部分用化学药品腐蚀掉。其剩余的部分便呈现出台面形,因而得名。初期生产的台面型二极管,是对半导体材料使用扩散法而制成的。因此,又把这种台面型二极管称为扩散台面型二极管。这一类型的二极管,作为小电流开关用的产品型号很多。

(6)平面型二极管:在半导体单晶片(主要是N型硅单晶片)上,利用硅片表面氧化膜的屏蔽作用,在N型硅单晶片上的选定区域有选择性地扩散P型杂质,而形成的PN结。由于二极管的两个电极在同一平面上,故而得名。并且,PN结合的表面,因被氧化膜覆盖,所以公认为是稳定性好和寿命长的类型。最初,用来制造PN结的半导体材料是采用外延生长法形成的,故又把平面型称为外延平面型。对平面型二极管而言,用于大电流整流用的型号比较少,而用作小电流开关的型号则很多。

2)根据用途分类

(1)检波二极管:检波二极管是用于把迭加在高频载波上的低频信号检出来的器件,它具有较高的检波效率和良好的频率特性。就工作原理而言,从已调信号中取出调制信号的过程称为检波。通常以工作电流的大小(100mA)作为界线,把输出电流小于100mA的称为检波,超过了就称为整流。普通的锗材料点接触型二极管,如2AP型系列的检波二极管工作频率可达400MHz。这种二极管的特点是正向压降小,结电容小,检波效率高,频率特性好。类似点触型那样检波用的二极管,除了用于检波外,还能够用于限幅、削波、调制、混频、开关等电路。也有为调频检波专用的特性一致性好的两只二极管组合件。

(2) 整流二极管：利用晶体二极管的单向导电原理，从交流转变为直流的过程称为整流。以整流电流的大小(100mA)作为界线通常把输出电流大于 100mA 的叫整流。普通的整流二极管为面结型二极管，这种二极管工作频率小于 1kHz。最高反向电压从 25V 至 3000V 可以分为 A～X 共 22 挡。常用的硅整流二极管分类如下：①硅半导体整流二极管 2CZ 型系列；②硅桥式整流器 QL 型系列；③用于电视机高压硅堆工作频率近 100kHz 的 2CLG 型系列等。通常，正向电流 I_f 在 1 安培以上的二极管采用金属壳封装，以利于散热；正向电流 I_f 在 1 安培以下的采用全塑料封装(见图 2.25)由于近代工艺技术不断提高，国外出现了不少较大功率的管子，也采用塑封形式。

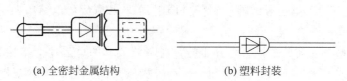

(a) 全密封金属结构   (b) 塑料封装

图 3.25　常见二极管的外封装

(3) 限幅二极管：大多数普通二极管都能在限幅电路中作为限幅使用。也有像保护仪表用的高频齐纳管那样的专用限幅二极管。为了使这些二极管具有特别强的限制尖锐振幅的作用，通常都使用硅材料制成的二极管。市场上也有这样的组件出售：根据限制电压的需要，可以把若干个相应的整流二极管串联起来组成一个整体的高耐压限幅二极管。

(4) 调制二极管：通常指的是环形调制专用的二极管。实际上就是正向特性一致性好的四个二极管的组合件。另外也有用变容二极管作为调制用途，但它们通常是直接作为调频用。

(5) 开关二极管：在脉冲数字电路中，用于接通和关断电路的二极管叫开关二极管，它的特点是反向恢复时间短，能满足高频和超高频应用的需要。开关二极管有面接触型，平面型和扩散台面型几种，一般正向电流 I_f<500 毫安的硅开关二极管，多采用全密封环氧树脂，陶瓷片状封装，如图 3.26 所示，引脚较长的一端为正极。

开关二极管的特长是开关速度快。而肖特基型二极管的开关时间特短，因而是理想的开关二极管。以锗二极管 2AK 型为代表的点接触型二极管为中速开关电路用；以硅二极管 2CK 型为代表的平面接触型二极管为高速开关电路用；这些二极管还可用于开关、限幅、钳位或检波等电路；肖特基(SBD)硅二极管作为大电流开关，正向压降小，速度快、效率高。

(6) 变容二极管：变容二极管是利用 PN 结的结电容随外加反向偏压的变化而变化这一特性制成的非线性电容元件。它被广泛地用于参量放大器，电子调谐器及倍频器、自动频率控制、扫描振荡、调频和调谐等电路中。变容二极管主要是通过结构设计及工艺等一系列途径来突出 PN 结电容与外加反向电压的非线性关系，并提高 Q 值以适合电路中应用。变容二极管的结构外形与普通二极管相似，其电路符号如图 3.27 所示。

图 3.26　硅开关二极管全密封环氧树脂陶瓷片状封装   图 3.27　变容二极管图形符号

　　变容二极管大多是采用硅的扩散型二极管,但是也有采用合金扩散型、外延结合型、双重扩散型等特殊制作的二极管。因为这些二极管对于反向电压而言,其静电容量的变化率特别大。这种二极管最常用于电视机高频头的频道转换和调谐电路,多以硅材料制作。

　　几种常用变容二极管的型号参数如表 3.16 所示。

表 3.16　常用变容二极管的型号参数

常用变容二极管

型　　号	产地	反向电压/V		电容量/pF		电容比	使用波段
		最小值	最大值	最小值	最大值		
2CB11	中国	3	25	2.5	12		UHF
2CB14	中国	3	30	3	18	6	VHF
BB125	欧洲	2	28	2	12	6	UHF
BB139	欧洲	1	28	5	45	9	VHF
MA325	日本	3	25	2	10.3	5	UHF
ISV50	日本	3	25	4.9	28	5.7	VHF
ISV97	日本	3	25	2.4	18	7.5	VHF
ISV59.OSV70/IS2208	日本	3	25	2	11	5.5	UHF

　　(7)稳压二极管:稳压二极管一般是由硅材料制成的面结合型晶体二极管,是代替电子稳压二极管的产品。一般是硅的扩散型或合金型二极管。这种二极管的反向击穿特性曲线变化急剧。其击穿电压可以作为控制电压和标准电压使用。这种二极管工作时的反向端电压(又称齐纳电压)从 3V 左右到 150V 左右不等。产品按每隔 10% 左右分级,能划分出许多稳压等级。在功率方面,也有从 200mW 至 100W 以上的产品。这种二极管工作在反向击穿状态,击穿时动态电阻 R_z 很小,常用的型号一般为 2CW 型系列;为了减少温度系数,也有将两个稳压二极管互补反向串接,典型型号则为 2DW 型。其电路符号如图 3.28 所示。

　　稳压二极管的伏安特性曲线如图 3.29 所示。当二极管的反向电压达到其击穿电压 V_z 后,反向电流即迅速猛增而其两端的电压却维持基本不变。当稳压二极管处于击穿状态下时,如果把击穿电流限制在一定的范围内而不超过它的功耗,管子就可以长时间稳定工作在反向击穿状态下。这就是它的稳压原理。

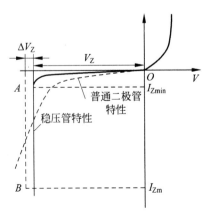

图 3.28　稳压二极管的图形符号　　　　　图 3.29　硅稳压管伏安特性曲线

（8）雪崩二极管（Avalanche Diode）：它是在外加电压作用下可以产生高频振荡的晶体二极管。这种二极管在一定的条件下其电流和电压关系会出现负阻效应，从而产生高频振荡。它常被应用于微波领域的振荡电路中。

（9）肖特基二极管（Schottky Barrier Diode）：它是具有肖特基特性的"金属半导体结"的二极管。其正向起始电压较低，约为 0.3~0.5V，远低于普通 PN 结的 0.7~0.8V。这种二极管的最大特点是开关速度非常快，反向恢复时间特别地短。因此，大量作为开关电源和低压大电流整流二极管。它是高频和快速开关的理想器件。其工作频率可达 100GHz。并且，MIS（金属-绝缘体-半导体）肖特基二极管可以用来制作太阳能电池或发光二极管。

（10）阶跃恢复二极管：阶跃恢复二极管是一种特殊的变容管，也称作电荷储存二极管，简称阶跃管。它具有高度非线性的电抗，应用于倍频器是它独有的特点。人们利用其反向恢复电流的快速突变中所包含的丰富谐波，可获得高效率的高次倍频，它是微波领域中优良的倍频元件。阶跃恢复二极管的符号如图 3.30 所示，它的直流伏安特性与一般 PN 结结构相同。

阶跃管的导电特点是：当处于正常导通状态下的二极管突然加上反向电压时，瞬间的反向电流立即达到反向最大值 I_R，并维持一定的时间 t_S，接着又立即恢复到零并维持下去。电流和时间的关系如图 3.31 所示。

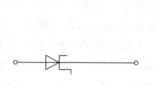

图 3.30　阶跃恢复二极管的图形符号

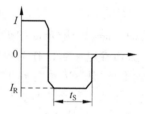

图 3.31　阶跃管电流与时间的关系

阶跃管主要用于倍频电路和超高速脉冲整形和发生电路，图 3.32（a）是一个典型的高次倍频器电路图。利用阶跃恢复二极管，可以很容易做到高达 20 次倍频而仍保持高效率。图 3.32（b）是利用阶跃恢复二极管构成的脉冲整形电路，图 3.32（c）是整形前后的波形比较。

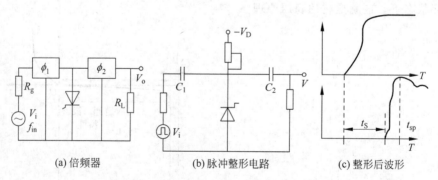

(a) 倍频器　　　　　　　　(b) 脉冲整形电路　　　　　　　(c) 整形后波形

图 3.32　阶跃恢复二极管的典型应用

（11）发光二极管：与普通二极管一样，发光二极管也是由半导体材料制成的。这种二极管常用磷化镓、磷砷化镓等化合物半导体材料制成，外观体积小，正向驱动下它能够发出红色、绿色和白色等不同的光线。它的特点是工作电压低，工作电流小，发光均匀效率高、寿命长，所以它的应用非常广泛。发光二极管也具有单向导电的性质，即只有在接对了极性时才能发光。发光二极管的电路符号比普通二极管多了两个箭头，示意能够发光。

通常发光二极管用来做电路工作状态的指示，它比用小灯泡指示的耗电低得多，而且寿命也长得多。利用发光二极管，还可以构成电子显示屏，证券交易所里的显示屏就是由发光二极管点阵构成的，只是因为各种色彩都是由红绿蓝构成，而蓝色发光二极管在目前还未大量生产出来，所以一般的电子显示屏都不能显示出真彩色。

发光二极管的发光颜色一般和它本身的颜色相同，但是近年来出现了透明色的发光管，它也能发出红黄绿等颜色的光，只有通电了才能知道。辨别发光二极管正负极的方法，有实验法和目测法。实验法就是通电看看能不能发光，若不能发光就表明是极性接错或是发光管本身损坏。

注意发光二极管是一种电流型器件，虽然在它的两端直接接上 3V 的电压后能够发光，但容易损坏，在实际使用中一定要串接限流电阻，工作电流根据型号不同一般为 1mA 到 30mA 之间。另外，由于发光二极管的导通电压一般为 1.7V 以上，所以一节 1.5V 的电池不能点亮发光二极管。同样，一般万用表的 $R \times 1$ 挡到 $R \times 1k$ 挡均不能测试发光二极管，而 $R \times 10k$ 挡由于使用 9～15V 的干电池，能把发光管点亮。

用眼睛来观察发光二极管，可以发现内部的两个电极一大一小。一般来说，电极较小、个头较小的一个是发光二极管的正极，电极较大的一个是它的负极。若是新买来的发光管，管脚较长的一个是正极。

不同类型的二极管可以用来进行整流、检波、隔离、电平位移、稳压等用途。

在 54CD6 型西湖彩电中的二极管主要有整流管 VD801—804、VD406、VD408 等；隔离二极管 VD401、VD808，稳压二极管 VD806、VD307、VD505，电平位移 VD602、VD303、VD301 等，保护二极管 VD243、VD304 等。

6．二极管好坏的判断

1）普通二极管的简易测试方法

在电路中使用二极管时，我们往往需要知道二极管的极性。对于一些极性标志不明显的二极管，我们可以通过简单的测试来判定。具体方法是用万用表测量电阻的挡位（一般用 $R \times 100$ 或 $\times 1k$ 挡）来测量其电阻，根据不同方向测得电阻值的大小来判断其极性，如表 3.17 所示。

正反向电阻的阻值相差越大，说明这个二极管的性能越好。对于管壳上色点、色环或符号已磨损的二极管，也可以用上述方法来区分正负极。

彩色电视机中使用的晶体二极管几乎全都是硅二极管，在用万用表检测时，一般选用 $R \times 100$ 挡测量。在测量其正向电阻时，指针式万用表的黑表笔接二极管的正极，红表笔接负极，正常的晶体二极管正向电阻一般为几百欧至几千欧。在测量反向电阻时，表笔接法与测量正向电阻时相反，正常的晶体二极管反向电阻很大，在用 $R \times 100$ 挡测量时表针几乎不动。

如果测得的正、反向电阻均为零或很小，说明二极管已击穿短路；如果测得的正、反向电阻均为 ∞，说明二极管已开路；如果测得的硅二极管反向电阻不为 ∞，而为某一电阻值，说明此二极管特性不良，已不能继续使用。

表 3.17 二极管的简易测试方法

二极管简易测试方法

项目	正向电阻	反向电阻
测试方法		
测试情况	硅管：表针指示位置在中间或中间偏右一点； 锗管：表针指示在右端靠近满刻度的地方（如图所示）表明管子正向特性是好的。 如果表针在左端不动，则管子内部已经断路	硅管：表针在左端基本不动，极靠近∞位置； 锗管：表针从左端启动一点，但不应超过满刻度的 1/4（如上图所示），则表明反向特性是好的。 如果表针指在 0 位，则管子内部已短路

2）稳压二极管

当二极管外加的反向电压大到一定程度时，通过二极管的电流可在很大范围内变化，但二极管两端的电压基本不变，这个电压就是稳压二极管（简称稳压管）的稳压值，也就是稳压二极管的反向击穿电压。

稳压二极管在反向击穿之前也具有单向导电性。由于万用表 $R \times 100$ 挡所用的内部电池一般为 1.5V，低于稳压二极管的稳压值，因此如果用万用表 $R \times 100$ 挡测量稳压二极管的正反向电阻，正常稳压二极管的正向电阻应该较小（几百欧至几千欧），反向电阻很大。如果测得的正、反向电阻均为零或很小，说明稳压二极管已击穿短路；如果测得的正、反向电阻均为无穷大，说明稳压二极管已开路；如果正向电阻与反向电阻相差不多，说明稳压二极管特性不良，已不能继续使用。

3）发光二极管

发光二极管也具有单向导电性，当使用 $R \times 100$ 挡测量其正、反向电阻时，其正向电阻一般为几千欧至几十千欧，反向电阻一般为几百千欧以上。若正、反向电阻均为零或较小，说明内部击穿短路；若正、反向电阻均为无穷大，说明内部开路。

一般发光二极管在正常发光时的正向压降为 1.5～2.3V，而万用表的 $R \times 1$ 挡或 $R \times 10$ 挡使用 1.5V 的电池，所以不能使管子发光（没有足够的电流）。若采用 $R \times 10k$ 挡或 $R \times 100k$ 挡，虽然万用表内部的电池电压较高，但由于内阻太大（一般为 $100k\Omega$ 以上），提供的工作电流太小，所以发光二极管也不会发光。为了检查发光二极管的发光情况，可以采用 2 只万用表串联的办法来测量。具体方法如下：把一只万用表置 $R \times 1$ 挡，另一只万用表置 $R \times 10$ 挡，调好零点后，把它们串联起来，再接上发光二极管。然后观察发光二极管的发光情况，如发光二极管只有微弱发光，可把另一只万用表也打到 $R \times 1$ 挡，这时发光二极管应该能发出较亮的光线。由于这时流过发光二极管的电流较大，故点亮时间应短些，否则容易烧坏发光二极管（一般发光二极管的典型工作电流为 10mA 左右，最大工作电流为 50mA 左右）。若此时发光二极管不发光，说明其已损坏。

3.3.5 晶体三极管

晶体三极管(transistor)是构成电子电路最基本的元器件之一,是电子电路的核心元件。其应用十分广泛,可以用作信号放大,也可用来设计数字逻辑电路和信号存储电路等,了解晶体三极管的基本知识是必不可少的。半导体三极管在英文中称为晶体管。晶体三极管有两大类型,一是双极型晶体三极管,包括 NPN 管和 PNP 管两类,二是场效应晶体三极管,包括结型场效应管和 MOS 场效应管两类。

1. 双极型结型晶体三极管(BJT)的结构

双极型晶体三极管,就是我们经常在电子市场上看到的普通三极管。它是在一块半导体材料的基片上制作两个背靠背或面对面的相距很近的 PN 结组成的。这两个 PN 结把整块半导体分成三个部分,中间部分称为基区,两侧部分别称为发射区和集电区。两个 PN 结的排列方式有 PNP 和 NPN 两种,如图 3.33 所示。从三个区引出三个相应的电极,分别称为基极(b)、发射极(e)和集电极(c)。

晶体三极管发射区和基区之间的那个 PN 结称为发射结,集电区和基区之间的那个 PN 结称为集电结。一般晶体管的基区都很薄,而发射区和集电区较厚。图中晶体管符号中的发射极箭头的指向,就是晶体管导通时发射极上电流流动的实际方向。硅材料制作的晶体三极管和锗材料制作的晶体三极管都有 PNP 型和 NPN 型两种类型。

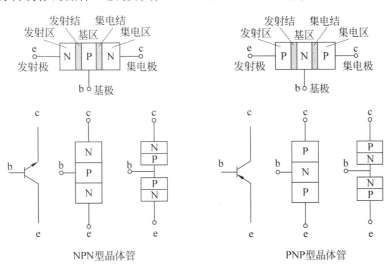

图 3.33 双极型晶体三极管的结构和符号

2. 双极型晶体管(BJT)的工作原理

在上面介绍中我们知道,按照外加在 PN 结上电压方向的不同可以有正偏、反偏两种状态。在 BJT 中由于有两个 PN 结,我们就可以得知在电路中的晶体三极管的两个 PN 结可以有 4 种不同的偏置状态。

(1) 两个 PN 结均反偏;

(2) 两个 PN 结中一个(EB 结)正偏、一个(CB 结)反偏;

(3) 两个 PN 结均正偏;

(4) 两个 PN 结中一个(EB 结)反偏、一个(CB 结)正偏。不同的偏置方式对应着晶体管不同的工作状态。根据分析晶体管的工作状态有饱和、放大和截止三种状态。同时我们根据晶体管的不同状态画出了它的特性曲线图如 3.34 所示。在这里我们将这几种不同的偏置情况对三极管的工作影响作一点介绍。

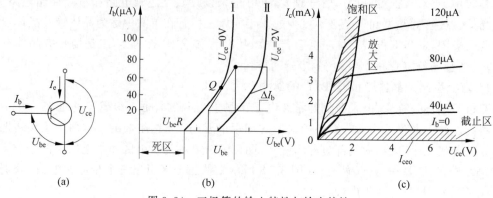

图 3.34　三极管的输入特性与输出特性

当晶体三极管的两个 PN 结均处于反偏状态下时，或者 EB 结虽有正偏但电压小于 PN 结的导通电压时，EB 结不导通而使得晶体管的基极电流为零。因此受基极电流控制的集电极电流和发射极电流也都为零，晶体管的集电极和发射极之间相当于断开状态，我们称这种情况晶体管处于截止状态。晶体管的工作点处在特性曲线（如图 3.34 所示）的截止区内。

当晶体三极管的两个 PN 结中的一个（EB 结）处于正偏，另一个（CB 结）处于反偏，并且发射结的正偏电压大于 PN 结的导通电压且大小合适时，晶体管的 EB 结导通而出现基极电流 I_b，基极电流的出现导致集电极电流的出现，而且集电极电流 I_c 的大小与此基极电流的大小成一定的比例，有公式为 $I_c = \beta I_b$。这时晶体管处于放大状态，这里 β 被称为晶体管的电流放大系数，俗称放大倍数。

当晶体三极管的两个 PN 结均处于正偏状态时，其集电极电流将不受基极电流变化的控制，而是处于某一定值附近不怎么变化。这时晶体管失去电流放大功能，集电极和发射极之间接近于直接导通状态，且导通电压很小。三极管的这种状态我们称之为饱和导通状态。

根据以上分析，利用晶体三极管在电路中工作时各个电极之间的电位高低，我们就能很容易地判别出晶体三极管是处在截止、放大，还是饱和导通状态。因此，在维修过程中，我们经常要拿万用电表测量三极管各脚的电压，从而判别出晶体三极管的工作情况和工作状态。

3. BJT 的性能参数

对于要学会看电路的人来说，了解电路中各类元器件的性能参数是必不可少的一环。晶体三极管的参数分为直流参数、交流参数和极限参数三大类。直流参数一般用于晶体三极管静态的分析；交流参数用于有信号加入时的动态工作状态的分析；极限参数是为了保证晶体管安全可靠工作而设立的，如果加到晶体管上的条件超过了这些极限参数的范围，晶体管就会损坏或其放大能力明显下降。

1）直流参数

（1）电流放大系数：

晶体管的直流电流放大系数有两个——共射电流放大系数 $\bar{\beta}$ 和共基电流放大系数 $\bar{\alpha}$。

① 共发射极直流电流放大系数 $\bar{\beta}$：晶体管的共射电流放大系数 $\bar{\beta}$ 被定义为在集电极

电压保持不变的情况下晶体管中集电极电流和基极电流之比：

$$\bar{\beta} = \frac{I_C - I_{CBO}}{I_B} \approx \left. \frac{I_C}{I_B} \right|_{U_{CE} = \text{const}}$$

$\bar{\beta}$ 在晶体管输出特性的放大区范围内基本不变。公式中 I_{CBO} 称为晶体管的集电结反向饱和漏电流，一般情况下数值很小，可以忽略。

我们可以通过在输出特性曲线的某处作一垂直于 X 轴的直线（$U_{CE} = \text{const}$）如图 3.35 所示，直接求得共发射极直流放大系数 $\bar{\beta}$。根据此直线与晶体管输出特性曲线的某一个交点（如 b、c、d 等）读出相应的集电极电流值 I_C 以及这电流所对应的基极电流 I_B，再求取 I_C/I_B。例如对于曲线上的 c 点所对应的 I_C 和 I_B 值，我们可以很方便地计算出 $\bar{\beta}$。

② 共基极直流电流放大系数 $\bar{\alpha}$：晶体管的共基电流放大系数 $\bar{\alpha}$ 被定义为在集电极电压保持不变的情况下其集电极电流和发射极电流之比：

$$\bar{\alpha} = \frac{I_C - I_{CBO}}{I_E} \approx \frac{I_C}{I_E}$$

显然，在知道共射电流放大系数之后，我们利用 $\bar{\alpha}$ 与 $\bar{\beta}$ 之间的关系式：

$$\bar{\alpha} \approx \frac{I_C}{I_E} = \frac{\bar{\beta} I_B}{(1 + \bar{\beta}) I_B} = \frac{\bar{\beta}}{(1 + \bar{\beta})}$$

可以很方便地得到共基电流放大系数。

（2）极间反向漏电流：

① 集电极-基极间反向饱和漏电流 I_{CBO}：集基反向饱和漏电流 I_{CBO} 的下标 CB 代表晶体管的集电极和基极，O 是 Open 的字头，代表第三个电极 E 开路。其实它就是晶体管集电结的反向饱和漏电流，根据前面的介绍我们知道这个漏电流要求越小越好。

② 集电极-发射极间的反向饱和漏电流 I_{CEO}：晶体管集发间的反向饱和漏电流 I_{CEO} 相当于晶体管基极开路时，集电极和发射极之间的反向饱和漏电流，I_{CEO} 和上面介绍的 I_{CBO} 之间有如下关系：

$$I_{CEO} = (1 + \bar{\beta}) I_{CBO}$$

I_{CEO} 即晶体管输出特性曲线中 $I_B = 0$ 的那条曲线所对应的 I_C 数值。I_{CEO} 在输出特性曲线上的位置如图 3.36 所示。

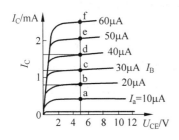

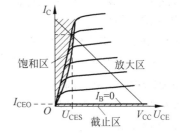

图 3.35　从输出特性求共射直流放大系数　　　　图 3.36　I_{CEO} 在输出特性曲线上的位置

由于 I_{CBO} 这个参数受温度的影响很大，也就是当温度上升时，I_{CBO} 会很快增大。所以 I_{CEO} 也会随着 I_{CBO} 增大更快地增大，整个输出特性曲线会随着温度的上升而明显上移，这说明晶体三极管的温度稳定性较差。$\bar{\beta}$ 越大，I_{CEO} 受温度的影响越明显。由于半导体器件制作工艺水平的提高,目前硅三极管的 I_{CEO} 在 10 纳安到几微安数量级,锗三极管的 I_{CEO} 在几微安到几毫安数量级。

2）交流参数

晶体管的交流电流放大系数也有两个,共射交流电流放大系数和共基交流电流放大系数。

（1）共发射极交流电流放大系数 β：晶体管的共发射极交流电流放大系数被定义为晶体管集电极电流的变化量和基极电流的变化量之比,即

$$\beta = \frac{\Delta I_C}{\Delta I_B}\bigg|_{U_{CE}=\text{const}}$$

在晶体管特性曲线的放大区内,β 值基本上不变。我们可以用与求直流电流放大系数相类似的方法通过垂直于 X 轴的某一直线来求取 $\Delta I_C / \Delta I_B$,即可方便地计算出 β。我们在图 3.35 中任找两个交点（如 c、d）读出集电极电流的差值 ΔI_C,再求一下这两个集电极电流所对应的基极电流的差值 ΔI_B,再把这两个数据除一下就得到了。在小功率三极管输出特性曲线的放大区域内,所有的曲线基本是平行等距的,这就意味着晶体管的 β 值处处基本相等,而大功率三极管的输出特性曲线平行等距情况就要差一些。

（2）共基极交流电流放大系数 α：晶体管共基电流放大系数被定义为集电极电流变化量与发射极电流变化量之比,即

$$\alpha = \frac{\Delta I_C}{\Delta I_E}\bigg|_{U_{CE}=\text{const}}$$

一般情况下,由于差别不是很大,我们大致认为 $\bar{\alpha} \approx \alpha$、$\bar{\beta} \approx \beta$,而不加区分,这样可以大大简化电路的分析和计算过程。

3）频率参数

晶体管的放大能力一般由它的电流放大系数来体现,当信号频率达到一定程度时,晶体管的电流放大系数会有所下降,因此晶体管的频率参数反映出它的放大能力与信号频率之间的关系。常见的晶体管有低频管和高频管等不同的品种。晶体三极管的频率参数主要有特征频率和截止频率等几种。

（1）特征频率 f_T：

晶体三极管的 β 值不仅与工作电流有关,而且与工作频率有关,这是由于 PN 结电容的影响。当晶体管放大的信号频率不断升高时,它的 β 将会逐渐下降。我们定义晶体管的共射电流放大系数 β 下降到 1 时所对应的信号频率称为该晶体管的特征频率,用符号 f_T 来表示。

（2）共射截止频率 f_β：

晶体管工作在频率比较低时其 β 保持稳定不变。但若使其工作频率逐步升高,我们发现当频率高到一定程度时,晶体管的 β 将会随着频率的升高而慢慢下降。晶体管 β 的下降,主要受晶体管内 PN 结电容的影响。当晶体管的 β 值下降到原先稳定数值 β_0 的 70%（$1/\sqrt{2}$）时,此时所对应的频率称为晶体管的共射截止频率 f_β。

（3）共基截止频率 f_α：

与上面共射截止频率相类似,晶体管的共基电流放大系数也会随着信号频率的升高而下降。在共基状态下,当晶体管的电流放大系数 α 随信号频率的升高而下降到原先数值的 70% 时,此时所对应的频率称为晶体管共基截止频率 f_α。

特征频率、共射截止频率和共基截止频率三者之间的关系,大致符合如下规律：

$$f_\alpha \approx f_T = \beta_0 f_\beta$$

4) 极限参数

晶体三极管的极限参数包括集电极最大允许电流、集电极最大允许功耗和集电极反向击穿电压等。

(1) 集电极最大允许电流 I_{CM}:

当晶体管的集电极电流增大到一定程度时,其电流放大系数 β 也会下降,我们把当 β 值下降到线性放大区 β 值的 $30\%\sim70\%$ 时,所对应的集电极电流称为晶体管集电极最大允许电流 I_{CM}。至于 β 值具体下降到多少才定义,不同型号的三极管,不同的厂家的规定有所差别。可见,当 $I_C > I_{CM}$ 时,并不表示三极管一定会过流而损坏,但在使用晶体管时最好不要超过此数值。

(2) 集电极最大允许功率损耗 P_{CM}:

晶体管在正常工作状态下集电极电流通过集电结时所产生的功耗称为集电极功耗,用符号 P_{CM} 来表示。一般情况下 $P_{CM} = I_C U_{CB} \approx I_C U_{CE}$,因为此时晶体管的发射结处在正偏状态,呈低阻,所以整个晶体管的功耗主要集中在集电结上。在计算时往往用 U_{CE} 取代 U_{CB}。三极管的功耗可以在输出特性曲线上表示,如图 3.37 所示。在电路中工作的晶体管其工作点不能超越此管耗曲线的范围,否则就有被烧毁的危险。

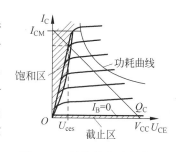

图 3.37 晶体管的功耗曲线

(3) 反向击穿电压:

因为晶体三极管有两个 PN 结,所以晶体管的反向击穿电压有好多个,如 EB 结的反向击穿电压,CB 结的反向击穿电压,还有跨越两个 PN 结的 CE 之间的反向击穿电压等。这些反向击穿电压都表示晶体三极管每两个电极之间能够承受反向电压的能力,超过了这个电压值晶体管就不能正常工作,甚至击穿损坏。测试这些反向击穿电压的原理电路如图 3.38 所示。这里介绍我们在看电路过程中最常用的两个击穿电压:集电结反向击穿电压和集电极反向击穿电压。

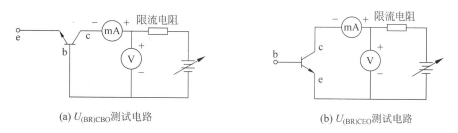

(a) $U_{(BR)CBO}$测试电路 　　　　　　　(b) $U_{(BR)CEO}$测试电路

图 3.38 三极管击穿电压的测试电路

集电结反向击穿电压 $U_{(BR)CBO}$——晶体管发射极开路时的集电结反向击穿电压。下标 BR 代表击穿之意,是 Breakdown 的字头,C、B 代表晶体管的集电极和基极,O 代表第三个电极 E 开路。这个极限值表明晶体管在发射极开路的情况下其集电结能够承受的最高反向电压值。其测试原理如图 3.38(a)所示。

集电极反向击穿电压 $U_{(BR)CEO}$——晶体管基极开路时其集电极和发射极之间的反向击穿电压,俗称晶体管的耐压。此种情况模拟晶体管在共发射极电路中的实际受压情况,所以我们在电路中使用晶体管时特别要注意此值的大小。其测试原理如图 3.38(b)所示。

晶体三极管在正常使用时均不允许超过这些击穿电压值,并要注意留有余量。对于同一个晶体管而言,这两个击穿电压值之间有如下关系:

$$U_{(BR)CBO} > U_{(BR)CEO}$$

4. BJT 的型号及命名方法

半导体器件的型号组成及命名法如图 3.39 所示。

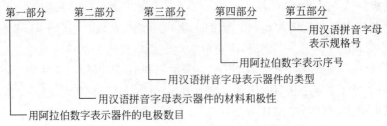

第一部分　第二部分　第三部分　第四部分　第五部分
— 用汉语拼音字母表示规格号
— 用阿拉伯数字表示序号
— 用汉语拼音字母表示器件的类型
— 用汉语拼音字母表示器件的材料和极性
— 用阿拉伯数字表示器件的电极数目

图 3.39　半导体器件的型号组成及命名方法

型号组成部分的符号及意义如表 3.18 所示。

表 3.18　半导体器件型号组成部分的符号及意义

第一部分用数字表示电极数目	2. 二极管	3. 三极管
第二部分用汉语拼音字母表示器件的材料和极性	A　N 型,锗材料 B　P 型,锗材料 C　N 型,硅材料 D　P 型,硅材料	A　PNP 型,锗材料 B　NPN 型,锗材料 C　PNP 型,硅材料 D　NPN 型,硅材料 E　化合物材料
第三部分用汉语拼音字母表示器件的类型	P　普通管 V　微波管 W　稳压管 C　参量管 Z　整流管 L　整流管 S　隧道管 N　阻尼管 U　光电器件 K　开关管 X　低频小功率管($f_a < 3\text{MHz}$ $P_c < 1\text{W}$) G　高频小功率管($f_a \geqslant 3\text{MHz}$ $P < 1\text{W}$)	D　低频大功率管($f_a < 3\text{MHz}$ $P_c \geqslant 1\text{W}$) A　高频大功率管($f_a \geqslant 3\text{MHz}$ $P_c \geqslant 1\text{W}$) T　半导体闸流管(可控整流器) Y　体效应器件 B　雪崩管 J　阶跃恢复管 CS　场效应器件 BT　半导体特殊器件 FH　复合管 PIN　型管 JC　激光器件
第四部分	用数字表示器件序号	
第五部分	用汉语拼音字母表示规格号	

我国对半导体三极管命名方法的国家标准如图 3.40 所示。

3DG110B —— 用字母表示同一型号中的不同规格
—— 用数字表示同种器件型号的序号
—— 用字母表示器件的种类
—— 用字母表示材料
—— 3 代表三极管,2 代表二极管

图 3.40　半导体三极管命名方法

通常用 5～6 个数字或字母来表示，其中左边第一位为数字，用 2 代表二极管，3 代表三极管；第二位代表制作晶体管所用的半导体材料和极性，以 A 为锗材料制作的 PNP 管、B 为锗材料制作的 NPN 管、C 为硅材料制作的 PNP 管、D 为硅材料制作的 NPN 管；第三位代表晶体管的工作频率和功率等，用 X 表示低频小功率管、D 表示低频大功率管、G 表示高频小功率管、A 表示高频大功率管、K 表示开关管；第四位开始的数字代表不同的参数范围，如放大倍数、耐压、电流等；最后一位的字母表示同型号中的不同规格。晶体二极管、三极管一律用正体字母书写。这里提供几种在我们看电路过程中常见的晶体二极管和晶体三极管的参数，如表 3.19 和表 3.20 所示。

表 3.19　部分半导体二极管的主要性能指标

用途	检波	检波	整流	整流	整流	开关 脉冲电路	无线电 设备稳压	高频 通信	无线电 设备稳压
最高工作频率	100MHz	100MHz	50kHz	50kHz	3kHz	300kHz		5MHz	
反向击穿电压(V)	≥40	20				45		30	
最高反向工作电压(V)	≥20	10	25	50	100	30			
正向电流(mA)	≥2.5	≥8	≥5	≥5		30		50	
最大整流电流(mA)	16	5	100	100	300				
正向压降(V)			≤1.5	≤1.5	≤1	≤1	≤1		≤1
反向电流(μA)	≤200	≤200	≤5	≤5	≤250	≤1		≤1	
耗散功率(mW)							250		200
结电容(pF)	≤0.5	≤1						70～130	
备注						反向恢复时间≤5ns	稳定电流10mA 稳定电压5～7.5V	结电容变化3.5 电压变化4～20V	稳定电压6.1～6.5V 稳定电流10mA

表 3.20　双极型晶体三极管的参数

参数型号	P_{CM}/mW	I_{CM}/mA	$U_{(BR)CBO}/V$	$U_{(BR)CEO}/V$	$I_{CBO}/\mu A$	f_T/MHz
3AX31D	125	125	20	12	≤6	*≥8
3BX31C	125	125	40	24	≤6	*≥8
3CG101C	100	30	45		0.1	100
3DG123C	500	50	40	30	0.35	
3DD101D	50W	5A	300	250	<2mA	
3DK100B	100W	30A	25	15	≤0.1	300
3DKG23	250W	30A	400	325		8

注：* 为 f_β。

5. BJT 的封装形式和管脚识别

在电路中常用的晶体管的封装形式有金属外壳封装和塑料封装两大类，其引脚的排列方式具有一定的规律性。如图 3.41 所示，对于小功率金属封装的晶体管而言，按图中所示底视图位置放置，使晶体管的三个引脚构成等腰三角形，并且使它的顶点向上，那么从左向右依次为三极管的三个引脚 e、b、c；对于那些中小功率用塑料封装的晶体三极管来说，按图使其平面朝向自己，三个引脚朝下放置，则从左到右依次为晶体管的 e、b、c。

目前，国内电子器件市场上各种类型的晶体管品种繁多，引脚的排列不尽相同。在使用

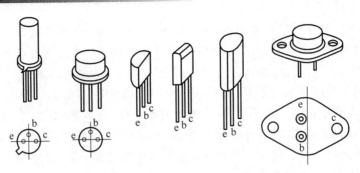

图 3.41　各种晶体管的引脚排列

中如遇到不能确定引脚排列的三极管,我们可以用后面介绍的万用表测量区分晶体管引脚的方法来测定。我们也可以通过查找晶体管使用手册来确定其引脚的正确排列次序,而且在查手册的同时还可获得它的特性及相应的技术参数和资料。

6. BJT 的其他用途

半导体晶体管除了能够构成放大电路和作为开关元件使用外,还能够做成一些可独立使用的两端或三端器件。了解这些情况对我们看电路图也是很有用的。

1) 扩流

把一只小功率的可控硅和一只大功率三极管组合起来,其作用就像一只大功率可控硅。其最大输出电流由大功率三极管的特性决定,如图 3.42(a)所示。图 3.42(b)为电容容量扩大电路,我们利用晶体三极管的电流放大作用,可以将电容器的容量扩大若干倍。这种等效大容量电容和一般电容器一样,可浮置工作,适用于在长延时电路中作定时电容器。用稳压二极管构成的稳压电路虽具有简单、元件少、制作经济方便的优点,但由于稳压二极管稳定电流一般只有数十毫安,因而决定了它只能用在负载电流不太大的场合。图 3.42(c)就可使原稳压二极管的稳定电流及动态电阻范围得到较大的扩展,稳定性能得到较大的改善。

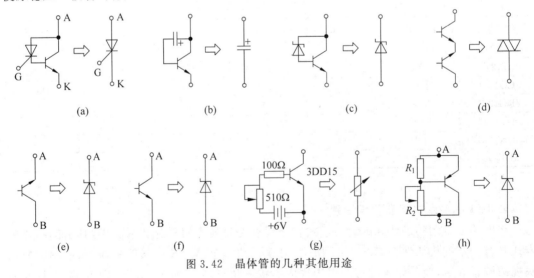

图 3.42　晶体管的几种其他用途

2) 代换

图 3.42(d)用两只晶体三极管串联可直接代换调光台灯中的双向触发二极管;图 3.42(e)中的晶体三极管可代替 8V 左右的稳压管。图 3.42(f)中的三极管可代替 30V 左右的稳压

管。在晶体三极管作为双向触发二极管使用和作为稳压二极管使用时,晶体管的基极均开路不使用。

3）模拟

用晶体三极管构成的电路还可以模拟其他元器件。大功率可变电阻价贵难觅,用图 3.42(g)电路可作模拟品。通过调节小功率可变电阻(510Ω)的阻值,即可改变三极管 C、E 两极之间的等效阻抗,此阻抗变化即可代替可变电阻使用。图 3.42(h)为用三极管模拟的恒压源,其恒压原理是当加到 A、B 两端的电压有上升趋势时,因晶体三极管的 B、E 结压降基本不变,故 R_2 两端的电压也有上升的趋势,流过 R_2 的电流将变大,晶体三极管发射结正偏增强,其导通性也增强,使得 C、E 极间呈现的等效电阻减小,从而抵消 AB 端的电压上升趋势。调节 R_2 即可改变此模拟恒压源的稳压值。

7. 晶体三极管好坏的判断

彩电的分离元件中双极型器件用得较多,其中又以 NPN 管用得比较多。晶体管的三个电极分别为基极 Base,集电极 Collector 和发射极 Emitter。我们经常需要对它们的管脚极性和性能好坏进行判断。

1）晶体三极管的引脚判别

如果在知道晶体管的引脚排列,而不知道晶体管的类型是 PNP 型还是 NPN 型的情况下,要判断晶体管的类型,那么只要将用万用电表打到测电阻 $R \times 1k$ 挡,并将黑表笔接晶体管基极、红表笔分别接另外脚时都导通,则说明该三极管的基极为 P 型材料,三极管即为 NPN 型;反之如果红表笔接晶体管的基极、黑表笔分别接晶体管另外两脚时导通,则说明该三极管基极为 N 型材料,三极管即为 PNP 型。

对于型号标志清楚的三极管,可查阅有关手册,查到三极管的引脚排列及参数。当遇到型号标志不清楚的三极管,或者没有有关的晶体三极管手册时,可用万用表来判断三极管的引脚。具体判别方法如下：首先判别晶体三极管是 NPN 型还是 PNP 型管,然后再区分 3 个引脚的排列。将万用表置于电阻 $R \times 100$ 挡(或 $R \times 1k$ 挡),用黑表笔接三极管的某一引脚(假设为基极),用红表笔分别接另外两只引脚,如果万用表显示两次全通,即表针指示的阻值为几百欧至几千欧,那么此管为 NPN 型管,且黑表笔所接的引脚是基极;如果不是,则更换一只引脚来测试;如果三次都不是,则说明不是 NPN 型三极管。改用红表笔接三极管的某一引脚(假设为基极),用黑表笔分别接另外两只引脚,如果万用表两次全通,即表针指示的阻值均为几百欧至几千欧,那么此管为 PNP 型管,且红表笔所接的引脚是基极;如果不是,则要换一只引脚来测试;如果三次都不是,则说明不是 PNP 型三极管。确定了三极管的基极以后,仍将万用表置电阻 $R \times 100$ 挡(或 $R \times 1k$ 挡),将两表笔分别接除基极之外的两电极。如果是 NPN 型三极管,用一只 100kΩ 电阻接于基极与黑表笔之间,可测得一电阻值;然后将两表笔交换,同样在基极与黑表笔之间接 100kΩ 电阻,又测得一电阻值,两次测量中阻值小的一次黑表笔所接的引脚是三极管的集电极,红表笔所接引脚是三极管的发射极。如果是 PNP 型三极管,100kΩ 电阻就要接在基极与红表笔之间,在测量时电阻小的一次红表笔所接引脚是三极管的集电极,黑表笔所接的引脚是三极管的发射极。

2）一般三极管的好坏判断

将万用表置于电阻 $R \times 100$ 挡(或 $R \times 1k$ 挡),分别测量三极管各极之间的电阻。对于 NPN 型三极管,其 be、bc 间的正向电阻(黑表笔接基极 b)为几百欧至几千欧;be、bc 间的反向电阻(红表笔接基极 b)为几十千欧以上;ce 间的正、反向电阻均为几十千欧以上,说明该三极管正常。若 be(或 bc)间的正向电阻大于几十千欧,说明 be(或 bc)开路,管子不能再使用;若 be(或 bc)间的反向电阻小于几十千欧甚至为零时,说明 be(或 bc)间反向漏电流很大或击穿短路,管子也不能再使用;若 ce 间电阻小于几十千欧甚至为零,说明 ce 间漏电流很大或击穿,三极管也不能再继续使用。对于 PNP 型三极管,其测试方法与 NPN 型三极管的测试方法相同,但要求把红表笔与黑表笔对调。

对于大功率晶体三极管,如电源调整管、电源开关管、黑白电视机的行输出管等,由于其反向电流较大,所以应该选用 $R×10$ 挡进行测量。这时正向电阻一般为几十欧至几百欧,反向电阻为几十千欧以上。

3) 彩电行输出管的好坏判断

常用的彩色电视机行输出管有 3 类。第一类与一般的大功率三极管一样,可以用相同功率、耐压和电流的电源三极管等直接替换。第二类与一般的大功率三极管有所不同,它们内部的集电极 c 与发射极 e 之间有阻尼二极管,其中 c 极接阻尼二极管的负极,e 极接阻尼二极管的正极。第三类行输出管不但在 ce 之间接有阻尼二极管(c 接二极管负极,e 接二极管正极),而且还在内部的基极 b 与发射极 e 之间接有一只约 40Ω 的电阻。

第一类行输出三极管的好坏判断与一般普通三极管的判断方法一样,一般用万用表 $R×10$ 挡进行测量判断。

第二类行输出管的判断方法为:将万用表置电阻 $R×10$ 挡,黑表笔接基极 b,红表笔分别接发射极 e 和集电极 c,这时正常情况下的导通电阻为一百至几百欧;再把红表笔接基极 b,黑表笔分别接发射极 e 和集电极 c,这时电阻均应为无穷大(不导通)。最后检查 ce 之间的电阻,由于 ce 之间存在一只阻尼二极管,所以当黑表笔接发射极 e,红表笔接集电极 c 时,测得的电阻即为阻尼二极管的正向导通电阻(约 100Ω),而黑表笔接集电极 c,红表笔接发射极 e 时,测得的电阻应为无穷大(不导通)。

第三类行输出三极管的判断方法为:将万用表置 $R×10$ 挡,黑表笔接基极 b,红表笔接集电极 c,这时正常情况下的导通电阻为 $100\sim300\Omega$。再把黑表笔接集电极 c,红表笔接基极 b,这时电阻应为无穷大。然后检查 ce 之间的电阻。ce 之间为一只阻尼二极管,当黑表笔接发射极 e,红表笔接集电极 c 时的正向电阻为 $100\sim300\Omega$,而当红表笔接发射极 e、黑表笔接集电极 c 时应不导通(电阻无穷大)。检查 be 间的电阻时,将万用表置电阻 $R×1$ 挡,be 之间相当于一只二极管与一只 40Ω 左右的电阻并联,当黑表笔接基极 b、红表笔接发射极 e 时,测得的电阻为 $10\sim30\Omega$;而当红表笔接基极 b、黑表笔接发射极 e 时,测得的电阻值约 40Ω。如果测得的结果与以上正常情况不符,说明行输出管特性不良或已经损坏,不能再继续使用。

8. 场效应晶体管(FET)简介

场效应晶体管(Field Effect Transistor,FET)是通过电场效应来控制半导体中电流流动的一种半导体器件。场效应管是一种电压控制型器件,具有输入阻抗高、噪声低、热稳定性好、抗辐射能力强、功耗小、制造工艺简单和便于集成化等优点。

电路中常用的场效应晶体管的类型区分可以从几个方面来考虑,如果从参与导电的载流子的极性来划分,它有以电子作为载流子的 N 沟道器件和空穴作为载流子的 P 沟道器件;如果从场效应三极管的结构来划分,它有结型场效应三极管(JFET)和绝缘栅型场效应三极管(IGFET)之分。IGFET 也称金属-氧化物-半导体场效应三极管,即平时所说的 MOSFET,简称 MOS 管。MOS 管性能更为优越,应用更加广泛,所以它发展也更加迅速。集成电路中 MOS 场效应管用得比较多,MOS 管的三个电极分别是源极 Source、漏极 Drain、栅极 Gate。有 N 沟道(栅极加正,箭头朝里)和 P 沟道(栅极加负,箭头朝外)两类。各类场效应管的电路符号如图 3.43 所示。

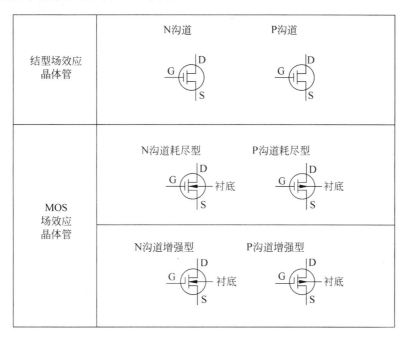

图 3.43 各类场效应管的电路符号

3.3.6 集成电路

集成电路(Integrated Circuit)器件的内部实际上就是一个完整的电子电路,能够实现一定的电路功能如放大、稳压、振荡等。它是利用微电子技术将复杂的功能电路集中微缩在很小的硅片上形成的一种器件。种类繁多、功能齐全。有数字电路、模拟电路,有通用电路、专用电路、SOC(system on a chip)电路,有存储器、微处理器、可编程器件(DSP/FPGA/CPLD),ARM 等。

西湖 54CD6 彩电中除了遥控板上的集成电路之外,在电视机主板上采用 2 块集成电路。一块是公共通道部分的中放电路,另一块是行场振荡和色处理电路。长虹 SF2515 彩电中,用了一块 64 脚的微处理器芯片。

1. 集成电路概述

集成电路,英文缩写 IC。它是将一个包含晶体管、电阻及电容器等元器件的完整电路,制作在一片半导体硅芯片上然后封装而成的一种集成电路器件。集成电路器件目前不仅已大量应用于电子计算机、自动控制及导弹、雷达、卫星通信、遥控遥测等电子设备中,而且已广泛渗入日常生活用品中,成为电视机、收录机、电子手表、袖珍电子计算器及电子玩具等的重要组成部分。

目前,市场上看到的集成电路器件,根据其内部电路的复杂程度和含有晶体管数的目多少,大致可以分为小规模集成电路、中规模集成电路、大规模集成电路以及超大规模集成电路等几种。我们在看电路的过程中能够接触到的主要是中小规模集成电路器件。这种集成电路器件一般是在一块厚约 $0.2\sim0.5$mm、面积约为 0.5mm^2 的 P 型硅单晶片上通过平面集成工艺制作成的。这种硅片(称为集成电路的基片)上通常可以集成包含由数十个(或更多)晶体三极管、二极管、电阻、电容等所组成的一个具有一定功能的完整电路。1962 年出现的世界上第一块集成电路,是将几十个元器件完美地结合在一小块硅片上的小规模集成电路,到 1977 年则出现了在一个微小芯片上集成了 15 万个元器件的超大规模集成电路。集成电路的出现并投入实际应用使电子设备的体积、重量大大减小,可靠性提高,成本降低。集成电路的流行意味着电子技术开始迈入了微电子技术的新时代。

1) 集成电路元器件特点

与由分立元器件组成的普通电路相比,集成电路中的元器件有以下的特点:

(1) 通常分立的单个半导体元器件(如二极管、三极管等)在制作时,其精度不容易做得很高,而且受温度影响也较大。但在同一硅片上用相同工艺制造出来的集成元器件性能比较一致,对称性也好。工作时相邻元器件的温度差别小,因而同一类元器件温度特性也基本一致,整个器件的温度稳定性比较好。

(2) 那些数值较大的电阻、电容器制作到集成电路中时占用硅芯片面积比较大。所以集成电路器件内部的集成电阻阻值都比较小,一般在几十欧姆至几十千欧姆范围内,集成电容的容量一般为几十微法。而电感目前还不能集成到集成电路器件内部。

(3) 集成工艺制作的阻、容元器件性能参数的绝对值不容易做得很精确,通常误差都比较大,但同类元器件性能参数的比值却可以做得比较精确。

(4) 集成电路器件内部电路中所用到的晶体管,其中 NPN 结构的晶体管是按芯片几何结构的纵向制作的,所以其电流放大系数 β 值较大,而且占用硅片面积小,容易制造。而 PNP 结构的晶体管是按芯片几何结构的横向制作的,因此它的电流放大系数 β 值一般都比较小,但其 PN 结的耐压要比 NPN 晶体管的高。

2) 集成电路器件设计特点

由于集成电路制造工艺及内部元器件有以上的特点,模拟集成电路在电路设计思想上与分立元器件电路的设计相比有很大的不同。

(1) 在选用元器件方面,集成电路器件内部的电子线路尽可能地多用晶体管,少用电阻、电容。在有条件的地方尽量用晶体管或 PN 结来取代电阻,因为在集成电路中制作一个晶体管或 PN 结要比制作一个大电阻容易得多。

(2) 在内部电路的形式上大量选用差动放大电路与各种恒流源电路、有源负载电路,级间耦合采用直接耦合方式。

(3) 尽可能地利用参数补偿原理把对单个元器件的高精度要求转化为对两个器件有相同参数误差的要求,尽量选择特性只受电阻或其他参数比值影响的电路。

2. 集成电路器件的分类

1) 按集成电路器件的功能及用途分类

常见的集成电路可以分为模拟集成电路和数字集成电路两大类。我们知道目前各种电子电路中要处理的电信号总体上可以分为两大类:一类是连续变化的信号,叫模拟信号。如可听声音的音频信号就是用电压变化来模拟声音变化的,图像信号是用电压变化来模拟图像中各点亮度变化的；另一类是不连续的信号，叫数字信号。如电报的电码信号、各种脉冲信号、计算机中的各种代码信号等。模拟集成电路就是用来处理模拟信号的器件，如集成音频放大器、集成视频放大器、集成运算放大器等；数字集成电路是用来处理数字信号的，由于被处理信号的不连续性，数字集成电路多半是由开关电路组成的各种逻辑电路器件。

2）按集成电路器件的制作工艺结构及制造方法分类

常见的集成电路可以分为膜集成电路、半导体集成电路和混合集成电路等三类。膜集成电路根据加工工艺和膜的厚薄不同，又可分为厚膜集成电路和薄膜集成电路两类。半导体集成电路是目前集成电路应用的主流，它以制造硅平面晶体管的平面工艺为基础，将一个完整电路中的三极管、二极管、电阻、电容等做在同一个硅芯片上，构成一个具有一定功能的集成电路器件。混合集成电路是利用半导体集成电路、膜集成电路、分立元件等这几种元器件中的任意两种或三种混合制作而成的一种微型结构电路器件。这种电路器件不论在电路形式或电路元件的选择上都较灵活，但制作工艺很复杂，生产效率较低。

根据在集成电路器件内部电路中所采用的晶体管种类的不同，半导体集成电路器件又可分成双极型（晶体三极管）集成电路器件和单极型（绝缘栅场效应管等）集成电路器件两种。双极型 IC 器件的优点是工作速度快、频率高、信号传输的延迟时间短，但制造工艺相对较复杂。单极型 IC 器件以 MOS 集成电路为代表，这种电路的优点是工艺简单、容易实现大规模集成，但它的工作速度比不上双极型的 IC 器件。

MOS 集成电路器件又可按内部电路中场效应晶体管的导电沟道类型，分为 N 沟道 MOS 电路（简称 NMOS 电路）器件和 P 沟道 MOS 电路（简称 PMOS 电路）器件以及由 N 沟道和 P 沟道 MOS 场效应管互补电路构成的 CMOS 器件。

3）按集成电路器件的集成度大小分类

常用的半导体集成电路器件按其集成度大致可以分为以下几类：小规模集成电路器件、中规模集成电路器件、大规模集成电路器件和超大规模集成电路器件等。

（1）小规模集成电路（SSI）器件：一个集成块内部芯片上一般只包含十个到几十个电子元器件，它们所占用的硅片面积约为 $1\sim3\text{mm}^2$。

（2）中规模集成电路（MSI）器件：一个集成块内部芯片上一般含有一百到几百个电子元器件，所占硅片面积约为 10mm^2。

（3）大规模集成电路（LSI）器件和超大规模集成电路（VLSI）器件：其内部一般具有 1000 个以上的电子元器件，目前最多的可以达到几千万个电子元器件集成在一个芯片上。它的显著特点是可以把一个功能强大的电路系统集成在一个硅片上，甚至把一台计算机的中央处理单元（CPU）也集成在一片硅片上。对 VLSI，国际上硅片面积已增至厘米见方，管数达十亿个而线宽为 $0\sim1\mu\text{m}$。

3. 集成电路器件的封装与外形

为保护集成电路芯片和适应各种不同电路用途，集成电路器件在外观封装上必须在体积、引脚数量、散热等各方面满足不同使用场合的要求，为此集成电路器件发展出各种不同的外观和封装形式。常见的集成电路器件的封装外形如图 3.44 所示。

图 3.44 中（a）、（b）、（c）、（d）几种集成电路器件均为直插式封装，分为双列直插式和单列直插式两种。这两种集成电路器件在现代电路中的应用非常广泛。它们的外壳一般采用陶瓷或塑料，通常设计成具有 2.52mm 的国际标准引脚间距，以便与印刷电路板上的标准

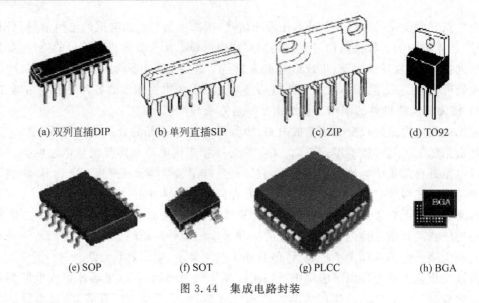

(a) 双列直插DIP　　(b) 单列直插SIP　　　(c) ZIP　　　(d) TO92

(e) SOP　　　(f) SOT　　　　(g) PLCC　　　(h) BGA

图 3.44　集成电路封装

插座孔配合。一些集成功率放大器件和集成稳压电源器件等一般还带有金属散热片兼安装孔。直插封装集成器件的特点是安装、焊接容易,但是存在体积偏大的缺点。

为了适应现代电子设备对便携性和小体积的要求,出现了各种小体积的集成器件封装形式,如图 3.44(e)、(f)、(g)、(h)所示。它们在各种计算机电路板、便携式设备电路板中得到了广泛的应用。

此外,还有的集成电路芯片直接与小印刷电路板结合在一起,并用环氧树脂封固形成一种软封装。这种封装形式价格低廉,常用于音乐集成电路器件、电子手表器件、计算器内部器件等。

集成电路器件引脚的识别:集成电路的管脚引出线虽然数量不同,但其排列方式仍有规律可循。一般总是从器件外壳的顶部看,按逆时针方向排列编号的。第 1 脚位置在封装外壳上都有参考标记。例如双列直插式集成电路器件或扁形封装的集成器件,无论是陶瓷封装还是塑料封装的,一般在引脚的第一脚处均有色点、小圆口、缺脚等标记标明。在这种标记的正面下方、最靠近标记的脚就是集成器件的第 1 脚,然后按逆时针方向分别为 2、3、4…脚数下去。

4. 集成电路器件的命名方式

集成电路器件的命名方式一般是由厂家自行制定的,通常由前缀和数字等几部分组成。前缀代表生产器件的厂家或公司,后面的数字和字母一般表示该器件的性能和用途,最后面的字母表示是否改进型和封装材料等。所以不同厂家命名集成电路器件的前缀是不同的,我们可以通过前缀来区别不同集成电路器件的生产厂家。常见的集成电路器件的前缀如表 3.21 所示。

例如,东芝公司生产的集成电路器件 TA7668P,开头的第一位英文字母 T 表示是东芝公司生产的集成电路器件,第二位 A 表示该器件是线性电路,第 3～6 位的数字 7668 表示是双前置放大器,最后一位 P 表示此集成电路采用塑料封装形式。再如日立公司生产的集成电路器件 HA1339AR、第一位 H 代表该器件由日立公司制造,第二位 A 表示该器件是线性电路,第 3～6 位的数字 1339 表示该器件是音频功放,第 7 位 A 表示为 1339 的改进型,最后一位字母表示封装形式。详细的命名方法请参考各公司的产品手册。

表 3.21　常见集成电路器件的前缀及生产厂家

前　缀	生　产　厂　商
AD	Analog Devices(美国模拟器件公司)
AN	Panasonic(日本松下电器公司)
BA	Rohm(日本罗姆公司)
BX、CX、CXA	Sony(日本索尼公司)
CA	RCA(美国无线电公司)
CA、HEF、NE、SA	Philips(荷兰飞利浦公司)
CD、F、LM	Fairchild(美国仙童公司)
CD	RCA(美国无线电公司)
HA、HD	Hitachi(日本日立公司)
ICL	Intersil(美国英特锡尔公司)
KA、KB	Samsung(韩国三星电子公司)
L	SGS-ATES(意大利 SGS-亚特斯半导体公司)
LA、LB、LC、LM	Sanyo(日本三洋电气公司)
LF、TDA、TEA	Philips(荷兰飞利浦公司)
LF、LM	National(美国国家半导体公司)
LM	Signetics(美国西格尼蒂公司)
MAX	Maxim(美国美信集成产品公司)
MN	Panasonic(日本松下电器公司)
SN	Motoroal(美国摩托罗拉半导体产品公司)
TA	Toshiba(日本东芝公司)
TMS	Texas Instruments(TI)(美国德克萨斯仪器公司)
μPC、μPD	NEC(日本电气公司)

5. 集成电路好坏的判断

在彩色电视机中,集成电路是整机电路的核心。由于其内部电路复杂、功能多,又与较多的外围元器件相连接,所以集成电路的好坏判断常常是比较困难的,而且集成电路的引脚较多,拆卸麻烦,也容易在拆卸中损坏集成电路或与之相连的铜箔条,所以,集成电路的好坏判断应在电路板上进行,且要求判断尽可能准确。因此,一般集成电路应该用几种方法检查,并经综合分析比较后得出结论。常用的检查判断方法有以下几种。

1) 检查集成块各脚的直流电压

用万用表直流电压挡测量集成块各脚与地之间的直流电压,并与正常值比较,由此可以发现那些损坏后会引起直流电压发生变化的故障。但实际检查时,有时一个故障可能会引起几个脚的直流电压发生变化,有时又可能各脚的直流电压变化都很小,使检修人员难以判断。因此,最好能事先了解该集成块的内部电路或内部方框图,弄清各脚的作用及各脚的直流电压是由外部提供的还是内部输出的。这样会给判断带来很大的方便,也就容易判断故障是发生在集成块内部还是其外围元器件。

2) 检查集成块的输入与输出信号波形

用示波器测量集成块的输入与输出信号波形,并与正常时的信号波形相比较,找出故障部位。注意测量时不但要观察信号波形的形状,而且要注意信号的峰峰值电压 V_{p-p} 及其频率。

3）测量集成块各脚与地之间的电阻值

在关机状态下用万用表测量集成块各脚与地之间的电阻值。测量时，要测两次，即红表笔接地，用黑表笔测量集成块引脚与地之间的电阻值；再把黑表笔接地，用红表笔测量集成块引脚与地之间的电阻值。将这两次结果同时与正常的两个电阻值相比较，找出不正常的部位。

4）检查集成块的外围元器件

在采用以上方法找到不正常的部位后，先应检查不正常部位所对应集成块引脚的外围电路。因为集成块外围电路的损坏往往会引起集成块引脚直流电压、电阻或信号波形的变化。然后再检查集成块是否有虚焊、铜箔条是否有断裂，集成块的输出负载电路是否有故障等。如果经检查都没有问题，最后再更换集成块。

模 拟 电 视

第 4 章

彩电公共通道原理与检测

彩色电视机公共通道电路是指图像信号和伴音信号共同经过的电路。它主要包括频道预选电路、高频调谐电路(俗称高频头)、中频放大电路和视频检波电路等。公共通道电路的作用是把从天线接收到的高频信号选频放大,并变换成图像中频和伴音中频信号,再经过放大和检波,得到彩色全电视信号(FBAS)和 6.5MHz 的第二伴音中频信号。

4.1 彩电公共通道电路的特点

根据彩色电视接收机的公共通道与伴音通道组成方框图可以看出,它与黑白电视接收机的相应电路是基本相同的。不同之处仅在于彩色电视接收机的公共通道中增加了自动频率微调(AFT 或 AFC)电路,AFT 电路可使高频调谐器中的本振频率稳定,从而提高技术指标并省去本振微调装置。

目前,彩色电视接收机都采用 U-V 一体化全频道电子调谐式高频调谐器,可以自动切换和搜索频道。公共通道常用一块大规模集成电路,完成中频放大,视频检波、预视放、AGC、ANC、AFT、伴音中放、鉴频、音频电子音量控制、音频激励等小信号处理功能,如 TA7680AP(国内同型号为 D7680AP)等。

4.1.1 高频调谐器

从天线接收的高频信号经高频放大、本机振荡、混频,选出预选频道的中频信号。要求如下:

(1) 频率特性应足够平坦:由于色度与亮度信号共用一个频带传送,所以传输通道频率特性不平坦会使色度与亮度信号的比例关系改变,造成色度失真,甚至失去彩色。为此,要求高频调谐器频率特性曲线顶部不平坦度不得超过 10%,如图 4.1 所示,从而使亮度与色度信号的增益差小于 1dB。

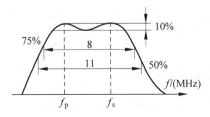

图 4.1 高频调谐器的频率特性

（2）本振频率稳定度要高：由于色度信号安插在亮度信号频谱的高端，所以本振漂移后不但会影响图像清晰度、对比度及伴音，而且会影响图像的颜色。当本振频率偏低时，中频信号频谱左移，使伴音声小，图像清晰度差，对比度过浓，而且彩色变淡了，甚至丢色；当本振频率偏高时，伴音干扰图像和颜色，图像对比度差，如图4.2所示。为此，要求本振偏移在0.05%～0.1%。

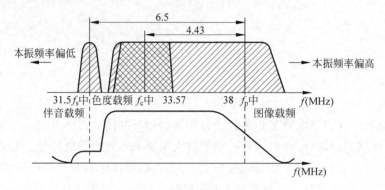

图 4.2　本振频率偏移的影响

在图 4.2 中，f_s 是伴音载频、f_c 是色度载频、f_p 是图像中频载频。

为了保证在整个收看过程中彩色电视接收机高频头本振频率的稳定度，在机内设置了自动频率微调电路（AFT），如图 4.3 所示。将末级中放输出的一部分送到一个中心频率为图像中频载频（38MHz）的鉴频器中，当本振频率正确时，图像中频载频刚好是 38MHz，鉴频器输出为零；当本振频率偏移时，鉴频器会根据频率偏离情况（大于 38MHz 或小于 38MHz），输出或正或负的直流控制电压，去调整本机振荡器的振荡频率，使本振频率恢复到正确值。自动频率微调控制电路通常用 AFT 表示。

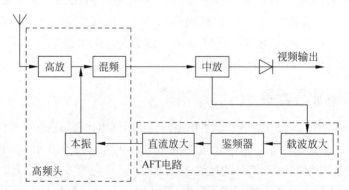

图 4.3　自动频率微调控制电路框图

（3）匹配要好：输入电路与天线馈线间匹配要好，否则会在馈线中产生较强的反射驻波，引起频率特性曲线凹凸不齐，造成彩色失真，使图像清晰度变差。

4.1.2　高频调谐器工作原理

从天线接收的电视信号经过匹配器耦合进入高频头，如图 4.3 所示，经过选频电路后进行高频放大，放大的信号与本机振荡的频率经过混频，取出 38MHz 的图像载频和 31.5MHz 的伴音载频信号,送中放电路。

高放分成 L、H、U 三个波段,由 V703、V704、V705 三只高放管分别控制,具体电路如图 4.4 所示,通过切换开关分别使其中某一晶体管导通,选择某频段。若三个波段均不正常,可检查对应晶体管的工作状态。三极管导通后的集电极工作电压约 11.7V。

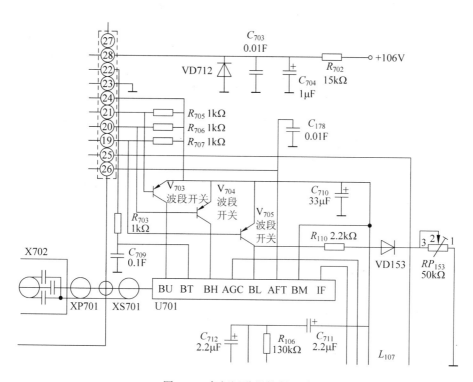

图 4.4 高频调谐器控制电路

AGC 是高放级的自动增益控制,该电路通过调节高放管支流偏置电压来改变放大倍数,实现自动增益控制。一般要求,高放 AGC 起控后,无线输入电平变化 20dB 时,高频头输出电压应基本不变。BM 是提供支流偏置的公共端。

AFT 是自动频率调节电路,是一个频率反馈自动控制系统,通过控制本振调谐回路中的变容二极管,用来微调高频头内本机振荡器的振荡频率。本振电路可采用电容或电感三点式振荡电路,彩电中经常采用电容三点式振荡器,但本振频率会随着环境温度、电源电压、湿度的变化而发生变化,就可能会出现频率漂移,会使信号接收效果变坏,甚至收不到图像或伴音,因此需要用 AFT 电路进行调整。

本机振荡采用电调谐电路,如图 4.5 所示,它使用变容管调节振荡频率。调谐的直流电压从 BT 端输入,变化范围是 0~30V,对于不同的频道,通过施加不同的电压来改变变容二极管的电容量,进而实现本振频率的改变,最终完成频道调谐并准确地选中某个频道。

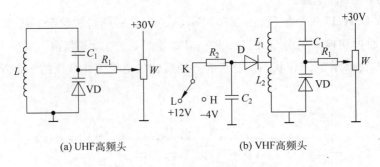

(a) UHF高频头   (b) VHF高频头

图 4.5　电调谐高频头的调谐电路

　　图 4.6 为电子式高频调谐电路的等效电路,四只变容二极管分别接在高放输入回路、高放输出回路、混频输入回路和本振回路上。在调谐电压的作用下,它们相当于一个四连可变电容器,对四个回路进行统调跟踪,使得在任一电视频道上都能在混频输出端得到 38MHz 的图像中频信号和 31.5MHz 的伴音中频信号。为了使高频调谐电路(高频头)能正常工作,要求在它的各个引脚上施加适当的电压,如波段切换电压、调谐电压、AGC 电压、AFC电压等。

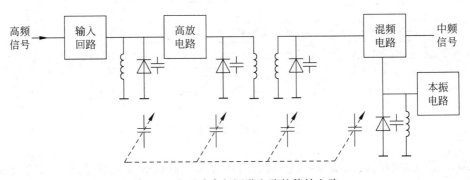

图 4.6　电子式高频调谐电路的等效电路

4.1.3　中频放大与 AGC 电路

中放与 AGC 电路由 TA7680 集成电路及外围电路构成。电路要求:

(1) 频率特性曲线要好,为减少伴音对图像及色度的干扰,应使伴音中频处衰减 50dB以上。

(2) AGC 控制范围应在 $60 \sim 70$dB 之间。

公共通道常用的集成电路为 TA7680AP,它包含中频通道电路和伴音电路中的小信号处理两个部分。其中中频通道电路包含图像中频放大、视频检波、视频放大、消噪电路、中放和高放 AGC、自动频率控制(AFC)等电路。它与声表面波滤波器(SAWF)配合可以组成完整的中频通道电路。TA7680AP 集成电路内部方框图和引脚功能如图 4.7所示。

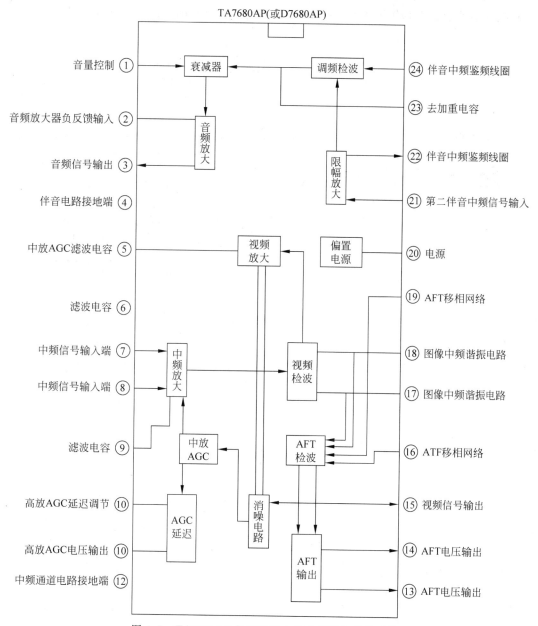

图 4.7　TA7680AP 集成电路内部方框图和引脚功能

4.2　常见公共通道电路介绍与工作原理分析

4.2.1　西湖 54CD6 彩电的公共通道电路

图 4.8 所示为西湖 54CD6 型遥控彩色电视机公共通道电路原理图。

1. 高频调谐器

由图 4.8 可见,西湖 54CD6 型遥控彩色电视机高频调谐器具有 8 个引脚和 1 个天线信号输入插口。为了使高频调谐器能正常工作,需要在它的各个引脚上加上适当的电压。现将高频调谐器上各引脚作用和所需电压列于表4.1中,这些电压由频道预选电路提供。

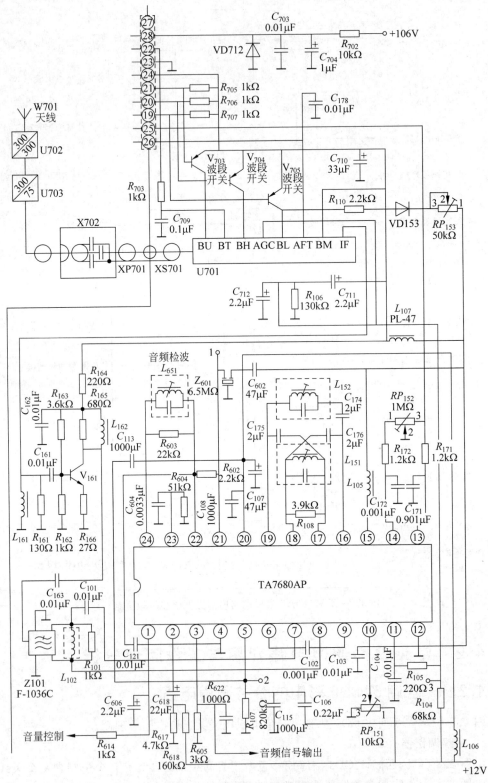

图 4.8　西湖 54CD6 型遥控彩色电视机公共通道电路

表 4.1 高频调谐器（高频头）上各引脚作用和所需电压

引脚	引脚作用和所需电压
BM	在任意频道上均为 +12V
BL	在接收 VHF 频段的 1～5 频道（VL）时为 +12V
BH	在接收 VHF 频段的 6～12 频道（VH）时为 +12V
BU	在接收 UHF 频段 13～57 频道时为 +12V
BT	高频调谐器的调谐电压 0～30V
AGC	高放级的自动增益控制电压，在无电视信号时约为 6.6V
AFT	自动频率微调电压，在最佳调谐状态（或 AFT OFF）时电压约为 6.7V
IF	中频信号输出端，引脚电压为 0V

2. 中频通道电路

西湖 54CD6 型彩色电视机中频通道电路由 V_{161}、Z_{101} 和 N_{101}（TA7680AP）等组成。

从高频调谐器 IF 端输出的中频信号首先进入由 V_{161} 组成的图像中频前置放大电路。L_{162} 为高频扼流圈，起调谐匹配作用，它与 V_{161} 输出电容组成并联谐振电路，谐振于图像中频 38MHz。L_{161} 是直流对地短路，R_{161} 为阻抗匹配，C_{161} 信号耦合，R_{162}、R_{163} 提供直流偏置。R_{164} 和 C_{162} 组成退耦电路，L_{162}，R_{165} 组成高频提升电路，R_{166} 电流串联负反馈电阻。由 V_{161} 放大后输出的中频信号，经 C_{163} 耦合加到声表面波滤波器 Z_{101} 的输入端。声表面波滤波器是一个带通滤波器，通过它的集中选择性滤波，使输出中频信号的带宽、幅频特性符合要求。L_{102} 为声表面波滤波器的输出端匹配电感，R_{101} 和 L_{102} 可衰减三次回波信号干扰，防止信号来回反射产生重影而使图像模糊。

由声表面波滤波器输出的中频信号，经 C_{101} 耦合加至 N_{101}（TA7680AP）的⑦脚和⑧脚，再经集成块内部三级差分放大器组成的中频放大电路放大后，送至视频检波电路。视频检波电路为双差分同步检波器。N_{101} ⑰和⑱脚外接 38MHz 图像中频并联谐振回路 L_{151}（为 L、C 组合器件），取出图像中频开关信号。由视频检波器输出的视频信号经集成块内部视频放大和消噪电路后，一路从⑮脚输出送至伴音电路、解码电路、亮度通道和扫描电路；另一路由集成块内部送至 AGC 检波电路。N_{101} ⑤脚外接电容 C_{106} 为中放 AGC 滤波电容。经 AGC 检波后输出的 AGC 电压，通过中放 AGC 放大，去控制中频放大电路的增益。当中频放大电路的增益下降到一定程度后，经 AGC 延迟电路，从 N_{101} ⑪脚输出一个高放 AGC 电压 V_{AGC}，去控制高频调谐器中高放级的增益。N_{101} ⑩脚外接高放 AGC 延迟调节电位器 RP_{151}，实现高放 AGC 的延迟控制（即在中放增益下降到一定程度后再去控制高放级的增益）。

AFT 电路（自动频率微调电路，也可以称自动频率控制电路——AFC 电路）采用鉴相电路。当图像中频载波频率刚好为 38MHz（标准频率）时，AFT 鉴相电路无误差电压输出。当图像中频载波频率偏离 38MHz 时，AFT 鉴相电路将输出一个正的或负的误差电压，其大小与极性取决于偏离 38MHz 频率的数值与方向。AFT 误差电压将与⑬脚的直流电压相迭加，经遥控电路中的 AFT 开关，送至高频调谐器上的 AFT 端子，对高频调谐器中的本机振荡频率实行自动频率调整，使得输出高频调谐器的图像中频载波频率刚好为 38MHz。

4.2.2 长虹 SF2515 彩电的公共通道电路

1. 高频调谐器

高频调谐器的任务是对射频信号进行放大、混频，将各个频道的电视信号变换成具有固定中频的图像中频信号和伴音中频信号。高频调谐器及供电电路如图 4.9 所示。

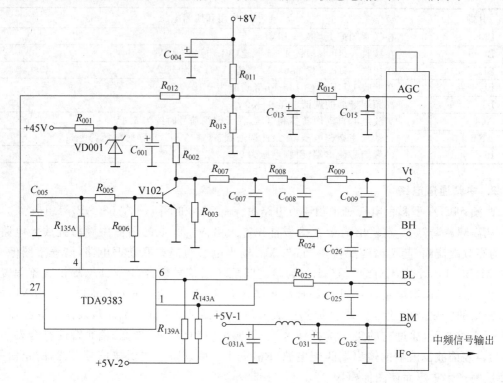

图 4.9 高频调谐器及供电电路

长虹 SF2515 采用电压合成式高频调谐器,其优势是将传统的 L、H、U 三波段调谐器改进为 L、U 两个波段。这种设计不仅简化了电路,使高频调谐器外接元件减少,而且有效地提高了电路的可靠性。

此类彩电高频调谐器要正常工作,并输出正常的图像中频信号,需要外电路提供 4 种电压:电源电压、波段电压、调谐电压和高放 AGC 控制电压。高频调谐器的 BM 脚为电源电压输入端,电压为+5V,此电压来自行输出变压器电路中的低压形成电路,行输出变压器第 10 脚引出一路脉冲电压,经过整流、滤波、稳压后,得到+5V—1 电压,经由 C031A、L031、C031 组成的滤波电路滤波后,直接加到 BM 脚,作为高频调谐器的电源电压。

波段电压由集成电路 TDA9383 内部微处理器形成,由集成块的①脚和⑥脚输出,由于高频调谐器采用了电压合成式调谐,微处理器输出的波段控制电压,不需要通过由三极管组成的电平转移电路,直接通过隔离电阻 R024、R025 加到高频调谐器的波段电压输入端,作为高频调谐器的波段切换电压。波段电压输入端外接电容 C025、C026 为高频滤波电容,用于消除高频脉冲的干扰。

调谐电压由集成电路 TDA9383 内部微处理器产生,由集成块的第④脚输出,由于微处理器形成的调谐电压较低,并且属于脉宽调制信号电压,不能直接对高频调谐器进行调谐控制,必须先经过脉冲放大电路和 RC 滤波电路处理,因此,从集成块 TDA9383 第④脚输出的调谐控制电压 VT 经 R135A、R005 加到脉冲放大管 V102 的基极,基极得到的调谐控制脉宽调制信号,经 V102 放大后,从 V102 的集电极输出。V102 集电极与高频调谐器调谐电压输入端之间接有由 R007、C007、R008、C008、R009、C009 组成的 RC 滤波器,V102 集电极输出

的脉宽调制信号经 *RC* 滤波器滤波后,直接加到高频调谐器的 Vt 端,实现对高频调谐器的调谐控制,完成节目频道预选工作。脉冲放电管 V102 的工作电压由行输出电路提供,行输出变压器第⑤脚引出的一路脉冲电压,经整流滤波后输出＋45V 电压,经电阻 R001 降压和稳压管 VD001 稳压后,得到约 33V 电压,经电阻 R002 加到 V102 集电极,作为 V102 的工作电压。

高放 AGC 控制电压来自集成电路 TDA9383 第㉗脚,该脚输出的控制电压经 R012、R015 加到高频调谐器的 AGC 电压输入端,实现对高频调谐器内部高放级增益的控制。AGC 控制电压输入端还接有一个固定偏置电压,用于接收图像中放电路的控制信号,这个控制信号的变化量直接对高频调谐器内部高放级增益进行调控,使高放级增益随 AGC 电压升高而降低。行输出变压器第⑩脚引出一路脉冲电压,经过整流、滤波、稳压后,得到＋8V 电压,经偏置电阻 R011、R013 分压后,为高频调谐器 AGC 输入端提供固定偏置电压。

射频信号经高频调谐器处理后,得到图像中频信号和伴音中频信号,从高频调谐器的 IF2 端输出,直接送往图像中频信号处理电路。

2. 图像中频信号处理电路

图像中频信号处理电路由预中放(V047)、幅频特性选择电路(Z100、VD065)、图像中频放大电路和视频检波电路(N100)等电路组成。该部分电路的任务是对高频调谐器输出的图像中频信号进行选择、放大、检波处理,从图像中频信号中检出视频全电视信号和第二伴音中频信号。

1) 预中放和幅频特性选择电路

预中放和幅频特性选择电路主要由 V047、Z100、VD065 等电路元件组成,如图 4.10 所示。图中 V047 为预中放放大管,将宽带信号放大,以补偿后面的声表面波滤波器产生的插入损耗。

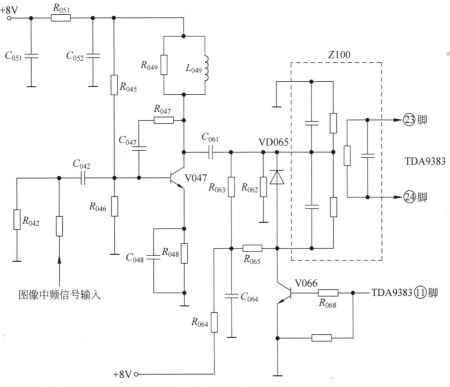

图 4.10　预中放和幅频特性选择电路

从高频调谐器输出的图像中频信号和伴音中频信号,经电阻 R042 隔离后,由电容 C042 耦合到预中放三极管 V047 的基极,经 V047 放大后从集电极输出,由电容 C061 耦合到幅频特性选择电路。

幅频特性选择电路由 Z100、V066、VD065 等元件组成,其工作频率范围为 31.5～33.5MHz,其作用是对伴音中频信号进行吸收,消除伴音中频信号对图像中频信号的干扰。这是专门为射频多制式彩色电视机设计的,它的工作状态受微处理器输出的"DK/M"制信号控制。V066 为"DK/M"制切换控制三极管,"DK/M"制控制信号来自于集成电路 TDA9383 的第⑪脚,这个控制信号电压直接加到 V066 的基极,当电视机工作在 PAL 制时,⑪脚输出约 4.7V 的高电平,使 V066 饱和导通,导致 VD065 截止,此时,幅频特性选择电路对 31.5～32MHz 的伴音中频信号进行吸收,使机器满足接收 PAL 制电视信号的要求。当电视机工作在 NTSC 制时,⑪脚输出 0V 的低电平,使 V066 截止,接着＋8V 电压通过 R064、R065 加到 VD065 的正极,导致 V065 导通,使 Z100 内部与 VD065 并联的电容被短路,此时,幅频特性选择电路对 33.5MHz 的伴音中频信号进行吸收,以减少 NTSC 制伴音中频信号对图像中频信号的干扰。

高频调谐器输出的图像中频信号经预中放和幅频特性选择电路选择后,变成两路平行信号直接送往集成电路 N100 的㉓脚和㉔脚,进入集成块 TDA9383 内部的图像中频信号放大和视频检波电路进行放大和检波。

2）图像中频放大和视频检波

图像中频信号放大和视频检波电路如图 4.11 所示,涉及 N100 的㉓脚、㉔脚、㉗脚、㊲脚和㊳脚,外围元件很少,其中㉓脚和㉔脚为图像中频信号输入端,㉗脚为高放 AGC 电压输出端,㊲脚为中放 PLL 环路滤波端,㊳脚为全电视信号输出端。这部分电路主要由图像中频信号放大、视频检波、开关脉冲形成、AFT 电压形成、中放 AGC 电压形成和高放 AGC 电压形成等电路组成。

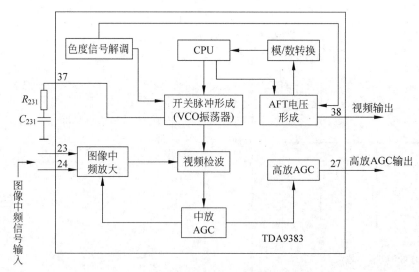

图 4.11　图像中频放大和视频检波电路

在图 4.11 所示电路中,图像中频放大电路完全由集成块内部电路组成,它的增益受中放 AGC 电路控制,将图像中频信号放大后,直接送往视频检波电路进行检波。

视频检波电路采用锁相环同步检波器(PLL),视频检波器所需要的开关脉冲信号,由集成块内部的开关脉冲形成电路产生,该电路采用无外接 LC 网络的压控振荡器(VCO)。

视频检波电路检出的视频电视信号,经内部噪声抑制后,直接送往视频放大电路放大。放大后的信号分成两路:一路从集成电路第㊳脚输出;另一路直接送往中放 AGC 电路,产生中放 AGC 控制电压。中放 AGC 电路产生的中放 AGC 电压分成两路:一路直接送往图像中频放大电路,去控制图像中频放大电路的增益,使图像中频放大电路输出的图像中频信号幅度稳定;另一路送往高放 AGC 延迟放大电路,形成高放 AGC 控制电压,从集成电路27 脚输出,送往高频调谐器的高放 AGC 输入端,去控制高频调谐器中高放级的增益,使高频调谐器输出的图像中频信号幅度稳定。

自动频率微调电压形成电路(AFT)完全由集成块内部电路组成,其作用主要是形成自动频率控制电压,用于电视节目预置和收看过程中的频率自动跟踪。自动频率控制电路形成的自动频率微调电压能准确反映图像中频信号处理电路的工作状态,此电压通过 A/D 转换形成的数据信号,可以作为预置节目过程中的电台识别信号和电视收看过程中的频率自动校准检测信号。

4.3 公共通道电路故障检测流程

4.3.1 西湖 54CD6 型彩电的检修流程

1. 无图像、无伴音、有光栅(检测流程见图 **4.12**)

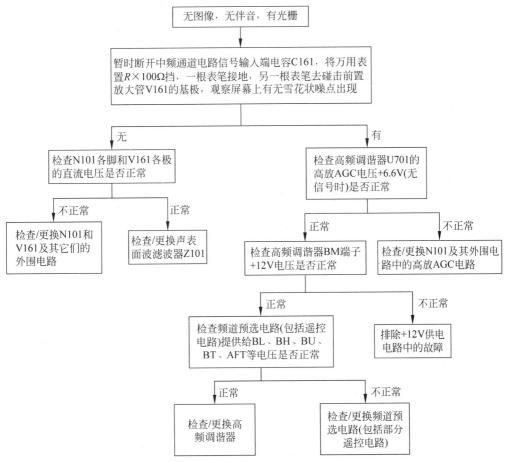

图 4.12 无图像、无伴音、有光栅的检测流程图

2. 图像弱、雪花噪点大（检测流程见图 4.13）

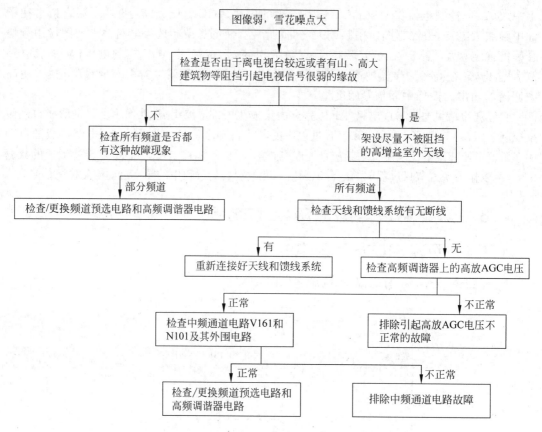

图 4.13　图像弱、雪花噪点大的检测流程图

4.3.2　长虹 SF2515 型彩电的检测框图

无图像、无伴音、有雪花点，检测框图如图 4.14 所示。

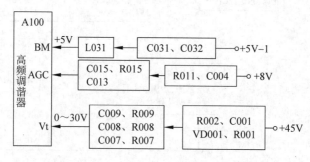

图 4.14　无图像、无伴音、有雪花点的检测框图

4.3.3　长虹SF2515型彩电的检测流程

1. 电视机某一波段收不到节目（检测流程见图4.15）

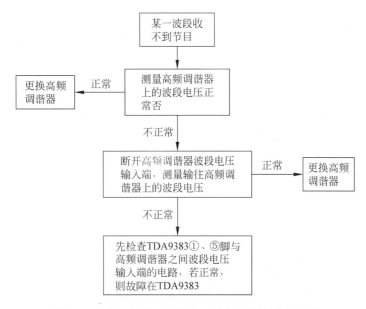

图4.15　电视机某一波段收不到节目的检测流程图

2. 无图像（检测流程见图4.16）

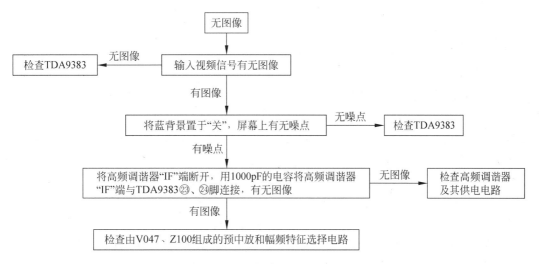

图4.16　无图像的检测流程图

3. 图像不稳定（检测流程见图 4. 17）

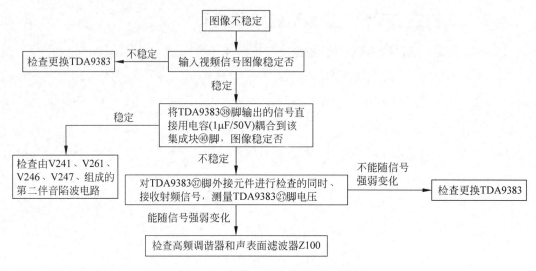

图 4. 17　图像不稳定的检测流程图

4.4　公共通道电路故障检修实例

4.4.1　无图像、无伴音，但有正常的噪声点

故障现象：电视机开机后有光栅，接收电视信号时，尽管调谐正确，但无图像、无伴音，只有噪声点。

分析与检修实例：电视机光栅上的噪点（雪花点）和喇叭中的噪声，是由高频头内混频级中的噪声经过图像中放级放大而形成的，这说明图像中放通道电路工作基本正常，而高频头电路及与高频头有关的预选器电路工作不正常。这一故障的具体检修步骤见下述实例。

【例 4.1】　有台西湖 54CD6 型彩色电视机，无图像，无伴音，但有正常的噪声点，调谐时屏幕上字符显示正常。

检修时，用万用表电压挡测量高频头 BT 电压，只有 1.5V，调谐时尽管屏幕上调谐指示符号有变化。但 BT 电压始终不变。西湖 54CD6 型彩色电视机的 BT 端电压，是由主控微机 N906(M50436-560SP) 和 N907(M58655P) 组成的电压合成式调谐系统控制的。当主控微机接收到调谐指令后，通过 N906①脚（D/A 端）输出一反极性脉冲宽度为 500ns 的调制信号。该信号通过低通滤波电路产生一直流控制信号，再经 V912 倒相放大电路和 RC 三级滤波电路，送至高频头的 BT 端，作为 VT 控制电压。用万用表电压挡进一步检测 V912(2SC1815) 倒相管基极电压，结果正常（随调谐的变化其电压正常变化）。这说明 N906①脚输出至 V912 基极间电路均正常。再检测 V912 集电极电压，为 1.7V，且不随调谐的变化而变化。检查其外围元件，发现 R912/15kΩ 电阻已开路。调换 R912 电阻后，故障排除。当 C907、C909、R914、R913 等损坏后，也会产生类似故障。

【例 4.2】　有台长虹 SF2515 型彩色电视机，无图像，无伴音，但有正常的噪声点，调谐时屏幕上字符显示正常。

检修时,用万用表电压挡测量高频头 VT 电压,只有某个固定电压,调谐时尽管屏幕上调谐指示符号有变化,但 VT 电压始终不变。检测 V102 三个管脚电压,发现 C 为 14V,B 为 13.5V,E 为 0.05V,而正常时应为 22V、0.15V 和 0.05V,进一步测量 BE 之间的阻值,发现正反向阻值都很大,说明已经开路损坏。有时 BE 击穿也会出现以上现象,更换 V102 三极管后,故障排除。

4.4.2　灵敏度低

故障现象:屏幕上有明显的噪点颗粒,有时出现无彩色或者图像飘移。

分析与检修实例:灵敏度低是由于图像信号在公共通道中的增益过小。其原因有:电子调谐器灵敏度低;螺旋滤波器(或声表面滤波器)损耗大;高放或中放 AGC 电压不合适,使得高放级或中放级放大量不足等。这一故障的具体检修步骤见下述实例。

【例 4.3】　有台西湖 54CD6 型彩色电视机,灵敏度低。

检修时,先检查天线输入回路,结果正常。用万用表电压挡检测高频头 BM、AGC、AFC 电压,也正常。再测量前置放大管 V161 的工作电压,测得其基极电压为 0V(正常时为 1.1V),发射极电压为 0V(正常时为 0.3V),集电极电压为 0.8V(正常时为 8.6V)。根据电压分析,若 V161 集电极和发射极击穿,那么发射极应该有电压;若 V161 基极和发射极击穿,集电极电压应该上升;现在 Vb、Ve 电压为均 0V,Vc 电压为 0.8V,说明集电极 12V 供电支路有问题。检查 R164/220Ω 电阻,结果正常;测量 C162/0.01μF 电容在路电阻,为 16Ω。把该电容拆下来检查,发现其已被击穿,造成前置放大三极管无法工作,产生灵敏度低的故障。调换该电容后,故障排除。

4.4.3　无图像、无伴音、无噪声点

故障现象:电视机开机后,无图像、无伴音,在屏幕上只有干净的光栅而没有噪声点。

分析与检修实例:有光栅,说明行、场扫描电路工作正常;无图像、无伴音、无噪声点,则说明声表面滤波器及中放集成电路工作失常。这一故障的具体检修见下述实例。

【例 4.4】　有台西湖 54CD6 型彩色电视机,无图像、无伴音、无噪声点。

检修时,用万用表电压挡测量 N101(D7680AP):⑳脚供电电压,结果正常;测量 N101⑦脚和⑧脚图像中频信号输入端电压,也正常;测量 N101⑪脚高放 AGC 电压,为 0V(正常时为 6.0V),检查其外围电路,均正常;再检测 N101⑤脚中放 AGC 滤波端电压,为 3.1V(正常时为 8V),明显偏低。关机后,检查 N101⑤脚外围元件,发现 C115/1000pF 电容已严重漏电。调换该电容后,故障排除。由于该电容是装在线路板的反面,其引脚容易跟接地端相碰,检修中不要把该电容引脚留得过长,最好能套上塑料套管,避免造成短路故障。

4.4.4　转换频道或开机时逃台

故障现象:电视机每次开机或转换频道时图像不能稳定,有时呈负像,必须拔插一次天线或微调频率才能重新收看,且调谐范围变窄,稍一调即过,调谐很困难。

分析与检修实例:发生上述故障,往往是因为图像中频失谐。引起中频失谐的主要原因是谐振电路的电容变值。这一故障的具体检修方法见下述实例。

【例 4.5】 有台西湖 54CD6 型彩色电视机,转换频道或开机时逃台。

检修时,先暂时断开谐振电路,相当于把中周呈开路状态,再打开电视机,发现图像及伴音明显好转。用电烙铁拆下 L151(TRF-1445)中周,发现装在中周内部的一只管状电容因在空气中氧化后,其表面银层发黑而变值,引起回路失谐。调换该中周(也可以调换该磁管电容,一般为 47pF 或 51pF 左右,拆装时不要碰断中周引线,要尽量小心)后,利用信号发生器的中频信号来调整谐振频率。把电视机高频头输出的中频输出端断开,接上信号发生器输出的中频信号,用中周调节棒或无感小起子缓慢调节中周磁芯,把图像和伴音调到最好为止。如果信号发生器没有中频信号输出或者输出的中频信号不够准确,只能利用电视台发射的信号来调整。具体调整方法如下:拆下损坏的中周,AFC 开关置 OFF,收调到一比较好的电视节目,并且固定不动;关机后装上好的中周,用中周调节棒或无感小起子缓慢调节中周磁芯,把图像和伴音调到与刚才没有装上中周时一样好,将 AFC 开关置 ON,同时观察图像情况,微调中周磁芯,使图像最好。谐振频率调好后,变换频道及开、关机几次,图像和伴音均正常,说明故障已排除。

4.4.5 AFC 反控

故障现象:把电视机调到有正常的彩色图像和伴音后,将 AFC 置于 ON 位置时,图像及伴音明显变差,同时出现无彩色现象。

分析与检修实例:这一故障是由于 AFC 自动频率控制电路工作失常造成的,其具体检修步骤见下述实例。

【例 4.6】 有台西湖 54CD6 型彩色电视机,AFC 反控。

检修时,把电视机 AFC 开关置 OFF 断开状态,然后把电视机调在有电视信号的频道上,得到最佳图像。将 AFC 置接通 ON 状态,图像及伴音明显变差,用中周调节棒或无感小起子缓慢调节 AFC 中周磁芯,使得到最佳图像,图像的质量应保持与 AFC 开关置 OFF 状态时相同。但该彩色电视机过一会儿后,图像和伴音又明显变差。用电烙铁拆下 L152(TRF-1445)中周检查,发现装在中周内部的一只管状电容在空气中氧化后,其表面银层发黑而变值,引起自动频率控制电路中的 38MHz 失谐。调换该中周(或调换管状电容为 47pF 或 51pF),按前例中的方法调整后,故障彻底排除。

4.4.6 逃 台

故障现象:电视机刚开机时,能正常收看。但工作一段时间后,图像逐渐不稳定,伴音中的噪声增大,直至图像消失。将电视机重新调谐后,又能正常收看,但时隔不久,又重复出现上述故障。

分析与检修实例:电视机发生“逃台”,绝大部分是由于调谐电路、33V 稳压电路、高频头内部的变容二极管及有关电容漏电或热稳定性差,导致调谐电压降低或波动引起的。这一故障的具体检修步骤见下述实例。

【例 4.7】 有台西湖 54CD6 型彩色电视机,逃台。

检修时,用万用表电压挡测量高频头 BT 电压,同时手控或遥控调谐电压,观察万用表读数,其电压在 0.5～28V 间变化,基本正常。但是 BT 电压不够稳定,尤其是超过 20V 电压时,时有跳动出现。再观察 33V 稳压管两端的电压,为 29V,此电压有时也在跳动。关机后,用万用表电阻挡测量 μPC574J(VD712)稳压管,无明显不好。采用替换法,把 μPC574J 调换后试机,图像和伴音一切正常。进一步测试 μPC574J 稳压管的特性曲线,发现其稳压值不够稳定,从而造成逃台。

4.4.7　每个频段的高频道无图像、无伴音

故障现象:每个频段的高端频道电视节目均收不到,如Ⅰ频段的 4 频道节目、Ⅱ频段中的 11 频道节目、U 频段中的 41 频道节目等,但能收到 6 频道、22 频道等电视节目。

分析与检修实例:每个频段的高频道收不到图像和伴音,主要是由于调谐电压太低造成的。当调谐电压太低时,加到高频头变容二极管上的反向电压就低,变容二极管的结电容就大,使调谐频率降低,故收不到每一个频段的高频道节目。这一故障的具体检修步骤见下述实例。

【例 4.8】　有台西湖 54CD6 型彩色电视机,每个频段的高额道无图像、无伴音。

开机后,检查调谐时的屏幕字符显示,完全正常。用万用表电压挡测量高频头 BT 端的电压,其电压在 0～11.5V 范围内变化,低于正常道 0～30V 的范围。检查 33V 稳压电路(即 μPC574J 两端)的电压,结果正常;再进一步检查电压合成调谐系统的有关电路。该电路由 N906(M50436-560SP)①脚输出信号,控制 V912 三极管的导通程度,使集电极得到 0～30V 的直流电压,再经多级积分滤波后,得到 0～30V 的直流调谐电压。用万用表电压挡测量 V912 基极和集电极电压,测得基极电压变化正常,但集电极不正常,最高电压只能达到 20V。关机后检查集电极回路,发现 C910 电容严重漏电。更换 C910(0.22μF)电容后,故障排除。

4.4.8　低频道灵敏度低

故障现象:接收 L 频段 1～5 频道电视节目时,图上有明显的噪点颗粒,有时出现颜色或图像漂移,伴音中也有明显的噪声,但接收高频道电视节目时,基本正常。

分析与检修实例:产生这一故障的主要原因是:由于输入电路的电容量下降,对低频段呈现的容抗增加,影响了收看低频道的电视节目。该故障的具体检修步骤见下述实例。

【例 4.9】　有台西湖 54CD6 型彩色电视机,低频道灵敏度低。

检修时,先检查天线输入至高频头电路,没有发现异常情况。然后用万用表电压挡测量高频头 BL 端输入的 12V 电压,正常,故初步判断为高频头不好。采用替换法,把高频头进行调换,再试机检查,发现低频道灵敏度仍很低。再调换天线输入端的阻抗匹配器,故障仍未排除。再调换阻抗匹配器与高频头之间的耦合板,发现低频道图像质量明显好转,说明故障已排除。后来对天线信号耦合电路进行检查,发现天线信号输入端连接电缆线芯线的电容容量明显下降。由于该电视机的"底盘"带电,所以在阻抗匹配器与高频头之间用电容隔开,避免天线带电。在调换耦合板或在该电容损坏时,千万不能换一块没有电容的耦合板或直接把电容短路,以防止意外事故的发生。

第 5 章

彩电伴音电路原理与检测

彩色电视机伴音电路的作用是把视频检波得到的第二伴音中频信号(为了与公共通道电路中的 31.5MHz 伴音中频信号相区别,这里的名称选用"第二"伴音中频信号),进行限幅放大后送到鉴频器电路鉴频,从调频信号中解调出伴音音频信号,再经过音量控制和音调控制电路后,送到音频功率放大器放大,推动扬声器重现声音。

5.1 常见伴音电路介绍与工作原理分析

彩电伴音电路结构多样,不同品牌的彩色电视机所采用的伴音电路各不相同。下面介绍两种常见的彩色电视机伴音电路。

5.1.1 西湖 54CD6 彩电的伴音电路

采用 TA7680AP(国内同型号为 D7680AP)集成电路构成伴音电路的彩色电视机牌号非常多。集成电路 TA7680AP 内部含有中频通道电路和伴音电路中的小信号处理两个部分。其中伴音部分包括第二伴音中放、鉴频、电子音量控制和音频前置放大等电路。

图 5.1 为西湖 54CD6 型彩色电视机伴音通道电路原理图。从集成块 TA7680AP(或 D7680AP)⑮脚输出的彩色全电视信号和 6.5MHz 的第二伴音中频信号经 C602 耦合和 Z601 选频后,选出 6.5MHz 的第二伴音中频信号送到集成块 TA7680AP 的㉑脚,经内部伴音中频限幅放大电路放大和调频检波(鉴频)电路鉴频后得到音频伴音信号送到增益控制衰减器,经过电子音量调节(由 TA7680AP①脚直流电压控制衰减器增益)后送到 TA7680AP ②、③脚内部的音频放大电路进行放大,放大后的伴音信号从③脚输出,经外电路送往伴音功放电路。TA7680AP②脚为音频放大器的频率补偿端;①脚为直流电子音量控制端,它的直流电压的高低控制③脚输出的音频信号幅度的大小。TA7680AP㉒脚与㉔脚之间外接调频检波的调谐回路 L651,它确定了鉴频特性曲线的中心频率和形状;㉒脚外接电容 C121 为伴音中放滤波电容,兼作调频检波电路的旁路电容;㉓脚外接由电阻 R604 和电容 C604 组成的去加重电路。

伴音功放电路由晶体管 V601、V602 组成的前置伴音低放和互补晶体管 V603、V604 组成的末级功放推挽电路组成。由 TA7680AP③脚输出的音频信号经 C608 电容耦合和 R621 后加到 PNP 晶体管 V601 的基极,经 V601、V602 低频电压放大后输至 V603、V604

组成的互补推挽功率放大电路。二极管 VD602 和 R607 使互补推挽功放晶体管有一定的静态偏置电流,以避免信号正负交替时出现交越失真。电阻 R612 和 R613 既是晶体管 V602 的基极偏置电阻,又是负反馈电阻,起稳定工作点和减小失真的作用。电容器 C616 既是输出伴音音频信号的耦合电容,又同输出变压器的初级一起构成自举电路,以提高功放电路的动态输出范围。由功放电路输出的伴音信号经 C616 耦合至输出变压器 T601 初级,由变压器耦合输送到扬声器 B661 和 B662 重现声音。

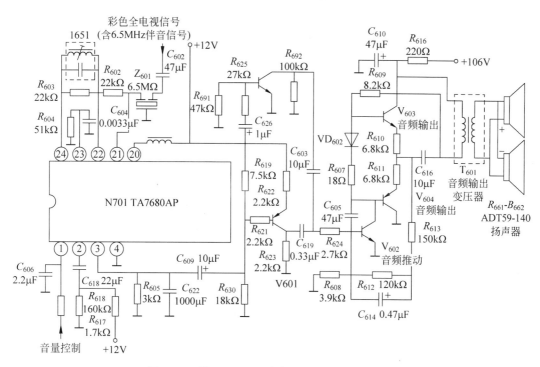

图 5.1 西湖 54CD6 型彩色电视机伴音通道电路

接在晶体管 V601 和 V602 之间的晶体管 V690 及其外围电路构成伴音消噪电路,它可以消除电视机电源开启时的伴音噪声。由图 8-3 可见,当开机后 +12V 电源接通瞬间,电容器 C626 上的电压不能突变,因此 +12V 电压经电阻 R625、R691 分压形成晶体管 V690 的基极偏置电压而使晶体管 V690 立即进入饱和导通状态,从而使晶体管 V601 集电极输出的噪音信号通过 C609 和 V690 直接对地短路,切断了伴音信号通往功放电路的信号通路,从而消除了开机时出现的噪声。随后电容器便开始充电而使得 V690 基极偏置电压越来越小,最后电容器充满电时电阻 R625、R691 中没有电流,晶体管基极偏置为 0 而彻底截止,伴音信号通路恢复通畅,消噪过程结束。消噪时间由 C626 和 R625、R609 等的时间常数决定。

除了 TA7680AP,集成电路 TA7176AP 是一块早期的彩电伴音集成电路,其内部包含伴音中频限幅放大电路、峰值鉴频电路、直流音量控制电路和音频电压放大电路等几种电路。其内部功能和结构的方框图和引脚如图 5.2 所示。

为了维修方便,下面把 TA7680AP 中伴音部分的各引脚功能、参考电压、对地电阻及有关情况列于表 5.1 中。

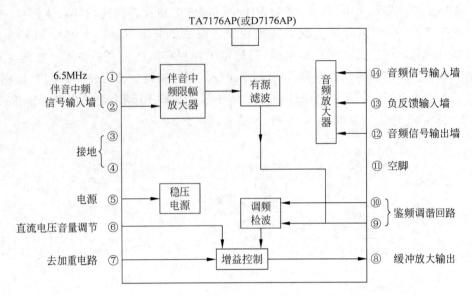

图 5.2　集成电路 TA7176AP 内部框图和引脚功能

表 5.1　TA7680AP 中伴音部分各引脚功能、参考电压、对地电阻及电压波形

引脚	引脚功能	直流电压/V	对地电阻/kΩ		有关情况
			黑表笔测量	红表笔测量	
①	音量控制端。外接直流音量控制电路,内接音量衰减器	3.5～5.7（最响）（无声）	7.5	9.5	直流电压
②	内接音频放大器负反馈输入端。内接音频放大电路,本机该端未引入负反馈	2.8	7.0	10.8	
③	音频信号输出端。内接音频放大电路,外接伴音功放电路	7.9	3.0	3.0	音频信号
④	内部伴音电路接地端,外接地	0	0	0	接地
⑳	电源端。外接 C107、C108 滤波电容,滤除电源内阻上形成的高频和低频成分,防止自激	12.5	0.5	0.5	电源电压
㉑	6.5MHz 第二伴音中频信号输入端。内接伴音中频放大电路	4.4	7.3	6.1	二中频信号
㉒	外接调频检波线圈 L651,内接调频检波电路	4.7	6.4	6.6	交流接地
㉓	外接去加重电容 C604,内接音频信号衰减器的输入端	5.8	7.2	5.6	去加重电路
㉔	外接调频检波线圈 L651,内接调频检波电路	4.7	6.4	6.6	鉴频

注: 对地电阻值是用内阻为 20kΩ/V 的万用表 $R×1k$ 挡测量的结果。

5.1.2 长虹 SF2515 彩电的伴音电路

长虹 SF2515 伴音系统电路由第二伴音中频放大电路和伴音鉴频电路、第二伴音窄带滤波电路、TV/AV 伴音切换开关电路以及伴音功率放大电路组成,伴音系统电路的组成框图如图 5.3 所示。

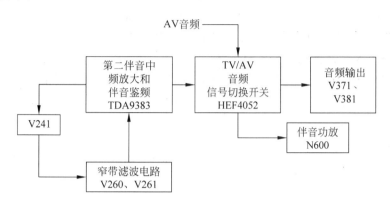

图 5.3 伴音系统电路的组成框图

长虹 SF2515 伴音电路的任务是对第二伴音中频信号进行放大、鉴频,实现 TV/AV、AV/AV 音频信号的切换,然后将声道切换后的音频信号分别送往音频输出接口、伴音功放电路,最后将经功率放大器放大后的音频信号送往扬声器。

1. 第二伴音选择电路

第二伴音选择电路主要由 V260、V261、Z260 等元件组成,如图 5.4 所示。

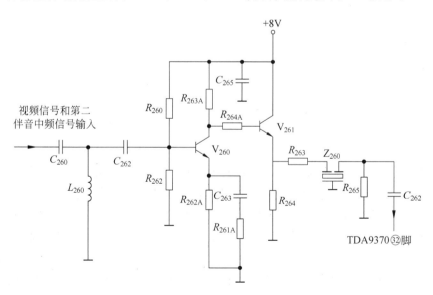

图 5.4 第二伴音选择电路

第二伴音选择电路的作用是从视频全电视信号和第二伴音信号的混合信号中选出 6.5MHz 第二伴音中频信号,用于伴音鉴频电路 PLL 环路的校准控制信号。第二伴音选择电路的输入信号来自 V241 的发射极。在图 5.4 中,C260、C261、L260 组成 T 型带通滤波器,V241 发射极送过来的混合信号,直接加到 T 型带通滤波器上,进行第一次滤波,然后输入 V260 的基极,经 V260 放大后,从集电极输出,再经 R264A 输入 V261 的基极,放大后从发射极输出。电路中设计 V260、V261 两级放大的目的是为了补偿 T 型滤波器和后面的陶瓷滤波器带来的损耗。从 V261 发射极输出的信号经隔离电阻 R263 加到陶瓷滤波器 Z260 上,通过 Z260 从混合信号中选出 6.5MHz 第二伴音中频信号,送往 N100 的㉜脚,作为集成电路 TDA9383 内部伴音中频信号处理电路中的锁相环电路控制信号。

2. 第二伴音中频放大和伴音鉴频电路

第二伴音中频信号放大电路和伴音鉴频电路涉及集成电路 TDA9383㉘、㉙、㉛、㉜、㉟、㊹等引脚,主要由集成电路内部相关电路组成,如图 5.5 所示。

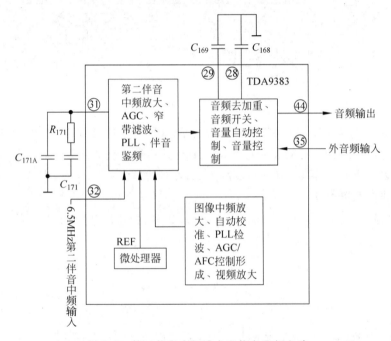

图 5.5 第二伴音中频放大和伴音鉴频电路

在图 5.5 所示电路中,第二伴音中频放大电路的输入信号来自视频检波电路,其增益受伴音中放 AGC 电路的控制,因此,AGC 电路的作用是稳定第二伴音中频放大电路输出信号的幅度。在伴音鉴频电路中,为了获得良好的检波线性和稳定的输出幅度,在 PLL 锁相环电路的前面,设计了窄带滤波器,对输入到 PLL 环路的信号进行滤波。窄带 PLL 电路由集成电路 N100㉛脚外围元件 C171、C171A、R171 及集成块内部有关电路组成,C171、C171A、R171 组成的时间常数必须适当,才能进行正常鉴频,同时,PLL 电路还受集成电路 TDA9383㉜脚输入的 6.5MHz 第二伴音中频信号控制,以保证伴音鉴频电路从第二伴音中频信号中解调出 TV 音频信号。

第二伴音中频信号经伴音鉴频电路处理后,得到 TV 音频信号,在集成电路内部直接送往音频去加重电路,经去加重处理后,被送往音频信号切换开关电路,对内外音频信号进行切换。集成电路 TDA9383㉟脚外接音频信号输入端,由于 SF2515 另外设计了专用音频切换开关电路,故 TDA9383㉟脚不接,处于悬空状态。

集成电路 TDA0383㊹脚为音频信号输出端,TV 音频信号经切换开关控制后,被送往集成块内部的音量自动控制电路,对输入的音频信号进行自动调节,以稳定音频信号输出幅度。音频信号经音量自动控制后,直接送往音量控制电路进行音量调节。长虹 SH2515 为了实现多路 AV 信号输入,将音量控制设计在功率放大电路,对集成电路内部的 TV 音频信号共同处理,得到一个固定电平,从集成电路 TDA9383㊹输出,送往后续音频信号处理电路。

集成电路 TDA9383 的㉘、㉙脚可以作为伴音中频信号输入端,由于长虹 SF2515 的伴音解调电路采用内载波输入,故㉘用电容接地,㉙外接去耦电容到地,仅作为解调器去耦脚使用。

从集成电路 TDA9383㊹脚输出的 TV 音频信号,被送往音频信号切换开关集成电路 HEF4052,与从音频信号接口电路输入的音频信号进行切换,形成左右声道音频信号,送到音频信号功率放大电路 N600(TDA7057AQ)的③脚和⑤脚。

3. 音频信号功率放大电路和音量控制电路

音频信号功率放大电路和音量控制电路主要由集成电路 TDA7057AQ 及有关外围电路组成,如图 5.6 所示。

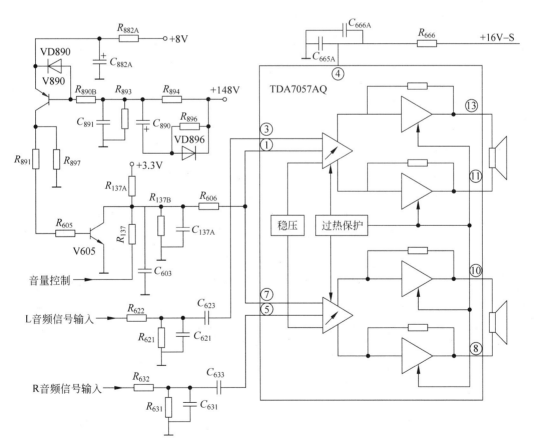

图 5.6 音频信号功率放大电路和音量控制电路

在图 5.6 所示电路中，集成电路③脚为 L 声道音频信号输入端，⑤脚为 R 声道音频信号输入端。来自集成电路 HEF4052③脚的 L 声道音频信号，经电阻 R622 隔离后，由电容 C623 耦合到集成电路③脚；来自集成电路 HEF4052⑬脚的 R 声道音频信号，经电阻 R632 隔离后，由电容 C633 耦合到集成电路⑤脚。③、⑤脚内接音频功率放大器的前置放大电路，放大后直接送往伴音功率放大电路进行功率放大，经功放后的音频信号，分别从集成电路的⑪、⑬、⑧、⑩脚输出，送往扬声器。

音频信号前置放大电路的工作状态同时受音量控制电路的控制。集成电路①、⑦脚为音量控制电压输入端，改变①、⑦脚电压的大小，可以对电视机的音量进行调节。音量控制电压来自集成电路 TDA9383 的⑧脚，此电压经 R137、R606 加到 N600 的①、⑦脚，通过改变集成电路内部前置放大电路的工作状态实现音量控制。

在图 5.6 所示电路中，V605、V890 等元件组成关机静音控制电路。图中 V890 的发射极和基极分别由 +8V 和 +145V 电压供电。电视机正常工作时，由于 V890 的基极电压高于发射极电压，V890、V605 均处于截止状态。电视机关机瞬间，当 +145V 电压下降或消失时，C890 负端上的负电压，通过电阻 R890B 加到 V890 的基极，使 V890 导通，C882A 正极上的电压通过 V890 以及电阻 R891、R605，加到 V605 的基极，使 V605 饱和导通，导致音量控制输入端①、⑦脚电压快速下降，使伴音功率放大器中的前置放大器进入关闭状态，从而实现关机静音效果。

值得注意的是，V890 除了关机静音作用，还有关机亮点消除作用。在电视机关机瞬间，V890 导通时，R891 上的电压加到 VD892 正端，通过 VD892 加到集成电路 N100 的㊱脚，然后在集成电路内部调整 RGB 输出电路的工作状态，使末极视频放大电路在电视机关机瞬间工作在饱和导通状态，导致阴极电子加速释放，实现关机消亮作用。

顺便提一下，音频信号切换开关电路也可能包括音质改善电路，如集成电路 TDA9859 就是一块音频信号处理专用集成电路，它包括：多路音频信号切换电路，模拟立体声、模拟环绕声、剧场环绕声、立体声、单声道、标准 6 种声音模式电路，高音、低音、重低音、平衡 4 种音量调节控制电路。具体电路如图 5.7 所示。

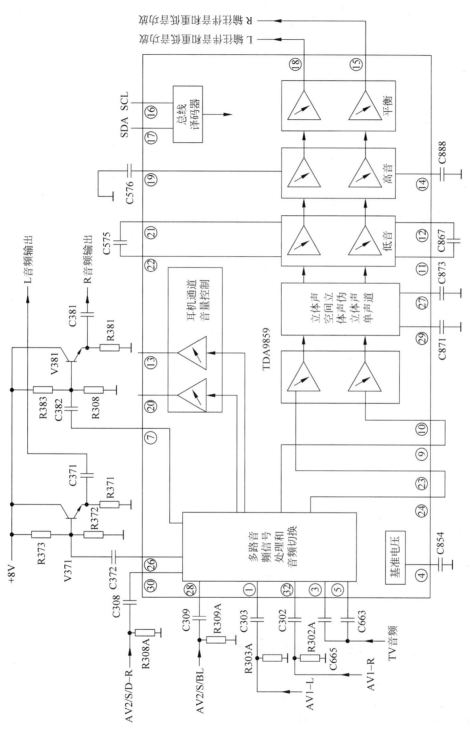

图 5.7　音频信号切换开关电路和音质改善电路

5.2 伴音电路故障检测流程

5.2.1 西湖 54CD6 型彩电的检测流程

1. 无伴音,图像正常(检测流程见图 5.8)

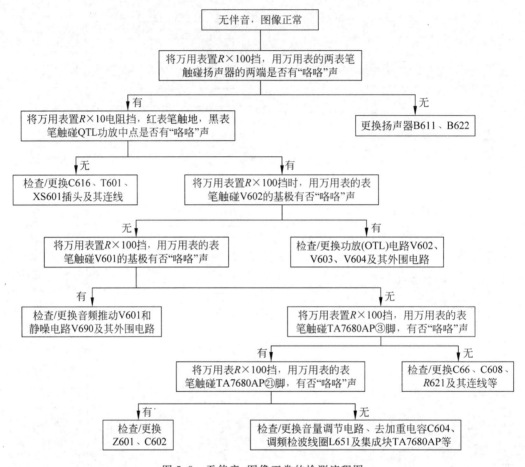

图 5.8 无伴音、图像正常的检测流程图

2. 伴音质量不好(检测流程见图 5.9)

5.2.2 长虹 SF2515 型彩电的检测框图

1. 音频信号功率放大电路供电电源(检测框图见图 5.10)

2. 第二伴音选择电路(检测框图见图 5.11)

3. 音频信号功率放大电路和音量控制电路(检测框图见图 5.12)

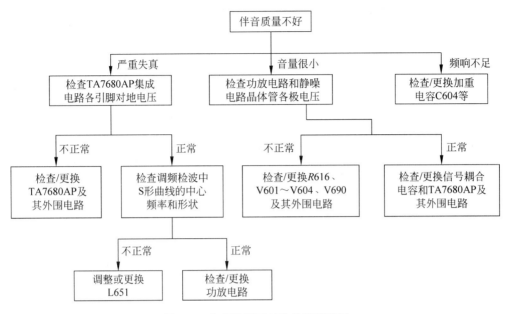

图 5.9 伴音质量不好的检测流程图

图 5.10 音频信号功率放大电路供电电源检测框图

图 5.11 第二伴音选择电路的检测框图

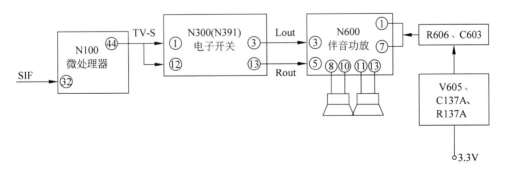

图 5.12 音频信号功率放大电路和音量控制电路的检测框图

5.2.3 长虹 SF2515 型彩电的检测流程

1. 无伴音(检测流程见图 5.13)

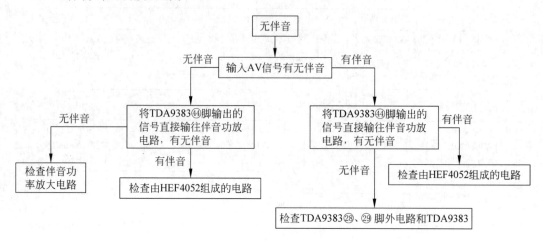

图 5.13　无伴音的检测流程图

2. 有伴音、伴音控制不正常(检测流程见图 5.14)

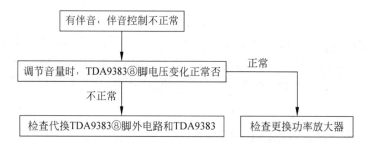

图 5.14　有伴音、伴音控制不正常的检测流程图

3. 伴音失真(检测流程见图 5.15)

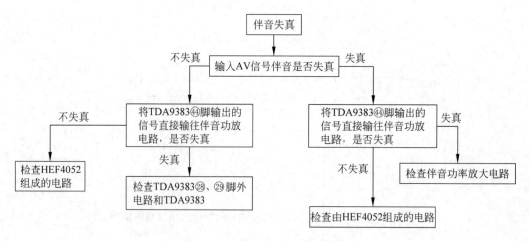

图 5.15　伴音失真的检测流程图

4. 伴音小（检测流程见图 5.16）

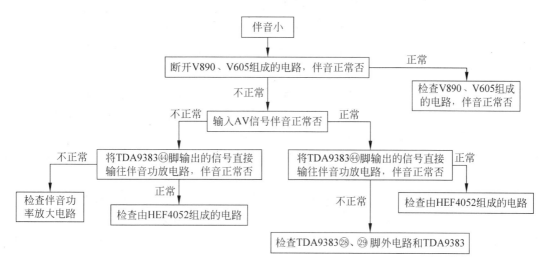

图 5.16 伴音小的检测流程图

5.3 伴音电路故障检修实例

5.3.1 无伴音故障检测实例

故障现象：接收电视信号时，图像及彩色都正常，但无伴音，把音量调至最大也无效。

分析与检修实例：因为图像及彩色正常，而无伴音，说明故障在伴音通道电路或者在与伴音电路有关的辅助电路中。这一故障的具体检修步骤见下述实例。

【例 5.1】 某台西湖 54CD6 型彩色电视机，无伴音。

检修时，用手捏住螺丝刀金属部分触碰 N101（D7680AP）②脚音频放大负反馈输出端和③脚音频信号输出端，喇叭里均无声音，说明故障发生在伴音低放电路。用万用表电压挡测量伴音低放输出电路的中点电压，几乎为 0V，再测量 V603 集电极电压，也几乎没有。检查 106V 供电支路，发现 R616/220Ω 电阻已开路。引起 R616 开路的原因如下：一是伴音低放电路电流过大，如 V603、V604 配对管击穿，音频变压器 T601 初级绕组与地短路等；二是 R616 电阻自然损坏。为此，先检查配对管和音频变压器，基本正常，再调换 R616/220Ω 电阻。调换后再测量伴音低放电路的静态电流为 10mA 左右，基本正常。最后开机检查，电视机的图像、伴音均正常，说明故障已排除。

【例 5.2】 有台西湖 54CD6 型彩色电视机，无伴音。

检修时，将万用表置电阻挡，用万用表的表笔去触碰伴音集成电路 N101（D7680AP）②脚和⑧脚，喇叭里发出"咯咯"的声音，说明伴音低放电路工作正常。用万用表电压挡测量 N101 集成块①脚电压，其电压能随手控或遥控音量控制，在 3.2～6V 间变化，说明音量控制电路正常。再检查 N101 ㉒脚和 ㉔脚的伴音中频检频端电压，为 3.7V，比正常值低 1V。检查其外围元件，发现接在 ㉒脚对地的电容 C121 漏电。更换该电容后，故障排除。

5.3.2 伴音不好故障检测实例

1. 伴音轻

故障现象：电视机开机后，能接收到正常的电视图像，但伴音较轻。把音量调节电位器调至最大，伴音仍很轻。

分析与检修实例：伴音轻，说明整个伴音电路是形成回路的，只不过是伴音信号没有得到有效的放大。这一故障通常是由于音量控制电路、音频检波电路工作不正常或者伴音放大电路的放大量不够造成的，其具体检修见下述实例。

【例 5.3】 有台西湖 54CD6 型彩色电视机开机后，图像正常，但伴音轻。无论手控还是遥控将音量调大，伴音始终很轻，但屏幕上的音量指示方块显示正常。

检修时，用万用表电压挡测量 N101(D7680AP)①脚音量控制端电压，其电压随音量调节在 4.2～6V 间变化（正常时为 3.4～6V）。把 N101①脚直接接地，伴音很响，说明音量控制电路工作不正常。用万用表电压挡测量 V913 基极电压，其电压随音量调节在 0～0.7V 之间变化，基本正常；而其集电极电压也在 3.4～0V 间正常变化。按理说，V913 集电极电压为最小时，N101(D7680AP)集成块的①脚音量控制端的电压，经过 R614、㉛号线和⑩号线，R934 连接到晶体管 V913 的集电极上。现在 V913 集电极电压基本正常，而①脚的电压还是偏高，说明该支路有问题。进一步检查该支路，发现㉛号引线虚焊，造成接触电阻增大，使 N101①脚电压偏高，造成伴音轻。将该引线重新焊接好后，故障排除。

2. 伴音失真

故障现象：电视机收看电视节目时，图像颜色均正常，但喇叭中发出的声音刺耳或者含混不清。

分析与检修实例：伴音失真故障大多数是由于末级功放电路的工作点不对，或者鉴频电路不对称使伴音中频频率偏离 6.5MHz 而造成的。这一故障的具体检修见下述实例。

【例 5.4】 某西湖 54CD6 型彩色电视机，伴音失真。

检修时，用万用表电压挡测量伴音末级功放电路的中点电压，测得其电压为 30V（正常时为 48V），而且万用表的指针随伴音信号的大小在来回摆动。再检查三极管 V603，测得其集电极电压为 106V，基极电压等于发射极电压为 75V，发射极电阻 R610 两端的电压降高达 45V（正常接近 0V），说明伴音功放管 V603 没有导通。进一步检查该支路，发现 R610 已开路。调换 R610 电阻后，故障排除。

【例 5.5】 有台西湖 54CD6 型彩色电视机，伴音失真，并且断断续续。

检修时，用万用表电压挡测得末级功放电路的中点电压为 100V（正常时约 48V），并且万用表指针随伴音信号的大小而左右摆动，而测得 V604 发射极电压为 100V 左右，音频推动管 V602 基极电压为 0V（正常时为 0.6V）。关机后检查 V602 的基极偏置电阻 R612、R613，结果发现 R613/150kΩ 电阻已开路。R613 开路，引起音频推动管 V602 基极无偏置直流电压，使 V602 和 V604 同时截止，中点电压上升，造成伴音严重失真。调换 R613 电阻后，伴音恢复正常。

3. 伴音关不死

故障现象：伴音太响，调节音量控制无效。

分析与检修实例：伴音很响，调不小，一般是由于音量控制电路失去控制所致。这一故障的具体检修步骤见下述实例。

【例5.6】 有台西湖54CD6型彩色电视机开机后,伴音很响,无论手控还是遥控音量,伴音始终降不下,不过屏幕上伴音大小显示的方块正常。

由故障现象可知,该电视机的音量控制电路有作用,但没有作用到N101(D7680AP)的①脚上。用万用表电压挡测量N101①脚电压,测得其电压为0V,对地电阻为0。进一步检测时发现接在线路板反面的电容C156,其接地脚和N101集成块①脚相碰,造成①脚对地短路。拨开该引脚后,故障排除。但为预防类似故障再次发生,应把该电容引脚套上塑料套管或剪短后,再焊回原处。

4. 伴音中有杂音

故障现象:电视机接收电视节目时,有正常的图像,但伴音不清楚,在伴音中不断有杂音出现。

分析与检修实例:伴音中有杂音,主要是由于伴音电路中混有干扰信号,如电源纹波增大,电路中存在接触不良,功放级静态电流过大,行、场扫描电路中的一些干扰脉冲通过某种途径进入伴音电路等。这一故障的具体检修步骤见下述实例。

【例5.7】 某西湖54CD6型彩色电视机,刚开机时伴音正常,但过半个多小时后,出现很响的杂音,把音量关小,还有杂音。

由故障现象可知,该电视机的伴音功放电路工作不正常。用万用表电压挡测量伴音功放电路的中点电压,发现中点电压随着杂音的大小在变化,再测量伴音推动管V602的基极电压,发现基极电压也在变化。关机后用万用表电阻挡分别检查V602伴音推动管、C605瓷片电容等元件,发现瓷片电容C605内部接触不良。更换该电容后,故障排除。

5. 有两只喇叭的电视机只有一只喇叭有伴音

故障现象:电视机通电后,发现伴音轻,一只喇叭有伴音,另一只喇叭无声音。

分析与检修实例:有一只喇叭有伴音,说明整个伴音电路的工作是正常的,而不响的这只喇叭回路中有开路性故障。这一故障的具体检修见下例。

【例5.8】 有台西湖54CD6型彩色电视机开机后,只有左边一只喇叭有声音,右边的一只喇叭没有声音。

检修时,用万用表电阻挡检查右喇叭回路,发现右喇叭本身已开路。调换喇叭后,伴音恢复正常。

第 6 章

亮度电路和显像管外围电路原理与检测

彩色电视机亮度通道和显像管外围电路包括亮度通道电路、末级视放矩阵(基色解码矩阵)电路和彩色显像管各极供电电路三大部分。

6.1 彩电亮度电路和显像管外围电路的特点

电视机中亮度通道电路的作用是不失真地放大彩色全电视信号中的亮度信号,使图像有足够的对比度和清晰度。亮度通道电路通常包括 4.43MHz 陷波器、亮度信号延时电路、多级视频放大电路、行场逆程消隐电路、清晰度补偿电路(轮廓校准电路或勾边电路)、黑电平钳位电路、自动亮度限制(ABL)电路和亮度调节、对比度调节电路等。

6.1.1 4.43MHz 陷波器与 ARC 电路

为了减小色度信号的干扰,在亮度通道电路的输入端设置了一个 4.43MHz 陷波器(桥 T 式或 LC 串联谐振式吸收回路),滤除 4.43MHz±1.3MHz 的色度信号。在滤除色度信号的同时也将这一频带范围亮度信号的高频成分滤除了,使图像清晰度变差。为了提高接收黑白电视信号时的清晰度,在 4.43MHz 陷波器处加入 ARC(自动清晰度控制)电路,如图 6.1(a)所示。

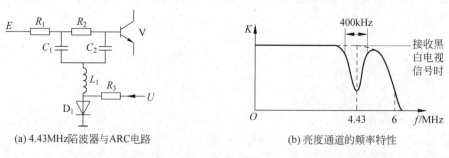

(a) 4.43MHz陷波器与ARC电路　　　　　(b) 亮度通道的频率特性

图 6.1　4.43MHz 陷波器与 ARC 电路及相应亮度通道的频率特性

在图 6.1 中,控制电压 U_{ARC} 是由副载波恢复电路产生的 7.8kHz 半行频正弦波识别信号经检波后得到的。当接收彩色电视信号时,U_{ARC} 约为 4V,二极管 D_1 导通,把 R_2、C_1、C_2、L_1 组成的 4.43MHz 桥 T 式吸收回路接通,将色度信号及部分亮度信号高频成分进行吸收。当接收黑白电视信号时,U_{ARC}约为0V,D_1截止,将桥T式吸收回路断开,吸收作用消失,亮度信号频带宽度恢复为6MHz。加有上述电路的亮度通道的频率特性如图6.1(b)所示。

6.1.2　亮度信号延时电路

由于色度信号经过的通道频带比亮度信号经过的通道频带窄,所以色度信号比亮度信号延时时间长,色度信号要比亮度信号晚到达基色矩阵电路约0.6μs。这样会使屏幕上图像的彩色与黑白轮廓不重合,彩色部分向右偏(如图6.2(a)所示),好像是一幅没有套印好的彩色画一样。为了使色度与亮度信号同时达到基色矩阵电路输入端,在亮度通道电路中接入一个叫"亮度延时线"的器件,它可以使亮度信号延时0.6μs。

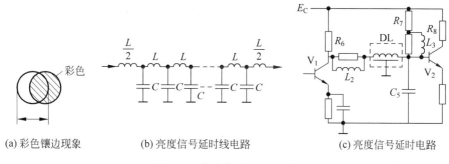

(a) 彩色镶边现象　　　　(b) 亮度信号延时线电路　　　　(c) 亮度信号延时电路

图6.2　亮度信号延时电路

亮度延时线一般有分布参数型和集中参数型两种,目前都采用后一种。集中参数型延时线是由18~20节LC网络组成,如图6.2(b)所示,改变LC网络的个数可调整延时时间,它的特性阻抗一般为1.5kΩ,带宽为4~5MHz,由它组成的亮度信号电路如图6.2(c)所示。图中,DL为亮度信号延时线,L_2、L_3为高频补偿电感。

6.1.3　勾边电路

勾边电路也称图像轮廓校正电路。在电视图像画面中常常有许多从白色突变为黑色或由黑色突变为白色的亮度突变现象,如画面中人物与背景的分界线,与这一突变现象对应的亮度信号波形如图6.3(a)所示。这种亮度信号的频谱中包含许多高频成分。由于亮度通道中4.43MHz陷波器对亮度信号高频成分的滤除和其他一些原因,使亮度信号的高频成分受损,造成亮度信号的前沿和后沿突变消失(见图6.3(b))。因此,显示出来的图像在黑白交界处会出现一个从白到黑或从黑到白的缓变过渡区,使再现的图像轮廓模糊不清,清晰度变差。为了使图像轮廓清楚,就要缩短亮度信号的前沿和后沿的过渡时间,为此可以如图6.3(c)所示那样,在亮度信号波形的前、后沿各加上一个上冲和下冲的脉冲,使图像黑白交界处出现比黑更黑和比白更白的分界线紧靠在一起,好像给图像的边缘勾了一个边。这样,图像轮廓就清楚了,清晰度得到了提高。

图6.4(a)是勾边电路的电路结构图,图6.5是电路中有关电压、电流的波形曲线图。假设输入至V14基极的亮度信号为u_B,如图6.5(a)所示。由于V14输入回路时间常数很小(R_{BE}、C306、R306很小),所以,其输入电路(见图6.4(b))可以看成是一个微分电路,因而V14的基极电流i_b的波形(见图6.5(b))是输入信号u_B的微分。由于$i_C=\beta i_B$,所以i_C与

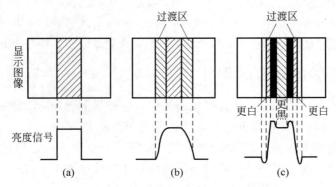

图 6.3　勾边原理示意图

i_B 波形相同。i_C 流过电感线圈 L301，会在 L301 两端产生感应电动势 e_L，当 i_C 增加时，e_L 为上正下负，使 V14 集电极电压 u_C 下降；当 i_C 减小时，e_L 为上负下正，使 u_C 上升。V14 集电极电压 u_C 波形如图 6.5(c)所示。这个电压经耦合电容 C304 与电阻 R305 送至输出端 P 点，同时 V14 发射极电压 u_E（波形同 u_B 一样，如图 6.5(d)所示）经 L302 也送至 P 点。这样两个信号在 P 点叠加，形成勾边信号，如图 6.5(e)所示。

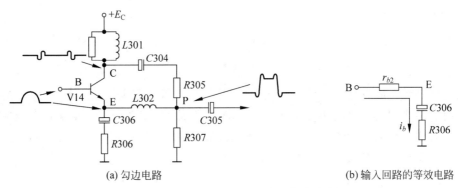

(a) 勾边电路　　　　　　　　　　　　　　(b) 输入回路的等效电路

图 6.4　勾边电路及输入回路的等效电路

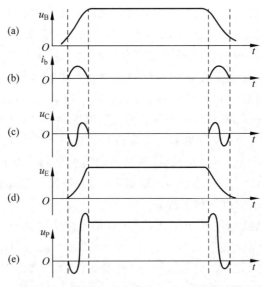

图 6.5　勾边电路中有关电压电流的波形

6.1.4 钳位电路

电视信号是单极性的,这种单极性的信号具有直流分量,其大小等于信号的平均值,它反映了图像的平均亮度。图像有亮场与暗场画面(见图 6.6(a))之分,其信号的直流分量大小不一样(见图 6.6(b)),它们经过耦合电容会丢失直流分量,造成暗场消隐电平抬高变为灰电平(见图 6.6(c)),使图像背景亮度发生变化。彩色电视机中,如果电视信号丢失了直流成分,则重现的图像不但平均亮度会发生变化,而且彩色的色调及饱和度也会产生失真。因此,彩色电视机中必须恢复电视信号的直流成分。通常采用钳位电路,将信号的消隐电平钳位在同一直流电平处,以达到恢复电视信号直流分量的目的。

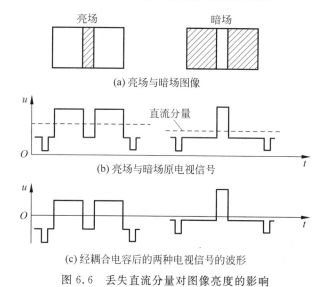

图 6.6 丢失直流分量对图像亮度的影响

图 6.7 是三极管钳位电路。电路中,P 点输入的信号是丢失直流分量的亮度信号。A 点输入的是钳位脉冲,它是由行同步脉冲经 L305、R318、R319 等延时后形成的,它在时间关系上对应着消隐脉冲的后肩。晶体管 V304 是钳位管,它只有在钳位脉冲到来时才饱和导通。

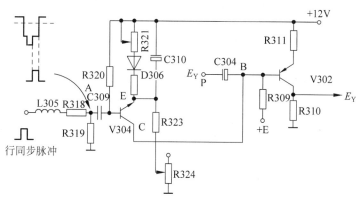

图 6.7 三极管钳位电路

当钳位脉冲到来时,P 点电位等于消隐电平的电位 U_{P1},B 点电位因 V304 饱和导通而等于 V304 发射极电位 U_E(这里假定 V304 饱和压降为 0V),$U_E > U_{P1}$,则电容器两端存在电位差对电容 C304 充电,充得的电压 $U_C = U_E - U_{P1}$。当钳位脉冲过去之后,V304 截止,C304 通过 V302 输入回路放电,因放电时间常数远大于 $64\mu s$,所以在以后的一行时间里 U_C 基本不变,此时 B 点电位为:

$$U_B = U_C + U_P = U_E - U_{P1} + U_P = U_E + (U_P - U_{P1})$$

由上式可以看出,当 P 点电位按图像信号的情况而偏离消隐电平 U_{P1} 变化时,U_B 会随之相应地改变,使 B 点电视信号的消隐电平总是钳位在 U_E 电平处。P 点与 B 点电视信号波形变化如图 6.8 所示。

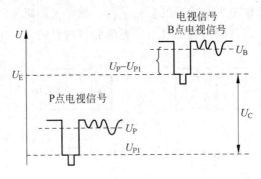

图 6.8　钳位电路中的波形变化

调节电路中的电阻 R321 或 R324 可改变钳位电平 U_E 大小。因后面各级亮度信号放大电路采用直耦方式,所以改变钳位电平也就改变显像管阴极静态电位,达到亮度调节的目的。电路中,C310 是滤波电容,D306 为温度补偿二极管。

6.1.5　自动亮度限制(ABL)电路

ABL 电路的作用是自动限制显像管扫描束电流 i_a,使它不超过额定值。如果 i_a 过大,会使显像管荧光屏过亮,造成荧光粉过早老化;另外,还会使高压电路过载,造成元器件损坏和高压不稳定。因此,彩色电视接收机中一般都设有 ABL 电路。

图 6.9 是一种与图 6.7 配接的 ABL 电路。图中,T 是行输出变压器,V304 是钳位三极管,V302 是视放管。显像管束电流 i_a 流过电阻 R715,产生压降,使 $U_A = E_C - i_a R715$。当 i_a

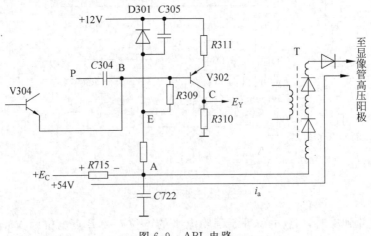

图 6.9　ABL 电路

没超过额定值(约 $750\mu A$)时，$U_A>12V$，D301 导通，$U_E\approx12V$(忽略 D301 管压降)；当 i_a 超过额定值，$U_A<12V$，D301 截止，则有：

$$i_a\uparrow\rightarrow U_A\downarrow\rightarrow U_E\downarrow\rightarrow U_B\downarrow\rightarrow U_C\uparrow\rightarrow 显像管阴极电位\uparrow\rightarrow i_a\downarrow，从而限制了显像管束电$$

流 i_a 的增加。

6.1.6　末极视放矩阵和显像管外围电路

末级视放矩阵电路的作用是把解码电路送过来的 3 个色差信号 E_{R-Y}、E_{G-Y}、E_{B-Y} 和亮度通道电路送来的亮度信号 $-E_Y$ 进行矩阵相加，得到 3 个基色信号 E_R、E_G、E_B，并进行倒相放大后送到彩色显像管的 3 个阴极，调制扫描束电流使显像管重现彩色图像。另外，末级视放矩阵电路中还设置有亮(白)平衡和暗(黑)平衡调节电路，其作用是使彩色显像管不管在高亮度画面还是在低亮度画面时，均能得到逼真的彩色图像。

彩色显像管各极电压包括灯丝电压、阴极电压、栅极电压(控制极，自会聚彩色显像管一般接地)、加速极(帘栅极)电压、聚焦电压和阳极高压等。其中任何一个电极的电压异常，均会造成重现的彩色图像不正常，甚至不能重现彩色图像。

6.2　常见亮度电路和显像管外围电路介绍与工作原理分析

下面介绍两种常见的彩色电视机亮度通道和显像管外围电路。

6.2.1　西湖 54CD6 彩电亮度通道和显像管外围电路

1. 亮度通道电路

TA7698AP 集成电路包含亮度通道电路、色信号解码电路和扫描振荡电路 3 个部分。其中亮度通道部分包括倒相放大电路、对比度控制电路、亮度控制电路、黑电平钳位和亮度信号放大电路等。色信号解码部分包括自动色饱和度控制(ACC)放大、对比度和色度的单钮调节、副载波振荡电路、自动相位控制(APC)电路、识别和消色电路、PAL 开关和矩阵电路等。扫描部分包括同步分离电路、AFC 鉴相电路、2 倍行频振荡电路、双稳态分频电路、行预推动以及场振荡电路、场锯齿波发生电路、场同步输入和场预推动等电路。其内部框图和引脚功能如图 6.10 所示。

西湖 54CD6 型遥控彩色电视机亮度通道电路如图 6.11 所示。它由 TA7698AP 集成电路中的部分电路和一些外围电路组成。

从中放集电路 N101(TA7680AP)⑮脚输出的正极性彩色全电视信号(同步头朝下)，经 Z201 和 L201 组成的 6.5MHz 伴音中频吸收电路后，加到 N501(TA7698AP)的㊴脚。一路经倒相放大后，从 N501 的㊵脚输出同步头朝下的彩色全电视信号，送往色信号处理电路和同步分离电路。另一路经集成块内部放大和㊶脚对比度控制后，从㊷脚输出彩色全电视信号，再经 D201 亮度信号延迟后从③脚输入。④脚外接亮度控制电路和自动亮度限制(ABL)电路，其中 RP255 为副亮度调节电位器，51 号线接遥控板的亮度控制输出，R240、R241、R331、VD313 等元件组成自动亮度限制电路(限制彩色显像管中的束电流)。③脚的亮度信号和④脚的亮度控制信号均送至集成块内部的亮度信号放大器，经倒相放大后从㉓脚输出亮度信号，加到晶体管 V202 的基极，再与行场消隐信号和遥控板送来的亮度信号

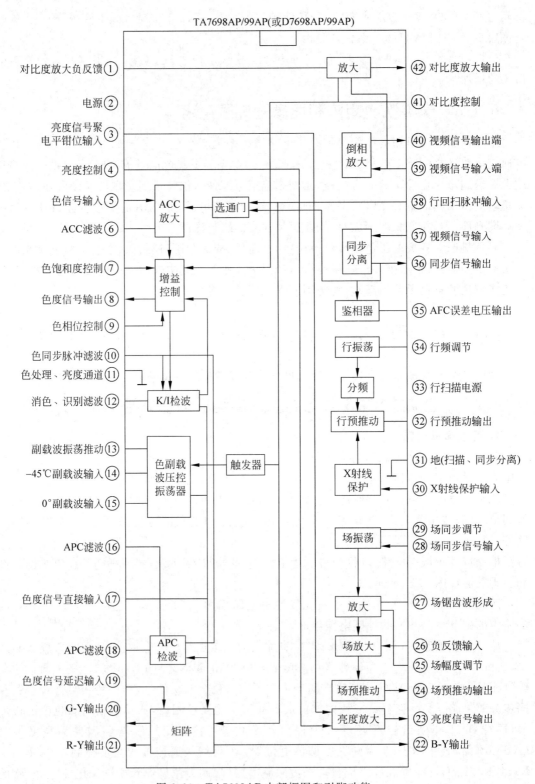

图 6.10　TA7698AP 内部框图和引脚功能

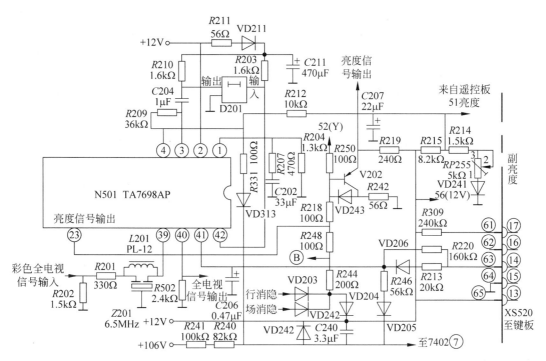

图 6.11　西湖 54CD6 型遥控彩色电视机亮度通道电路

迭加。迭加后的信号经 V202 射极跟随器缓冲后,输出负极性的亮度信号－E_Y(同步头朝上),送往末级视放矩阵电路。

2. 末极视放矩阵电路和显像管各极供电电路

西湖 54CD6 型遥控彩色电视机末级视放矩阵电路和显像管各极供电电路如图 6.12 所示。

从解码集成电路 TA7698AP 的㉑脚、⑳脚、㉒脚送来的 3 个色差信号 E_{R-Y}、E_{G-Y}、E_{B-Y} 经 RC 低通滤波器后,送到末级视放驱动管 V506、V508、V510 的基极。从亮度通道送来的负极性亮度信号－E_Y,经激励电位器(亮平衡调节)和截止电位器(暗平衡调节)后,加到 3 个晶体管的发射极。它们分别在 3 个晶体管的基极和发射极之间的发射结上进行矩阵相加(迭加),得到 3 个基色输入信号 E_R、E_G、E_B。这 3 个基色信号分别经 V506、V508 和 V510 倒相放大后,从它们的集电极输出,加到 3 个末级视放管 V505、V507、V509 的发射极,并与遥控电路送来的经 V511 和 V512 放大的屏幕显示信号(无蓝基色)相迭加。然后再经末级视放管 V505、V507、V509 共基放大后,从它们的集电极输出,送到彩色显像管的 3 个阴极进行调制,重现彩色图像和屏幕显示遥控信息。

彩色显像管的各极电压,除 3 个阴极电压由末级视放管的集电极提供,栅极(控制极)直接接地以外,其他各极电压均由行回扫变压器 T402 的次级绕组提供。灯丝电压由 T402 的⑧脚经限流电阻 R420 后送到显像管的灯丝引脚④,灯丝的另一端引脚⑤接地。聚焦极电压和加速极(帘栅极)电压由 T402 的 FV 端和 SV 端提供,阳极高压由 T402 的 HV 端提供。

6.2.2　长虹 SF2515 彩电亮度通道和显像管外围电路

1. 亮度信号和 RGB 基色信号处理电路

亮度信号和 RGB 基色信号处理电路组成如图 6.13 所示,该部分电路的作用是对亮度

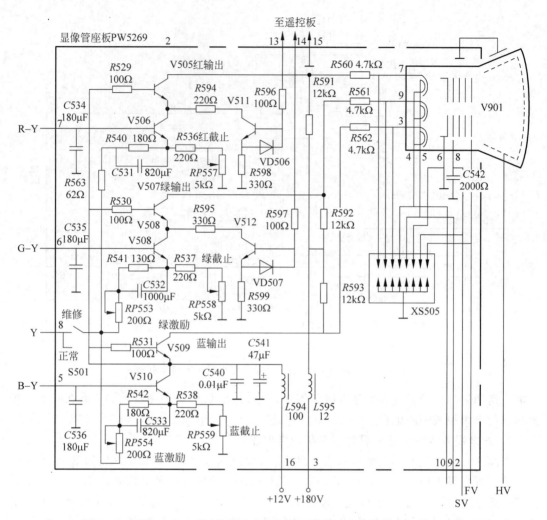

图 6.12　西湖 54CD6 型遥控彩电末级视放矩阵电路和显像管各极供电电路

信号、UV 色差信号、RGB 基色信号进行处理,向末极视放矩阵电路输出满足视频放大电路要求的 RGB 基色信号。

　　亮度信号处理电路完全由集成电路 TDA9383 内部有关电路组成,包括亮度信号放大、亮度信号延迟、亮度信号峰化、黑电平延伸等电路。

　　在图 6.13 所示的电路中,来自 Y/C 分离电路的亮度信号以及亮度信号输入端送入的亮度信号,经 Y 信号切换开关切换后,直接送往亮度信号延迟、峰化、黑电平延伸等电路进行处理。亮度信号延迟电路为延迟式勾边电路,此电路会根据亮度信号幅度确定勾边信号的延迟量,使勾边达到最佳效果,使图像轮廓更加分明,层次感更强。

　　峰化电路的作用有两个:一是对亮度信号中的噪声进行抑制;二是通过时间轴压缩,对图像信号中的细节部分进行校正补偿。因此,亮度信号经峰化电路处理后,不仅可以降低亮度信号中的噪声,还使图像的层次感和清晰度得到进一步提高。

　　黑电平延伸电路的作用是提高图像的黑白对比度。该电路能从亮度信号中检出黑电平,并达到消隐电平,使原来接近黑色的图像变为深黑,使图像的黑白对比更加分明,夜景更加逼真。

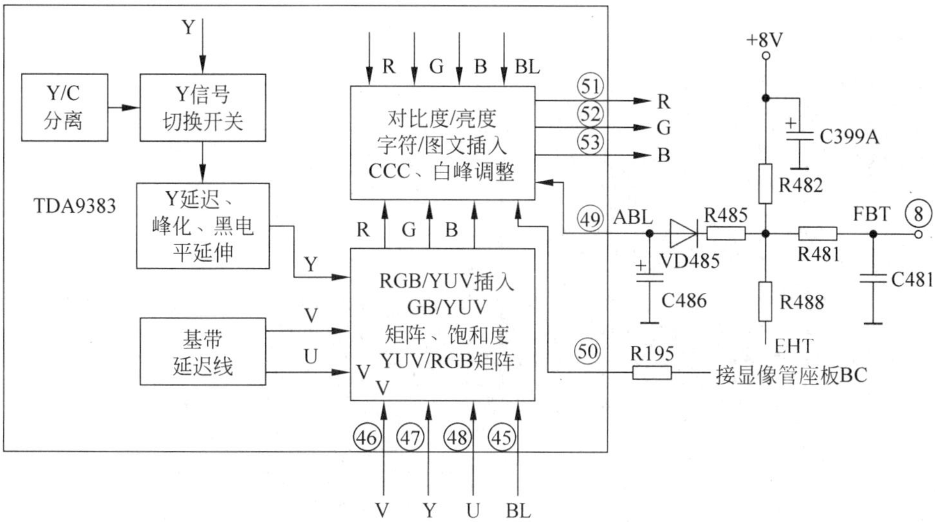

图 6.13　亮度信号和 RGB 基色信号处理电路

亮度信号经以上三部分电路处理后，直接送往 RGB 基色信号矩阵变换电路。来自 YUV 信号切换开关的 UV 信号，先送往色饱和度控制电路进行饱和度控制，再送往 RGB 基色信号矩阵变换电路进行矩阵变换，将产生的 GRB 基色信号送往 RGB 基色信号处理电路。

RGB 基色信号处理电路由对比度/亮度控制、字符/图文插入、白峰切割、黑电流稳定、自动亮度控制、RGB 基色信号放大等电路组成。

字符信号来自微处理器中的字符形成电路，字符基色信号被插入到图像基色信号中，一起送往基色信号放大电路进行放大。

白峰切割电路的作用是对 RGB 基色信号中的白色噪声进行切割，消除白色噪声对图像的干扰。

黑电流稳定电路对显像管每个阴极的激励电流进行检测，当发现激励电流发生偏移时，会启动校正系统，对显像管的阴极进行连续的校正，使显像管获得精确的偏压，保证电视机在长期使用中，白平衡不发生变化，始终处于正常状态。

自动亮度控制电路能够对图像亮度进行自动调整。自动亮度信号检测输入电压来自行输出变压器的⑧脚，该脚电压的变化量，直接反映了显像管的束流变化，即光栅的亮暗变化。在自动亮度控制电路中，行输出变压器的⑧脚上的电压变化量，通过 R481、R485、VD485 加到集成电路 TDA9383 的㊾脚，通过㊾脚内部电路对 RGB 输出电路的工作状态进行控制，使图像的亮度保持稳定。

亮度信号、UV 色差信号经以上电路处理后，得到满足视频放大电路要求的 RGB 基色信号，从集成电路 TDA9383 的(51)、(52)、(53)脚输出，直接送往末极视放矩阵电路进行功率放大。

2. 末极视放矩阵电路和显像管各极供电电路

末极视放矩阵电路的作用是对 RGB 基色信号进行功率放大，为显像管阴极提供所需要的 RGB 激励信号，长虹 SF2515 型遥控彩色电视机末级视放矩阵电路和显像管各极供电电路如图 6.14 所示。

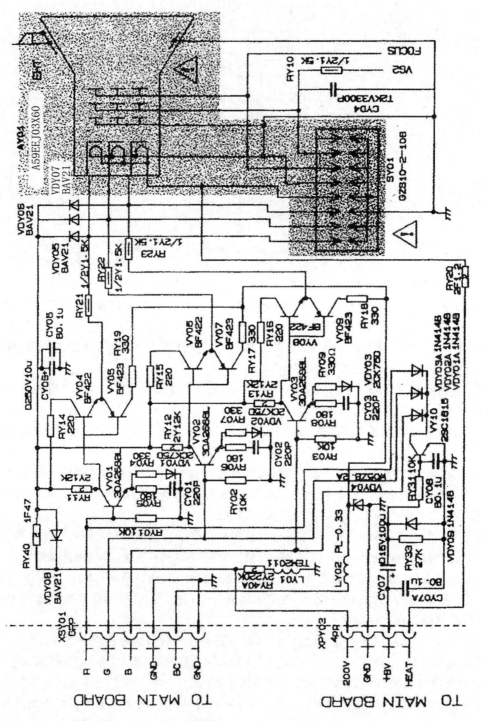

图 6.14 长虹 SF2515 型遥控彩电末级视放级矩阵电路和显像管各极供电电路

在图 6.14 所示的电路中，从集成电路 TDA9383(51)、(52)、(53)脚输出的 RGB 基色信号，经隔离电阻 R191、R192、R193 隔离后，直接加到末极视放矩阵电路的 VY01、VY02、VY03 基极，放大后从集电极输出，送往 VY04、VY05、VY06、VY07、VY08、VY09 进行宽带功率放大，然后经隔离电阻 RY21、RY22、RY23 送往显像管阴极，作为显像管阴极的激励信号。

BC 为黑电流稳定检测电流输出端，输出的电流直接送往集成电路 TDA9383 的㊿脚。在电视机使用过程中，一旦显像管某个阴极发射电子的能力下降，引起光栅白平衡偏移正常值，此时，BC 端就会输出反映显像管阴极的控制电流到集成电路 TDA9383 的㊿脚，TDA9383 内部的黑电流稳定电路接收到这个电流后，就会启动有关电路，对 TDA9383 内部 RGB 基色信号输出电路的工作状态进行调整，改变 RGB 激励电压幅度，使显像管阴极发射电子的能力重新回到平衡状态，使光栅的白平衡恢复正常值。

在图 6.14 所示的电路中，以 VY10 为主组成的电路为延迟导通电路。该电路的作用是使电视机在由待机状态进入正常工作状态时，视频放大电路延迟导通，截止一段时间，以消除黑电流稳定之前图像上出现的干扰，并能避免显像管受大电流的冲击。VY10 组成的电路仅在电视机由待机状态转入正常工作状态期间导通，在电视机进入稳定工作状态后，这部分电路将始终处于截止状态。

接在视频输出电路中的二极管 VDY05、VDY06、VDY07 为放电保护二极管，通过这些二极管可以有效将显像管阴极产生的大幅度干扰脉冲旁路。

6.3 彩电亮度电路和显像管外围电路故障检测流程

6.3.1 西湖 54CD6 型彩电的检测流程

1. 图像中无灰度等级(丢失亮度信号)(检测流程见图 6.15)

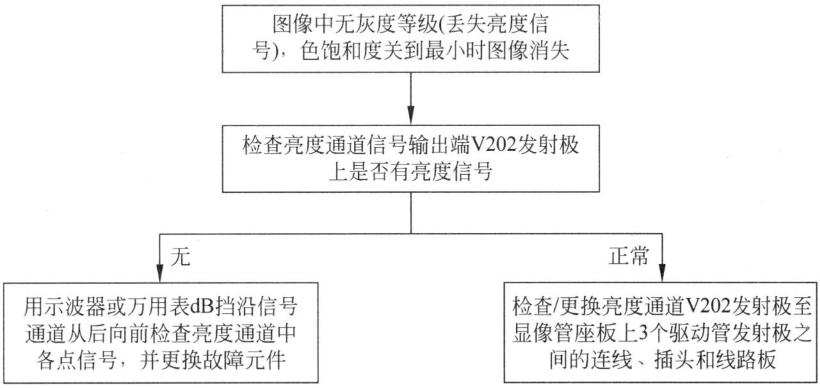

图 6.15 图像中无灰度等级(丢失亮度信号)的检测流程图

2. 无光栅或光栅暗，但伴音正常(检测流程见图 6.16)

3. 光栅太亮、调不暗，但伴音正常(检测流程见图 6.17)

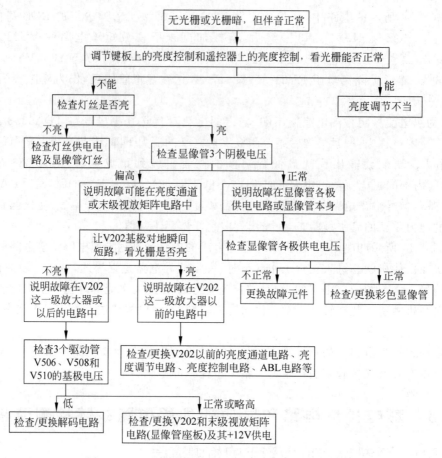

图 6.16 无光栅或光栅暗,但伴音正常的检测流程图

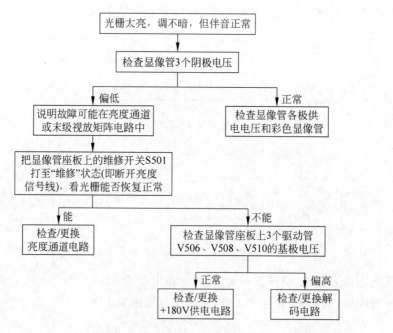

图 6.17 光栅太亮、调不暗,但伴音正常的检测流程图

6.3.2 长虹 SF2515 型彩电的检测流程

1. 光栅亮度不正常（检测流程见图 6.18）

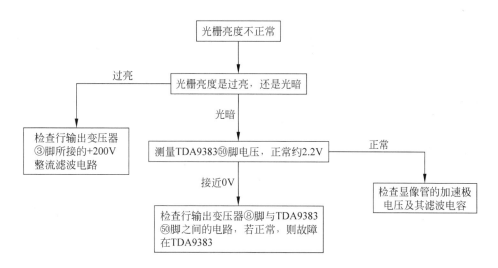

图 6.18 光栅亮度不正常的检测流程图

2. 图像模糊不清（检测流程见图 6.19）

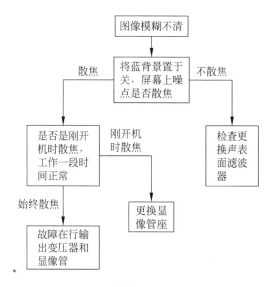

图 6.19 图像模糊不清的检测流程图

3. 满屏回扫线（检测流程见图 6.20）

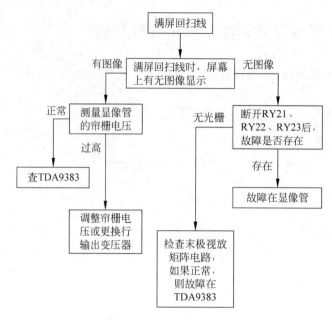

图 6.20　满屏回扫线的检测流程图

6.4　彩电亮度电路和显像管外围电路故障检修实例

6.4.1　无光栅、有伴音

故障现象：开机后，将电视机亮度调至最大，仍无光栅，但能接收到正常的电视台伴音。

分析与检修实例：由于有伴音，说明电源及行扫描电路的工作基本正常，主要应检查亮度通道和显像管外围电路、解码电路的直流输出电压及显像管本身。以上只要有一处工作状态不正常，均可能出现无光栅、有伴音的故障。这一故障的具体检修步骤见下述实例。

【例 6.1】 有台西湖 54CD6 型彩色电视机，开机后伴音正常，但无光栅。把亮度、对比度调至最大后，仍无光栅，但屏幕字符显示正常。

开机后先测显像管 3 个阴极电压，均为 190V，明显高于正常值 140V。再测量矩阵电路 V506、V508、V510 发射极、基极电压，测得发射极电压均为 9V（正常时为 6.8V 左右），基极电压均为 7.6V，说明 3 个色差信号输出端电压基本正常，而亮度信号输出的电压过高，应进入亮度通道电路的检修。检测视频放大管 V202，发现其发射极电压高达 9.6V，基极电压也升高为 9.9V，集电极电压为 0V，说明晶体管 V202 视频放大管截止。测量 N501(D7698AP)㉓脚亮度信号输出端电压，为 9.9V，偏高。把㉓脚悬空，测该脚电压仍为 9.9V，但 V202 的 U_b 电压变为 9.6V。检查消亮点电路、ABL 电路、消隐电路，均正常。检查亮度控制电路，发现 N501④脚电压虽随亮度调节时有所变化，但变化范围过小（在 1～3V 之间变化）。再检查亮度调节电路，发现 R215(8.2kΩ)电阻开路。由于 R215 开路，使 12V 电压没有分压加到亮度控制电路，造成 N501(D7698AP)④脚亮度控制端电压偏低，㉓脚电压升高，引起 V202 基极电流减小，发射极电压上升，从而使 3 个阴极电压上升，出现无光栅、有伴音的故障。更换 R215(8.2kΩ)电阻后,故障排除。

6.4.2　亮度失控并有回扫线

故障现象:电视机开机后,光栅过亮,整幅光栅呈白色,屏幕上有数条水平且稍有倾斜的亮线,也有的彩色电视机同时在屏幕上出现数条垂直类似筋骨的黑条。在接收电视节目时,伴音正常,但彩色图像模糊不清、拉丝,仿佛笼罩着一层白雾。

分析与检修实例:引起光栅过亮的原因有,亮度通道电路工作异常,造成阴极电压下降,扫描电子束电流过大;显像管加速极电压太高或失去 3 个末极视放管的集电极供电电压,导致束电流增大。由于光栅太亮,使消隐电路失去作用,故出现了回扫线。这一故障的具体检修步骤见下述实例。

【例 6.2】　有台西湖 54CD6 型彩色电视机,开机时,光栅很亮,并失去控制,无图像,几秒钟后,逐渐出现模糊并有拉丝的图像。

开机后,用万用表电压挡测量显像管 3 个阴极电压,为 90V,明显低于正常时的 140V。再测量色差信号输入端和亮度信号输入端电压,均正常,这说明故障在显像管座板或它的供电上。检查 3 个末极视放管的集电极供电电压,即 200V 供电,发现行输出变压器②脚经R449、VD406、C447 后得到的 200V 直流电压正常,但通过显像管座板上电感线圈 L595(100μH)后,电压就降为 90V。关机后检查 L595,发现电感 L595 断路。调换 L595 电感后,故障排除。由于显像管是一只真空的电子管,虽然阴极电路没有 200V 直流供电电压,但显像管的其他供电均正常,所以电流通过阴极外围电路形成回路。当用万用表去测量时,它又与万用表形成回路,因此用万用表仍能测到 90V 的电压,而不同阻抗的万用表所测出的电压有所不同,在维修中要特别注意。

6.4.3　一片绿光栅,亮度失控

故障现象:电视机通电后,图像逐渐消失,亮度失去控制,整幅光栅呈现一片绿色,但伴音正常。

分析与检修实例:产生这一故障的主要原因是绿末级视放管集电极电压下降,绿电子枪阴极与栅极之间的电位差减小,绿束电流增大,大大超过了红、蓝两束电流,造成绿光栅亮度失控。这一故障的具体检修步骤见下述实例。

【例 6.3】　有台西湖 54CD6 型彩色电视机,一片绿光栅,亮度失控。

检修时,先用万用表电压挡测量显像管绿色阴极(KG)电压,为 38V(正常时为 142V),明显偏低。测得晶体管 V507 基极电压为 7.6V,发射极电压为 7.1V。测量晶体管 V508 电压时,发现其发射极电压等于集电极电压,为 7.1V,不正常。关机后,用万用表电阻挡检查V507、V508,发现 V508 集电极和发射极间已被击穿。调换 V508(2SC1815)三极管后,故障排除。

6.4.4　对比度调节不起作用

故障现象:图像淡,层次不清,黑白反差不够,调节对比度电位器无明显变化。

分析与检修实例:此故障是由对比度调节电路工作不正常造成的。这一故障的具体检修步骤见下述实例。

【例 6.4】 有台西湖 54CD6 型彩色电视机,对比度调节不起作用。

开机后,用万用表电压挡测量 N501(D7698AP) ㊶脚对比度控制端电压,为 5V,调节对比度电位器时,该电压无变化(正常时,该电压应在 5～9V 之间变化,且电压越高,对比度越大)。进一步检查该支路,发现对比度电位器和中心头连接的线路板铜箔断裂,造成对比度电位器不起作用。关机后,把铜箔断裂处用导线连接好,再开机检查,电视机恢复正常。

6.4.5 图像上有回扫线

故障现象:彩色电视机开机后,有彩色图像及伴音,亮度、对比度控制正常,但整个画面出现数条水平且稍有倾斜的亮线。

分析与检修实例:这种故障是由于场消隐脉冲减弱或丢失,没有作用到亮度通道的末级视放上,使整个场消隐期间不能使电子束截止,而出现满屏场逆程期间的行扫描线。该故障的具体检修方法见下述实例。

【例 6.5】 有台西湖 54CD6 型彩色电视机,图像上有回扫线。

开机后彩色图像及伴音均正常,亮度和对比度控制也正常,屏幕上字符显示也正常。特别是字符显示正常,说明场消隐脉冲信号已作用到字符显示电路,因为若无场消隐脉冲信号,就无字符显示。此时出现回扫线是因为场消隐脉冲信号没有作用到亮度通道的末级视放电路上。所以根据原理图,只要检查 VD202、R244、R248 等元件及该支路铜箔条即可。经过检查发现,R244/200Ω 电阻阻值已增大到 1MΩ。调换该电阻后,故障排除。

第7章

彩电行、场扫描电路原理与检测

彩色电视机行、场扫描电路的作用是在偏转线圈中产生锯齿波电流,以形成电子束扫描所需的磁场。该锯齿波电流要求幅度合适、线性良好,并分别能被行、场同步信号所同步。其中,行锯齿波电流频率为 15 625Hz、周期为 64μs,场锯齿波电流频率为 50Hz、周期为20ms。另外,扫描电路还向亮度通道提供行、场消隐信号,向遥控电路和解码电路提供同步信号,并由行扫描输出电路产生整机所需要的高、中、低电压和显像管灯丝电压等。

7.1 常见行、场扫描电路介绍与工作原理分析

7.1.1 西湖54CD6型彩电的扫描电路

图 7.1 所示为西湖 54CD6 型(东芝 L851 机芯)遥控彩色电视机行、场扫描电路框图。其电路原理图如图 7.2 所示。

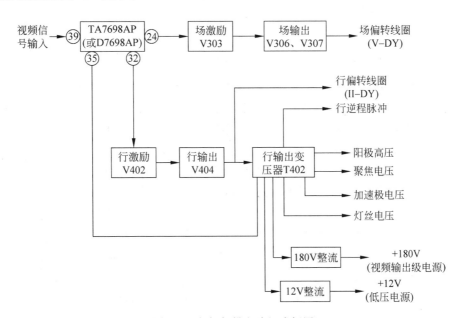

图 7.1 行场扫描电路组成框图

TA7698AP(或 D7698AP)㉞脚外接的 R406、R410、RP451、C405 等阻容元件组成的电路为行振荡的定时电路,其中 RP451 为行频调节电位器。它们与集成块㉞脚内部电路一起构成行振荡电路,产生 2 倍的行频方波,经双稳态分频电路后得到行频方波,经集成块内部的预推动放大后从㉜脚输出。㉜脚输出的行频方波信号经 L407、R411 加到行推动三极管 V402 的基极,放大后从集电极输出,再经行推动变压器 T401 耦合送至行输出三极管 V404 的基极,来控制 V404 管饱和导通或截止。在行推动管的基极还有+12V 电压,经 R407、VD401、R408 送过来的直流偏置电压。工作在开关状态的 V404 管其集电极电流一路通过行偏转线圈产生行频锯齿波电流,使显像管中的电子束作水平扫描运动;另一路则通过行输出变压器 T402 耦合产生整机所需的高、中、低电压。另外,为了在彩色电视机荧光屏上得到稳定的图像,要求电视机中的扫描频率和相位与电视发送端的扫描频率和相位相同即同步。在扫描电路中利用集成块 TA7698AP㊵脚输出的彩色全电视信号(含有电视发送端的同步信号),通过 R301、R302、C301 和 VD301 加至集成块的㊲脚进行同步信号的分离。其输出的复合同步信号(既包含行同步信号又包含场同步信号)一路由集成块内部送至行 AFC 鉴相器,与行输出变压器 T402 送来的行逆程脉冲经积分电路(由 C440、C465、R413、R414、VD402、R401、C402、RP452、C401 等组成)后形成的锯齿波在集成块㉟脚内部进行相位比较,并从㉟脚输出比较后的 AFC 误差电压。AFC 误差电压经 R403、R404、R405、C403、C405、C406、C407 平滑滤波后加至集成块的㉞脚,对行振荡频率进行自动频率控制,从而保证电视机中的行频与电视发送端的行频完全相同。同步分离电路输出的复合同步信号另一路经集成块内部送至色信号解码电路,还有一路由集成块的㊱脚输出,送往场扫描电路和遥控电路。图 7.2 中 RP452 为行中心调节电位器,用于调节显像管荧光屏上的图像中心在水平方向的位置。

TA7698AP(或 D7698AP)场振荡电路的振荡时间常数由㉙脚外接的 R308、R309、RP351 和 C306 等阻容元件决定,其中 RP351 为场同步调节电位器。场输出级锯齿波信号经 R316、R324、RP352、R311 和 C308 形成的积分电路通过㉗脚输入,以正反馈方式进行线性补偿。RP352 为场幅调节电位器。TA7698AP 的㉖脚从场输出级经 R320 引入深度负反馈,以改善场扫描的线性。场锯齿波经预推动级放大后从㉔脚输出,送到 OTL 场输出功放电路,经 V303、V306 和 V307 放大后产生锯齿波电流通过场偏转线圈,使显像管中的电子束作上下的扫描运动。另外,为了使显示的彩色图像稳定,要求电视机中的场扫描与电视发送端的场扫描同步。在扫描电路中,利用集成块㊱脚输出的复合同步信号经 R305、C330、VD302、R337、C305 和 C310 组成的积分和耦合电路将恢复的场同步信号输入集成块的㉘脚,加至场振荡器,对场振荡频率进行强迫同步。此外,图中 S301 为场中心位置调节开关,当开关与"D"端连接时,图像中心下移;当开关与"U"端连接时,图像中心上移;当开关与"C"端连接时,图像中心介于两者之间。

在 TA7698AP(或 D7698AP)集成电路中,为了减小行、场之间的干扰,对内部行、场扫描电路电源采用分别供电的形式。场扫描电路由②脚的+12V 低压电源供电,行扫描电路由㉝脚供电。+12V 低压电源要在行扫描电路正常工作后由行输出变压器中的回扫脉冲经整流滤波后产生,所以行扫描电路要由主电源+106V 启动工作,R409 为启动电阻。当行扫描电路正常工作后,㉝脚由主电源+106V 和低压电源+12V 同时供电,并由㉝脚的外接电阻内部电路进行稳压。

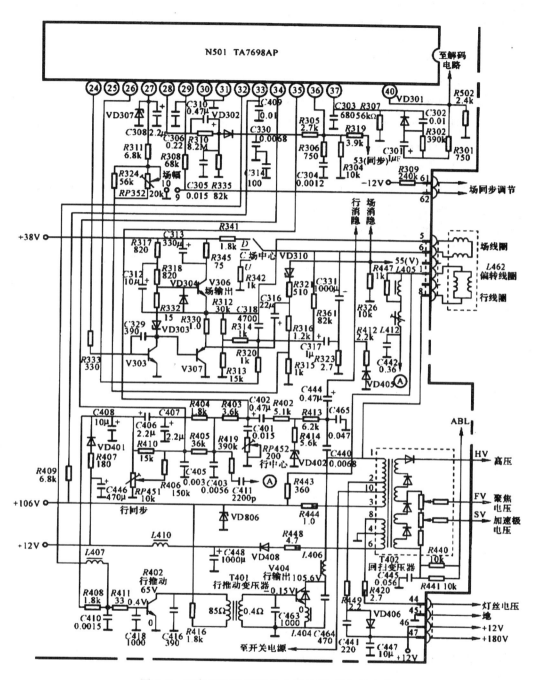

图 7.2 西湖 54CD6 型彩色电视机行、场扫描电路

行输出变压器 T402 利用行输出管 V404 集电极幅度很大的逆程脉冲,经变换产生整机所需的各种电压。T402 初级线圈绕组中的②脚脉冲电压经 VD406 整流、C447 滤波后,与+106V 叠加得到基色矩阵电路所需的+180V 电源。T402⑥脚脉冲电压经 VD408 整流、C448 滤波后,得到+12V 低压电源。T402⑧脚脉冲电压供给显像管灯丝用。从 T402 的 HV 端输出 2 万多伏的高压供给显像管的阳极,FV 端和 SV 端分别输出数千伏和数百伏的电压供给显像管的聚集极和加速极。另外,T402 的⑩脚输出回扫脉冲送往开关电源来同步

电源的工作频率；①脚输出回扫脉冲供行消隐、行 AFC 鉴相和色信号通道用。

7.1.2　长虹 SF2515 型彩电的扫描电路

长虹 SF2515 型彩电行、场扫描电路包括：同步分离和行、场激励脉冲形成电路，行推动和行输出电路，场输出电路，光栅几何失真校正电路。行、场扫描电路的作用是为行、场偏转线圈提供偏转电流，产生符合彩色电视机几何失真标准要求的光栅，同时，为显像管和其他电路提供所需要的电压及脉冲信号。

1. 行、场扫描小信号形成电路

行、场扫描小信号形成电路包括同步分离电路，行振荡电路，行、场激励脉冲形成等电路，这部分电路涉及集成电路 TDA9383⑭、⑯、⑰、㉑、㉒、㉕、㉖、㉝、㉞、㊱、㊴脚外围元件及有关内部电路，具体电路如图 7.3 所示。

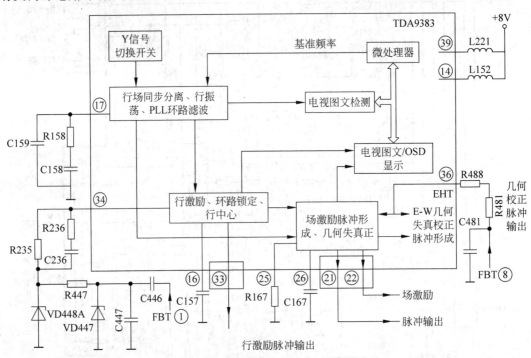

图 7.3　行、场扫描小信号形成电路

在图 7.3 所示的电路中，从 Y 信号切换开关电路输入的复合同步信号，经同步分离电路进行分离后，得到行同步信号和场同步信号，分别送往行振荡电路和场激励脉冲形成电路。

行振荡电路由集成电路 N100⑰脚外接元件和有关内部电路组成。行振荡电路设计有PLL1 电路对振荡器的振荡频率进行锁定，⑰脚为 PLL1 电路滤波输入端，外接元件 R158、C158、C159 组成的电路为锁相环滤波电路。行振荡电路采用压控振荡器（VCO），其振荡频率受行 AFC 电路输出的误差电压控制。行 AFC 电路有两路输入信号：行振荡电路产生的振荡脉冲信号和行同步信号。在 AFC 电路中，行振荡脉冲信号与行同步脉冲信号进行频率和相位比较，当两者出现差异时，就会输出误差电压，并由⑰脚外接滤波器进行平滑滤波，得到反映行振荡频率偏移量的直流电压,送往行振荡电路,去控制行振荡器的振荡频率和相位,使行振荡频率接近标称值。

行振荡器的振荡频率还受微处理器输出的12MHz时钟脉冲信号锁定。时钟振荡电路产生的12MHz脉冲信号,经内部分频电路分频后,加到行振荡电路上,对行振荡频率进行控制。

由于行振荡器的振荡频率既受控于行AFC电路,又受控于微处理器12MHz时钟信号,因此,行振荡器的振荡频率非常稳定。

行振荡电路产生的行脉冲信号,直接送往分频器进行分频,得到与电视行同步信号同频同相的行脉冲信号后,分两路输出:一路送往行激励脉冲形成、环路锁定和行中心自动调节电路;另一路送往场激励脉冲形成电路。

行激励脉冲形成、环路锁定和行中心自动调节电路由集成电路TDA9383⑯、㉝、㉞脚外接元件及内部有关电路组成,其中⑯脚为环路锁定滤波电容连接端,㉞脚为行逆程脉冲输入端,㉝脚为行激励脉冲输出端。在行激励脉冲形成、环路锁定和行中心自动调节电路中,从行输出变压器①脚输出的行逆程脉冲信号,经C446、R447、R235加到集成电路TDA9383㉞脚,并进入集成电路内部的环路锁定电路,对行激励脉冲的相位进行调整,实现行中心自动调节。㉞脚外接元件中的VD447、VD448A的作用是稳定送往㉞脚的行逆程脉冲幅度,其中C447为积分电容,改变C447的容量,也可以对行中心进行调整。

行激励电路有无激励脉冲输出,不受集成电路TDA9383㉞脚输入的行逆程脉冲控制,只要电视机从待机状态转入正常工作状态,不管行输出电路是否进入正常工作状态,集成电路N100内部的行激励电路均有行激励脉冲输出。当然,要使行激励电路有稳定的行激励脉冲输出,还需要行输出电路提供+8V电压加到集成电路TDA9383上。

行脉冲信号经行激励脉冲形成、环路锁定和行中心自动调节电路处理后,分三路输出:第一路送往场激励脉冲形成电路,产生场激励脉冲信号;第二路送往电视图文/OSD电路,作为电视图文/OSD显示定位脉冲信号;第三路从集成电路TDA9383㉝脚输出,送往外部行激励信号放大电路。

场激励脉冲形成电路由集成电路TDA9383㉑、㉒、㉕、㉖脚外接元件和内部有关电路组成,其中㉑、㉒脚为场激励脉冲输出端,㉕脚为场参考电流设置端,㉖脚为场锯齿波形成电容连接端。

在场激励脉冲形成电路中,从行激励脉冲形成电路送来的行脉冲信号,首先由场分频电路进行分频,分频后的信号在场同步脉冲信号的控制下,形成与电视信号中的场同步信号同频的场脉冲信号,分两路输出:一路送往电视图文/OSD电路,作为电视图文/OSD显示定位脉冲信号;另一路送往场锯齿波形成电路。场锯齿波形成电路由集成电路TDA9383㉖脚外接元件C167和内部有关电路组成。C167为场锯齿波形成电容,场锯齿波形成电路形成的场锯齿波信号,经场线性校正电路处理后,分两路输出:一路送往东西几何失真校正电路;另一路送往场脉冲前置放大电路。

场激励脉冲形成电路中的前置放大电路的工作状态受㊱脚输入的高压检测电压控制。从㊱脚输入的高压检测电压,来自行输出变压器的⑧脚,⑧脚输出的反映显像管束流变化的电压,经R481、R488加到集成电路的㊱脚,该信号进入集成电路内部后,分成两路:一路送往场激励脉冲前置放大电路;另一路送往东西几何失真校正电路。通过改变场激励脉冲前置放大电路和东西几何失真校正电路的工作状态,来稳定光栅的行、场幅度。

场激励脉冲形成电路形成的场激励脉冲信号,经场前置放大电路处理后,从集成电路 TDA9383 的㉑、㉒脚输出,直接送往后面的场输出放大电路。

2. 行激励和行输出电路

行激励和行输出电路由 V432、T435、V436、行输出变压器 T400 等电路组成。该部分电路的作用是对从集成电路 TDA9383㉝脚输出的行激励脉冲进行放大,为行偏转线圈提供偏转电流的同时,通过行输出变压器和低压形成电路产生显像管和整机电路所需要的各种高压、低压和脉冲电压。行激励和行输出电路的构成如图 7.4 所示。

在图 7.4 所示的电路中,行激励脉冲放大电路由 V432、T435 等元件组成,采用变压器耦合功率放大器,行激励电路工作在开关状态。从集成电路 TDA9383㉝脚输出的行激励脉冲信号,由电容 C431 耦合到 V432 的控制栅极,放大后从漏极输出,T435 为 V432 的漏极负载,T435 将 V432 输出的高电压低电流激励脉冲信号变成低电压大电流脉冲信号,加到行输出管 V436 的基极。

在行激励电路中,R431A、VD431A、R431B 组成的电路,为集成电路 TDA9383㉝脚内部行脉冲输出电路提供偏置电压的电路,+15V 电压经 R431A、VD431A 分压后,得到约 5.2V 电压,通过 R431B 加到集成电路 TDA9383㉝脚。C432、R433、C435A 的作用是消除 V432 截止时产生的尖峰脉冲电压。VD431、VD435 的作用是对串入行激励电路中的负极性干扰脉冲信号进行限幅,消除负极性干扰脉冲信号对行输出电路的影响。

加到行输出管 V436 基极的行脉冲信号,经 V436 放大后,从集电极通过 L436 输出,分成三路:第一路加到行偏转线圈上,在行偏转线圈中形成偏转电流;第二路经 C446、R447、R236、C236、R235 加到集成电路 TDA9383㉞脚,进入内部行 PLL2 电路,通过 PLL2 电路实现行中心自动调节;第三路加到行输出变压器上,通过行输出变压器进行电压变换,产生显像管和整机电路所需要的各种高压、低压和脉冲信号电压。

行输出变压器⑤脚输出的脉冲电压,经隔离电阻 R451 隔离后,由 VD451、C452 组成的整流滤波电路整流滤波后,得到+45V 的直流电压,送往场输出电路,作为场输出电路的泵电源电压。

行输出变压器⑦脚输出的脉冲电压,经隔离电阻 R461 隔离后,由 VD461、C462 组成的整流滤波电路整流滤波后,得到+16V 的直流电压,送往场输出电路,作为场输出电路正常工作时的电源电压。

行输出变压器⑨脚输出的脉冲电压(交流电压约 4.5V),经电阻 RY20 加到显像管灯丝上,作为显像管的灯丝电压。

行输出变压器⑩脚输出的脉冲电压,经隔离电阻 R461B 隔离后,通过 VD461B、C461B、C882 组成的整流滤波电路整流滤波后,得到+12V 的直流电压。此电压分两路分别加到稳压块 N881、N882 上,稳压后分别得到+5V、+8V 电压,作为整机小信号处理电路的工作电压。

行输出变压器③脚输出的脉冲电压,经隔离电阻 R491 隔离后,由 VD491、C492 组成的整流滤波电路整流滤波后,得到+200V 的直流电压,送往末极视放矩阵电路,作为末极视频信号放大电路的工作电压。

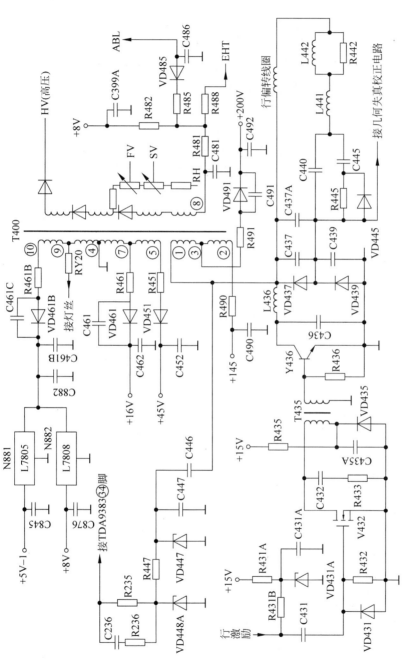

图 7.4 行激励和行输出电路

　　显像管所需要的高压、聚焦电压、加速电压由行输出变压器的高压绕组产生。行输出变压器的⑧脚与高压绕组相连,⑧脚电压的变化量,直接反映了显像管束电流的变化。⑧脚经电阻 R481、R488、R485 和二极管 VD485 接到集成电路 TDA9383 的㊱、㊾脚,通过㊱、㊾脚内电路实现光栅亮度和幅度自动控制。

　　行输出电路中,C436、C437、C437A、C439 为行逆程电容,VD437、VD439 为阻尼二极管。C440、C445 为"S"校正电容,其作用是补偿屏幕边沿产生的延伸性非线性失真。L441、L442 为行幅调节电感。R442、R445 为阻尼电阻,其作用是消除 L441、L442 中分布电容产生的寄生振荡对光栅的影响。

3. 场输出电路

　　场输出电路由集成电路 TDA8350 及其外围电路组成,其作用是对场锯齿波脉冲进行放大,为场偏转线圈提供偏转电流。场输出电路如图 7.5 所示。

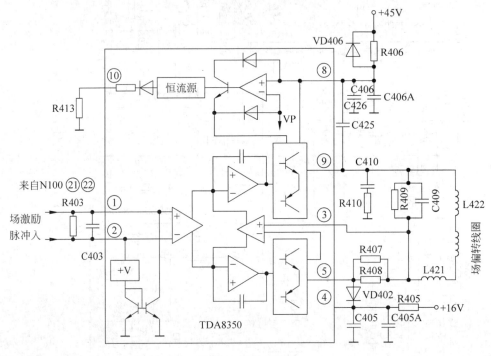

图 7.5　场输出电路

　　在图 7.5 所示的电路中,集成电路 TDA8350①、②脚为场锯齿波脉冲信号输入端,⑤、⑨脚为场锯齿波信号输出端。从集成电路 TDA9383㉑、㉒脚输出的场锯齿波脉冲信号,经隔离电阻 R165、R166 隔离后,加到集成电路 TDA8350①、②脚。集成电路①、②脚内接场输出电路前置功率放大器,①、②脚输入的场锯齿波脉冲信号,经前置放大器放大后,分两路输出,送往场锯齿波功率放大器进行功率放大。场锯齿波功率放大器由两个电路结构和性能完全相同的独立放大器组成,两个放大器分别对场锯齿波信号的前、后半周进行放大。集成电路③脚为场输出电路的交直流负反馈电压输入端,③脚输入的交直流负反馈电压有两个作用:一是稳定功率放大器的直流工作点,使功率放大器的直流工作点不受温度变化的影响;二是通过交流负反馈改善场锯齿波脉冲的线性,有效降低场线性失真。场锯齿波信号经功率放大器放大后,从集成电路⑤、⑨脚输出,直接耦合到场偏转线圈上。

集成电路 TDA8350④脚为场输出电路电源电压供电端,来自行输出电路形成的+16V电压,经 R405 加到第④脚,作为场输出电路的工作电源。④脚外接电容 C405、C405A 为滤波电容,分别对电源中的高频和低频成分进行滤波。

集成电路 TDA8350⑧脚为泵电源供电端,来自行输出电路形成的+45V电压,经 R406 加到⑧脚上,作为场输出电路工作在回扫脉冲期间的供电电源。⑧脚外接电容 C406A 为泵电源高频滤波电容,C406 为泵电源电容,C405 容量的大小对功率放大器的工作状态无明显影响,但 C425 的电容量大小对功率放大器影响较大,选得过大,会增大功率放大器的放电电流,增加功率放大器的功率损耗,导致场输出集成电路损坏。选得过小,会导致场输出电路在场回扫脉冲期间工作异常,使光栅的顶部出现少量回扫线。

集成电路⑩脚为场保护脉冲及字符定位脉冲输出端,此部分功能由集成电路 TDA9383 内部电路形成,故此处⑩脚未用,外接 10kΩ 电阻,将内电路置于关闭状态。

在场输出电路中,C409、R409 的作用是消除场偏转线圈中的分布电容与场偏转线圈电感产生的寄生振荡,避免光栅上出现横线干扰。C410、R410 的作用是消除场输出电路中串入的高频脉冲干扰。

4. 光栅东西几何失真校正电路

光栅东西几何失真校正电路由校正脉冲形成电路和校正脉冲功率放大器组成,涉及集成电路 TDA9383 内部电路和 TDA8350⑪、⑫、⑬脚外接元件,其作用是为行输出电路提供东西方向上的几何失真校正脉冲信号,以解决光栅东西方向上出现的几何失真问题,有关电路如图 7.6 所示。

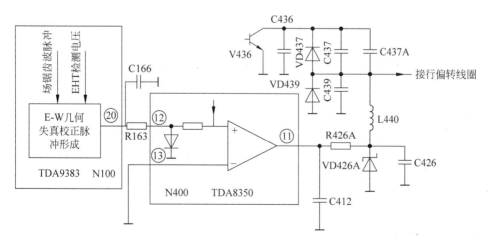

图 7.6 光栅东西几何失真校正电路

在图 7.6 所示的电路中,东西几何失真校正脉冲形成电路完全由集成电路 TDA9383 内部有关电路组成,集成电路 TDA9383⑳脚为几何失真校正脉冲信号输出脚,在几何失真校正脉冲形成电路中,来自场锯齿波形成电路的场锯齿波信号,在几何失真校正电路中形成抛物波脉冲信号后,从集成电路 TDA9383⑳脚输出。

光栅东西方向上的几何失真脉冲功率放大器,由集成电路 TDA8350⑪、⑫、⑬脚外接元件及有关内部电路组成。⑪脚为东西几何失真校正脉冲信号输出端,⑫脚为东西几何失真校正脉冲功率放大器的正向输入端,⑬脚为东西几何失真校正脉冲功率放大器的反向输入端,此处只用到正向输入端⑫脚,反向输入端⑬脚直接接地。

集成电路 TDA9383⑳脚输出的几何失真校正脉冲信号,经隔离电阻 R163 隔离后,直接加到集成电路 TDA8350⑫脚,进入集成电路内部,送往功率放大器放大。放大后的信号从集成电路⑪脚输出,经隔离电阻 R426A、调制稳压二极管 VD426A、积分电容 C426、隔离电感 L440 加到行输出电路上,对流过行偏转线圈中的电流进行调制,实现光栅东西方向上的几何失真校正。

7.2　彩电行、场扫描电路故障检测流程

7.2.1　西湖 54CD6 型彩电的检测流程

1. 一条水平亮线(检测流程见图 7.7)

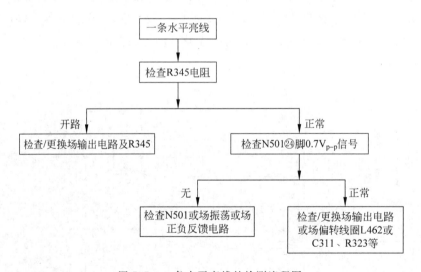

图 7.7　一条水平亮线的检测流程图

2. 无光栅、无伴音(检测流程见图 7.8)

3. 行场不同步(检测流程见图 7.9)

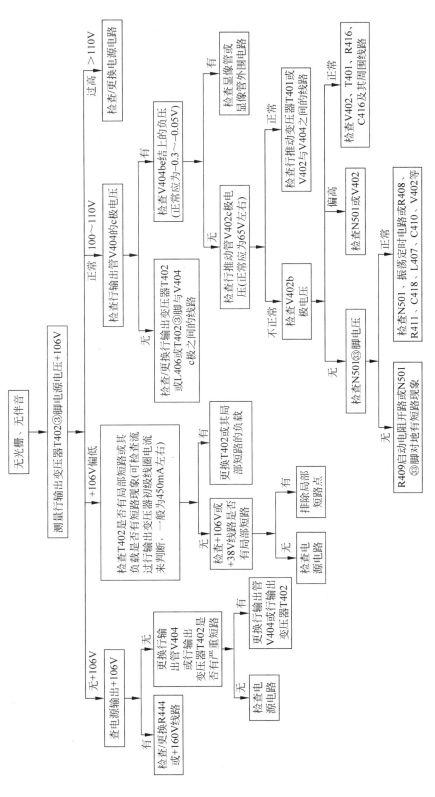

图 7.8 无光栅、无伴音的检测流程图

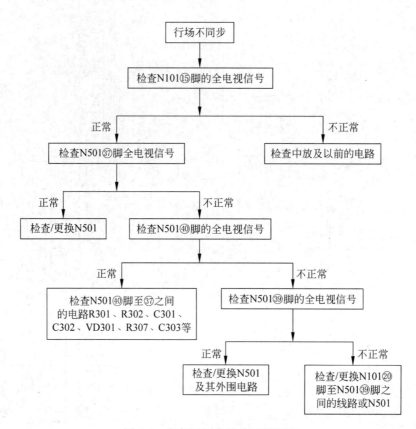

图 7.9　行场不同步的检测流程图

4. 行不同步（检测流程见图 7.10）

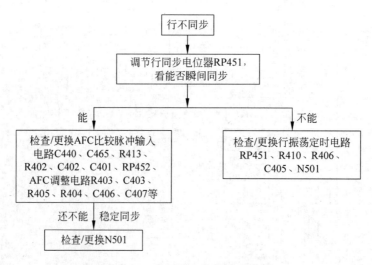

图 7.10　行不同步的检测流程图

5．场不同步（检测流程见图**7.11**）

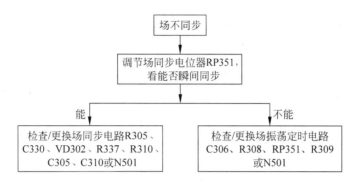

图 7.11　场不同步的检测流程图

7.2.2　长虹 SF2515 型彩电的检测框图

1．三无（无图、无声、无光）（检测框图见图**7.12**）

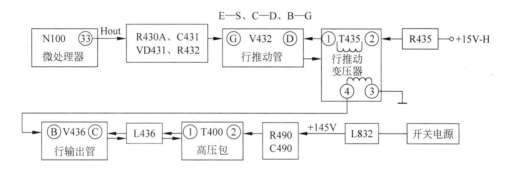

图 7.12　三无（无图、无声、无光）的检测框图

2．一条水平亮线（检测框图见图**7.13**）

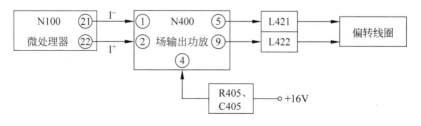

图 7.13　一条水平亮线的检测框图

7.2.3 长虹 SF2515 型彩电的检测流程

1. 无光栅、无伴音（检测流程见图 7.14）

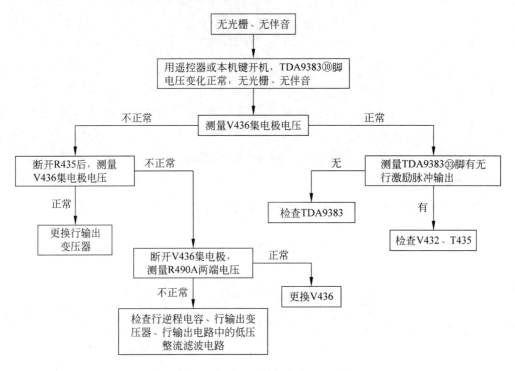

图 7.14 无光栅、无伴音的检测流程图

2. 无光栅、无伴音，机内有异常叫声（检测流程见图 7.15）

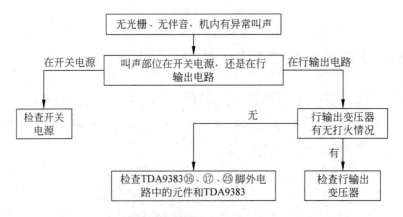

图 7.15 无光栅、无伴音，机内有异常叫声的检测流程图

3. 图像不同步（检测流程见图 7.16）

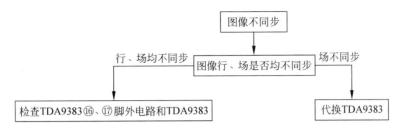

图 7.16　图像不同步的检测流程图

4. 图像偏移（检测流程见图 7.17）

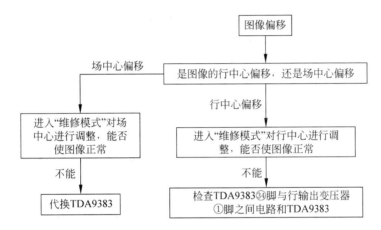

图 7.17　图像偏移的检测流程图

5. 光栅呈一条水平亮线（检测流程见图 7.18）

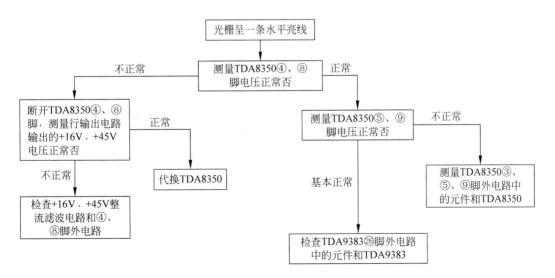

图 7.18　光栅呈一条水平亮线的检测流程图

6. 场线性不正常(检测流程见图 7.19)

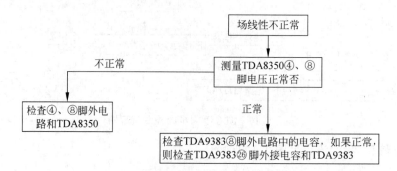

图 7.19　场线性不正常的检测流程图

7. 光栅时有时无(检测流程见图 7.20)

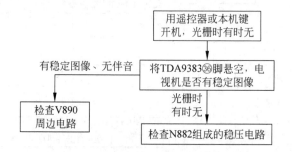

图 7.20　光栅时有时无的检测流程图

8. 光栅东西方向几何失真(检测流程见图 7.21)

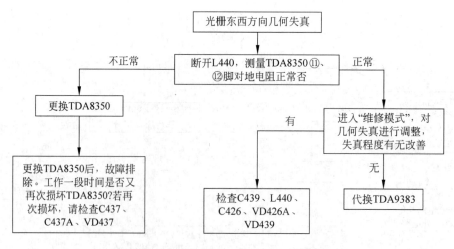

图 7.21　光栅东西方向几何失真的检测流程图

7.3　彩电行扫描电路故障检修实例

7.3.1　无光栅、无伴音

故障现象：接通电视机电源，荧光屏上没有亮光，喇叭中也没有伴音，把亮度和音量调到最大也无效。

分析与检修实例：电视机发生无光栅、无伴音故障的主要原因是稳压电源或行扫描电路不工作或工作不正常，导致显像管和扬声器同时失去正常的工作电压而造成。其具体检修步骤见下述实例。

【例 7.1】　有台西湖 54CD6 型彩色电视机，开机后出现无光栅、无伴音故障。

检修时，用万用表直流 250V 电压挡测量回扫变压器 T402③脚电压，为 106V，说明稳压电源输出正常。再测量行输出管 V404 的 U_{be} 电压，为 0V（正常值 -0.15V），没有负电压，于是就检查行管 be 回路至行振荡电路部分。测量行推动管 V402 的 U_{be} 电压，为 0.4V，测量 U_c 电压，为 6.4V（正常值 70V）。瞬间暂使 V402 的 U_{be} 短接，再测量 V402 的 U_c 电压，仍为 6.4V，这说明行推动管集电极回路有故障。关机后，把万用表旋到 R×1k 电阻挡，黑表笔接地不动，测量 V402 集电极对地电阻，为 9.2kΩ（正常时为 5kΩ），说明没有短路。测量 R416/1.8kΩ 和 T401(TRF1032)行推动变压器①和③脚之间电阻值，发现 R416 电阻值增大为 98kΩ（正常时为 1.8kΩ）。由于该电阻增大，使行推动管无法工作，产生无光栅、无伴音故障。更换 R416(1.8k/3WΩ)电阻后，故障排除（若行推动变压器开路，行推动管集电极和发射极之间击穿，也会产生同样故障）。

7.3.2　无光栅、无伴音，有"吱吱"声

故障现象：电视机通电后，无光栅，也无伴音，但电视机内有连续的"吱吱"声。

分析与检修实例：电视机产生无光栅、无伴音，有"吱吱"声故障的原因有：电视机有过流或过压故障；保护元件本身损坏；无行逆程脉冲加到电源开关管基极，从而使开关电源处于自激振荡状态等。检修这类故障时，其具体检修步骤见下述实例。

【例 7.2】　有台西湖 54CD6 型彩色电视机开机后，出现无光栅、无伴音，但机内有"吱吱"声。

检修时，用万用表 250V 直流电压挡测量回扫变压器 T402③脚电压，为 16.2V（正常值为 106V）。断开 R444（同时断开 R443）电阻，测量电源输出电压，结果正常。关机后，把万用表旋到电阻挡，测量行管 V404 集电极对地电阻，为 52Ω（正常值 3kΩ）。断开行管集电极，检查行管，结果正常。进一步检查集电极对地元件，发现 C464 逆程电容烧焦，且已被击穿。更换 C464 后，故障排除。若偏转线圈局部短路、行管击穿、C440 被击穿等，也会产生同样的故障现象。

7.3.3　光栅有阻尼条，并有回扫线

故障现象：电视机通电后，有图像，也有伴音，但光栅亮度偏亮，有数条肋条状垂直黑条，并有略倾斜的横亮线出现。

分析与检修实例：显像管截止电压偏高或者阴极电压偏低，使显像管束电流偏大，不能

使电子束截止而出现回扫线。同时,行扫描正程结束时产生的阻尼振荡没被滤除,调制了显像管的阴极电路,使屏幕出现肋条状垂直黑条。其具体检修方法见下例。

【例 7.3】 有台西湖 54CD6 型彩色电视机,在收看节目时,屏幕上出现阻尼条,并有回扫线。

检修时,用万用表电压挡测量 K_R、K_G、K_B 3 个阴极的电压,均为 105V(正常值 120V)。造成阴极电压下降的原因是:亮度信号输入端电压下降或者 3 个色差信号输入端电压上升,使阴极电流偏大,造成阴极电压下降。由于阴极供电电压偏低,造成光栅偏亮。故先测量 T 板⑧号线亮度信号输入端电压,为 7.9V(正常值 6.8V),测量 T 板⑤、⑥、⑦号线 3 个色差信号输入端电压,均为 7.6V。按理说,在矩阵电路中,当亮度输入端的电压高于色差信号输入端电压时,矩阵管的导通电流将减小,会使 3 个阴极电压上升,造成光栅偏暗。但是现在光栅偏亮,阴极电压反而下降,故用不着进入亮度通道和色度通道的检修,应进入矩阵管集电极 180V 供电回路的检修。又由于电视机还出现数条筋条状垂直黑条,更进一步说明是该支路不正常。测量 180V 供电,只有 110V,经检查发现 C447(180V 中压滤波电容)严重漏液,且其中一只引脚已烂断,使 180V 电压没有得到有效的滤波,使平均直流电压下降,并且把行扫描正程结束时产生的阻尼振荡没滤除而一起加入了矩阵管集电极,调制了阴极电路,故出现了筋状垂直黑条(又称阻尼条)。更换 C447 电解电容后,故障排除。

7.3.4 行幅缩小

故障现象:电视机通电后,光栅水平方向幅度不足,接收电视信号时,图像左右露边,中间重叠。

分析与检修实例:电视机发生行幅缩小的故障,通常是由于行扫描电路工作异常所致。其具体检修步骤见下述实例。

【例 7.4】 有台西湖 54CD6 型彩色电视机,行幅缩小。

检修时,用万用表电压挡测量回扫变压器③脚电压,为 106V,说明电源输出电压正常。再测量行输出管 V404 的 U_{be} 电压,为 $-0.05V$(正常值为 $-0.15V$),偏高。测量行推动管 V402 的 U_{be} 电压,为 0.4V,说明行振荡电路至行推动管 be 之间的工作正常。进一步测量行推动管 V402 集电极电压,为 92V(正常值为 68V)。行推动管 U_{be} 电压正常,U_c 电压偏高,可以断定行推动变压器至行输出管 U_{be} 回路间有故障。测量时又发现行管发射极有 0.9V 电压(正常值为 0V)。关机后,测得行管发射极对地电阻为 4.7Ω(正常值为 0V)。检查该支路发现,L404 线圈虚焊。由于 L404 线圈引脚较短,又是装在印刷线路板的边缘,当线路板抽进抽出时,极易把 L404 线圈弄松或造成铜箔断裂。把 L404 线圈拉长补焊后,故障排除。行管发射极接地不良时,会发生多种故障现象,如无光栅、无伴音,图像格不直等故障。

7.3.5 图像左右或上下颠倒

故障现象:有台电视机经修理后,发现图像上下颠倒。

分析与检修:电视机图像上下颠倒,是由于流过场偏转线圈的电流方向相反,磁场方向也跟着相反,电子束就沿着反向运动,造成图像上下颠倒。

此故障是由于在更换偏转线圈或者焊接引线时,误将场偏转线圈引线接反,造成图像上下颠倒,把场偏转线圈引线对调后,故障排除。若误将行偏转线圈引线接反,则会造成图像左右颠倒,只要将该绕组两端引线对调一下,即可排除。若发现图像水平方向有高低,也只要将偏转线圈位置适当调整一下,故障即可排除。

7.3.6　图像重叠,出现蝶状光栅

故障现象:光栅缩小,上下左右光栅重叠,此时会聚、色纯都变差。

分析与检修实例:电视机的图像重叠,并出现蝶状光栅,通常是由于偏转线圈内部的行、场偏转线圈绕组发生局部短路而造成的。这一故障的具体检修实例如下。

【例 7.5】　有台西湖 54CD6 型彩色电视机,图像重叠,出现蝶状光栅。

检修时,先观察偏转线圈,发现行、场偏转线圈之间有打火现象,用手摸偏转线圈较热。拆下偏转线圈,发现有几根漆包线已烧焦,更换同类型的偏转线圈,并根据原来位置初步固定好之后,再通电。适当校正偏转线圈位置,使图像左右上下保持平衡。调整色纯和会聚磁极片,使色纯和会聚达到最佳状态,然后用胶水将磁极片固定。再检查图像质量,完全正常。

7.3.7　光栅左边有垂直黑线条干扰

故障现象:电视机通电后,有图像,也有伴音,但在图像左边有条垂直黑线条,无信号更加明显。

分析与检修实例:产生这一故障的主要原因是电视机内电路存在高次谐波辐射。这一故障的具体检修步骤见下例。

【例 7.6】　有台西湖 54CD6 型彩色电视机,光栅左边有垂直黑线条干扰。

检修时,先外加调压器,当调整电压时,电视机上的垂直黑线条干扰条没有变化,说明不是开关电源干扰。然后调整行同步电位器,电视机上的垂直黑线也没有变化,说明干扰线不随频率的改变而变化。用示波器测量行输出管集电极波形,发现在波形顶端出现尖脉冲,再测量行推动管集电极波形,在波形顶端也出现尖脉冲,而行推动管基极波形正常。因此,在行推动管集电极与地之间并接一只 330pF 电容,此时发现行推动管集电极波形顶端尖脉冲消失,荧光屏左边的竖直黑线条同时消失。当去掉 C416(390pF)电容时,荧光屏左边的竖直黑线条也没有出现。后来用电容表测试 C416 电容,只有 12pF 左右,说明是由于 C416 容量减小,造成行推动级反峰电压上升,引起辐射,使电视机左边出现干扰条。若行推动变压器初级电感量减小,也会产生同样故障。

7.3.8　垂直一条亮线

故障现象:电视机通电后,伴音正常,但光栅只有垂直一条亮线。

分析与检修实例:上述故障现象说明显像管阳极有高压,只是水平偏转线圈无扫描电流流过,使电子束无水平方向的扫描运动,光栅成为垂直一条亮线,其余电路的工作均正常。这一故障的具体检修步骤见下例。

【例 7.7】　有台西湖 54CD6 型彩色电视机伴音正常,但屏幕上只有垂直一条亮线。

检修时,先把亮度适当调低,用万用表电压挡检测行偏转线圈回路时,发现 S 形校正电容虚焊,并且周围铜箔板留有打火痕迹。将 S 形校正电容及周围铜箔板除污处理后,让它吃上焊锡,重新焊好,通电后故障排除。由于虚焊,使行偏转线圈回路开路,从而使电子束无水平方向的运动,引起垂直一条亮线。若行偏转线圈引线虚焊或开路,也会产生同样的故障现象。

7.4 彩电场扫描电路故障检修实例

7.4.1 水平一条亮线

故障现象：接通电视机电源，有正常的伴音，但显像管屏幕上下都不亮，只是在屏幕中间有一条水平亮线。

分析与检修实例：光栅出现水平一条亮线，说明行扫描电路和显像管外围电路工作正常，只是场扫描电路没有工作或工作不正常，使电子束没有作垂直方向的扫描运动。场扫描电路的常见故障有场振荡电路停振、场激励级、场输出级故障。场振荡电路形成锯齿电压的电阻开路、电容短路，不能配合集成块内电路形成锯齿电压。

【例7.8】 有台西湖54CD6型彩色电视机，开机后只有水平一条亮线。

开机后，用万用表直流电压挡测量V306发射极电压，为0V（正常值13.5V）；测量V306集电极电压，也为0V（正常值29V）。进一步检查38V供电支路，发现38V电压没有。关机后，用万用表电阻挡检查该支路，发现R818(5.6Ω)电阻开路，整流二极管VD805已被击穿。因无38V电压供电，使场输出电路无法工作，故电视机出现水平一条亮线。更换R818、VD805后，故障排除。若双电源供电的场输出电路，当其中一路低电压没有加入时，也会发生同样故障。

【例7.9】 有台长虹SF2515型彩色电视机，开机后只有水平一条亮线。

开机后，用万用表直流电压挡测量N400⑧脚电压为0V，45V泵电源不能正常加到⑧脚，观察发现R406电阻有明显烧焦痕迹，关机测R406阻值，明显大于标称值，说明R406已开路损坏。再测N400⑧脚对地电阻为5Ω，正常时为17Ω，说明集成电路N400内部放大器局部对地短路，并引起R406烧毁。更换R406、N400后，故障排除。

7.4.2 拍击水平一条亮线

故障现象：电视机通电后，有图像、有伴音，但电视机有时图像上下压缩成一条水平亮线，再拍击电视机外壳又能恢复正常。

分析与检修实例：电视机图像压缩成水平一条亮线，拍击电视机外壳又能恢复正常，通常是由于场扫描电路中某元件接触不良造成的。这一故障的具体检修步骤见下例。

【例7.10】 有台西湖54CD6型彩色电视机，拍击后变为水平一条亮线。

打开电视机后盖，接通电源后，用拍击法轻轻拍击场扫描电路，观察电视机屏幕一条水平亮线时有出现，但很难判断是哪个元件接触不良。用手轻轻接触场扫描电路元件，发现每当接触场偏转线圈引线时，屏幕水平亮线变化明显。仔细观察场偏转线圈的引线和插头，发现有只插针虚焊，引起拍击水平一条亮线。将该插针补焊好后，故障排除。

7.4.3 场幅过大

故障现象：电视机通电后，整幅图像上下拉长，接收12格方格信号时，从上至下只露出6格，正常时屏幕应有10.8格至11.2格方格露出，有屏幕显示的彩色电视机，其显示的字符已超出了显像管屏幕。

分析与检修实例：电视机出现场幅过大，通常是场幅度控制电路损坏或负反馈电路反馈量减小所致。具体检修步骤见下例。

【例7.11】 有台西湖 54CD6 型彩色电视机,出现场幅过大故障。

开机后,调节 RP352 场幅电位器,屏幕上的图像幅度有变化,但调到底,垂直幅度仍很大。用万用表电压挡测量 N501(D7698AP) ㉗脚电压,为 4.5V(正常值为 5.9V),偏低。因为 N501㉗脚是锯齿波充放电回路,即场幅调节电路,充电是由 IC 内部电阻对 C308 充电,放电是由 C308 对 R311、R324、RP352、R315 进行。VD307(7.5V)稳压管起到了限幅的作用,故可以暂使 VD307 断开。把 VD307 断开后,发现电视机屏幕垂直幅度恢复正常。检查 VD307 的反向电阻,为 27kΩ(正常时为 200kΩ)。调换 VD307 后,故障排除。

7.4.4　光栅上卷边

故障现象:电视机接通电源后,屏幕上部光栅幅度不足,并在不足处有条水平亮线。

分析与检修实例:电视机光栅出现上卷边的主要原因是 OTL 场输出上管没有工作或工作不良。这一故障的具体检修步骤见下例。

【例7.12】 有台西湖 54CD6 型彩色电视机,光栅上卷边。

检修时,用万用表电压挡测量 OTL 场输出中点 V306 发射极电压,为 13.5V(正常);测量正负反馈电路均正常。关机后,检查场输出管 V306 三极管 be、bc 间电阻,结果均正常;检查 R345 电阻,也正常。用替换法替换 C313 电容后,故障排除。

7.4.5　垂直方向的扫描线变粗,并有拉丝现象

故障现象:电视机通电后,光栅在垂直方向的扫描线变粗,并有拉丝现象,但不受伴音大小的影响。

分析与检修实例:产生此故障的主要原因是扫描电路存在自激。这一故障的具体检修步骤见下例。

【例7.13】 有台西湖 54CD6 型彩色电视机,垂直方向的扫描线变粗,并有拉丝现象。

检修时,用万用表电压挡测量 N501(D7698AP) ㉘、㉙脚电压,基本正常,测场输出中点电压,也基本正常。改用示波器检查,发现场输出级自激,检查并替换外围电路,原来是 C318(4700/500V)电容器虚焊,使场扫描电路产生自激,出现垂直方向的扫描线变粗,并有拉丝现象。重新焊接 C318 电容器后,故障排除。

7.4.6　光栅有回扫线

故障现象:接收电视节目时,图像、伴音、彩色均正常,但是图像表面有横亮线干扰,把对比度电位器调至最大时,横亮线更加明显。

分析与检修实例:产生这一故障的主要原因是场消隐脉冲减弱或丢失,在整个场消隐期间不能使电子束截止,而出现满屏场逆程期间的行扫描亮线。这一故障的具体检修步骤见下例。

【例7.14】 有台西湖 54CD6 型彩色电视机,屏幕上出现回扫线。

检修时,用万用表直流电压挡测量场消隐电路中 VD310 的正、负极电压,测得稳压二极管 VD310 的负极电压为 −1.7V(正常值为 −2V),正极电压为 0V(正常值为 −3.6V)。关机后,用万用表电阻挡测量 VD310 二极管的正反向电阻,结果均为 87kΩ,这说明 VD310 稳

压二极管已开路。调换 VD310 后,故障排除。

7.4.7　图像上下抖动

故障现象:接通电视机电源后,有图像,也有伴音,但整幅图像上下不停地抖动。

分析与检修实例:图像上下不停地抖动,是由于电子束场扫描运动规律被破坏,使场偏转线圈内锯齿波电流幅度或周期不完全受控。产生这一故障的主要原因是场扫描电路工作异常,引起反馈性场抖动或显像管高压整流电路打火,把打火信号串入场扫描电路,引起场抖动。这一故障的具体检修步骤见下述实例。

【例 7.15】 有台西湖 54CD6 型彩色电视机,图像上下不停地抖动。

检修时,用万用表测量场扫描电路,发现 V306 发射极电压在 15V 左右波动;再测量场推动管 V303 基极电压,也在 0.6V 左右波动;进一步检查反馈电路,发现 N501(D7698AP) ㉗脚电压也在波动。关机后,把 VD307 稳压管挑开,再通电检查。此时 N501㉗脚的电压不再波动,图像也不再抖动。检查 VD307 稳压管,发现其内部接触不良,使图像产生抖动。更换 VD307 稳压管后,故障排除。

7.4.8　场不同步

故障现象:图像在屏幕上作垂直方向的翻滚,调节垂直同步电位器无效,而水平方向的图像能够稳定。

分析与检修实例:电视机图像出现垂直方向翻滚,说明场同步不良。当复合同步信号压缩时,首先表现在场同步能力减弱或根本不同步。由于行同步范围宽,在复合同步信号压缩不大的情况下,主观上是感觉不出来的。这种故障的检修步骤见下述实例。

【例 7.16】 有台西湖 54CD6 型彩色电视机,出现场不同步故障。

检修时,先调节场同步电位器,图像能上下移动,并能瞬间稳定,这说明场振荡器的振荡频率正常,主要应检查场同步信号输入。用万用表直流电压挡测量 N501(D7698AP) ㉘脚电压,无−0.5V 电压;测量㊱脚电压,为 3.1V,检查外围元件,无明显异常。继续检查㊲脚电压,为−0.3V,正常时应为−0.6V 左右,检查外围元件,发现 R302(390kΩ)电阻已开路,丢失了部分场同步信号,造成场不同步。更换该电阻后,故障排除。

7.4.9　光栅上边暗、下边亮

故障现象:电视机光栅自上而下由黑逐渐变亮,若把亮度调暗,此现象更加明显。

分析与检修实例:产生这一故障的主要原因是,场消隐脉冲中迭加了一部分锯齿波信号,这个锯齿波信号作用到显像管中,使消隐时间加宽并逐渐变化。这一故障的具体检修步骤见下例。

【例 7.17】 有台西湖 54CD6 型彩色电视机,上边暗,下边亮。

检修时,先检查场消隐电路。用万用表电压挡测量 VD310 稳压管正极电压,为 6.5V (正常值为−3.6V),明显偏高。关机后,检查该支路,发现 VD202(1S1555)二极管已被击穿。更换该二极管后,故障排除。

<table>
<tr><td rowspan="2">第8章
CHAPTER 8</td><td rowspan="2">彩电色处理电路工作
原理与检测</td></tr>
</table>

　　彩色电视机色处理电路(又称解码电路)的作用是从公共通道电路或接口电路送来的彩色全电视信号(FBAS)中解调出红色差信号(R－Y)、绿色差信号(G－Y)和蓝色差信号(B－Y),并与亮度通道送来的亮度信号(Y信号,即图像的黑白灰度信号)在矩阵电路中相加,得到红(R)、绿(G)、蓝(B)三种基色信号,分别送到彩色显像管的红、绿、蓝三支电子枪,调制阴极重现彩色图像。色信号解码电路包括色度通道和色副载波恢复电路等。图8.1为延时型PAL解码器框图,也称标准PAL解码器,即PAL－D解码器(我国的彩色电视制式为PAL－D制)。这是目前PAL制彩色电视机中广泛采用的一种解码方式。

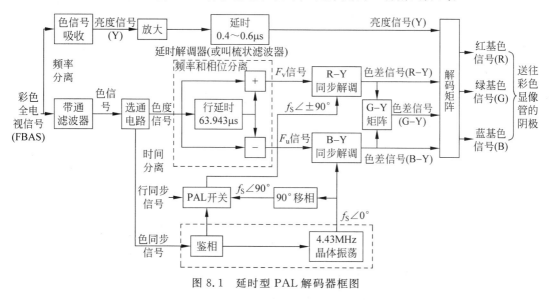

图 8.1　延时型 PAL 解码器框图

8.1　彩电色处理电路的特点

8.1.1　色信号解码过程

下面以彩色电视机接收标准彩条信号为例来说明整个解码过程。

　　(1) 将来自公共通道电路或视频信号输入插座的彩色全电视信号(FBAS)通过频率分离,分离出亮度信号和色信号。

　　彩色全电视信号分别经色信号吸收电路和 4.43MHz 带通滤波器以后,得到亮度信号和色信号(包括色度信号和色同步信号),达到了亮度信号和色信号分离的目的。彩色全电视信号中亮度信号和色信号的频率范围如图 8.2 所示,色信号吸收电路的频率特性如图 8.3 所示,带通滤波器的频率特性如图 8.4 所示,分离后的亮度信号和色信号波形如图 8.5 所示。

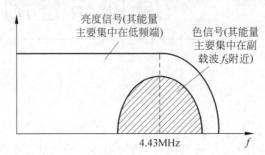

图 8.2　彩色全电视信号中亮度信号和色信号的频率范围

图 8.3　色信号吸收电路的频率特性　　　　图 8.4　带通滤波器的频率特性

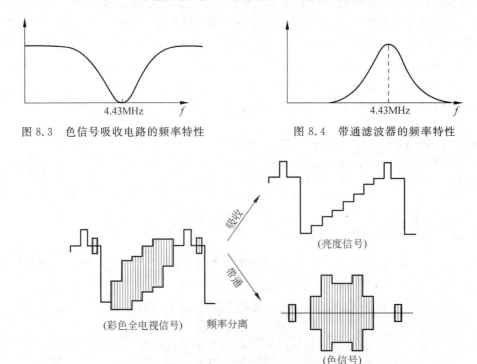

图 8.5　分离后的亮度信号和色信号

　　(2) 将色信号通过时间分离,分离成色度信号和色同步信号。色度信号和色同步信号不是在同一时间里出现,色同步信号是在行逆程期间出现,色度信号则是在行正程期间出现。因此,可以利用两者之间的这个差异通过时间分离的方法来把它们分开,如图 8.6 所示。

　　这里的延时行同步信号是经延时后与色同步信号对齐的行同步信号,这样利用它作为分离色度信号和色同步信号的选通开关信号。在延时行同步信号出现时,输出色同步信号;在延时行同步信号没有时,则输出的是色度信号,达到了两者的分离。

　　(3) 将色度信号通过频率分离和相位分离,从中分别取出 F_U 信号和 F_V 信号。实现这一功能的电路就是梳状滤波器(或叫延时解调器)。信号分离过程如图 8.7 所示。

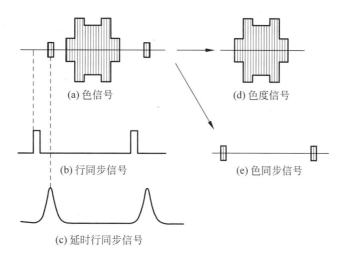

图 8.6 利用延时行同步把色信号分离成色度信号和色同步信号

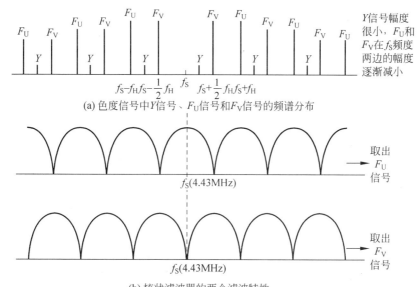

图 8.7 色度信号通过梳状滤波器时的信号分离

从图 8.7 可以看出,在副载波频率 f_S 附近,亮度信号 Y 的幅度相对较弱,不予考虑。从梳状滤波器的滤波特性可以看出,信号通过上面一个频率特性的滤波器时刚好能输出 F_U 信号,F_V 信号则被衰减;信号通过下面一个频率特性的滤波器时则输出 F_V 信号,而 F_U 信号被衰减,从而达到了 F_U 信号和 F_V 信号的分离。

(4) 通过同步解调器,从 F_U 信号和 F_V 信号中分别取出蓝色差信号(B-Y)和红色差信号(R-Y),如图 8.8 所示。然后利用矩阵电路取得绿色差信号(G-Y)。

(5) 将 3 个色差信号和亮度信号在解码矩阵电路中相加,得到红、绿、蓝 3 个基色信号,即
$$E_{R-Y} + E_Y = E_R, \quad E_{G-Y} + E_Y = E_G, \quad E_{B-Y} + E_Y = E_B$$

综上所述,彩色全电视信号经过以上的信号分离和解调得到红、绿、蓝三基色信号的信号流程图可用图 8.9 来表示。

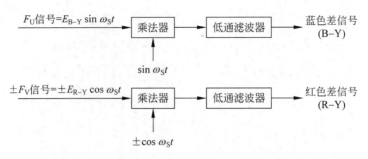

图 8.8　同步解调取得蓝、红色差信号

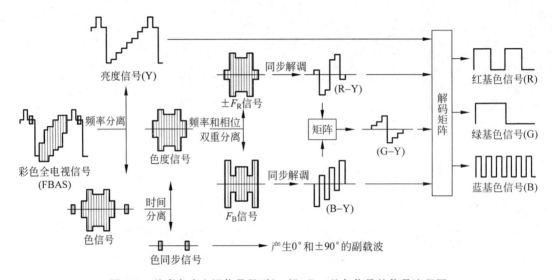

图 8.9　从彩色全电视信号得到红、绿、蓝三基色信号的信号流程图

8.1.2　色副载波恢复过程

色副载波恢复电路的作用就是产生一个与电视台编码器的副载波严格同频同相的标准副载波,输入同步解调器完成色信号解调。色副载波恢复电路的原理框图如图 8.10 所示。

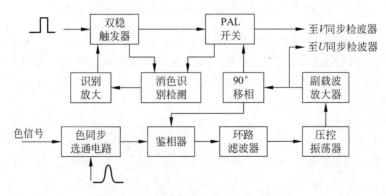

图 8.10　色副载波恢复电路的原理框图

电路由 APC 检测器、压控振荡器(VCO)、PAL 开关、消色识别检测器及双稳触发器(F/F)等组成。APC 检测器包括鉴相器、环路滤波器、VCO、副载波放大器和 90°移相电路。鉴相器是一个相位比较器,从中检出 4.43MHz 的振荡频率与色同步信号的相位差。VCO 由石英晶体产生频率为 4.433 618 75MHz 的高稳定度的等幅正弦波作为色副载波。环路滤波器是一双时间常数低通滤波器。其作用是,一方面使其通频带变宽,同时又使高端频率响应有一定限制,这样,既可以使电路控制灵敏,锁相捕捉范围较宽,又有一定抗干扰能力。消色识别检测器的作用是消色电路控制电视机在接收黑白电视信号或彩色信号很弱的情况下,关断色度信号通道识别电路进行 PAL 识别。消色识别检测器是一双差分模拟乘法器,有两个输入信号,一个是由 PAL 开关输出的经逐行倒相并移相的 270°/90°(PAL 行为 270°,NTSC 行为 90°)的基准副载波信号,一个是由双稳触发器输出的 180°/270°色同步信号(PAL 行为 270°,NTSC 行为 180°),这两个信号在识别器里检波,当接收黑白电视信号或彩色信号很弱时,由于没有色同步信号,检波器无输出,消色放大电路切断色饱和度控制电路完成消色作用;当接收彩色电视信号时,通过识别检波器的鉴相,输出 7.8kHz 半行频信号正确地识别和校正 PAL 信号。双稳触发器在行回扫脉冲的作用下,分别输出相位相差 180°的 7.8kHz 半行频矩形脉冲,用于控制 PAL 开关。

下面介绍两种常见的彩色电视机解码电路。

8.2　常见色处理电路介绍与工作原理分析

8.2.1　西湖 54CD6 型彩电的解码电路

色信号解码的目的是将经过编码的彩色全电视信号还原成三基色信号。色解码的完整电路应包括亮度通道、色通道、基准副载波恢复和基色输出矩阵 4 大部分电路。除基色矩阵电路外,其他部分的功能均由 TA7698AP 及其外围电路完成。由 TA7698AP 集成电路组成的彩色解码电路信号流程图如图 8.11 所示,图 8.12 所示为西湖 54CD6 型(东芝 L851 型)彩色电视机色信号解码电路原理图。

在图 8.11 所示的电路中,色信号从第⑤脚输入,与从㊲脚输入的视频信号、㊳脚输入的行逆程脉冲同步信号经选通门发生器后输出的信号一起加入到集成电路内的第一色度带通放大器,输出到内部的色度放大控制电路,再从第⑧脚输出色度信号,一路经延迟到第⑲脚输入,另一路直通到第⑰脚输入,经 PAL/NTSC 矩阵分离电路分离出 U,V 色度信号,再经解调器输出蓝、红色差信号到色差矩阵,最终从⑳、㉑、㉒脚输出绿、红、蓝三个色差信号。

第⑥脚外部是 ACC 滤波电路,经内部自动饱和度控制 ACC 电路后送到第一带通放大器,与第⑦脚输入的色饱和度控制电平一起送到色度放大控制电路,经控制后从第⑧脚输出色度信号。因此,第⑦脚电位的高低,决定了第⑧脚输出的色度信号的大小。

中间部分就是图 8.10 所示的色副载波恢复电路方框图。其电路结构由自动相位检测器(含鉴相器、环路滤波器、VCO、副载波放大器、90°移相电路)、PAL 开关、消色识别检测器及双稳态触发器等组成。

1. 色度通道电路

1) 色度带通放大器

从中放集成电路 TA7680AP(或 D7680AP)⑮脚输出的彩色全电视信号(FBAS)经

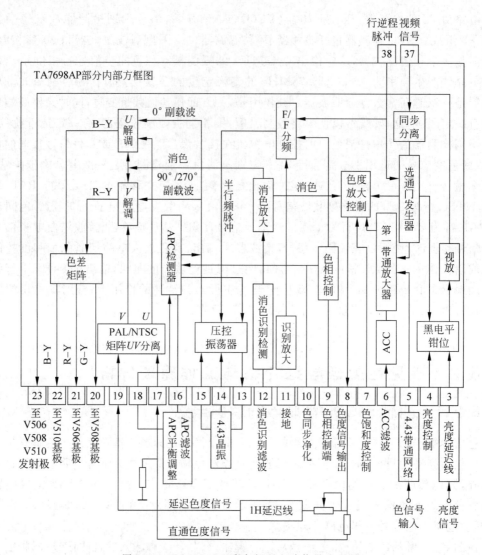

图 8.11　TA7698AP 彩色解码电路信号流程图

6.5MHz 伴音中频吸收(由 Z201、L201 等元件组成)后,从集成电路 TA7698AP(或 D7698AP)的㊴脚输入,经内部倒相放大后从㊵脚输出负极性的彩色全电视信号,经 C501、L501 和 C502 组成的 T 型 4.43MHz 带通滤波器吸收后,取出色度和色同步信号,送到 TA7698AP 的⑤脚。⑤脚输入的色信号经内部自动色饱和度控制(ACC)放大电路、色同步信号选通电路和色饱和度控制电路后,从⑧脚输出色度信号。

　　同步分离电路输出的行场复合同步信号与㊳脚输入的行逆程脉冲(由行输出变压器① 脚输出,经 C440、C444、R528,再经 R512、R513 分压送来的)同时加至选通门发生器,产生 的色同步选通脉冲将色度信号与色同步信号在第一色度带通放大器内分离。滤除色同步信 号的色度信号经色度放大、色饱和度控制和色度/对比度单钮控制后,由⑧脚输出。调节⑦ 脚外接色饱和度控制电路(由遥控电路控制),可改变⑦脚的直流电位,此电位调节色度放大 器的增益,改变⑧脚输出的色度信号幅度大小,达到色饱和度控制的目的。⑦脚电位越高, ⑧脚输出的色度信号也越大;反之,则⑧脚输出的色度信号减小。⑦脚外接的 C506 是交流

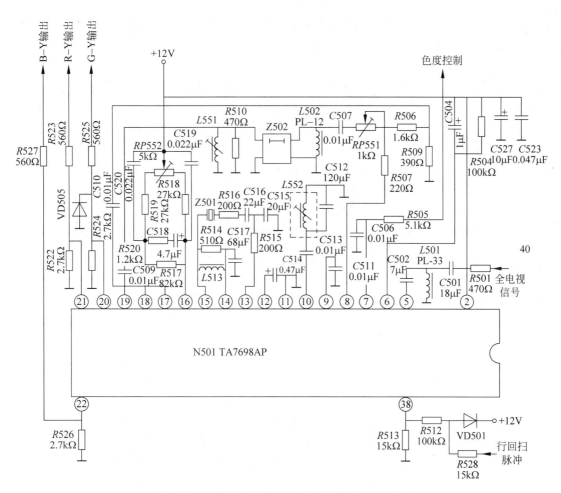

图 8.12　西湖 54CD6 型彩色电视机色信号解码电路

旁路电容,可滤除通过引线窜入的干扰。色同步信号经 ACC 检波放大电路检波放大后,得到一个相应的直流控制电压,去控制色度信号放大器的增益。⑥脚外接的 C504、R504 是 ACC 检波的滤波电路。

此外,色度信号还受到 ACK(自动消色电路)电压的控制。当彩色信号很弱或接收黑白电视信号时,消色识别检波器送出消色电压,自动关闭色饱和度控制电路,使⑦脚电位接近于零,从而使⑧脚无色度信号输出。

TA7698AP⑩脚外接 L552、C512 等组成的 4.43MHz 并联谐振回路(在 NTSC 制时自动转换为 3.58MHz),用于提高色同步信号的信噪比,C513 是交流耦合电容。⑳脚对地接有电阻 R524,可使亮度信号幅度增加(对比度增大)时使色度信号的输出也加大,这样可实现对比度与色饱和度单钮调节。

2) 梳状滤波器、同步解调器和 G－Y 矩阵电路

从 TA7698AP⑧脚输出的色度信号由 R507、R506、R509 分压后分成两路,一路经 R506 和 C510 直接从集成块的⑰脚输入作为直通信号,另一路经 RP551、C507、L502、63.943μs 延时线 Z502 和 L551 色度延迟后经 C509 耦合至集成块的⑲脚输入作为延迟信号。在延时线 Z502 输入与输出端分别并接电感线圈 L502 和 L551,它们分别与 Z502 的输

入、输出电容组成 LC 并联谐振电路，谐振频率为 4.43MHz，使 Z502 输入输出阻抗呈电阻性。R510 是匹配电阻。调节 RP551 可以改变信号幅度，消除"爬行"现象。调节 L551 可完成相位微调，实现相位补偿。

⑰、⑲脚输入的色度信号在集成块内的 PAL/NTSC 矩阵电路内完成色度信号相邻两行相加的任务，同时将色度信号中的 F_U 和 F_V 分量分离。分离出的 F_U 和 F_V 信号分别加至 B−Y 同步解调器和 R−Y 同步解调器。两个同步解调器分别解调出（B−Y）和（R−Y）色差信号，并送至 G−Y 矩阵电路进行矩阵运算，产生（G−Y）色差信号。⑰、⑲脚输入的两路信号经内部同步解调电路和 G−Y 矩阵电路后，分别从集成块的⑳脚、㉑脚、㉒脚输出 G−Y 色差信号、R−Y 色差信号和 B−Y 色差信号。

从 TA7698AP㉑脚、⑳脚、㉒脚输出的 R−Y、G−Y、B−Y 三个色差信号经低通滤波后，分别送到末级视放推动管 V506、V508 和 V510 的基极，与亮度通道送来的亮度信号（Y）进行相加和放大后，分别从它们的集电极输出红基色（R）、绿基色（G）和蓝基色（B）信号，再与遥控板送来的经放大的字符信号相送加，加到共基放大输出管 V505、V507 和 V509 的发射极，经放大后送往彩色显像管 V901 的 3 个阴极⑦脚、⑨脚和③脚，重现彩色图像。

2. 副载波恢复电路

副载波恢复电路由 APC 检测器（即鉴相器）、矩阵（即 PAL 开关）电路、VCO 电路（压控晶体振荡器）、FF 电路（触发器）、识别放大器等组成。前三部分电路构成一个锁相环路，它产生与发送端同频同相的副载波用于对已调色差信号的同步解调。

由第一带通放大器分离出的色同步信号，通过色调控制电路（PAL 制时，色调控制电路不起作用）后分两路，一路送至消色识别检测电路，另一路加至 APC 检测电路。消色识别检测器既要识别色同步信号的大小，又要识别矩阵电路工作状态是否正确。通过检测⑫脚外接消色识别检测器滤波电容 C514 两端电压的大小，可以判断消色器的工作状态。当接收黑白电视信号或 PAL 开关动作错误时，⑫脚电位约为 8V，消色器工作；当接收幅度足够的彩色电视信号且 PAL 开关工作正常时，⑫脚电位约为 9.2V，消色器不工作。

⑬、⑮脚之间接的是负载波恢复电路的外接振荡器电路，石英晶体振荡器产生 4.43MHz 负载波频率，石英振荡器和 R514、C517、R515、C515 等阻容元件组成 RC 移相网络，⑬脚输出电压经 R515、C515 的 45°移相，C516 耦合，及 R516、R514、C517 再次移相，到⑮脚电压的移相为 90°，电容 C517 的容抗与电阻 R514 的阻值相等。Z501 是一高稳定性石英晶体，它工作在串联和并联谐振之间的频率范围，等效为一个电感。⑭、⑮之间的电感 L503 是为了取得直流电位而设置的。

VCO 可变移相网络的相移变化是由 APC 检测器的输出电压控制的。APC 检测器是一双差分鉴相电路。其锁相环路滤波器网络连接在 TA7698AP⑯、⑱脚之间，这是一个双时间常数的积分滤波器，由电阻 R517、R520、R518、R519，电位器 RP552，电容 C518、C519、C520 等元件组成。电阻 R519、R518 和电位器 RP552 用来调节鉴相器的平衡，使 APC 电路在无色同步信号输入时，鉴相器输出端的控制电压保证 VCO 的振荡频率为 4.433 618 75MHz，使其与电台发送端同步。电容 C527 为 +12V 电源的滤波电容。

8.2.2 长虹 SF2515 型彩电的色度信号处理电路

在长虹 SF2515 型彩电中,色度信号处理电路完全由集成电路 TDA9383 内部电路组成,这部分电路主要由色度带通放大器、自动色度限制、时钟发生器、PAL/NTSC/SECAM 色度信号解调、基带延迟线、彩色制式识别等电路组成,具体构成如图 8.13 所示。

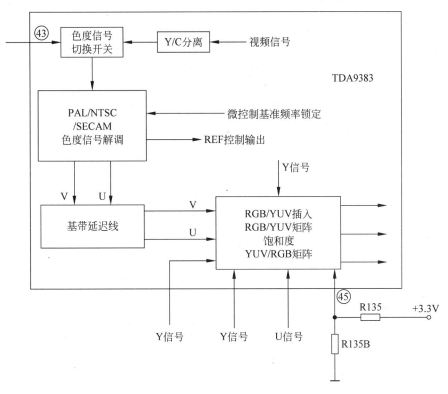

图 8.13 色度信号处理电路

色度信号解调电路能对 PAL/NTSC/SECAM 信号进行解调,PAL/NTSC 制色度信号解调电路所需要的色副载波信号,由色副载波恢复电路产生,它为一专用时钟发生器,其频率受控于微处理器 12MHz 时钟信号,非常稳定。

色度信号解调电路中设计有彩色制式自动识别电路,能对输入的色度信号制式进行自动识别,并启动对应制式的色度信号解调电路,对输入的色度信号进行解调。

在图 8.13 所示的电路中,从集成电路㊸脚输入的色度信号和从 Y/C 分离电路输出的色度信号,分别送往色度信号切换开关电路进行切换,选出对应状态的色度信号送往色度信号带通放大器。放大后,直接送往色度信号解调电路进行解调。色度信号解调电路不仅要从色度信号中解调出 UV 色差信号,还要产生参考频率信号送往图像中频信号处理电路和视频切换开关电路。

色度信号解调电路解调出的 UV 色差信号直接送往基带延迟电路,对 UV 色差信号进行延迟处理,以克服 UV 色差信号之间的相互串扰,消除 UV 信号相位失真所产生的色调畸变。经延迟处理后的 UV 色差信号,直接送往 UV 信号切换开关电路。

8.3 彩电色处理电路故障检测流程

8.3.1 西湖 54CD6 型彩电的检测流程

1. 无彩色（检测流程见图 **8.14**）

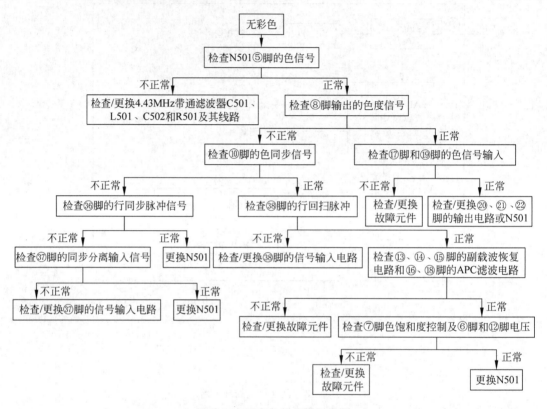

图 8.14 无彩色的检测流程图

2. 色不同步（检测流程见图 **8.15**）

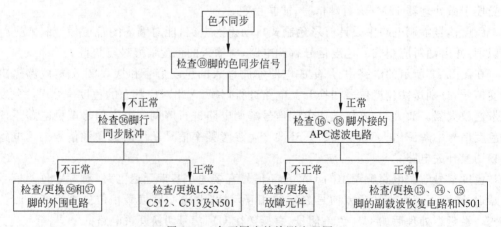

图 8.15 色不同步的检测流程图

3. 彩色淡(检测流程见图 8.16)

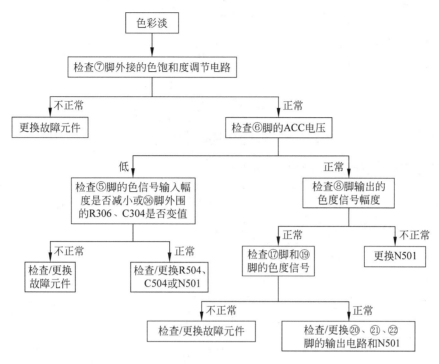

图 8.16 彩色淡的检测流程图

4. 彩色异常(检测流程见图 8.17)

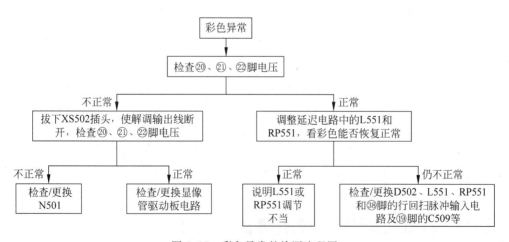

图 8.17 彩色异常的检测流程图

8.3.2 长虹 SF2515 型彩电的检测框图

缺色的检测框图如图 8.18 所示。

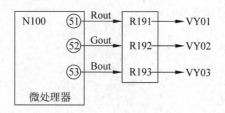

图 8.18　缺色的检测框图

8.3.3　长虹 SF2515 型彩电的检测流程

1. 彩色不正常（检测流程见图 **8.19**）

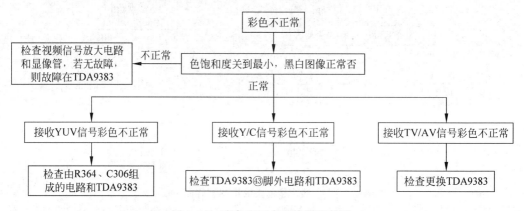

图 8.19　彩色不正常的检测流程图

2. 无彩色（检测流程见图 **8.20**）

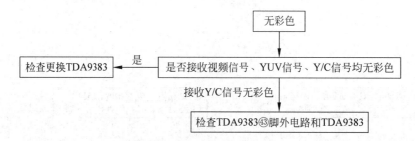

图 8.20　无彩色的检测流程图

8.4　彩电色处理电路故障检修实例

8.4.1　无彩色

故障现象：电视机接收彩色电视信号时,画面上只出现黑白图像,将色饱和度调至最大,仍不出现彩色。

分析与检修实例：彩色电视机发生无彩色故障时,先不要急于打开电视机后盖进行修理,应先变换电视机的频道和调整电视机的调谐电压,适当调整天线的方向和长度,也可以重新调整色饱和度控制器。若经调整后图像仍不出现彩色,说明电视机的色通道电路工作失常。常见的故障有:①从彩色全电视信号中分离出色度信号的 4.43MHz 带通网络和带通放大器出故障,使色度信号不能分离和放大;②延时分离电路(延时解调电路或梳状滤波器电路)出故障,不能从色度信号中分离出 U、V 信号;③同步解调电路出故障,不能从 U 信号中解调出 B−Y 色差信号和从 V 信号中解调出 R−Y 色差信号;④消色电路出故障,关闭了色通道,色度信号不能通过;⑤色同步信号分离电路出故障或无选通脉冲,不能分离出色同步信号供给消色电路、ACC 电路、APC 电路;⑥鉴相电路出故障,无误差电压输出或误差电压偏离太多。鉴相器输出的直流电压控制副载波恢复电路的振荡频率,鉴相器输出控制电压不正常时,恢复的副载波偏离标称值 4.43MHz 较多,无法对 U、V 信号解调;⑦4.43MHz 晶振电路停振,无副载波送入 U、V 解调电路,不能对 U、V 信号进行解调,从而无 R−Y、B−Y 色差信号输出;⑧R−Y、G−Y、B−Y 色差矩阵电路出故障,无三色差信号输出等。只要以上某一部分出现故障,都将引起无彩色。这种故障的具体检修步骤见下述实例。

【例 8.1】　有台西湖 54CD6 型彩色电视机,开机后出现无彩色故障。

西湖 54CD6 型彩色电视机的解码电路采用 TA7698AP(D7698CP)集成块,消色门是属于高电平开启。在 12V 电源与消色滤波端 TA7698AP⑫脚之间接 20kΩ 左右电阻,使消色门打开后,发现图像出现彩色。用示波器测量 TA7698AP⑤脚波形,有色信号输入;测量⑧脚波形,无色度信号输出;再测量⑩脚色同步信号输出,结果不正常。这说明色同步信号和色度信号没有正常分离。继续测量 TA7698AP㊱脚同步分离输出,兼选通门发生器用的定时端子,测量结果为正常;测量㊳脚回扫脉冲输入,兼选通门脉冲输入端,测得一组幅度很小的尖脉冲,与正常波形相比,明显不一样。进一步检查该支路发现 R528/15kΩ 电阻开路。更换该电阻后,故障排除。由于 R528/15kΩ 电阻开路后,使回扫脉冲无法输入,也就失去了选通脉冲,导致色度信号和色同步信号无法分离,造成无彩色。该故障还会引起 TA7698AP⑱脚与⑯脚的 APC 滤波电压上升至 10V,并且无滤波波形,在检查中要特别注意。

8.4.2　色不同步

故障现象:电视机接收电视信号时,彩色呈五颜六色的横带或框块,在荧光屏上无规则地滚动,把色饱和度关闭,黑白图像正常。

分析与检修实例:电视机发生色不同步故障的主要原因是色同步选通电路工作不正常或没有工作(也包括无选通脉冲),APC 鉴相电路工作不正常、副载波锁相电路工作不正常等,使电视机内 4.43MHz 副载波没有被同步信号锁定。这一故障的具体检修步骤见下述实例。

【例 8.2】　有台西湖 54CD6 型彩色电视机,出现色不同步故障。

检修时,用万用表检查 TA7698AP㊱脚和㊳脚的电压,结果正常;检查⑯、⑱脚的电压,也正常;进一步检查⑬、⑭、⑮脚的电压,也正常。改用示波器测量 TA7698AP㊱脚和㊳脚的波形,结果正常;再测量⑯、⑱脚 APC 电路的波形,也正常;进一步测量⑬脚波形,发现波形失真严重。检查 TA7698AP⑬脚的外围元件,均正常。用"替换法"替换集成块 TA7698AP 后,故障排除。

8.4.3　PAL 开关电路不工作

故障现象：接收彩条信号时，白、黄、青、绿、紫、红、蓝、黑的彩条变为白、黄偏绿、淡红、黄、淡紫、金黄、蓝、黑的彩条。

分析与检修实例：这种故障一般是由于解码电路中的 PAL 开关电路工作不正常造成的。由于绝大部分彩色电视机 PAL 开关电路设置在解码集成块内部，它正常工作与否是受双稳态触发电路控制的，而双稳态触发电路由行逆程脉冲电路来控制其起始状态。当 PAL 开关电路工作不正常时，送往 R−Y 同步解调器的副载波各行都一样，都不倒相或都倒相，特别是对那些 R−Y 分量大的色调(如紫、红、绿、青等)影响较大，而对黄、蓝两色条影响较小。在检修时，首先应检查行逆程脉冲有否作用到双稳态电路中。对于有 PAL/NTSC 制式切换开关的电路，还应检查制式转换电路。只有在外围电路完全正常的情况下，最后才考虑换解码集成块。这一故障的具体检修步骤见下述实例。

【例 8.3】　有台西湖 54CD6 型彩色电视机，接收到的彩条信号变成白、黄偏绿、淡红、黄、淡紫、金黄、蓝、黑的彩条。

检修时，先用万用表电压挡测量 TA7698AP 集成块㊳脚电压，结果正常；然后用示波器检查其波形，有正常的行逆程脉冲。考虑到 TA7698AP 集成块⑲脚兼作 PAL/NTSC 制式切换开关，故用万用表电压挡测量⑲脚电压，发现其电压偏低，为 1.9V 左右(正常值时为 3.9V)。检查其外围电路，发现 C509/0.01μF 瓷片电容已严重漏电。调换 C509 瓷片电容后，故障排除。

8.4.4　缺蓝色

故障现象：整个光栅呈现偏黄色，当接收彩条信号白、黄、青、绿、紫、红、蓝、黑彩条时，变为黄、黄、绿、绿、红、红、黑、黑彩条。

分析与检修实例：光栅呈现偏黄色，彩条变为黄、黄、绿、绿、红、红、黑、黑，是由于缺少蓝色造成的。当蓝基极信号丢失时，最明显的特点是光栅呈现黄色，彩条中的蓝条变成黑条。产生这一故障时，主要应检查蓝色通道电路，其具体检修步骤见下述实例。

【例 8.4】　有台西湖 54CD6 型彩色电视机，缺蓝色。

检修时，用万用表电压挡测量蓝色输出管 V509(2SC2068)集电极电压，为 175V，明显偏高；测量蓝激励管 V510(2SC1815)基极电压，为 1.2V，明显下降；再测量集成块 TA7698AP㉒脚(B−Y 输出端)电压，为 7.9V，高于正常值，说明该支路有开路性故障。进一步检查该支路后发现，显像管座板上的⑤号线虚焊，使 B−Y 色差信号无法加至蓝激励管 V510 的基极，同时还失去了直流偏置，引起 V510 和 V509 截止，丢失了蓝基色信号。重新焊接⑤号引线后，故障排除。

第9章

彩电电源电路原理与检测

9.1 彩电电源电路的特点

彩色电视机电源电路的作用是把 220V 交流市电变换成稳定的直流电源电压,直接或间接地给电视机内部相应电路供电,以保证电视机各部分正常工作。早期的彩色电视机电源电路采用线性串联型稳压电路,这种稳压电路虽然结构简单稳定度好,但其效率较低、功耗大,且需采用笨重的电源变压器,因此现在已基本上不再使用。目前彩电中大多采用开关式稳压电源电路,下面简单介绍开关型稳压电路的一些性能特点。

9.1.1 开关式稳压电源与串联式稳压电源的性能比较

1. 串联式稳压电路的原理和性能

图 9.1(a)是串联式稳压电源的原理方框图,图 9.1(b)是它最典型的电路图。图中,V_1 是电压调整管,在这里它等效成一个可变电阻 R,当注入基极的电流减小时,V_1 的 C、E 极间等效电阻增加,反之则减小;V_2 是比较放大管;R_1、R_2、W 组成取样比较电路;R_3、DW 组成基准电压电路;U_i 是将 220V 交流电压变压、整流、滤波后得到的直流电压;U_o 是稳压电路输出的稳定电压。

这种电路的工作原理是这样的:当电网电压上升使 U_i 增加或电源负载减轻(即 R_1 增大)引起输出电压 U_o 上升时,电路稳压过程如下:

$$U_{o1} \uparrow \rightarrow U_{B2} \uparrow (因 U_{E2} 不变) \rightarrow U_{BE2} \uparrow \rightarrow U_{C2} \downarrow \rightarrow U_{B1} \downarrow \rightarrow U_{BE1} \downarrow \rightarrow I_{b1} \downarrow \rightarrow R \uparrow \rightarrow U_{CE1} \uparrow \rightarrow U_O \downarrow$$

当 U_o 减小时,稳压过程与此相反,最终使 U_o 上升,达到稳压目的。

由上述分析可以看出,这种稳压电路的实质是通过改变调整管 V_1 的 C、E 极间的等效电阻,来调整 C、E 极间电压,保证输出电压的恒定。因为工作时调整管 V_1 消耗较多的功率量(消耗功率为 $P=U_{CE}I_e \approx U_{CE}I_o$)是个浪费,所以这种稳压电路的效率较低。通常为了使调整管工作在放大状态线性区域,U_{CE} 的取值应大于 4V 左右,也就是要求输入电压 $U_i >$ U_o+4V 左右;为了使电路在电网电压下降较多时仍能正常工作(即 V_1 仍处于放大状态),要求电源变压器的变比小一些,以便有较大的 U_i 值;这两种情况都会使 V_1 消耗的功耗加大。可见这种稳压电路若要适应较宽范围的电网电压变化,电路效率就会下降;若要效率高,则允许的电网电压变化的范围就小,两者不能兼顾。此外,这种稳压电源还有必须使用电源变压器、滤波电容大,体积大,重量重等缺点。

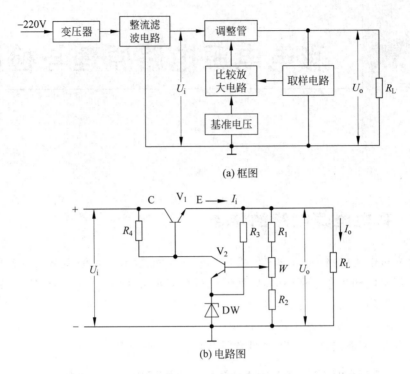

(a) 框图

(b) 电路图

图 9.1   串联式稳压电源

2. 开关式稳压电路的原理和性能

开关式直流稳压电源电路基本结构的方框图如图 9.2(a)所示,有关电压的波形如图 9.2(b)所示。它是将 220V 交流电网电压直接通过整流滤波,得到直流电压 U_i 加至电源调整管进行调整。电源调整管工作在开关状态,输出周期一定的脉冲电压 U_k,U_k 经换能器滤波获得平滑的直流的电压,调整 U_k 的脉宽 T_{ON} 与周期 T 的比例,可调整输出直流平均电压的大小,实现稳压控制,如图 9.2(b)所示。因此,开关式稳压电源具有如下优点:

(1) 效率高,降低彩电整机的功耗:开关型直流稳压电路的效率约为 $80\% \sim 95\%$,可以大大节约电能。例如一台 22 英寸彩色电视机若采用串联式稳压电源时功耗为 150W 左右,而采用开关式稳压电源时功耗减小为约 100W。

(2) 适应电网电压变化范围宽:当交流电网电压在 $110 \sim 260V$ 范围内变化时,开关式稳压电源仍能获得稳定的直流电压输出,保证电视机正常工作。而串联式稳压电源允许电网电压变化范围一般为 $190 \sim 240V$,低于 190V 它就无法正常工作。此外,开关式稳压电源允许电网电压波动的范围大小与电路的效率基本无关。

(3) 开关型直流稳压电路还具有不使用电源变压器,滤波电容较小、体积小、重量轻,机内温升低,稳定性与可靠性高等优点。而且还容易加入过流、过压保护电路,保护电路灵敏可靠。所以目前彩色电视机中基本上都是采用开关式稳压电路作为整机的供电电源。

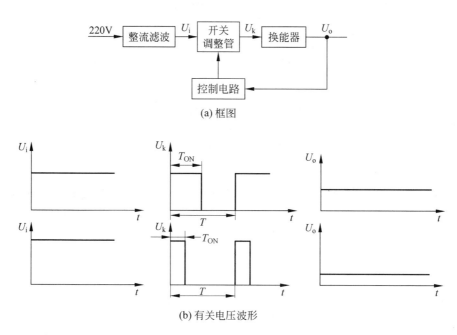

(a) 框图

(b) 有关电压波形

图 9.2　开关式直流稳压电源的基本结构框图

9.1.2　开关式稳压电源的类型

1. 按负载与储能电感的连接方式划分,可以分为串联型和并联型两种

(1) 串联型:如图 9.5 所示,负载 R_L 与储能电感串联。

(2) 并联型:如图 9.6 所示,负载 R_L 与储能电感并联。

串联型开关稳压电路与并联型开关稳压电路相比较,它们的工作原理基本相同。但串联型开关稳压电路具有内阻小且稳压性能好(因整个周期内都对 C_2 充电)、对开关调整管的最大集电极电流与 C-E 极间耐压要求低(因 V 与 L 串联后还与 R_L 串联分压)、输出直流电压的纹波系数小(因对 C_2 总在充电,同时 L 也有滤波作用)、对电网电源的高频窜扰小(因开关电压低)、电路简单易调整等很多优点。但它也有缺点,例如当开关调整管故障击穿短路后,较高的输入电压 U_i 将直接加至负载,使负载电路 R_L 两端的电压升高,造成元器件损坏。此外串联型稳压电路还可以进行一些改进,例如可以用一个脉冲变压器的初级绕组代替储能电感 L,则在变压器次级绕组上就可以得到不同变比的脉冲电压,再外加整流滤波电路就可产生不同电压的辅助电源。但是必须注意对于串联型开关稳压电路来说,其辅助电源的负载不能太大,而且当主电源负载(行扫描电路)因故障断开时,辅助电源也无输出。但对于并联型开关稳压电路,其辅助电源的负载可以较大。

并联型开关稳压电路与串联型开关稳压电路因主电源负载 R_L 接地端有可能与交流电网火线有通路,而使整机底板带电。但如果将开关电路中的储能电感 L 换成变压器后,形成变压器耦合式的开关电源(如图 9.3 所示),则可很好地用变压器将整机电路与电网电源隔离,使电路板上除与变压器初级相连的电路外,其余电路均不带电。

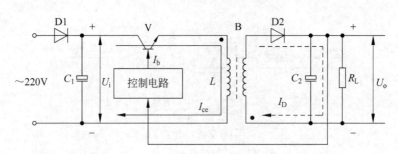

图 9.3　变压器耦合式开关电源

2. 按不同的控制方式划分

开关电源输出电压的调整是通过改变开关调整管导通时间与开关周期的比值来实现的,也可以说是通过改变加至开关调整管基极的脉冲信号的脉宽 T_{ON} 与周期 T 的比值(见图 9.4(a))来实现的。输出的直流电压 U_o 与输入的直流电压 U_i 可用公式 $U_o = U_i \times (T_{ON}/T)$ 来表示。

可见,调整输出电压的控制方式有两种:

(1) 固定频率调宽式:使加至开关调整管基极的脉冲频率(或周期 T)不变,改变脉冲宽度 T_{ON} 来调整输出电压 U_o。T_{ON} 越大(即 T 一定),U_o 越高,如图 9.4(b)所示。

(2) 固定脉宽调频式:使加至开关调整管基极的脉冲宽度不变,改变脉冲频率(或周期 T)来调整输出电压 U_o。T 越小(即 T_{ON} 一定),U_o 越高,如图 9.4(c)所示。

在实际情况下采用较多的是固定频率脉冲调宽式(简称 PWM)开关电源。

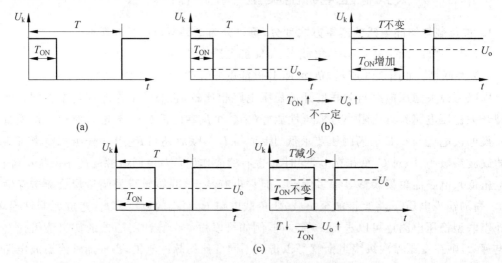

图 9.4　固定频率脉冲调宽式与固定脉宽调频式波形图

3. 按不同激励方式划分

(1) 自激式:由开关调整管与正反馈电路形成间歇振荡器产生脉冲电压,加至开关调整管基极,使它饱和、截止的方式,叫自激式。

(2) 它激式:除开机后一小段启动时间(这时由正反馈电路使开关调整管自激)外,其他时间靠外来脉冲信号(通常为行逆程脉冲)使开关调整管饱和、截止的方式,叫它激式。

9.1.3 开关式稳压电源的基本工作原理

如上所述,开关式稳压电路有串联型和并联型之分,下面分别大致介绍它们的工作原理。

1. 串联式开关稳压电路的基本工作原理

图 9.5 是串联式开关稳压电路的原理电路,前已述及,所谓串联指的是电路中的储能元件与负载是以串联方式连接的。图中 220V 交流电网电压经二极管 D_1 整流,电容器 C_1 滤波,得到直流电压 U_i,加至开关调整管 V 的集电极,V 在控制电路作用下处于开关状态。当调整管 V 饱和导通时,由于有储能电感 L 的存在,电路中的电流 I_{ce} 呈线性增大,此 I_{ce} 一面给负载 R_L(彩电整机电路)供电,同时也给滤波电容 C_2 充电,同时在电感 L 中储存能量。当调整管 V 截止时,电感 L 产生左负右正的感应电动势,继续给 R_L 供电,给 C_2 充电,并使二极管 D_2 导通构成供电回路(充电电流为 I_D),以释放能量。电容器 C_2 在这里有平滑输出直流电压的作用,二极管 D_2 在调整管截止期间有延续电流的作用,故称续流二极管。当输出的直流电压有变化时,控制电路自动调整开关管的导通时间与周期之间的比例,而达到稳定输出电压的目的。

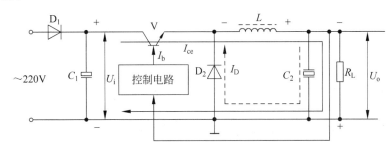

图 9.5　串联式开关稳压电路的基本原理

2. 并联式开关稳压电路的工作原理

图 9.6 是并联式开关稳压电路的基本电路原理,所谓并联指的是电路中的储能元件与负载是以并联的方式连接的。交流电网电压经二极管整流并滤波后得到的直流电压 U_i 加至开关调整管 V 的集电极,V 工作在开关状态。当开关管 V 饱和导通时,U_i 经 V 对储能电感 L 充电并储能,充电电流 I_{ce} 按线性规律增加。当开关管 V 截止时,电感 L 产生上负下正的感应电动势,给负载电路 R_L 供电,同时给 C_2 充电,续流二极管 D_2 导通形成供电回路,并释放储能。当开关管 V 再度饱和导通时,续流二极管 D_2 截止,电感继续储能。此时由电容器 C_2 通过放电给 R_L 继续供电。电容器 C_2 在这里有平滑输出直流电压的作用。当稳压电路输出的直流电压有变化时,控制电路能自动调整开关管的导通时间与变化周期的比例,达到稳压输出的目的。

9.1.4 减少开关电源干扰的方法

因为开关电源工作在较高频率的开关状态,工作电流变化急剧,开关脉冲前沿陡峭,高次谐波丰富,所以会产生较大的干扰。如果有干扰信号窜入电视机的公共通道将会使屏幕产生垂直干扰条纹,使图像质量下降;这种干扰还会窜入电网,影响其他电视机的正常接

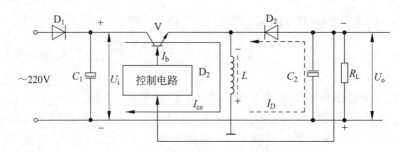

图 9.6　并联式开关稳压电路的基本电路

收。因此在电视机中必须采取一定的措施以减小这种干扰。

（1）合理设计印刷电路板，走线尽量宽而短，开关元件的引脚外套上磁坏，以减小对外辐射。

（2）在整流二极管两端并接小电容器缓冲以使二极管两端电压变化平滑；在开关管回路中串入小电感或小电阻，以减小脉冲跳变时产生的感应电动势。目的都是为了减小对外辐射。

（3）在交流电网电压输入处加接高频滤波电路，以防高频干扰的窜入与窜出。

（4）用高频特性好的电容器做旁路电容，在大容量旁路电解电容器的两端并接高频旁路小电容，以利高频干扰的旁路。

9.2　常见电源电路介绍与工作原理分析

9.2.1　西湖 54CD6 型彩色电视机电源电路

西湖 54CD6 型彩色电视机的电源电路采用自激式串联型开关稳压电源电路，其电路原理如图 9.7 所示。在正常情况下，它是由行回扫变压器送来的行回扫脉冲作为电路工作的开关触发脉冲。

1. 电路组成介绍

电视机的电源电路主要由两大部分构成：整流滤波电路和稳压电路。

1）整流滤波电路

图 9.7 中，交流 220V 市电经电源开关 S801、保险丝 F801 后，由 C801、T801 组成的平衡式滤波器进行电网抗干扰滤波，再经由二极管 VD801～VD804 组成的桥式整流电路全波整流和 C810 滤波后，得到 300V 左右的不稳定直流电压。大功率水泥电阻 R801 为桥式整流电路的限流电阻，起到保护整流二极管的作用。这是整机的整流滤波电路部分。

2）稳压电路

厚膜集成电路 STR-5412 中的开关管与开关（脉冲）变压器 T802、反馈元件 R812 和 C811、启动电阻 R811 等组成自激振荡电路（间歇振荡器），脉冲变压器⑥脚和⑧脚之间的绕组（线圈）为正反馈绕组。取样和比较放大、脉宽调整电路均在集成块 STR-5412 内部，只要适当调整 R882 的大小即可改变输出电压 V_o 的大小。VD807 为续流二极管，在 STR-5412 内部的开关管截止时向负载提供电流；C812 为滤波电容，使输出的直流电压＋106V 保持平稳。

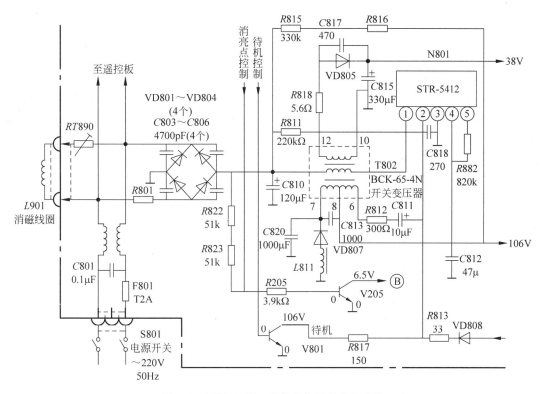

图 9.7 西湖 54CD6 型彩色电视机电源电路

3) 辅助电源和辅助电路

开关变压器另一绕组外接的 VD805 和 C815 为辅助电源提供＋38V 直流电压,作为场扫描输出电路的电源。并联在续流二极管两端的电容 C820 和串联电感 L811、并接在 VD805 两端的电容器 C817 是用来抑制开关电路高频辐射和谐波干扰的。接在 STR-5412 ②脚与地之间的晶体管 V801 和 R817 为遥控的开、关机控制电路。交流电源输入端的正向热敏电阻 RT890 和消磁线圈 L901 组成自动消磁电路,在电视机每次开机时对显像管进行自动消磁。

稳压电路主要由三部分组成:自激振荡电路、输出电压控制电路和过压过流保护电路。下面我们分别加以介绍。

2. 自激振荡电路的工作过程

自激振荡电路由集成块 STR-5412 内部开关管 V1 和开关变压器 T802 以及外围元器件等组成,简化电路如图 9.8 所示,其中虚线框内为集成块 STR-5412 的内部电路。

接通交流电源后,桥式整流滤波电路输出 300V 左右的不稳定直流电压 E_1,经启动电阻 R811 给 STR-5412 内部开关管 V_1 提供少量基极电流 I_{b1},同时经开关变压器 T802 的初级绕组给 V_1 提供集电极电流 I_{c1},使晶体管 V_1 立即进入导通放大状态。而开关管 V_1 集电极电流 I_{c1} 的出现在变压器 T802 的初级绕组上立即感应出极性为①正④负的电压,在 T802 的次级则感应得到⑥正⑧负的电压。此感应电压经 R812、C811 加至晶体管 V_1 的基极与发射极之间,使其 I_{b1} 迅速增大,这个正反馈过程使晶体管 V_1 的基极得到足够大的电流并立即进入饱和导通状态。这时 E_1(300V 直流)通过 T802 初级绕组、饱和的晶体管 V_1 对负载供电,同时向开关变压器初级线圈①、④绕组储能及负载端滤波电容 C812 充电,并同时向负载供电。

当开关管 V_1 饱和导通后,正反馈绕组⑥、⑧脚间的感应电压经 R812、C811、V_1 的 be 结对电容器 C811 充电,维持开关管 V_1 饱和导通。随着 C811 两端电压的增加,对 C811 的充电电流将不断减小,V_1 的基极电流也将不断减小。而整流滤波后的直流电压 E_1 通过 V_1 对 T802 初级绕组的充电储能,使开关变压器初级绕组中的电流 I_{c1} 不断增大。当 V_1 的基极电流减小至 $I_{b1}=I_{c1}/\beta$ 时,开关管 V_1 将退出饱和区,进入放大区,使 V_1 的集电极电流 I_{c1} 随 I_{b1} 的减小而减小,也就是使得开关变压器初级绕组中的电流由逐渐变大转变为逐渐减小。此变化一旦出现,变压器的初级绕组将立即感应出反电动势,此反电动势感应到次级绕组⑥、⑧间,使开关管 V_1 的基极反偏而立即进入截止状态,这时储存在开关变压器 T802 中的磁场能量通过次级线圈⑦、⑧绕组及续流二极管 VD807 继续向负载供电,同时向 C812 上充电,使负载上得到稳定的直流电压。与此同时,辅助绕组⑩、⑫脚及二极管 VD805 向 C815 充电,并向场输出电路供电。

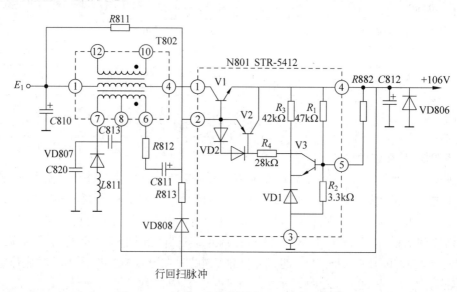

图 9.8 STR-5412 等构成的开关电源简化图

开关管 V_1 截止后,电容器 C811 两端的电压将通过 R812、T802 的反馈绕组⑥、⑧、R444、行输出变压器⑧、⑩绕组,VD808 和 R813 放电。随着电容器 C811 不断放电,开关管 V_1 的基极电位不断上升,当上升到使得电源 E_1 又通过 $R811$ 向开关管 V_1 的基极顺利正偏而产生基极电流 I_{b1} 时,重复以前过程,进入第二个周期。为了提高电路的稳定性和减小开关电源对图像的干扰,在行扫描电路正常工作后,由行回扫变压器送来的行逆程(回扫)脉冲经 VD808 和 $R813$ 送到开关管 V_1 的基极,使电源自激振荡频率与行频同步。显然,这里要求开关管 V_1 的自由振荡频率必须低于行频。

3. 稳压控制原理

由以上分析可知,开关晶体管 V_1 的导通时间 T_{ON} 由充电回路中 R812、C811 和开关管 V_1 的基射等效电阻决定。电容器 C811 的充电回路的等效电路如图 9.9(a)所示。由于本机开关电源的振荡频率由行频同步,即开关管在一个周期内的导通和截止时间之和 $T_{ON}+$

T_{OFF} 为常数,所以改变 V_1 的导通时间 T_{ON} 就可以改变输出电压的大小,从而达到控制输出电压的目的。

如果在开关管基射等效电阻 r_{be} 的两端并联一只可变电阻 R_p,如图 9.9(b)所示,则只要改变 R_P 的大小,就可以改变充电回路的时间常数,即改变了 V_1 的导通时间 T_{ON}。如果 R_P 能随着输出电压的变化而自动调整其大小,则开关管 V_1 的导通时间也将随着输出电压的变动而发生变化,使输出电压保持不变,这就达到了自动调整输出电压的目的。

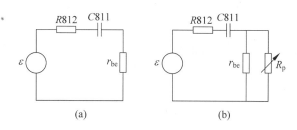

图 9.9 C811 的充电等效电路

西湖 54CD6 型彩色电视机的稳压控制电路由厚膜块 STR-5412 内部的晶体管 V2、V3、R_1、R_2、R_3 和稳压管 VD1 等元件组成。其中 V3、VD1、$R_1 \sim R_4$ 组成取样和比较放大电路。V2 为控制元件,相当于并联在开关管基射之间的一个可变电阻。开关电源输出电压经 R_1、R_{882} 和 R_2 分压,在 R_2 上得到取样电压,加到 V3 的基极,此电压与其发射极上的基准电压(VD1 的稳定电压)比较后产生误差电压,经由 V3 比较放大后加至 V2 的基极,调节 V2 的基极电流,来控制 V2 的导通程度(即工作点)。此时,V2 集电极与发射极之间的电阻 r_{ce} 就相当于一个可变电阻。

例如,当输出电压由于某种原因有所上升时,即 $U_o \uparrow \rightarrow$ STR-5412 的⑤、③脚间电压 $U_{⑤③} \uparrow \rightarrow V_3$ 的集电极电流 $I_{c3} \uparrow \rightarrow V_2$ 的基极电流 $I_{b2} \uparrow \rightarrow V2$ 的集电极电流 $I_{c2} \uparrow \rightarrow V2$ 的 ce 间电阻 $\downarrow \rightarrow$ C811 的充电时间 $\downarrow \rightarrow V1$ 的导通时间 $T_{ON} \downarrow \rightarrow U_o \downarrow$。反之亦然,达到了自动稳定输出电压的目的。

4. 遥控开机和关机

从图 9.7 可以看出,遥控开、关机是由晶体管 V801 的截止或饱和导通来控制的。在接通彩电电源开关 S801 的时候,遥控电路即有正常的供电而工作。这时如果需要关机,只要遥控器发一个关机指令到遥控电路,使电路输出一个高电平到待机控制三极管 V801 的基极,使其饱和导通,也就是使厚膜块 STR-5412 的②脚为低电平,开关电源就停止工作。这时电源电路没有 106V 和 38V 电源电压输出,使彩电整机电路无直流供电而不工作(除整流滤波和遥控电路外),达到了"直流关机"的目的。如果在待机状态下需要开机,则要求遥控器发一个开机指令使遥控电路输出一个低电平到 V801 的基极,使其截止,这时开关电源又恢复正常工作,输出 106V 和 38V 直流电源电压使整机工作,达到了"开机"的目的。

5. STR-5412 的技术数据

STR-5412 各引脚功能、参考电压、对地电阻及相关情况如表 9.1 所示。

表 9.1　STR-5412 各引脚功能、参考电压、对地电阻及电压波形

引脚	引脚功能	直流电压/V	对地电阻/kΩ 黑表笔测量	对地电阻/kΩ 红表笔测量	有关情况
①	直流电压输入端,内接开关调整管集电极	300	92	9.4	直流电压
②	反馈电压输入端,内接开关调整管基极,外接反馈输入	106	13	8.2	电压
③	地	0	0	0	接地
④	直流电压输出端,内接开关管发射极	106	6.2	2.8	直流电压
⑤	取样电压调节端,用来外接可变电阻,调节输出电压大小	7.4	3.0	3.0	直流电压

9.2.2　长虹 SF2515 型彩色电视机电源电路

长虹 SF2515 开关电源采用三肯(SANKEN)公司生产的彩色电视机开关电源专用集成电路 STR-F6656。该系列集成电路组成的开关电源电压适应范围宽,能在 150～260V 交流电压范围内正常工作,输出功率大,可提供 150W 以上的功率。该开关电源设计有过流、过热、过压保护电路,一旦稳压电路中的取样放大电路出故障造成输出电压过高,或负载过重导致开关电源过流,有关保护电路便会立即启动并进入保护状态,使开关电源停止工作,有效避免故障范围进一步扩大。

长虹 SF2515 开关电源有两种工作状态:待机状态和正常工作状态。正常工作状态时,开关电源满负荷工作,输出端电源均达到标称值。待机状态时,电源的振荡电路处于间隙振荡状态,开关电源不仅输出电压低(约等于正常电压的一半),而且消耗的功率也很小。此时输出的低电压经二次稳压电路稳压后,为外部存储器 N200(AT24C08)和 N100(TDA9383)内部的微处理器,以及遥控接收器提供工作电压,以保证整机正常工作在待机状态。

1. 开关电源的组成和电源供电系统

长虹 SF2515 开关电源电路的组成框图如图 9.10 所示。它主要包括:进线滤波器(T801),交流 220V 整流滤波电路(VD801A～VD804A,C810),振荡电路,稳压电路,脉冲放大电路,过流、过压、过热保护电路(N801 内部有关电路),开关变压器(T830),稳压取样放大电路(N831),次级整流滤波电路(VD835、C841、VD832、C835、VD831、C833),二次稳压电路(N883、V871),待机控制电路(V830)等,图 9.11 为开关电源供电系统组成框图。

在图 9.11 所示的框图中,经开关变压器次级脉冲电压整流滤波后输出三组电压,分别是 145V、15V、16V-S。其中 145V 电压送往行输出电路,为行输出有关电路提供工作电压;16V-S 电压送往伴音功放电路,为音频信号功率放大器提供工作电压。开关电源形成的 15V 电压又分成三路:一路直接送往行激励电路,作为行激励电路的工作电压;另外两路经两个独立的二次稳压电路稳压,产生 +5V-2 和 3.3V 电压,送往存储器 N200 和 N100(TDA9383),作为存储器和 N100 的待机工作电压。

2. 进线滤波电路

彩电中的进线滤波电路又称为抗干扰电路。进线滤波电路有两个作用:一是对由电网进入的干扰信号进行抑制;二是防止开关电源振荡电路产生的高频脉冲信号通过电网对其

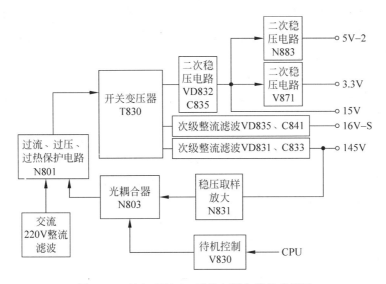

图 9.10 长虹 SF2515 开关电源电路组成框图

他电器设备造成干扰。彩电中的进线滤波器有多级的,也有单级的。

长虹 SF2515 开关电源采用两级进线滤波器,电路构成如图 9.12 所示。第一级进线滤波器由 TP02、CP01 组成,交流 220V 电压经延迟保险丝 FP01,总电源开关 SP01 加到第一级进线滤波器上。在第一级进线滤波器中,TP02 的作用是对电网中的对称性干扰进线滤波。因 TP02 采用高导磁率磁芯且分段绕制,所以 TP02 电感量大,分布电容小。由于 TP02 两个绕组方向相同,流入两个绕组的电流方向始终相反,

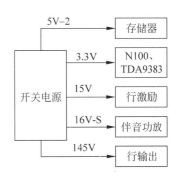

图 9.11 开关电源供电系统组成框图

故与市电进入的对称干扰产生的磁场方向始终相反,相互抵消。对于非对称干扰,则由接在 TP02 两端的电容 CP01、C801、C802 与 TP02 组成的两个 π 型低通滤波器进行滤除。

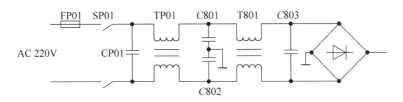

图 9.12 进线滤波电路

220V 交流电经第一级进线滤波器滤除电网串入的对称性和非对称性干扰后,再进入由 T801 和 C803 组成的第二级进线滤波器。这级滤波器除了发挥对从电网串入的对称性和非对称性干扰进行进一步抑制和滤除外,还有一个主要作用是对开关电源中产生的高频振荡脉冲信号进行有效隔离,防止开关电源振荡电路中的高频脉冲信号串入电网对其他电器设备造成干扰。

在进线滤波器中,C801、C802 串联后,中点接在冷地上,目的是使电视机开关电源进线滤波器的高频电位与整机冷地高频地电位相等,防止电视机中的高频脉冲信号通过接地回路对电视机本身形成干扰。

3. 整流滤波电路

整流滤波电路由交流 220V 整流滤波电路和输出端电压整流滤波电路组成。

交流 220V 整流滤波电路主要由 VD801A~VD804A、R801、C810 等元件组成。其中 VD801A~VD804A 为桥式全波整流电路,R801 为限流电阻,C810 为滤波电容。电源开关接通后,220V 交流电经进线滤波器处理后,加到桥式全波整流电路整流滤波后,得到约 300V 的直流电压,经开关变压器①、②、③、④绕组加到集成电路 STR-F6656③脚,即集成电路内部开关管的漏极。R801 的作用是避免因 C810 的容量过大,受电源开关接通瞬间形成的大电流冲击,造成保险丝和桥式整流二极管的损坏。

开关电源输出端电压产生电路由输出端电压整流滤波电路和二次稳压电路组成,共产生 5 路输出电压:+145V、+16V-S、+15V、+5V-2 和+3.3V。

+145V 电压由开关变压器 T830⑨~⑫绕组形成的脉冲电压,经 VD831、C833 组成的整流滤波电路产生,该电压作为行输出电路的工作电压。

+16V-S 电压由开关变压器 T830⑬、⑭绕组形成的脉冲电压,经 VD835、C841 组成的整流滤波电路产生,该电压直接送往伴音功放电路,作为伴音功放电路的工作电压。

+15V 电压由开关变压器 T830⑮~⑰绕组形成的脉冲电压,经 VD832、C835 组成的整流滤波电路产生,该电压直接送往行激励电路,作为行激励级的工作电压。

+5V-2 电压由稳压器 N883(L7805)产生,稳压器 N883 的输入电压来自+15V 电压,形成的+5V-2 电压,直接送往存储器,作为存储器的工作电压。

+3.3V 电压由 V871、VD871、VD872 等元件组成的稳压电路产生,其输入电压也是来自+15V 电压,稳压后得到的+3.3V 电压直接送往 N100,作为该集成电路内部微处理器电路待机工作时的工作电压。

4. 开关电源专用集成电路 STR-F6656

STR-F6656 是日本三肯公司生产的彩色电视机专用集成电路,其内部电路框图如图 9.13 所示。

集成电路①脚为过流检测和稳压控制电流输入端;②脚为集成电路内部开关管源极端;③脚为集成电路内部开关管漏极端;④脚为集成电路电源电压供电端;⑤脚为接地端。

从图 9.13 内部结构可以看出,集成电路 STR-F6656 主要由启动、振荡、锁存器、驱动、开关调整管和过流、过热、过压保护等电路组成。

集成电路④脚上的电压进入集成电路后分成三路:第一路送往启动电路,通过启动电路和稳压电路为开关电源振荡电路提供工作电压;第二路送往+8.6V 稳压电路,经稳压后送往驱动电路,作为驱动电路的工作电压;第三路送往过压保护电路,对外电路加在④脚上的电压进行检测,判断④脚电压是否超过集成电路允许的工作电压,若发现④脚电压高于集成电路允许的工作电压,过压保护电路便会启动,使集成电路内部振荡电路停止工作,以避免集成电路因过压而损坏。

振荡电路采用 *RC* 振荡器,振荡电路产生的脉冲信号经内部相关电路处理后,直接送往驱动电路进行放大,以满足开关管的要求。振荡电路的工作状态除受控于稳压电路外,还受

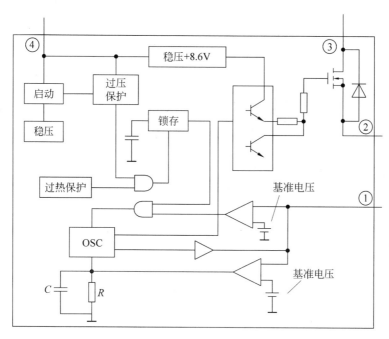

图 9.13 STR-F6656 内部电路框图

控于集成电路内部的过流、过压、过热保护电路。

驱动电路输出的脉冲信号经开关管放大后,从集成电路的③脚输出。

5. 开关电源振荡电路的供电和振荡部分

开关电源振荡电路供电和振荡部分由 N801④脚外接元件和集成电路内部有关电路组成,电路结构如图 9.14 所示。

在图 9.14 中,STR-F6656④脚为振荡电路供电电压端。振荡电路供电部分由 VD802A、VD803A、C813、R802、V801、VD808、C814、VD804、R808 和 T830⑤~⑦绕组组成。振荡电路启动所需要的工作电压由 VD802A、VD803A、C813、R802 组成的电路提供。电源开关接通后,220V 交流电压通过启动电路加到集成电路④脚,作为启动电压。振荡电路进入正常工作状态后,由 V801、VD808、C814、VD804、R808 和 T830⑤~⑦绕组组成的稳压电路进入工作状态,成为④脚的主要供电部分。在这部分电路中,R808 为隔离电阻,VD804、C814 为整流滤波电路,V801、R806、VD808 组成单管稳压电路。开关电源进入振荡状态后,开关变压器 T830⑦脚输出的正极性脉冲信号经 R808 隔离后,经 VD804、C814 整流滤波后,得到约 30V 直流电压。该电压经 V801、R806、VD808 组成的单管稳压电路稳压后,得到不受电网电压影响的约 17V 直流电压加到集成电路④脚,以保证开关电源振荡电路始终处于稳定振荡状态。

实际上,在振荡电路稳定工作期间,是由两部分电路提供工作电压的,一部分由单管稳压电路提供;另一部分由启动电路提供。从以上分析可以看出,由 VD802A、VD803A、C813、R802 组成的启动电压供电电路正常工作,是振荡电路进入振荡的必要条件,而由 V801、VD808、C814、VD804、R808 和 T830⑤~⑦绕组组成的稳压电路是振荡电路稳定工作的必备条件。

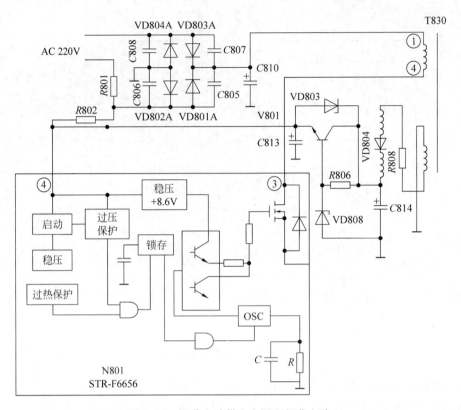

图 9.14　振荡电路供电电源和振荡电路

　　电视机接通电源后,交流 220V 电压经 VD802A、VD803A、R802 向 C813 充电,当 C813 正极电压上升到 9.5V 以上时,振荡电路启动进入振荡状态,并产生振荡脉冲信号。该脉冲信号经驱动电路处理后,直接送往开关管的控制栅极(G 极),使开关管进入开关状态,在漏极和源极之间形成变化电流。该变化电流通过开关变压器 T830①～④绕组,产生周期性变化的磁场,通过互感作用,在开关变压器 T830 的次级产生感应电动势,该电动势经变压器次级的整流滤波电路和二次稳压电路处理后,得到整机所需要的＋145V、＋16V-S、＋15V、＋5V-2、＋3.3V 电压。

　　6.　稳压电路和待机控制电路

　　开关电源稳压电路由集成电路 STR-F6656 内部有关电路和 N830、N831 等元件组成,其电路结构如图 9.15 所示。

　　在图 9.15 中,N831 为取样放大专用组件,该组件等效于一个接有固定偏置的单管取样放大电路。N830 为光耦合器,它可以将开关电源的热地和信号处理及行场扫描电路中的冷地进行隔离。

　　稳压电路中的取样放大专用组件 N831,在电视机由待机状态进入正常工作状态后,才开始工作。稳压电路的作用是稳定开关电源的输出电压,使开关电源的输出电压不会因 220V 交流电压和输出端负载的变化而变化。

　　集成电路 STR-F6656①脚为稳压电路控制电流输入端,控制①脚输入电流的大小,可以对输出电压进行调整。①脚有两路电流输入,一路来自光耦合器,另一路来自集成电路②

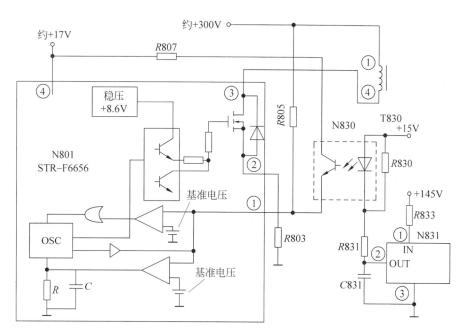

图 9.15　开关电源稳压电路

脚，通过电感 L801、R804 送过来。为了提高稳压取样放大电路的灵敏度，N831、N830 采用了双路取样，既对＋145V 电压进行取样，也对＋15V 电压进行取样。

稳压电路的稳压过程如下：当由于电网电压升高或负载变化引起开关电源输出电压升高时，取样组件 N831①脚电压和光耦合器初级二极管正端电压将同步上升，N831①脚电压上升后，通过内部电路，将使 N831②脚电压下降，导致光耦合器导通增强，送往集成电路①脚的电流增加，这个电流通过集成电路内部比较放大电路处理后，形成控制电压加到振荡电路上，对决定振荡脉冲宽度的 RC 电路的充放电进行控制，使振荡电路的振荡脉冲变窄，开关管导通时间变短，从而使开关电源的输出电压下降。

当由于某种原因引起开关电源输出电压下降时，取样组件 N831①脚电压和光耦合器初级二极管正端电压将同步下降，使 N831②脚电压下降，导致光耦合器导通减弱，由光耦合器次级输入集成电路①脚的电流减少，这个电流通过集成电路内部电路处理后，使振荡电路的振荡脉冲变宽，开关管导通时间延长，从而使开关电源的输出电压上升。

待机控制电路由 V830、VD836 等元件组成，其电路结构如图 9.16 所示。待机控制电路的作用是当电视机处于待机状态时，使开关电源工作在待机状态。它是通过对光耦合器 N830 的控制来实现的。

在图 9.16 所示的电路中，待机控制电路的工作状态受微处理器控制。电视机工作在待机状态时，集成电路 TDA8393⑩脚输出约 2.7V 高电平，使 V830 饱和导通，稳压二极管 VD836 通过 V830 集电极接地。光耦合器初级二极管的负端由 VD836 稳压钳位，形成约 6.8V 的固定偏置电压，使＋15V 输出端电压保持在约 7.5V。

电源开关接通后，首先进入待机工作状态，由于稳压电路不工作，光耦合器 N830 将工作在导通和截止两种状态。＋15V 输出端电压随着开关电源启动上升到＋7.5V 以上时，光耦合器 N830 导通，就会向集成电路 N801①脚输入电流，经集成电路内部处理后，形成控

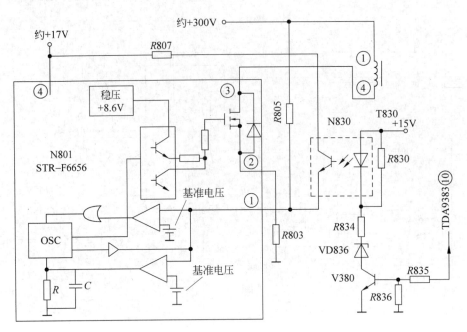

图 9.16 待机控制电路

制电压,对振荡电路进行控制,使开关电源振荡电路停止振荡。停振后,电源输出端电压逐渐下降,当+15V 端电压降到 7.5V 以下时,光耦合器 N830 截止。N830 截止后,集成电路 N801①脚无电流输入,开关电源振荡电路再次启动进入振荡状态,输出端电压开始上升,直到光耦合器 N830 再次导通,向 N801①脚输入电流,使振荡电路再次停振进入下一个循环。待机控制电路使开关电源振荡电路工作在间隙振荡状态,使得开关电源在待机状态时,维持低电压输出和很低的功率损耗。

电视机由待机状态进入正常工作状态后,待机控制电路停止工作,就好像该部分电路从整个电路中断开一样。

7. 延迟导通电路

在集成电路 N801 内部开关管截止期间,开关变压器 T830①～④绕组的分布电容与该绕组的电感将产生振荡。如果集成电路内部的开关管在振荡脉冲高位导通,开关管在由截止转为导通瞬间,就会受到大电流冲击,产生较大的导通损耗。为了避免大电流冲击,降低开关管的导通损耗,有必要设计延迟导通电路。

长虹 SF2515 彩电的延迟导通电路由 VD805、VD806、VD807、R809、C815 等元件组成,电路结构如图 9.17 所示。

在图 9.17 所示的电路中,开关管截止期间,开关变压器 T830⑦脚输出的正极性脉冲信号经 VD805、VD806、R809 对 C815 充电,由于 C815 容量较小,C815 充满电荷所需的时间很短。同时,T830⑦脚输出的脉冲电压还通过 VD807 加到集成电路 N801①脚,有利于开关管在截止期间更好地处于截止状态。开关管由截止转为导通瞬间,开关变压器 T830⑦脚输出的脉冲信号由正变负,二极管 VD805、VD806 处于反偏而截止,此时,C815 上所充的电荷将通过 VD807 向集成电路 N801①脚放电。该放电电流在集成电路内部形成控制电压送往开关管,使开关管不能立即导通。随着 C815 放电电流逐渐减小,集成电路内部对开关管

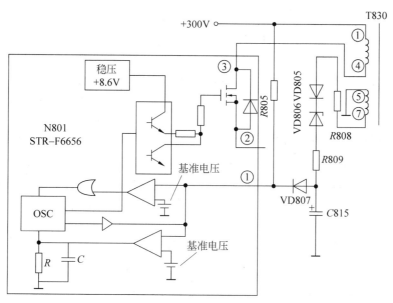

图 9.17　延迟导通电路

的控制解除,开关管才在 T830①~④绕组的分布电容与该绕组的电感产生振荡脉冲电压降到最低时由截止转为导通。这样就可以使开关管的导通避开了幅度最高的脉冲,大大地提高开关管的可靠性和使用寿命。

8. 过流保护电路

开关管过流保护电路由集成电路 N801①脚外围元件和集成电路内部有关电路组成,如图 9.18 所示。

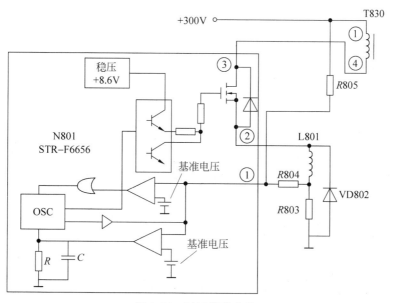

图 9.18　过流保护电路

在图 9.18 所示的电路中,集成电路 N801①脚外接电阻 R803 既是开关管的源极电阻,又是开关管过流保护的检测电阻。当开关电源中的稳压电路出现故障,导致开关管过流时,流过 R803 的电流会增加,使 R803 两端电压降上升,而 R803 上的电压降通过 R804 加到了集成电路 N801①脚,从而使①脚的电压上升。集成电路 N801①脚电压升高,相当于①脚的输入电流增加,当增加的电流超过过流检测电路所允许的门限电流时,集成电路内部的过流检测电路就会启动进入工作状态,并输出控制电压给振荡电路,使振荡电路停止振荡,无激励脉冲通过驱动电路送往开关管,使开关管截止,集成电路③脚无脉冲信号输出,开关电源无电压输出。

过压、过热保护电路完全由集成电路内部电路组成,控制过程与过流类似,当电视机由于某种原因导致④脚升高到允许的门限电压,或开关电源输出电压急剧升高时,集成电路内部的过压、过热保护电路就会启动进入工作状态,使振荡电路停振,开关管截止,开关电源无电压输出。

9.3 彩电电源电路故障检测流程

9.3.1 西湖 54CD6 型彩电的检测流程

西湖 54CD6 型彩色电视机电源电路的检测流程如图 9.19 所示。

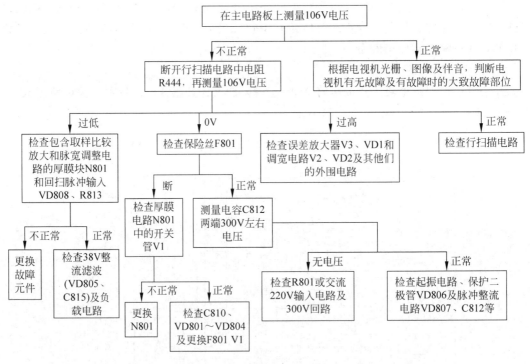

图 9.19 西湖 54CD6 型彩电电源电路的检测流程图

9.3.2 长虹 SF2515 型彩电的检测流程

1. 开关电源无电压输出的检测流程如图 9.20 所示。

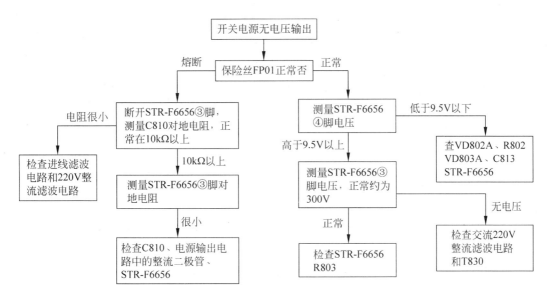

图 9.20　开关电源无电压输出的检测流程图

2. 开关电源输出电压高于正常值（检测流程见图 9.21）

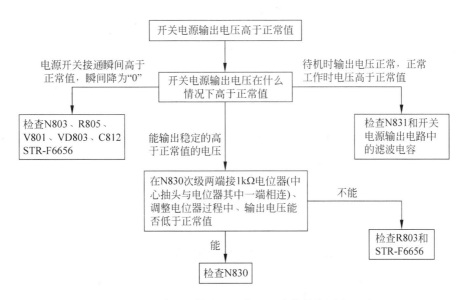

图 9.21　开关电源输出电压高于正常值的检测流程图

3. 开关电源输出电压低于正常值（检测流程见图 9.22）

4. STR-F6656 击穿短路（检测流程见图 9.23）

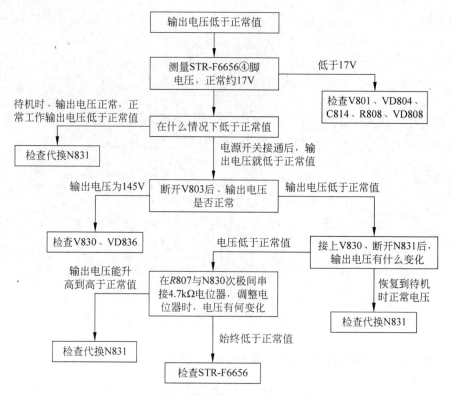

图 9.22　开关电源输出电压低于正常值的检测流程图

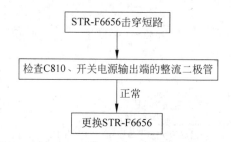

图 9.23　STR-F6656 击穿短路的检测流程图

9.4　彩电电源电路故障检修实例

9.4.1　整流滤波电路故障

故障现象：接通电源，打开电视机开关，电视机屏幕上无亮度也无伴音，把亮度和音量调至最大也无效。

分析与检修实例：电视机出现无光栅、无伴音的故障，通常都是由于稳压电源或行扫描电路工作失常造成的，其检修步骤见下述实例。

【例 9.1】　某西湖 54CD6 型彩色电视机，开机后无光栅、无伴音。

检修时，将万用表置于 250V 直流电压挡，把万用表黑表笔接主板的地线，红表笔测量电容器 C812 正端（开关电源电路直流输出电压），测得结果为 0V（正常时应为 106V）。然后再测量电源电路输入端电容器 C810 正端电压,仍为 0V(正常应为 300V 左右)。说明稳压电源电路的整流滤波部分工作不正常。仔细检查电源插头、保险丝等都无异常,最后检查水泥电阻 R801,发现阻值明显变大(正常为 6.2Ω)。拆下检查该电阻已开路。该电阻开路造成整流电路不能正常工作,使电源输出电压为 0V,发生无光栅、无伴音的故障。更换 R801 电阻后,开机检查,电视机光、声、图均正常。

9.4.2 开关电源电路故障

1. 无光栅、无伴音

故障现象:接通电源,打开电视机开关,电视机屏幕上无亮度也无伴音,把亮度和音量调至最大也无效。

分析与检修实例:电视机出现无光栅、无伴音的故障,通常都是由于稳压电源或行扫描电路工作失常造成的,其检修步骤见下述实例。

【例 9.2】 有台西湖 54CD6 型彩色电视机,开机后,无光栅、无伴音。

检修时,测得行输出管 V404 集电极电压为 0V(正常时为 106V),电源厚膜块 STR-5412 的④脚输出电压也为 0V,而①脚有 300V 电压,说明市电输入及整流滤波电路的工作均正常。进一步测量 STR-5412②、⑤脚电压,结果②脚电压为 50V,⑤脚电压为 0V。关机后用万用表 R×1k 电阻挡测量 STR-5412②脚和④脚之间的电阻,其正、反向电阻均为无穷大(正常时,正、反向电阻值分别为 3.5kΩ 和无穷大)。经过对 STR-5412 内部电路分析可知,是由于集成块内部的功率开关管开路造成的。调换 STR-5412 厚膜集成块后,电视机恢复正常。

2. 无光栅、无伴音,但有"吱吱"声

故障现象:电视机接通电源后,无光栅,也无伴音,但电视机内有连续的"吱吱"声。

分析与检修:产生这一故障的原因是电视机有过压或过流的故障;或保护元件本身损坏、无行逆程脉冲加到电源开关管基极等,从而使开关电源处于频率较低的自激振荡状态。其具体检修步骤见下述实例。

【例 9.3】 某西湖 54CD6 型彩色电视机,开机后,无光栅、无伴音,有"吱吱"声。

用万用表电压挡测量电源 106V 输出端电压,只有 38V 左右。断开负载及保护电路,同时接好假负载,这时电源输出电压仍然为 38V 左右。这说明电源电路本身有故障。然后测量整流滤波后的直流电压,测得电容器 C810 上的电压为 280V 左右,基本正常。关机后用万用表电阻挡测量保护电路有关元件的在路电阻,基本正常。但在测量电源输出端和地之间电阻时,发现 38V 场扫描电路电源输出端对地短路。进一步检查发现是 38V 整流二极管 VD805 被击穿,造成电源输出电流增大,使电源进入保护状态,产生无光栅,无伴音,有"吱吱"声的故障。调换 VD805 二极管后,电视机恢复正常。

3. 光栅 S 形扭曲

故障现象:光栅边缘出现周期性左右扭曲,接收电视信号后,图像同样出现周期性摇摆。

分析与检修实例:电视机光栅出现了 S 形扭曲的主要原因是稳压电源中混入了交流成分。其检修步骤见下述实例。

【例 9.4】 某西湖 54CD6 型彩色电视机,光栅左右两边出现 S 形扭曲。

检修时,测量稳压电源电路的输出直流电压,基本正常。再测量整流滤波电容 C810

（120μF/400V）两端电压，只有 198V（正常值为 296V）。把整流滤波的输出负载切断（即断开 T802①脚），测量 C810 两端的电压，仍为 198V 左右，显然故障在电源整流滤波电路中。检查 C810 滤波电容器，结果发现无明显的充放电作用。经分析是由于此滤波电容失效，使整流后的平均电压下降，交流纹波增大，干扰了扫描电路及图像通道，引起光栅和图像的 S 形扭曲晃动。更换电容后接上负载，电视机光栅图像恢复正常。

4. 电视机启动困难

故障现象：开启电视机的电源开关后，电视机不能马上启动，有时候要按好几次，也有的时候要先把开关接通，过一段时间后，电视机的光栅、图像及伴音才会突然跳出来。但电视机一旦启动，就能正常收看节目。

分析与检修实例：电视机启动困难的主要原因是该电源启动电路出故障，不能立即启动电源的开关电路。其具体检修步骤见下例。

【例 9.5】 有台西湖 54CD6 型彩色电视机，启动困难。

检修时，用万用表检查电源的启动电路，发现开关电路启动电阻 R811/220kΩ 阻值增大到 650kΩ。调换该电阻后，故障排除。

5. "闪电"样光栅

故障现象：电视机在收看节目过程中，光栅逐渐变亮、失控，并且光栅不时地出现像"闪电"一样的强烈闪烁。有的电视机"闪烁"几次后，能恢复正常，也有的电视机"闪烁"几次后，发生无光栅、无伴音故障。

分析与检修实例：产生这一故障的主要原因是超高压不稳。超高压不稳主要是由于超高压整流电路或电源电路出现故障而引起的。其具体检修步骤见下例。

【例 9.6】 有台西湖 54CD6 型彩色电视机，在收看过程中出现"闪电"样光栅。光栅"闪烁"，几次后，出现无光栅、无伴音。

检修时，发现直流电源 106V 电压无输出，电源输出端对地电阻为 0。检查结果是过压保护二极管 VD806（R2M）击穿，说明电源输出电压过高或者是 VD806 过压保护二极管本身质量不好导致损坏。经进一步检查开关电源电路，没有发现异常情况。调换 VD806 二极管后，开机测量电源输出电压正常，光栅图像及伴音均正常。试放了大约半个小时后，光栅开始"闪烁"，有几次光栅像闪电一样，开关电源输出直流电压在 140～160V 间变化。用替换法调换 N801（STR-5412）厚膜块后，故障排除。后来经过对 STR-5412 厚膜块解剖分析，发现主要问题是该厚膜块的误差放大器失常，其内电路中的分压电路有时开路（绝大部分是虚焊），使厚膜块输出电压明显晃动。这时电视机的高压、灯丝电压也随之晃动，图像的幅度和亮度也随之不断变化。这对电视机的寿命很不利，而且电源输出电压的晃动范围有时又低于 VD806（RZM）的保护响应电压，使 VD806 起不到保护作用。这种误差放大器失常情况，事先很难测出，有时会突然发生，一经发现，必须立即更换厚膜块。

6. 整幅光栅缩小

故障现象：开机后，电视机光栅暗淡，上下、左右均没有满幅，接收信号后，有图像及伴音，但图像暗淡、四周露边。

分析与检修实例：整幅光栅缩小，一般是由于开关稳压电源电路输出电压下降所致。其具体检修步骤见下述实例。

【例 9.7】 某西湖 54CD6 型彩色电视机,整幅光栅缩小。

检修时,测得直流开关稳压电源 106V 输出端电压为 78V,行电流为 150mA(正常值为 350mA)。由于行电流没有增大,说明这一故障是由电源本身输出电压低所引起。测量整流滤波电容器 C810(120μF/400V)两端 300V 电压基本正常,但听到开关变压器有"吱吱"声。在检查电源触发电路时,发现 VD808(S5295G)隔离二极管正向电阻大于 50kΩ,明显增大。调换 VD808 二极管后,故障排除。VD808 正向电阻增大,使电源处于自激振荡状态,输出电压下降,故出现整幅光栅缩小。有的彩色电视机,16.5V 或 12V 整流二极管特性不良,引起 16.5V 和 12V 电压下降,也会产生光栅缩小的故障。

7. 电源开关锁不住

故障现象:按键式电源开关按进去后,会自行弹回来,再按进去,又弹回来,始终锁不住,使电视机不能正常通电。

分析与检修实例:电源开关锁不住,多数是因为电源开关本身弹簧变形或锁扣磨损造成的,也有的是安装工艺不合适造成。其具体检修方法见下述实例。

【例 9.8】 某台西湖 54CD6 型彩色电视机,电源开关锁不住。

检查电源开关,发现电源开关按进去时按不到位。在电源开关引脚上垫 2 片塑料垫片后,故障排除。

8. 电视机画面有黑白点干扰

故障现象:电视机通电后,有图像,也有伴音,但电视机内有"吱吱"的声音,画面上有黑白点干扰。

分析与检修实例:电视机画面上出现黑白点干扰,一般称之为"打火"。"打火"除了受外界干扰外,绝大部分是行扫描高压打火所致。但目前由于电源电路故障引起黑白点打火干扰的情况也越来越多,其具体检修方法见下述实例。

【例 9.9】 有台西湖 54CD6 型彩色电视机,屏幕的水平方向上有很明显的"打火"条出现。

检修时,发现在电源开关附近有"吱吱"的声音,用手去触摸或拨动电源开关,都会改变屏幕上的"打火"现象。切断电源后,用万用表电阻挡测量电源开关在接通状态下的接触电阻,发现有组接触电阻为 51Ω,另一组接触电阻在不断变化,说明是该电源开关不好。把该电源开关直接连通,再接上电源,电视机屏幕上的打火现象消失。更换该电源开关后,故障排除。

9. 烧保险丝

故障现象:只要接通电源,电视机内的保险丝就被烧断。

分析与检修实例:烧保险丝一般有 3 种情况。第一种是属于保险丝质量不好或者叫自然损坏;第二种是外界干扰或电网供电不正常;第三种是电视机本身有过压、过流故障,造成整机电流过大。其具体检修方法见下述实例。

【例 9.10】 某西湖 54CD6 型彩色电视机出现烧保险丝故障。

检修时,发现 F801/3.15A 保险丝烧焦,说明电路有过流故障。先不通电,用万用表电阻挡测量整流二极管、滤波电容、正向热敏电阻的支路电阻(测量大容量滤波电容两端的电阻时,要先给它短路放电)等,发现整流二极管 VD803 两端的正、反向电阻均很小,与其他 3 只整流二极管比较,有明显的差异。焊开 VD803 整流二极管的一只管脚,测量发现该整流二极管已被击穿。更换 VD803 后,再测量在路电阻,均正常。最后换上 3.15A 延迟式保险丝后通电检查,电视机恢复正常。

第 10 章 彩电遥控电路工作原理与检测

CHAPTER 10

10.1 彩电遥控电路的特点

彩电遥控系统电路的组成如图 10.1 所示,它包括遥控信号发送器、遥控信号接收器、微电脑控制电路和执行电路等。其中,遥控信号发送器是和电视机相分离的操作部件,它单独装在一个小盒子里,常称遥控器或遥控盒,其他各部分电路则是和电视机整机电路组合安装在一起。

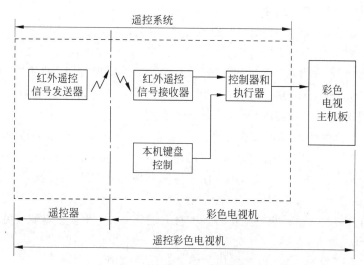

图 10.1 遥控系统电路的组成

遥控器的面板上有不同功能的操作按键,顶端是红外遥控信号的辐射窗口。遥控器的功能是根据用户的指令由红外发光二极管发送不同编码的脉冲红外遥控信号,供电视机接收并执行相应的操作用。为了在视角大于±30°较宽的观看区域内能有效地实行遥控操作,一些遥控器内部装有 2 只红外发光二极管,两管彼此隔开适当距离并行排列以满足发射要求。

遥控信号接收器由红外光电接收二极管和前置放大电路组成。由遥控器发送的红外遥控信号被光电二极管接收后,将光信号转换为电信号,再经放大、处理和脉冲整形后,可把得到的遥控编码脉冲信号送往微电脑控制电路进行识别和执行。为了保证红外遥控信号有足够远的有效遥控距离(一般应大于8.5m),要求红外光电接收二极管有较高的灵敏度和较宽的频率响应。

由红外遥控信号接收器送来的编码脉冲信号(亦称遥控指令)或由本机键盘送来的操作指令由微电脑控制器进行识别译码,识别出控制信号的内容和相应的操作要求,发出指令给执行电路执行,达到遥控操作电视机的目的。

目前彩电上操作的控制方式有遥控和本机控制两种,遥控是指通过与电视机分离的遥控器来控制电视机的工作,本机控制则是通过电视机面板上的键盘操作来完成各种控制功能。早期遥控电视机的主要控制功能有:变换接收的电视频道——选台、音量控制、开机关机和定时控制、屏幕字符显示等;而目前功能较全的遥控电视机除了这些功能外还能进行对比度控制、亮度控制、色饱和度控制、自动调谐、消色控制和标准状态恢复等。下面我们简单介绍两种典型的遥控系统电路。

10.2 常见遥控电路介绍与工作原理分析

10.2.1 M50436-560SP遥控系统电路(西湖54CD6彩电遥控电路)

由M50436-560SP遥控系统组成的遥控电路框图如图10.2所示。整个系统包括由集成芯片M50462AP组成的红外集成遥控信号发送器电路、由芯片CX20106A组成的红外集成遥控信号接收器电路、由主芯片M50436-560SP组成的微控制器电路、M58655P可改写可编程只读存储器(EAROM)电路、频段开关芯片M54573L(某些机型用分立元件代之)及

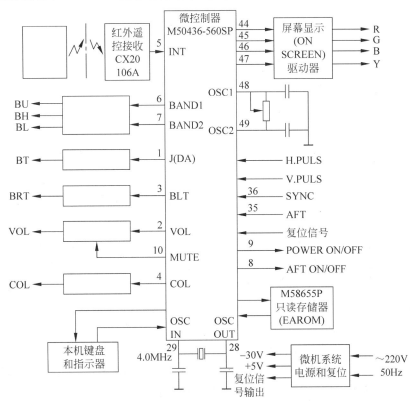

图 10.2　M50436-560SP 遥控系统框图

相关外围电路等。该遥控系统操作和本机控制的主要功能有：①电源定时开/关控制；②音量增/减、亮度增/减、色饱和度增/减控制；③全自动搜索或手动选台控制，可预置30套电视节目，并具有频道位置号跳转功能；④多种颜色屏幕字符显示功能；⑤静音功能控制；⑥关机前节目状态和各模拟量（如音量、亮度、色饱和度等）的自动记忆等。由于该遥控系统具有稳定优良的电气性能、完善的电路结构，而且同电视机的接口方便、简单，兼容性强而成本低，可靠性高，所以成为非常广泛应用的典型的遥控电路系统之一。下面简单介绍其各部分电路的工作原理。

1. M50462AP 红外遥控信号发送器电路

由芯片 M50462AP 组成的红外遥控信号发送器的典型电路如图 10.3 所示，它由集成块 M50462AP、键盘矩阵电路、激励驱动管 V01 和红外发光二极管 VD01 等组成。

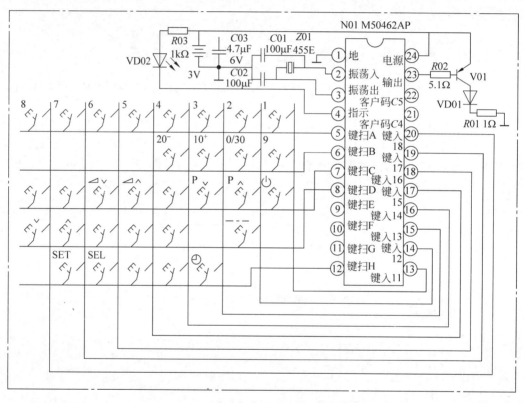

图 10.3 M50462AP 红外遥控信号发射器电路

在时钟脉冲信号的作用下，键位扫描脉冲发生器在键位扫描信号输出线 A～H 端输出键位扫描脉冲信号，配合键位扫描信号输入线键 I_1～I_8 端组成 8×8 的键盘矩阵，在它们的交叉点上接上按钮开关，组成 64 个控制键位，经集成块内部的键位编码器得到键位码，再经遥控指令编码器进行码值变换后即可得到相应的遥控指令功能码。为了减少电源消耗，该遥控指令功能码即遥控编码脉冲还需对 38kHz(或 40kHz)载波进行脉冲幅度调制(PAM)，最后，从 M50462AP 的㉓脚输出经遥控编码脉冲调制的 38kHz(或 40kHz)的载波信号。

M50462AP 的②、③两脚外接电容 C01、C02 和陶瓷晶振 Z01，组成振荡频率为 455kHz(或 480kHz)的振荡器，经集成块内部 12 分频后即可得到 38kHz(或 40kHz)的信号，该信号就是产生上述的键盘矩阵用的时钟脉冲信号和遥控信号的载波信号。由于此振荡器只有在任一控制键位按下时,才开始振荡,无键按下时,振荡器不工作,所以电源功耗极小。

从芯片 M50462㉓脚输出的受遥控编码脉冲调制的 38kHz(或 40kHz)载波信号经晶体管 V01 放大驱动,激励红外发光二极管 VD01 发出以中心波长为 9400nm 的调制红外线。

本遥控器实际可传送 76 条遥控指令,即按单键可实现 64 种遥控功能,按预置好的双键可实现 12 种遥控功能。若另外没有设为双重键的双键或三键同时按下时,M50462㉓脚保持高电平,激励级驱动管 V01 截止,不输出遥控信号。

2. CX20106 红外遥控信号接收电路

由红外光敏二极管 VD932 和遥控信号接收集成芯片 CX20106 等组成典型红外接收电路如图 10.4 所示。

电路中光敏二极管 VD932 在无红外光照射时被反偏而无光电流输出。当它受到遥控红外光信号照射时,即能激励光电二极管 VD932 产生光电流,在 CX20106 的①脚输入端形成约为 $40\mu V$ 的遥控电压信号,此信号经集成块内部的前置放大和限幅两极放大,并经 38kHz(或 40kHz)带通滤波器滤除噪声和杂波干扰,再经峰值检波,滤除 38kHz(或 40kHz)载波,检出遥控的脉位调制编码信号。最后,经脉冲整形电路进行整形,把脉位调制的编码脉冲转换为标准的编码脉冲,即遥控编码脉冲或称遥控指令信号,由 CX20106 的⑦脚输出。其中,CX20106 的②脚与地之间接有 RC 串联网络 R902 和 C960,用来确定前置放大电路的频率特性和增益。电阻值小,电容量大,则增益高,但响应速度低;反之,则增益低,响应速度快。CX20106⑤脚与地之间的外接电阻值($R991$ 和 $R992$),决定了带通滤波器的中心频率 f_0 值。当该电阻值取 210kΩ 左右时,则 f_0 为 38kHz;取

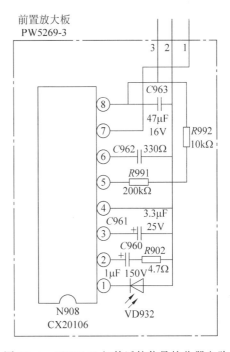

图 10.4 CX20106 红外遥控信号接收器电路

200kΩ 左右时,则 f_0 为 40kHz。CX20106③脚外接的电容 C961 为峰值检波电容,⑥脚外接的电容 C962 为积分电容。

3. M50436-560SP 微处理器和信号控制电路

芯片 M50436-560SP 是一块有 52 个引脚的大规模集成电路,它具有两个信号输入端:⑤脚为遥控信号串行输入端,信号直接来自 CX20106 的⑦脚输出;另一路为本机键盘矩阵并行输入端,由㉚~㉝脚键盘扫描信号输出线键扫 0~3 和⑰~⑳脚键盘扫描信号输入线键入 0~3 组成键盘矩阵输入端。在横线和纵线交叉位置上安置上通断式开关,当键盘矩阵有键按下时,即有相应的键位码输入。

无论是遥控指令输入或是本机键盘键位码输入,M50436-560SP 都能对其进行识别和译码,并执行相应的操作指令或进行控制。现以西湖 54CD6 的典型应用为例,具体介绍 M50436-560SP 的电路原理和主要操作功能,其电路结构如附录 A 所示。

1) 模拟量控制

根据遥控指令,M50436-560SP的②、③、④脚各能输出精度为 64 级的 PWM(脉冲宽度调制)脉冲信号,可分别用来对电视机的音量、色饱和度、亮度进行控制。例如,若需对音量进行控制,则芯片在接收到有关指令后,从 M50436-560SP 的②脚输出正极性的 PWM 脉冲信号,经晶体管 V913 反相和由相应电阻电容组成的积分滤波电路后得到一个直流电平加至 TA7680 集成电路的①脚(音量控制脚),从而实现直流音量控制的目的。接在集成块 M50436-560SP 的②脚和㊸脚之间的二极管 VD911 是作无信号时消噪声用的。消噪声电路的工作原理是:微处理机在工作过程中,不断寻访检测其㊱脚有无行同步信号输入。当电视机正常接收到信号时,M50436-560SP㊱脚必有行同步脉冲信号输入,此时,其㊸脚会保持高电平,使二极管 VD911 反偏截止而实现了隔离,不影响②脚的正常音量控制输出。一旦当电视机没有接收到电视信号,M50436-560SP㊱脚也就没有行同步脉冲信号输入,这时㊸脚将会跳变为低电平,通过二极管 VD911 的钳位作用,使其②脚输出的音量控制信号被短路而呈低电平输出。这就促使外接的晶体管 V913 被截止,加到 TA7680 集成块①脚的音量控制电压达最高,伴音声音最轻或无声。因此,无电视信号时,伴音会自动关闭从而实现了"消噪声"。

同样的原理,在接收到有关调整色饱和度控制的指令后,M50436-560SP 的③脚有 PWM 脉冲输出,并经外围电阻电容电路积分滤波后得一直流控制电平直接加到 TA7698 集成块的⑦脚以实现对色饱和度的控制。或者在接收到有关调整亮度控制的指令后,M50436-560SP 的④脚会输出相应的 PWM 脉冲,经晶体管 V914 倒相,再通过电阻电容积分滤波转换后得到直流控制电平加到 TA7698 集成块的④脚以实现对屏幕亮度的控制。

2) 波段选择

根据接收指令,M50436-560SP 的⑥和⑦脚各能输出 L(0) 和 H(1) 两种状态来控制波段转换电路,以实现控制高频调谐器接收 BL、BH、BU 波段的切换。表 10.1 为芯片 M50436-560SP⑥、⑦脚的输出状态和波段电压的对应表。

表 10.1　M50436-560SP⑥、⑦脚的输出和波段电压的对应状态表

⑥ 脚信号	⑦ 脚信号	波段	BU 端电压	BH 端电压	BL 端电压
L	L	UHF	12V	0	0
H	L	VHF-H	0	12V	0
L	H	VHF-L	0	0	12V

下面以 M50436-560SP⑥脚输出 H 高电平"1"信号、⑦脚输出 L 低电平"0"信号为例,说明高频调谐器所选择的工作波段。当 M50436-560SP⑥脚为 H 高电平时,5V 直流电压通过电阻 R928、R926 和 R925 分压后提供给晶体管 V910 基极一个偏置电压,使 V910 管饱和导通,它的集电极电压接近 0V。与此同时,12V 直流电压通过电阻 R706、R910 和饱和导通的 V910 接地,保证了晶体管 V704 深度饱和导通。12V 直流电压通过 V704 直接加在高频调谐器的 BH 端,使整机处于 VHF-H 波段上工作。此时,12V 电压也通过电阻 R706、R910、二极管 VD906 和饱和导通的 V910 接地,提供给晶体管 V906 的基极偏置也保证了 V906 的饱和导通,使 V906 的集电极电压接近 12V。此电压经 R906 电阻加至晶体管 V703 基极使其截止,在高频调谐器的 BU 端就无电压加入。另外,由于此时 M50436-560SP⑦脚

输出低电平,晶体管 V911 也截止,集电极电压为 12V,此电压通过电阻 R911 加在 V705 的基极,使晶体管 V705 截止,高频调谐器上的 BL 也无电压加入。图中,二极管 VD906、VD907 的接入是起隔离和选通作用。

另外两个波段的转换原理同 VHF-H 是一样的,在这里就不再重复叙述。

上述波段转换电路是由分立元件如晶体管 V703~V705 等构成,一些机型的波段转换电路也有用专门的集成块 M54573L 来完成,其工作原理和过程与此相类似。

波段选择和转换在自动调谐和手动调谐过程中均能实现。若在自动调谐自动搜索状态下工作时,M50436-560SP 的⑥脚和⑦脚的输出状态将以 $V_L \rightarrow V_H \rightarrow U$ 的顺序自动作相应变化;若用手动调谐,则根据遥控指令或本机键盘的指令,⑥脚和⑦脚会作相应的电平输出。

3)调谐

在接收到调谐的指令后,M50436-560SP 的①脚能输出反极性的宽度调制(PWM)脉冲信号,它的分辨率为 $1/2^{14}$。该信号通过 R995、C919 低通滤波器对高次谐波进行滤波和消除干扰,再经 C916、R932 组成的脉冲加速电路后,加入晶体管 V912 的基极。V912 组成倒相控制电路,改变加在 V912 基极的控制脉冲宽度,就能改变 V912 集电极-发射极间的电阻值。基于这一原理,我们可用 33V 直流电压串接电阻 R912 和晶体管 V912 后接地,改变 V912 的基极控制脉冲,即能改变 V912 集电极上的分压比。将 V912 集电极上的受控分压信号取出,经 C923、R914、C910、C909 三级 RC 积分滤波网络电路后形成一个平滑的直流控制电压送至高频调谐器的 BT 端,作为 V_T 调谐控制电压。

调谐电压的控制方式也可分为手动和自动搜索两种。在手动调谐方式时,微处理器在接受指令后会按 $1/2^{14}$ 的分辨率在①脚输出脉冲宽度调制信号去控制 V912 的基极;在自动搜索状态下,①脚会自动输出脉冲宽度调制信号到 V912 的基极。此脉冲的宽度从最小开始按最大宽度的 $1/2^{14}$ 为一阶逐步变宽,相应的调谐控制电压则以 2mV 为一阶慢慢上升。每搜索完一个波段后,能回到下一个波段的起始端开始搜索,直至搜索完所有的频道。当然,在搜索过程中,波段电压也会自动作相应变化。所有频道搜索完之后,微处理机回到搜索的起始状态。

在自动搜索选台开始时,调谐电压 V_T 开始快速搜索增加,一旦在 M50436-560SP 的㊱脚检测到有行同步脉冲出现时,V_T 电压的变化速度会放慢;与此同时,集成块 TA7680AP 的⑬脚将产生一个电压相对于时间关系的 S 线 AFT 信号。此信号经晶体管 V915 组成的射极跟随器电路和 R949、R950 电阻组成的衰减网络后送到 M50436-560SP 的㉟脚,也作为判别指令,使 V_T 电压的变化速率减小。同时,在 S 曲线的作用下,反复自动地改变调谐方向,直至确定到最佳调谐点电压 V_T 值为止,然后将该频道所对应的调谐信息数据存入存储器中。完成这一频道的预置后,V_T 调谐电压在微机控制下继续快速增加,依同样方式继续下一个频道的搜索和预置。

在对电视机进行调谐操作时还需注意,在手动搜索过程中应将 AFT 开关置于"OFF"的位置。而在自动搜索选台的过程中,由于 M50436-560SP⑧脚一直输出高电平,使场效应管 V907 饱和导通,漏极 D 和源极 S 接近同电位,由于 D 极是和高频调谐器的 AFT 端子直接相连的,所以,在 V907 导通时,高频调谐器的 AFT 控制端也被钳位在 6.5V 的固定电平上,AFT 就不起作用。一旦搜台结束,M50436-560SP⑧脚自动转成低电平输出,V907 截止,S 和 D 极断开,高频调谐器 AFT 端子直接受 TA7680AP 集成块⑬脚输出的 AFT 电压经电阻 R916 来控制,整机 AFT 就处于"ON"状态,恢复了 AFT 功能。图中,电阻 R918 和 R942 为 V907 的栅极偏置电阻。

4) 主电源待机/开机(电源开/关)电路

当主机开机后,整个微机系统的各组电压都能立刻相继加上,M50436-560SP 的⑨脚立刻会产生一个 5V 的正电平信号。由于电容 C915 上的电压不能突变,所以晶体管 V908 只有经过延时后,才能进入饱和导通状态。在 V908 未进入饱和导通前,主机上电网交流电压经桥式整流后输出的约 300V 直流电压经电阻 R822、R823、R919 促使晶体管 V909 饱和导通,发光二极管 VD935 导通点燃。所以,在开机瞬间,发光二极管有一闪光。与此同时,整流所得约 300V 直流电压也经电阻 R822、R823、R922 促使晶体管 V801 饱和导通,使开关电源集成块 STR-5412 的②脚相当于短路接地。因此,在开机瞬间,电容 C915 充电期间,整机不能马上开始工作。待 C915 充电基本结束后,M50436-560SP 的⑨脚输出的 5V 正电压使晶体管 V908 饱和导通。一旦 V908 饱和导通,V909、V801 两管基极就接近 0(地)电平而进入截止状态。这时,整机就进入正常的工作状态,待机指示发光二极管 VD935 也因 V909 的截止面熄灭,整个过程称为电源的"软启动"。

当收到"待机(关机)"指令后,M50436-560SP 的⑨脚将输出低电平,使晶体管 V908 截止,其集电极变为高电平。该高电平一方面使 V909 饱和导通点燃发光二极管 VD935,以指示整机已处于"待机"状态;另一方面,也使晶体管 V801 饱和导通,使开关电源集成块 STR-5412 的②脚接地,开关电源电路因得不到行逆程脉冲的激励,也不能自激振荡,开关电源不工作,相当于"关机"。但应注意,这时开关电源变压器初级部分仍带有 300V 直流电压,也就是电视机的整流滤波电路还是在工作中。

当收到"开机"指令后,芯片 M50436-560SP 的⑨脚输出高电平,晶体管 V908 饱和导通,集电极变为低电平。该低电平使晶体管 V909 截止而熄灭"待机"指示灯,同时使晶体管 V801 截止,开关电源集成块 STR-5412 的②脚自激启动,提供整机工作电压,电视机进入启动。待整机进入正常工作状态后就由行电路提供的行逆程脉冲激励推动而使得开关电源进入正常工作状态。主板上有一只受 V908 控制的晶体管 V205 是亮度消噪管,可避免电视机开关瞬间的屏幕光栅闪烁。

5) 屏幕字符显示电路

芯片 M50436-560SP 内含字符发生器,幅度为 5V 的正极性字符脉冲信号分别从㊹脚(Y)、㊺脚(B)、㊻脚(G)、㊼脚(R)4 个端子输出。R、G、B 端输出彩色字符信号,Y 端则为 R、G、B 的"或"输出,也可用作单色字符显示信号。通常 Y 是用作彩色字符的底色消隐信号,以防止屏幕上画面与彩色字符叠加后产生字符不清、混色等。字符信号由电视机机行场逆程脉冲同步,字符在屏幕上的水平尺寸及位置由字符显示振荡器振荡频率来调整。本机型屏幕显示用红、绿、黄 3 种颜色,所以 M50436-560SP㊺脚悬空不用。

字符显示电路参见主机末级视放电路。为叙述方便,现以"R"色字符的显示为例来加以说明。

由晶体管 V505、V506 及外围电阻电容组成"R"输出共射共基末级视放电路,目的是为了获得比较美观、清晰的字符显示效果。来自 M50436-560SP㊼脚的字符 R 信号经晶体管 V511 倒相驱动放大后加至 V505 发射极、V506 集电极的共同连接点上。而来自 M50436-560SP㊹脚的字符 Y 信号经晶体管 V923 脉冲激励,升高到足够电平并钳位后加至亮度通道视频放大管 V202 的基极。所以，在字符信号脉冲出现时，由于该 Y 信号使 V202 截止，切断了图像信号通道，因而在字符出现的位置处呈黑色，即显示黑色字符。但彩色字符 R 信号经 V511 驱动后使末级视放管 V505 导通，结果，最后在屏幕上显示出的红色字符。绿色、黄色彩色字符的显示原理也是如此。

欲使字符信号在屏幕上与电视信号同时显示并始终稳定在某一固定位置，这就必须保证字符的行场同步脉冲与此刻的电视同步信号严格同频同相，因此，需要从主机引入行、场脉冲作为字符信号与电视信号同步的比较基准信号。由场输出电路得到的锯齿脉冲经 R982、C949 微分电路取出其前沿（也包括后沿）作为场同步基准信号，再经二极管 VD925 和 VD923 组成的限幅电路后，加入 M50436-560SP 的㊿脚，作为场同步比较基准信号。由主机行输出变压器得到的行逆程脉冲经电阻 R981 和 R971 组成的衰减网络，再经限幅保护二极管 VD933 后，加入 M50436-560SP 的(51)脚，作为行同步比较基准信号。

M50436-560SP 的㊽、㊾脚外接电容 C931、C930 和可变电阻 RP901，组成字符同步脉冲控制电路。调节 RP901 可以改变字符在屏幕上的水平位置和字形。

6）M58655P 存储器

M58655P 是一种可改写可编程的只读存储器，常称 EAROM。M58655P 断电后其内部储存的信息不会丢失，第二次开机时可随时取出使用，也可按需要改写存储数据，存入的信息可保持 10 年以上不会消失。

M58655P 和 M50436-560SP 结合起来可完成遥控键或本机键盘指令所要求的各种功能，它们之间的连接如图 10.5 所示。由图可知，M58655P 的①、②脚分别接＋5V 和－30V 电源；⑬脚接地；⑥脚输入由 M50436-560SP㉚脚送过来的时钟脉冲，整个存储器按该时钟脉冲的节拍进行工作；⑦、⑧、⑨脚输入由 M50436-560SP㉛、㉜、㉝脚送来的有关控制数据，存储器的工作方式或状态，控制或选择逻辑电路都是根据此脉冲决定的；④脚为片选输入端，只有当④脚收到 M50436-560SP⑯脚发出的片选信号，存储器才工作；⑫脚为存储器的输入/输出接口端，当存储器工作时，所需的地址、输入数据和输出数据均由此端子与 M50436-560SP 的㉞脚之间进行串行往来传输。例如，我们要将某一频道对应的调谐电压数据送入 M58655P 长期记忆，只要进行有关按键的操作后，M50436-560SP⑯脚就会发出片选信号作用在 M58655P 的④脚（输入应为低电平）。与此同时，M50436-560SP 的㉛、㉜、㉝脚输出控制脉冲信号作用在 M58655P 的⑦、⑧、⑨脚作为写入逻辑，于是 M50436-560SP 中 ROM 内的该频道的调谐电压数据就通过㉞脚送入 M58655P 的⑫脚进入存储器中保存，使该频道的调谐电压数据即使断电后仍能保持。

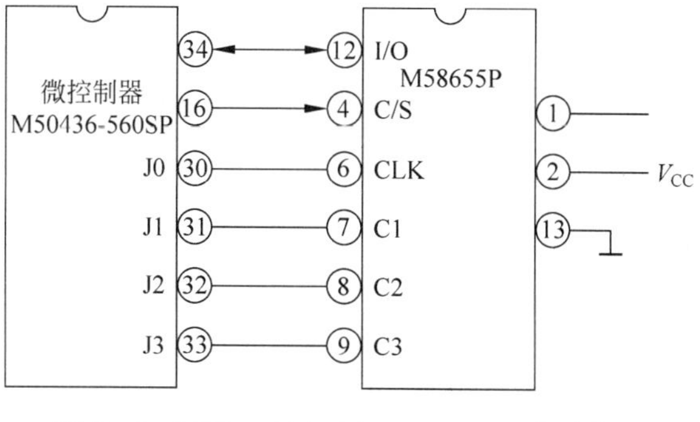

图 10.5 M58655P 与 M50436-560SP 的连接图

7) 微机电源系统和复位电路

主芯片 M50436-560SP 只需要 +5V 单电源供电,而存储器 M58655P 则需要 +5V 和 -30V 电源供电。另外,当 +5V 电源电压给主芯片加上的一瞬间,M50436-560SP 的复位电压输入端㉗脚不应与该 +5V 电源电压同时被加上,而是要求相对于电源电压加入有一个延时,这样才能保证 M50436-560SP 的 +5V 电源电压加上后,使复位电压及时加入,迫使芯片初始化,程序计数器 PC=0。一般要求这一延时时间 $\tau > 1$ms,这可用复位电路来实现。

+5V 和 -30V 稳压电源都是采用简单的晶体管串联型稳压电路。由主机板提供的 220V 交流电压经遥控电源变压器 T906 降压后,一路通过全波整流滤波,并由晶体管 V921 调整后得到 +5V 稳压电源,另一路通过半波整流滤波并经晶体管 V922 调整得到 -30V 稳压电源。为了确保存储器 M58655P 的工作状态始终受控于微机,要求开机时 +5V 先于 -30V 建立,关机时 +5V 迟于 -30V 消失,这可通过采用各自的整流滤波电容容量不同来达到。

复位电路的工作过程是这样的:当全波整流后大于 +5V 的电压加在晶体管 V921 基极和集电极上时,+5V 稳压电压通过 V921 的发射极立即给 M50436-560SP 和 M58655P 提供了 +5V 电压,但在这一瞬间,晶体管 V919 基极上所接的稳压管 VD924 开始流过电流而使电容 C948 开始充电。只有当 C948 电容两端充电电压达 0.7V 时,V919 才能进入放大区而导通,输出 +5V 电压,加在 M50436-560SP 的㉗脚复位输入端,程序计数器自动清零。显然,该复位电压相对于 V921 输出的 +5V 电源在产生的时间上有一延时 τ,τ 由 C948 的电容量大小所决定。

另外,为了进一步防止误触发,在 M50436-560SP 的㉗脚复位输入端内部设置一史密特触发电路。这样,只有当复位电压值 V_R 大于史密特电路门限电平 V_{H1} 时,才能触发翻转完成复位功能,而第二次复位必须在 V_R 值降到 V_{H2} 以下后才能再次完成。

10.2.2 微控制系统电路(长虹 SF2515 彩电遥控电路)

微控制系统由集成电路 TDA9383 内部有关电路和①~⑪、㊌~㉔脚外围元件组成。它是整机的核心电路,电视机工作过程中的全部控制量的发出和节目数据的保存,均由控制系统电路来完成。控制系统电路结构如图 10.6 所示。微处理器主要包括以下电路:增强型 80C51 微控制器、只读存储器(ROM)、随机存储器(RAM)、电视图文检测电路、电视图文/字符显示电路和 10 页记忆存储器、I^2C 总线数据接口、脉宽调制控制信号和模拟控制电压输入/输出接口电路等。现代彩色电视机遥控电路完成的功能越来越多,可通过菜单进行音量控制、亮度控制、对比度控制、色度控制、开关机控制、节目预置、TV/AV 控制、制式切换、光栅几何失真调整以及其他数据传送等。微控制系统主要包括以下电路。

1. 搜台控制电路

集成电路 TDA9383④脚为调谐电压输出端,输出 0~5V 变化范围的脉宽调制电压。由于④脚输出的调谐控制电压幅度较低,不能满足高频调谐器对调谐控制电压的要求,因此,需要通过外部电压转换电路进行电平转移,形成变化范围为 0~30V 的电压,再加到高频调谐器的 Vt 端,实现电子调谐。

①、⑥脚为波段切换控制电压输出端,集成电路 TDA9383 内部形成的波段电压从①、⑥脚输出,配合外接偏转电阻 R139A、R143A,直接加到高频调谐器的波段电压输入端,对高频调谐器进行控制,实施波段切换。

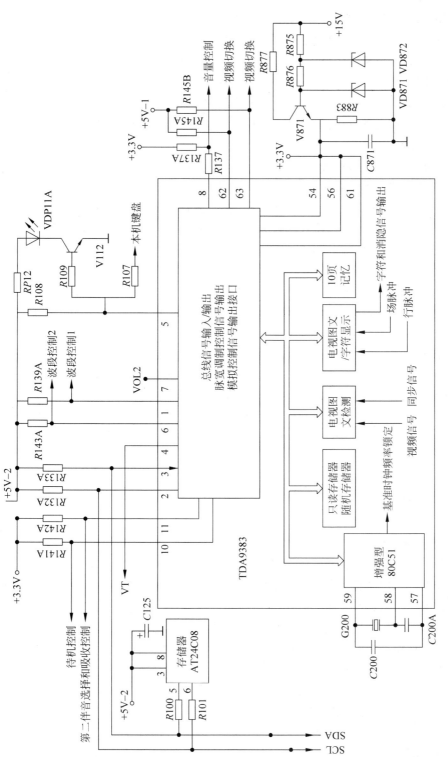

图 10.6 控制系统电路结构

2. 键盘控制电路

集成电路 TDA9383⑤脚既是本机键盘扫描电压输入端,又是 LED 指示灯驱动电流输出端。本机外接轻触开关形成的键盘扫描电压从⑤脚输入到内接译码器,经内部译码电路形成控制指令信号,启动相关电路,对电视机进行功能控制和工作状态调整。

3. 总线控制电路

集成电路 TDA9383②脚为总线时钟信号输出端,③脚为总线数据信号输入/输出端。总线接口②、③脚外接上偏置电阻 R132A、R133A,为总线接口内电路提供偏置电压。该电路采用总线控制方式,一是在集成电路内部通过数据线和时钟信号线对电视信号进行调整和控制;二是通过②、③脚的数据线和时钟信号线对挂接在总线上的外部存储器、时钟发生器、TV/AV 音频信号切换开关及音频信号处理电路等外部电路进行控制。

微处理器中的时钟振荡电路由 TDA9383㊼、㊽、㊾脚外围元件及集成电路内部有关电路组成,其中㊽脚为时钟振荡器输入端,㊽脚为时钟振荡器输出端,㊽、㊾脚外接 G200 为 12MHz 晶体振荡器,G200 与集成电路内部相关电路组成时钟信号振荡电路,产生 12MHz 脉冲信号,此信号不仅作为微处理器工作的时钟信号,还作为图像中频、色处理电路以及行脉冲形成电路的锁相基准信号。㊽、㊾脚外接电容 C200、C200A 为时钟振荡电路的平衡电容。㊻脚为微控制器芯片数字电源端,㊱脚为微处理器接口电路数字电源端。㊵脚为复位端,本机无外接复位电压输入,开机复位由集成电路 TDA9383 内部电路形成。

4. 音频控制电路

集成电路⑧脚为音量控制电压输出端,该脚输出的控制电压直接加到伴音功率放大电路,通过改变功放内部的直流音量控制电路的工作状态,实现音量调节。

集成电路⑦脚为重低音音量控制电压输出端,该脚输出的控制电压直接加到重低音功率放大电路,此处未用,通过改变重低音功放内部的直流音量控制电路的工作状态,实现重低音音量调节。

集成电路⑪脚为第二伴音中频信号陷波电路和幅频特性选择电路控制电压输出端,电视机工作在 PAL-DK、PAL-I、PAL-B/G 制时,⑪脚输出高电平;电视机工作在 NTSC-M 制时,⑪脚输出低电平。

5. 其他控制电路

集成电路⑩脚为待机控制电压输出端,该电压直接加到开关电源的待机控制电路,对开关电源进行控制。当电视机工作在待机状态时,⑩脚输出高电平约 2.65V;电视机由待机状态进入正常工作状态后,⑩脚输出低电平为 0V。

集成电路㉒、㉓脚 AV 视频信号切换开关控制电压输出端,该脚输出的控制电压直接送往 AV 视频信号切换开关电路,控制切换开关的工作状态,接通对应信号的输入通道,实现 AV 视频信号切换。

集成电路㉔脚为遥控信号输入端,红外遥控接收器 HS0038 送来的遥控编码控制信号从㉔脚输入,由微处理器内部进行译码并执行相应的控制功能,该脚电压变化范围为 0.7V 左右。

6. 存储器电路

长虹 SF2515 彩电外部存储器采用 AT24C08(N200),它直接挂在微处理器的总线数据接口电路上。AT24C08 内部电路结构框图如图 10.7 所示。其主要由启动逻辑停止电路、串行逻辑停止电路、器件地址比较器、数据字节地址/计数器、译码器、电可擦读/写只读存储器、逻辑输出确认等电路组成。

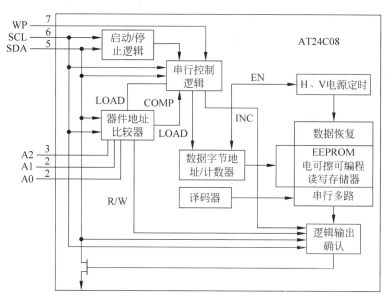

图 10.7　AT24C08 内部电路结构框图

外部存储器与微处理器之间的数据传输是双向的,它们在特定的数据通信协议约束下进入工作状态。外部存储器的工作过程就是执行微处理器工作指令、启动内部工作程序、写入数据和向微处理器回送数据的过程。整个工作过程可归纳为三个阶段:准备阶段、数据写入阶段和数据读出阶段。在准备阶段中,外部存储器一旦加上工作电压,其内部各部分电路在固定程序的控制下,自动进入工作状态,做好数据读出和写入的准备工作;数据写入是在对电视节目状态重新进行调整时进行,如进行节目预置,或对电视图像的对比度、亮度、色饱和度、色调和电视机的音量进行调整时,都需要进入数据写入阶段;电视机由待机状态转入正常工作状态过程中,微处理器在不断地从外部存储器读出数据。首先要读取开机信息,再顺序读取上一次关机前使用的节目号、波段电压、调谐电压、图像状态(亮度、色饱和度、对比度、色调)、音量控制等信息。外部存储器不仅对节目状态数据进行存储,还对决定电视机功能的数据和开机数据进行存储。

在图 10.7 所示的框图中,AT24C08 的⑧、③脚接＋5V 电源,①、②、④脚接地,⑤、⑥脚与微处理器的②、③脚总线进行数据存取交换。

10.3　彩电遥控电路故障检测流程

遥控系统电路的检修应在电视机主机板工作正常的前提下进行。对遥控系统电路故障进行分析和判断时,首先应检查遥控器的好坏,然后再对本机键盘控制进行检查。考虑到遥控系统电路的信号产生和处理运用了微处理器电路,所以它的工作方式、电路结构和一般电视机的模拟电路差异较大,在进行故障检查时,不能单纯使用万用表,应尽可能使用示波器。因该系统的信号传输均采用脉冲数码,工作速度又很快,用万用表测得的数据往往会不准,很难判断是否有故障,而用示波器来检测,既直观又准确。

10.3.1 西湖 54CD6 型彩电的检测流程

1. 遥控器发射故障的检测流程

遥控器不工作的检修流程如图 10.8 所示。

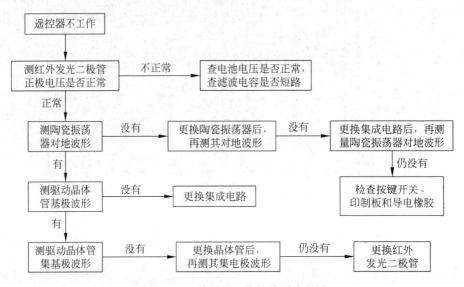

图 10.8 遥控器不工作的检测流程图

2. 红外遥控信号接收器故障的检测流程

1)红外遥控信号接收器故障类型

接收器故障归纳起来大致可以分为下列 3 种类型:①信号通路阻断,接收器输出端没有遥控指令信号输出,造成遥控完全不起作用。②接收器输出信号幅度太小、太弱,造成遥控距离变小,范围变窄。③接收器输出信号信噪比太小,噪声或干扰信号幅度太大,造成遥控不稳定或产生误控现象。

接收器输出端输出信号是遥控器指令的脉冲序列信号,正常幅度达 4V 以上,可用示波器来检测。

2)红外遥控信号接收器故障的检修流程

现以 M50436-560SP 遥控系统的 CX20106 红外遥控信号接收电路为例,列出其检修流程,如图 10.9 所示。

3. 微机控制系统故障的检测流程

1)模拟量(亮度、色度、音量)控制故障(检修流程见图 10.10)

2)不能选台故障(检修流程见图 10.11)

3)屏幕字幕显示故障(检修流程见图 10.12)

10.3.2 长虹 SF2515 型彩电的检测流程

指示灯亮、无光栅、无伴音故障的检测流程见图 10.13。

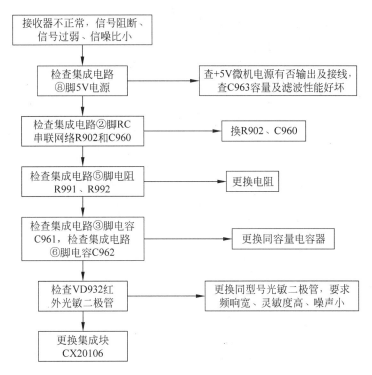

图 10.9 红外遥控信号接收器故障的检测流程图

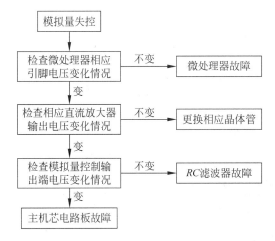

图 10.10 模拟量(亮度、色度、音量)控制故障的检测流程图

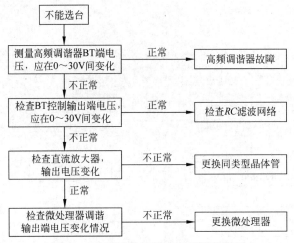

图 10.11　不能选台故障的检测流程图

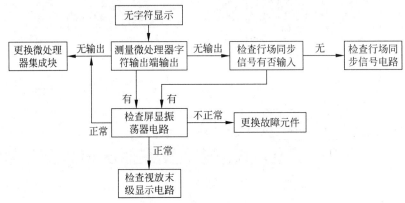

图 10.12　屏幕字幕显示故障的检测流程图

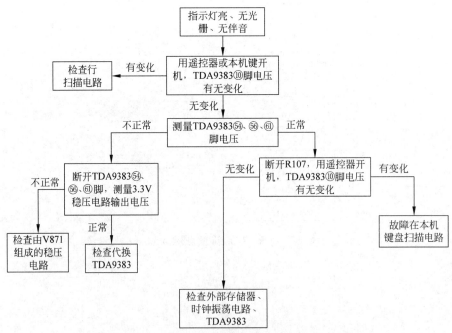

图 10.13　指示灯亮、无光栅、无伴音故障的检测流程图

10.4 彩电遥控电路故障检修实例

10.4.1 无法遥控开机故障检修

1. 电视机始终处于待机状态

故障现象：开机后,电视机始终处于待机状态,待机指示灯亮；按下开机/待机按钮,电视机仍处于待机状态,待机指示灯仍亮。

分析与检修实例：电视机始终处于待机状态,说明遥控电路或其他与待机控制有关的电路工作不正常。这一故障的具体检测步骤见下述实例。

【例10.1】 某台西湖54CD6型彩色电视机,始终处于待机状态无法开机。

检修时,先用万用表电压挡测量V801待机开关管基极电压,始终为0.7V(正常工作时应为0V,待机时应为0.7V),说明V801始终处于饱和导通状态。暂使V801的be之间短接,电视机出现光栅,说明遥控待机控制电路工作不正常。测量N906(M50436-560SP)的待机控制端⑨脚的直流电压,发现始终处于低电平(该端输出为高电平时,电视机的电源接通,该端输出为低电平时,电视机处于待机状态)状态,不受面板待机键和遥控发射器待机键的控制。考虑到面板待机键和遥控发射器待机键均无作用,故一般不用检查N906的⑤脚、㉑脚和㉚脚,而应重点检查㉜脚的5V直流工作电压、㉗脚复位输入端和㉘、㉙脚的振荡器输出输入端。检查结果均正常,故怀疑是N906的⑨脚待机输出端内部开路。更换Ⅳ906集成块后,故障排除,说明确是遥控主芯片N906损坏。

【例10.2】 有台西湖54CD6型彩色电视机,始终处于待机状态无法开机。

检修时,仍按例10.1的检修步骤检查,没有发现N906(M50436-560SP)微处理机有明显异常。改用示波器检查N906的㉘脚和㉙脚主振荡器的输出和输入端,发现无4MHz的振荡波形。检查其外围元件C934、C935和Z906,发现石英晶体Z906已损坏。Z906损坏,造成N906微机无法正常工作,使N906的⑨脚待机输出端始终为低电平,从而使电视机的电源被切断,故电视机始终处于待机状态。调换石英晶体Z906后,故障排除。

【例10.3】 某西湖54CD6型彩色电视机,始终处于待机状态无法开机。

检修时,按例10.1检修步骤检查后,发现N906(M50436-560SP)的㉗脚复位输入端电压为0V,正常时该端电压应滞后于㉜脚供电电源约1ms后变为高电平,即5V左右的直流电压。经检查㉗脚外围电路,发现R961(2kΩ)电阻已开路,造成㉗脚无复位电压,使微处理机开机时无法复位而不能正常工作,从而使电视机始终处于“待机”状态。调换该电阻后,故障排除。

【例10.4】 有台西湖54CD6型彩色电视机,始终处于待机状态无法开机。

检修时,仍按例10.1检修步骤检查后,发现N906(M50436-560SP)的㉜脚无5V供电电压,但V921发射极输出的5V电压正常。进一步检查N906㉜脚支路,发现L907(100μH)电感一端有电压,另一端无电压。关机后检查发现L907已开路,导致N906微机无工作电压,⑨脚输出为低电平,V908截止,使电视机始终处于“待机”状态。调换L907(100μH)电感后,故障排除。

2. 无光栅、无伴音,但待机指示灯亮

故障现象：打开电视机电源,无光栅也无伴音,但按面板上的待机键或遥控发射器上的待机键时,电视机上的待机指示灯会在亮与不亮之间变化。

分析与检修实例:根据待机指示灯亮与不亮的变化,说明遥控电路的工作基本正常,检修时主要应检查待机开关管、整机电源及行扫描电路。该故障具体的检修步骤见下述实例。

【例 10.5】 某台西湖 54CD6 型彩色电视机,无光栅、无伴音,但待机指示灯会受到控制而在亮与不亮之间变化。

检修时,先取消待机功能,把 V801 待机三极管的基－射脚短接或把主板上的 35 号跳线焊开。此时若出现光栅,说明故障在遥控部分,若仍无光栅,则故障在电源及行扫描电路。该机在 V801 的 be 短接后仍无光栅。用万用表电压挡测量电源 106V 电压,结果正常;再测量 V404 行输出管集电极电压,只有 46V。正常时电源 106V 输出经过 R444、行输出变压器①、⑧脚绕组、L406 后到 V404 集电极。检查该支路发现 L406 至 V404 集电极之间的铜箔裂开,存在一定的接触电阻,导致 V404 集电极电压下降至 46V,使行输出电路无法正常工作,造成无光栅、无伴音。把铜箔断裂处重新连接后,电视机恢复正常。

【例 10.6】 有台西湖 54CD6 型彩色电视机,无光栅、无伴音,但待机指示灯会在受到控制时在亮与不亮之间变化。

检修时,先取消待机功能,即把 V801 的 be 短接,仍无光栅。用万用表测得电源 106V 输出为 0V,N801(STR—5412)的②脚电压为 0V。检查启动电阻 R811,正常;检查 N801 ②脚对地电阻,只有 140Ω 左右,明显减小。检查其外围电路,发现是待机三极管 V801 的集电极和发射极之间击穿,相当于始终处于待机状态,导致无光栅、无伴音。调换 V801 (2SC2073)三极管后,故障排除。

3. 无光栅、无伴音,待机指示灯也不亮

故障现象:接通电视机电源,无光栅、无伴音,待机指示灯也不亮,按待机键无作用。

分析与检修实例:无光栅、无伴音,待机指示灯不亮,通常是遥控电路工作不正常造成的。这一故障的具体检修方法见下述实例。

【例 10.7】 某台西湖 54CD6 型彩色电视机,无光栅、无伴音,待机指示灯也不亮。

检修时,先把 V801 的基-射脚短接,取消待机功能,此时出现光栅,说明电视机的电源及行扫描电路工作正常,主要应检修遥控电路。用万用表电压挡测得 V921 发射极输出的 ＋5V 电压为零,V922 发射极输出端也无－30V 电压。再往前检查,测量整流后的－36V 和＋10V 电压均没有,测量遥控变压器次级也无交流电压。检查变压器初级,有交流 220V 电压。关机后,用万用表遥控变压器初级绕组已开路,导致次级无交流电压,故出现无光栅、无伴音,待机指示灯也不亮故障。调换遥控变压器 T906 后,故障排除。

4. 待机指示灯不亮

故障现象:电视机能正常工作,但是处于待机状态时,待机指示灯不亮。

分析与检修:电视机能正常工作,光是待机时指示灯不亮,通常是由于待机指示灯电路工作失常造成的。这一故障的具体检修步骤见下例。

【例 10.8】 某西湖 54CD6 型彩色电视机,待机指示灯不亮。

检修时,用万用表电压挡测量 V909(2SC1815Y)集电极电压,始终为高电平,而基极电压高低变化正常,即在电视机收看过程中晶体管 V909 基极应为低电平,而当电视机处于待机状态时,V909 基极应为高电平。关机检查 V909,发现其 be 结已开路,导致 V909 无法工作在开关状态,造成待机指示灯不亮。调换 V909(2SC1815)三极管后,故障排除。

5. 待机指示灯常亮

故障现象：电视机能正常工作，但是无论处于待机状态，还是在正常工作状态，待机指示灯均亮。

分析与检修：待机指示灯常亮，说明待机指示灯始终有电流流过，也就是说作为待机指示灯的发光二极管负端始终为低电平，故主要应检查该回路。这一故障的具体检修见下例。

【例 10.9】　某台西湖 54CD6 型彩色电视机，待机指示灯常亮。

检修时，先检测 V909 集电极电压，始终为 0V，而基极电压能正常变化。关机后测量晶体管 V909 集电极对地电阻，为 0Ω，说明有短路现象。拔掉 XP907 插头，再测量 V909 集电极对地电阻，仍为 0Ω，说明故障在遥控板上。检查 V909 三极管，正常。由于该支路中已无其他元件故检查该线路板附近，发现在该支路中有一根跨接线 W907 引脚太长，碰到接地的屏蔽罩，造成 V909 集电极对地短路，导致待机指示灯常亮。把跨接线剪短重新焊接后，故障排除。

6. 遥控关机不起作用

故障现象：电视机能正常收看，但是按面板上的待机键或遥控发射器上的待机键都不起作用，待机指示灯也不亮。

分析与检修：遥控关机不起作用，而其他遥控功能正常，说明故障在"待机"控制电路中。这一故障的具体检修见下例。

【例 10.10】　有台西湖 54CD6 型彩色电视机，遥控关机不起作用。

检修时，先测量芯片 N906(M50436-560SP)的⑨脚电压，当按面板上的待机键或遥控器上的待机键时电压能正常变化；再测量 V908 的基极电压，也能正常变化，但集电极电压始终为 0V。用万用表电阻挡测量 R822、R823 电阻，发现 R822(51kΩ)已开路。调换该电阻后，故障排除。由于 R822 电阻开路，电源整流后的 300V 电压，无法加入 V908 集电极，使 V908 基极电压无论怎样变化，其集电极电压始终为低电压，造成 V909 和 V801 因没有基极激励电压而无法导通，也就使遥控关机不起作用。

10.4.2　微处理器电路及周边电路故障检修

1. 屏幕无字符显示

故障现象：开机后，电视机所有控制功能均正常，有正常的彩色图像和伴音，但屏幕上始终无字符显示。

分析与检修实例：屏幕上无字符显示故障原因主要有以下 4 个方面。①字符显示振荡电路工作不正常；②行、场脉冲输入电路工作不正常；③微处理器内部的字符发生器工作不正常；④字符显示信息没能加到显像管上。这一故障的具体检修步骤见下述实例。

【例 10.11】　某台西湖 54CD6 型彩色电视机，工作正常但无字符显示。

检修时，先把电视机控制在应该有字符显示的状态，如把电视机选择开关拨至预置状态，或按发射器上的静音键，使电视机处于静音状态等。检查芯片 M50436-560SP 微处理器⑩、⑪脚行、场脉冲输入电路，正常时用示波器检查应该有行、场脉冲波形，用万用表测量应该分别有 0.05V 和 0.25V 的电压。现在检查后发现其⑪脚行同步脉冲信号丢失，对地电压为 0V。检查该支路发现，遥控板上的 38 号线至主板上的 54 号线有虚焊，导致行脉冲信号丢失，造成主芯片 M50436-560SP⑭、⑯和⑰脚均没有信号输出，使屏幕上无字符显示。把

54 号连线重新焊接后,故障排除。

【例 10.12】 有台西湖 54CD6 型彩色电视机,无字符显示。

检修时,先把电视机控制在应该有字符显示的状态,用示波器检查 M50436-560SP 的 (50)、(51)脚波形,有正常的行、场脉冲信号输入,再检查其㊽、㊾脚字符显示振荡器的输出端子,无振荡波形,对地电压分别为 0V 和 0.13V(正常时为 0.25V 和 0.5V)。关机后测量芯片 M50436-560SP 的㊽、㊾脚对地电阻,分别为 50Ω 和 1.5kΩ 左右(正常为 7.5kΩ 至 8.5kΩ)。拆下 C931(30P)电容,测量其电阻为 40Ω 左右,已被击穿。由于 C931 被击穿,使字符显示振荡器不能正常工作,导致屏幕无字符显示。更换 C931(30P)电容器后,故障排除。

2. 字符显示颜色不正常

故障现象:屏幕上的字符显示由原来的红、绿、黄 3 种颜色变成红色和黑色或绿色和黑色,也有的字符显示均为黑色,但电视机的收看正常,所有功能键调节也正常。

分析与检修实例:屏幕字符由红色、绿色和黄色(红色+绿色)3 种颜色来显示的。若屏幕字符显示只有红色和黑色,没有绿色和黄色,说明是绿色字符显示电路工作不正常;若屏幕字符显示只有绿色和黑色,没有红色和黄色,说明是红色字符显示电路工作不正常;若所有字符显示为黑色,说明是红色、绿色字符显示电路同时存在故障。这一故障的具体检修步骤见下述实例。

【例 10.13】 某西湖 54CD6 型彩色电视机,屏幕字符显示为红色和黑色。

检修时,先检查芯片 N906(M50436-560SP) ㊻脚显示控制器的绿色字符信号输出端,正常;再检查显像管座板上的 V512 基极,无绿色显示信号输入。进一步检查该回路,发现 R975 电阻已开路。调换 R975(220Ω)电阻后,屏幕字符显示正常。

【例 10.14】 某台西湖 54CD6 型彩色电视机,屏幕字符显示为绿色和黑色。

原来显示红色的字符现在变成了黑色,原来显示黄色的字符现在却变成了绿色,只有原来显示绿色的字符现在仍为绿色,说明是红色字符显示电路有故障。检修时,先检查芯片 N906(M50436-560SP) ㊼脚显示控制器的红色显示信号输出端,正常;再检查显像管座板上的 V511 基极,也有红色显示信号输入。进一步检查 V511 及外围元件,发现是 V511 的 be 开路,造成无红色字符显示。调换 V511(2SC1815)三极管后,屏幕字符显示颜色正常。

【例 10.15】 有台西湖 54CD6 型彩色电视机,屏幕上所有字符显示均为黑色。

屏幕上所有字符显示均为黑色,说明是红色和绿色的屏幕显示输出电路同时存在故障,造成只有 Y 端屏幕显示信号有输出。Y 是作为彩色字符的底色消隐,以防止屏幕上图像画面与彩色字符叠加产生时出现字符不清、混色等现象,所以若屏幕显示输出端只有 Y 信号有输出时,就会出现所有的字符显示均为黑色。检修时,先检查芯片 N906(M50436-560SP) ㊻、㊼脚的绿色、红色显示信号输出,正常;再检查显像管座板上晶体管 V511 和 V512 基极,无红、绿显示信号。进一步检查该回路,发现由遥控板连接至显像管座板的 XP910 插头松动(没有插到位),造成红、绿显示信号同时丢失,引起屏幕字符显示为黑色。把该插头插紧后,显示正常,故障排除。

3. 屏幕字符显示扭动

故障现象:屏幕上有字符显示时,所显示的字符左右扭动,但图像收看正常。

分析与检修实例:字符显示扭动是由于字符显示电路的工作电压不够稳定,纹波系数增大造成的。虽然整个遥控电路均采用同一组电源,但其他电路的反应不很明显,只有字符容易被人发现。这一故障的具体检修方法见下例。

【例10.16】　某西湖54CD6型彩色电视机,字符显示扭动。

检修时,先检测遥控电路的5V工作电压,为4.8V。用示波器检查V921,发现V921的发射极有较大的纹波,再检测遥控整流滤波后的电压,正常时为11V左右,实际测得为8.5V。用示波器检查该电压,发现纹波系数更大。进一步检查整流二极管、滤波电容等外围元件,发现C958(470μF/25V)滤波电容失效,没有起到滤波的作用,造成遥控电源纹波增大,直流电压偏低,导致字符扭曲。调换C958电解电容后,故障排除。

4. 屏幕字符显示位置不佳

故障现象:屏幕字符显示的位置,有的字符显示偏上,有的字符显示偏下,也有的字符显示偏左或偏右。

分析与检修:屏幕字符显示的位置,是由芯片N906(M50436-560SP)的㊿脚和51脚输入的行、场同步信号,以及48、49脚的显示控制器外接的RC电路来确定的。当字符显示位置不佳时,主要应检查这部分电路。这一故障的具体检修见下例。

【例10.17】　某台西湖54CD6型彩色电视机,屏幕字符显示偏左,且左边的字符已无法显示出来,都跑到显像管屏幕外面去了。

检修时,先检查N906的㊿脚和51脚行、场逆程脉冲信号,均正常,再检查48、49脚,并且调节接在48、49脚外围的RP901(5kΩ)可调电阻,屏幕字符显示位置仍无变化。关机后检查,发现可调电阻RP901的中心调节端②开路,导致屏幕字符显示的位置偏左。调换可调电阻RP901后,故障排除。

5. 屏幕字符显示不清楚,拖尾

故障现象:电视机收看电视图像清楚,只是有字符显示时,发现字符不清楚,有拖尾现象。

分析与检修实例:字符显示不清楚、拖尾,说明是字符显示电路工作不佳造成的,其具体检测见下例。

【例10.18】　某西湖54CD6型彩色电视机,字符显示不清楚,有拖尾现象。

由于主芯片N906㊹脚输出的Y信号是作为彩色字符的底色消隐信号,以防止屏幕上画面与彩色字符叠加产生字符不清和混色故障。所以在检修时,先拔去XP910插头,正常时电视机应显示出黑色的字符,现在发现黑色字符颜色偏浅,并且不清楚,说明是N906㊹脚的Y显示信号输出及外围电路有故障。经检查发现晶体管V923的基-射电压大于0.8V。拆下V923检查,发现V923的be结正向电阻增大,ce结有软击穿现象,造成字符消隐信号Y的脉冲幅度不够,不足以完全使V202截止,使字符显示不清楚,并随着画面底色的变化而变化,产生拖尾、混色等现象。调换V923(2SC1815)三极管后,故障排除。

6. 自动或手动搜索均无电台出现

故障现象:把电视机面板上的选择开关拨至"预置"状态,按下自动选台键,电视机会自动由低频段至高频段搜索寻台,屏幕上14个绿色方块显示的调谐电压大小在正常变化,但始终无电台出现,改为手动调谐时,也无电台出现。

分析与检修实例:自动或手动搜索电台,电视机均收不到图像和伴音,通常是由于预选电路或图像伴音公共通道电路工作不正常造成的。这一故障的具体检测步骤见下例。

【例 10.19】 某西湖 54CD6 型彩色电视机,自动或手动搜索均无电台出现。

检修时,先用万用表测量高频调谐器各脚电压,除 BT 电压始终为 30V 电压外,其余的 12V、AGC 电压、AFC 电压及 BU、BH、BL 频段切换电压均正常,说明是调谐电路有故障。该彩色电视机的调谐电压是由微处理器芯片 M50436-560SP 和 M58655P 一起组成的电压合成式调谐系统,微处理器接收到有关指令后,通过①脚输出一负极性的幅度为 5V、分辨率为 2^{14} 的脉宽调制信号,经晶体管 V912 倒相转换和低通滤波后把脉宽的变化转变成调谐电压,此调谐电压是一个被分割成 16384 级、变化范围为 0~30V 的调谐电压。现在调谐电压始终为 30V,再测量 V912 的集电极电压,也始终为 30V,测量其基极始终无电压。进步测量芯片 MS0436-560SP 的①脚电压,在 0~5V 之间变化。检查①脚的外围电路。发现 R995(1kΩ)电阻虚焊,导致 V912 不工作,BT 调谐电压始终为 30V,造成自动或手动搜索均无电台。经重新焊接 R995 电阻后,故障排除。

7. 自动调谐选台无作用

故障现象:手动调谐选台时,有图像、有伴音,但自动调谐选台时无作用。

分析与检修实例:发生上述故障时,先调整外部各功能键,若仅仅是自动调谐选台无作用,则应检查该按键及导电橡胶,若除了自动调谐选台无作用外,还有待机键、节目取消键、自动频率微调键同时失效,则应检查键板上的 VD918 和 9 号线至遥控板 24 号线及 N906 的③脚等电路。这一故障的具体检测步骤见下例。

【例 10.20】 某西湖 54CD6 型彩色电视机,自动调谐选台、待机键、节目取消键、自动频率微调键均无作用,但手动选台正常。

检修时,先用万用表电阻挡测量遥控板 24 号线至芯片 N906⑩脚之间的电阻,为 850Ω,正常;对地之间也无短路现象。再检查键板 9 号线至 24 号线连接,正常。把键板拆下,测量 VD918 二极管,发现已开路,导致自动调谐选台等键无作用。调换 VD918(1S1555)二极管后,故障排除。

8. 记忆功能失效

故障现象:每次开机时,电视机均在待机状态,按待机键后,电视机启动有光栅。把选择开关拨至预置状态,再按自动调谐选台键,电视机会自动由低频段至高频段搜索寻台,每搜索到一个电视节目后,节目号按顺序进"1"全部搜索完成后,回到第一个节目号,电视节目均消失。若在预置状态时,采用手工调谐,能接收到图像和伴音,但把选择开关拨至正常状态时,被调谐好的电视节目也都消失。

分析与检修实例:西湖 54CD6 型彩色电视机的存储功能是由日本三菱公司生产的专用存储集成块 M58655P 及其外围电路来实现的,它与微处理器集成块 M50436-560SP 配套使用。正常时的存储功能是这样的:存储集成块 M58655P 要有 2 组工作电压,即 5V 和 −30V(±10%),其中开机瞬间要求 5V 超前 −30V 电压先到,关机瞬间要求 5V 滞后于 −30V 电压消失。按面板键盘或遥控器把要存储的内容通过微处理器发出片选信号(低电平有效),即由主芯片 N906(M50436-560SP)的⑯脚送入存储集成块 N907(M58655P)的④脚,此时存储器处于准备状态。同时 N906 的㉛、㉜、㉝脚连接存储集成块 N907 的⑦、⑧、⑨脚,作为存储器存储方式的选择,于是微处理器把要存储的内容通过㉞脚输出,送至存储集成块 N907 的⑫脚存入,等下次开机或要把存储内容取出来时,仍通过 N907 存储集成块⑫脚输出上次存储的内容,送还给微处理器 N906 的㉞脚输入。微处理器 N906 集成块的㉚脚输出时钟脉冲,由 N907 集成块的⑥脚输入,作为存储器 N907 集成块的时钟脉冲,并按微处理器规定的时序进行操作,记入各种数据。以上是存储器正常工作时,必须具备的外部条件,缺少一个条件都会使存储器无法工作,失去记忆功能。另外,也要求存储集成块 N907 (M58655P)在满足外部条件的基础上能正常工作。这一故障的具体检修方法见下述实例。

【例 10.21】　某西湖 54CD6 型彩色电视机,记忆功能失效。

检修时,先检测存储集成块 N907(M58655P)的①脚 5V 电压和②脚−30V 电压,发现−30V 电压几乎为 0V。检查−30V 稳压电路,发现 VD929(RD30EB 4)30V 稳压二极管已被击穿,导致 M58655P 无工作电压而失去记忆功能。调换稳压二极管 VD929 后,故障排除。

【例 10.22】　某台西湖 54CD6 型彩色电视机,记忆功能失效。

检修时,先测量存储集成块 N907①脚+5V 电压和②脚−30V 电压,均正常;再测量④脚电压,正常时,电视机每调准一个电台,④脚电压就低一下,表示由微处理器发出的片选信号已有输入,但实际测得④脚电压始终为 4.8V,无任何变化,说明无片选信号输入。进一步测量微处理器 N906 的⑯脚,却始终为低电平,说明微处理器芯片 N906⑯脚至存储器 N907④脚之间有断路现象。检查该支路发现,该支路中有一根跳线 W930 虚焊,造成微处理器⑯脚输出的片选信号无法输入存储器④脚,使存储器 N907 无法工作、失去记忆功能。把该跳线焊好后,开机检查,故障排除。

【例 10.23】　有台西湖 54CD6 型彩色电视机,记忆功能失效。

检修时,先测量存储集成块 N907①脚和②脚电压,均正常;再测量 N907④脚片选输入端,其电平在高低之间正常变化。进一步检测 N907⑦、⑧、⑨脚作为存储方式的选择输入端电压。正常时,若电视机处于自动调谐状态,则在 N907⑦、⑨、⑨3 脚上均有电压变化,其中⑦脚电压平时有 4V 左右。一旦调谐到电台后存入时,该电压下降到 3V 左右后,又立即上升到 4V,等待着下一个内容的存入,⑧、⑨脚也同样有电压变化。而实际测得⑦脚电压始终为 0V,但是微处理器 N906㉛脚却有 4.1V 电压,说明 N906㉛脚至 N907⑦脚之间有开路现象。关机检查该支路,发现铜箔皮断裂,导致 N906㉛脚至 N907⑦脚之间不通,造成存储器无法选择存储方式。失去记忆功能。把铜箔断裂处焊好后,故障排除。

【例 10.24】　有台西湖 54CD6 型彩色电视机,记忆功能失效。

检修时,先测量 N907①脚和②脚供电,正常;测量④脚片选输入端电压,正常;测量 N907⑦、⑧、⑨脚存储方式选择端电压,也正常。再检查 N907⑫脚输出输入端,正常时,若调谐电视节目或其他内容要存储时,该端电压会有高低变化,表明有输入或输出信号。实际测得该端电压始终为低电平。进一步测量微处理器 N906㉞脚电压时,电视机突然恢复正常。经仔细检查发现是 N906㉞脚虚焊,导致 N906㉞脚和 N907⑫脚之间不通,无法输入或输出要存储的内容,失去记忆功能。把 N906㉞脚重新焊好后,故障排除。

【例 10.25】　某西湖 54CD6 型彩色电视机,失去记忆功能。

检修时,先检查 N907①脚和②脚供电,均正常;检测④脚片选输入端,也正常;检测⑦、⑧、⑨脚存储方式选择端,正常;检测⑫脚输入输出端电压,基本正常;再检查⑥脚时钟输入端的电平,也正常。考虑到存储集成块 N907 的外部电路基本正常,只好采用"替换法"更换 N907。调换存储集成块 N907(M58655P)后,再通电检查,发现故障已排除。

9. 自动选台键工作不正常

故障现象:电视机通电后,把电视机面板上的选择开关拨至"预置"状态,按下自动选台键后,电视机会自动由低频段至高频段搜索寻台,但每搜索到一个有节目的频道时,搜索速度并未放慢,而且节目号也没有按顺序加"1",全部搜索完成后,所有的有电视节目的频道都没有存入节目单元。

分析与检修实例:电视机自动选台工作不正常,主要应检查微处理器主芯片 N906 的㉟脚、㊱脚和⑧脚,必要时再检查 N906 的①、⑥、⑦脚。这一故障的具体检修步骤见下述实例。

【例 10.26】 某台西湖 54CD6 型彩色电视机,自动选台键工作不正常,但原来调好的电视节目仍能正常播放,也有伴音。

检修时,用万用表电压挡测量芯片 N906⑧脚电压,自动选台键工作时为 12V,自动选台结束后,正常播放节目时为 0V,检查结果正常。再测量 N906㉟脚电压,当自动选台键工作时,㉟脚电压应在 2～6V 间变化,自动选台结束后,正常播放节目时为 4.8V 左右,但实际测得㉟脚电压始终为 0V。检测 V915(2SC1815)三极管发射极电压,为 4.8V。检查该支路发现 VD910(1S1555)二极管开路,造成㉟脚无 AFT 电压输入,无法使微处理器(CPU)确定最佳调谐点,导致自动选台时,虽然能开始搜索寻台,但每搜索到一个有节目的频道时,搜索速度并未放慢,而且节目号也没有顺序加"1",失去自动调谐的作用。调换 VD910(1S1555)二极管后,故障排除。

【例 10.27】 有台西湖 54CD6 型彩色电视机,自动选台键工作不正常,但原来调好的电视节目仍能正常播放,但无伴音。

根据故障现象,应该从芯片 N906 的㊱脚同步输入端着手检修。因为在自动选台时,同步信号到来时,会将 BT 电压的扫描速度放慢,另一方面也为静噪电路服务。若没有同步脉冲时,N906㊸脚静噪端为低电平,造成无伴音。用万用表电压挡测量 N906㊱脚电压,在正常自动选台情况下,㊱脚电压应在 4.6～5.1V 间变化,实际测得㊱脚电压始终为 4.8V,无任何变化。再检查㊱脚外围元件,发现晶体管 V918 基极电压为 0V,在自动选台时也无任何变化,正常时应在 0.3V 左右波动。进一步检查该支路,发现是电阻 R977(1kΩ)开路。调换 R977 后,故障排除。

【例 10.28】 有台西湖 54CD6 型彩色电视机,自动选台键工作不正常,原来调好的电视节目收看也不正常。此时,采用手动搜索方式寻找电台,该功能基本正常,但找到的电视节目图像质量不好,伴音基本正常。

根据故障现象可知,AFT 电路有故障。检修时,先检查 N906㉟脚及其外围电路,均正常。后来把信号发生器的中频信号直接输入电视机中频信号输入端(把高频头中频信号输出端断开),也发现图像质量不好,说明是图像中放电路的频率偏离 38MHz。用中周调节棒或无感小起子,调节 L151 中周,此时让 AFT 处于 OFF 状态,把图像调准,然后再让 AFT 处于 ON 状态。此时若图像中放信号仍偏离 38MHz,再调节 L152 中周,直到把图像调准为止。经过调整后,电视机恢复正常接收,再采用自动选台键选台时,工作正常。

10. 遥控或手控伴音控制键均无伴音

故障现象:遥控或手控伴音控制键,电视机均无伴音.但有图像,并且画面上显示伴音大小的字符也正常。

分析与检修实例:微处理器芯片 M50436-560SP②脚输出的 64 级 PWM 信号,经低通滤波后得到直流电压,控制 N101(TA7680AP)①脚电压在 6.0～3.6V 之间变化,对应的音量控制范围在 0～60dB,且①脚电压越低,伴音越响。在主芯片 M50436-560SP②脚与㊸脚之间接入了一只无信号时消噪二极管 VD911,当电视机接收到电视节目时,M50436-560SP㊿脚有行同步脉冲信号输入,微处理器 M50436-560SP㊸脚输出高电平使 VD911 截止,否则㊸脚将输出低电平,把 MS0436-560SP②脚输出的信号通过 VD911 短路。使晶体管 V913 截止,导致 N101(TA7680AP)①脚始终处于高电平,造成无伴音。这一故障通常是由于音量控制电路、静噪电路和伴音通道电路的工作不正常造成的,其具体检修步骤见下例。

【例 10.29】 某西湖 54CD6 型彩色电视机,遥控或手控均无伴音。

检修时,先把 N101(TA7680AP)①脚对地瞬间短接,此时伴音很响,说明伴音通道电路工作正常,主要应检修音量控制电路及静噪电路。用万用表测量 N906②脚输出经 RC 滤波后的直流电压,实际测得该电压偏高,为 1.8V 左右,并随音量控制键的变化而变化,说明微处理器输出及 RC 滤波均正常。这时应检查 V913 倒相控制电路。检查发现 V913 (2SC1815)be 结已开路,造成 V913 始终处于截止状态,集电极电压处于高电平,使得 N101 (TA7680AP)①脚为高电平,导致无伴音。调换 V913 三极管后,故障排除。

11. 遥控及手控功能均失效

故障现象:电视机开机后,有图像,有伴音,但遥控及手控电视机的功能键,均无任何反应。

分析与检修实例:因为遥控和手控时的输入方式不一样,而这两部分同时发生故障的可能性也不是很大,所以这种故障通常是由于电视机被锁定在某一状态造成的。这一故障的具体检修方法见下例。

【例 10.30】 有台西湖 54CD6 型彩色电视机,遥控及手控功能均失效。

检修时,先按电视机面板上的功能键,无作用;再按遥控发射器上的功能键,也无作用。检查面板上选择开关的位置,均放置在正常状态。再仔细检查电视机,发现屏幕上有 BRIGHTNESS 亮度字符显示,而且显示在最大状态,即 14 块绿色方块。检查板上亮度增减键时,发现亮度增加功能键按进后未能复位,而是被卡在机壳的孔内,使电视机始终处于亮度增加的状态,造成另外功能键失效。把该键重新复位后,再把孔周围的毛刺挫光,上述故障排除。

12. 遥控接收不起作用

故障现象:遥控发射器发射的遥控指令正常,但是电视机无任何反应,而手控功能均正常。

分析与检修实例:遥控器发射信号正常而没有实现遥控功能,说明是遥控器的接收部分工作不正常。这一故障的具体检修见下述实例。

【例 10.31】 某西湖 54CD6 型彩色电视机,遥控接收不起作用。

检修时,用万用表电压挡测量 N908(CX20106)⑦脚,同时按遥控器任一功能键,观察万用表读数,无任何反应,正常时每按一次任一功能键,电压均有高低变化。再测量 N908⑧脚电压,为 0V(正常时为 5V)。进一步检查该支路,发现连接前置放大板的③号线至遥控板的㊴号线虚焊。重新焊接该线后,故障排除。

【例 10.32】 有台西湖 54CD6 型彩色电视机,遥控接收不起作用。

检修时,先检测 N908⑦脚电压,按遥控器任一功能键,无任何反应;测量 N908⑧脚供电电压为 5V 正常。用万用表电阻挡检查接收二极管 VD932,发现该二极管的正、反向电阻均很大,表明红外线接收二极管已开路。调换 VD932 后,故障排除。

10.4.3 遥控发射器故障检修

1. 遥控器某一组发射不出信号

故障现象：按遥控器上的亮度、色度、复位功能键时，失去作用，指示灯也不亮，但按其余功能键时，一切正常，指示灯也会亮。

分析与检修实例：亮度、色度、复位功能键是由 N01（M50462AP）⑧脚键扫和对应的引脚通断来实现功能调节和转换的，这一组按键没有作用，通常是由于 M50462AP⑧脚外部及内部电路损坏造成的。这一故障的具体检修见下例。

【例 10.33】 有台西湖 54CD6 型彩色电视机，遥控调节亮度、色度、复位功能键无作用，但其他功能键均正常。

检修时，先拆开遥控器后盖，检查 M50462⑧脚，发现⑧脚周围铜箔皮断裂。重新将断裂的钢箔皮焊接后，故障排除。

2. 遥控器电池使用时间短

故障现象：遥控器刚换上新电池没几天，又需调换新电池。

分析与检修实例：西湖 54CD6 型彩色电视遥控器的静态电流约 $1\mu A$，工作电流约 6mA，一般新电池换上后可使用 1 年以上，但不能新旧电池混合使用，不能受潮、受腐蚀。但现在新电池没几天可用，说明是遥控器有漏电故障。这一故障的具体检修见下述实例。

【例 10.34】 某西湖 54CD6 型彩色电视机，其遥控器电池使用时间短。

检查时，先用电流表（或用万用表电流挡）串接在电池中间，测量静态电流和工作时的电流大小。结果发现静态时，也就是说不按遥控器任何功能键时，就有 156mA 电流，说明有漏电现象。去掉电池，拆开遥控器后盖，取下电池后用万用表电阻挡测量电源输入端与地之间的电阻：把万用表红笔棒接负端，黑笔棒接正端，正常时阻值约为 $2000k\Omega$，实际测得 $100k\Omega$ 左右，明显小于正常值。检查滤波电容及外围元件，无短路现象。后来考虑到可能是铜箔板之间有漏电现象，故用无水酒精清洗，再用电吹风热风吹干，重新测量电阻值，恢复正常。装上电池后，测量其静态电流，也恢复正常，说明故障已排除。

【例 10.35】 有台西湖 54CD6 型彩色电视机，其遥控器电池使用时间短。

检修时，按上例方法检查后，发现遥控器静态电流偏大，检查其外围元件，均无损坏。用无水酒精清洗线路板后，也无效。后来调换集成块 M50462AP 后，故障排除。这说明集成块内部有漏电，造成静态电流过大，使遥控器电池使用寿命缩短。

3. 遥控距离近并有误动作

故障现象：遥控器遥控距离近，是指遥控器离电视机的距离小于 7m，有时按遥控器某功能键与实际起作用的功能不相符，若换一只好的遥控器检查，上述故障现象排除。

分析与检修实例：发生上述故障现象主要是由于遥控器电池不足，遥控接收电路中的振荡频率偏离正常值或者驱动红外发光二极管的电路工作不正常造成的。这一故障的具体检修步骤见下述实例。

【例 10.36】 某西湖 54CD6 型彩色电视机，其遥控器遥控距离过近。

检修时，先用万用表电压挡测量遥控器内电池电压，为 0.7V 左右（正常时应为 3.0V），明显偏低。然后检查装电池触片，发现触片上有氧化物。把触片上的氧化物去掉，装上新电池后，遥控器恢复正常。

【例 10.37】　有台西湖 54CD6 型彩色电视机,其遥控器遥控距离近。

检修时,先检查遥控器供电电池,正常;再测量遥控器集成块 N01(M50462AP)的工作电压,也正常,并且在按某一按键时,在 M50462AP 集成块的㉓脚电压会变化一下。后来改用示波器检查,发现 M50462AP 集成块的②、③脚振荡信号频率不对。检查其外围电路,基本正常。用"替换法"替换 Z01(455E)晶体后,上述故障排除。这说明遥控器的振荡频率偏离了 38kHz 后造成发射和接收误差,引起遥控距离过近,严重时将会使得遥控失效。

4. 遥控器发射无作用,但指示灯亮

故障现象:在规定距离内,按遥控器各功能键,电视机无任何反应,但遥控器上的指示灯能正常发光。

分析与检修实例:每按一次遥控器各功能按键,遥控器上的指示灯会亮一下,说明遥控器有电压,有振荡,并且按键功能也正常。这一故障通常是由于遥控发射器输出电路有故障或者是振荡频率偏离较多造成的,其具体检修步骤见下例。

【例 10.38】　某西湖 54CD6 型彩色电视机,其遥控器发射无作用,但指示灯亮。

检修时,先用万用表电压挡测量 N01(M50462AP)㉓脚信号输出端,此时用手任意按一下遥控发射器上的功能键,观察万用表的指针是否随按键在变化。实际检查发现万用表的指针有变化。再测量 VD01 红外发射管的正极电压,也随按键在变化,说明在发射管正极已有发射信号,故障一般是由于红外发射管不良造成的。调换红外发射管 VD01(LTD001CR)后,故障排除。

5. 遥控器发射无作用,指示灯也不亮

故障现象:在规定距离内,按遥控器各功能按键,电视机无任何反应,而且遥控器上的指示灯也不亮。

分析与检修:按遥控器各功能键,电视机无任何反应,往往是由于遥控器无电源或没有振荡。这一故障的具体检修见下述实例。

【例 10.39】　某台西湖 54CD6 型彩色电视机,其遥控器发射无作用,指示灯也不亮。

检修时,先检查遥控器电池,结果正常,但装上电池后,测得遥控器的电压输入端电压很低。检查后发现遥控器内电池的接触片已氧化烂断。经调换该接触片后,故障排除。

【例 10.40】　有台西湖 54CD6 型彩色电视机,其遥控器发射无作用,指示灯也不亮。

检修时,先用万用表检查电池及输入电路,均正常。然后用示波器检查 M50462AP 的㉓脚波形,无输出波形(按任何按键时);检查 M50462AP②、③脚波形,也无振荡波形(按任何按键时);进一步检查 M50462AP②、③脚外围电路,发现 Z01(455E)1 只引脚已烂断。调换 Z01 后,故障排除。

6. 按遥控器某一只按键无作用

故障现象:按遥控发射器某一只功能按键无作用,但其余功能按键均正常。

分析与检修实例:只有某一只按键失去作用,一般是由于某一只按键的导电橡胶及对应的铜箔板接触不良或不导电造成的,其具体检修见下例。

【例 10.41】　某西湖 54CD6 型彩色电视机,其遥控器的第 3 只按键无作用。

检修时,先拆开遥控器,检查第 3 只按键的导电橡胶及对应的铜箔板,发现导电橡胶表面层不导电。剪一块双面胶带纸(与导电橡胶同样大),一面粘在导电橡胶上,另一面粘上一块能导电的纸后(如装香烟的锡箔纸等),再装回原处。经这样处理后,故障排除。

7. 遥控指示灯常亮

故障现象：遥控器指示灯不管按不按遥控功能键，均发光。

分析与检修实例：遥控器指示灯常亮，通常是由于某一按键始终接通，或者时钟振荡器始终处于振荡状态，或者是指示灯电路工作不正常造成的。这一故障的具体检修步骤见下述实例。

【例 10.42】 某西湖 54CD6 型彩色电视机，其遥控器的遥控指示灯常亮。

检修时，先打开遥控器后盖，测量 N01(M50462AP)④脚指示端电压为低电平。关机后，用万用表电阻挡测量 N01⑤、⑬脚之间的电阻值，约为 80Ω，而正常时应为 500kΩ。用电烙铁把⑤脚悬空，再测量悬空后的⑤脚和⑬脚之间的电阻，仍为 80Ω 左右，这说明是集成块内部损坏。N01 损坏，相当于遥控器第 8 只按键始终按下，导致发光二极管发亮。更换 N01 后，故障排除。

【例 10.43】 某台西湖 54CD6 型彩色电视机，其遥控器的遥控指示灯常亮。

检修时，先测量 N01(MS0462AP)④脚指示端电压，为 0V。关机后测量 N01④脚对地电阻，为 0Ω。进一步检查该支路，发现指示灯发光二极管负极引脚和边缘接地铜箔相碰，造成指示灯负端接地，使指示灯常亮。把发光二极管负极与接地端分开，重新焊接后，故障排除。

第 11 章

彩电整机电路综合分析与检测

为了适应大规模生产、管理、售后服务和维修方面的需要,国内外很多厂家在设计和生产彩色电视机时,都十分重视标准化和通用化工作。由于彩色电视机的公共通道电路、伴音电路、行场振荡电路、彩色解码电路、亮度通道和末级视放矩阵电路等与显像管的尺寸大小没有直接关系,所以彩色电视机中除显像管及小部分与显像管供电电路有关的元器件外,设计上都使其电路及所采用的元器件基本相同,并安装在一块主印刷电路板上,这就形成了具有通用性的彩色电视机统一机芯。我们先介绍两款国内常见的彩色电视机统一机芯。

11.1 常见彩电机芯介绍

11.1.1 东芝 L851 型彩色电视机机芯(TA 二片机)

东芝 L851 型彩色电视机机芯的国内代表机型为西湖 54CD6 型彩电。在主电路中,它采用了二片集成电路,即中频通道和伴音小信号处理集成电路 TA7680AP,行场扫描、彩色解码和亮度信号处理集成电路 TA7698AP。整机电路框图如图 11.1 所示。

11.1.2 长虹 CH-16 型彩色电视机机芯(TDA 单片机)

长虹 CH-16 机芯整机电路主要由开关电源电路、图像信号处理电路、控制系统电路、伴音系统电路、行场扫描电路组成。SF3415 型整机电路方框图如图 11.2 所示。

CH-16 机芯是长虹公司和飞利浦公司共同合作开发的一种既适合小屏幕彩电,又适合大屏幕彩电的数字化超级单片机芯,该机芯采用飞利浦公司生产的 TDA9370 和 TDA9383 两种集成电路完成对整机的控制和全部的小信号处理功能。采用该机芯生产的彩电有 14 英寸、21 英寸、25 英寸、29 英寸、34 英寸等多种规格,典型机型有 SF1498、SF2198、SF2515、PF2915、SF3415 等。采用 CH-16 机芯生产的长虹彩电,14 英寸、21 英寸主要电路基本相同,25 英寸、29 英寸、34 英寸主要电路基本相同。不同部分主要集中在开关电源、TV/AV 切换开关和行场扫描电路上。在 CH-16 机芯所采用的集成电路中,TDA9370/CH05T1602/CH05T1604 可以互换,TDA9383/CH05T1601/CH05T1603 可以互换。

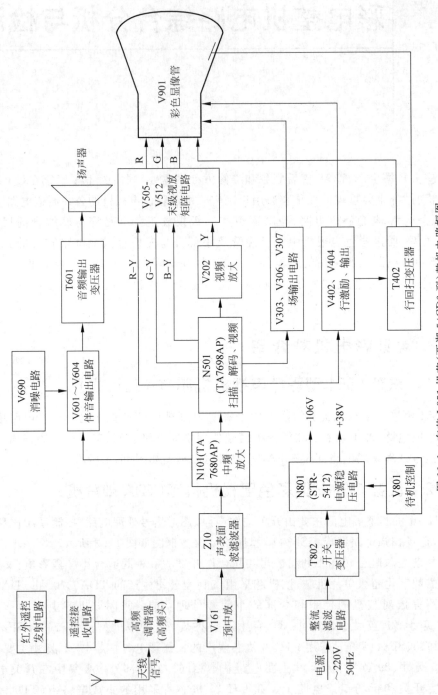

图 11.1 东芝 L851 机芯（西湖 54CD6 型）整机电路框图

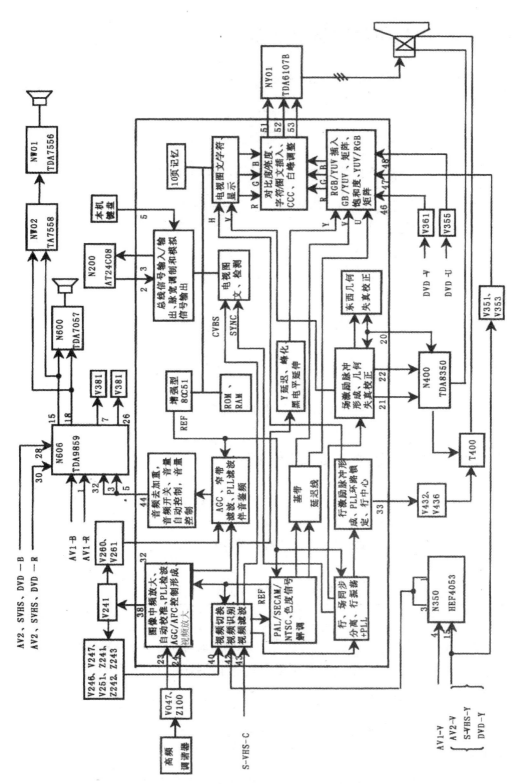

图11.2 长虹 CH-16 机芯(长虹 SF3415 型)整机电路框图

11.2 彩电整机故障检测流程

彩色电视机整机电路常见故障的检测流程如图 11.3 所示。

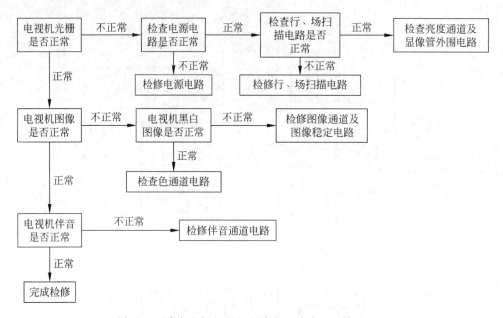

图 11.3 彩色电视机整机电路常见故障的检修流程图

11.3 彩电常见整机故障判断

在正式检测与检修彩色电视机之前,对故障现象的正确判断十分重要。如果故障现象判断不正确,就会给检测和检修带来困难,一旦进入死胡同,就可能浪费大量时间,甚至可能给电视机带来更大的损害。为此,这里把一些常见的故障归纳起来,统一名称,列成表格如表 11.1 所示,以便查阅。

表 11.1 常见故障判断

序号	故障名称	故障现象和说明	故障可能部位
1	无光栅、无伴音	接通电源,屏幕上无亮度,喇叭中也无声音,把亮度和音量调至最大也无效	电源电路、行扫描电路
2	无光栅、无伴音,但有"吱吱"声	接通电源后,无光栅也无伴音,但电视机内有连续轻微的"吱吱"声	电源电路、行扫描电路
3	光栅 S 形扭曲	光栅边缘出现周期性左右扭曲,接收电视信号后,图像同样出现周期性扭曲	电源电路
4	图像拉丝	屏幕自左到右有横向黑色丝状细道,开关变压器同时发出"吱吱"声	电源电路
5	网纹干扰	整个画面布满类似木纹的网状干扰,没有固定的方向性和时间性	图像通道电路、电源电路、场扫描电路

续表

序号	故障名称	故障现象和说明	故障可能部位
6	电视机启动困难	开启电源开关后,电视机不能马上启动,要过一会儿或按好几次才出现光栅、图像及伴音,启动后能正常收看节目	电源启动电路
7	"闪电"样光栅	电视机在收看节目过程中,光栅逐渐变亮、失控,并且光栅不时出现"闪电"一样的强烈"闪烁"	超高压整流电路、电源电路
8	整幅光栅缩小	开机后,光栅暗淡,上下、左右均没有满幅。接收信号,有图像及伴音,但图像暗淡,四周露边	电源电路、行扫描电路
9	电源开关锁不住	按键式电源开关按进去,会自行弹出,始终锁不住,使电视机不能正常通电	电源开关
10	"自动"关机	通电后,电视机能正常收看节目,但过段时间后,光栅和伴音会突然消失。若关机后过一会儿再重新开机,又能正常收看	电源电路、行扫描电路、保护电路
11	电视机画面上有黑白点干扰	接通电源后,有图像也有伴音,但电视机内有"吱吱"声,画面上有黑白点干扰	电源电路、行扫描电路
12	烧保险丝	只要接通电源,电视机内的保险丝就被烧断	电源电路
13	图像和伴音正常,但有"吱吱"声	电视机有正常的彩色图像和伴音,但机内有"吱吱"声	高压电路、扫描电路
14	阻尼条,并有回扫线	通电后,有图像有伴音,但光栅偏亮,有数条筋条状垂直黑条,并有略倾斜的横亮线出现	行扫描电路
15	图像格不直,并有小花边扭曲	图像从上到下出现小花边扭曲,尤其在接方格信号时更加明显,但图像同步,伴音正常	行扫描电路
16	行幅缩小	接通电源后,光栅水平方向幅度不足,图像左右露边,中间重叠	行扫描电路
17	行、场均不同步	图像在屏幕上出现斜影带,并且黑色横条上下翻流,但伴音正常	同步分离电路
18	行不同步	接收电视信号后,伴音正常,但图像出现斜影带,而上下同步正常	行振荡电路、AFC自动频率控制电路
19	图像重叠,出现蝶形光栅	光栅缩小,上下左右光栅重叠,会聚、色纯变差	行、场偏转线圈
20	光栅左边有垂直黑线条干扰	接通电源后,有图像,有伴音,便在图像左边有垂直黑线条,无信号时更加明显	行扫描电路
21	垂直一条亮线	电视机通电后,伴音正常,但光栅只有垂直一条亮线	行扫描输出电路
22	水平一条亮线	接通电源后,伴音正常,但屏幕上下都不亮,只是在屏幕中间有一条水平亮线	场扫描电路
23	水平一条亮线,并且上下跳动	接通电源后,屏幕上下都不亮,只是屏幕中间有条水平亮线在上下跳动	场振荡电路、场输出电路
24	场幅缩小	光栅垂直方向幅度不足,接收信号时,图像上下露边	场扫描电路
25	场幅扩大	整幅图像上下拉长,有屏幕显示的电视机,显示字符已超出了显像管屏幕	场幅控制电路、负反馈电路
26	光栅上卷边	屏幕上部光栅幅度不足,并在不足处有水平亮线	OTL场输出上管

序号	故障名称	故障现象和说明	故障可能部位
27	光栅下卷边	屏幕下部光栅幅度不足,并在不足处有水平亮线	OTL 场输出下管
28	光栅上部压缩,下部拉长	光栅上部压缩,扫描线变粗,并有一条水平亮线,下部拉长	场扫描负反馈电路
29	垂直方向的扫描线变粗,并有拉丝现象	光栅在垂直方向的扫描线变粗,并有拉丝现象,但不受伴音大小的影响	场扫描电路
30	回扫线	图像、伴音、彩色均正常,但图像表面有横亮线干扰,对比度调至最大时,横亮线更加明显	场扫描电路
31	图像上下抖动	接通电源后,有图像有伴音,但整幅图像上下抖动	场扫描电路、高压电路
32	场不同步	图像在屏幕上作垂直方向的翻滚,调节垂直同步电位器无效,而水平方向能够稳定	场振荡电路、场同步信号输入电路
33	光栅上边暗、下边亮	光栅自上而下由黑逐渐变亮。若把亮度调暗,现象更加明显	场消隐电路
34	无图像、无伴音,但有正常的噪声点	开机后有光栅,但接收信号时,无图像、无伴音,只有噪点和噪声	高频头电路、预选器电路
35	灵敏度低	图像上有明显的噪点颗粒,有时出现无彩色或者图像飘移	公共通道电路
36	无图像、无伴音、也无噪声点	开机后有光栅,但无图像无伴音,屏幕上只有干净的光栅,而没有噪声点	声表面滤波器、中放集成电路
37	Ⅰ频段(VHF-L)无图像无伴音	接收不到Ⅰ频段1～5频道的电视节目,接收其他频段的节目均正常	Ⅰ频段预选切换电路、高频头
38	AFC 反控	把电视机调到有正常的彩色图像和伴音,关上预选器小门或把 AFC 置于 ON 位置时,图像和伴音明显变差,同时出现无彩色	AFC 自动频率控制电路
39	逃台	刚开机时,能正常收看,但过段时间后,图像逐渐不稳定,伴音中的噪声增大,直至图像消失	调谐电路、33V 稳压电路、高频头
40	每个频段的高频道无图像、无伴音	每个频段的高频电视节目均收不到	调谐电路、信号输入电路
41	无图像、无伴音,且光栅暗	开机后无图像,也无伴音,并且光栅也调不亮	公共通道电路
42	图像不稳,扭曲,并有拉丝现象	光栅正常,但接收电视节目时,图像左右扭曲,并有拉丝现象	中放 AGC 电路
43	无光栅、无伴音,喇叭中有"嗡嗡"声	接通电源后,无光栅、无伴音,只有"嗡嗡"声,在关机瞬间,屏幕上出现闪光	中放电路、电源负载电路
44	无光栅、有伴音	开机后,将亮度调至最大,仍无光栅,但能收到正常的伴音	亮度通道、显像管外围电路
45	亮度信号丢失	接收彩色节目时,把色饱和度开足,只有在彩色区域有图像,其余部分暗淡;若接收黑白节目时,尽管亮度、对比度调至最大,也无黑白图像,只有很暗的光栅,有时也无光栅,但伴音正常	亮度通道电路
46	无图像,有伴音	开机后有白的光栅,有伴音,但有时轻或失真,无图像,也无噪声点	亮度通道电路

续表

序号	故障名称	故障现象和说明	故障可能部位
47	亮度失控并有回扫线	光栅过亮,整幅光栅呈白色,屏幕上有数条水平且稍有倾斜的亮线。若接收电视节目,伴音正常,但彩色图像模糊不清,拉丝,仿佛笼罩着一层白雾	亮度通道电路、显像管外围电路
48	红色光栅并有回扫线	开机后图像消失,亮度失去控制,整幅光栅呈红色,但伴音正常	末级视放电路
49	调节对比度电位器有突变	当调节对比度电位器时,屏幕画面出现横向干扰条,有时调节会使图像忽浓忽淡,不容易把图像黑白层次调清楚	对比度电位器
50	对比度调节不起作用	图像淡,层次不清,黑白反差不够,调节对比度电位器无明显变化	对比度调节电路
51	刚开机时色彩相互渗透	刚开机时,图像模糊不清,颜色相互渗透,尤其看彩条信号时,红条往蓝条渗透更加明显	显像管加速极电路
52	无彩色	接收彩色电视信号时,尽管频道、调谐均正常,但只呈现黑白图像,将色饱和度调至最大,仍没有彩色	解码电路
53	色不同步	彩色呈五颜六色的横带或框块,在屏幕上无规则地滚动,把色饱和度关闭,黑白图像正常	解码电路
54	倒色	接收彩色电视节目时,红色变成青色,绿色变成紫色,蓝色变成黄色。接收彩条信号时,彩条排列变成白、蓝、红、紫、绿、青、黄、黑	梳状滤波器电路、消磁电路
55	PAL 开关电路不工作	接收彩条信号时,彩条排列变成白、黄偏绿、淡红、黄、淡紫、金黄、蓝、黑	PAL 开关电路
56	Fv 信号无输出	接收彩条信号时,彩条排列变成白、黄、绿、淡蓝、暗黄绿、浅蓝、暗黄、蓝、黑	V 信号的输入电路、(R—Y)放大电路
57	缺红色	整个光栅呈青色,接收彩条信号时,彩条排列变成青、绿、青、绿、蓝、黑、蓝、黑	红色通道电路
58	无伴音	图像和彩色均正常,但喇叭中无声,把音量调至最大也无效	伴音通道电路及有关的辅助电路
59	伴音轻	开机后,能接收到正常的彩色图像,但把音量调至最大,伴音仍很轻	音量控制电路、音频检波电路、伴音放大电路
60	伴音失真	收看节目时,图像、色彩均正常,但喇叭中发出的声音刺耳或含混不清	伴音末级功放电路、鉴频电路
61	伴音关不死	伴音太响,调节音量无效	音量控制电路
62	调节音量电位器时有杂音	当调节音量电位器时,电视机会发出"沙沙"声或"咔咔"声	音量电位器
63	伴音中有杂音	有正常的彩色图像,但伴音不清楚,在伴音中不断有杂音出现	伴音通道电路
64	遥控电视机始终处于"待机"状态	接通电源,按下主电源开关按键,电视机处于待机状态,待机指示灯亮;按下待机按键,仍处于待机状态,待机指示灯仍亮	遥控电路、与待机控制有关的电路

序号	故障名称	故障现象和说明	故障可能部位
65	无光栅、无伴音,但"待机"指示灯会亮	接通电源,无光栅、无伴音,但按面板上的待机键或遥控发射器上的待机键时,电视机上的"待机"指示灯会在亮与不亮之间变化	待机开关管、整机电源电路、行扫描电路
66	无光栅、无伴音,"待机"指示灯也不亮	接通电源,无光栅、无伴音,"待机"指示灯也不亮,按待机键无作用	遥控电路
67	"待机"指示灯不亮	电视机能正常工作,但在"待机"状态时,"待机"指示灯不亮	"待机"指示灯电路
68	遥控关机不起作用	电视机能正常收看节目,但是按面板上的待机键或遥控发射器上的待机键都不起作用,"待机"指示灯也不亮	待机控制电路
69	屏幕无字符显示	开机后,所有功能均正常,有正常的彩色图像和伴音,但屏幕上始终无字符显示	遥控电路、末级视放矩阵电路
70	字符显示颜色不正常	屏幕上的字符显示由原来的红、绿、黄3种变成红色和黑色或绿色和黑色或全是黑色,但电视机的收看正常,所有功能键调节也正常	红色、绿色字符显示电路
71	屏幕字符显示扭动	屏幕上有字符显示时,所显示的字符左右扭动,但图像收看正常	字符显示电路
72	屏幕字符显示不清楚,拖尾	收看电视图像清楚,只是字符显示不清楚,有拖尾现象	字符显示电路
73	自动或手动搜索均无电台出现	把电视机面板上的选择开关拨至"预置"状态,按下自动选台键,电视机自动搜索寻台,屏幕上显示的调谐电压大小在正常变化,但始终无电台出现,若改为手动调谐时,也无电台出现	预选电路、公共通道电路
74	自动调谐选台无作用	手动调谐选台时,有图像、有伴音,但自动调谐选台时无作用	键板电路、导电橡胶
75	手控或遥控伴音控制键均无伴音	手控或遥控伴音控制键,电视机均无伴音,但图像正常,画面上显示伴音大小的字符也正常	音量控制电路、静噪电路、伴音通道电路
76	遥控和手控功能均失效	遥控及手控电视机的功能键,均无任何反应	遥控板电路
77	遥控接收不起作用	遥控发射器发射的遥控指示正常,但是电视接收无任何反应,而手控功能均正常	遥控器接收电路
78	发射器某一组发射不出信号	亮度、色度、复位功能键同时失去作用,指示灯也不亮,按其余功能键时,一切正常,指示灯也会亮	M50462AP内部损坏,M50462AP ③脚外部电路
79	遥控器电池使用时间短	新电池装上后,用不了几天又要调换新电池	遥控器
80	遥控距离近并有误动作	遥控器距离近,是指遥控距离小于7米,有时按遥控器某功能键与实际起作用的功能不相符	遥控器
81	遥控器发射无作用,但指示灯会亮	在规定范围内,按遥控器各功能键,电视机接收器无任何反应,但遥控发射器上的指示灯能正常发光	遥控发射器输出电路、频率振荡电路
82	遥控器发射无作用,指示灯也不亮	在规定范围内,按遥控器各功能键,电视机接收器无任何反应,而且遥控发射器上的指示灯也不亮	遥控器电路、振荡电路

续表

序号	故障名称	故障现象和说明	故障可能部位
83	遥控指示灯常亮	遥控器指示灯不管按不按遥控器功能键,均发亮	遥控器
84	记忆功能失效	每次开机时,电视机均在"待机"状态,按待机键后,电视机启动有光栅。把选择开关拨至预置状态时,能进行自动选台或人工选台,但当把选择开关拨至正常状态时,被调谐好的电视节目都已消失	遥控板电路
85	自动选台键工作失常	接通电源,把电视机面板上的选择开关拨至"预置"状态时,按下自动选台键,电视机会自动由低频段至高频段搜索寻台,但每搜索到一个有节目的频道时,搜索速度并未放慢,而且节目号也没有顺序加"1",整个搜索完成后,所有的电视节目的频道都没有存入节目单内	遥控板电路
86	"热机"无光栅、无伴音,有"吱吱"声	刚开机时,有图像有伴音,过一段时间后,就无光栅,无伴音,但有"吱吱"声	电源电路、行扫描电路
87	开机后逐渐无光栅,但有伴音	开机数分钟后,光栅逐渐暗淡,最后无光栅,但有正常的伴音	显像管的灯丝电路
88	"拍击"后,无光栅、无伴音	接通电源后,有光栅,有图像,也有伴音,但只要轻轻拍击电视机的外壳或电视机受到某种震动,就会发生无光栅、无伴音现象	电源电路或行扫描电路有虚焊
89	冒烟	刚开机或开机一段时间后,机内有股焦臭味并冒烟	行输出变压器、保险丝电阻
90	雷击	在雷雨天,不管用或不用电视机,都有可能遭受雷电袭击,使电视机发生无光栅、无伴音	电源电路、行扫描电路、通道电路等
91	天线或外部调整件带电	调节电视机的天线或外部功能件时,有麻手的感觉	天线输入电路、电路地与主板地之间等
92	彩色时有时无	彩色时有时无不停地交替变化,若把色饱和度关闭,则有正常的黑白图像	解码电路
93	伴音干扰图像	在图像上出现随伴音而变化的横条干扰,音量开得越大,横条干扰越多,图像越抖动	电源电路、公共通道电路
94	无光栅、有伴音,屏幕上有字符显示	接通电源,将亮度调至最大也无光栅,但屏幕上字符显示,若处于调谐状态时,调谐指示能正常执行指令,进行调谐,有节目的频道有正常的伴音	亮度通道电路、显像管外围电路
95	无彩色,且场不同步	有图像有伴音,但无彩色,且在屏幕上作垂直方向移动	同步电路、场扫描电路
96	关机后有光斑或亮点	彩色电视机关机后,在屏幕上仍残留不规则的彩色光斑或亮点	显像管、消亮点电路
97	一片白光栅,亮度调不下去	开机后无图像也无噪点,只有干净的白光栅,但伴音正常	亮度通道电路、显像管外围电路
98	会聚不良	电视机接收黑白方格或交叉线信号时,红、绿、蓝3条电子束没有重合,而是分离成有颜色的格子或交叉线	彩色显像管会聚调整电路

续表

序号	故障名称	故障现象和说明	故障可能部位
99	色块或色纯不良	有光栅时,荧光屏上就出现不规则的色块或色带,好像在白光栅上胡乱涂上了各色颜料	自动消磁电路、彩色显像管
100	聚焦不良	接通电源后,整个图像模糊不清,屏幕噪点颗粒变粗,光栅暗淡	显像管聚焦电路或高压整流电路
101	白平衡不良	彩色电视机在接收黑白图像或观察彩色图像中的黑白部分时,有附加颜色,也就是说,在白光栅上出现了某种颜色	末级视放矩阵电路和彩色显像管
102	打火	电视机内部有"吱吱"声,画面上有黑白点干扰,有时用手调节天线和外部旋钮时,瞬间会有带电的感觉	高压电路部分
103	暗角	光栅在荧光屏的边缘,尤其在四角,出现暗区	偏转线圈
104	光暗	有彩色图像和伴音,但把亮度调至最大,光栅仍暗淡	亮度通道和显像管外围电路、显像管

11.4　彩电整机故障检修实例

11.4.1　无光栅、无伴音

故障现象:电视机通电后,显像管屏幕不亮,喇叭中也没有伴音,调节亮度和音量到最大也无效。

分析与检修实例:这种故障一般都是由于开关电源电路或行扫描电路不工作或工作不正常,导致显像管和扬声器同时失去正常的工作电压或信号而造成的。这一故障的具体检修步骤见下述实例。

【例 11.1】　某西湖 54CD6 型彩色电视机,开机后无光栅、无伴音。

检修时,先测量电路工作的电源电压,发现开关电源电路的 106V 无输出(C812 上无电压);再测量整流滤波后 C810 上的 300V 电压,也没有直流电压。观察 F801(2A)保险丝,发现其已熔断,且管壳烧焦,说明电路中有短路性故障存在。用万用表电阻挡测量电源厚膜集成块 N801(STR-5412)①脚和地之间的电阻,正反向均为 8Ω,说明内部已损坏。调换 N801 后,先断开负载 R444(1Ω)电阻,通电检查,电源输出正常,说明电源已修复。在 R444 电阻断开处,串接万用表电流挡,测量行输出级电流(并且要做好若有短路性故障能迅速关机的准备),发现电流超过额定值(350mA)。关机后检查发现,行输出管和行输出变压器均已损坏。其中行输出管集电极和发射极间正反向电阻均为 1.6kΩ,说明其集电极与发射极之间已被击穿,行输出变压器外部已烧焦,并且能闻到塑料臭味。这种故障一般是由于行输出变压器高压包内部局部短路,行电流逐渐增加,行输出管负载加重,导致行输出管和电源厚膜块功耗增加而烧毁。调换行输出管 V404 和行输出变压器后,再次开机检查,电视机恢复正常。

11.4.2　"热机"无光栅、无伴音,但有"吱吱"声

故障现象:刚开机时,图像、伴音均正常,但过一段时间后,就出现无光栅、无伴音现象,

并能听到机内有轻微的"吱吱"声。

分析与检修实例：电视机"热机"出现无光栅、无伴音，有"吱吱"声，这种声音通常是由开关电源变压器发出的。造成这种故障的原因一般是由于电路中某个元器件热稳定性差或者是电路板上某处接触不好(虚焊)，使电视机使用一段时间后机内温度逐渐上升时，造成电路板上不该短路的地方短路，或者是该短接的地方反而断开。这一故障的具体检修步骤见下述实例。

【例11.2】　有台西湖54CD6型彩色电视机，在开机后约一个半小时出现无光栅、无伴音现象，机内有"吱吱"声。

检修时，先让电视机处于故障状态，此时测量开关电源电路的106V输出，只有85V，测量行输出级电流，大大超过350mA。分别断开和检查行输出管的负载电路，发现当把偏转线圈断开时，开机检查"吱吱"声消失，稳压电源输出电压上升为正常值，行输出电流也下降为正常值。再检查偏转线圈及外围元件，发现只要用手去触碰偏转线圈，电视机一会儿无光栅、无伴音，有"吱吱"声，一会儿又恢复正常。当用电吹风加热偏转线圈时，也会出现上述现象。拆下偏转线圈检查，发现在两个行线圈的交接处，有烧焦的痕迹，说明偏转线圈已损坏。调换偏转线圈后，重新调整色纯、会聚等可调整元件，观察电视机屏幕，一切恢复正常，说明故障已排除。

11.4.3　开机后逐渐无光栅，但有伴音

故障现象：开机数分钟后光栅逐渐变暗，最后屏幕一片漆黑，但有正常的伴音。

分析与检修实例：电视机有正常伴音，说明电源、行扫描电路及公共通道和伴音电路等均正常；开机后光栅逐渐消失，通常是显像管的灯丝电路工作不正常造成的。灯丝电路出问题，导致在刚开机时，灯丝供电正常，但数分钟后失去灯丝电压，而电子束在灯丝电压消失后，仍维持一定的时间向屏幕发射电子并逐渐减弱，故光栅逐渐消失。这一故障的具体检修步骤见下述实例。

【例11.3】　某西湖54CD6型彩色电视机，开机后光栅逐渐消失，但伴音仍正常。

检修时，先观察灯丝。在刚开机时，灯丝发红，后来慢慢变暗消失。然后用万用表交流电压挡测量显像管灯丝的⑨、⑩号引线电压，刚开机时，有5.3V交流电压，后来慢慢消失到零，再测量行输出变压器T402的④、⑧脚之间的绕组，始终有5.3V交流电压，说明行输出变压器输出电压正常。关机后检查灯丝限流电阻R420，正常；检查㊹、㊺号引线连接至显像管管座板上的⑨、⑩号线，也正常。再开机测量R420灯丝电阻两端电压，均没有5.3V交流电压，说明故障在灯丝电阻R420与行输出变压器引脚之间。关机后仔细检查该支路，发现行输出变压器⑧脚至R420灯丝电阻之间的铜箔有很细的一条裂缝，导致刚开机时的冲击，勉强把灯丝电压送入显像管灯丝上，而后电压消失。这主要是由于在安装行输出变压器时，其周围的铜箔过分受力而断裂，从而发生故障。用导线把断裂处连接好后，开机检查，电视机恢复正常。

11.4.4　"拍击"后出现无光栅、无伴音

故障现象：通电后，电视机有光栅，有图像，也有伴音，但只要轻轻地拍击电视机的外壳或电视机受到某种震动，就会发生无光栅，无伴音，有时再拍击震动电视机，电视机又会恢复

正常,并重复出现上述故障现象。

分析与检修实例:这种因拍击震动引起电视机无光栅、无伴音故障,多数是由于机内电源电路及行扫描电路中有虚焊或元件相碰造成的。这一故障的具体检修步骤见下述实例。

【例 11.4】 某台西湖 54CD6 型彩色电视机,"拍击"或震动后出现无光栅、无伴音现象。

检修时,用万用表电压挡测量开关电源电路 106V 输出端(C812)的电压,结果正常。再量测行输出管 V404 的集电极电压,也正常,但在测试该点电压时,电视机又恢复正常,但只要拍击电视机的外壳,又出现无光栅、无伴音的故障。此时的 V404 基极无负压,说明故障在 V404 的 be 结之前。再测量行推动管 V402 基极、集电极电压分别为 0.5V 和 62V,均正常。在检查行推动变压器的次级回路至行输出管 be 之间电路时,发现 V404 基极铜箔有断裂。由于该铜箔在线路板的边缘,容易造成铜箔板断裂,故在维修取出线路板时要小心,不要折断线路板。用导线连接断裂的铜箔后,开机检查一切正常,说明故障已排除。

11.4.5 "拍击"后出现无光栅、无伴音,有"吱吱"声

故障现象:通电后电视机有正常的图像和伴音,但"拍击"电视机的外壳或电视机受到某种震动,会出现无光栅、无伴音,并出现"吱吱"声的故障。也有的电视机会自动出现一会儿正常,一会儿无光栅、无伴音,有"吱吱"声的故障。

分析与检修实例:这一故障多数是由于电源及行扫描电路中有接触不良的现象,产生接触打火,发出"吱吱"声。也有的电视机是由于内部有过流或过压故障,或保护电路元器件本身损坏,造成无行逆程脉冲加到电源开关管基极,使开关电源处于较低频率的自激振荡状态,从而在开关变压器中产生"吱吱"声。这一故障的具体检修步骤见下述实例。

【例 11.5】 某西湖 54CD6 型彩色电视机,"拍击"后出现无光栅、无伴音,有"吱吱"声的现象。该彩色电视机有时无光栅无伴音,有"吱吱"声,但有时候又正常。

检修时,先打开电视机后盖,用万用表测量开关电源电路 106V 输出端电压,并拍击电视机外壳或震动电视机线路板,使该故障出现,此时观察万用表读数,发现电源电路输出电压明显下降,为 70V 左右。这时测得行输出级电流也明显下降,只有 50mA(正常时为 350mA 左右),说明行扫描电路没有短路,可能是开关电源的振荡频率过低或没有和行频保持一致,使电源输出电压下降,并且有"吱吱"声的故障。检查回扫变压器⑩脚经 VD808 隔离二极管和限流电阻 R813(33Ω)提供给开关电源集成块②脚的触发脉冲支路时,发现隔离二极管 VD808 内部接触不良,只要摇一下该二极管的引脚,电视机就会一会儿正常,一会儿无光栅。拆下 VD808 二极管,测量其正、反向电阻,基本正常。把它装回到电视机上,电视机又能恢复正常,但使用不久又会重复上述故障。更换 VD808(S5295G)二极管后,电视机一直正常,说明故障已经排除。

11.4.6 "拍击"后出现无图像、无伴音

故障现象:通电后,电视机图像、伴音均正常,但只要轻轻拍击电视机的外壳或电视机受到某种震动,就会出现无图像、无伴音的故障。

分析与检修实例:这种因拍击震动而发生无图像、无伴音故障,通常是因为公共通道中存在接触不良。这一故障的具体检修步骤见下述实例。

【例 11.6】 有台西湖 54CD6 型彩色电视机,拍击后出现无图像、无伴音,同时在屏幕上

没有出现噪点。

根据故障现象可知,电视机的中放电路存在着接触不良的故障。检修时,先用万用表测量中放集成块 N101⑦脚和⑧脚电压,正常;测量⑩、⑪脚 AGC 电压,也正常。当在测量 N101⑮脚时,电视机突然恢复正常。仔细检查发现是集成块的⑮脚虚焊,导致无信号和无直流电压输出,引起无图像、无伴音的故障。重新把该引脚处理干净后焊好,开机检查,故障已排除。

11.4.7　"拍击"后出现无伴音

故障现象:电视机通电后,图像、伴音均正常,但只要轻轻地拍击电视机的外壳或者电视机受到某种震动,就会失去伴音,但只要轻轻地再拍击电视机外壳,又会出现伴音。

分析与检修实例:这一故障通常是由于伴音通道中存在接触不良造成的,其具体检修步骤见下述实例。

【例 11.7】　某西湖 54CD6 型彩色电视机,"拍击"后伴音消失,图像正常。

该彩色电视机因拍击震动后发生无伴音故障,但当打开后盖后,伴音又恢复正常。检修时,先将万用表置电压挡,并用红、黑表笔分别接伴音低放电路的中点和地,用医用锤头轻轻敲打电视机外壳。在无伴音时,中点电压也始终保持正常,说明直流通路中没有故障。关机后用万用表电阻挡测量喇叭回路,并且拍击该部分电路,发现伴音输出送至音频变压器的连线插头松动,导致拍击震动电视机后无伴音。去掉该插头,用电烙铁直接将连线焊在线路板上,开机后再拍击电视机外壳,伴音始终正常,说明故障已排除。

【例 11.8】　有台西湖 54CD6 型彩色电视视,拍击后无伴音。

检修时,先用万用表测量伴音低放电路的中点电压。并且拍击电视机外壳或线路板,当无伴音时,伴音中点电压随之而改变;再测量伴音推动管 V602 基极电压,始终正常。检查伴音输出电路,发现音频输出变压器初级有引脚虚焊,造成接触不良,引起周围线路板烧焦,拍击后产生无伴音。经重新焊接音频输出变压器的虚焊脚(或用导线连接)后,故障排除。有的电视机因伴音输出电容、耳机塞孔等接触不良时,也会产生上述故障现象。

11.4.8　开机出现无光栅、有伴音

故障现象:开机后,电视机无光栅,将电视机亮度调至最大,仍无光栅,但有正常的伴音。

分析与检修实例:电视机发生无光栅、有伴音故障,说明电源电路,行扫描电路的工作基本正常,公共通道及伴音电路也基本正常,故障一般发生在亮度通道、显像管及显像管的外围电路。这一故障的具体检修步骤见下述实例。

【例 11.9】　某西湖 54CD6 型彩色电视机,开机后出现无光栅、有伴音。

检修时,先打开电视机后盖,开机后发现显像管尾部颈内有紫光,说明故障是由于显像管漏气使内部真空度下降,引起管内气体电离,从而在管内出现紫光,使阴极发射的电子束无法到达荧光屏,造成无光栅。更换显像管后,开机检查,电视机恢复正常。

11.4.9　开机后冒烟

故障现象:电视机刚开机或者开机一段时间后,机内有股焦臭味,再过一会儿电视机内

部会冒烟。

分析与检修实例：电视机发生冒烟时，要及时关机，以免造成更大的故障和损失。一般情况下电视机冒烟，是由于行输出变压器局部短路导致发热而烧焦，也有的是保险丝电阻熔断时发出的烟或焦味，少数的电视机还会因线路板漏电引起烧焦、冒烟。这一故障的具体检修步骤见下述实例。

【例 11.10】 有台西湖 54CD6 型彩色电视机，在使用中发现有焦味，大约过了三四分钟后，突然无光栅、无伴音。

检修时，先打开电视机后盖，用观察法检查电视机的行扫描部位和电源部位，没有发现烧焦的东西，检查电源保险丝也没有熔断。用万用表电阻挡检查电源输出端对地电阻，结果正常，再检查行输出部位各直流电压输出端对地电阻，也正常。后来在检查遥控变压器时发现其外部烧焦，且初级绕组不通，说明是该变压器因局部短路而发热、烧焦，最后导致开路。经更换遥控变压器 T906 后，开机检查，电视机恢复正常。

11.4.10　开机后出现机震

故障现象：电视机在正常收看时，若把音量调大到一定程度，会产生机械震动声，影响伴音效果和收看电视节目。

分析与检修实例：该故障通常是由于电视机的机械紧固件松功，当音量开大后产生机械震动，发出"机震"声。这一故障的具体检修步骤见下述实例。

【例 11.11】 某台西湖 54CD6 型彩色电视机，当音量开足后，会产生"机震"声。

检修时，先打开电视机后盖，接通电源并正常接收一个电视台的节目。把音量调至最大状态，检查和观察"机震"产生的位置，发现是固定喇叭的一颗螺丝不够紧，使贴在螺丝和喇叭金属壳之间的一片垫片随着伴音产生振动，发出"机震"声。重新把该螺丝固定后，故障排除。

11.4.11　雷击后出现无光栅、无伴音故障

故障现象：在雷雨天，不管用或不用电视机，都有可能遭受雷电袭击，使电视机发生无光栅、无伴音的故障。

分析与检修：雷电袭击电视机主要有两条途径，一条是从天线进入电视机，另一条是从电源进入电视机。遭受雷击的电视机，其损坏程度也各不相同，比较轻的雷击，一般为电源整流部分和天线输入端部分损坏，比较重的雷击往往造成整台电视机的主要部件，包括线路板的铜箔均可能被烧坏。这一故障的具体检修步骤见下述实例。

【例 11.12】 有台西湖 54CD6 型彩色电视机，遭受雷击。

检修时，先打开电视机后盖，发现线路板铜箔没有烧焦，但保险丝已熔断。调换保险丝后，在没有通电的情况下，用万用表电阻挡检测电源整流二极管，开关管、开关变压器及遥控电路的变压器，发现整流二极管 VD804（TVR-4J）已被击穿，调换后通电检查，电视机恢复正常。

为了防止雷击烧毁电视视，一般应做到下述几个方面：①雷雨季节，人外出时最好把电视机的室外天线和电源插头都拔掉；②在雷雨天最好不要看电视，并把电视机的电源插头拔掉，把室外天线从电视机天线输入端拔去；③使用室外天线一定要装避雷装置，并定期检

查测试,保证使用室外天线时的安全;④使用室内天线的用户,平时也最好把室内天线收缩起来。

11.4.12　天线或外部调整件带电

故障现象:调节电视机的天线或外部功能件时,有麻手的感觉。

分析与检修实例:天线或外部调整件带电,是十分危险的。碰到有用户反映电视机带电,都必须认真对待,彻底解决。在正常情况下,每台电视机出厂以前都进行过安全检查,通常在 3000V 交流电(有效值)时,漏电电流应在 5mA 以下,所以电视机在一般情况下均能安全使用。但由于某种原因,如高压打火,漏电,天线输入电容击穿、电源地和主板地之间电容击穿等都可能会使电视机天线或外部调整的金属件带电。这一故障的具体检修方法见下述实例。

【例 11.13】　有台西湖 54CD6 型彩色电视机,发现天线带电。

该彩色电视机为"热地"板,经检查后发现除天线带电外,其余外部金属件均不带电。检查天线回路,发现接在匹配器上的天线输入电容已被击穿。正常时,考虑到电视机的底板带电,所以在天线输入端接有 3 只输入电容。该电容被击穿后,由于天线到底板地的直流阻抗很小,导致天线带电。更换该电容(也可更换匹配器后,故障排除。

11.4.13　行幅不足,并且有打火声

故障现象:电视机通电后,光栅水平方向幅度不足,接收电视节目时,图像左右露边,并且能听到电视机内有"吱吱"的放电声。

分析与检修:此类故障大部分是由于行逆程时间缩短,高压上升,造成行幅不足,并产生过压放电而造成的。这一故障的具体检修方法见下例。

【例 11.14】　有台西湖 54CD6 型彩色电视机,行幅不足,并且有"噬噬"打火声。

检修时,先用万用表测量开关电源直流 106V 输出端电压,结果正常;测量利用行逆程脉冲整流滤波后得到的 12V、180V 电压,均偏高。在 C440(0.0065μF)逆程电容上并接一只 4700pF 的电容,故障明显好转。关机后,拆下 C440,装上一只新的 0.0068μF 的逆程电容后,故障排除。该故障说明由于逆程电容容量减小,造成行逆程时间缩短,高压上升,引起高压打火和行幅缩小。因此,若发生行幅不足的故障时,一般都应该及时修复,以免高压升得太高而损坏其他电路,甚至损坏显像管。

11.4.14　垂直一条干扰线

故障现象:开机后,有正常的彩色图像及伴音,但在图像或光栅的左边出现垂直一条干扰线,对比度调节时垂直干扰线有明显的变化。

分析与检修实例:在电视机图像或光栅上产生一条垂直干扰线,通常是由于行输出级有"振铃"现象所造成,或开关电源上有干扰,也有的是由于亮度通道中的勾边电路工作失常造成的。这一故障的具体检修步骤见下述实例。

【例 11.15】　有台西湖 54CD6 型彩色电视机,开机后,在图像的左边约 2cm 处有一条垂直的、红颜色的,并且扭动的干扰线。

检修时,先用万用表测量电视机的开关电源输出电压、行扫描电路的电压,结果均正常。

然后用示波器测量行输出级波形,无异常"振铃"出现;再用示波器测量显像管红色阴极处的红基色信号,发现红基色信号在波动、有毛刺。在检查过程中发现,由集成块 N501 (D7698AP)㉑脚 R—Y 输出端的⑯号线连接至显像管座板的⑦号线,没有直接用短导线相连,而是让该连线通过了电源集成块 STR-5412 散热板下而后再到显像管座板上。因此,把开关电源的干扰直接由该连线送入显像管红阴极,导致在图像的左边出现一条垂直的带色干扰线。关机后,把⑯号连线焊开,并从电源集成块 STR-5412 的散热板中拉出来,直接连接到显像管座板上的⑦端,开机发现干扰线消失,故障排除。

11.4.15　彩色时有时无

故障现象:彩色时有时无不停地交替变化,若把色饱和度关闭时,收看黑白图像正常。

分析与检修实例:发生该故障时,首先要排除机外的原因,如接收条件差、信号比较弱、调谐不准确、接收天线增益过低或天线馈线与电视机之间输入阻抗不匹配,均会导致消色电路动作,出现彩色时有时无故障。机内原因有公共通道电路灵敏度不够,造成收看黑白图像也不够清楚,同时产生彩色时有时无故障,这时可按灵敏度低故障检修。这里要介绍的主要是解码电路引起的彩色时有时无故障,常见的有 APC 电路、色饱和度控制电路、回扫脉冲输入电路、选通脉冲输入电路等工作失常,导致消色电路断续工作,产生彩色时有时无故障。也有的是解码电路中有虚焊,导致接触不良,产生彩色时有时无故障。这一故障的具体检修步骤见下述实例。

【例 11.16】　有台西湖 54CD6 型彩色电视机,彩色时有时无。

检修时,先用示波器测量 N501(D7698AP)⑤脚色信号输入波形,结果正常;测量⑧脚色度信号输出波形,时有时无;测量㊳脚行脉冲信号也正常。测得⑯、⑱脚的 APC 滤波波形也正常,但测得⑬脚副载波信号时有时无。检查其外围电路,发现 Z501(4.43MHz 晶体)虚焊。经重新焊接 Z501 后故障排除。

11.4.16　屏幕光暗

故障现象:彩色电视机开机后,有彩色图像和伴音,但把亮度调至最大,整个屏幕仍暗淡。

分析与检修实例:光栅暗淡,一般是由于轰击荧光屏的电子束速度不够或电子数量不足,显像管中荧光粉的发光效率降低造成的。这时主要应检查显像管的供电回路及显像管本身。这一故障的具体检修步骤见下述实例。

【例 11.17】　某西湖 54CD6 型彩色电视机,光栅暗淡。

检修时,先用万用表检测显像管的加速极电压,大约为 420V,基本正常。再测量 3 个阴极电压为 123V 左右,也正常。把红、绿、蓝 3 个阴极分别直接对地瞬间短接,发现红、绿、蓝光栅均不是很亮。调整聚焦和加速极电压,光栅亮度变化不明显。再测量灯丝电压,为交流5.8V 左右,也基本正常。只能怀疑显像管本身有问题,更换显像管后故障排除,说明显像管已老化。

【例 11.18】　某西湖 54CD6 型彩色电视机,光栅暗淡。

检修时,先测量加速极电压,结果基本正常;再测量灯丝电压,也正常;再测量阴极电压,发现 3 支枪的阴极电压均上升为 150V 左右,同时测得亮度信号输出端电压为 8.2V,偏高,说明是亮度通道电路不正常。检测视放管 V202 发射极电压,测得为 8.2V 左右,明显偏高(正常为 6.7V 左右);再测量 V202 的基极电压为 5.9V 偏低(正常为 6.5V 左右)。关机后测量其基极电阻 R218,发现 R218 电阻已开路,导致 V202 发射极电压上升,故 3 个阴极电位偏高,光栅暗淡。更换 R218 电阻后,故障排除。

11.4.17　无光栅、有伴音,屏幕上有字符显示

故障现象:电视机通电后,无光栅,将亮度调至最大,仍无光栅,但屏幕上有遥控字符显示。若放置调谐状态时,调谐指示会正常执行指令,进行正常的调谐,有节目的频道有正常的伴音。

分析与检修实例:有伴音,说明公共通道、伴音电路的工作正常,而这些电路的工作电压均由行输出电路提供,表明电源电路和行扫描电路部分基本正常。由于屏幕上字符显示,说明显像管的灯丝、高压也基本正常。这时主要应检查显像管的加速极及阴极电压是否正常。这一故障的具体检修步骤见下述实例。

【例 11.19】　有台西湖 54CD6 型彩色电视机,无光栅有伴音,屏幕上有字符显示。

检修时,先测量显像管的 3 个阴极电压,均偏高,约为 175V。再测量亮度信号输入端电压(即显像管座板上⑧号引线),几乎为零。按理说 3 个末级视放管应饱和导通。光栅很亮,但现在和实际现象不相符。故再检测显像管座板上⑥、⑦、⑤引线的色差信号输入端电压,也几乎为零,说明是这两路同时失去电压,导致 3 路末级视放管截止,阴极电压上升,扫描电子束截止出现无光栅现象。屏幕上字符有显示,说明由遥控板直接送入显像管座板的⑬、⑭号线的电压,能使 V511、V512 导通、V505、V507 也跟着导通,所以有屏幕字符显示。经仔细检查发现 XP502 插头松动脱落,导致同时失去 3 个色差信号和亮度信号,使末级视放管截止,阴极电压上升,出现无光栅。把该插头插紧后,故障排除。

【例 11.20】　有台西湖 54CD6 型彩色电视机,无光栅、有伴音,屏幕上有字符显示。

检修时,先测量 3 个阴极电压,明显偏高,约为 180V。再测量显像管座板⑧号线,即亮度信号的输入端电压,为 10V 左右,也偏高,故进入亮度通道检修。测量 V202 各脚电压,发现其基极电压为 10.2V,明显偏高。把 N501(D7698AP)㉓脚悬空,测量㉓脚悬空电压,发现其电压能随亮度控制电路控制,在正常范围内变化,说明是正常的。再检查和 V202 基极有关的电路,发现 VD204(1S1555)二极管已被击穿,使 12V 电压通过 VD204、R244、R248、R218 加入 V202 基极,使 V202 截止,发射极电压上升,引起 3 个阴极电压也上升,从而出现无光栅故障。只是在字符显示状态时,红输出管和绿输出管才导通,故屏幕上能出现字符显示。更换 VD204 二极管后,故障排除。

11.4.18　无彩色且场不同步

故障现象:电视机开机后,有图像、有伴音,但图像为黑白,且在屏幕上作垂直方向移动。

分析与检修实例:在一般情况下,色通道电路和场扫描电路同时损坏而引起无彩色和场不同步的可能性是极小的,所以这种故障一般是由于同步电路工作失常,导致色通道电路没有正常的色同步选通脉冲信号而造成无彩色,场扫描电路没有正常的场同步信号而造成场不同步。这一故障的具体检修见下例。

【例 11.21】　有台西湖 54CD6 型彩色电视机,无彩色且场不同步。

检修时,先测量 N501(D7698AP)㊱脚电压,正常时为 3.8V 左右,实际测得电压为

1.1V,明显偏低。关机后用万用表 $R \times 1k$ 电阻挡测量 N501㊱脚对地电阻,测得正反向电阻均为 2.6kΩ,而正常时分别为 6.1kΩ 和 9.4kΩ。检查其外围元件,发现 C330(6800 pF)电容严重漏电,造成㊱脚电压下降,使选通脉冲信号不正常,引起无彩色,同时使㉘脚无场同步信号,引起场不同步。调换 C330 电容后,故障排除。

11.4.19　关机时屏幕上出现光斑或亮点

故障现象:彩色电视机关机后,在屏幕上仍残留不规则的彩色光斑或亮点。

分析与检修实例:这种故障大多数是由于显像管生产过程中,在显像管管颈内残留杂质或在电子枪的电极上留有毛刺,从而在强电场作用下激发出非信号调制性电子,这些电子轰击屏面产生光斑。在正常收看时,这些不规则的色斑被光栅亮度所掩盖,而关机后,不规则的色斑会在剩余高压的作用下,在屏幕上显示出来。这一故障的具体检修方法见下例。

【例 11.22】　有台西湖 54CD6 型彩色电视机,关机后过了大约 30s,在屏幕的中心偏上地方有一块约 5cm 直径的不规则色斑出现。

检修时,将显像管的管座板从显像管上慢慢退出来,借助一台黑白电视机的阳极高压,用一根导线把黑白电视机的地线与彩色显像管的栅极相连接,再用一根高压导线连接黑白电视机阳极高压,快速触碰彩色显像管的聚焦极、加速极和 3 个阴极,发现在触碰加速极时,在显像管的管颈内打了一个小小的火花,说明在加速极上残留杂质或毛刺被高压击毁了。重复几次后,故障排除。需要注意,在采用上述方法时,触碰时间要尽可能的短。若触碰聚焦极时,已出现小小火花,一般不要再往其他极触碰。再检查有否关机亮点后决定是否需要对其他极进行触碰。若实在无法排除故障,只能更换彩色显像管。

11.4.20　一片白光栅,亮度调不下去

故障现象:电视机开机后,无图像也无噪点,只有干净的白光栅,但伴音正常。

分析与检修实例:有光栅,说明电源和扫描电路的工作正常,有伴音又说明公共通道及伴音电路也正常;故障主要是由于亮度通道电路或显像管外围电路工作失常造成的。这一故障的具体检修见下述实例。

【例 11.23】　有台西湖 54CD6 型彩色电视机,一片白光栅,调节亮度无作用,但伴音正常。

检修时,先测量显像管的 3 个阴极电压,均偏低,只有 35V 左右。把维修开关置于"维修"状态时,3 个阴极电压同时上升并为 150V,并且无光栅,说明原来 3 个阴极电压下降,是由于亮度通道输出端电压过低造成的。实际测得晶体管 V202 发射极电压只有 3.8V,基极电压只有 3V,明显偏低。把集成块 N501(D7698AP)㉓脚悬空后,㉓脚电压变为 6.3V,而且④脚亮度控制端电压随亮度调节在 4~4.8V 之间正常变化,同时㉓脚电压也跟着在 5~6.3V 之间变化,说明是正常的。再检测 V202 基极电压仍很低,只有 1.8V。检查与 V202 基极电压有关的供电电路、消隐电路、ABL 电路、消亮点电路等,结果发现消亮点电路晶体管 V205 基极有 0.8V 电压,使 V205 始终处于饱和导通状态,而正常时此晶体管应处于截止状态。进一步检查该电路发现 V205 基极的 34 号连线到遥控板上的 15 号连线不通。仔细检查发现 34 号连线虚焊,造成 300V 电压经 R822、R823、R205 直接加入 V205 的基极,导致 V205 长期饱和导通,使 V205 集电极电压下降,引起 V202 饱和导通,造成 3 个阴极电压降低,出现光栅很亮,并且有回扫线的故障。把 34 号连线重新焊接后,故障排除。

11.4.21　色块或色纯度不良

故障现象：电视机有光栅时,荧光屏上就出现不规则的色块或色带,好像在白色光栅上胡乱涂上了各色颜料。

分析与检修实例："色块"故障一般是由于彩色电视机中的自动消磁电路不工作,使得彩色显像管内部的荫罩板局部被磁化后,改变了通过荫罩板被磁化区域的电子束的偏转方向,从而在荧光屏上呈现出不规则的带色色块(在有些情况下也可能呈现规则图案,如圆圈形等)。也有因受强磁场磁化,而自动消磁电路无法消除全部影响,产生"色块"的情况。色纯度不良的故障是由于更换偏转线圈后没有进行色纯度调整,或者是色纯度调整不当、显像管内部损坏等引起的。这一故障的具体检修见下述实例。

【例 11.24】 某西湖 54CD6 型彩色电视机,屏幕上有色块。

检修时,先检查电视机内的自动消磁电路。该电路由消磁线圈 L901。正向热敏电阻(消磁电阻)RT890 等组成。用万用表电阻挡测量消磁线圈 L901 的直流电阻,为 8Ω 左右,正常;检查 XP801 消磁线圈插头,正常;再测量消磁电阻 RT890,发现始终为 120kΩ 左右(正常时,在电视机不通电 10 分钟后的电阻为 18Ω,关机后马上测量应为 ∞);说明消磁电阻开路,消磁电路失去了自动消磁的作用,使彩色显像管内的荫罩板等受地球磁场或其他杂散磁场的作用而磁化,造成电视机有光栅时就出现色块。更换消磁电阻 RT890 后,故障排除。

11.4.22　聚焦不良

故障现象：电视机通电后,整个图像模糊不清,屏幕噪点颗粒变粗、光栅暗淡,甚至有的电视机在开机后只出现一片模糊光栅;也有的电视机会在开机数分钟后逐渐恢复正常。

分析与检修实例：产生上述故障的原因是由于显像管聚焦电路或高压整流电路工作不正常,也有的是显像管老化造成扫描电子束未能聚集在一起。这一故障的具体检修步骤见下述实例。

【例 11.25】 有台西湖 54CD6 型彩色电视机,聚焦不良,出现散焦。

检修时,用万用表检查聚焦电压,基本正常,调节聚焦电位器有作用,但聚焦仍调不好。检查显像管管座,没有电击穿现象。初步判断为是显像管老化,但为了判断可靠起见,还是先调换了显像管管座,没有效果。最后更换彩色显像管,并重新调节聚焦电压和加速极电压后,故障排除。

11.4.23　白平衡不良

故障现象：彩色电视机在接收黑白图像或观察彩色图像中的黑白部分时有附加颜色,也就是说,在白光栅上出现了某种颜色。

分析与检修实例：白平衡包括暗平衡和亮平衡。一般把低亮度区的白平衡称为暗平衡,高亮度区的白平衡称为亮平衡。在彩色电视机中为了调整方便起见,在末级视放矩阵电路中设有可调电位器。但是这些电位器很容易引起接触不良或开路,造成屏幕白平衡不良。

【例 11.26】 某西湖 54CD6 型彩色电视机,白平衡不良。

该彩色电视机在色饱和度电位器关小以后,图像或光栅都偏黄,无论怎样调亮度电位器,白平衡均不好。打开电视机后盖,检查末级视放矩阵电路中的亮平衡电位器 RP553、

RP554,暗平衡电位器 RP557、RP558 和 RP559 均已生锈发黑,严重氧化,故全部更换后,再参照有关介绍的白平衡调整方法进行调整,故障排除。

11.4.24　机内打火

故障现象:电视机内部有"嗞嗞"的打火声音,画面上有黑白点干扰,有时用手调节天线和外部旋钮时,瞬间会有带电的感觉。

分析与检修实例:产生这一故障的主要原因有高压帽老化、钢丝弹簧锈断、显像管真空度下降或电子枪间有杂质、偏转线圈发热烧焦等。这一故障的具体检修见下述实例。

【例 11.27】　某西湖 54CD6 型彩色电视机,内部有打火现象。

检查该电视机内部,发现在显像管高压嘴周围有打火出现。维修时先切断电视机电源,把高压嘴内的高压放掉,取下高压帽后发现高压帽老化,钢丝弹簧锈断。把高压线从高压帽中拉出来,并剪去 2cm 左右,从报废的行输出变压器中找一只好的高压帽和钢丝弹簧,把高压线穿过高压帽,钢丝弹簧焊到高压线上。同时在显像管高压嘴周围用无水酒精清洗干净,并用电吹风吹干(或放在通风处吹干),有条件的还可以在高压嘴周围涂上高压绝缘硅脂。然后把行输出变压器上的高压帽内的钢丝弹簧全部卡入显像管高压嘴内,开机检查,电视机打火现象彻底清除。

【例 11.28】　某西湖 54CD6 型彩色电视机,有打火现象。

电视机开机后,机内有"吱吱"的打火声音,在屏幕图像上也出现黑白点干扰。打开电视机后盖,先检查显像管高压嘴附近,没有发现有高压跳火现象,行输出高压线位置也正常。再检查行输出变压器各引脚,没有虚焊;显像管管座上的聚焦极、加速极等都没有打火现象。把显像管电子枪附近仔细观察,也没有打火现象。但在检查偏转线圈时,发现偏转线圈中间有一处烧焦,经分析认为可能是两个行偏转线圈并联处存在电位差,经长期使用后,发热烧焦引起打火。调换偏转线圈后,重新调整色纯和会聚,故障排除。

11.4.25　显像管屏幕荧光粉损坏

故障现象:在没有通电的情况下,显像管屏幕出现四角发黑,中间发白或部分区域发白,在光线明亮处观察现象更加明显。

分析与检修实例:显像管实质上是一只真空的电子管,它的外壳由玻璃制成,管内真空度很高,一旦显像管的管颈破裂,就会有空气侵入显像管内部,荧光粉就会受到冲击和灼伤,遭受不同程度的损坏。这一故障的具体检修见下述实例。

【例 11.29】　有台西湖 54CD6 型彩色电视机,显像管荧光粉损坏。

该彩色电视机在检修过程中为了打开后盖,不小心让后盖上的匹配器引线勾住了显像管的管座板,导致显像管管颈断裂。当听到"嗞"的一声后,发现显像管屏幕荧光粉部分损坏,只好更换显像管。故在彩色电视机的检修中要特别小心。

11.4.26　屏幕暗角

故障现象:光栅在荧光屏的边缘,尤其在屏幕的四角出现暗区。

分析与检修实例:当电子束有规律的运动受到阻碍,无法轰击整个荧光屏时,光栅上就会出现暗区。这种故障通常是由于偏转线圈的磁场中心不在显像管的锥体附近,使电子束提前偏转而受阻造成的。这一故障的具体检修见下例。

【例11.30】　有台西湖54CD6型彩色电视机,屏幕光栅有暗角。

检修时,先打开电视机后盖检查,发现偏转线圈在显像管锥体口后面约2cm处,使电子束打不到荧光屏的四角而出现暗角。这种故障一般是由于运输不当,使偏转线圈受到震动后向后移动造成的。只要把偏转线圈慢慢地向显像管锥体方向推动,直到偏转线圈紧贴显像管锥体,光栅满屏。同时检查和调整偏转线圈的位置和方向,使电视机的色纯和会聚良好,这时电视机恢复正常。

11.5　长虹彩电集成电路参考资料

11.5.1　TDA9370集成电路资料

1. TDA9370内部电路结构

TDA9370内部电路结构框图如图11.4所示。

2. TDA9370典型电路应用

TDA9370典型应用电路如图11.5所示。

3. TDA9370与TDA9383引脚差异

TDA9370与TDA9383的大部分引脚功能和外部应用电路基本相同,可相互参考,只有少量引脚功能不同,如表11.2所示。

表 11.2　TDA9370 与 TDA9383 引脚功能差异

引脚号	TDA9370	TDA9383
1	FM收音/电视开关	波段控制1
6	键盘控制	波段控制2
7	波段控制1	伴音控制2
8	波段控制2	伴音控制1
10	低音提升开关	待/开机控制
62	静音控制	AV1
63	待/开机控制	AV2

TDA9370/TDA9383芯片集电视小信号处理与微处理器控制于一体,采用I^2C总线控制技术,能适应14～34英寸彩电的生产,其中TDA9370常用于小屏幕彩色电视机,TDA9383常用于大屏幕彩色电视机。

11.5.2　TDA9383集成电路资料

1. TDA9383内部电路结构

TDA9383内部电路结构框图如图11.6所示。

2. TDA9383与TDA9370差异引脚应用电路及实测电压

TDA9383与TDA9370功能不同的几个引脚的外部应用电路如图11.7所示,与长虹SF2515彩电接法完全一致,该图电压值测自长虹SF2115彩电,图中各引脚上边数字表示待机电压(V)值,引脚下边数字表示正常工作电压(V)值。

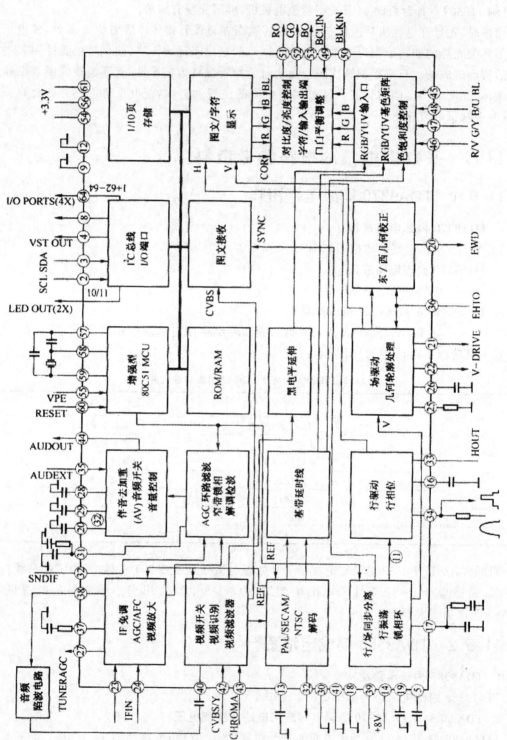

图 11.4　TDA9370 内部电路结构框图

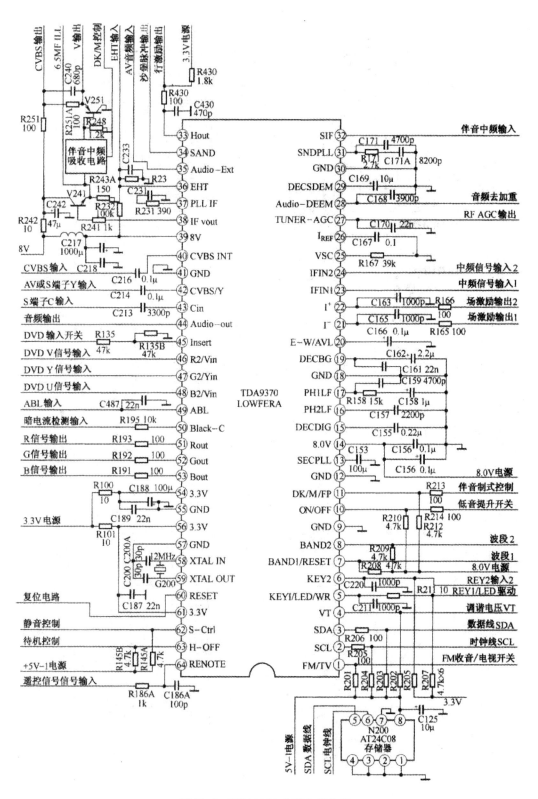

图 11.5 TDA9370 典型应用电路

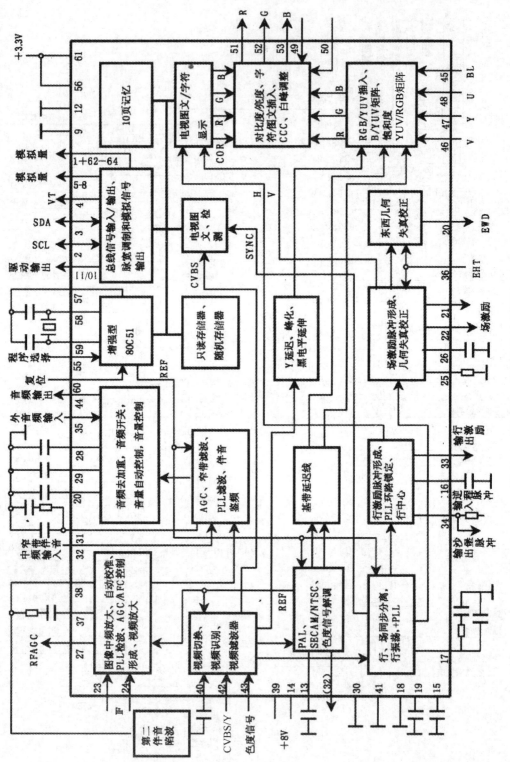

图 11.6 TDA9383 内部电路结构框图

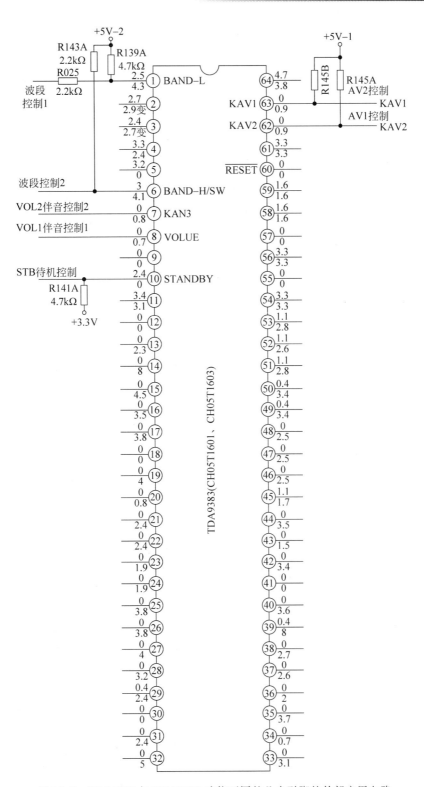

图 11.7　TDA9383 与 TDA9370 功能不同的几个引脚的外部应用电路

数字电视

第 12 章

数字电视基础

20 世纪 90 年代以来，随着计算机技术、数字通信技术、数字处理技术、图像压缩技术等高新技术的迅猛发展，电视技术进入了一个崭新的发展时期，模拟电视迅速向大屏幕全数字高清电视发展。可以说，数字电视是继黑白电视和彩色电视之后的第三代电视，是电视发展史上一个新的里程碑。

12.1 数字电视和高清电视

1. 数字电视

数字电视是数字电视系统的简称，就是将图像画面的每一个像素、伴音的每一个音节，都用二进制数编成多位数码，并以高比特率进行数码流发射、传输和接收的系统工程。

数字电视(Digital Television, DTV)并不是指一台电视机，它是指一个从节目拍摄、制作、编辑、存储、发送、传输到信号接收、处理、显示等整个过程完全采用数字信号处理，实现全程数字化的电视系统。因为全过程均采用数字技术处理，因此，信号损失小，接收效果好。数字电视和 20 世纪 90 年代市场上大肆炒作的"数码电视"有本质区别，"数码电视"传送的是模拟信号，只是接收后进行了数字化处理，增加了一些显示功能，但画面清晰度是没法和真正的数字电视相比的。

数字电视高速发展的意义在于，将改变传统的看电视模式，以智能互动为主要形式，电视将成为未来家庭中的一个数字生活娱乐终端。数字电视系统作为一个数字信号传输平台，不仅使电视节目质量得到显著改善，资源利用率大大提高，而且可以提供大量增值业务，如商务、音乐、阅读、购物、支付、通信、下载、点播等各种业务。"三网融合"将使广播电视从内容到形式发生革命性的改变，数字电视技术的发展，将带动整个产业链和人们生活方式的变革，我们将走进一个全新的数字电视时代。

2. 高清晰度电视

高清晰度电视(High Definition Television, HDTV)是指一种电视业务，国际无线电咨询委员会给高清晰度电视下的定义是："高清晰度电视是一个透明的系统，一个视力正常的观众在观看距离为显示屏高度的 3 倍处所看到的图像的清晰程度，与观看原始景物或表演的感觉相同"。从图像质量来看，这种电视提供的视觉效果应达到或接近 35mm 宽屏幕电影的水平。

依据数字电视的信息处理、传输能力,从清晰度的角度来划分,可以把数字电视业务分为三类:数字高清晰度电视(HDTV)、数字标准清晰度电视(Standard Definition Television,SDTV)和数字低清晰度电视(Low Definition Television,LDTV)。从视觉效果来看,HDTV 图像分辨率达到 1920×1080,图像质量相当于 35mm 宽屏幕电影的水平,宽高比为 16:9,适合大屏幕观看;SDTV 图像分辨率为 720×576,图像质量相当于演播室 DVD 水平,是一种普及型数字电视;LDTV 相当于原有 VCD 的图像分辨率水平。

HDTV 水平和垂直清晰度是常规电视的两倍左右,并且配有多路环绕声。它传送的电视信号能达到的分辨率高于传统电视信号(NTSC、SECAM、PAL)所允许的范围。除了早期在欧洲和日本的模拟信号格式之外,高清晰度电视是通过数字信号传送的。

12.2 数字电视系统的组成

数字电视是一个庞大的系统,从横向来说,数字电视广播是从节目制作(编辑)→数字信号处理→广播(传输)→接收→显示终端的系统问题;从纵向来说,是从物理层传输协议→中间件标准→信息使用及内容保护的一系列问题。数字电视系统具体结构由前端、传输和终端三大块组成。前端可分为信源处理、信号处理和传输处理三大部分;传输包括卫星、光纤/微波网络、宽带网络、地面发射等;终端指各种显示设备。数字电视系统的组成框图如图 12.1 所示。

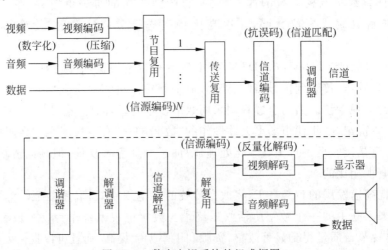

图 12.1 数字电视系统的组成框图

在图 12.1 所示的框图中,首先,视音频模拟信号要经过取样、量化和编码,将模拟信号转换成数字信号。接着,视音频数字信号经编码器压缩,得到各自的基本流,并与其他数据复用,完成信源编码。然后,经传送复用后,进行信道编码,为编码码流赋予一定程度的抵抗信道干扰和传输误码的能力。接下去,通过调制器,与不同信道进行匹配,以便更高效地传送数字信号。此后,将已调的数字信号经信道传送到终端,经反向处理过程,恢复视音频模拟信号进行显示。目前用于数字电视节目制作的设备主要有数字摄像机、数字录像机、数字特技机、数字编辑机、数字字幕机和非线性编辑系统等。用于数字信号处理的技术有压缩编码和解码技术、数据加扰和解扰、加密和解密技术等。信号传输的方式有地面无线传输、有线(光缆)传输、卫星广播等。

12.3 数字电视关键技术

1. 数字电视的信源编/解码技术

信源编/解码技术包括视频信号和音频信号的压缩编/解码技术。无论是 HDTV,还是标准清晰度电视,未压缩的数字电视信号都具有很高的数据率,为了能在有限的频带内传送电视节目,充分利用频率资源,减少信号之间的相互干扰,必须对电视信号进行压缩处理。目前,国际上统一采用 MPEG-2 对视频数据进行压缩处理。在音频编码方面,欧洲、日本采用了 MPEG-2 标准;美国采纳了杜比公司的 AC-3 方案,MPEG-2 作为备用方案。

2. 数字电视的传送复用技术

发送端的信息流要通过复用器按一定格式打包后才能传输,打包器把音频、视频和辅助数据复合成单路串行的信息流,再送到信道编码器处理。目前,数字电视的传送复用也统一采用 MPEG-2 标准。

3. 信道编/解码及调制解调技术

信源编码和系统复用后形成的节目传送码流,需要通过某种传输媒介送给用户接收机。传输媒介形式多样,可以是广播电视系统(如地面电视广播系统、卫星电视广播系统或有线电视广播系统),也可以是电信网络系统或存储媒介(如磁盘、光盘等),所有的传输媒介可以统称为传输信道,一般情况下,编码码流不能直接通过这些传输信道进行传输,必须经过一定处理,达到某种信道规定的传输要求,才能进行传输。在通信原理上,这种处理称为信道编码和调制。接收端的解码和解调与此过程正好相反。

信号在传输过程中还要考虑失真问题,失真会产生误码,因此,对不同的传输媒介要采用不同的编/解码方案和调制解调方案。数字电视是通过纠错编码、网格编码、均衡等技术来提高信号的抗干扰能力。目前,各国的数字电视标准的不同之处主要集中在纠错、均衡、带宽、调制等方面。

数字电视广播信道编码及调制标准规定了经信源编码和复用后在向卫星、有线电视、地面等传输媒介发送前所需要进行的处理,包括从复用器之后到最终用户的接收机之间的整个系统。因此,数字电视广播系统标准的制定非常重要,直接关系到数字电视广播事业和民族产业的发展问题。

4. 软件平台(中间件)

数字电视内容的显示、节目信息和操作互动界面等都需要软件来完成,这个软件平台我们称为中间件,它是一种将应用程序与操作系统、硬件技术分离开来的软件环境,支持跨硬件平台和跨操作系统的软件运行,使程序的应用不依赖于特定的硬件系统和实时操作系统。目前,中间件的各种功能以应用程序接口的形式由机顶盒生产厂家得以实现,随着数字电视标准的统一,机顶盒将和电视机一体化生产,数字电视交互功能和业务项目下载到接收机的数据量将明显减少。

5. 条件接收

这是为付费业务设置的一种技术手段,条件接收是数字电视广播系统实现收费所必需的技术保障。在数字电视系统中,在发送端对节目进行加扰,以阻止用户接收未经授权的节目,在接收端对用户进行寻址控制和授权解扰,以便从用户处收费。条件接收是一个综合系统,涉及数据加扰和解扰、加密和解码、智能卡等数据集成技术,也涉及用户管理、节目管理和收费管理等信息管理技术。

6. 大屏幕显示

数字电视的魅力之一体现在大屏幕显示。目前的各种显示技术完全能够满足 HDTV 显示的要求,主要包括液晶电视(LCD、LED)、等离子体电视(PDP)、投影显示等。随着各种技术的成熟和普及,产品的造价越来越低,已被普通家庭广泛接受。

12.4 数字电视的技术特点

数字信号经过多次转接切换和远距离传输时,不会有干扰和失真的积累,抗干扰性能强,图像质量好;数字电视系统主要由数字集成电路组成,系统的性能和可靠性可望大幅度提高;它可以实现模拟电视不易高质量实现的功能,如时轴处理、制式转换、特技等功能;它也易于实现电视信号的实时处理,以完成图像质量的改善、压缩频带、二维滤波等功能;在传输中,它易于将图像信号和伴音信号时分复用,充分利用数字传输的优越性。数字电视的技术特点具体表现在以下几方面。

1. 信号稳定可靠

电视信号数字化后,是采用若干位二进制码来表示的。二进制码位的"1"、"0"表示高、低电平。数字信号在传输过程中可能会引入噪声干扰,这种噪声电平通过二进制码的电平判断,可以尽量将其清除。

数字信号传输过程中如果产生误码,利用纠错解码技术,可以把数据检查出来并加以纠正。所以,采用数字传输技术后,信号的传输质量大大提高,不会产生噪声累积,信噪比可不随数字信号处理次数而逐次下降,信号抗干扰能力大大增强,信号稳定而可靠。

2. 不受系统非线性失真影响

由于电视信号数字化后,只有"0"、"1"两种状态,不会因设备和系统的非线性变化而使信号出现非线性失真和相位失真的累积,因此,彩色逼真,无串色。

3. 易于存储

数字电视信号可以方便地依托光盘、硬盘和半导体存储器进行存取,具有存储容量大、信噪比高、纠错效果好、存取速度快、便于计算机处理、便于网络传输、互动播放节目等优点。

4. 便于数字处理和计算机处理

光盘、硬盘和半导体存储器存储的信息,可以方便地随机读写,便于对影视节目进行非线性编辑,改变了传统电视节目的制作方式,节目内容表现形式也得到了极大的丰富。通过计算机强大的软硬件资源,随心所欲地表现电视节目内容,并随时可以进行图像格式、编码方式和电视节目等参数的转换。

5. 便于控制和管理

数字技术配合计算机使用,便于对各种软硬件设备进行调整、检测、控制和管理。

6. 有利于节约频谱资源,便于增加节目数量

数字电视采用了压缩编码技术,数据量被大量压缩,数据流被高效复用,传输信号发射功率被明显减小,节目覆盖面积被有效扩大,这些措施都有利于频谱资源的利用,增加了节目数量。

7. 便于开展业务

通过采用加密/解密和加扰/解扰技术,使电视的应用范围得到了极大的提高,不仅用于影视播放,而且可满足各行各业的需要,对播放内容、版权和各类信息进行有效保护和管理。

8. 便于三网融合,共享软硬件资源

12.5　国际上主要的数字电视标准体系

影响数字电视标准体系的关键技术是信道编码和信源编码,在信源编码方面,各国均采用 MPEG-2 作为视频压缩标准,在音频编码上三大体系采用了不同的压缩方式。美国、欧洲和日本的数字电视标准体系,如表 12.1 所示。

对于卫星数字电视广播,国际上普遍采用可靠性强的四相相移键控(QPSK)调制方式;

表 12.1　美国、欧洲和日本的数字电视标准体系

	美国标准			欧洲标准			日本标准		
	地面 ATSC	卫星 DVB-S	有线 DVB-C	地面 DVB-T	卫星 DVB-S	有线 DVB-C	地面 ISDB-T	卫星 DVB-S	有线 DVB-C
调制方式	8VSB/16VSB	QPSK	QAM	2k/8kCOFDM	QPSK	QAM	分段 COFDM	QPSK	QAM
视频编码	MPEG-2			MPEG-2			MPEG-2		
音频编码	AC-3			MPEG-2			MPEG-AAC		

对于有线数字电视广播,美国采用 16-VSB(16-level Vestigial Side Band modulation, 16 电平残留边带调制)方式,美国地面数字电视广播开展时,以 HDTV 业务为主,采用 8-VSB 方式,为了与高质量的图像相匹配,美国 ATSC 标准选择了 5.1 声道的环绕声压缩 AC-3 作为音频压缩标准。

对应地面数字电视广播,日本也采用 HDTV 作为主要业务,采用改进的 COFDM 调制方式。音频方面采用了 MPEG-AAC 标准,这是一个为适应高质量电视广播而提出的音频压缩新标准,支持多声道的环绕声。

欧洲早期以 SDTV 为主开展数字电视广播业务,对音频质量要求也不高,采用了 MPEG-2 压缩标准。对于有线数字电视广播,欧洲和我国采用 QAM(Quadrature Amplitude Modulation,正交调幅)方式;对于地面数字电视广播,欧洲采用 COFDM(Coded Orthogoal Frequen—cy Division Multipex,编码正交频分复用)调制方式。2004 年以来,随着视频压缩技术的发展,压缩效率更高的 MPEG-4 标准和产品相继推出,欧洲广播联盟也开始采用新的视频压缩标准实施 HDTV 广播业务。

12.6　电视信号数字化

1. 数字化是大势所趋

电视设备数字化的发展得益于计算机技术的飞速发展。新型 CPU 的运算速度与功能

正在迅速增长,使得普通微机已具有类似工作站的能力;专用图像处理和声音处理可以借助微机的显卡和声卡轻易完成;加上数据压缩技术的进步和完善,在多个较大的计算机硬盘上存放较长时间的具有一定质量的图像已不成问题,由此而产生的集编辑、切换、数字特技和动画于一身的非线性编辑系统、视频工作站等新型电视设备也已进入大量实际应用阶段。

电视系统数字化的另一个动力是来自观众的需要,人们已不再满足于普通电视画面的质量水平,渴望看到画质更好、清晰度更高的电视。因此,数字电视便成为一种理所当然的选择。

2. PCM 调制

模拟电视系统,在电视信号的产生、处理、记录、传送和接收的过程中,使用的都是模拟信号,即在时间上和幅度上连续变化的信号;而数字信号,则是在时间和幅度上都经过离散化的信号。将模拟信号变换成数字信号称为模数(A/D)转换。最基本的方法是所谓脉冲编码调制(Pulse Code Modulation,PCM)法,就是对模拟信号进行取样、量化,将连续的模拟量转变为离散的二进制数码。在接收端,经过译码和滤波将数字信号还原成模拟信号,称为数模(D/A)转换。

PCM 调制需要三个步骤:抽样、量化和编码。抽样是指用每隔一定时间的信号样值序列来代替原来的时间上连续的信号,也就是在时间上将模拟信号离散,其理论基础是奈奎斯特抽样定理。量化是用有限个幅度近似原来连续变化的幅度值,把模拟信号的幅度离散化。编码则是按照一定的规律,把量化后的值用数字表示,然后转换成二值或多值的数字信号流。用若干代码来表示模拟量的信息信号(如图像、声音等信号),这些抽象的数字代码不能供机器处理、存储和传输,还需要转换成物理信号的形式。通常用低电平代表"0"的脉冲信号、用高电平代表"1"的脉冲信号,用脉冲信号表示这些代码后才能进行传输和存储。

3. 彩色电视信号数字化的编码标准 ITU-601

电视信号数字化最初的应用主要是在演播室,当时迫切需要制定一个将模拟电视中NTSC、PAL、SECAM 三大制式统一的数字演播室标准,于是 ITU-601(原名 CCIR-601)便应运而生。ITU-601 标准的制定,是向着数字电视广播系统参数统一化、标准化迈出的第一步,其对标准清晰度电视图像在 A/D 转换过程中的取样频率、取样方式、量化比特数和编码等基本参数值进行了规定,如表 12.2 所示。

表 12.2　ITU-601 编码标准基本参数值

参　　数	625 行 50 场	525 行 60 场
编码信息	Y,P_r,P_b	
每帧数字有效行	576	507
数字场逆程		
场一	623、624	1～10
场二	311～336	264～273
每模拟有效行样值数		
亮度信号	702	714
每个色差信号	350	355
每行取样数		
亮度信号	864	858

续表

参　数	625行50场	525行60场
每个色差信号	432	429
模拟数字定时关系		
数字有效行结束到模拟行	12	16
同步边沿13.5MHz样值数		
取样结构	正交,每行中的P_r和P_b样值与Y的奇数次样值(1,3,5…)同位	
取样频率		
亮度信号	13.5MHz	
每个色差信号	6.75MHz	
编码方式	线性PCM,8比特量比(后来扩展为10比特)	
每数字有效行的取样数		
亮度信号	720	
每个色差信号	360	
视频信号电平与量化电平级数对应值		
亮度信号	共220量化级,黑电平对应于量化级16,峰值白电平对应于量化级235	
每个色差信号	在量化等级中间部,共分224级零电平对应于128级	

下面,对ITU-601标准作几点简要说明:

它规定彩色电视信号采用分量编码。所谓分量编码就是对彩色全电视信号形成之前的分量信号Y、R—Y、B—Y分别编码,然后再合成数字信号。

它规定了取样频率与取样结构。例如:在4∶2∶2等级的编码中,规定亮度信号和色差信号的取样频率分别为13.5MHz和6.75MHz,取样结构为正交结构,即按行、场、帧重复,每行中的R—Y和B—Y取样与奇次(1,3,5,…)Y的取样同位置,即取样结构是固定的,取样点在电视屏幕上的相对位置不变。

它规定了编码方式。对亮度信号和两个色差信号进行线性PCM编码,最初规定对每个取样点取8比特量化,但在某些应用时显得精度有些不够,因此后来扩展到10比特,最新的接口标准都提供10比特精度。同时,规定在数字编码时,不使用A/D转换的整个动态范围,8比特量化时只给亮度信号分配220个量化级,黑电平对应于量化级16,白电平对应于量化级235;为每个色差信号分配224个量化级,色差信号的零电平对应于量化级128。10比特量化时给亮度信号分配877个量化级,黑电平对应于量化级64,白电平对应于量化级940;为每个色差信号分配897个量化级,色差信号的零电平对应于量化级512。

综上所述,我们知道,分量信号的编码数据流是很高的。以4∶2∶2取样频率为例,8比特量化时码流为:$13.5×8+6.75×8×2=216$Mb/s;10比特量化时码流为:$13.5×10+6.75×10×2=270$Mb/s。

4. 全信号和分量信号编码

彩色图像信号有两种形式:彩色全电视信号(Y/C);亮度信号/色差信号(Y/R—Y、B—Y)。因此,对电视信号的编码可以分为全电视信号编码和分量信号编码两种,如图12.2所示。

在图 12.2(a)中,模拟全电视信号经 A/D 变换,得到数字信号,再经全信号数字编码压缩后输出。在接收端,先经全信号解码,再经 D/A 转换得到模拟全电视信号输出。这种方法易造成亮、色干扰。

在图 12.2(b)中,模拟全电视信号经 A/D 变换,得到数字信号后,再经数字亮、色分离,得到数字亮度信号(Y)和两个数字色差信号(U、V),分别送入各自的编码压缩处理器,经复用后输出。在接收端,经分量信号解码得到 Y、U、V 3 个数字分量信号,再经过 D/A 变换和末极视放矩阵电路,得到模拟全电视信号输出。这种编码技术增加了数字亮、色分离,再对分量信号进行压缩编码,可以消除亮、色干扰现象,提高图像质量。因此,这种处理方式被广泛应用,国际标准中均采用分量编码方式。

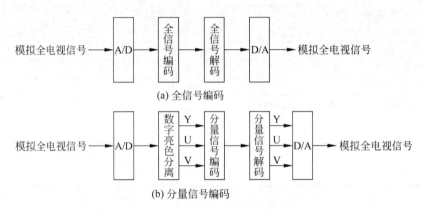

(a) 全信号编码

(b) 分量信号编码

图 12.2　全信号编码和分量信号编码框图

12.7　数字电视的显示方式

数字电视的显示方式主要有阴极射线管(CRT)型直视式显示器、液晶(LCD)显示器、等离子体(PDP)显示器、阴极射线管(CRT)型背投影显示器、硅基液晶(LCoS)投影显示器、液晶投影显示器、数字光学处理(DLP)投影显示器、有机发光二极管(OLED)显示器、表面传导型电子发射显示器(SED)等。

12.8　现代电视技术特点

近年来,电视机发展进入了不断推陈出新的阶段。一方面,大屏幕电视、平板电视机的大量上市,已经将传统的 CRT 电视淘汰。另一方面,高清电视、数字电视的高速发展也使模拟电视进入了更新换代阶段。

新型 LCD、PDP 和 LED 电视机是以数字电视和高清电视为基础,与传统的 CRT 电视有很大不同。因此,有必要了解这些电视技术的发展现状和趋势。

现在 LCD 与 PDP 之争已经基本有定论,全数字电视什么时候取代模拟电视与现阶段的准数字电视,只是时间问题。目前市场上琳琅满目的基本上都是平板大屏幕电视机。其中从 20 英寸到 52 英寸,以 LCD、LED 为主流;而在 55 英寸以上,PDP 电视还有一定的竞争能力。CRT和背投电视正在逐步退出历史舞台。

继LCD、LED、3D电视之后,彩电业又迎来了内容更丰富、娱乐互动性更强的智能电视。随着人们生活品质的提高,大屏幕、高清晰、多功能的电视将继续受到热捧。目前,各品牌的主打产品基本都是大尺寸的智能3D电视,主要集中在47英寸、50英寸、55英寸三个尺寸上。随着智能电视普及率的不断提高,在今后一段时间内,智能一体化3D云电视将成为彩电业发展的主流方向。三网合一将为电视的发展提供更广阔的服务平台,云技术将渗透到我们生活的各个领域,云城市、云通信、云宽带、云家庭、云数据将伴随数字电视迈进云时代。

按照电视机的显示方式分类,我们已经知道的显示器主要有传统的阴极射线显像管CRT,液晶显示器LCD,等离子体显示器PDP,CRT投影机显示屏(背投)。

下面来看一下这些电视机的不同特点。

12.8.1 CRT型直显式显示器的特点

CRT型直显式显示器采用真空电子管结构,优点是工艺成熟,性能可靠;一致性、稳定性好;发光强度高,对比度高,图像的透亮度和彩色鲜艳度好;视角大,可达160度;响应速度快,显示运动图像时无拖尾现象;图像调制方法简单,正常工作时,寿命大于2万小时。

按我国数字电视行业标准规定:CRT型HDTV彩色电视机的图像水平、垂直清晰度应大于等于620电视线。因此,CRT电视通过改进,可以凭借良好的性价比进入高清晰度电视机行列,可以支持16:9宽高比、1920×1080高清晰度电视图像信号格式。

缺点是真空管体积大、重量重、大屏幕显示较难实现;玻璃管外壳易爆;利用行场偏转扫描,易造成图形几何失真,且显像管扫描非线性严重,易造成光栅亮度不均匀;有高压和X射线辐射,功耗大。CRT型彩色显像管结构如图12.3所示。

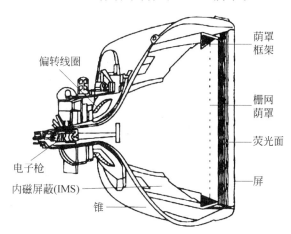

图12.3 CRT型彩色显像管结构示意图

CRT型显示器如果不顺应时代发展趋势,在薄型化、轻型化、节能化方面尽快改进,将直接面临淘汰的境地。

12.8.2 LCD 显示器的特点

LCD 显示器的优点是数字化寻址重显图像,可实现逐行寻址和高场频显示,可消除图像闪烁;图像几何失真小,亮度均匀,清晰度好;非线性失真小,无须进行非线性 γ 校正;质量轻、厚度薄、体积小,易于实现平面化设计,可以壁挂;无 X 射线辐射,防爆,安全性较好;低压供电,工作电流小,功耗低,寿命较长,可达 5 万～6 万小时。

缺点是响应时间较长,快速动作会有拖影现象;非自主发光,亮度、对比度较低;可视角最大可到 160°～170°,与其他显示器相比可视角较小,且显示特性有方向性;大屏幕价格较高,很大屏幕较难推广。

LCD 显示器适合覆盖小屏幕到 50 多英寸范围,曾经是家用电视的主流产品。

12.8.3 PDF 显示器的特点

PDP 显示器的优点是自主发光,图像惰性小,显示高速运动物体时不会产生拖尾现象;屏幕尺寸大(40 英寸以上),适合大屏幕壁挂显示方式,厚度小;采用电子寻址方式显像,图像失真小,全屏亮度、清晰度、色纯度均匀,没有聚焦、会聚问题;采用子帧驱动方式,消除了行间闪烁和图像大面积闪烁;清晰度不如 LCD,但亮度、对比度、视场角优于 LCD 和 CRT 显示器,固有分辨率可以达到 1920×1080;响应速度快,工作电压低,无辐射。

缺点是屏幕难以做小,采用厚膜制造工艺,成品率高,大屏幕成本低,但屏幕机械强度不高;功耗较大,驱动电路成本高,数量多,发光效率低;长期显示固定的静止图像会造成残留影像;显示垂直高速运动图像易造成假轮廓效应;价格较高。

PDP 显示器适合制造 50 英寸以上大屏幕电视机,具有一定的市场竞争力,但在 37～50 英寸范围基本被 LCD 显示器占领。如果 PDP 显示器在提高清晰度、降低功耗、降低价格方面有所突破,会得到更快的发展。

12.8.4 CRT 投影显示器的特点

CRT 投影显示器又称 CRT 投影机,它是利用三只 R、G、B 单色投影管发出的三基色光,通过光学投影系统,使三基色光在屏幕上重叠,利用人眼的视觉惰性和细节分辨率有限的特点,完成时空彩色重显。CRT 型投影显示器可以分为前投方式和背投方式,如图 12.4 所示。其中,前投方式首先被淘汰,背投方式由于取消了荫罩,与 CRT 型显示器相比,电子束的利用率得到了提高,有可能获得高亮度的图像,但同时也增加了阴极的负担,使投影管的寿命降低了。

CRT 投影式显示器优点是利用光学原理,容易制成 80 英寸以上大屏幕、SDTV 电视图像显示,图像的临场感较强;亮度、对比度较高,灰度等级最高;响应时间短,图像惰性小,对高速运动的物体重显效果好;图像信号调制、寻址方式简单;技术成熟,性价比高,价格较低;利用三只 R、G、B 单色投影管,易实现 HDTV 级别电视图像的显示。

缺点是大而笨重;由于光栅会聚、聚焦、白平衡电路等调整复杂,且受地磁场影响较大,因此光栅几何失真和非线性失真较大;可视角度较小;屏幕越大,光栅亮度越低,屏幕边缘图像清晰度受限;功耗大,投射管寿命较短;有几万伏高压,存在辐射。

CRT 投影显示器刚推出时,盛行了一段时间,后来市场严重萎缩,处境艰难。

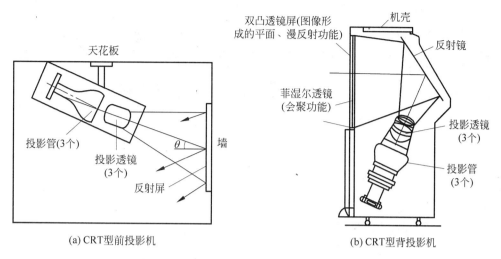

(a) CRT型前投影机　　　(b) CRT型背投影机

图 12.4　CRT 型投影显示器外形图

第 13 章

液晶彩电的基本结构和工作原理

13.1 液晶基本知识

液晶(Liquid Crystal,LC)是一种高分子材料,因为其特殊的物理、化学、光学特性,20世纪中叶开始被广泛应用在轻薄型的显示技术上。

液晶的组成物质是一种有机化合物,也就是以碳为中心所构成的化合物。这些有机化合物和高分子聚合物,在一定温度或浓度的溶液中,既具有液体的流动性,又具有晶体的各向异性,同时具有两种物质的液晶,是以分子间力量组合的,它们的特殊光学性质,又对电磁场敏感,极有实用价值。液晶光电效应受温度条件控制的液晶称为热致液晶;溶致液晶则受控于浓度条件。显示用液晶一般是低分子热致液晶。

1888 年,奥地利科学家莱尼茨尔,如图 13.1 所示,合成了一种奇怪的有机化合物,它有两个熔点。把它的固态晶体加热到 145℃时,便熔成液体,只不过是浑浊的,而一切纯净物质熔化时却是透明的。如果继续加热到 175℃时,它似乎再次熔化,变成清澈透明的液体。后来,德国物理学家列曼把处于"中间地带"的浑浊液体叫做晶体。它好比是既不像马,又不像驴的骡子,所以有人称它为有机界的骡子。液晶自被发现后,人们并不知道它有何用途,直到 1968 年,人们才把它作为电子工业上的材料。

液晶显示材料最常见的用途是电子表和计算器的显示板,为什么会显示数字呢?原来这种液态光电显示材料,利用液晶的电光效应把电信号转换成字符、图像等可见信号。液

图 13.1 莱尼茨尔

晶在正常情况下,其分子排列很有秩序,显得清澈透明,一旦加上直流电场,分子的排列被打乱,一部分液晶变得不透明,颜色加深,因而能显示数字和图像。

液晶种类很多,通常按液晶分子的中心桥键和环的特征进行分类。目前已合成了 1 万多种液晶材料,其中常用的液晶显示材料有上千种,主要有联苯液晶、苯基环已烷液晶及酯类液晶等。液晶显示材料具有明显的优点:驱动电压低、功耗微小、可靠性高、显示信息量大、彩色显示、无闪烁、对人体无危害、生产过程自动化、成本低廉、可以制成各种规格和类型的液晶显示器,便于携带等。由于这些优点,用液晶材料制成的计算机终端和电视可以大幅

度减小体积等。液晶显示技术对显示显像产品结构产生了深刻影响,促进了微电子技术和光电信息技术的发展。

13.2　液晶屏显示原理

　　液晶显示器(Liquid Crystal Display,LCD),为平面超薄的显示设备,它由一定数量的彩色或黑白画素组成,放置于光源或者反射面前方。每个画素由以下几个部分构成:悬浮于两个透明电极(氧化铟锡)间的一列液晶分子,两个偏振方向互相垂直的偏振过滤片,如果没有电极间的液晶,光通过其中一个过滤片势必被另一个阻挡,通过一个过滤片的光线偏振方向被液晶旋转,从而能够通过另一个。其显示原理如图 13.2 所示。

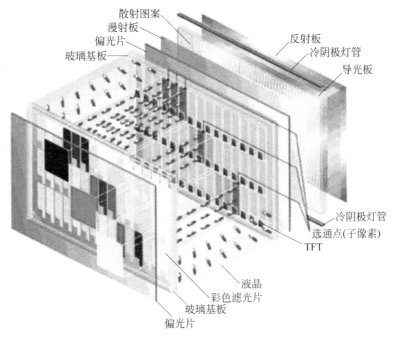

图 13.2　液晶屏显示原理

　　液晶分子本身带有电荷,将少量的电荷加到每个画素或者子画素的透明电极,则液晶的分子将被静电力旋转,通过的光线同时也被旋转,改变一定的角度,从而能够通过偏振过滤片。

　　在将电荷加到透明电极之前,液晶分子处于无约束状态,分子上的电荷使得这些分子组成了螺旋形或者环形(晶体状),在有些 LCD 中,电极的化学物质表面可作为晶体的晶种,因此分子按照需要的角度结晶,通过一个过滤片的光线在通过液芯片后偏振防线发生旋转,从而使光线能够通过另一个偏振片,一小部分光线被偏振片吸收,但其余的设备都是透明的。

　　将电荷加到透明电极上后,液晶分子将顺着电场方向排列,因此限制了透过光线偏振方向的旋转,假如液晶分子被完全打散,通过的光线其偏振方向将和第二个偏振片完全垂直,因此被光线完全阻挡了,此时画素不发光,通过控制每个画素中液晶的旋转方向,我们可以控制照亮画素的光线,可多可少。

从液晶显示器的结构来看,无论是笔记本电脑还是电视机,采用的 LCD 显示屏都是由不同部分组成的分层结构。LCD 由两块玻璃板构成,厚约 1mm,其间由包含液晶材料的 $5\mu m$ 均匀间隔隔开。因为液晶材料本身并不发光,所以在显示屏两边都设有作为光源的灯管,而在液晶显示屏背面有一块背光板(或称匀光板)和反光膜,背光板是由荧光物质组成的可以发射光线,其作用主要是提供均匀的背景光源。

背光板发出的光线在穿过第一层偏振过滤层之后进入包含成千上万液晶液滴的液晶层。液晶层中的液滴都被包含在细小的单元格结构中,一个或多个单元格构成屏幕上的一个像素。在玻璃板与液晶材料之间是透明的电极,电极分为行和列,在行与列的交叉点上,通过改变电压而改变液晶的旋光状态,液晶材料的作用类似于一个个小的光阀。在液晶材料周边是控制电路部分和驱动电路部分。当 LCD 中的电极产生电场时,液晶分子就会产生扭曲,从而将穿越其中的光线进行有规则的折射,然后经过第二层过滤层的过滤在屏幕上显示出来。

对于液晶显示器来说,亮度往往和它的背板光源有关。背板光源越亮,整个液晶显示器的亮度也会随之提高。而在早期的液晶显示器中,因为只使用 2 个冷光源灯管,往往会造成亮度不均匀等现象,同时明亮度也不尽人意。一直到后来使用 4 个冷光源灯管产品的推出,才有很大的改善。

信号反应时间也就是液晶显示器的液晶单元响应延迟。实际上就是指的液晶单元从一种分子排列状态转变成另外一种分子排列状态所需要的时间,响应时间愈小愈好,它反映了液晶显示器各像素点对输入信号反应的速度,即屏幕由暗转亮或由亮转暗的速度。响应时间越小则使用者在看运动画面时不会出现尾影拖曳的感觉。有些厂商会通过将液晶体内的导电离子浓度降低来实现信号的快速响应,但其色彩饱和度、亮度、对比度就会产生相应的降低,甚至产生偏色的现象。这样信号反应时间上去了,但却牺牲了液晶显示器的显示效果。有些厂商采用的是在显示电路中加入了一片 IC 图像输出控制芯片,专门对显示信号进行处理的方法来实现的。IC 芯片可以根据 VGA 输出显卡信号频率,调整信号响应时间。由于没有改变液晶体的物理性质,因此对其亮度、对比度、色彩饱和度都没有影响,这种方法的制造成本也相对较高。

利用液晶的基本性质实现显示。自然光经过一偏振片后"过滤"为线性偏振光,由于液晶分子在盒子中的扭曲螺距远比可见光波长大得多,所以当沿取向膜表面的液晶分子排列方向一致或正交的线性偏振光入射后,其偏光方向在经过整个液晶层后会扭曲 90°由另一侧射出,正交偏振片起到透光的作用;如果在液晶盒上施加一定值的电压,液晶长轴开始沿电场方向倾斜,当电压达到约 2 倍阈值电压后,除电极表面的液晶分子外,所有液晶盒内两电极之间的液晶分子都变成沿电场方向的再排列,这时 90°旋光的功能消失,在正交片振片间失去了旋光作用,使器件不能透光。如果使用平行偏振片则相反。

13.3 液晶面板的基本结构

每种液晶面板的结构由一块液晶显示板、多数个第一接点、多数个第二接点、多数条第一周边线路以及多数条第二周边线路所构成。液晶面板具有一个显示区域及一个非显示区域,且非显示区域具有至少一个驱动芯片压合区。第一接点与第二接点配置于驱动芯片压合区内。第一周边线路配置于非显示区域上,且第一周边线路与第一接点及显示区域上的像素结构电性连接。第二周边线路配置于非显示区域上,且第二周边线路与该第二接点电性连接。借助在每个驱动芯片压合区内配置两组接点,此液晶面板可选择性地提供两种驱动芯片配置,使此液晶面板可适用于单屏幕显示组件或双屏幕显示组件上。

液晶电视机的显示器件主要由彩色液晶显示板构成,如图 13.3 所示。液晶电视机显示板上有数百万个像素单元,每个像素单元由 R、G、B 三个基色小单元构成。像素单元的核心部分是液晶体和半导体控制器件。通过对像素单元阵列的控制,使各单元电极的电压按照电视图像的规律变化,使液晶的透光性发生变换,在背光照射下,显示出图像。

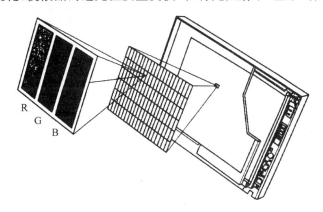

图 13.3 液晶电视机显示器部分的结构图

液晶显示器的主要部分是液晶显示板,由多层结构组成,其结构如图 13.4 所示。为了便于安装、调试和维修,液晶显示板通常与驱动电路组成一体化结构,如图 13.5 所示。图 13.6 是液晶显示屏的结构示意图。

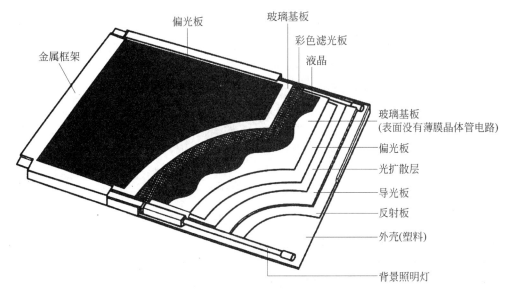

图 13.4 液晶显示板的结构图

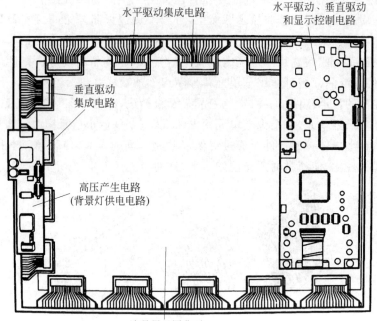

图 13.5　液晶面板与驱动集成电路结构示意图

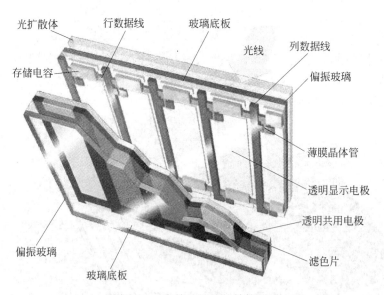

图 13.6　液晶显示屏的结构图

　　液晶体本身是不发光的,在图像信号电压的作用下,液晶板上不同部位的透光性不同。每一瞬间的图像就像电影胶片一样,在光照的条件下才能显示出来。

　　液晶显示板的剖面图如图 13.7 所示,在液晶显示板的背部设有背光源,透过液晶层在前面的屏幕上就能看到光图像,液晶层不同部位的透光性随图像信号的变化规律,呈现出周期性变化的活动图像。

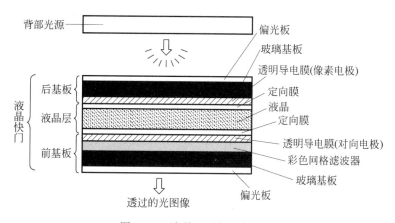

图 13.7 液晶显示板的剖面图

13.4 液晶电视的技术指标浅析

1. 液晶电视屏幕种类

液晶屏由于技术和工艺的不同而分成 PC 屏和专用 AV 屏,普通 PC 屏成本要比同尺寸专用 AV 屏便宜千元以上,性能也逊色很多,一般只用于 PC 或笔记本电脑的液晶显示屏。出于成本或者采购困难等原因,个别厂商可能会以次充好,因此,需要消费者提高警惕,对一些特别便宜的液晶电视要引起重视。

2. 液晶电视屏幕格式

屏幕宽度与高度的比例称为屏幕比例。目前液晶电视的屏幕比例一般有 4∶3 和 16∶9 两种。16∶9 是最适合人眼视角的格式,有更强的视觉冲击力。因此,未来数字电视的显示格式将采用 16∶9 的格式,4∶3 是适合目前模拟电视信号的显示格式。需要指出的是,目前很多 16∶9 和 4∶3 格式的电视都可以通过菜单调整画面的显示格式,但这都是以浪费一定面积的屏幕为代价的。如果显示屏主要用来观看电视的,建议选择 4∶3 的产品,否则经过拉伸处理的画面会使你难以忍受;如果显示屏主要用来观赏 DVD 大片的,建议选购 16∶9 的产品,因为 16∶9 会带来 4∶3 永远都达不到的视觉享受。

3. 液晶电视主要性能指标

液晶彩电的性能指标中,对消费者视觉感受影响最大的是亮度、对比度、分辨率和可视角度。对比度愈大,表示输出白色与黑色时更分明;而亮度愈大,则可在较亮的环境下,显示清晰的影像。在不同的操作环境光线下,适当地调整对比值有助于画面显示得更清晰。

亮度是指画面的明亮程度,单位是坎德拉每平方米(cd/m^2)或尼特(nits)。目前提高亮度的方法有两种:一种是提高 LCD 面板的光通过率;另一种就是增加背光源的亮度。现在主流的亮度是 $250cd/m^2$ 以上,不过高亮产品正在逐渐成为流行。一般来说达到 $400cd/m^2$ 以上才算是高亮产品,高亮度能够使显示的画面更加清晰鲜艳,特别适合播放 DVD 电影。

固定分辨率指屏幕上像素的数目,像素是指组成图像的最小单位,电视的影像主要是由许多堆积的点或线组成的像素(pixel)而产生的,因此像素的多少便是影响分辨率的重要因素。分辨率会影响画面清晰程度,分辨率高的液晶彩电画面清晰细腻,画面边缘明快锐利,分辨率过低则会使画面粗糙,近观有明显颗粒感。一般在 1024×768 或以上的分辨率就具备了高清晰电视的特点。

对家用液晶彩电而言,希望可视角度尽量大一些,可视角度越大,我们能看到清晰完美画面的空间范围就越大。一般来说,140 度至 160 度的可视角度即可成为大尺寸数字电视的基本指标。

国家规定电视的观赏距离一般为电视对角线尺寸的 3 倍左右,因此,29～34 英寸电视机,为 2～3 米的习惯观看距离。43～60 英寸电视机。约为 3～4.5 米的习惯观看距离。更大屏幕尺寸的显示设备,约为 4 米的观看距离。所以一般来说,可以根据用户客厅的大小选择合适尺寸的电视。

响应时间是 LCD 电视的特定指标,它是指各像素点对输入信号反应的速度,其单位是毫秒(ms)。响应时间越小,像素反应愈快。而响应时间过长,在显示动态影像(甚至是鼠标的光标)时,就会产生较严重的"拖尾"现象。目前 LCD 电视的响应时间通常在 12～20ms之间,少数品牌例如夏新的"惊视"系列达到了 8ms 的响应速度。

4. 液晶电视点距

点距(Dot Pitch)一般是指显示器上相邻两个发光点中心到中心之间的水平距离。点距的计算方式是以面板尺寸除以分辨率来求得的,但 LCD TV 点距的重要性却远没有 CRT那么高。

5. 液晶电视背光寿命

液晶面板本身不能发光,它属于背光型显示器件。在液晶屏的背后有背光灯,液晶电视是靠面板上的液晶单元"阻断"和"打开"背光灯发出的光线,来还原画面的。可以发现,只要液晶显示器接通电源,背光灯就开始工作,即使显示的画面是一幅全黑的图片,背光灯也同样会保持在工作状态。

由于液晶面板的透光率极低,要使液晶电视的亮度达到还原画面的水平。背光灯的亮度至少达到 6000cd/m²。背光灯的寿命就是液晶电视的寿命,一般液晶电视的背光寿命基本在 5 万小时以上。也就是说,如果你平均每天使用液晶电视 5 小时,那 5 万小时的寿命等于你可以使用该液晶电视 27 年。

6. 液晶电视接收制式

目前世界上彩色电视主要有三种制式,即 NTSC、PAL 和 SECAM 制式,三种制式目前尚无法统一。我国采用的是 PAL-D 制式,因此在我国使用的液晶电视至少要兼容 PAL-D制式。一般液晶电视都兼容以上的电视制式,但购买前最好再确认一下。

7. 液晶电视声音输出功率

液晶电视为了能正常的发声,所以都至少带有两个内置的音箱,它的功率决定于音箱所能发出的最大声强。

由于液晶电视的主要作用并不是欣赏音乐,因此声音的功率并不是十分重要,相比之下,声音的质量也许更重要一些。目前一般液晶电视音箱功率为 2～10W。

当然,如果您需要将液晶电视接驳家庭影院,那么就一定不会绕过功放这个单元,因此LCD TV 的声音输出功率也就可以忽略不计了。

8. 液晶电视接口

考虑液晶电视要与家庭影院以及计算机等外设相连,所以,除必备的 AV、S-Video 等接口外,HDMI、DVI 与 D-Sub 接口、光纤输出等也应在考查范围之内。

HDMI 接口又称"数字高清一线通",是国际最新标准的多媒体数字接口,是数字接口的"终极配备"。HDMI 最大优势在于体积较小并可同时传输音频及视频信号,而普通电视配备的 DVI 接口只能传输视频信号,不能传输音频信号。而且,一条 HDMI 高清线就可以取代 13 条模拟传输线,彻底解决电视背后连线复杂、杂乱的问题。美国规定,从 2005 年 7 月 1 日起,在其本土销售的 36 英寸以上的电视都必须 100% 具备 HDMI 接口。我国中央电视台在测试高清电视时,也要求厂家在其电视上采用 HDMI 接口。

液晶电视作为家庭娱乐休闲中心,它与其他休闲娱乐设备之间的高度互动,已成为液晶电视发展的趋势之一。如今在国内数码相机、数码摄像机、移动硬盘、移动 U 盘已成为众多家庭必备的娱乐工具之一,利用电视来播放和显示拍摄作品,也已成为多数家庭用户的普遍需求。要特别注意的是流媒体与记忆卡功能要能播放动态的音乐和动态的影像,而不只是播放静态的图片。

13.5　液晶显示板的工作原理

13.5.1　液晶显示板的基本特征

液晶板是将液晶材料封装在两片透明电极(定向膜)之间,通过控制电极之间的电压实现对液晶透光的控制,其工作原理如图 13.8 所示。图 13.8(a)是液晶层无电压时的滤光状态(亮状态),图 13.8(b)是加电压时的不透明状态(暗状态)。

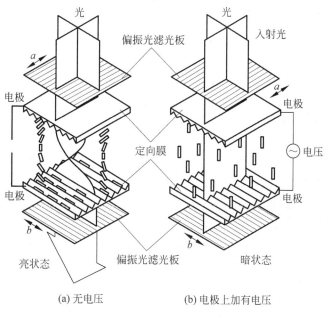

(a) 无电压　　　　　　(b) 电极上加有电压

图 13.8　液晶显示板的工作原理示意图

　　液晶分子受透明电极上的定向膜作用,按一定的方向排列,由于上下电极间定向方向扭转90°,所以通过偏振光滤光板进入液晶层后的光变成了直线偏振。a 方向的光入射到液晶层中沿着扭转方向进行并扭转90°后,通过下面的偏振光滤光板就变成 b 方向。

13.5.2　液晶显示板的结构和原理

　　彩色液晶显示器与单色LCD之间的差别在于彩色LCD层前面加入由R、G、B栅条组成的滤波器。光穿过R、G、B栅条就可以看见彩色。通过电子开关对R、G、B栅条每种显示色彩的控制,利用人眼的视觉特性,就可以看到色彩丰富的彩色图像。彩色与单色液晶显示板的原理如图13.9所示。

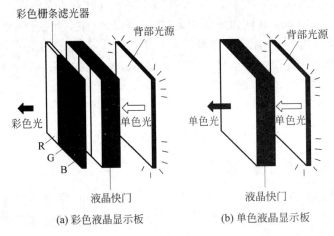

图 13.9　彩色与单色液晶显示板的原理图

　　目前,彩色显示器有加色混合显示器和减色混合显示器两种。其结构及控制原理如图13.10和图13.11所示。

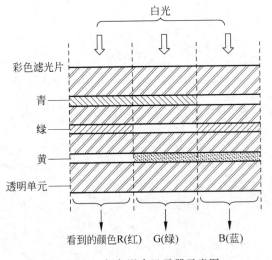

图 13.10　加色混合显示器示意图

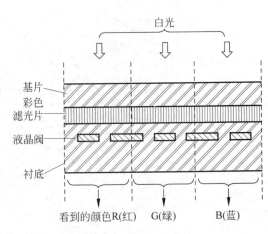

图 13.11　减色混合显示器示意图

从图 13.10 可见,加色混合法是将彩色滤光片中 R、G、B 三个小的彩色滤光片拼合在一起构成一个像素单元,其下面对应三个光开关。当需要显示某个单色光时,相应的光开关只要遮住另外两个小的彩色滤光片即可。从图 13.11 可见,减色混合法是把彩色滤光片叠在一起,与液晶阀配合,得到 R、G、B 三色光。如果要获得单色光,只需把某一个彩色滤光片变成完全透明的状态即可。

把三个这样的液晶板按一定的顺序叠放在一起,三个板中含有不同的彩色,通过选择外加电压开关控制其中分子的排列,就可由显示三个单色的基色混合成彩色显示了。

液晶层封装在两块玻璃基板之间,玻璃基板上层有一个公共电极,下层每个像素都有一个控制单元,由一只薄膜晶体管(MOSTFT)控制。液晶显示板的局部解剖图如图 13.12 所示。每个像素单元有一个像素电极,当像素电极加上控制电压时,该像素中的液晶体便会受到电场的作用,大量的像素控制单元组成液晶屏的图像。MOS 管的栅极为控制极,提供扫描信号;源极提供薄膜晶体管数据信号,该信号是视频信号处理后形成的。

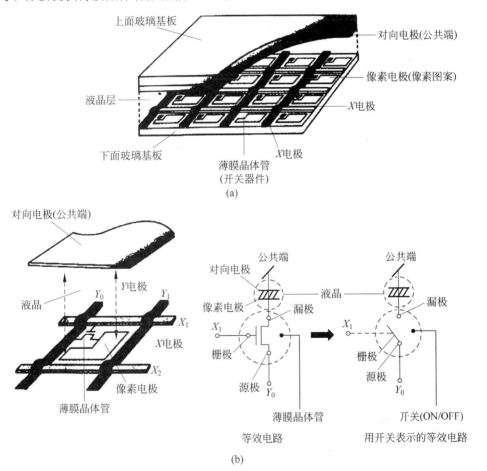

图 13.12　液晶显示板的局部解剖图

在图 13.12(b)所示的等效电路中,当栅极上有正极性脉冲时,场效应管导通。源极的图像数据电压便通过场效应管加到与漏极相连的像素电极上,于是像素电极与公共电极之间的液晶体便会受到 Y 轴图像电压的控制。如果栅极无脉冲,场效应管便会截止,图像电极上无电压。所以,场效应管实际上相当于一个电子开关。

液晶显示板的驱动电路如图 13.13 所示。经图像信号处理电路形成的图像数据电压作为 Y 方向的驱动信号,同时图像信号处理电路为同步及控制电路提供水平和垂直同步信号,形成 X 方向的驱动信号,驱动 X 方向的晶体管栅极。当水平和垂直脉冲信号同时加到某个场效应管时,该像素单元的晶体管便会导通,Y 信号的脉冲幅度就可以控制图像的亮暗。

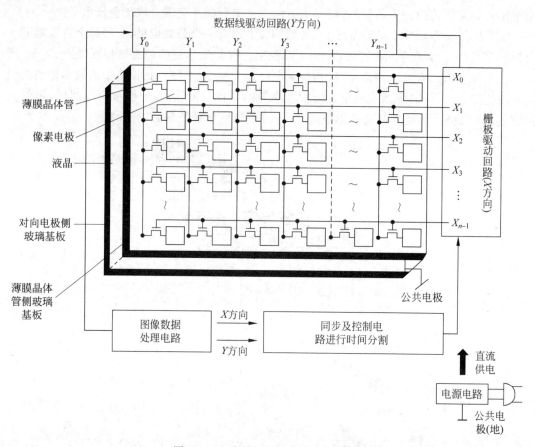

图 13.13　液晶显示板的驱动电路图

13.6　液晶显示系统工作原理

13.6.1　液晶显示电路的基本结构

高清晰度液晶电视显示系统如图 13.14 所示,其电路主要由两部分构成,一部分是视频信号处理电路,另一部分是同步和时序控制电路。

在图 13.14 所示的框图中,从天线接收的信号经调谐、中频放大、视频检波得到视频信号,视频信号包括亮度信号(Y)和色度信号(P_R、P_B),这些电路功能与普通 CRT 电视机相似。该信号经解码矩阵电路得到三基色信号,经轮廓校正、亮度和对比度调整,色调校正、时间轴扩展、极性反转放大、电平位移等处理电路,形成液晶板驱动信号。从亮度信号中分离

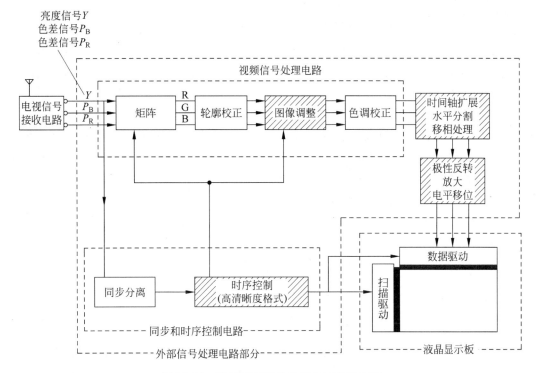

图 13.14　高清晰度液晶电视显示系统框图

出来的复合同步信号,经时序控制电路分离成水平同步和垂直同步信号,形成对液晶板进行扫描所需的各种控制信号。

　　电路图中后端的图像调整、时间轴扩展、极性反转和时序控制电路是液晶显示器的特有电路。

13.6.2　色调 γ 校正电路

　　液晶板的透光特性就是液晶板所加电压和显示亮度的关系,它与 CRT 显像管的特性比较如图 13.15 所示。电视图像从摄像机摄像到显像管再现图像的过程中,从摄像时的光图像信号变成电信号时存在非线性因素;在显示器中重现由电信号转变成的光图像,也存在非线性因素。因此视频信号在驱动 CRT(其 γ 值等于 2.2)之前的信号源,必须进行校正使 2.2 × γ=1。

　　视频信号进行模拟处理时,色调校正电路是由电阻和晶体管组成近似线性的电路构成。在液晶电视机中,电光变换特性是 S 形特征,数字处理系统的色调电路校正由存入 ROM 中的校正数据进行处理。

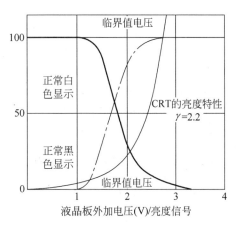

图 13.15　液晶板的透光率与所加
电压的关系曲线

13.6.3　时间轴扩展电路

高清晰度超大屏幕组合式液晶显示板水平方向像素高达 1000 多个,数据采样时水平移位时钟接近 60MHz,数据驱动移位时钟也达到 15MHz。而一般驱动和显示一体型液晶显示器的响应只有 2MHz。

驱动和显示一体型(Poly-Si TFT-LCD)液晶显示器的时间轴扩展电路如图 13.16 所示。时间轴扩展电路通过将视频信号由串行传输转变成并行传输,使水平移位时钟的频率下降,以适应高清晰度超大屏幕组合式液晶显示板水平方向的需要。在这种方式中使用视频移相电路降低频率,主要是为了适应高清晰度的要求。

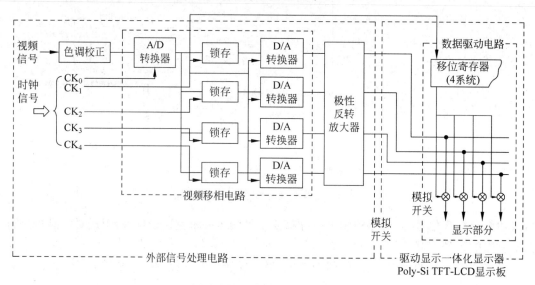

图 13.16　时间轴扩展电路图

13.6.4　水平分割驱动电路

超大规模组合式液晶显示板的水平分割驱动电路如图 13.17 所示,这种液晶显示板将显示区分成 A、B、C 三个区,每个分区进行并行同时驱动,视频信号和移位时钟的频率可降低到原来的 1/3。

液晶板上的奇数栅极驱动线用视频信号按 A1、B1、C1 的顺序送入图像数据驱动电路;偶数栅极驱动线用的视频信号按 A2、B2、C2 顺序送入图像数据驱动电路,数据驱动 A、B、C 分别驱动显示区 A、B、C 的电极。

13.6.5　频率相移电路

在驱动和显示一体型 Poly-Si TFT-LCD 液晶显示方式中,时间轴扩展电路如图 13.16 所示,它的功能是将视频信号经色调校正后送到视频移相电路,移相电路由 A/D 转换器、锁存器、D/A 转换器等电路构成。在此电路中,视频数据信号被分割成四部分,经 D/A 转换、极性反转放大后送到液晶板的数据驱动电路中。经过视频移相分割,使整个图像数据信号的采样频率降低到原来频率的 1/4。

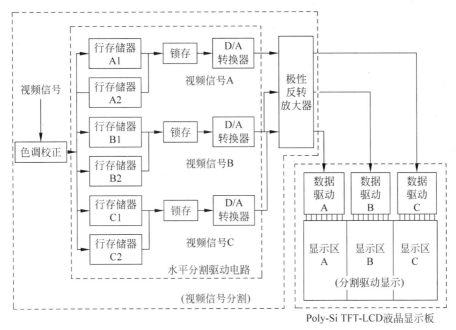

图 13.17　水平分割驱动电路图

13.7　液晶显示器的电路结构

液晶显示器与显像管显示器的视频信号的接收、解调、解码等处理电路基本相同,只是驱动液晶板的电路有所不同,常见的有模拟式驱动电路和数字式驱动电路两种。

13.7.1　模拟式液晶显示驱动电路

模拟式液晶显示系统框图如图 13.18 所示。视频信号经过放大器和缓冲器形成模拟驱动信号送到驱动薄膜晶体管(TFT)液晶板的取样保持电路,取样保持电路的输出作为源极驱动信号送到液晶板的栅极驱动集成电路。同时,同步信号也送到取样保持电路,使液晶板的源极驱动信号与扫描信号保持同步关系。这种电路结构简单,但消耗功率较大,解像度也不够高。

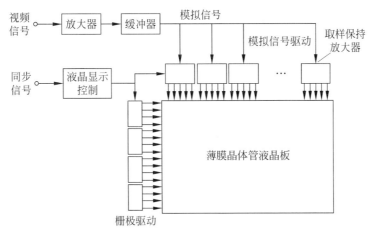

图 13.18　模拟式液晶显示系统框图

13.7.2 数字式液晶显示驱动电路

数字式液晶显示系统方框图如图 13.19 所示。此系统需要将视频数据信号变成数字信号,再送到显示系统,或者直接送入数字视频信号。作为源极驱动的数字信号先送到数据锁存电路,再经过 D/A 转换器变成驱动液晶板的源极驱动信号,其中同步和扫描电路与模拟式相同。

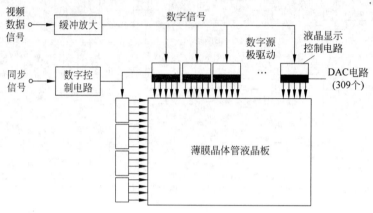

图 13.19 数字式液晶显示系统框图

13.7.3 小型液晶彩色电视机电路

图 13.20 是一台小型液晶彩色电视机的整机电路框图。其中,高频调谐器、中频电路 TA8670F、微处理器和音频、视频切换开关、视频处理、色度解码和同步扫描信号产生 TA8695F 等部分电路与普通彩电基本相同。此处只有 γ 校正、显示接口切换控制电路 TA8696F 是液晶电视机所特有的电路。

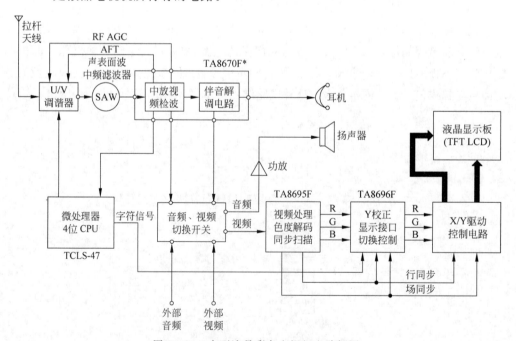

图 13.20 小型液晶彩色电视机电路框图

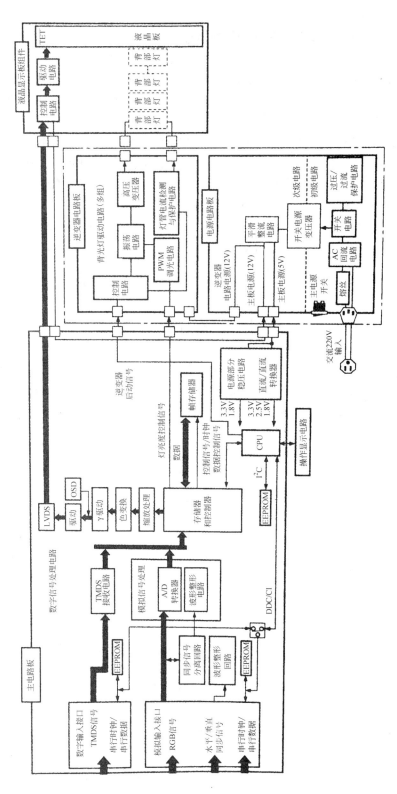

图13.21 数字高清晰度液晶显示器的典型结构图

13.8　典型液晶彩电结构框图

图 13.21 是一台数字高清晰度液晶显示器的典型结构图。可以看出,该电路主要由主电路板、逆变器电路板、电源供电电路板和液晶显示板组件等部分构成。前面再加上电视信号的接收解码电路和伴音电路就构成了液晶电视机电路。

主电路板具有多种信号接口电路,它可以直接接收来自其他视频设备的数字信号,也可以接收来自计算机显卡的 VGA 模拟视频信号及 DIV 数字信号,每种信号都伴有同步信号。模拟 R、G、B 信号需经过 A/D 转换器,变成数字视频信号,再进行数字图像处理。在图 13.21 所示的电路中,DDC(Display Data Channel)用于显示数据的设置和修改,DDC/CI 是显示数据信道/指令接口(Command Interface)的切换电路,TMDS(Transition Minimized Differential Signaling)是跃变最小化启动信号,LVDS(Low Voltage Differential Signaling)是低压启动信号,OSD(On Screen Display)是屏幕上显示电路,即字符信号发生器。不同格式的视频信号在进行数字处理的同时还要进行格式变换,再经存储器和控制器、缩放电路、色变换、γ 校正、驱动信号形成电路(LVDS),变成驱动液晶板的控制信号。

逆变器电路主要是产生液晶显示板所需的高压背光电压,它将直流 12V 电源变成约 700V 的交流信号。通常大屏幕液晶显示屏后面设有多个灯管,每个灯管都需要一组交流电压供电。

电源电路的开关电源为整个液晶显示器供电,它可以输出整机所需的多路不同幅值的电源。

第 14 章

液晶彩电典型电路原理分析

14.1 A/D 转换电路、去隔行和图像缩放电路

14.1.1 A/D 转换电路

液晶彩电 A/D(模/数)转换电路的作用是将模拟 YUV 或 RGB 信号转换为数字 YUV 或数字 RGB 信号,送至去隔行、SCALER(图像缩放)电路进行处理。在液晶彩电中一般需要多个 A/D 转换电路,以便对不同的模拟信号进行数字转换。A/D 转换电路既有独立的芯片,如常用的 AD9883、AD9884、TDA8752、TDA8759 等;也有集成在其他电路中的组合芯片,如很多去隔行、SCALER 芯片都集成有 A/D 转换电路。这里主要介绍独立 A/D 转换电路。

下面以液晶彩电较为常用的 A/D 转换芯片 MTS9885 和 AD9884 为例,介绍 A/D 转换电路的内部组成和引脚功能。需要说明的是,现在很多机型已不再采用独立的 A/D 芯片,也就是说,A/D 转换电路已被集成在 SCALER 电路中,但无论是独立的还是被其他电路集成的,其内部组成和工作原理是完全一致的。

1. 液晶彩电 A/D 转换芯片 MTS9885

MTS9885 是一块用于个人计算机和工作站捕获 RGB 三基色图像信号的优选 8 位输出的模拟量接口电路,它的 140symble/s 的编码速率和 300MHz 的模拟量带宽可支持高达 1280×1024(SxGA)的显示分辨率,它有充足的输入带宽来精确获得每一个像素并将其数字化。MTS9885 内部电路框图如图 14.1 所示。

MTS9885 的内部锁相环以行同步输入信号为基准产生像素时钟,像素时钟的输出频率范围为 20～140MHz。

MTS9885 有 3 个高阻模拟输入脚作为 RGB 三基色通道,它适应 0.5～1.0V 峰峰值的输入信号,信号的输入和地的阻抗应保持为 75Ω,并且通过 47nF 电容耦合到 MTS9885 输入端,这些电容构成了部分直流恢复电路。行同步信号从 MTS9885 的 ㉚ 脚输入,用来产生像素时钟 DCLKA 信号和钳位。

行同步信号输入端包括一个施密特触发器,以消除噪声信号。为使三基色输入信号被正确地数字化,输入信号的直流分量补偿必须被调整到适合 A/D 转换的范围。行同步信号的后肩为钳位电路提供基准的参考黑电平,产生钳位脉冲确保输入信号被正常钳位。另外,通过增益的调整,可调节图像的对比度;通过调整直流分量的补偿,可以调整图像的亮度。MTS9885 引脚功能如表 14.1 所示。

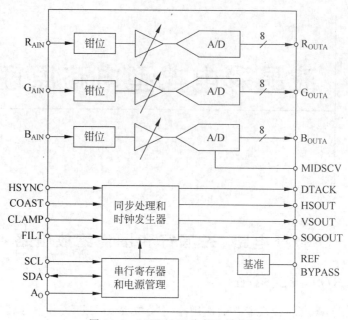

图 14.1 MTS9885 内部电路框图

表 14.1 MTS9885 引脚功能

脚　　位	引　脚　名	功　　能
70～77	RED0～RED7	数字红基色信号输出
2～9	GREEN0～GREEN7	数字绿基色信号输出
12～19	BLUE0～BLUE7	数字蓝基色信号输出
67	DATACK	像素时钟
66	HSOUT	数字行同步信号输出
65	SoGOUT	绿基色限幅的同步信号
64	VSOUT	数字场同步信号输出
37	MIDSCV	RGB 钳位参考电位
58	REFBYP	内部参考电位
31	VSYNC	模拟场同步信号输入
30	HSYNC	模拟行同步信号输入
43	B_{AIN}	模拟蓝基色信号输入
49	SOGIN	模拟绿基色同步信号输入
48	G_{AIN}	模拟绿基色信号输入
54	R_{AIN}	模拟红基色信号输入
29	COAST	锁相控制脉冲输入
38	CLAMP	外部钳位信号
55	AO	地址串行输入
56	SCL	I^2C 总线时钟线
57	SDA	I^2C 总线数据线
33	FILT	锁相环外接滤波器
26,27,39,42,45,46,51,52,59,62	AVDD	模拟电源
11,22,23,69,78,79	V33	输出端口工作电源
34,35	PVDD	锁相环工作电源
1,10,20,21,24,25,28,32,36,40,41, 44,47,50,53,60,61,63,68,80	GND	地

2. 液晶彩电 A/D 转换芯片 AD9884

AD9884 是一个 8 位高速 A/D 转换电路,具有 140symble/s 的编码能力和 500Hz 全功率的模拟带宽,能够支持 1280×1024 分辨率和 75Hz 的刷新频率。为了将系统消耗和能源浪费降至最低,AD9884 包含一个内部的 +1.25V 参考电压。AD9884 采用 3.3V 供电,输入信号范围为 0.5~1.0V,电路可以提供 2.5~3.3V 的三态门输出。AD9884 具有单路和双路两种输出模式,当采用单路输出模式时,只采用端口 A,端口 B 悬空而处于高阻状态;当采用双路输出时,可从端口 A、B 输出两路数字信号。AD9884 的内部电路框图如图 14.2 所示,引脚功能如表 14.2 所示。

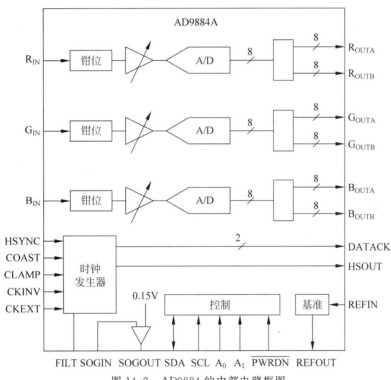

图 14.2 AD9884 的内部电路框图

表 14.2 AD9884 引出脚功能

脚 位	引脚名	功 能
7	R_{AIN}	红通道模拟信号输入
15	G_{AIN}	绿通道模拟信号输入
22	B_{AIN}	蓝通道模拟信号输入
40	HSYNC	行同步信号输入,用于为 PLL 电路提供行定时参考信号
41	COAST	锁相环 COAST 信号输入
28	CLAMP	钳位信号输入
14	SOGIN	绿信号同步信号输入
44	CKEXT	外部时钟输入
27	CKINV	取样时钟倒相
105~112	$D_R A_{7~0}$	端口 A 红通道信号输出

续表

脚　　位	引脚名	功　　能
95～102	$D_R B_{7\sim0}$	端口 B 红通道信号输出
85～92	$D_G A_{7\sim0}$	端口 A 绿通道信号输出
75～82	$D_G B_{7\sim0}$	端口 B 绿通道信号输出
65～72	$D_B A_{7\sim0}$	端口 A 蓝通道信号输出
55～62	$D_B B_{7\sim0}$	端口 B 蓝通道信号输出
115	DATACK	数据输出时钟
116	$\overline{\text{DATACK}}$	数据输出反相时钟
117	HSOUT	行同步信号输出
118	SOGOUT	绿信号同步信号输出
29	SDA	串行数据
30	SCL	串行时钟
31、32	A_0、A_1	串行端口地址
125	$\overline{\text{PWRDN}}$	电源管理控制输入,一般由微控制器进行控制。当该脚为低电平时,AD9884 具有很低的功率消耗,输出缓冲器置于高阻状态,内部振荡器停止振荡,内部控制寄存器内容被保持,但绿信号上的同步信号可以正常输出
126	REFOUT	参考电压输出
127	REFIN	参考电压输入
45	FILT	滤波
4、8、10、11、16、18、19、23、25、124、128	VD	主电源供电
54、64、74、84、94、104、114、120	VDD	数字输出电路供电
33、34、43、48、50	PVD	电钟产生供电
5、6、9、12、13、17、20、21、24、26、35、39、42、47、49、51、52、53、63、73、83、93、103、113、119、121、122、123	GND	地
1、2、3、36、37、38、46	NC	

14.1.2　去隔行和图像缩放电路

1. 去隔行处理电路介绍

　　广播电视中心设备中,为了在有限的频率范围内传输更多的电视节目,通常都采用隔行扫描方式,即把一帧图像分解为奇数场和偶数场信号发送,到了显示端再把奇数场信号与偶数场信号均匀镶嵌,利用人眼的视觉特性和荧光粉的余辉特性,就可以构成一幅清晰、稳定、色彩鲜艳的图像。

　　隔行扫描方式虽然降低了视频带宽,但提高了频率资源利用率,对数字电视系统来说,也降低了视频信号的码率,便于实现视频码流的高效压缩。随着科学技术水平的提高,人们对视听产品的要求越来越高,电视系统由于隔行取样造成的缺陷越来越明显,主要表现是:行间闪烁,低场频造成的高亮度图像的大面积闪烁,高速运动图像造成的场差效应等,这些缺陷在大屏幕彩色电视机中尤为明显。

　　对于固定分辨率、数字寻址的 LCD 显示器件,大都支持逐点、逐行寻址方式。因此,在液晶彩电中,都是先把接收到的隔行扫描电视信号或视频信号,通过去隔行处理电路变为逐行寻址的视频信号,然后送到液晶显示屏上进行显示。

在液晶彩电中,隔行/逐行变换的过程非常复杂,它需要通过较复杂的运算,再通过去隔行处理电路与动态帧存储器配合,在控制命令的指挥下才能完成。

下面以50Hz隔行变换为50Hz逐行扫描为例,说明去隔行处理电路的大致工作过程:去隔行处理电路工作时,先将隔行扫描的奇数场A的信号以50Hz频率(20ms周期)存入帧存储器中,再将偶数场B的信号也以50Hz频率(20ms周期)存入同一个帧存储器中,其存入方法是将奇数行与偶数行相互交错地间置存储,这样把两场信号在帧存储器中相加,形成一幅完整的一帧画面A+B。在读出时,按原来的场频(50Hz)从帧存储器中逐行读出图像信号A+B,40ms内将A+B读出两次,如此循环往复,将形成的1、2、3、4、…行顺序的625行的逐行扫描信号输出。这样实际上场频并未改变,仅在一场中将行数翻倍。

上面介绍的这种变换方法也称为场顺序读出法,它采用帧存储器,将两场隔行扫描信号合成一帧逐行扫描信号输出,由于行数提高一倍,所以消除了行间闪烁现象;但由于场频仍然为50Hz,大面积闪烁依然存在。

50Hz隔行变换为60Hz/75Hz逐行扫描的原理大致如下:采用帧存储器,将两个隔行扫描的原始场,以奇数行和偶数行相互交错地间置存储方式存入一个帧存储器中,形成一帧完整的图像,读出时,以原来的场频或1.2倍(60Hz)或1.5倍(75Hz)场频的速度,按照存入时第一帧、第二帧……的顺序,逐行从帧存储器中读出一帧信号。由于行数增加,行结构更加细腻,行闪烁现象更不明显;同时由于场频提高了,大面积闪烁现象得到有效消除。60Hz/75Hz逐行扫描虽然成本较高,但由于它们解决大面积闪烁现象和提高图像清晰度的效果更好,所以,实际应用较多。

此外,有些去隔行处理电路可以将50Hz的隔行扫描信号变换为100Hz或120Hz的逐行扫描信号,由于原理类似,故不在此多述。

2. 图像缩放处理电路介绍

液晶彩电接收的信号非常多,既有传统的模拟视频信号(现在收看的标准清晰度PAL电视信号的分辨率为720×576),也有高清格式视频信号(我国高清晰度电视信号的图像分辨率为1920×1280),还有VGA接口输入的不同分辨率信号,而液晶屏的分辨率却是固定的,因此,液晶彩电接收不同格式的信号时,需要将不同图像格式的信号转换为液晶屏固有分辨率的图像信号,这项工作由图像缩放处理电路(SCALER电路)来完成。

图像缩放的过程非常复杂,简单来说,大致过程是这样的:首先根据输入模式检测电路得到的输入信号的信息,计算出水平和垂直两个方向的像素校正比例;然后,对输入的信号采取插入或抽取技术,在帧存储器的配合下,用可编程算法计算出插入或抽取的像素,再插入新像素或抽取原图像中的像素,使之达到需要的像素。

例如,我们来看1080p格式如何变成720p格式。1080p表明一行的总像素有1920个,垂直方向有1080行,是逐行方式的;720p表示每行有1280个像素点,一帧内扫描线有720线,逐行扫描。有时我们需要将1080p格式转换成720p格式显示,它是这样完成的:将每帧内1080行中的每3行抽取一行,这样将有360行抽掉,余下便是720行;同时,每行的像素点依次采取每3个像素点抽掉一个,这样便实现了1920个像素点转变为1280个像素点。

3. 常见去隔行、SCALER 芯片介绍

液晶彩电中的去隔行处理与图像缩放 SCALER 电路的配置方案一般有两大类,一种是去隔行处理与图像缩放 SCALER 电路分别使用单独的集成电路,如图 14.3 所示;另一种电路配置方案是将去隔行处理、SCALER 电路集成在一起(如图 14.4 所示),也就是说,它们是作为一个整体而存在的,我们一般将此类芯片称为"视频控制芯片"。随着集成电路的发展,视频控制芯片开始将 A/D 转换器、TMDS 接收器(接收 DVI 接口信号)、OSD(屏显电路)、MCU、LVDS 发送器等集成在一起,为便于区分,这样的芯片我们称其为"主控芯片"。现在,已有一些主控芯片开始集成数字视频解码电路,此类芯片我们一般称其为"全功能超级芯片",由全功能超级芯片构成的液晶彩电是最为简洁的一种。

图 14.3　去隔行处理与图像缩放 SCALER 电路分别使用单独的集成电路框图

图 14.4　去隔行处理、SCALER 电路集成为一块视频控制芯片框图

下面简要介绍在液晶彩电中比较常用的几种去隔行、SCALER 芯片。

1) 视频控制芯片 PW1232

PW1232 是 Pixelworks(像素科技)公司生产的扫描格式变换电路,可接受标准隔行 ITU-R BT601 或 ITU-R BT656 数据格式(4:2:2)YUV 视频信号的输入,完成处理后以 24bit 并行传输的 4:4:4 数字逐行信号输出。

PW1232 内含运动检测和降噪电路、电影模式检测电路、视频标度器、去隔行处理电路、视频增强电路、彩色空间变换器、显示定时、行场同步定时等电路。其中,PW1332 内部的去隔行处理电路用来将隔行扫描的视频信号转换为逐行扫描的视频信号,内部的可编程视频增强器用来提高图像的鲜明度,并可完成对亮度、对比度、色调、色饱和度的控制。图 14.5 所示为 PW1232 内部电路框图。

与 PW1232 功能类似的还有 PW1226、PW1230、PW1231、PW1235 等,其中,PW1226、PW1230、PW1235 内含 D/A 转换器,除可输出数字视频信号外,还可以输出模拟视频信号。

2) 视频控制芯片 FLI2300/ LI2310

FLI2300/FLI2310 是 Genesis(捷尼)公司生产的,用于数字电视(DTV)和 DVD 激光视盘机中的数字视频信号格式变换电路,内含输入信号处理、去隔行处理、图像缩放、图像增强等电路,相对而言,FLI2300/FLI2310 内部的去隔行处理功能较好,而图像缩放功能较弱,因此,有很多液晶彩电只采用其去隔行处理功能,而图像缩放采用另外的芯片完成。图 14.6 为 FLI2300 的应用框图。

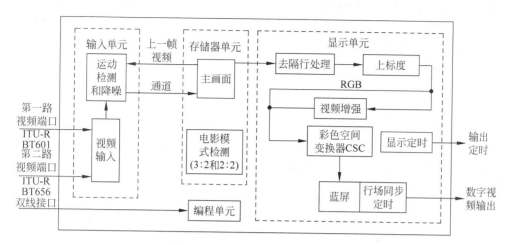

图 14.5 PW1232 内部电路框图

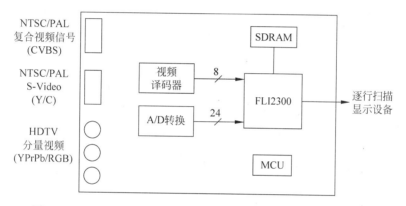

图 14.6 视频控制芯片(SCALER+去隔行处理)FLI2300 应用框图

(1) FLI2300/FLI2310 输入信号格式:FLI2300/FLI2310 支持模拟视频输入信号,主要包括 480i(NTSC 制)、576i(PAL/SECAM 制)以及 480p、720p、1080i 输入信号格式,支持从 VGA(640×480p)到 WXGA(1366×768p)的计算机信号输入格式。

FLI2300/FLI2310 也支持 8bit 的 YCrCb(ITU-RBT656 国际标准)、16bit 的 YCrCb(ITU-RBT601)、8bit 的 YPrPb 以及 24bit 的 RGB、YCrCb、YPrPb 等数字信号输入格式。

(2) FLI2300/FLI2310 输出信号格式:FLI2300/FLI2310 输出端可以支持以下信号格式。

① 输出格式的分辨率包括 480p、576i、576p、720p、1080i、1080p 以及由 XGA 到 SXGA 的计算机输出格式。

② 支持隔行和逐行信号输出格式。

③ FLI2300 输出信号可以是模拟的 YUV/RGB 分量信号(通过集成的 10bit D/A 转换器进行转换),也可以是数字的 24bit RGB、YCrCb、YPrPb(4:4:4 取样格式),或者是数字的 16/20bitYCrCb(4:2:2 取样格式)分量信号。

④ FLI2310 可适用 24bit 的 RGB、YCrCb、YPrPb(4∶4∶4 取样格式)的数字信号输出,也可适用 16/20bit 的 YCrCb(4∶2∶2)的数字信号输出。

(3) FLI2300/FLI2310 内部电路:FLI2300 内部电路框图如图 14.7 所示,FLI2310 内部电路框图如图 14.8 所示。

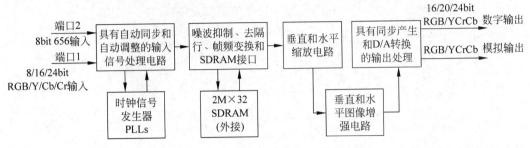

图 14.7　FLI2300 内部电路框图

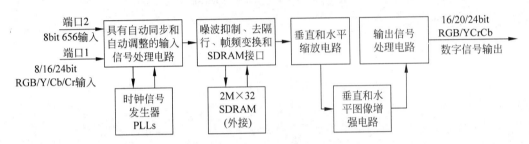

图 14.8　FLI2310 内部电路框图

FLI2300/FLI2310 的内部电路主要包括两部分,一是去隔行处理,二是图像缩放,下面简要进行介绍。

① 去隔行处理:FLI2300/FLI2310 采用了以像素为基本单元的运动自适应去隔行技术,比传统的以行或场信号为基本单元的重复使用更加先进,能有效消除由隔行取样造成的场差效应。去隔行处理电路能将 60Hz 隔行的 NTSC 制视频信号或 50Hz 隔行的 PAL/SECAM 制视频信号变为先进的 60Hz 逐行的 NTSC 制视频信号或 50Hz 逐行的 PAL/SECAM 制视频信号。

另外,在 FLI2300/FLI2310 芯片中,还采用了 DCDi(方向相关性逐行扫描)变换技术。DCDi 是 Faroudja 公司开发的一项专利技术,曾经得过不少奖项,是一项很有名的技术。它是通过在单一颗粒状的像素上分析视频信号,在一定角度的线或边缘上检查这些单一颗粒状的像素存在或不存在,然后对这些单一颗粒状的像素进行插补处理,生成一个平滑而自然,看不出"赝像"或场差效应的图像,因此,采用 DCDi 变换技术,可以大大提高画面的图像质量。

在去隔行处理电路中,还可完成帧频变换,即由 50/60Hz 的输入帧频变到 75Hz、100Hz 或 120Hz,帧频变换可以用来消除一般 50Hz 垂直刷新频率引起的大面积图像闪烁。

② 图像缩放:FLI2300/FLI2310 具有高质量的完全可编程的水平、垂直方向二维的扫描格式变换电路,水平方向的像素数与垂直方向的扫描线数的变换互相独立,图像缩放变换十分方便。

FLI2300/FLI2310 可以在 16∶9 幅型比的显示屏上无失真地显示 4∶3 幅型比的图像，也可以在 4∶3 幅型比的显示屏上无失真地显示 16∶9 幅型比的图像。

3) 主控芯片 PW113

PW113 是 Pixelworks 公司生产的视频处理主控芯片，内含去隔行处理电路、高质量图像缩放电路、OSD 控制电路、SDRAM 和强大的 80186 微处理器。它支持行和场图像智能缩放、图像自动最优化，因而使得屏幕上的图像显示精细完美。PW113 不需要外接帧缓存器，从而降低了输出时钟频率，扩展了显示系统的兼容性。

图 14.9 所示是 PW113 内部电路框图，其引脚功能如表 14.3 所示。下面介绍 PW113 内部电路主要功能。

(1) 输入/输出接口。(I/O 接口)：PW113 支持从 VGA 到 UXGA 分辨率(1600×1200)的计算机图像输入信号，输出的最高像素分辨率为 SXGA(1280×1024)。

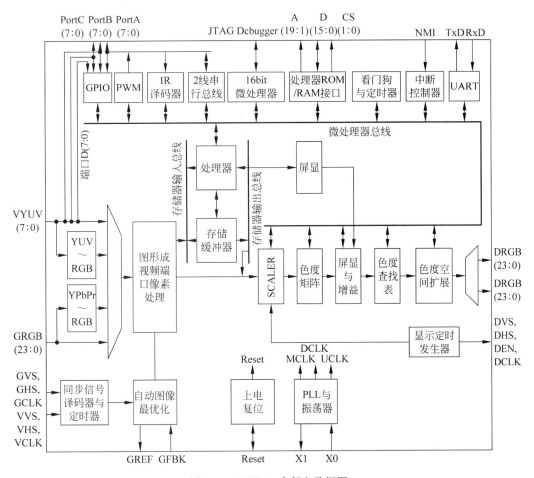

图 14.9　PW113 内部电路框图

表 14.3　PW113 引脚功能

脚　位	引　脚　名	功　能
视频 Vport 端口		
71	VCLK	视频像素时钟输入
74	VVS	视频场同步信号输入
75	VHS	视频行同步信号输入
69	VFIELD	隔行扫描奇偶场信息指示输入
70	VPEN	视频使能信号输入
47～56	YUV0～YUV7	ITU-R BT 656 格式的数字 YUV 信号输入
图像 Gport 端口		
31	GCLK	图像像素时钟输入
32	GVS	图像场同步信号输入
33	GHSSOG	图像行同步信号输入
34	GPEN	图像使能信号输入
35	GFBK	A/D 转换器的 PLL 反馈信号输入
20～27	GRE0～GRE7	数字图像红基色像素数据输入
10～15,18,19	GGE0～GGE7	数字图像绿基色像素数据输入
2～9	GBE0～GBE7	数字图像蓝基色像素数据输入
图像显示 Dport 端口		
129～136	DGR0～DGR7	数字红基色像素数据输出(奇像素点)
119～122,125～128	DGG0～DGG7	数字绿基色像素数据输出(奇像素点)
111～118	DGB0～DGB7	数字蓝基色像素数据输出(奇像素点)
显示端口		
106	DCLK	像素显示时钟输出
108	DVS	像素显示场同步信号输出
109	DHS	像素显示行同步信号输出
110	DEN	像素显示使能信号输出
96～103	DR0～DR7	数字红基色像素数据输出(偶像素点)
88～95	DG0～DG7	数字绿基色像素数据输出(偶像素点)
76～83	DB0～DB7	数字蓝基色像素数据输出(偶像素点)
微处理器接口		
194	WR	外部 RAM 写使能
195	RD	外部 RAM 读使能
196	ROMOE	外部 ROM 读使能
197	ROMWE	外部 ROM 写使能
198	CS0	片选信号
199	CS1	片选信号
193	NM1	不可屏蔽中断
164、173～184、187～192	A1～A19	微处理器与 ROM 接口的地址总线
148～163	D0～D15	微处理器与 ROM 接口的数据总线

续表

脚 位	引 脚 名	功 能
电源与地		
16、37、65、84、137、185	VDD1	1.8V 数字电源
17、38、66、85、138、186	VSS	数字地
29、52、72、86、104、123、140、171、208	VDDQ3	3.3V 数字 I/O 口电源
1、30、53、73、87、105、124、141、172	VSSQ	数字 I/O 口地
165	VDDPA2	1.8V 时钟发生器电源
166	VSSPA2	时钟发生器模拟地
167	VDDPA1	1.8V 时钟发生器电源
168	VSSPA1	时钟发生器模拟地
外围控制接口		
207	PORTA0	SDA
206	PORTA1	SCL
204	PORTA3	STANDBY 控制信号
203	PORTA4	红外接收信号输入
57	PORTB0	波段电压控制
58	PORTB1	波段电压控制
60	PORTB3	DV1 数字接口选择控制
61	PORTB4	LVDS(低压差分输出)使能控制
62	PORTB5	YC 输出使能控制
63	PORTB6	背光源控制
64	PORTB7	液晶屏电源控制
39～45	PORTC0～PORTC7	本机按键输入
67	RXD	串行数据接收
68	TXD	串行数据发送
通用端口		
142	TEST	测试模式使能
139	RESET	复位
169	XI	晶体振荡输入
170	XO	晶体振荡输出

PW113 图形处理器支持以下格式的视频信号,宽高比 4∶3 或 16∶9 的 P/N 制视频信号、DVD、HDTV 等。视频输入模式可以是 YUV 4∶4∶4(24bit)或 YUV 4∶2∶2(16bit)。另外,它还有一个完整的 ITU-R656 接口,允许 YUV 4∶2∶2 视频信号输入。

(2) 同步解码器和定时器:这个同步信号处理器对输入信号的处理是非常灵活的,它支持几乎所有的同步类型,包括数据使能模式、分离的同步信号、复合的同步信号以及绿基色同步信号。

(3) 自动图形最优化:PW113 能捕获图像的全部参数并能进行自动设置,这些参数包括时钟频率的采样、图像位置和大小、图像信号的增益。在图像自动最优化期间,图像可以被消隐也可以被显示。另外 PW113 也能精确调整输入信号的分辨率。

(4) 存储缓冲器:这个内置存储器通常用来存储图像、屏显数据或微处理器 RAM 数据。

(5) 屏显控制:屏显控制功能可以用来启动屏幕、菜单显示,它支持透明的任意窗口大小的菜单,并且菜单具有淡入淡出功能,屏幕菜单的大小可以达到 480×248。

(6) 图像缩放:PW113 提供高质量的图像缩放功能,垂直和水平缩放比例可独立编程,它的缩放比例范围为 1/64～1/32,图形缩放可以是逐线进行,也可以是逐点进行,同时它也提供高质量的非线性比例的缩放,例如屏宽比的转换。

(7) 色度矩阵:一个内建的色度矩阵可以提供色度空间转换,它能完成 RGB 三基色的线性变换,能对色调、色饱和度、色温和白平衡进行调整控制。

(8) 色度查找表:这个色度查找表有效大小为 256×10,它有 3 个独立的表,每一个基色对应各自的表。10bit 精确的数据允许对显示设备使用更多位的颜色来补偿灰度或进行 y 校正,通过 dither 算法可以使 10bit 数据压缩到 8bit 或者更低的数据。16bitYUV 数据从外部引脚输入,在芯片内可达到 30bit 的像素精度。

(9) 色度空间扩展:色度空间扩展保证在显示设备不支持 24bit 数据输入的情况下,能够完全捕获 16.7MHz 的色深,它支持可编程的空间域和时间域的 dither 算法。

(10) 微处理器:PW113 内置一个微处理器,它能提供参考源代码,允许制造商开发功能丰富的产品,可编程的范围包括用户界面、开机屏显、图形自动检测和特定的显示特效,能在很短的时间内应用到市场。

PW113 的扩展端口包括中断口、通用的 I/O 口、异步通信口、红外解码器、PWM 输出和定时器等,另外,微处理器还设有 RAM/ROM 接口电路。

4) 全功能超级芯片 FLI8532

FLI8532 是专门为 LCD TV 和数字 CRT TV 设计的"全功能超级芯片",内含三维视频信号解码器、DCDi 去隔行处理电路、图像格式变换电路、DDR 存储器接口电路、视频信号增强电路、画中画处理电路、片内微控制器和 OSD 控制器等电路。另外,FLI8532 能够对各种格式的输入信号进行自动检测,适应全球化的 TV 产品设计。图 14.10 所示为 FLI8532 内部电路框图。

由 FLI8532 构成的液晶彩电结构十分简洁,如图 14.11 所示。

由于 FLI8532 内部有画中画处理电路,因此,在 FLI8532 外部只需再外接一片数字视频信号解码器(或一片模拟视频解码器和一片 A/D 转换器),即可构成一个具有射频画中画功能的液晶彩电,如图 14.12、图 14.13 所示。

14.2　液晶彩电接口电路

液晶彩电与其他设备之间连接需要使用各种接口,接收视频和音频信号需要通过特定标准的结合方式来实现,这些拥有固定标准的输入方式就是输入接口。液晶彩电的输入接口负责接收外来视频和音频信号,常见的输入接口有 HDMI 接口、DVI 接口、VGA 接口、YPbPr 色差分量输入接口、S 端子接口、AV 音频/视频输入接口、ANT 天线输入接口、RS-232C 接口等,此外,一些多媒体娱乐功能丰富的液晶彩电产品还配有 USB 接口、IEEE 1394 接口和读卡器插槽等。图 14.14 是 Philips 32TA2800 液晶彩电各输入接口示意图。

下面对液晶彩电中常用的输入接口作一简要介绍。

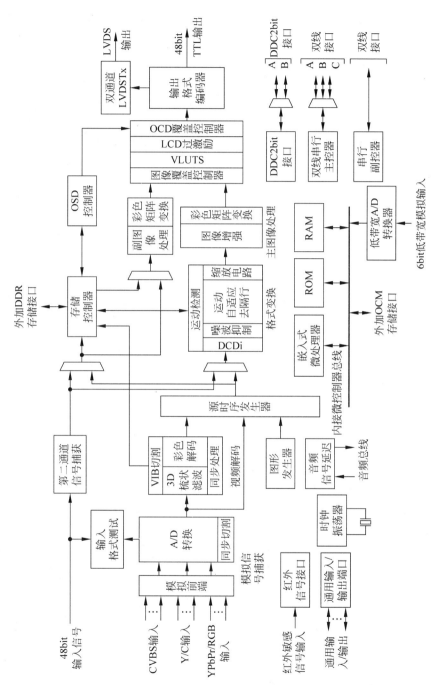

图 14.10 FL18532 内部电路框图

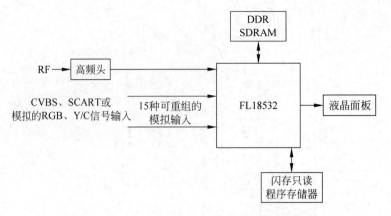

图 14.11　由 FLI8532 构成的液晶彩电电路框图

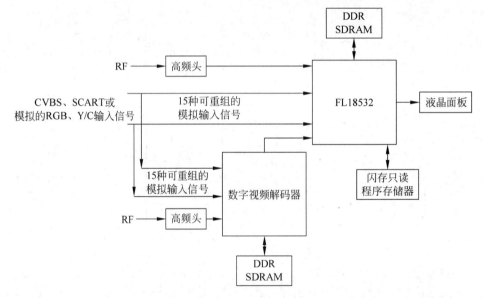

图 14.12　由 FLI8532＋数字视频解码器构成的具有画中画功能的液晶彩电电路框图

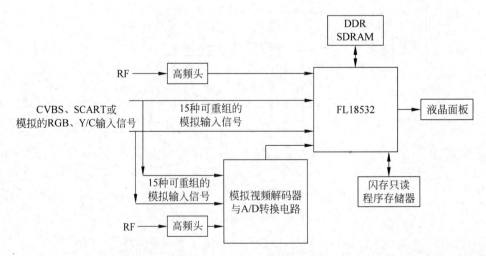

图 14.13　由 FLI8532＋模拟视频解码器＋A/D 转换电路构成的具有画中画功能的液晶彩电电路框图

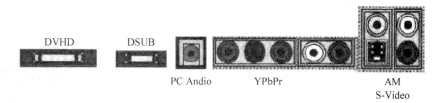

图 14.14　Philips 32TA2800 液晶彩电各输入接口示意图

14.2.1　ANT 天线输入接口

ANT 天线输入接口也称 RF 射频接口,是家庭有线电视采用的接口模式。RF 的成像原理是将视频信号(CVBS)和音频信号相混合编码后输出,然后在显示设备内部进行一系列分离/解码的过程输出成像。由于步骤烦琐且音·视频混合编码会互相干扰,所以它的输出质量是最差的。目前生产的液晶彩电都具有此接口,接收时,只需把有线电视信号线连接上,就能直接收看有线电视。ANT 天线输入接口外形如图 14.15 所示。

14.2.2　AV 接口

AV 接口是液晶彩电上最常见的端口之一,标准视频接口(RCA)也称 AV 接口,通常都是成对的红白色的音频接口和黄色的视频接口,它通常采用 RCA(俗称莲花头)进行连接,使用时只需要将带莲花头的标准 AV 线缆与相应接口连接起来即可。图 14.16 为 AV 接口的外形图。

图 14.15　ANT 天线输入接口外形

图 14.16　AV 接口的外形图

AV 接口实现了音频和视频的分离传输,这就避免了因为音/视频混合干扰而导致的图像质量下降,但由于 AV 接口传输的仍然是一种亮度/色度(Y/C)混合的视频信号,仍然需要显示设备对其进行亮/色分离和色度解码才能成像,这种先混合再分离的过程必然会造成色彩信号的损失,色度信号和亮度信号也会有很大的机会相互干扰,从而影响最终输出的图像质量。

14.2.3　S端子接口

S端子接口也称二分量视频接口,具体英文全称叫 Separate Video,简称 S-Video。S-Video 的意义就是将 Video 信号分开传送,也就是在 AV 接口的基础上将色度信号 C 和亮度信号 Y 进行分离,再分别以不同的通道进行传输。S-Video 端口有4针(不带音频)和 7 针(带音频)两种类型,4 针为基本型,7 针为扩展型,图 14.17 是基本型 S-Video 端口的外形图,它由两路视频亮度信号、两路视频色度信号和一路公共屏蔽地线组成。

图 14.17　S端子接口

同 AV 接口相比,由于它不再进行 Y/C 混合传输,因此也就无须再进行亮色分离和解码工作,而且由于使用各自独立的传输通道,在很大程度上避免了视频设备内信号串扰而产生的图像失真,极大地提高了图像的清晰度,但 S-Video 仍要将两路色差信号(Cr、Cb)混合为一路色度信号 C,进行传输,然后在显示设备内解码为 Cb 和 Cr 进行处理,这样多少仍会带来一定信号损失而产生失真,而且由于 Cr、Cb 的混合导致色度信号的带宽也有一定的限制,所以 S-Video 虽然已经比较优秀,但离完美还相去甚远。S-Video 虽不是最好的,但考虑到目前的市场状况和综合成本等其他因素,它在电视上应用还比较普遍,目前,市场上也已经有了集成 S-Video 端口的液晶彩电。

14.2.4　色差分量接口

色差分量(Component)接口采用 YPbPr 和 YCbCr 两种标识,前者表示逐行扫描色差输出,后者表示隔行扫描色差输出。色差分量接口一般利用 3 根信号线分别传送亮色和

图 14.18　YPbPr色差端口

2 路色差信号。这 3 组信号分别是:亮度以 Y 标注,以及三原色信号中的蓝色和红色两种信号(去掉亮度信号后的色彩差异信号),分别标注为 Pb 和 Pr,或者 Cb 和 Cr,在 3 条线的接头处分别用绿、蓝、红色进行区别。这 3 条线如果相互之间插错了,可能会显示不出画面,或者显示出奇怪的色彩来。色差分量接口是模拟接口,支持传送 480i/480p/576p/720p/1080i/1080p 等格式的视频信号,本身不传输音频信号。图 14.18 是逐行扫描色差端口外形图。

14.2.5　VGA 接口

VGA 接口就是计算机显卡上输出模拟信号的接口,也叫 D-Sub 接口。VGA 接口是一种 D 型接口,上面共有 15 针脚,分成 3 排,每排 5 个,用于传输模拟信号。通过 VGA 接口,可以将计算机输出的模拟信号加到液晶彩电中。我们知道,在计算机内部是数字方式的图像信息,需要在显卡中的 D/A(数字/模拟)转换器内转变为模拟 R、G、B 三原色信号和行场同步信号,然后,通过 VGA 接口传输到显示设备中。对于模拟显示设备,如模拟 CRT 显示器,信号被直接送到相应的处理电路,然后驱动控制显像管生成图像。而对于液晶彩电、液晶显示器等数字显示设备,需配置相应的 A/D(模拟/数字)转换器,将模拟信号转变为数字

信号。在经过 D/A 和 A/D 两次转换后,不可避免地造成了一些图像细节的损失。VGA 接口应用于 CRT 显示器理所当然,但用于液晶彩电、液晶显示器之类的数字显示设备,其转换过程的图像损失会使显示效果略微下降。

VGA 接口中的 15 针中,有 5 针是用来传送红(R)、绿(G)、蓝(B)、行(H)、场(V)这 5 种分量信号的。1996 年起,为在 Windows 环境下更好地实现即插即用(PNP)技术,在该接口中加入了 DDC 数据分量。该功能用于读取液晶彩电 EPROM 存储器中记载的液晶彩电品牌、型号、生产日期、序列号、指标参数等信息内容。该接口有成熟的制造工艺,广泛的使用范围,是模拟信号传输中最常见到的一种端口。但不论多么成熟,它毕竟是传送模拟信号的接口。

15 针 VGA 接口中,显示卡端的接口为 15 针母插座,液晶彩电连接线端为 15 针公插头,如图 14.19 所示。对于显示卡端的母插座,如果右上为第①脚,左下脚为第 15 脚,则各脚功能如表 14.4 所示。

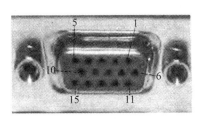

VGA母插座　　　　　　　　VGA公插座

图 14.19　VGA 接口

表 14.4　15 针 VGA 接口显示卡端各脚定义

脚　位	引　脚　名	定　义
1	RED	红信号(75Ω,0.7V 峰峰值)
2	GREEN	绿信号(75Ω,0.7V 峰峰值)/单色灰度信号(单显)
3	BLUE	蓝信号(75Ω,0.7V 峰峰值)
4	RES	保留
5	GND	自检端,接 PC 地
6	RGND	红接地
7	GGND	绿接地/单色灰度信号接地(单显)
8	BGND	蓝接地
9	NC/DDC5V	未用/DDC5V
10	SGND	同步接地
11	ID	彩色液晶屏检测使用
12	ID/SDA	单色液晶屏检测/串行数据 SDA
13	HSYNC/CSYNC	行同步信号/复合同步信号
14	VSYNC	场同步信号
15	ID/SCL	液晶彩电检测/串行时钟

其中①、②、③脚输出模拟信号,峰峰值为 0.7V。接口的⑬脚为行同步信号/复合同步信号输入端,极性随显示模式的不同有所不同,TTL 电平。接口的⑭脚为场同步信号输入端,极性随显示模式的不同有所不同,TTL 电平。液晶彩电同步信号极性的设定是为了使液晶彩电能够识别出输入信号的不同模式。

接口的⑨脚接 PC 的 5V 电源,使液晶彩电在联机未开机的状态下,通过⑨脚,将 PC 的 5V 电源加到液晶彩电的 CPU 和存储器,能够读取液晶彩电存储器的数据。

⑤ 脚为自检端,接 PC 地,用来检测信号电缆连接是否正常。一般来说,当信号电缆连接正常时,液晶彩电通过此端接 PC 地。由于⑤脚与液晶彩电的 CPU 的某一引脚相连,经液晶彩电 CPU 检测到低电平后,认为连接正常;当信号电缆连接不正常时(即液晶彩电处于脱机状态),液晶彩电的脱机检测脚为高电平(由上拉电源拉高),经液晶彩电 CPU 检测后,将显示脱机提示信息。

14.2.6 DVI 接口

1. DVI 接口简介

DVI 全称为 Digital Visual Interface,它是 1999 年由 SiliconImage、Intel(英特尔)、Compaq(康柏)、IBM、HP(惠普)、NEC、Fuiitsu(富士通)等公司共同组成 DDWG(Digital Display Working Group,数字显示工作组)推出的接口标准。它是以 Silicon Image 公司的 PanalLink 接口技术为基础,基于 TMDS(Transition Minimized Differential Signaling,最小化传输差分信号)电子协议作为基本电气连接。

TMDS 是一种微分信号机制,它运用先进的编码算法,把 8bit 数据(R、G、B 中的每路基色信号)通过最小转换编码为 10bit 数据(包含行场同步信息、时钟信息、数据 DE、纠错等),经过 DC 平衡后,采用差分信号传输数据,它和 LVDS、TTL 相比有较好的电磁兼容性能,可以用低成本的专用电缆实现长距离、高质量的数字信号传输。TMDS 的链路结构如图 14.20 所示。

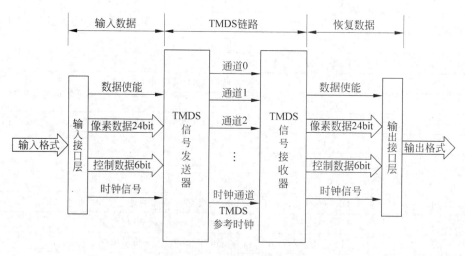

图 14.20 TMDS 的链路结构

在实际电路中,TMDS 器件分为 TMDS 发送器和 TMDS 接收器。其中,TMDS 发送器可以内建在计算机显卡芯片中,也可以以附加芯片的形式出现在显卡 PCB 上;TMDS 接收器则安装或集成在液晶彩电主板电路中。工作时,显卡产生的数字信号由 TMDS 发送器按照 TMDS 协议编码,通过 DVI 接收的 TMDS 通道发送给液晶彩电内的 TMDS 接收器,经过 TMDS 接收器解码,送给液晶彩电的 SCALER 电路进行处理。DVI 显示系统的结构如图 14.21 所示。

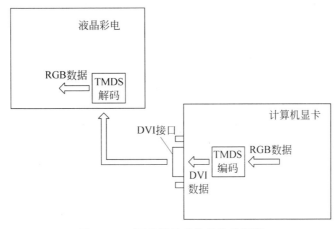

图 14.21　DVI 显示系统的结构框图

2. DVI 接口及其引脚定义

DVI 又分为 DVI-A、DVI-D 和 DVI-I 等几种。DVI-A 接口用于传输模拟信号,其功能和 D-SUB 完全一样;DVI-D 接口用于传送数字信号,是真正意义上的数字信号输入接口,DVI-D 接口的外形和引脚定义如图 14.22 所示。而 DVI-I 兼具有上述两个接口的作用,当 DVI-I 接 VGA 设备时,就起到了 DVI-A 的作用;当 DVI-I 接 DVI-D 设备时,便起到了 DVI-D 的作用。DVI-I 接口的外形和引脚定义如图 14.23 所示,DVI-I 接口的引脚功能如表 14.5 所示(DVI-D 接口没有 C1～C4 脚,其他脚定义与 DVI-I 接口相同)。

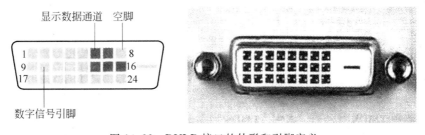

图 14.22　DVI-D 接口的外形和引脚定义

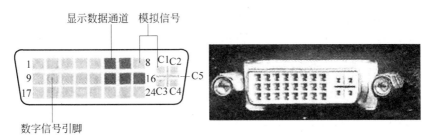

图 14.23　DVI-I 接口的外形和引脚定义

表 14.5 DVI-I 接口的引脚功能

引脚	功　　能	引脚	功　　能
1	TMDS 数据 2−	16	热插拔输入检测,用于向主机发送热插拔信号
2	TMDS 数据 2+	17	TMDS 数据 0−
3	TMDS 数据 2/4 屏蔽	18	TMDS 数据 0+
4	TMDS 数据 4−	19	TMDS 数据 0/5 屏蔽
5	TMDS 数据 4+	20	TMDS 数据 5−
6	DDC 时钟	21	TMDS 数据 5+
7	DDC 数据	22	TMDS 数据时钟屏蔽
8	垂直同步信号	23	TMDS 时钟+
9	TMDS 数据 1−	24	TMDS 时钟−
10	TMDS 数据 1+	C1	模拟 R 信号
11	TMDS 数据 1/3 屏蔽	C2	模拟 G 信号
12	TMDS 数据 6−	C3	模拟 B 信号
13	TMDS 数据 3+	C4	水平同步信号
14	DDC+5V	C5	模拟地
15	接地		

　　DVI-I 可以兼容 DVI-D 装置(包括连接线),但是 DVI-D 接口却不能使用 DVI-I 连接线。大部分显卡是 DVI-I 接口,DVI-D 的线缆也可以使用;大部分的液晶彩电是 DVI-D 接口,没有 C1～C4 插孔,DVI-I 的线缆不能使用。

3. 单通道和双通道 DVI 接口

　　液晶彩电的 DVI 接口还可分为单链路(单通道)DVI 输入和双链路(双通道)DVI 输入。图 14.24 为单链路 DVI 数字信号输入方式,液晶彩电通过 DVI 接口输入一组数字视频信号,在现在的液晶彩电中使用较多。

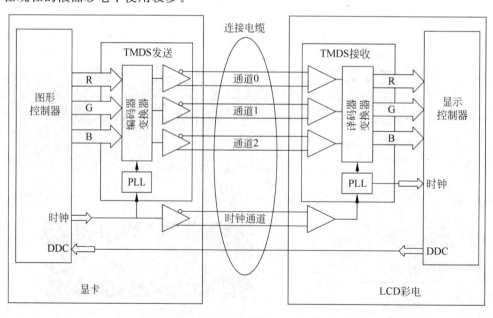

图 14.24　单链路 DVI 数字信号输入方式

图 14.25 为双链路 DVI 数字信号输入方式,液晶彩电可以通过 DVI 接口输入两组数字视频信号。

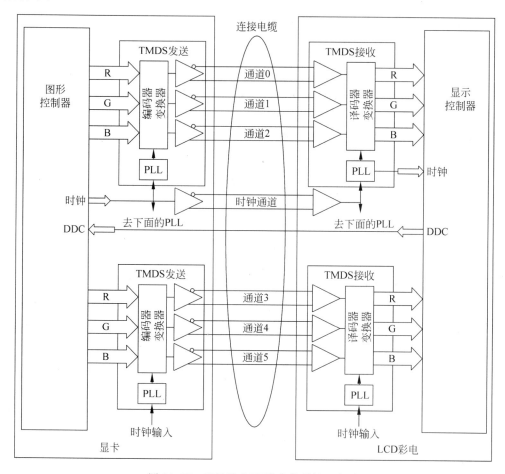

图 14.25 双链路 DVI 数字信号输入方式

对于 DVI 单通道输入方式,只需要 DVI 接口的 18 个针(引)脚,因此,这种接口也称 18 针 DVI 接口。当采用单通道 DVI 输入方式时,去除了 DVI 接口的④、⑤、⑫、⑬、⑳、㉑针脚(即通道 3、4、5 的信号),仅保留通道 0、1、2 的信号,单路通道的信号带宽为 165MHz。

对于 DVI 双通道输入方式,需要 DVI 接口的全部 24 个针脚,因此,这种接口也称 24 针 DVI 接口。

在画面显示上,单通道的 DVI 输入方式支持的分辨率和双通道的完全一样,但刷新率却只有双通道的一半左右。一般来讲,采用单通道 DVI 输入时,最大的刷新率只能支持到 1920×1080(60Hz)或 1600×1200(60Hz),再高就会造成显示效果的不良。

4. DVI 接口的优点

和 VGA 接口相比,DVI 接口具有以下优点。

1)速度快

DVI 信号是将显卡中经过处理的待显示 R、G、B 数字信号与 H(行)、V(场)信号进行组合,按最小非归零编码,将每个像素点按 10bit 的数字信号进行并/串转换,把编码后的 R、

G、B 数字流与像素时钟 4 组信号按照 TMDS 方式进行传输。可见,DVI 传输的是数字信号,它不需经过 D/A 和 A/D 转换,就直接被传送到液晶彩电上,因此,减少了烦琐的转换过程,因此它的速度更快,有效消除了拖影现象;而且使用 DVI 进行数据传输时,信号没有衰减,色彩更纯净、更逼真。

根据 DVI 标准,一条 TMDS 通道可以达到 165MHz 的工作频率(10bit),也就是可以提供 1.65Gbit/s 的带宽,这足以应付 1920×1080/60Hz 的显示要求。另外,为了扩充兼容性,DVI 还可以使用第二条 TMDS 通道,其工作频率与另一条同步。在有两个 TMDS 通道的情况下,允许更大的带宽,可以支持最大 330MHz 的带宽,这样可以轻松实现每个像素 8bit 数据,2048×1536 的分辨率。

2) 画面清晰

计算机内部传输的是二进制的数字信号,使用 VGA 接口连接液晶彩电的话就需要先把信号通过显卡中的 D/A 转换器转变为 R、G、B 三原色信号和 H、V 同步信号,这些信号通过模拟信号线传输到液晶内部还需要相应的 A/D 转换器将模拟信号再一次转变成数字信号,才能在液晶上显示出图像。在上述的 D/A、A/D 转换和信号传输过程中不可避免地会出现信号的损失和使信号受到干扰,导致图像出现失真甚至显示错误,而 DVI 接口无须进行这些转换,避免了信号的损失,使图像的清晰度和细节表现力都得到了大大提高。

图 14.26(a)所示为 VGA 模拟信号输入方式,从图中可以看出,数据信号在计算机主机显卡端和液晶彩电中分别经过 D/A 转换(DAC)和 A/D 转换(ADC),信号质量会变差。

图 14.26(b)所示为 DVI 数字信号输入方式,从图中可以看出,计算机主机显卡产生的数字显示信号直接送往液晶彩电,省去了 D/A 和 A/D 转换,信号质量不受影响。

对于液晶彩电来说,只要不是使用在高分辨率下,DVI 和 VGA 的差别并不大,当然,如果液晶彩电带有 DVI 和 VGA 双接口,那么,还是强烈建议使用 DVI 接口,毕竟它不用将信号进行两次 D/A 转换,会使信号损失更小,得到的画面质量也会有一定提高。

14.2.7 HDMI 接口

1. HDMI 接口介绍

HDMI(High-Definition Multimedia Interface)又被称为高清晰度多媒体接口,其外形如图 14.27 所示,HDMI 接口是首个支持在单线缆上传输不经过压缩的全数字高清晰度、多声道音频和智能格式与控制命令数据的数字接口。HDMI 接口由 Silicon Image(美国晶像)公司倡导,联合索尼、日立、松下、飞利浦、汤姆逊、东芝等 8 家著名的消费类电子制造商成立的工作组共同开发而成。HDMI 最早的接口规范 HDMI 1.0 于 2002 年 12 月公布,目前的较高版本是 HDMI 1.3 规范。作为最新一代的数字接口,HDMI 已经被越来越多的厂商与用户认可。而对比同样数字化的 DVI 接口,HDMI 最大的好处在于只需要一条线缆,便可以同时传送视频与音频信号,而不像此前那样需要多条电缆线来完成连接。也就是说,HDMI 等于 DVI 的视频信号再加上音频信号。另外 HDMI 也是完全数字化的传输,由于无须进行 D/A 或者 A/D 转换,因此能取得更高的音频和视频传输质量。

HDMI 主要是以美国晶像公司的 TMDS 信号传输技术为核心,这也就是为何 HDMI 接口和 DVI 接口能够通过转接头相互转换的原因。美国晶像公司是 HDMI 8 个发起者中唯一的集成电路设计制造公司,因为 TMDS 信号传输技术就是由它开发出来的,所以其是

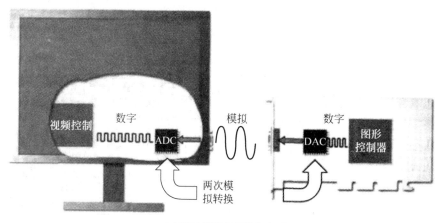

(a) VGA模拟信号输入方式

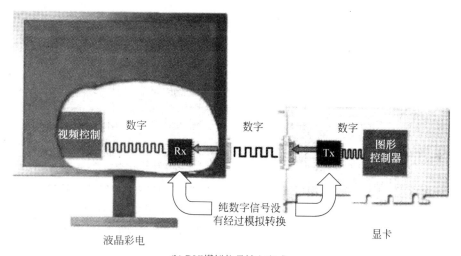

(b) DVI模拟信号输入方式

图 14.26　VGA 模拟信号和 DVI 数字信号输入方式

高速串行数据传输技术领域的领导厂商。

一般情况下,HDMI 系统由 HDMI 信源设备和 HDMI 接收设备组成,如图 14.28 所示,其中 HDMI 就是液晶彩电内部的 HDMI 接收器电路。

HDMI 接收器包括 3 个不同的 TMDS 数据信息通道和一个时钟通道,这些通道支持视频、音频数据和附加信息,视频、音频数据和附加信息通过 3 个通道传送到接收器上,而视频的像素时钟通过 TMDS 时钟通道传送。

图 14.27　HDMI 接口外形

2. HDMI 接口引脚配置

HDMI 接口连接器有 A 型和 B 型两种类型。A 型连接器包含 HDMI 所必需的全部信号,包含一个 TMDS 链路。B 型连接器包含第二个 TMDS 传送链路,这个连接器可支持高分辨率计算机显示器,需要宽带双传送链路的配置。A 型与 B 型两连接器之间要使用指定的电缆适配器。

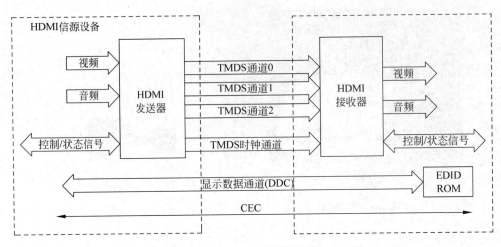

图 14.28 HDMI 系统的组成框图

源端、接收端使用 A 型连接器只能支持一种由器件规格定义的视频格式,使用 B 型连接器可支持任何视频格式。

A 型的结构如图 14.29(a)所示,引脚的信号配置如表 14.6 所示。B 型的结构如图 14.29(b)所示,引脚的信号配置如表 14.7 所示。

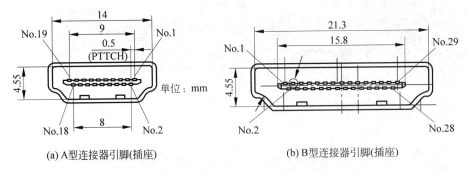

(a) A型连接器引脚(插座)   (b) B型连接器引脚(插座)

图 14.29 A 型和 B 型的结构 HDMI 插座

表 14.6 A 型结构的 HDMI 插座引脚功能

引　脚	功　能	引　脚	功　能
1	TMDS 数据 2＋	11	TMDS 时钟屏蔽
2	TMDS 数据 2 屏蔽	12	TMDS 时钟一
3	TMDS 数据 2－	13	CEC
4	TMDS 数据 1＋	14	保留
5	TMDS 数据 1 屏蔽	15	SCL
6	TMDS 数据 1－	16	SDA
7	TMDS 数据 0＋	17	DDC/CEC 地
8	TMDS 数据 0 屏蔽	18	＋5V
9	TMDS 数据 0－	19	HPD 热插拔
10	TMDS 时钟＋		

表 14.7 B 型结构的 HDMI 插座引脚功能

引　脚	功　能	引　脚	功　能
1	TMDS 数据 2+	16	TMDS 数据 4+
2	TMDS 数据 2 屏蔽	17	TMDS 数据 4 屏蔽
3	TMDS 数据 2−	18	TMDS 数据 4−
4	TMDS 数据 1+	19	TMDS 数据 3+
5	TMDS 数据 1 屏蔽	20	TMDS 数据 3 屏蔽
6	TMDS 数据 1−	21	TMDS 数据 3−
7	TMDS 数据 0+	22	CEC
8	TMDS 数据 0 屏蔽	23	保留
9	TMDS 数据 0−	24	保留
10	TMDS 时钟+	25	SCL
11	TMDS 时钟屏蔽	26	SDA
12	TMDS 时钟−	27	DDC/CEC 地
13	TMDS 数据 5+	28	+5V
14	TMDS 数据 5 屏蔽	29	HPD 热插拔
15	TMDS 数据 5−		

3. 视频和音频信号传输

HDMI 输入的源编码格式包括视频像素数据、控制数据和数据包。其中数据包中包含音频数据和辅助信息数据,同时 HDMI 为了获得声音数据和控制数据的高可靠性,数据包中还包括一个 BCH 错误纠正码。HDMI 数据信息的处理可以有多种不同的方式,但最终都是在每一个 TMDS 通道中包含 2 位的控制数据、8 位的视频数据和 4 位的数据包。HDMI 的数据传输过程可以分成 3 个部分:视频数据传输期、音频数据和辅助数据传输期以及控制数据传输期。

1) 视频数据传输期

HDMI 数据线上传送视频像素信号,视频信号经过编码,生成 3 路(即 3 个 TMDS 数据信息通道,每路 8 位)共 24 位的视频数据流,输入到 HDMI 发送器中。24 位像素的视频信号通过 TMDS 通道传输,将每通道 8 位的信号编码转换为 10 位,在每个 10 位像素时钟周期传送一个最小化的信号序列,视频信号被调制为 TMDS 数据信号传送出去,最后到接收器中接收。

2) 音频数据、辅助数据传输期

TMDS 通道上将出现音频数据和辅助数据,这些数据每 4 位为一组,构成一个 4 位数据包,数据包和视频数据一样,被调制为 10 位一组的 TMDS 信号后发出。

3) 控制数据传输期

在上面任意两个数据传输周期之间,每一个 TMDS 通道包含 2 位的控制数据,这一共 6 位的控制数据分别为 HSYNC(行同步)、VSYNC(场同步)、CTL0、CTL1、CTL2 和 CTL3。每个 TMDS 通道包含 2 位的控制数据,采用从 2 位到 10 位的编码方法,在每个控制周期最后的阶段,CTL0、CTL1、CTL2 和 CTL3 组成的文件头,说明下一个周期是视频数据传输期还是音频数据、辅助数据传输期。

音频数据、辅助数据和控制数据的传输是视频数据传输的消隐期,这意味着在传输音频数据和其他辅助数据的时候,并不会占据视频数据传输的带宽,并且也不要一个单独的通道来传输音频数据和其他辅助数据,这也就是为什么一根 HDMI 数据线可以同时传输视频信号和音频信号的原因。

4. HDMI 的视频带宽

HDMI 的数据信息的处理可以有多种不同的方式,也就是说 HMDI 支持多种方式的视频编码,通过对 3 个 TMDS 数据信息通道的合理分配,既可以传输 RGB 数字色度分量的 4∶4∶4 信号,也可以传输 YCbCr 数字色差分量的 4∶2∶2 信号,最高可满足 24 位视频信号的传输需要。

HDMI 每个 TMDS 通道视频像素流的频率一般在 25～165MHz 之间,HDMI 1.3 规范已经将这一上限提升到了 225MHz,当视频格式的频率低于 25MHz 时,将使用像素重复法来传输,即视频流中的像素被重复使用。以每个 TMDS 通道最高 165MHz 的频率计算,3 个 TMDS 通道传输 R/G/B 或者 Y/Cb/Cr 格式编码的 24 位像素视频数据,最大带宽可以达到 4.95Gbit/s,实际视频信号传输带宽接近 4Gbit/s,因此 HDMI 拥有的充足带宽不仅可以满足现在高清视频的需要,在今后相当长一段时间内都可以提供对更高清晰度视频格式的支持。

除了大的视频信号带宽之外,HDMI 还在协议中加入了对音频信号传输的支持,HDMI 的音频信号不占用额外的通道,而是和其他辅助信息一起组成数据包,利用 3 个 TMDS 通道在视频信号传输的消隐期进行传送。

5. HDCP 版权保护机制

1) HDCP 版权保护机制的功能

HDMI 技术的一大特点,就是具备完善的版权保护机制,因此受到了以好莱坞为代表的影视娱乐产业的广泛欢迎。例如美国的节目内容分销商 DIRECTV、EchoStar,CableLabs 协会,都明确表示要使用 HDCP 技术来保护他们的数字影音节目在传播过程中不会被非法组织翻拍。因此,HDMI 加入了 HDCP 版权保护机制后,从节目源方面就会有更加充分的保障。

HDCP 全名为 High-bandwidth Digital Content Protection,中文名称是“高带宽数字内容保护”。

HDCP 就是在使用数字格式传输信号的基础上,再加入一层版权认证保护的技术。这项技术由好莱坞内容商与 Intel 公司合作开发,并在 2000 年 2 月份的时候正式推出。HDCP 技术可以被应用到各种数字化视频设备上,例如计算机的显示卡、DVD 播放机、显示器、电视机、投影机等。

这个技术的开发目的就是为了解决 21 世纪数字化影像技术和电视技术高度发展后所带来的盗版问题。在各种视频节目、有线电视节目、电影节目都实现数字化传播后,没有保护的数字信号在传播、复制的过程中变得非常容易,并且不会像模拟信号经过多次复制后会出现明显的画质下降问题,因此会对整个影视行业产生极大的危害。这也是 HDCP 在 21 世纪之初就迅速诞生的原因。

相比于传统的加密技术,HDCP 在内容保护机制上走了一条完全不同于传统的道路,并且收到了良好的效果。传统的加密技术是通过复杂的密码设置,让全部数字信号都无法录制或播放,但 HDCP 是将数字信号进行加密后,让非法的录制等手段无法达到原有的高分辨率画质。也就是说,如果你的设备不支持 HDCP 协议,录制或播放的时候效果会大打折扣,或者根本播放不出来。此外,HDCP 还是一种双向的内容保护机制。也就是说,HDCP 的要求是播放的数字内容以及硬件本身都必须遵照一套完整的协议才能实现,其中任一方面出现问题都可能导致播放失败。打个比方,如果用户买的液晶电视有 HDCP 功能,但是,DVD 播放机却不带 HDCP 功能,那么在看有 HDCP 版权保护的正版 DVD 时,是不能正常播放的。

2) HDCP 实现机制

每个支持 HDCP 的设备都必须拥有一个独一无二的 HDCP 密钥(Secret Device Keys),密钥由 40 组 56bit 的数组密码组成。HDCP 密钥可以放在单独的存储芯片中,也可以放在其他芯片的内部,例如 ATI 和 Nvdia(世界两大著名显卡主芯片供应商)完全可以将它们放入显示芯片中。每一个有 HDCP 芯片的设备都会拥有一组私钥(Device Private Key),一组私钥可组成 KSV(Key Selection Vector)。KSV 相当于拥有 HDCP 芯片设备的 ID 号。HDCP 传输器在发送信号前,将会检查传输和接收数据的双方是否是 HDCP 设备,它利用 HDCP 密钥让传输器与接收端交换,这时双方将会获得一组 KSV 并且开始进行运算,其运算的结果会让两方进行对照,若运算出来的数值相符,该传输器就可以确认该接收端为合法的一方。传输器确定接收端符合要求后,便会开始传输信号,不过这时传输器会在信号上加入一组密码,接收端必须实时解密才能够正确地显示影像。换句话说,HDCP 并不是确认双方合法后就不管了,HDCP 还在传输中加入了密码,以防止在传输过程中偷换设备。具体的实现方法是,HDCP 系统会每 2s 进行确认,同时每 128 帧画面进行一次,发送端和接收端便计算一次 RI 值,比较两个 RI 值来确认连接是否同步。

密码和算法泄密是厂家最头疼的事,为了应对这个问题,HDCP 特别建立了"撤销密钥"机制。每个设备的密钥集 KSV 值都是唯一的,HDCP 系统会在收到 KSV 值后在撤销列表中进行比较和查找,出现在列表中的 KSV 将被认作非法,导致认证过程的失败。这里的撤销密钥列表将包含在 HDCP 对应的多媒体数据中,并将自动更新。简单地说,KSV 是针对每一个设备制定了唯一的序号,比较方便的可用号码是每个设备的 SN 号。这样一来,即便是某个设备被破解,也不会影响到整体的加密效果。总地来说,HDCP 的规范相当严谨,除了内容本身加密外,传输过程也考虑得相当精细,双方设备都要内置 HDCP 才能实现播放。但是,最后需要指出的是,HDCP 和 HDMI 或者 DVI 接口之间并没有必然的联系,只是 HDMI 标准在制定之初就已经详细地考虑到对 HDCP 的支持,并且在主控芯片中内置了 HDCP 编码引擎,因此在版权保护方面,要大大领先于 DVI 技术。

6. HDMI 接口密钥数据存储器和 DDC 存储器

1) HDMI 接口密钥数据存储器

HDMI 接口密钥数据存储器的作用是用来存储 HDCP 密钥。HDMI 接口密钥数据(HDMIKEY 或 HDCP KEY)存储器主要有两种。

一种是存储在 HDMI 接收芯片中,例如 Sil9023 内部就存储有 HDCP 密钥,该密钥被存储在 Sil9023 内置的 HDCP KEYs ROM 中,参见如图 14.30 所示 Sil9023 内部电路框图,这种方式在 HDMI 接收芯片出厂时就写好了 HDMI KEY。

另一种方式是存储在 HDMI 接收芯片外部,例如 MST9X88L 超级 LCD TV 单片中集成了 HDMI 接收功能,它的 HDMI 密钥就存储在外部的 24C 存储器中。另外,Mstar 生产的 HDMI 芯片 MT8293,其 HDMI KEY 也存储在外部 24C 存储器中。

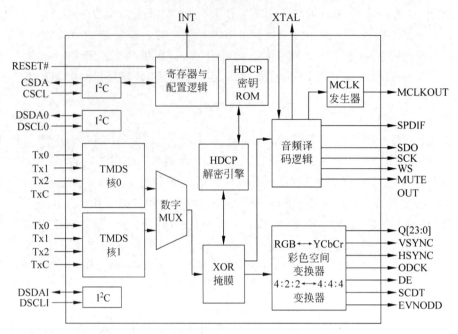

图 14.30　Sil9023 内部电路框图

2）HDMI 接口 DDC 存储器

在 HDMI 接口电路中,一般还有一个 DDC 存储器,其作用类似于 VGA、DVI 接口中的 DDC 存储器(EDID 数据存储器)。在 DDC 存储器中,存储了有关液晶电视的基本信息(如厂商、型号、显示模式配置等),存储器通过 I²C 总线与 HDMI 设备进行通信,完成液晶电视的身份识别,只有 HDMI 设备识别出液晶电视后,两者才能同步、协调、稳定地工作。

14.2.8　USB 接口

一些新型液晶彩电上装有 USB 接口,可读取外接移动硬盘和 U 盘的资料,可以进行录像等,那么,什么是 USB 接口呢?

USB 的全称是 Universal Serial Bus,中文含义是"通用串行总线"。USB 是在 1994 年底由英特尔、康柏、IBM、Microsoft 等多家公司联合提出的。USB 支持热插拔,它即插即用的优点,使其成为计算机最主要的接口方式。

USB 接口有 4 个引脚,分别是 USB 电源(一般为 5V)、USB 数据线＋、USB 数据线－和地线。USB 有两个规范,即 USB 1.1 和 USB 2.0。

USB 1.1 的高速方式的传输速率为 12Mbit/s,低速方式的传输速率为 1.5Mbit/s,1MB/s(兆字节/秒)＝8Mbit/s(兆比特/秒),12Mbit/s＝1.5MB/s。

USB 2.0 规范是由 USB 1.1 规范演变而来的。它的传输速率达到了 480Mbit/s,折算为 MB 为 60MB/s,足以满足大多数外设的速率要求。USB 2.0 中的"增强主机控制器接口(EHCI)"定义了一个与 USB 1.1 相兼容的架构,它可以用 USB 2.0 的驱动程序驱动USB 1.1 设备。也就是说,所有支持 USB 1.1 的设备都可以直接在 USB 2.0 的接口上使用而不必担心兼容性问题,而且像 USB 线、插头等附件也都可以直接使用。

USB 2.0 标准进一步将接口速率提高到 480Mbit/s,更大幅度地减少了液晶彩电视频、音频文件的传输时间。

14.3 液晶彩电伴音电路

14.3.1 伴音电路的组成

伴音电路是指伴音信号经过的通路。严格地说,从天线接收信号到扬声器发出声音的所有伴音信号经过的电路都属于伴音电路,而习惯上所说的伴音电路是指第二伴音中频以后伴音信号单独经过的通路。图 14.31 所示是伴音电路的组成框图。

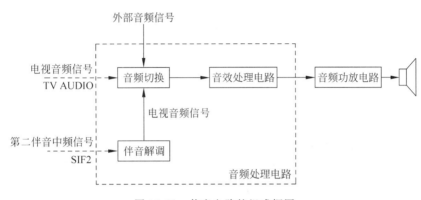

图 14.31 伴音电路的组成框图

从图中可以看出,伴音电路主要由伴音解调电路、音频切换电路、音效处理电路、音频功放电路等几部分组成。伴音解调电路用于将第二伴音中频信号解调为电视伴音信号或音频信号;音频切换电路用来对电视音频信号和外部音频信号(如 AV 音频、S 端子音频、YPbPr 音频、VGA 音频等)进行切换;音效处理电路用来对音频信号进行美化处理(如环绕立体声、重低音处理等),使声音优美、动听;音频功放电路用来对音频信号进行功率放大,以推动扬声器工作。图中,用虚线框框起的部分称为音频处理电路,在实际电路中,这 3 部分(伴音解调、音频切换、音效处理)经常集成在一起或部分(如音频切换和音效处理)集成在一起;图中的虚线箭头表示从前端电路过来的信号,可以是第二伴音中频信号 SIF2,也可以是经过解调的电视音频信号 TV AUDIO,具体是哪一种信号,视前端电路的功能而定。

14.3.2 电视伴音的传送方式

对于电视伴音,世界各国有不同的标准和制式,我国采用 D/K 制式。D/K 制式第一伴音中频为 31.5MHz(其他制式为 32MHz、32.5MHz、33.5MHz),D/K 制式第二伴音中频为 6.5MHz(其他制式为 4.5MHz、5.5MHz、6.0MHz)。

伴音信号在传输过程中需要进行调制,多数采用调频(FM)方式传送。被调制的伴音信号需要和被调制的图像信号共用一个通道传送,送到电视机内部后,先送入高频头,从高频头输出的中频信号(图像中频信号和第一伴音中频信号)再送到中频处理电路进行解调处理。在电视机中,高频头输出的中频信号送往中频处理电路的方式有两种:一种是内载波方式,另一种是准分离方式,下面分别进行介绍。

1. 内载波传送方式

从高频头输出的伴音中频信号和图像中频信号经声表面波滤波器(SAW)滤波后,送到中频处理电路中,在中频处理电路中,伴音第一中频(31.5MHz)和图像中频信号(38MHz)混频,产生伴音第二中频(6.5MHz)调频信号(SIF),再经放大和鉴频,还原出电视伴音,内载波传送方式如图 14.32 所示。这种传送方式的优点是简化了解调电路,电路简单,伴音第二中频频率稳定;缺点是图像、伴音之间的串扰很难彻底克服。

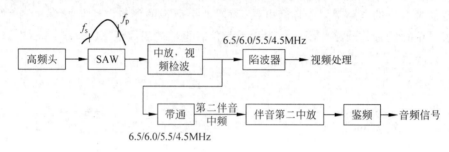

图 14.32　内载波传送方式

2. 图像、伴音准分离传送方式

从高频头之后,图像中频信号和第一伴音中频信号的处理是分开进行的。提取图像中频信号 VIF,经图像声表面波滤波器滤波后,对伴音中频信号进行很深的吸收,消除了伴音信号对图像的干扰,包括 2.07MHz 差拍干扰,有利于图像质量的提高。对于第一伴音中频信号通道,图像中频和第一伴音中频各有一个峰(f_p、f_s),使伴音信号不衰减,有利于提高伴音通道的信噪比。窄峰 f_p(38MHz)锁相产生解调参考信号,为内载波发生器提供频率基准,该基准没有相位抖动,并避免了由内载波差拍引入的差拍干扰。内载波发生器中,伴音第一中载频 f_s 与解调参考信号相乘(混频),产生频率搬移,形成第二伴音中载频信号,再经放大和鉴频,还原出电视伴音,图像、伴音准分离传送方式如图 14.33 所示。

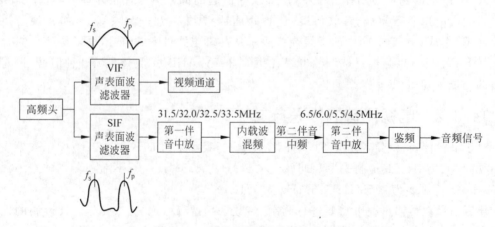

图 14.33　图像、伴音准分离传送方式

14.3.3　液晶彩电 D 类音频功率放大器介绍

伴音功放模块的体积问题和音频放大器的散热问题是平板电视音频系统设计中面临的两大挑战,而归根结底是平板电视有限的厚度问题。平板电视必须做到"轻"、"薄",而这正好与大体积音响模块提供高品质音响效果的常识相矛盾。我们不能寻求平板电视体积的让步,只能通过合理的电路设计解决问题。使用高级的数字音频处理器和产生热量较低的 D 类音频功率放大器是有效的解决方案。

1. 功率放大器的分类

根据 IEC(国际电工委员会)有关文件的定义,音响放大器按工作状态分为 A 类、B 类、AB 类、D 类 4 种。

1) A 类(甲类)放大器

A 类(甲类)放大器是指电流连续地流过所有输出器件的一种放大器。这种放大器由于避免了器件开关所产生的非线性,只要偏置和动态范围控制得当,仅从失真的角度来看,可认为它是一种良好的线性放大器。

2) B 类(乙类)放大器

B 类(乙类)放大器是指器件导通时间为 50% 的一种工作类别。放大器的一路晶体管将会放大音频信号的正半部分,而另一路晶体管放大信号的负半部分。

3) AB 类(甲乙类)放大器

AB 类(甲乙类)放大器实际上是 A 类(甲类)放大器和 B 类(乙类)放大器的结合,每个器件的导通时间在 50%~100% 之间,由偏置电流的大小和输出电平决定。该类放大器的偏置按 B 类(乙类)设计,然后增加偏置电流,使放大器进入 AB 类(甲乙类)。

4) D 类放大器

D 类放大器属高频功率放大器,它将音频信号调制成高频脉冲信号(脉冲宽度调制,PWM)进行放大,输出级放大管工作在开关状态,再通过低通滤波器(LPF)提取音频信号,推动扬声器还原声音,D 类功率放大器对音频信号的处理如图 14.34 所示。

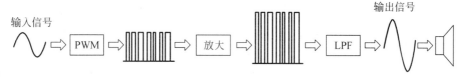

图 14.34　D 类功率放大器对音频信号的处理示意图

处在开关状态的输出级晶体管,在不导通时具有零电流,在导通时具有很低的管压降,因而只产生较小的功耗,效率高,而且使功放级及其供电电源散热减少,散热器体积减小,成本低,这些优点使 D 类放大器得到迅速广泛的应用,特别是在追求薄、轻结构的 LCD 电视机中,采用 D 类放大器成为必然的选择。

在效率、体积以及功率消耗等方面,D 类放大器具有明显的优势。而在音质方面,经过业界的努力,D 类放大器的音质已与 AB 类放大器没有区别。

2. D 类功率放大器的原理

1) D 类功率放大器的调制原理

如何使一个只能产生方波的开关器件再现音乐中多种多样的波形呢?最广泛使用的就

是脉宽调制(PWM)技术,其中矩形波的占空比与音频信号的振幅成正比。通过与一个高频三角波或锯齿波比较,可以很容易地将模拟输入转换为 PWM 信号,PWM 信号波形放大后通过低通滤波产生平滑的正弦波输出,波形变换如图 14.35 所示。

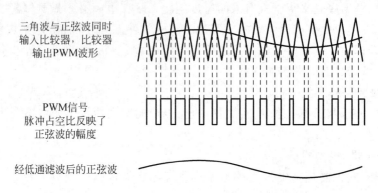

三角波与正弦波同时输入比较器,比较器输出PWM波形

PWM信号脉冲占空比反映了正弦波的幅度

经低通滤波后的正弦波

图 14.35　模拟音频信号转换成 PWM 信号的原理示意图

另外,从 CD 和 DVD 光盘到数字广播和 MP3,当今大多数的音频媒体格式都是数字的,在进行 D 类放大之前,不应将其转换为模拟信号,应在数字域将信号变换为 PWM 信号。图 14.36 所示为数字音频信号转换成 PWM 信号的原理示意图。

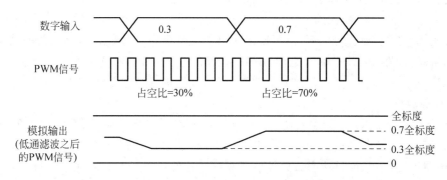

数字输入　0.3　0.7

PWM信号

占空比=30%　　占空比=70%

模拟输出
(低通滤波之后的PWM信号)
全标度
0.7全标度
0.3全标度
0

图 14.36　数字音频信号转换成 PWM 信号的原理示意图

　2) D 类功率放大器的输出级及滤波器

输出级一般选择 4 个 MOSFET 开关管桥接电路。图 14.37 所示是"H"形桥接输出级,FET1～FET4 工作在开关状态,FET1、FET4 导通时 FET3、FET2 截止,FET3、FET2 导通时 FET1、FET4 截止,产生的信号再经 LC 滤波器滤波,即可取出音频信号,可使接在桥路上的负载(扬声器)得到交变的电压、电流而发出声音。

3. D 类功率放大器 TPA3004D2 介绍

TPA3004D2 是德州仪器公司生产的针对模拟信号输入的 D 类功率放大器,其内部电路框图如图 14.38 所示(图中只绘出了右声道,左声道与右声道相同)。

TPA3004D2 具有以下特点:

(1) 每通道有 12W 功率,负载阻抗为 8Ω,工作电源为 15V;

(2) 效率高,功耗和发热低;

(3) 具有 32 级直流音量控制,−40～36dB;

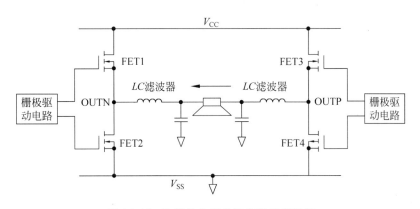

图 14.37 D 类放大器的输出级及滤波器

（4）具有供给耳机放大器的线输出，且可控制音量；

（5）体积小，可节省空间，有增强散热的 PowerPADTM 封装；

（6）内置过热和短路保护。

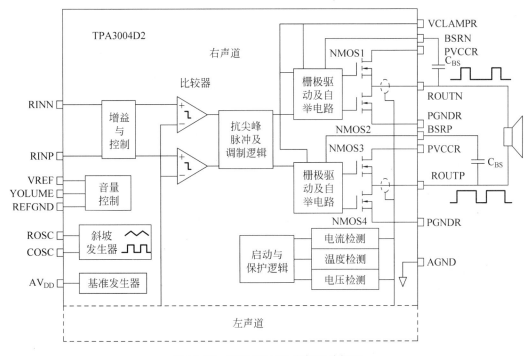

图 14.38 TPA3004D2 内部电路框图

由于 TPA3004D2 具有这些特点，它特别适合作为液晶彩电等平板显示设备的音频功放使用。图 14.39 所示为 TPA3004D2 的引脚排列图，其引脚功能如表 14.8 所示。

TPA3004D2 桥接负载两端的电压由 OUTP 与 OUTN 的差形成，4 个 NMOS 晶体管的开关状态如图 14.40 所示。图中 OUTP 的占空比大于 OUTN，二者的差 OUTP-OUTN 为正极性；当 OUTP 占空比小于 OUTN 的占空比时，OUTP-OUTN 即会变成负极性。

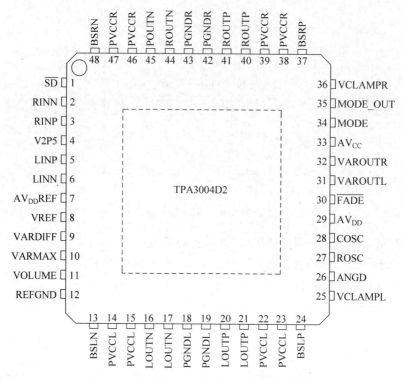

图 14.39　TPA3004D2 的引脚排列图

表 14.8　TPA3004D2 的引脚功能

脚位	引　脚　名	功　　能
26	AGND	模拟地
33	AV_{CC}	模拟电源(8～18V)
29	AV_{DD}	5V 基准输出
7	$AV_{DD}REF$	5V 基准输出
13	BSLN	左声道输入输出自举电路,负高臂 FET
24	BSLP	左声道输入输出自举电路,正高臂 FET
48	BSRN	右声道输入输出自举电路,负高臂 FET
37	BSRP	右声道输入输出自举电路,正高臂 FET
28	COSC	三角波发生器充放电电容器
30	$\overline{FADE}$	控制音量变化的斜率
6	LINN	左声道差动音频输入,负极性
5	LINP	左声道差动音频输入,正极性
16、17	LOUTN	左声道负输出
20、21	LOUTP	左声道正输出
34	MODE	模式控制输入
35	MODE_OUT	变量放大器输出控制,用于控制外部耳机放大器静音,不使用耳机放大器时不连接
18、19	PGNDL	电源地
42、43	PGNDR	电源地

续表

脚位	引 脚 名	功 能
14、15	PVCCL	电源
22、23	PVCCL	电源
38、39	PVCCR	电源
46、47	PVCCR	电源
12	REFGND	参考电压地
3	RINP	左声道差动音频输入,正极性
2	RINN	左声道差动音频输入,负极性
27	ROSC	三角波发生器电阻设置端
44、45	ROUTN	右声道负极性输出
40、41	ROUTP	右声道正极性输出
1	$\overline{SD}$	Ic 停止工作信号,低电平时 Ic 停止,高电平时 Ic 工作,该脚主要用于静音控制
9	VARDIFF	用于设置差动放大器的增益
10	VARMAX	用于设置 VAROUT 输出的最大增益
31	VAROUTL	左声道变量输出,驱动外部耳机放大器
32	VAROUTR	右声道变量输出,驱动外部耳机放大器
25	VCLAMPL	左声道自举电容器端
36	VCLAMPR	右声道自举电容器端
11	VOLUME	输出增益设置
8	VREF	基准电压
4	V2P5	模拟单元 2.5V 基准

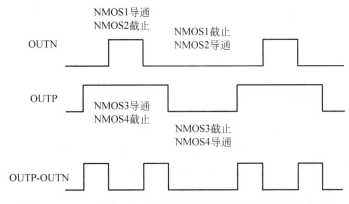

图 14.40 H 型桥 4 个 NMOS 晶体管的开关状态与输出波形

H 形桥输出级全部采用 NMOS 晶体管,为使 H 形桥的高电位桥臂(NMOS1、NMOS3)快速导通,NMOS1、NMOS3 在各自的导通期,其栅极与源极之间需要保持高电平,因而对 NMOS1、NMOS3 的栅极采用了一套自举电路。BSRN、BSRP 是右声道自举电路的引脚(左声道也相同),BSRN 外接 10nF 陶瓷电容器 CBs 后连接到桥路输出引脚 ROUTN,BSRP 外接 10nF 陶瓷电容器 CBs 后连接到桥路输出引脚 ROUTP。

为了确保 NMOS 管的栅极与源极之间的电压不超过额定值,TPA3004D2 内部设有两个针对栅极电压的钳位电路,该钳位电路要求在 VCLAMPL(㉕脚)及 VCLAMPR(㊱脚)与地之间需外接 1pF 且耐压不低于 25V 的电容器。

为确保输出总谐波失真(THD)低,防止扬声器与放大器之间的长导线产生振荡,供电电源的退耦措施极为重要。应根据电源线上不同的噪声选用不同类型的退耦电容器,对高频瞬态噪声信号,可选用等效串联电阻低、容量为 $0.1\mu F$ 的陶瓷电容器,连接在电源引脚与地之间,排布位置必须尽可能靠近电源引脚。滤除低频噪声信号,应选用大容量($10\mu F$)铝电解电容器,连接在电源引脚与地之间,排布位置必须尽可能靠近功率放大器输出级引脚(PV$_{CC}$ 引脚:⑭、⑮、㉒、㉓、㊳、㊴、㊻、㊼,AV$_{CC}$ 引脚:㉝)。

TPA3004D2 用于有源扬声器中,当放大器到扬声器线路较长或存在低频敏感电路时,应加 LC 滤波器,多数应用场合需要加铁氧体磁珠滤波器,如图 14.41 所示。

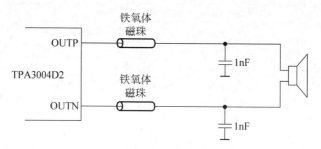

图 14.41　磁珠输出滤波器

磁珠要选择对高频呈现高阻抗、对低频呈现出非常低阻抗的材料,磁珠的排布位置必须尽可能靠近 TPA3004D2 的输出端子。但在很多应用场合,并不需要外加滤波器。从放大器输出端提取音频信号时,是依靠扬声器固有的电感以及人耳的听觉特性来恢复音频信号的,因为当开关频率很高(例如 250kHz)时,扬声器的音圈是不会动的。

14.4　液晶彩电微控制器电路

14.4.1　微控制器电路的基本组成

微控制器简称 MCU,它内部集成中央处理器(CPU)、随机存储器(又称数据存储器,RAM)、只读存储器(又称程序存储器,ROM)、中断系统、定时器/计数器以及输入/输出(I/O)接口电路等主要微型机部件,从而组成一台小型的计算机系统。以微控制器为核心构成的电路我们称为微控制器电路。

在液晶彩电中,微控制器具有重要的作用,负责对整机的协调与控制。微控制器出现故障,将会造成整机瘫痪,不能工作或工作异常。图 14.42 所示是液晶彩电中微处理器电路的基本组成框图。

从图 14.42 中可以看出,液晶彩电微控制器电路主要由微控制器及工作条件电路(电源、复位、振荡电路)、按键输入电路、遥控电路、存储器(数据存储器、程序存储器)、开关量(输出高/低电平)控制电路、模拟量(输出 PWM 控制信号)控制电路、总线控制电路(对受控IC 进行控制)等几部分组成。

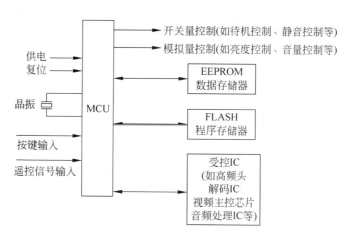

图 14.42 微控制器电路的基本组成框图

14.4.2 微控制器的工作条件

微控制器要正常工作,必须具备以下 3 个条件:供电、复位、振荡正常。

1. 供电

液晶彩电微控制器的供电由电源电路提供,供电电压为 3～5V,该电压应为不受控电压,即液晶彩电进入节能状态时,供电电压不能丢失,否则,微控制器将不能被再次唤醒。

2. 复位电路

复位电路的作用就是使微控制器在获得供电的瞬间,由初始状态开始工作。若微控制器内的随机存储器、计数器等电路获得供电后不经复位便开始工作,可能会因某种干扰导致微控制器因程序错乱而不能正常工作,为此,微控制器电路需要设置复位电路。复位电路由专门的功能电路(集成电路或分立元件)组成,有些微控制器采用高电平复位(即通电瞬间给微控制器的复位端加入一高电平信号,正常工作时再转为低电平),也有些微控制器采用低电平复位(即通电瞬间给微控制器的复位端加入一低电平信号,正常工作时再转为高电平),这是由微控制器的结构决定的。

3. 振荡电路

微控制器的一切工作都是在时钟脉冲作用下完成的,如存/取数据、模拟量存储等操作。只有在时钟脉冲的作用下,微控制器的工作才能井然有序,否则,微控制器不能正常工作。微控制器的振荡电路一般由外接的晶体、电容和微控制器内电路共同组成。晶体频率一般为 10MHz 以上,晶体的两脚和微控制器的两个晶振脚相连,产生的时钟脉冲信号经微控制器内部分频器分频后,作为微控制器正常工作的时钟信号。

14.4.3 微控制器基本电路介绍

前已述及,微控制器电路主要由微控制器、存储器(ROM 和 RAM)、按键输入电路、遥控电路、开关量控制电路、模拟量控制电路、总线控制电路等几部分组成。下面结合实例,简要对这些电路进行分析和介绍。

1. 微控制器

很多液晶彩电采用以 51 单片机为内核的微控制器,它把可开发的资源(ROM、I/O 接口等)全部提供给液晶彩电生产厂家,厂家可根据应用的需要来设计接口和编制程序,因此适应性较强,应用较广泛。

图 14.43 是微控制器硬件组成框图。由图可见,一个最基本的微控制器主要由下列几部分组成。

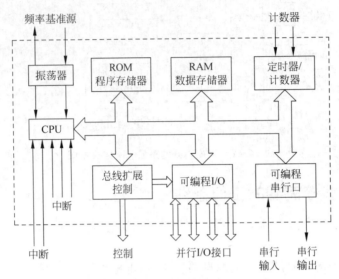

图 14.43　微控制器硬件组成框图

1) CPU(中央处理器)

CPU 在微控制器中起着核心作用,微控制器的所有操作指令的接收和执行、各种控制功能、辅助功能都是在 CPU 的管理下进行的。同时,CPU 还要担任各种运算工作。

2) 存储器

微控制器内部的存储器包括两部分。

一是随机存储器 RAM,它用来存储程序运行时的中间数据,在微控制器工作过程中,这些数据可能被要求改写,所以 RAM 中存放的内容是随时可以改变的。需要说明的是,液晶彩电关机断电后,RAM 存储的数据会消失。

二是只读存储器 ROM,它用来存储程序和固定数据。所谓程序就是根据所要解决问题的要求,应用指令系统中所包含的指令,编成的一组有次序的指令集合。所谓数据就是微控制器工作过程中的信息、变量、参数、表格等。当彩电关机断电后,ROM 存储的程序和数据不会消失。

3) 输入/输出(I/O)接口

输入/输出接口电路是指 CPU 与外部电路、设备之间的连接通道及有关的控制电路。由于外部电路、设备的电平大小、数据格式、运行速度、工作方式等均不统一,一般情况下它们是不能与 CPU 相兼容的(即不能直接与 CPU 连接),这些外部的电路和设备只有通过输入/输出接口的桥梁作用,才能与 CPU 进行信息传输、交流。

输入/输出接口种类繁多,不同的外部电路和设备需要相应的输入/输出接口电路。可利用编制程序的方法确定接口具体的工作方式、功能和工作状态。

输入/输出接口可分成两大类:一是并行输入/输出接口,二是串行输入/输出接口。

（1）并行输入/输出接口：并行输入/输出接口的每根引线可灵活地作为输入引线或输出引线。有些输入/输出引线适合直接与其他电路相连，有些接口能够提供足够大的驱动电流，与外部电路和设备接口连接后，使用起来非常方便。有些微控制器允许输入/输出接口作为系统总线来使用，以外扩存储器和输入/输出接口芯片。在液晶彩电中，开关量控制电路和模拟量控制电路都是并行输入/输出接口。

（2）串行输入/输出接口：串行输入/输出接口是最简单的电气接口，和外部电路、设备进行串行通信时只需使用较少的信号线。在液晶彩电中，I^2C 总线接口电路是串行总线接口电路。

4）定时器/计数器

在微控制器的许多应用中，往往需要进行精确的定时来产生方波信号，这由定时器/计数器电路来完成。有的定时器还具有自动重新加载的能力，这使得定时器的使用更加灵活方便，利用这种功能很容易产生一个可编程的时钟。此外，定时器还可作为一个事件计数器，当工作在计数器方式时，可从指定的输入端输入脉冲，计数器对其进行计数运算。

5）系统总线

微处理器的上述 5 个基本部件电路之间通过地址总线（AB）、数据总线（DB）和控制总线（CB）连接在一起，再通过输入/输出接口与微处理器外部的电路连接起来。

2. 存储器

前已述及，在微控制器内部设有 RAM、ROM，除此之外，在微控制器的外部，还设有 EEPROM 数据存储器和 FLASH ROM 程序存储器。

1）EEPROM 数据存储器

EEPROM 是电可擦写只读存储器的简称，几乎所有的液晶彩电在微控制器的外部都设有一片 EEPROM，用来存储彩电工作时所需的数据（用户数据、质量控制数据等）。这些数据断电时不会消失，但可以通过进入工厂模式或用编程器进行更改。

我们在遇到彩电软件故障时，经常会提到"擦除"、"编程"、"烧写"等概念，一般所针对的都是 EEPROM 中的数据，而不是程序。"擦除"、"编程"、"烧写"的是 MCU 外部 EEPROM 数据存储器中的数据。另外，我们维修液晶彩电时，经常要进入液晶彩电工厂模式（维修模式）对有关数据进行调整，所调整的数据就是 EEPROM 中的数据。

2）FLASH ROM 程序存储器

FLASH ROM 也称闪存，是一种比 EEPROM 性能更好的电可擦写只读存储器。目前，部分液晶彩电在微控制器的外部除设有一片 EEPROM 外，还设有一片 FLASH ROM。对于此类构成方案，数据（用户数据、质量控制数据等）存储在微控制器外部的 EEPROM 中，辅助程序和屏显图案等存储在微控制器外部的 FLASH ROM 中，主程序存储在微控制器内部的 ROM 中。

3. 按键输入电路

当用户对液晶彩电的参数进行调整时，是通过按键来进行操作的，按键实质上是一些小的电子开关，具有体积小、重量轻、经久耐用、使用方便、可靠性高的优点。按键的作用就是使电路通与断，当按下开关时，按键电子开关接通，手松开后，按键电子开关断开。微控制器可识别出不同的按键信号，然后去控制相关电路进行动作。

4. 遥控输入电路

红外接收放大器是置于电视机前面板上一个金属屏蔽罩中的独立组件,其内部设置了红外光敏二极管、高频放大、脉冲峰值检波和整形电路。红外光敏二极管能接收 940nm 的红外遥控信号,并经放大、带通滤波,取出脉冲编码调制信号(其载频为 38kHz),再经脉冲峰值检波、低通滤波、脉冲整形处理后,形成脉冲编码指令信号,加到微控制器的遥控输入脚,经微控制器内部解码后,从微控制器相关引脚输出控制信号,完成遥控器对电视机各种功能的遥控操作。

5. 开关量和模拟量控制电路

1) 开关量控制电路

所谓微处理器的开关量,就是输入到微处理器或从微处理器输出的高电平或低电平信号。微控制器的开关量控制信号主要有指示灯控制信号、待机控制信号、视频切换控制信号、音频切换控制信号、背光灯开关控制信号、静音控制信号、制式切换控制信号等。

2) 模拟量控制电路

微控制器模拟量控制信号是指微控制器输出的是 PWM 脉冲信号,经外围 RC 等滤波电路滤波后,可转换为大小不同的直流电压,该直流电压再加到负载电路上,对负载进行控制。微控制器输出的模拟量控制信号主要有背光灯亮度控制信号、音量控制信号等。由于微控制器一般设有 I^2C 总线控制脚,很多控制信息均由微控制器通过总线进行控制,因此,可大大减少模拟量控制信号的数量,使控制电路大为简化。

6. I^2C 总线控制电路

I^2C 总线是由飞利浦公司开发的一种总线系统。I^2C 总线系统问世后,迅速在家用电器等产品中得到了广泛的应用。微控制器电路上的 I^2C 总线由两根线组成,包括一根串行时钟线(SCL)和一根串行数据线(SDA)。微控制器利用串行时钟线发出时钟信号,利用串行数据线发送或接收数据。

微控制器电路是 I^2C 总线系统的核心,I^2C 总线由微控制器电路引出。液晶彩电中很多需要由微控制器控制的集成电路(如高频头、去隔行处理电路、SCALER 电路、音频处理电路等)都可以挂接在 I^2C 总线上,微控制器通过 I^2C 总线对这些电路进行控制。

为了通过 I^2C 总线与微控制器进行通信,在 I^2C 总线上挂接的每一个被控集成电路中,都必须设有一个 I^2C 总线接口电路。在该接口电路中设有解码器,以便接收由微控制器发出的控制指令和数据。

微控制器可以通过 I^2C 总线向被控集成电路发送数据,被控集成电路也可通过 I^2C 总线向微控制器传送数据,被控集成电路是接收还是发送数据则由微控制器控制。

14.5 开关电源与 DC/DC 变换器电路

14.5.1 液晶彩电电源电路分析

电源电路是液晶彩电十分重要的电路组成部分,其主要作用是为液晶彩电提供稳定的直流电压。电源电路对液晶彩电的影响很大,如果性能不良,就会造成电路工作不稳定、黑屏、图像异常等故障。而由于电源电路工作电压高、电流大,极易出现故障,因此,理解电源电路的工作过程和原理对日常维修具有重要意义。

1.开关电源的基本工作原理

开关电源分为串联型开关电源和并联型开关电源,液晶彩电的开关电源电路采用的均是并联型开关电源,并联型开关电源如图14.44所示。图14.45所示为并联型开关电源的基本原理图。其中VT为开关管,T为开关变压器,VD为整流二极管,C为滤波电容,R为负载电阻。

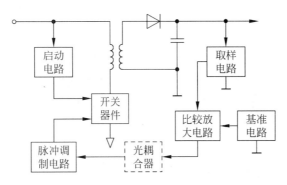

图14.44　并联型开关电源的基本示意图

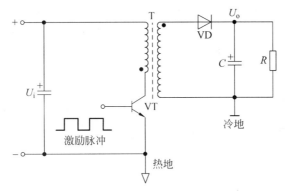

图14.45　并联型开关电源的基本原理图

在图14.45所示的电路中,当激励脉冲为高电平时,VT饱和导通,则T的初级绕组的磁能因VT的集电极电流逐渐升高而增加。由于次级绕组感应的电压的极性为上负、下正,所以整流管VD截止,电能便以磁能的形式储存在T中。当VT截止期间,T各个绕组的脉冲电压反向,则次级绕组的电压变为上正、下负,整流管VD导通,T储存的能量经VD整流向C与负载释放,产生了直流电压,为负载电路提供供电电压。

并联型开关电源是反激式开关电源,即开关管导通期间,整流管VD截止;在开关管VT截止期间,整流管VD导通,向负载提供能量。所以,不但要求开关变压器T的电感量、滤波电容C的容量大,而且开关电源的内阻要大。

2.液晶彩电开关电源的形式

开关电源根据在液晶彩电中位置的不同,可分为外接和内接两种形式。

1) 外接形式

所谓外接形式,是指开关电源安装在液晶彩电外部,这种开关电源一般称为电源适配器(Adapter)。电源适配器输出的直流电压一般为12V,也有一些机型为14V、18V、24V、28V

等。电源适配器输出的直流电压通过插接口输入到液晶彩电内部的 DC/DC 变换器中,经 DC/DC 变换后,再产生整机小信号处理电路所需的 5V、3.3V、2.5V、1.8V 等几路电压。这种供电方案主要应用在小屏幕液晶彩电中。

2)内接形式

所谓内接形式,是指在液晶彩电内部专设一块开关电源板(有些和高压逆变电路做在一起),安装在主板的旁边,开关电源可输出+12V、+18V、+24V、+28V 等电压,输出的直流电压再加到 DC/DC 变换器中,产生整机小信号处理电路所需的 5V、3.3V、2.5V 等电压。图 14.46 所示为开关电源和高压逆变电路一体板在液晶彩电内部的位置示意图。

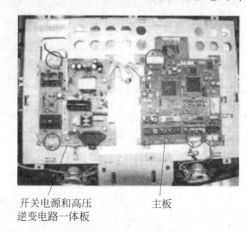

开关电源和高压　　　　　主板
逆变电路一体板

图 14.46　开关电源和高压逆变电路一体板在液晶彩电内部的位置示意图

14.5.2　液晶彩电开关电源原理分析

液晶彩电的开关电源均采用并联式,主要由交流抗干扰电路、整流滤波电路、功率因数校正电路(部分液晶彩电有此电路)、启动电路、振荡器/开关元件、稳压电路(脉冲调制电路)、保护电路和直流稳压输出电路等几部分构成。

1. 交流抗干扰电路

交流抗干扰电路的作用是滤除市电电网中的高频干扰,以免市电电网中的高频干扰影响液晶彩电的正常工作,同时还可滤除开关电源产生的高频干扰,以免影响其他用电设备的正常工作。常用交流抗干扰电路如图 14.47 所示。

在图 14.47(a)所示的电路中,L_1、L_2 是互感滤波器,C_1、C_2 及 C_3、C_4 是高频滤波电容。由于互感滤波器 L_1、L_2 在交流电流通过时,其磁芯中因产生的磁通方向相反而抵消,所以电感量较小,而对于交流电输入回路与地之间的共模呈现较大的电感量,可对共模干扰有效地吸收。C_1、C_2 用于滤除差模干扰。C_3、C_4 组成共模滤波器,滤除共模干扰。图 14.47(b)所示的电路仅为共模滤波电路。图 14.47(c)、图 14.47(d)所示的电路中,除了未设置 C_3、C_4 组成的共模滤波器,其他与图 14.47(a)所示的电路相同。

2. 整流电路

整流电路的作用是将交流电转换成 300V 左右的直流电压。液晶彩电电源电路中通常采用桥式整流方式,典型电路如图 14.48 所示。电路中,VD1～VD4 是全桥堆中的 4 只整流二极管,u_i 是输入的交流电压,u_o 是整流输出后的电压。

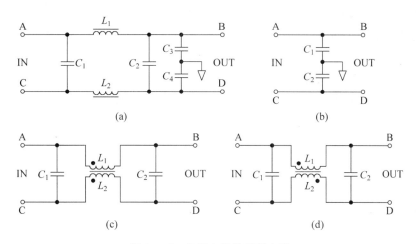

图 14.47 常用交流抗干扰电路

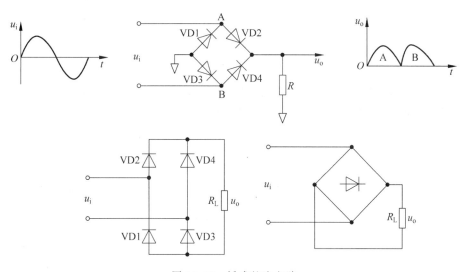

图 14.48 桥式整流电路

3. 滤波电路

整流电路虽然可以把交流电变换为直流电,但负载上的直流电压却是脉动的,它的大小每时每刻都在变化着,不能满足电子电路和无线电装置对电源的要求。整流后的脉动直流电压属于非正弦周期信号,可以把它分解为直流成分(它的平均值)和各种不同频率的正弦交流成分。显然,为了得到波形平滑的直流电,应尽量降低输出电压中的交流成分,同时又要尽量保留其中的直流成分,使输出电压接近于理想的直流电压。用于完成这一任务的电路称为滤波电路。

电容和电感都是基本的滤波元件,利用它们在二极管导通时储存一部分能量,然后再逐渐释放出来,从而得到比较平滑的波形。

在液晶彩电开关电源中,滤波电路主要采用以下几种形式。

1)电容器滤波

电容器滤波主要应用在开关变压器初级电路中,用于产生 300V 直流电压。电容器滤波电路如图 14.49 所示。

液晶彩电中,300V 电源的滤波电容的容量一般较大,通常采用 $100 \sim 220 \mu F/400V$ 电容。该电容在通电瞬间的充电电流较大,对保险管、整流管有一定危害,所以需要通过设置限流电阻对冲击电流进行限制。液晶彩电开关电源的限流电阻多采用负温度系数(NTC)的热敏电阻,其特点是在工作温度范围内电阻值随温度的升高而降低,即在冷态阻值较大,

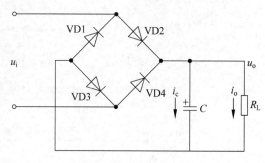

图 14.49 电容器滤波电路

在热态阻值较小,这样在开机瞬间,电容器的充电电流便受到 NTC 电阻的限制。在 $14 \sim 60s$ 之后,NTC 元件升温相对稳定,其上的分压也逐步降至零点几伏,这样小的压降,可视为此种元件在完成软启动功能后为短接状态,不会影响电源的正常工作。

2)LC 滤波电路

LC 滤波电路主要应用在开关电源次级输出电路和二次电源输出电路中,典型电路如图 14.50 所示。

3)π 型 LC 滤波电路

在 LC 滤波电路的基础上再加上一个电容,就组成了一节 π 型 LC 滤波电路,如图 14.51 所示。π 型 LC 滤波电路广泛应用在开关电源次级输出电路中。

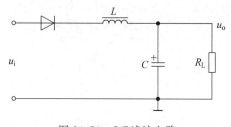

图 14.50 LC 滤波电路

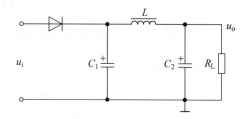

图 14.51 π 型 LC 滤波电路

4. 功率因数校正(PFC)电路

早期的大多数液晶彩电的开关电源输入电路普遍都采用带有大容量滤波电容器的全桥整流变换电路,而没有加 PFC 电路。这种电路的缺点是:开关电源输入级整流和大滤波电容产生的严重谐波电流危害电网正常工作,使输电线上的损耗增加,功率因数较低,浪费电能。加入 PFC 电路,可以通过适当的控制电路,不断调节输入电流波形,使其逼近正弦波,并与输入电网电压保持同相,因此,可使功率因数大大提高,减小了电网负荷,提高了输出功率,并明显降低了开关电源对电网的影响。

为提高负载功率因数,往往采取补偿措施。最简单的方法是在电感负载两端并联电容器,这种方法称为并联补偿。

PFC 方案完全不同于传统的"功率因数补偿",它是针对非正弦电流波形而采取的提高线路功率因数,迫使 AC 线路电流追踪电压波形的瞬时变化轨迹,并使电流与电压保持同相位,使系统呈纯电阻性的技术措施。

长期以来,开关型电源都是采用桥式整流和大容量电容滤波电路来实现 AC/DC 变换

的。由于滤波电容的充、放电作用,在其两端的直流电压出现略呈锯齿波的纹波。滤波电容
上电压的最小值与其最大值(纹波峰值)相差并不多。
根据桥式整流二极管的单向导电性,只有在 AC 线路
电压瞬时值高于滤波电容上的电压时,整流二极管才
会因正向偏置而导通;而当 AC 输入电压瞬时值低于
滤波电容上的电压时,整流二极管因反向偏置而截
止。也就是说,在 AC 线路电压的每个半周期内,只
是在其峰值附近,二极管才会导通(导通角约为 70°)。
虽然 AC 输入电压仍大体保持正弦波波形,但 AC 输
入电流却呈高幅值的尖峰脉冲,如图 14.52 所示。这

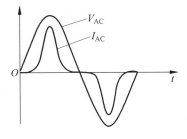

图 14.52 未加功率因数校正电路时
输入电流与电压的波形

种严重失真的电流波形含有大量的谐波成分,引起线路功率因数严重下降。

为提高线路功率因数,抑制电流波形失真,必须采用 PFC 措施。PFC 分无源和有源两
种类型,目前流行的是有源 PFC 技术。有源 PFC 电路一般由一片功率控制 IC 为核心构
成,它被置于桥式整流器和一只高压输出电容之间,也称作有源 PFC 变换器。有源 PFC 变
换器一般采用升压形式,主要是在输出功率一定时,有较小的输出电流,从而可减小输出电
容器的容量和体积,同时也可减小升压电感元件的绕组线径。有源 PFC 电路的效果与基本
结构如图 14.53 和图 14.54 所示。

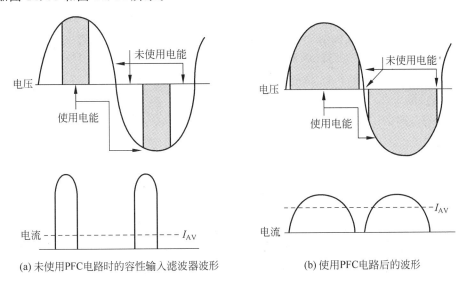

(a) 未使用PFC电路时的容性输入滤波器波形　　　(b) 使用PFC电路后的波形

图 14.53 有源 PFC 电路使用前后的效果

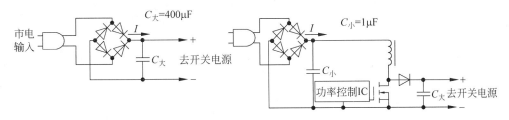

图 14.54 有源 PFC 电路的基本结构

5. 启动电路和振荡器/开关元件

为了使开关元件(开关管)工作在饱和、截止的开关状态,必须有一个激励脉冲作用到开关管的基极,液晶彩电一般采用他激式电源,这个激励脉冲一般由专门的振荡器产生,振荡器的工作电压则由启动电路来提供。在开关管饱和期间,要求振荡电路能为开关管提供足够大的基极电流,否则,开关管会因开启损耗大而损坏。在开关管由饱和转向截止时,基极必须加反向电压,形成足够的基极反向抽出电流,使开关管迅速截止,减小关断损耗给开关管带来的危害。

6. 稳压电路

为了使开关电源的输出电压不因市电电压、负载电流的变化而发生变化,必须通过稳压控制电路来对开关管的导通时间进行控制,达到稳定输出电压的目的。稳压电路主要由误差取样、稳压控制电路构成。

1)误差取样电路

液晶彩电的误差取样电路主要有直接取样和间接取样电路两种。

(1)间接取样电路:间接取样电路的特点是在开关变压器上专设一个取样绕组,由于取样绕组和次级绕组采用紧耦合结构,所以,取样绕组被感应的脉冲电压的高低就间接地反映了输出电压的高低,因此,这种取样方式称为间接取样方式。这种取样方式的缺点是稳压瞬间响应差,当输出电压因市电电压等原因发生变化时,必须经开关变压器的耦合才能反映到取样绕组,不但响应速度慢,而且不便于空载检修。检修时,一般应在主电源输出端接假负载。

(2)直接取样电路:直接取样电路的取样电压直接取自开关电源的主电源输出端,通过光耦合器再反馈到电源电路的脉宽或频率调节电路。直接取样电路具有安全性能好、稳压反映速度快、瞬间响应时间短等优点,在液晶彩电的电源电路中得到了广泛的应用。

2)稳压控制电路

稳压控制电路的主要作用是,在误差取样电路的作用下,通过控制开关管激励脉冲的宽度或周期,控制开关管导通时间的长短,使输出电压趋于稳定。

7. 保护电路

开关电源的许多元件都工作在大电压、大电流条件下,为了保证开关电源及负载电路的安全,开关电源设置了许多保护电路。

1)尖峰吸收回路

由于开关变压器是感性元件,所以,在开关管截止瞬间,其集电极上将产生尖峰极高的反峰值电压,容易导致开关管过压损坏,为此,开关电源大都设置了如图 14.55 所示的尖峰吸收回路。

在图 14.55(a)所示的电路中,开关管 VT 截止瞬间,其漏极上产生的反峰值电压经 C_1、R_1 构成充电回路,充电电流使尖峰电压被抑制在一定范围内,以免开关管被击穿。当 C_1 充电结束后,C_1 通过开关变压器 T 的初级绕组、300V 滤波电容、地、R_1 构成放电回路。因此,当 R_1 取值小时,虽然利于尖峰电压的吸收,但增大了开关管的开启损耗;当 R_1 取值大时,虽然降低了开关管的开启损耗,但降低了尖峰电压的吸收。

图 14.55(b)所示的电路是针对以上电路改进而成的,在图 14.55(b)中,不但加装了二极管 VD1,而且加大了 R_1 的值,这样,由于 VD1 的内阻较小,利于尖峰电压的吸收,而 R_1 的取值又较大,降低了开启损耗对开关管 VT 的影响。图 14.55(c)所示的电路与图 14.55(b)

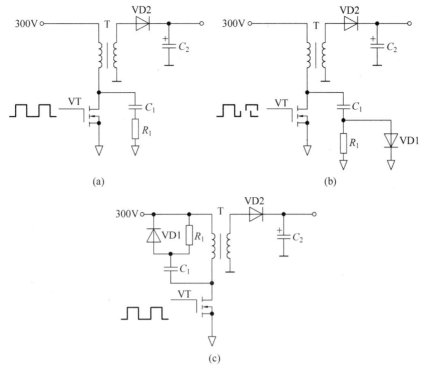

图 14.55　尖峰吸收回路

所示的电路工作原理是一样的,但吸收效果要更好一些。目前,液晶彩电的电源尖峰吸收回路基本上都采用了该电路形式。

实际应用中的尖峰脉冲吸收电路是由钳位电路和吸收电路复合而成的,图 14.56 所示是钳位电路和吸收电路在开关电源应用时的不同效果。

2) 过压保护

为避免因各种原因引起的输出电压升高,而造成负载电路的元件损坏,一般都设置过压保护电路。方法有多种,可以在输出电压和地之间并联晶闸管(又称可控硅,SCR),一旦电压取样电路检测到输出电压升高,就会触发可控硅导通,起到过压保护的功能;也可以在检测到输出电压升高时,直接控制开关管的振荡过程,使开关电源停止工作。

3) 过流保护

为了避免开关管因负载短路或过重而过流损坏,开关电源必须具有过流保护功能。最简单的过流保护措施是在线路中串入保险管,在电流过大时,保险管熔断,从而起到保护的作用。另外,在整流电路中常接有限流电阻,一般采用功率很大的水泥电阻,阻值为几欧,能起一定的限流作用。另一种比较有效的方法是在开关调整管的发射极(对三极管而言)或源极(对场效应管而言)串接一只过流检测小电阻,一旦由某种原因引起饱和时的电流过大,则过流检测电阻上的压降增大,从而触发保护电路,使开关管基极上的驱动脉冲消失或调整驱动脉冲的脉宽,使开关管的导通时间下降,达到过流保护的目的。

4) 软启动电路

一般在开关电源开机瞬间,由于稳压电路还没有完全进入工作状态,开关管将处于失控状态,极易因关断损耗大或过激励而损坏。为此,一些液晶彩电的开关电源中设有软启动电

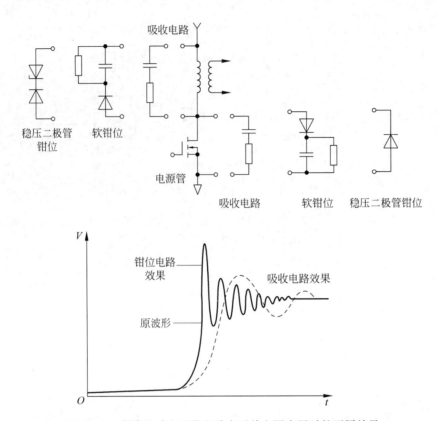

图 14.56　钳位电路和吸收电路在开关电源应用时的不同效果

路,其作用是在每次开机时,限制激励脉冲导通时间不至于过长,并使稳压电路迅速进入工作状态。有些电源控制芯片中集成有软启动电路,有些开关电源则在外部专设有软启动电路。

5) 欠压保护电路

当市电电压过低时,将引起激励脉冲幅度不足,导致开关管因开启损耗大而损坏,因此,有些开关电源设置了欠压保护电路。需要说明的是,很多开关电源控制 IC 大都内含欠压保护电路,因此,不需在外部单独设置。

开关电源的保护电路还有一些,这里不再一一分析。

14.5.3　液晶彩电典型开关电源电路分析

液晶彩电的开关电源由一片或几片开关电源控制芯片为核心构成,目前,应用在液晶彩电开关电源上的电源控制芯片较多,下面简要介绍几种常用的控制芯片及其应用电路。

1. 由 STIR-E1565＋STIR-2268 构成的开关电源电路

由 STR-E1565＋STR-2268 构成的开关电源电路在长虹 46 英寸以上液晶彩电中应用十分普遍,该电源方案中,共输出＋12V、＋5V(signal 小信号)、＋5V(MCU)、＋24V 4 组电压,其中＋12V 和＋5V(signal)2 组电压供液晶彩电信号处理电路使用,＋5V(MCU)电压供 MCU 使用,＋24V 电压供逆变器使用。＋12V、＋5V(signal)、＋5V(MCU)3 组电压由 STR-E1565 及相关电路产生,我们称为主开关电源;＋24V 电压由 STR-2268 产生,我们称之为副开关电源。附录 B 为该电源方案的电路原理图。

1) 主开关电源电路分析

主开关电源电路以厚膜集成电路 U807(STR-E1565)为核心。STR-E1565 是日本三肯公司开发的开关电源模块,该电源块具有输出功率大、带负载能力强、待机功耗小、保护功能完善等优点。其内部含有功率因数校正电路、振荡电路、功率开关管、过压/欠压保护电路、过热保护电路等。STR-E1565 内部电路框图如图 14.57 所示,STR-E1565 引脚功能与电压数据如表 14.9 所示。

表 14.9 STR-E1565 引脚功能与电压数据

脚 位	引 脚 名	功 能	工作电压(V)	待机电压(V)
1	Start UP	启动电路输入	420	300
2	NC	空		
3	PFC OUT	功率因数校正输出	3.8	0
4	ZCD	PFC 过零检测脉冲输入	3	0
5	CS	PFC 功率管漏极电流检测	0	0
6	PFB/OVP	PFC 反馈输入/过压保护输入	4.3	3
7	COMP	PFC 误差放大器相位补偿端	1.6	0.5
8、9	GND	地	0	0
10	Mult FP	PFC 乘法器及误差输出端	1.8	2.3
11	DLP	PFC 关断延时调整端	0	6
12	BD	准谐振信号输入端	1.3	0.8
13	OCP	过流检测端	0	0
14	DFB	误差控制电流输入端	3.7	3.7
15	V_{CC}	驱动电路电源	22	23
16	DD OUT	未用		
17	Source	IC 内部电源开关管源极	0	0
18、19	NC	空		
20	Drain	未用		
21	Drain	IC 内部电源开关管漏极	420	300

(1) 整流滤波电路:220V 左右的交流电压先经延迟保险管 F801,然后进入由 L801、C801、C802、C803、C804、C805、L801、L802 组成的交流抗干扰电路,滤除市电中的高频干扰信号,同时保证开关电源产生的高频信号不窜入电网。电路中,TH801 为负温度系数热敏电阻,开机瞬间温度低,阻抗大,防止电流对回路的浪涌冲击;VZ801 为压敏电阻,即在电源电压高于 250V 时,压敏电阻 VZ801 击穿短路,保险管 F801 熔断,这样可避免电网电压波动造成开关电源损坏,从而保护后级电路。经交流抗干扰电路滤波后的交流电压送到由 BD801、L803、C812、C813、C814 组成的整流滤波电路。220V 市电先经 BD801 桥式整流后,再经 C814、L803、C812、C813 组成的 π 型滤波器滤波,形成一直流电压。由于滤波电路电容 C812、C813、C814 储能较小,所以在负载较小时,经整流滤波后的电压为 310V 左右;在负载较重时,经整流滤波后的电压为 230V 左右。

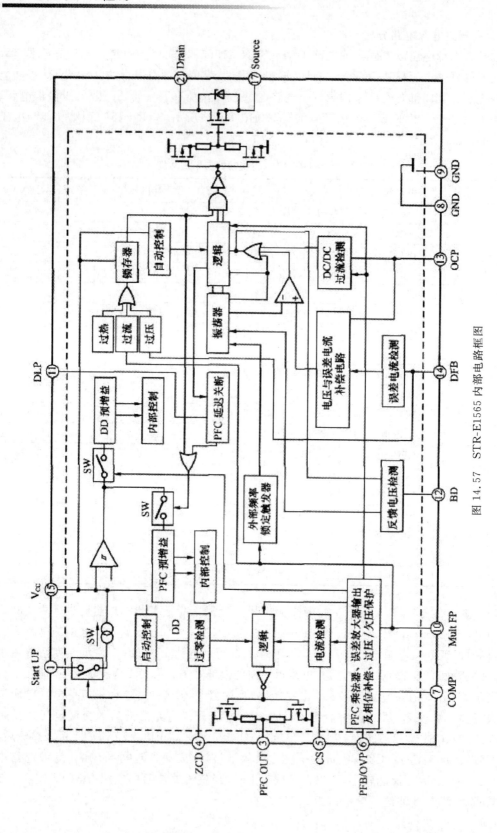

图 14.57　STR-E1565 内部电路框图

(2) 功率因数校正(PFC)电路：功率因数校正电路由 T801、T802、Q803-Q806、STR-E1565 内部电路等组成。由 BD801 整流，C814、L803、C812、C813 滤波后的直流电压，经 R816、R815、R813、R812 分压后，送到 STR-E1565 的 ⑩ 脚(STR-E1565 的 ⑩ 脚既是 PFC 电路乘法器的输入端又是外部锁定触发端)，在内部乘法器中经逻辑处理、推挽放大后，从 STR-E1565 的③脚输出的开关脉冲经 Q803、Q804 推挽放大后，从 Q803、Q804 的发射极输出，再分别加到 Q805、Q806 的 G 极，驱动 Q805、Q806 工作在开关状态(开关频率在几十千赫到 100kHz)。当 Q805、Q806 饱和导通时，由 BD801 整流后的电压经电感 L803、T801、T802 初级绕组、Q806、Q805 的 D-S 极，R831、R832 到地，形成回路；当 Q805、Q806 截止时，由 BD801 整流输出的电压经 L803、D807、C834 到地，对 C834 充电；同时，流过 T801、T802 的初级绕组电流呈减小趋势，电感两端必然产生左负右正的感应电压，这一感应电压与 BD801 整流后的直流分量叠加，在滤波电容 C834 正端形成 400V 左右的直流电压，不但提高了电源利用电网的效率，而且使得流过 T801、T802 初级绕组的电流波形和输入电压的波形趋于一致，从而达到提高功率因数的目的。

经 BD801 桥式整流后，电压中的高次谐波成分从 T801、T802 次级绕组输出，经 R817、C811、R829 组成的脉冲限流电路后进入 STR-E1565 的④脚。STR-E1565 的④脚内部为过零检测电路，兼有过压/欠压保护功能，当该脚电压高于 6.5V 或低于 0.62V 时，过零检测电路关断，PFC 电路停止工作；液晶彩电正常工作时，STRE1565 的④脚电压为 3V 左右。STR-E1565 的⑤ 脚为 PFC 部分开关管源极电流检测端。Q805、Q806 漏极电流从源极输出，经 R831、R832 接地，在 R831、R832 上形成与 Q805、Q806 源极电流成正比的检测电压。该电压经 R827 反馈到 STR-E1565 的⑤脚内部，内部电流检测电路及逻辑处理电路自动调整 STR-E1565 的③脚输出脉冲的大小，从而自动调整 Q805、Q806 源极电流。

STR-E1565 的⑥脚为 PFC 电路反馈输入/过压保护输入端。该脚用于检测滤波电容 C834 正端 400V 电压，其外部由 R810、R808、R822、R821 组成的分压电路对 C834 正端电压(VIN)进行分压。液晶彩电正常工作时，STR-E1565 的⑥脚电压为 4.3V，当 PFC 电路输出的开关脉冲过高时，会导致 C834 正端电压异常升高，STR-E1565 的⑥脚电压也随之升高；当电压超过 4.3V 时，内部过压保护电路启动，输出控制信号到 PFC 逻辑控制电路，调整 STR-E1565 的③脚输出的开关脉冲，使其恢复到正常范围。

STR-E1565 的⑦脚为 PFC 误差放大器输出及相位补偿端，外接相位补偿电容 C830，通过该电容来补偿 PFC 控制电路中电流与电压间的相位差。STR-E1565 的⑪脚为 PFC 电路关断延迟端。当某种原因使开关电源在轻载与重载间迅速变化时，开关电源振荡电路进入低频与高频循环工作状态。当开关电源处于低频状态时，STR-E1565 内部输出电流向⑪脚的外接电容 C829 充电，当 C829 上的电压充到一定值后，内部关断 PFC 电路，C829 通过 STR-E1565 的⑪脚内部电路放电。适当调整 C829 的容量，可以改变 C829 的充电时间，也就改变了 PFC 电路的关断时间。

（3）启动与振荡电路：C834 两端的 400V 电压分为两路：一路经开关变压器 T804 的 1—3 绕组加到 STR-E1565 的㉑脚内部 MOS 开关管的 D 极；另一路作为启动电压加到 STR-E1565 的①脚，经内部电路对⑮脚外接电容 C832 充电。当 C832 正端即 STR-E1565 的⑮脚电压上升到 16.2V 时，STR-E1565 内部振荡电路工作，并输出开关脉冲，经内部推挽缓冲放大后加到大功率 MOS 开关管的 G 极，使 MOS 开关管工作在开关状态。

开关电源启动后，开关变压器 T804 自馈绕组（5—6 绕组）感应的脉冲电压经 D813 整流，C832 滤波获得 22V 左右的直流电压，加到 STR-E1565 的⑮脚，取代启动电路为 STR-E1565 提供启动后的工作电压。若电源启动后，STR-E1565 的⑮脚无持续的电压供给，⑮脚充得的电压将随着电流的消耗逐渐下降，当下降到 9.6V 时，电源停止工作。

（4）稳压控制电路：稳压控制电路以取样放大电路 U808(SE005N)、光耦合器 U804 和厚膜电路 STR-E1565 为核心构成，取样点在 C846 正端（5V 输出端）。图 14.58 所示为取样放大电路 U808(SE005N)内部电路图。

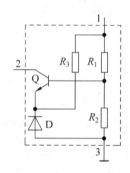

图 14.58　SE005N 内部电路图

稳压控制的过程如下：设某一时刻 C846 两端电压升高，U808 的①脚电压随之升高，取样电压也随之升高，经 U808 内部分压电阻 R_1、R_2 分压后的电压升高，U808 内部 Q 导通能力增强，导致 U808 的②脚电压下降，流过光耦合器 U804 中发光二极管的电流增大，其发光强度增强，则光敏三极管导通加强，使 STR-E1565 的⑭脚电流增大，经内部误差电流检测电路检测后，控制内部开关管提前截止，使开关电源的输出电压下降到正常值；反之，当输出电压降低时，经上述稳压电路的负反馈作用，使 STR-E1565 内部开关管导通时间变长，使输出电压上升到正常值。

（5）保护电路：为了保证开关电源可靠地工作，该开关电源设有以下保护电路。

① 过流保护电路：过流保护电路由 R843、R841、C833 及 STR-E1565 的⑰、⑬脚内部电路构成。液晶彩电正常工作时，STR-E1565 内部大功率开关管漏极电流从⑰脚源极输出，经电阻 R843 到地形成回路，在 R843 上形成压降并通过 R841 反馈到 STR-E1565 的⑬脚。当某种原因导致 STR-E1565 内部大功率开关管漏极电流增大时，在 R843 上的压降增大，使加到 STR-E1565 ⑬脚的电压增大，当 STR-E1565 的⑬脚电压升高到 0.75V 以上时，内部过流保护电路启动，开关电源停止工作。

② 过热保护电路：过热保护电路集成在 STR-E1565 内部，当某种原因造成 STR-E1565 内部温度升高到 135℃ 以上时，内部过热保护电路启动，开关电源停止工作。

③ 准谐振电路：STR-E1565 内部开关管截止时，其源极与漏极间有较大的脉冲电压，在该脉冲电压的后沿降到低电平之前，开关管不应导通，否则，开关管就会有较大的导通损

耗。为保证开关管在漏极脉冲电压最低时导通,本电路应用了准谐振电路。

STR-E1565 的㉑脚的外接电容 C842 和变压器 T804 的 1—3 绕组组成串联谐振电路,谐振电路在 C842 两端产生谐振电压,若在该谐振电压的最低点开关管导通,则可将开关管的导通损耗降至最小。

为达到开关管在 C842 两端电压最低时才导通的目的,电路中设有延迟导通电路,延迟导通电路由 D812、R840、R838、C827 等组成。在 C842 与 T804 初级绕组发生谐振时,T804 的 5—6 绕组的感应电压经 D812 整流,R840、R838 分压后对 C827 充电,使得 STR-E1565 的⑫脚的电压在 T804 能量放完后不会立即下降到 0.76V(阈值电压),开关管便一直处于截止状态;只有当 STR-E1565 的⑫脚电压低于 0.76V 时,STR-E1565 内部开关管才导通。适当选择 R840、R838 的阻值,可使 STR-E1565 内部开关管正好在 C842 两端电压最低时导通,就能实现降低开关管导通损耗的目的。

　　2) 副开关电源电路分析

副开关电源电路以厚膜集成电路 U806(STR-2268)为核心。STR-2268 是日本三肯公司开发的厚膜集成电路,该厚膜块具有自动跟踪、多种模式控制及保护等功能,配合三肯 STR-E1565 厚膜块可以进行待机控制。图 14.59 所示是 STR-2268 内部电路框图,STR-2268 引脚功能与电压数据如表 14.10 所示。

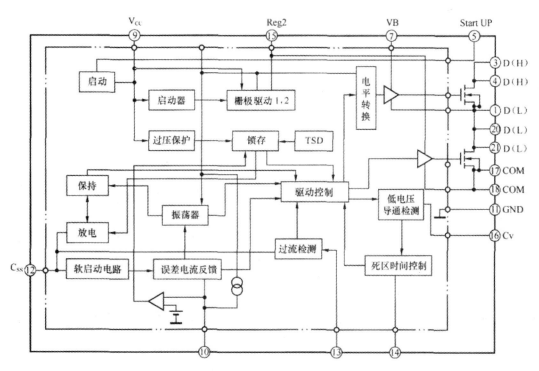

图 14.59　STR-2268 内部电路框图

表 14.10 STR-2268 引脚功能与电压数据

脚　位	引　脚　名	功　　能	工作电压(V)	待机电压(V)
1	D(L)	内部低端开关管漏极	420	300
2	NC	空		
3	D(H)	内部高端开关管漏极	410	300
4	D(H)	内部高端开关管漏极	410	300
5	Start UP	启动脚	22	0
6	NC	空		
7	VB	内部高端开关管栅极驱动电压输入端	410	300
8	NC	空		
9	V_{CC}	控制部分供电端	22	0
10	FB/OLP	误差电流反馈端	2.2	0.3
11	GND	地	0	0
12	G_{SS}	软启动端	5.8	0.4
13	OC	过流检测输入	0	0
14	Cdt	开关管截止时间控制端	1.6	0.2
15	Reg2	门极驱动电路电源输出端	12.3	0
16	CV	低电压导通检测端	0	0
17	COM	地	0	0
18	COM	地	0	0
19	NC	空		
20	D(L)	内部低端开关管漏极	420	300
21	D(L)	内部低端开关管漏极	420	300

(1) 启动电路：正常工作时，C834 两端的 400V 左右电压经开关变压器 T803 的 8—4 初级绕组加到 STR-2268 的⑳、㉑脚，为 STR-2268 内部开关管的源极提供电压。另外，由主开关电源开关变压器 T804 的 4—6 绕组产生的感应电压经 D811 整流、C837 滤波后得到 28V 直流电压，加到 Q807 的发射极，此时，光耦 U803 导通，Q808、Q807 导通，28V 直流电压对 C815 充电，当 C815 两端电压上升到 20V 时，STR-2268 的⑤脚和⑨脚内部振荡电路、逻辑电路启动，同时输出开关脉冲经缓冲放大后，驱动内部双 MOS 管工作在开关状态。副开关电源启动后，T803 的 8—4 绕组中有电流流过，1—2 绕组中将产生感应电压经 R852 限流、D810 整流、C837 滤波后得到约 22V 电压，经 Q807 向 STR-2268 的⑤、⑨脚提供持续的工作电压。

STR-2268 内部的 MOS 开关管截止后，C824 与 T803 的 8—4 绕组产生的谐振电压经 C838、C839、R837 加到 STR-2268 的⑯脚内部电路，由内部电路产生延迟控制信号，控制内部 MOS 开关管继续保持截止状态。当 STR-2268 的⑯脚内部电路检测到该脚输入电压最低时，内部电路输出控制信号，内部 MOS 开关管开始下一轮导通。

(2) 稳压控制电路：稳压控制电路由光耦 U802、误差放大器 U809、R819 及 STR-2268 的⑩脚内部电路组成。其中 R861、R859、R857 组成取样电路，当某种原因造成 +24V 电压升高时，经 R861、R859、R857 分压后，在电阻 R857 上的压降增大，U809 的 R 极电压随之升高，U809 的 K 极(上端)电压下降，光耦 U802 的①、②脚电流增大，其③、④脚电流也增大，STR-2268 的⑩脚内部控制电路启动，使振荡电路输出的脉冲变窄，输出电压降至 24V。当输出电压降低时,稳压过程与上述过程相反。

（3）保护电路:常见的保护电路包括软启动保护电路、过压/欠压保护电路、过载保护电路、过流控制电路等。

① 软启动保护电路:软启动保护由 STR-2268 的⑫脚内部电路及外接电容 C819 完成,C819 为软启动电容。当 STR-2268 开关电源启动时,⑫脚内部电路输出电流对 C819 充电,使 STR-2268 内部双 MOS 管导通时间缩短,限制漏极电流,实现软启动。

② 过压/欠压保护电路:过压/欠压保护由 STR-2268 的⑨脚内部电路实现。当某种原因导致 C815 上电压在 28V 以上时,电路进入过压保护状态;当 C815 上电压在 7V 以下时,电路进入欠压保护状态。

③ 过载保护电路:过载保护电路由 STR-2268 的⑩脚内部电路及 R819、C816 构成。当某种原因造成 24V 电压逐渐降低时,光耦 U802 的电流也逐渐降低。当⑩脚电流降到 $150\mu A$ 时,内部电路不再对内部振荡电路进行控制。此时,STR-2268 的⑩脚输出 $12\mu A$ 电流对外接电容 C816 充电,当⑩脚电压上升至 6V 时,内部电路进入过载保护状态,振荡电路被关闭。

④ 过流保护电路:过流保护电路由 STR-2268 的⑬脚内部电路及 R835、C823 构成。STR-2268 过流检测采用负电压检测,内部 MOS 开关管电流从⑰、⑱脚输出,经 R833、R834 到地。⑬脚外接 R835、C823 组成 RC 滤波器,以消除浪涌和不稳定现象。当某种原因造成电流增大,使⑬脚电压降至 $-0.7V$ 时,过流保护电路启动,电源处于保护状态。

3）待机控制电路

待机控制电路由 Q810、Q809、Q808、Q807、Q812、Q813、Q815、U803、D820、D821、D822 等元器件组成。液晶彩电正常工作时,从主板组件上送来的控制电平经 JP804 的①脚输入,分两路分别对主开关电源及副开关电源进行控制。

在电视机正常工作时,JP804 的①脚输入高电平(4.8V)分为两路:一路经 R880 送到 Q810 的基极,Q810 饱和导通,Q812、Q813、Q815 截止,D820、D821、D822 截止,Q814、Q811、Q816 导通,其源极分别输出$+5V$、$+12V$电压,经 JP804、JP805 提供给主板组件;另一路经 R881 送到 Q809 的基极,Q809 饱和导通,光耦 U803 导通,Q807、Q808 饱和导通,D810、D811 整流,C837 滤波得到的 28V 电压经 Q807 送到 STR-2268 的⑤、⑨脚,向 STR-2268 提供工作电压,STR-2268 输出 24V 电压提供给逆变器。

液晶彩电由正常工作转为待机时,JP804 的①脚输入低电平(0V)分为两路:一路经 R880 送到 Q810 的基极,Q810 截止,Q812、Q813、Q815 饱和导通,D820、D821、D822 饱和导通,Q814、Q811、Q816 截止,其源极输出的$+5V$、$+12V$电压关闭,主板组件停止工作;另一路经 R881 送到 Q809 的基极,Q809 截止,光耦 U803 截止,Q807、Q808 截止,STR-2268 的⑤、⑨脚电压丢失,STR-2268 开关电源停止工作,输出的 24V 电压被关闭,液晶彩电逆变器停止工作,背光灯熄灭。

2. 由 STR-W6756 构成的开关电源电路

STR-W6756 是三肯半导体公司生产的一款高效大功率厚膜电路。该模块内置反馈型控制器和高耐压金属氧化物场效应管,在准共振工作方式的基础上增加了 Bottom-Skip(底部跳过)功能,即当电源带较轻负载时(如待机状态),厚膜块内部 MOS 管以间隙振荡方式工作,降低电源的功耗,从而提高电源效率。另外,该模块还内置过压、过流、过载保护电路,并设有最大导通时间限制电路。图 14.60 所示为 STR-W6756 内部电路框图,其引脚功能如表 14.11 所示。

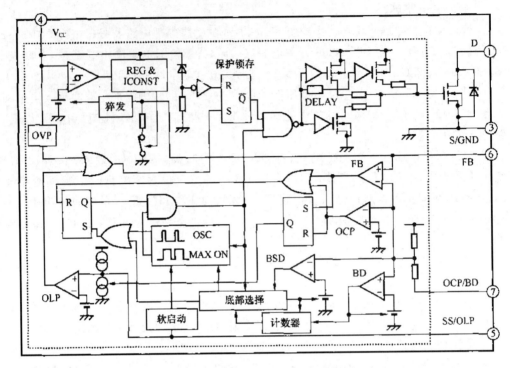

图 14.60　STR-W6756 内部电路框图

表 14.11　STR-W6756 引脚功能

脚　位	引　脚　名	功　能
1	D	内部开关管漏极
2、3	S	内部开关管源极
4	V_{CC}	电源端
5	SS/OLP	软启动端
6	FB	反馈输入端
7	OCP/BD	过流保护输入端

下面以长虹 LP06 机芯液晶彩电的开关电源电路为例对其工作过程作一介绍,有关电路如图 14.61 所示。

1) 整流滤波电路

220V 左右的交流电压先经延迟保险管 F1,然后进入由 C_{20}、L_3、C_{22}、C_{23}、C_5、L_1 组成的交流抗干扰电路,滤除市电中的高频干扰信号,同时保证开关电源产生的高频信号不窜入电网。电路中,RV1 为压敏电阻,即在电源电压高于 250V 时,压敏电阻 RV1 击穿短路,保险管 F1 熔断,这样可避免电网电压波动造成开关电源损坏,从而保护后级电路。

经交流抗干扰电路滤波后的交流电压送到由 BR1、L_2、C_{21} 组成的整流滤波电路,产生约 300V 的直流电压。

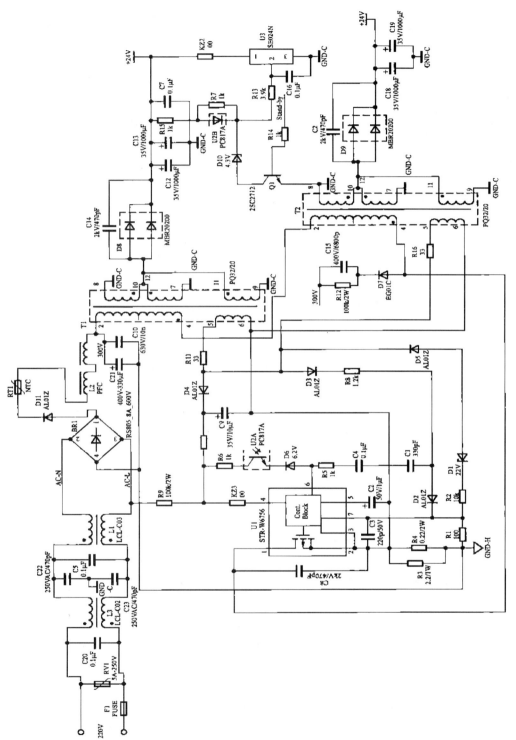

图14.61 长虹 LP06 机芯液晶彩电开关电源电路

2) 启动与振荡电路

C21 两端 300V 左右的直流电压经开关变压器 T1 的 2—4 初级绕组和 T2 的 2—4 初级绕组加到厚膜块 U1(STR-W6756)①脚,进入内部场效应管的漏极。同时,220V 交流电压经 BR1 的一臂整流后,再经 R_9 降压,给 STR-W6756 的④脚外接电容 C_9 充电。当 C_9 两端电压(即 STR-W6756 的④脚电压)达到 18.2V 时,STR-W6756 内部振荡电路工作,产生驱动脉冲,经驱动电路送至内部场效应开关管的栅极,控制 STR-W6756 内开关管工作在开关状态。开关管导通时,开关变压器 T1、T2 的各级处于储能状态;STR-W6756 内的开关管关断时,T1、T2 的次级各绕组通过各自的整流二极管和滤波电容释放能量,给后级各负载供电。开关电源启动后,T1 的 5—6 绕组将产生感应电压,经 R_{11} 限流、D4 整流、C_9 滤波后得到约 20V 的电压,向 STR-W6756 的④脚提供持续的工作电压。

3) 稳压控制电路

稳压控制电路以取样放大电路 U3(SE024N)、光耦合器 U2 和厚膜电路 U1(STR-W6756)为核心构成,取样点在 24V 电压输出端。误差放大电路 SE024N 内部电路框图与前面介绍的 SE005N 内部电路框图一致(参见图 14.59)。

稳压控制的过程如下:设某一时刻 24V 两端电压升高,U3 的①脚电压随之升高,取样电压也随之升高,经 U3 内部分压电阻 R_1、R_2 分压后的电压升高,U3 内部 Q 导通能力增强,导致 U3 的②脚电压下降,流过光耦合器 U2 中发光二极管的电流增大,其发光强度增强,则光敏三极管导通加强,光敏三极管 ce 结等效电阻减小,使输入到 STR-W6756 的⑥脚电压上升,驱动脉冲占空比下降,STR-W6756 内部开关管提前关断,从而使输出电压降低,达到稳压的目的。当 24V 电压下降时,其控制过程与上述工作过程相反。

4) 保护电路

(1) 过压保护电路:当输入的市电电压过高时,STR-W6756 的④脚电压升高,当该脚电压达到上限值(27.7V)时,STR-W6756 内部过压保护电路启动,振荡器停止振荡,STR-W6756 内部开关管被关断,开关电源无输出。

(2) 过流保护电路:若因某种原因出现过流时,开关变压器各绕组输出电压均下降;当 T1 的 5—6 绕组的感应电压经 D3、D2 整流后,产生的电压(即 STR-W6756 的⑦脚电压)下降至 0.73V 时,STR-W6756 内部振荡器停止振荡,从而实现过流保护的目的。

(3) 过热保护电路:当 STR-W6756 内部基板超过 150℃并持续 80μs 以上时,内部的过热保护电路启动,振荡器停止振荡,开关电源停止工作,从而实现过热保护。

(4) 软启动电路:电源启动时,STR-W6756 的⑤ 脚(软启动设定端)流出的电流给 C_2 充电,当达到软启动的门槛电压(1.2V)时,电源才启动。利用此功能,可抑制待机期间开关变压器发出的噪声。如果要取消此功能,只需要在 STR-W6756 的⑤脚与地间接一只 47kΩ 电阻即可。

5) 待机控制电路

液晶彩电正常工作时,MCU 待机控制脚输出低电平,Q1 截止,不影响光耦合器 U2 内部发光二极管两端的电压,此时开关电源稳压电路处于正常的工作状态。待机时,MCU 待机控制脚输出高电平,Q1 导通,集电极为低电平,使光耦合器 U2 内部二极管的负端电位大幅下降,流过 U2 内部二极管的电流增大,经光电耦合使 STR-W6756 内部振荡器进入间歇振荡状态,输出电压大幅下降。由于在待机时,T1 的 5—6 绕组输出的电压也会下降,STR-

W6756 的④脚电压随之下降,当此电压下降到 9.7V 时,STR-W6756 停止工作,此时,AC 220V 经启动电阻 R9 对 C9 充电,STR-W6756 的④脚电压再次上升,当其达到启动电压时, STR-W6756 又重新开始工作,如此周而复始。

3. 由 TDA16888＋UC3843 构成的开关电源电路

由 TDA16888＋UC3843 构成的开关电源电路主要应用在康佳 LC-TM3719 液晶彩电上,有关电路如图 14.62 所示。

1) 主开关电源电路

主开关电源电路以 U1(TDA16888)为核心构成,主要用来产生 24V 和 12V 电压。 TDA16888 是英飞凌(Infineon)公司推出的具有 PFC 功能的电源控制芯片,其内置的 PFC 控制器和 PWM 控制器可以同步工作。PFC 和 PWM 集成在同一芯片内,因此具有电路简单、成本低、损耗小和工作可靠性高等优点,这也是 TDA16888 应用最普及的原因。 TDA16888 内部的 PFC 部分主要有电压误差放大器、模拟乘法器、电流放大器、3 组电压比较器、3 组运算放大器、RS 触发器和图腾柱式驱动级。PWM 部分主要有精密基准电压源、 DSC 振荡器、电压比较器、RS 触发器和图腾柱式驱动级。此外,TDA16888 内部还设置有过压、欠压、峰值电流限制、过流、断线掉电等完善的保护功能。图 14.63 所示为 TDA16888 内部电路框图,其引脚功能如表 14.12 所示。

(1) 整流滤波电路:220V 左右的交流电压先经延迟保险管 F1,然后进入由 CY1、CY2、 THR1、R8A、R9A、ZNR1、CX1、LF1、CX2、LF4 组成的交流抗干扰电路,滤除市电中的高频干扰信号,同时保证开关电源产生的高频信号不窜入电网。电路中,THR1 是热敏电阻器, 主要是防止浪涌电流对电路的冲击;ZNR1 为压敏电阻,即在电源电压高于 250V 时,压敏电阻 ZNR1 击穿短路,保险管 F1 熔断,这样可避免电网电压波动造成开关电源损坏,从而保护后级电路。经交流抗干扰电路滤波后的交流电压送到由 BD1、CX3、L7、CX4 组成的整流滤波电路,经 BD1 整流滤波后,形成一直流电压。由于滤波电路电容 CX3 储能较小,所以在负载较轻时,经整流滤波后的电压为 310V 左右;在负载较重时,经整流滤波后的电压为 230V 左右。

(2) PFC 电路:输入电压的变化经 R10A、R10B、R10C、R10D 加到 TDA16888 的①脚, 输出电压的变化经 R17D、R17C、R17B、R17A 加到 TDA16888 的⑲脚,TDA16888 内部根据这些参数进行对比与运算,确定输出端⑧脚的脉冲占空比,维持输出电压的稳定。在一定的输出功率下,当输入电压降低,TDA16888 的⑧脚输出的脉冲占空比变大;当输入电压升高,TDA16888 的⑧脚输出的脉冲占空比变小。在一定的输入电压下,当输出功率变小, TDA16888 的⑧脚输出的脉冲占空比变小;反之亦然。

在图 14.62 中,TDA16888 的⑧脚的 PFC 驱动脉冲信号经过由 Q4、Q15 推挽放大后, 驱动开关管 Q1、Q2 处于开关状态。当 Q1、Q2 饱和导通时,由 BD1、CX3 整流后的电压经电感 L_1、Q1 和 Q2 的 D、S 极到地,形成回路;当 Q1、Q2 截止时,由 BD1、CX3 整流滤波后的电压经电感 L_1、D1、C_1 到地,对 C_1 充电,同时,流过电感 L_1 的电流呈减小趋势,电感两端必然产生左负右正的感应电压,这一感应电压与 BD1、CX3 整流滤波后的直流分量叠加,在滤波电容 C_1 正端形成 400V 左右的直流电压,不但提高了电源利用电网的效率,而且使得流过 L_1(PFC 电感)的电流波形和输入电压的波形趋于一致,从而达到提高功率因数的目的。

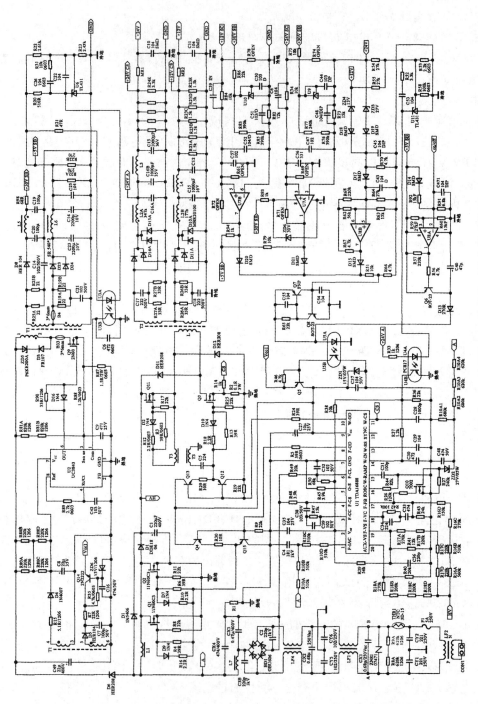

图 14.62 由 TDA16888＋UC3843 构成的开关电源电路

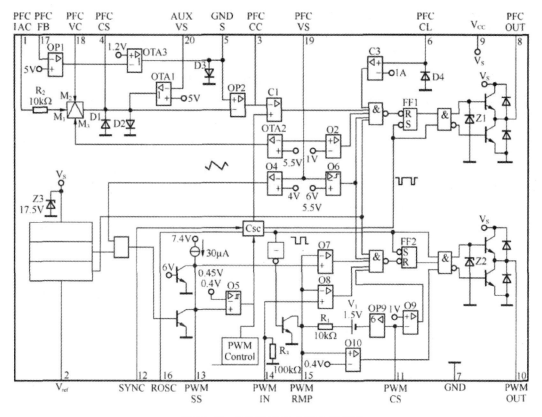

图 14.63　TDA16888 内部电路框图

表 14.12　TDA16888 引脚功能

脚位	引脚名	功能	脚位	引脚名	功能
1	PFC IAC(F-IAC)	AC 输入电压检测	11	PWM CS(W-CS)	PWM 电流检测
2	V_{ref}	7.5V 参考电压	12	SYNC	同步输入
3	PFC CC(F-CC)	PFC 电流补偿	13	PWM SS(W-SS)	PWM 软启动
4	PFC CS(F-CS)	PFC 电流检测	14	PWM IN(W-IN)	PWM 输出电压检测
5	GND S(G-S)	Ground 检测输入	15	PWM RMP(W-RAMP)	PWM 电压斜线上升
6	PFC CL(F-CL)	PFC 电流限制检测输入	16	ROSC	晶振频率设置
7	GND	地	17	PFC FB(F-FB)	PFC 电压环路反馈
8	PFC OUT(F-GD)	PFC 驱动输出	18	PFC VC(F-VC)	PFC 电压环补偿
9	V_{cc}(W-GD)	电源	19	PFC VS(F-VS)	PFC 输出电压检测
10	PWM OUT(W-GD)	PWM 驱动输出	20	AUX VS(AUX-VS)	自备供电检测

（3）启动与振荡电路：当接通电源时，从副开关电源电路产生的 V_{cc1} 电压经 Q5、R46 稳压后，加到 TDA16888 的⑨脚，TDA16888 得到启动电压后，内部电路开始工作，并从⑩ 脚输出 PWM 驱动信号，经过 Q12、Q13 推挽放大后，分成两路，分别驱动 Q3 和 Q11 处于开关状态。当 TDA16888 的⑩ 脚输出的 PWM 驱动信号为高电平时，Q13 导通，Q12 截止，Q12、Q13 发射极输出高电平信号，控制开关管 Q3 导通，同时，信号另一支路经 C_5、T3，控制 Q11 导通，此时，开关变压器 T2 储存能量。

当 TDA16888 的⑩脚输出的 PWM 驱动信号为低电平时,Q13 截止,Q12 导通,Q12、Q13 发射极输出低电平信号,控制开关管 Q3 截止,同时,信号另一支路经 C_5、T3,控制 Q11 也截止,此时,开关变压器 T2 通过次级绕组释放能量,从而使次级绕组输出工作电压。

(4) 稳压控制电路:当次级 24V 电压输出端输出电压升高时,经 R54、R53 分压后,误差放大器 U11(TL431)的控制极电压升高,U11 的 K 极(上端)电压下降,流过光耦合器 U4 中发光二极管的电流增大,其发光强度增强,则光敏三极管导通加强,使 TDA16888 的⑭脚电压下降,经 TDA16888 内部电路检测后,控制开关管 Q3、Q11 提前截止,使开关电源的输出电压下降到正常值;反之,当输出电压降低时,经上述稳压电路的负反馈作用,开关管 Q3、Q11 导通时间变长,使输出电压上升到正常值。

(5) 保护电路:保护电路包括过流保护电路和过压保护电路。

① 过流保护电路:TDA16888 的③脚为过流检测端,流经开关管 Q3 源极电阻 R2 两端的取样电压增大,使加到 TDA16888 的③脚的电压增大,当③脚电压增大到阈值电压时,TDA16888 关断⑩脚输出。

② 过压保护电路:当 24V 或 12V 输出电压超过一定值时,稳压管 ZD3 或 ZD4 导通,通过 D19 或 D18 加在 U8 的⑤脚电位升高,U8 的⑦脚输出高电平,控制 Q8、Q7 导通,使光耦合器 U5 内发光二极管的正极被钳位在低电平而不发光,光敏三极管不能导通,进而控制 Q5 截止,这样,由副开关电源产生的 Vcc1 电压不能加到 TDA16888 的⑨脚,TDA16888 停止工作。

2) 副开关电源电路

副开关电源电路以电源控制芯片 U2(UC3843)为核心构成,用来产生 30V、5V 电压,并为主开关电源的电源控制芯片 U1(TDA16888)提供 Vcc1 启动电压。

副开关电源控制芯片 UC3843 内部电路框图如图 14.64 所示,它主要由基准电压发生器、V_{cc} 欠压保护电路、振荡器、PWM 闭锁保护、推挽放大电路、误差放大器及电流比较器等电路组成。该控制芯片与外围振荡定时元件、开关管、开关变压器可构成功能完善的他激式开关电源。UC3843 引脚功能如表 14.13 所示。

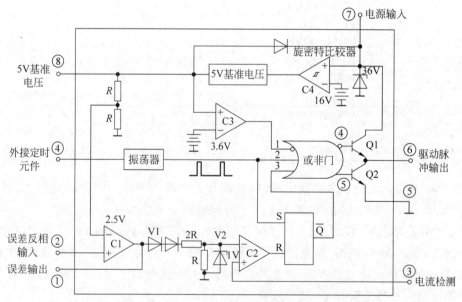

图 14.64　UC3843 内部电路框图

表 14.13 UC3843 引脚功能

脚位	引脚名	功　　能	脚位	引脚名	功　　能
1	Com	误差输出	5	GND	地
2	FB	误差反相输入	6	OUT	驱动脉冲输出
3	Son see	电流检测,用于过流保护	7	V_{cc}	电源输入
4	Rt/Ct	外接定时元件	8	Ref	5V 基准电压

UC3843 是 UC384X 系列中的一种,它是一种电流模式类开关电源控制电路。此类开关电源控制电路采用了电压和电流两种负反馈控制信号进行稳压控制。电压控制信号即我们通常所说的误差(电压)取样信号;电流控制信号是在开关管源极(或发射极)接入取样电阻,对开关管源极(或发射极)的电流进行取样而得到的,开关管电流取样信号送入 UC3843,既参与稳压控制又具有过流保护功能。因为电流取样是在开关管的每个开关周期内都进行的,因此这种控制又称为逐周(期)控制。

UC384X 主要包括 UC3842、UC3843、UC3844、UC3845 等电路,它们的功能基本一致,不同点有三:①集成电路的启动电压(⑦脚)和启动后的最低工作电压(即欠压保护动作电压)不同;②输出驱动脉冲占空比不同;③允许工作环境温度不同。另外,集成电路型号末尾字母不同表示封装形式不同。主要不同点如表 14.14 所示。

表 14.14 UC384X 系列主要不同点

型　　号	启动电压(V)	欠压保护动作电压(V)	⑥脚驱动脉冲占空比最大值
UC3842	16	10	
UC3843	8.5	7.6	
UC3844	16	10	50%～70%可调
UC3845	8.5	7.6	50%～70%可调

从表 14.14 可以看出,对于采用 UC3843 的电源,当其损坏后,可考虑用易购的 UC3842 进行替换,但由于 UC3842 的启动电压不得低于 16V,因此,替换后应使 UC3842 的启动电压达到 16V 以上,否则,电源不能启动。

与 UC384X 系列类似的还有 UC388X 系列,其中,UC3882 与 UC3842、UC3883 与 UC3843、UC3884 与 UC3844、UC3885 与 UC3845 相对应,主要区别是⑥脚驱动脉冲占空比最大值略有不同。

另外,还有一些采用了 KA384X/KA388X,此类芯片与 UC384X/UC388X 相对应的类型完全一致。

(1)启动与振荡电路:由 D6 整流、C49 滤波后产生的 300V 左右的直流电压一路经开关变压器 T1 的 1—2 绕组送到场效应开关管 Q9 的漏极(D 极)。另一路经 R80A、R808、R80C、R80D 对 C8 充电,当 C8 两端电压达到 8.5V 时,UC3843 的⑦脚内的基准电压发生器产生 5V 基准电压,从⑧脚输出,经 R89、C42 形成回路,对 C42 充电,当 C42 充电到一定值时,C42 就通过 UC3843 迅速放电,在 UC3843 的④脚上产生锯齿波电压,送到内部振荡器,从 UC3843 的⑥脚输出脉宽可控的矩形脉冲,控制开关管 Q9 工作在开关状态。Q9 工作后,在 T1 的 4—3 反馈绕组上感应的脉冲电压经 R15 限流,D4、C8 整流滤波后,产生 12V 左右直流电压,将取代启动电路,为 UC3843 的⑦脚供电。

（2）稳压调节电路：当电网电压升高或负载变轻，引起 T1 输出端＋5V 电压升高时，经 R22、R23 分压取样后，加到误差放大器 U6（TL431）的 R 端电压升高，导致 K 端电压下降，光耦合器 U3 内发光二极管电流增大，发光加强，导致 U3 内光敏三极管电流增大，相当于光敏三极管 ce 结电阻减小，使 UC3843 的①脚电压下降，控制 UC3843 的⑥脚输出脉冲的高电平时间减小，开关管 Q9 导通时间缩短，其次级绕组感应电压降低，5V 电压输出端电压降低，达到稳压的目的。若 5V 电压输出端电压下降，则稳压过程相反。

（3）保护电路：保护电路包括欠电压保护电路和过电流保护电路。

① 欠电压保护电路：当 UC3843 的启动电压低于 8.5V 时，UC3843 不能启动，其⑧脚无 5V 基准电压输出，开关电源电路不能工作。当 UC3843 已启动，但负载有过电流使 T1 的感抗下降，其反馈绕组输出的工作电压低于 7.6V 时，UC3843 的⑦脚内部的施密特触发器动作，控制⑧脚无 5V 输出，UC3843 停止工作，避免了 Q9 因激励不足而损坏。

② 过电流保护电路：开关管 Q9 源极（S）的电阻 R87 不但用于稳压和调压控制，而且还作为过电流取样电阻。当由于某种原因（如负载短路）引起 Q9 源极的电流增大时，R87 上的电压降增大，UC3843 的③脚电压升高，当③脚电压上升到 1V 时，UC3843 的⑥脚无脉冲电压输出，Q9 截止，电源停止工作，实现过电流保护。

3）待机控制电路

开机时，MCU 输出的 ON/OFF 信号为高电平，使加到误差放大器 U8 的②脚电压为高电平，U8 的①脚输出低电平，三极管 Q6 导通，光耦合器 U5 的发光二极管发光，光敏三极管导通，进而控制 Q5 导通，这样，由副开关电源产生的 V_{cc1} 电压可以加到 TDA16888 的⑨脚。待机时，ON/OFF 信号为低电平，使加到误差放大器 U8 的②脚电压为低电平，U8 的①脚输出高电平，三极管 Q6 截止，光耦合器 U5 的发光二极管不能发光，光敏三极管不导通，进而控制 Q5 截止，这样，由副开关电源产生的 V_{cc1} 电压不能加到 TDA16888 的⑨脚，TDA16888 停止工作。

4. 由 ICE1PCS01＋2xNCP1207 构成的开关电源电路

ICE1PCS01＋2xNCP1207 组合芯片方案中，ICE1PCS01 构成前级有源功率因数校正电路，两片 NCP1207 分别构成＋12V 和＋24V 开关电源，这两组电源都引入了同步整流技术。下面以采用 ICE1PCS01＋2xNCP1207 组合芯片的 TCL LCD3026H/SS 液晶彩电为例进行介绍，有关电路如图 14.65 所示。

1）整流滤波电路

220V 左右的交流电压先经延迟保险管 F1，然后进入由 Z1、Z2、Z4、C2、C3、C4、R1、R1A、L4、NF1、NF2 等组成的交流抗干扰电路，滤除市电中的高频干扰信号，同时保证开关电源产生的高频信号不窜入电网。经交流抗干扰电路滤波后的交流电压送到由 BD1、C5 组成的整流滤波电路。220V 市电先经 BD1 桥式整流后，再经 C5 滤波，形成一直流电压，送往功率因数校正电路。

2）功率因数校正（PFC）电路

PFC 电路以 IC1（ICE1PCS01）为核心构成。ICE1PCS01 内含基准电压源、可变频率振荡器（50～250kHz）、斜波发生器、PWM 比较器、RS 锁存器、非线性增益控制、电流控制环、电压控制环、驱动级、电源软启动、输入交流电压欠压、输出电压欠压和过压、峰值电流限制及欠压锁定等电路，图 14.66 所示为 ICE1PCS01 内部电路框图及其应用电路，ICE1PCS01 的引脚功能如表 14.15 所示。

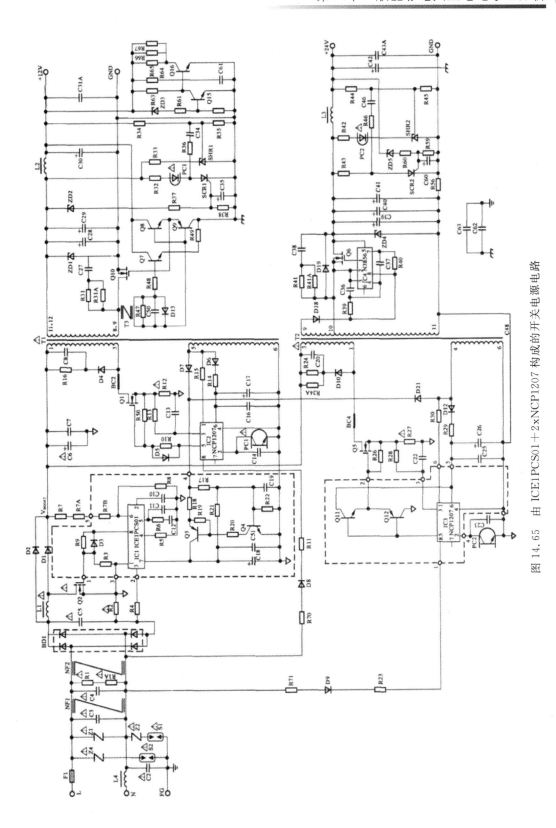

图14.65 由ICE1PCS01＋2xNCP1207构成的开关电源电路

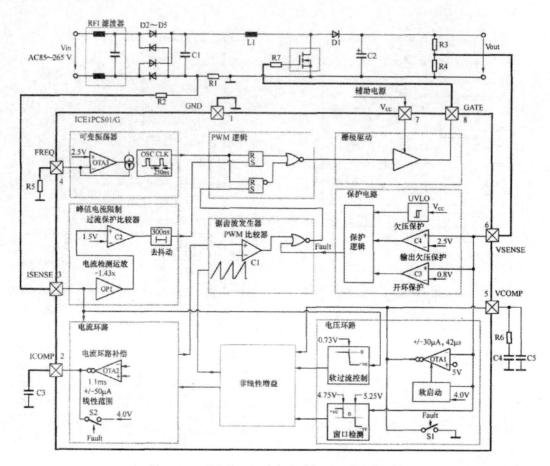

图 14.66　ICE1PCS01 内部电路框图及其应用电路

表 14.15　ICE1PCS01 引脚功能

脚　　位	引　脚　名	功　　能
1	GND	地
2	ICOMP	电流控制环频率补偿端
3	ISENSE	电流检测输入
4	FREQ	频率设置端
5	VCOMP	电压控制环频率补偿端
6	VSENSE	电压取样输入
7	V_{CC}	电源
8	GATE	驱动脉冲输出端,内部为图腾柱(推挽)结构

（1）PFC 电路的工作过程：由整流滤波电路产生的 300V 左右的直流电压经 L1 分为两路：一路加到 MOSFET 开关管 Q2 漏极,另一路经 D1、R7、R7A、R7B 和 R8 分压后加到 ICE1PCS01 的⑥脚。开关电源产生的 15V 直流电压经 Q3、Q4 组成的电路稳压加到 ICE1PCS01 的⑦脚,给外接电容 C51 充电。当 C51 的电压上升到 11.5V 时,控制电路进入软启动模式,内部输出 10.8μA 的电流给 ICE1PCS01 的⑤脚外接补偿网络中的电容恒流充

电,使该脚电位线性增高,输入电感电流幅度随之线性增大,只要 PFC 电路输出电压达到额定平均值的 80%,软启动就结束。此后,PFC 电路进入正常工作状态,从⑧脚输出 PWM 脉冲,驱动 Q2 工作在开关状态(开关频率在几十千赫到 100kHz)。当 Q2 饱和导通时,由 BD1 整流后的电压经电感 L1、Q2 的 D-S 极到地,形成回路。当 Q2 截止时,由 BD1 整流输出的电压经电感 L1、D1、D2、C6 到地,对 C6 充电,同时,流过 L1 的电流呈减小趋势,电感两端必然产生左负右正的感应电压,这一感应电压与 BD1 整流后的直流分量叠加,在滤波电容 C6 正端形成 400V 左右的直流电压(VBoosT),不但提高了电源利用电网的效率,而且使得流过 L1 的电流波形和输入电压的波形趋于一致,从而达到提高功率因数的目的。

(2) PFC 电路的稳压过程:PFC 输出电压稳压控制调整过程如下:C6 正端的 VBOOST 直流电压由 R7、R7A、R7B 和 R8 分压后,加到 ICE1PCS01 的⑥脚内部误差放大器,产生误差电压通过⑤脚外接 RC 网络进行频率补偿和增益控制,并输出信号控制斜波发生器对内置电容充电,调整 ICE1PCS01 的⑧脚驱动脉冲占空比。当由于某种原因使 VBoosT 电压下降,⑥脚反馈电压就会减小,经内部控制后,使 ICE1PCS01 的⑧脚输出驱动方波占空比增大,升压电感 L1 中存储能量增加,VBoosT 电压上升至 400V 不变。

(3) PFC 保护电路:

① 输入交流电压欠压保护电路:ICE1PCS01 的③脚为输入交流电压欠压检测端,当③脚电压小于阈值电压时,⑧脚输出驱动脉冲占空比迅速减小,控制 ICE1PCS01 内电路转换到待机模式。

② 输出直流电压欠压和过压保护电路:ICE1PCS01 的⑥脚为输出电压检测端,当输出电压 VBOOsT 下降到额定值的一半(即 190V)时,经 R7、R7A、R78 和 R8 分压后,加到 ICE1PCS01 的⑥脚的反馈电压小于 2.5V,ICE1PCS01 内部自动转换到待机模式。另外,当输出电压 VBoosT 电压超出额定值 400V 的 5% 时,将导致反馈到 ICE1PCS01 的⑥脚电压会超出门限上值 5.25V,ICE1PCS01 内部自动转换到待机模式。

③ 欠压锁定与待机电路:ICE1PCS01 的⑦脚内部设计有 UVLO 电路,如果加到⑦脚 V_{cc} 的电压下降到 10.5V 以下,UVLO 电路就被激活,关断基准电压源,直到该脚电压上升至 11.2V 电源才能重新启动。利用 UVLO 锁定功能,借助⑦脚外接 Q3、Q4 组成的控制电路,在待机时将 ICE1PCS01 的⑦脚 V_{cc} 电压下拉成 10.5V 以下,就可以关断有源功率校正电路,降低待机功耗。

3) 12V 开关电源电路

12V 开关电源电路以 IC2(NCP1207)为核心构成。NCP1207 是安森美公司生产的电流模式单端 PWM 控制器,它以 QRC 准谐振和频率软折弯为主要特点。QRC 准谐振可以使 MOSFET 开关管在漏极电压最小时导通,在电路输出功率减小时,可以在不变的峰值电流上降低其工作频率。通过 QRC 和频率软折弯特性配合,NCP1207 可以实现电源最低开关损耗。

NCP1207 内含 7.0mA 电流源、基准电压源、可变频率时钟电路,电流检测比较器、RS 锁存器、驱动级、过压保护、过流保护和过载保护等电路,其内部电路框图如图 14.67 所示,引脚功能如表 14.16 所示。

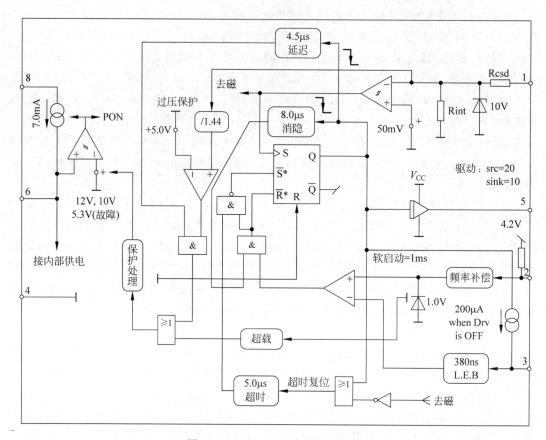

图 14.67 NCP1207 内部电路框图

（1）启动与振荡电路：在图 14.65 中，C6 两端的 400V 左右电压通过开关变压器 T1 的 1—3 绕组加到 MOSFET 开关管 Q1 漏极；同时，220V 交流电源由 R70 限流和 D8 整流后，加到 IC2（NCP1207）⑧脚，IC2 的⑧脚内部高压电流源产生的 7.0mA 电流通过内部给 IC2 的⑥脚外接电容 C16 充电，当充电电压上升到 12V 时，基准电压源启动，为控制电路提供偏置电压，时钟电路触发 RS 锁存器输出 PWM 脉冲，从 IC2 的⑤脚输出，控制 Q1 工作在开关状态。

表 14.16 NCP1207 引脚功能

脚　位	引　脚　名	功　能
1	DEMAG	初级零电流检测和过压保护输入
2	FB	电压反馈输入
3	CS	电流检测输入
4	GND	地
5	DRIVE	驱动脉冲输出
6	V_{CC}	电源
7	NC	空
8	HV	高压启动端，内设 7mA 高压电流源

（2）稳压控制电路：稳压电路控制过程如下：当12V电源由于某种原因使该输出端电压升高时，经取样电阻R34、R35分压后加到三端误差取样集成电路SHR1的R端的电压升高，K端电压下降，光耦合器PC1内发光二极管亮度加强，其光敏三极管电流增大，ce结内阻减小，IC2的②脚电位下降，IC2的⑤脚输出的脉冲宽度变窄，开关管Q1导通时间缩短，其次级绕组感应电压降低，12V输出端电压降低，达到稳压的目的。若12V输出端电压下降，则稳压过程相反。

（3）同步整流电路：现代电子设备常常要求低电压大电流（例如12V，数十安）供电，这就要求开关电源中整流器件的正向导通电阻与压降必须极小（mΩ、mV数量级），以提高电源效率，减少发热。早先开关电源使用快恢复开关二极管作输出整流器件，其正向压降为0.4～1V，动态功耗大，发热高，不适宜低电压大电流输出电路。20世纪80年代，国际电源界研究出同步整流技术及同步整流器件SR。SR是一个低电压可控开关功率MOSFET，它的优点是：正向压降小，阻断电压高，反向电流小，开关速度快。

SR在整流电路中必须反接，它的源极S相当于二极管的阳极A，漏极D相当于二极管的阴极K，驱动信号加在栅极与源极（GS）间，因此，SR也是一种可控的开关器件，只有提供适当的驱动控制，才能实现单向导电，用于整流。

对于本机，同步整流电路由Q7、Q8、Q9、Q10等组成，其中，Q10是整流器件SR。开关变压器T1的11—8绕组通过T3的初级绕组与Q10串联，有电流流过时产生驱动电压，经T3耦合后，产生感应电压，经Q7缓冲和Q8、Q9推挽放大后，送到Q10的G极，驱动SR器件Q10与电源同步进入开关工作状态。正常工作时，开关变压器T1的11—8绕组中感应的脉冲信号与Q10漏极输出的脉冲信号叠加后，经L2给负载提供直流电流。由于Q10为专用同步整流开关器件，其导通电阻小，损耗甚微，因此，工作时不需要加散热器。

（4）保护电路：

① 尖峰吸收电路：开关管Q1截止时，突变的D极电流在T1的1—3绕组激发一个下正上负的反向电动势，与PFC电路输出直流电压叠加后，其幅度达交流电压峰值的数倍。为了防止Q1在截止期间其D极的感应脉冲电压的尖峰击穿Q1，该机开关电源电路设置了由D4、C8、R16组成的尖峰吸收电路。当开关管Q1截止时，Q1的D极尖峰脉冲使D4正向导通，给C8快速充电，并通过R16放电，从而将浪涌尖峰吸收。

② 12V过压保护电路：当12V电压升高超出设定阈值时，稳压管ZD2雪崩击穿，晶闸管SCR1导通，光耦合器PC1中发光二极管流过的电流迅速增大，其内部光敏三极管饱和导通，IC2的②脚电位下拉成低电平，IC2关断驱动级，其⑤脚停止输出驱动脉冲，从而达到过压保护的目的。

③ 输入电压过电压保护电路：开关变压器T1的5—6反馈绕组感应脉冲经R15加到IC2的①脚，由内置电阻分压采样后，加到IC2内部电压比较器同相输入端，反相端加有5.0V门限阈电压。当输入电压过高时，则加到比较器的采样电压达到5V阈值以上，比较器翻转，经保护电路处理后，关闭IC2内部供电电路，开关电源停止工作。

④ 过流保护电路：开关管Q1源极（S）的电阻R12为过电流取样电阻。由于某种原因引起R12源极的电流增大时，过流取样电阻上的电压降增大，经R13加到IC2的③脚，使IC2的③脚电压升高，当③脚电压大于阈值电压1.0V时，IC2的⑤脚停止输出脉冲，开关管Q1截止，从而达到过流保护的目的。

需要说明的是,IC2 的③脚内部设有延时 380ns 的 LEB 电路,加到 IC2 的③脚峰值在 1.0V 以上的电压必须持续 380ns 以上,保护功能才会生效,这样可以杜绝幅度大、周期小的干扰脉冲造成误触发。

4) 24V 开关电源电路

24V 开关电源以 IC3(NCP1207)为核心构成,产生的 24V 直流电压专为液晶彩电的逆变器供电。24V 开关电源也采用 PWM 控制器 NCP1207,除在开关管 Q5 栅极的前级增加了 Q11、Q12 构成的互补推动放大电路之外,其稳压控制环电路与＋12V 电源电路结构相同。

24V 开关电源次级回路中的同步整流电路以 IC4(N3856)为核心构成,N3856 是典型 PWM 控制器,具有功耗低、成本低、外围电路简洁等优点。N3856 芯片内部集成有基准电压源、OSC 振荡器、PWM 比较器、电流检测比较器、缓冲放大以及驱动电路等。N3856 引脚功能如表 14.17 所示。

表 14.17　N3856 引脚功能

脚　位	引　脚　名	功　　能
1	GATE	PWM 驱动信号输出端
2	P GND	驱动电路地
3	GND	控制电路地
4	BIAS	偏置电压输入
5	DRAIN	电流检测输入
6	A OUT	内部电流检测放大器输出端
7	RT/CT	外接定时电阻和定时电容
8	V_{CC}	电源

开关电源的工作后,开关变压器 T2 的 9—11 绕组感应脉冲由 D18 整流,加到 IC4 的⑧脚和④脚,内部 OSC 振荡电路起振,产生振荡脉冲,经缓冲和驱动放大后,从 IC4 的①脚输出,驱动 SR 整流器件 Q6 进入开关状态。由于 IC4 的⑦脚设置工作频率与一次回路振荡频率一致,因此,在电源开关管 Q5 导通时,T2 的 3—1 绕组储能,同步整流器件 Q6 截止;在电源开关管 Q5 截止时,IC4 的①脚输出高电平,驱动整流开关管 Q6 导通。T2 的 10—11 绕组感应脉冲由 Q6 同步整流和 C39～C41、L3、C42 滤波后,产生 24V 电压为逆变器供电。

5. 由 L6561＋L5991 构成的开关电源电路

由 L6561＋L5991 组合芯片构成的开关电源方案中,L6561 构成前级有源功率因数校正电路,L5991 构成开关电源控制电路。下面以采用 L6561＋L5991 组合芯片的 TCL LCD3026S 液晶彩电为例进行介绍,有关电路如图 14.68 所示。

1) L6561 和 L5991 介绍

(1) L6561 介绍:L6561 是一款应用于开关电源的功率因数校正电路,L6561 主要特点如下:

① 具有磁滞的欠电压锁住功能;

② 具有低启动电流(90μA 以下,典型值为 50μA),可减低功率损失;

③ 内部参考电压在 25℃时只有 1% 以内的误差率;

④ 具有除能(Disable)功能,可将系统关闭,降低损耗;

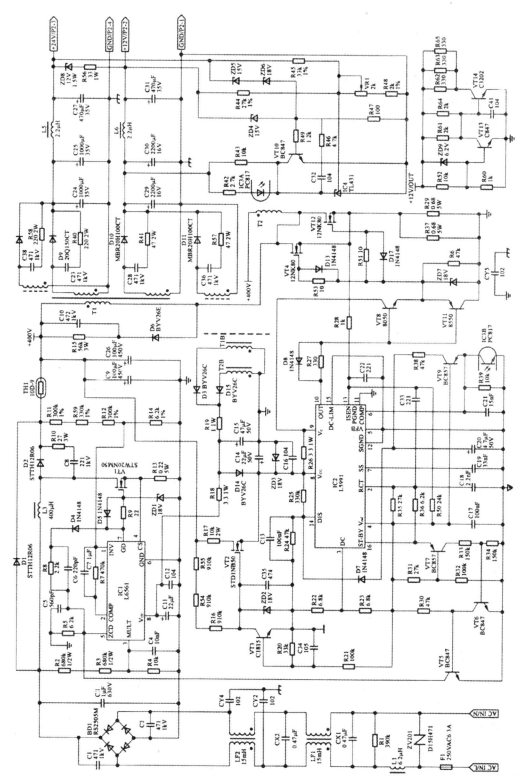

图14.68 由L6561+L5991构成的开关电源电路

⑤ 设有两级的过压保护;

⑥ 具有内部启动及零电流侦测功能;

⑦ 具有乘法器,对于宽范围的输入电压有较佳的 THD 值;

⑧ 在电流侦测输入端具备内部 RC 滤波器;

⑨ 具有高容量的图腾级输出功能,可以直接驱动 MOSFET 开关管器件。

L6561 内部电路框图如图 14.69 所示,引脚功能如表 14.18 所示。

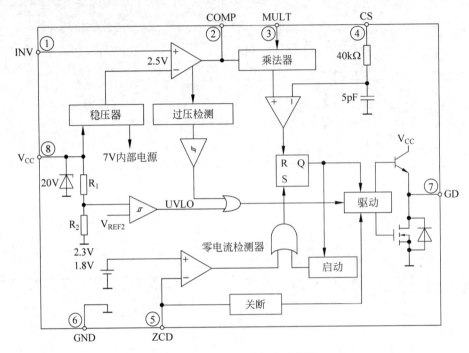

图 14.69   L6561 内部电路框图

表 14.18   L6561 引脚功能

脚位	引脚名	功 能	脚位	引脚名	功 能
1	INV	误差放大器反相端输入	5	ZCD	零电流侦测
2	COMP	误差放大器输出	6	GND	接地
3	MULT	乘法器输入	7	GD	驱动脉冲输出
4	CS	利用电流侦测电阻,将电流转成电压输入	8	V_{cc}	工作电源

(2) L5991 介绍:L5991 是一款应用于并联型开关电源初级电路的电流模式开关电源控制芯片,其工作频率可达 1MHz,可直接驱动 MOSFET 开关管。L5991 的其他主要功能包括:可预置驱动脉冲最大占空比、软启动、初级电流过流检测、欠压保护、同步触发、关断控制等。L5991 的正常工作电流为 18mA,第⑬脚过流保护触发电压为 1.2V。L5991 内部电路框图如图 14.70 所示,其引脚功能如表 14.19 所示。

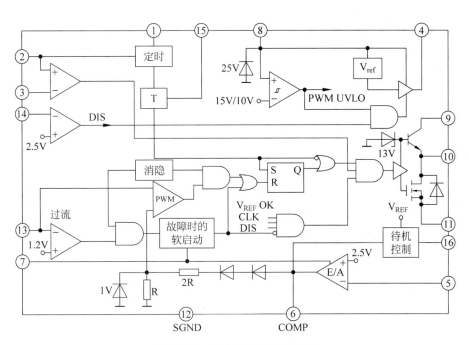

图 14.70　L5991 内部电路框图

表 14.19　L5991 引脚功能

脚 位	引 脚 名	功 能
1	SYNC	同步触发信号输入端
2	RCT	振荡器外接 RC 定时元件
3	DC	占空比控制
4	V_{REF}	5V 基准电压
5	VFB	误差放大器反相输入端
6	COMP	误差放大器输出
7	SS	接软启动电容
8	V_{CC}	小信号电路电源
9	V_C	大信号(功率)电路电源
10	OUT	驱动输出
11	PGND	大信号电路地线
12	SGND	小信号电路地线
13	ISEN	电流检测
14	DIS	关断控制(如不使用,应接此脚小信号地线,不能悬空)
15	DC-LIM	占空比限制。如将此脚接 V_{REF},驱动脉冲占空比被限制到 50%,如悬空或接地,占空比不受限制
16	ST-BY	电源待机控制

2）整流滤波电路

220V 交流电压经 L1、R1、CX1、LF1、CX2、LF2、CY2、CY4 组成的线路滤波器滤波、限流,滤除 AC 中的杂波和干扰,再经 BD1、C3 整流滤波后,形成一直流电压。由于滤波电路电容 C3 储能较小,所以在负载较轻时,经整流滤波后的电压为 300V 左右;在负载较重时,经整流滤波后的电压为230V左右。电路中,ZV201为压敏电阻,即在电源电压高于250V时,压敏电阻ZV201击穿短路,保险管F1熔断,这样可避免电网电压波动造成开关电源损坏,从而保护后级电路。

3) 功率因数校正(PFC)电路

PFC电路以IC1(L6561)为核心构成,具体工作过程如下:

输入电压的变化经R2、R3、R4分压后加到L6561的③脚,送到内部乘法器。输出电压的变化经R11、R59、R12、R14分压后由L6561的①脚输入,经内部比较放大后,也送到内部乘法器。L6561乘法器根据输入的这些参数进行对比与运算,确定输出端⑦脚的脉冲占空比,维持输出电压的稳定。在一定的输出功率下,当输入电压降低,L6561的⑦脚输出的脉冲占空比变大;当输入电压升高,L6561的⑦脚输出的脉冲占空比变小。

驱动管VT1在L6561的⑦脚驱动脉冲的控制下工作在开关状态。当VT1导通时,由BD1整流后的电压经电感L3、VT1的D-S极到地,形成回路;当VT1截止时,由BD1整流输出的电压经电感L3、D2、TH1、C9、C26到地,对C9、C26充电。同时,流过L3的电流呈减小趋势,电感两端必然产生左负右正的感应电压,这一感应电压与BD1整流后的直流分量叠加,在滤波电容C9、C26正端形成400V左右的直流电压,这样不但提高了电源利用电网的效率,而且使得流过L3的电流波形和输入电压的波形趋于一致,从而达到提高功率因数的目的。

4) 启动与振荡电路

C9、C26两端的400V左右的直流电压经R17加到VT2的漏极,同时经R55、R54、R16加到VT2的栅极。由于稳压管ZD2的稳压值高于L5991的启动电压,因此,开机后VT2导通,通过⑧脚为L5991提供启动电压。开关电源工作后,开关变压器T1自馈电绕组感应的脉冲电压经D15整流,R19限流,C15滤波,再经D14、C14整流滤波,加到L5991的⑧脚,取代启动电路,为L5991提供启动后的工作电压,并使⑧脚与C14两端电压维持在13V左右,同时L5991④脚基准电压由开机时的0V变为正常值5V,使VT3导通,VT2截止,启动电路停止工作,L5991的供电完全由辅助电源(开关变压器T1的自馈绕组)取代。启动电路停止工作后,整个启动电路只有稳压管ZD2和限流电阻R55、R54、R16支路消耗电能,从而使启动电路本身的耗电非常小。

L5991启动后,内部振荡电路开始工作,振荡频率由与②脚相连的R35、C18决定,振荡频率约为14kHz,由内部驱动电路驱动后,从L5991的⑩脚输出的电压经VT8、VT11推挽放大后,驱动开关管VT4、VT12工作在开关状态。

5) 稳压控制

稳压电路由取样电路R45、VR1、R48,误差取样放大器IC4(TL431),光耦合器IC3等元器件组成。具体稳压过程是:若开关电源输出的24V电压升高,经R45、VR1、R48分压后的电压升高,即误差取样放大器IC4的R极电压升高,IC4的K端电压下降,使得流过光耦合器IC3内部发光二极管的电流加大,IC3中的发光二极管发光增强,IC3中的光敏三极管导通增强,这样L5991⑤脚误差信号输入端电压升高,⑩脚输出驱动脉冲使开关管VT4、VT12导通时间减小,从而输出电压下降。

6) 保护电路

(1) 过压保护电路:过压保护电路由VT10、ZD4、ZD5、ZD6等配合稳压控制电路构成,具体控制过程是:当24V输出电压超过ZD5、ZD6的稳压值或12V输出电压超过ZD4的稳压值时,ZD5、ZD6或ZD4导通,三极管VT10导通,其集电极为低电平,使光耦合器IC3内的发光二极管两端电压增大较多,导致电源控制电路L5991⑤脚误差信号输入端电压升高较大,控制L5991的⑩脚停止输出,开关管VT4、VT12截止,从而达到过压保护的目的。

(2)过流保护电路:开关电源控制电路L5991的⑬脚为开关管电流检测端。正常时开关管电流取样电阻R37、R29两端取样电压大约为1V(最大脉冲电压),当此电压超过1.2V时(如开关电源次级负载短路时),L5991内部的保护电路启动,⑫脚停止输出,控制开关管VT4、VT12截止,并同时使⑦脚软启动电容C19放电,C19被放电后,L5991内电路重新对C19进行充电,直至C19两端电压被充电到5V时,L5991才重新使开关管VT4、VT12导通。如果过载状态只持续很短时间,保护电路启动后,开关电源会重新进入正常工作状态,不影响显示器的正常工作。如果开关管VT4、VT12重新导通后,过载状态仍然存在(开关管电流仍然过大),L5991将再次控制开关管截止。

14.5.4　液晶彩电 DC/DC 变换器电路分析

液晶彩电开关电源一般输出12V、14V、18V、24V、28V等电压,而液晶彩电的小信号处理电路需要的电压则较低,因此,需要进行直流变换,这项工作由液晶彩电内的DC/DC(直流/直流)变换器完成。

目前,液晶彩电所采用的DC/DC变换器主要分为2种类型,一种是采用线性稳压器(包括普通线性稳压器和低压差线性稳压器LDO),另一种是开关型DC/DC变换器(包括电容式和电感式)。二者各有优势和劣势,适用于不同的场合。

1. 线性稳压器

线性稳压器主要包括普通线性稳压器和LDO(Low Dropout Regulator的缩写,意为低压差线性稳压器)两种类型,它们的主要区别是:普通线性稳压器(如常见的78系列三端稳压器)工作时要求输入与输出之间的压差值较大(一般要求2V以上),功耗较高;而LDO工作时要求输入与输出之间的压差值较小(可以为1V甚至更低),功耗较低。

1)线性稳压器基本工作原理

普通线性稳压器是通过输出电压反馈、误差放大器等组成的控制电路来控制调整管的管压降V_{DO}(即压差)来达到稳压的目的,如图14.71所示。其特点是:V_{IN}必须大于V_{OUT},调整管工作在线性区(线性稳压器从此得名)。无论是输入电压的变动还是负载电流的变化引起输出电压变动,通过反馈及控制电路改变V_{DO}的大小,输出电压V_{OUT}都基本不变。

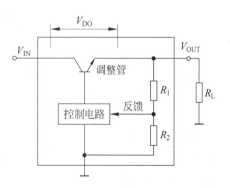

图 14.71　普通线性稳定器原理框图

LDO是在普通线性稳压器的基础上,通过降低压差而生产出来的,因此,LDO工作原理与传统线性三端稳压器原理是一致的,可以通过采用不同的结构来降低压差,如图14.72所示。图14.72(a)为普通线性稳压器78系列等老产品,$V_{DO}=2.5\sim3V$;图14.72(b)中,$V_{DO}=1.2\sim1.5V$;图14.72(c)中,$V_{DO}=0.3\sim0.6V$;图14.72(d)采用 MOSFET 做调整管,

$V_{DO} = RDS(ON) \cdot I_o$，$I_o$ 为输出电流，$RDS(ON)$ 为场效应管的漏源导通电阻，现在 RDS (ON)已能做到几十至几百毫欧，所以压差极小。

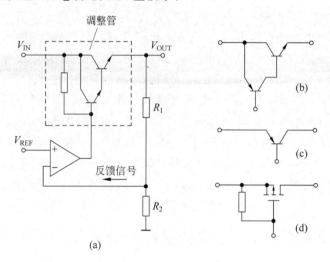

图 14.72　稳压器调整管的不同形式

前几年，LDO 可以做到每输出 100mA 时，压差为 100mV 左右；而近几年，已能做到每 100mA 输出，其压差仅为 40～50mV 的水平，个别可以达到 23mV/100mA。

有些液晶彩电中使用的线性稳压器设有输出控制端，也就是说，这种稳压器输出电压受控制端的控制。图 14.73 所示是可控稳压器的内部框图。图中，EN（有时也可用符号 SHDN 表示）为输出控制端，一般由微处理器加低电平（或高电平）使 LDO 关闭（或工作），在关闭电源状态时，耗电约 $1\mu A$。

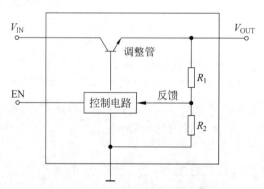

图 14.73　可控稳压器的内部框图

有些线性稳压器还设有电源工作状态信号输出端，当电源工作正常时，输出高电平；当电源有故障或输出电压低于正常电压的 5% 时，输出低电平。此信号可输入 MCU 作故障或输出电压过低报警。

图 14.74 是输出电压为 3.3V 的 LD1117S33（LDO）应用电路。电路的工作过程十分简单，图中，V_{IN} 为 LD1117S33 的输入端，电压为 5V，5V 电压经 LD1117S33 稳压后，从其输出端 V_{OUT} 输出 3.3V 电压，加到负载电路。

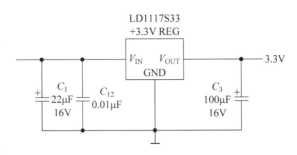

图 14.74 LD1117S33 应用电路

2）线性稳压器的特点

线性稳压器具有成本低、封装小、外围器件少和噪声小的特点。线性稳压器的封装类型很多，非常适合在液晶彩电中使用。对于固定电压输出的使用场合，外围只需 2～3 个很小的电容即可构成整个方案。

超低的输出电压噪声是线性稳压器最大的优势。输出电压的纹波不到 $35\mu V$(RMS)，又有极高的信噪抑制比，非常适合用作对噪声敏感的小信号处理电路供电。同时在线性电源中因没有开关时大的电流变化所引发的电磁干扰(EMI)，所以便于设计。

线性稳压器的缺点是效率不高，且只能用于降压的场合。线性稳压器的效率取决于输出电压与输入电压之比，$\eta = V_o : V_i$。例如，对于普通线性稳压器，在输入电压为 5V 的情况下，输出电压为 2.5V 时，效率只有 50%，看来，对于普通线性稳压器，约有 50% 的电能被转化成"热量"流失掉了，这也是普通线性稳压器工作时易发热的主要原因。对于 LDO，由于是低压差，因此效率要高得多，例如，在输入电压为 3.3V 的情况下，输出电压为 2.5V 时，效率可达 76%。所以，在液晶彩电中，为了提高电能的利用率，采用普通线性稳压器较少，而采用 LDO 较多。

2. 开关型 DC/DC 变换器

开关型 DC/DC 变换器主要有电感式 DC/DC 变换器和电容式（电荷泵式）DC/DC 变换器。这两种 DC/DC 变换器的工作原理基本相同，都是先储存能量，再以受控的方式释放能量，从而得到所需的输出电压。不同的是，电感式 DC/DC 变换器采用电感储存能量，而电容式 DC/DC 变换器采用电容储存能量。由于开关型 DC/DC 变换器工作在开关状态，因此，变换效率较大，功率消耗较小，但缺点是输出电压波纹较大（电感式更大）。在开关型 DC/DC 变换器中，电容式 DC/DC 变换器的输出电流较小，带负载能力较差，因此，在液晶彩电中一般采用电感式开关型 DC/DC 变换器。

对于开关型 DC/DC 变换器，按照输入/输出电压的大小，又分为升压式和降压式两种。当输入电压低于输出电压时，称为升压式；当输入电压高于输出电压时，称为降压式。在液晶彩电中，主要采用降压式开关型 DC/DC 变换器。

综合以上可知，液晶彩电中采用的开关型 DC/DC 变换器一般为电感降压式 DC/DC 变换器，下面也以此为例进行重点介绍。

1）电感降压式 DC/DC 变换器工作原理

电感降压式 DC/DC 变换器电路原理框图如图 14.75 所示。图中，V_{IN} 为输入电压，V_{OUT} 为输出电压，L 为储能电感，VD 为续流二极管，C 为滤波电容。电源开关管 VT 既可采用 N 沟道绝缘栅场效应管（MOSFET），也可采用 P 沟道场效应管，当然也可采用 NPN 或 PNP 晶体三极管，实际应用中，一般采用 P 沟道场效应管居多。

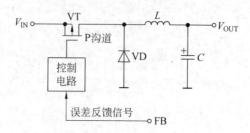

图 14.75　电感降压式 DC/DC 变换器电路原理框图

实际电路中，电感降压式 DC/DC 变换器型号很多，这里只列举一例。图 14.76 是电感降压式 DC/DC 变换器 AP1510 的引脚排列图和内部电路框图。AP1510 的①脚为误差反馈信号输入端，②脚为输出使能端（高电平使能，即该脚为高电平时，①脚才有输出），③脚为振荡设置端（通过外接电阻来设置最大输出电流），④脚为电压输入端，⑤、⑥脚为电压输出端，⑦、⑧脚接地。

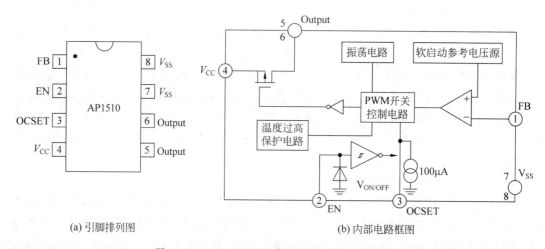

(a) 引脚排列图　　　　　　　　　　(b) 内部电路框图

图 14.76　AP1510 引脚排列图和内部电路框图

图 14.77 所示为 AP1510 的典型应用电路。电路的工作过程是：AP1510 内部的开关管在控制电路的控制下工作在开关状态。开关管导通时，AP1510 的④脚输入电压 V_{IN} 加到内部开关管的 S 极，开关管的 D 极接输出端⑤脚，因此，输入电压 V_{IN} 经内部开关管 S、D 极、储能电感 L 和电容 C 构成回路，充电电流不但在 C 两端建立直流电压，而且在储能电感 L 上产生左正右负的电动势。开关管截止期间，由于储能电感 L 中的电流不能突变，所以，L 通过自感产生右正左负的脉冲电压。于是，L 右端正的电压→滤波电容 C→续流二极管 D1→L 左端构成放电回路，放电电流继续在 C 两端建立直流电压，C 两端获得的直流电压 V_{OUT} 为负载供电。

2）电感式 DC/DC 变换器的特点

电感式 DC/DC 变换器的开关管工作于开关状态，所以开关管上的损耗很小，工作效率很高，一般可达 $80\% \sim 93\%$。在相同电压降的条件下，开关型 DC/DC 变换器与普通线性稳

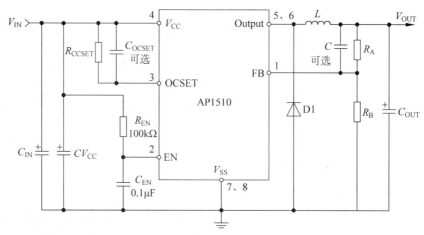

图 14.77　AP1510 的典型应用电路

压器件相比,具有少得多的"热损失"。因此,开关型 DC/DC 变换器可大大减少散热片的体积和 PCB 的面积,甚至在大多数情况下不需要加装散热片。

　　电感式开关型 DC/DC 变换器不仅效率高,还可以组成降压式、升压式及电压反转式等形式,使用比较灵活。特别是应用在液晶彩电电路中,可以将开关电源输出的一路 12V 电压(有些机型为 18V、24V 等)变换为多种电压。另外,开关管和控制器一般集成在集成电路中,这样,集成电路外部仅 3 个元器件:L、VD 和 C(采用同步整流时可省掉 VD),电路简单,所占 PCB 面积小,而且输入电压有较大变化时不影响开关管的损耗,所以特别适用于 V_{IN} 和 V_{OUT} 差值很大的场合。

　　电感式 DC/DC 变换器的主要缺点在于电源方案占用的整体面积较大(主要是电感和电容);输出电压的纹波(一种噪声电压)较大,一般有几十到上百毫伏(低噪声的也有几毫伏),而线性稳压器仅有几十到上百微伏,相差约千倍。因此,电感式 DC/DC 变换器产生的电压不适宜为小信号处理电路供电,另外,采用电感式 DC/DC 变换器进行 PCB 布板时必须格外小心,以避免电磁干扰。

14.6　背光源与高压逆变电路

　　我们知道,液晶屏是被动显示器件,它本身不能发光,这一点和主动发光器件 CRT 截然不同。要使液晶彩电显示出图像,必须为液晶屏提供背光源,常用的背光源有 CCFL、LED、EL 等,在液晶彩电中,应用最多的是 CCFL 背光源(灯管)。由于 CCFL 工作时需要较高的交流工作电压,因此,在电路中设计了逆变电路(逆变器),逆变器可将开关电源产生的低压直流电(小屏幕一般为 12V,大屏幕一般为 +24V)转换为 CCFL 所需要的几百伏的交流高电压,以便驱动 CCFL 背光灯管工作。在本节中,将对 CCFL 背光源及其驱动电路(逆变器)的结构、原理进行详细分析,并对 LED 和 EL 背光源作简要介绍。

14.6.1　液晶彩电背光源电路分析

　　所谓背光源(Backlight)是位于液晶屏背后的一种光源,它的发光效果将直接影响到液晶显示模块(LCM)。液晶屏本身并不发光,它需要借助背光源来实现屏的发光,液晶屏显示的图像(图形或字符)是它对光线调制的结果。

液晶屏要显示色彩丰富的优质图像,要求背光源的光谱范围要宽,接近日光色以便最大限度地展现自然界的各种色彩。目前,对于液晶彩电,一般采用的是光谱范围较好的冷阴极荧光灯(CCFL)作为背光光源。除此之外,一些新型的背光源(如白光 LED 背光源、EL 背光源)发展也十分迅速,特别是 LED 背光源,在一些新型液晶彩电中已开始应用,并有取代 CCFL 之势,下面分别对 CCFL、LED 和 EL 背光源的结构、特点及其最新技术进行介绍。

1. CCFL 背光源

1) CCFL 的结构

CCFL 是 Cold Cathode Fluorescent Lamps 的简称,中文译为冷阴极荧光灯。它是一种气体放电发光器件,其构造类似常用的日光灯,它通过连接插头与液晶屏相连,如图 14.78 所示。CCFL 是一个密闭的气体放电管,其结构如图 14.79 所示。在管的两端是阴冷极,采用镍、钽和锆等金属做成,是无须加热即可发射电子的电极,灯管内主要是惰性气体氩气,另外充入少量的氖气和氦气作为放电的触媒,再有就是少量的汞气。

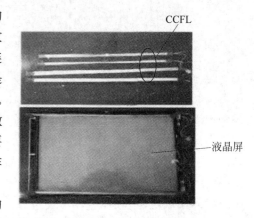

图 14.78　CCFL 外形

灯管在两端被加一定高压的时候,灯管中的汞原子在高压的作用下会释放出紫外光,这种紫外光的波长大约是 253.7nm,与此同时,有一部分电能被转化为热能白白消耗掉了,大约只有 60% 的电能会转化成紫外光。灯管的内壁上涂有一层薄薄的白色荧光粉(假定这个灯管是白色的灯管),这层荧光粉在吸收到灯管内的紫外光线后会发出可见光,此时我们就看到灯管亮起来。这个点亮的过程很短。日光灯被点亮之后,由于内部气体性质发生了变化,此时只需要一个比启动电压低很多的小电压就可以维持灯管继续被点亮,而且亮度不会发生变化。

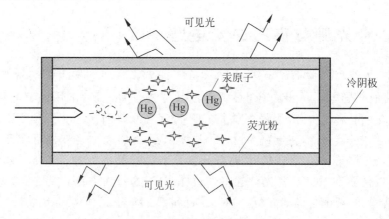

图 14.79　CCFL 结构图

CCFL 是一个非线性负载,灯管的供电必须是交流正弦波,频率为 40～80kHz,触发电压(启动电压)在 1500～1800V,维持电压(工作电压)约是触发电压的三分之一(由灯管的长度和直径决定)。

CCFL 在开始启动时,当电压还没有达到触发值(1500～1800V)时,灯管呈正电阻(数兆欧),一旦达到触发值,灯管内部发生电离放电产生电流,此时电流增加,灯管两端的电压下降呈负阻特性。所以,CCFL 触发点亮后,在电路上必须有限流装置,把灯管工作电流限制在一个额定值上,否则会因为电流过大而烧毁灯管,或者因电流过小而点亮又难以维持。

2) CCFL 的特性

目前,液晶彩电大多采用 CCFL 作为背光照明的发光部件,CCFL 需要在高压、交流电源的驱动下工作,因此通常需要将直流、低压电源逆变为高压、交流电源。为了降低 CCFL 的功耗,有必要提高逆变电路的转换效率,尽可能地使逆变电路的电气参数与采用的 CCFL 电气特性相匹配。

(1) CCFL 的电特性:CCFL 内在低压下充满一种混合气体,灯管的内表面涂荧光元素,在灯管被点亮之前,会呈现出一个很高的阻抗,需加一个 1500V(RMS,均方根值)以上的正弦波交流电压,其峰峰值可达 3000～5000V。而当荧光灯管被点亮后,气体会全部电离,灯管内的阻抗会降低至 80kΩ 左右,此时灯管的工作电压会降低到 600V(RMS)左右。CCFL 的工作频率一般会设置在 40～80kHz,因为此时的发光效率会比其他频率下的发光效率高出 15% 左右。

可见,在某些情况下,CCFL 的伏安特性与齐纳二极管的伏安特性十分相似,在未点亮时,CCFL 呈现无穷大的阻抗,一旦点亮,基本上是一个电阻型阻抗。因此,对于 CCFL 的启动,可以首先用一个启动电压将灯管点亮,然后限制并维持通过 CCFL 的电流。在一定的电流作用下 CCFL 会产生相应的压降。

CCFL 的电流与电压关系可用图 14.80 描述,曲线分启动阶段和工作阶段,图中用垂直虚线分开。虚线左边为启动阶段,灯管启动初期,电流极其微弱,随着灯管两端电极之间电压的增大,灯管内的汞离子加速增加并定向运动(由于是交流激励而往复运动),灯管的电流逐步增大,当电压升至一定量时,灯管启动。启动阶段,灯管的电流受电压制约,电压越大,电流越小。并且,图中曲线部分表示的是一个动态过程。灯管启动之后,灯管呈现电阻特性,并且具有负的稳压特性,即管子电流越大,管子两端的电压越小。灯管工作之后,灯管两端的电压受制于电流值,在此阶段灯管的电流值实际上决定了灯管的发光亮度,如图 14.81 所示。

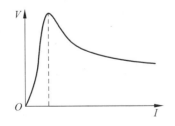

图 14.80　CCFL 的电流与电压关系

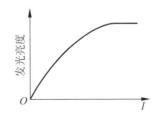

图 14.81　发光亮度与电流的关系

从图 14.81 中可以看出,CCFL 的发光亮度的增大可以通过增大灯管的电流来实现,但增大电流的作用是有限的,且过大的电流会使灯管的电极受到损害,进而导致灯管的寿命缩短。

（2）CCFL 的温度特性：在低温情况下，CCFL 灯管内的汞挥发较慢，汞蒸气气压不高，管内的汞离子数量十分有限，影响灯的启动和发光，因此，CCFL 的启动电压和发光亮度与灯管的温度有关。

改善 CCFL 低温特性的可行性办法有两种：外部加热的预热方法和低温启动时采用过功率方法（在刚启动的几秒内给灯管加上比额定值高的功率，使灯管的温度迅速上升，促使汞快速蒸发），但这种方法有可能影响灯管的寿命。

（3）CCFL 的几个参数：CCFL 的伏安特性与齐纳二极管的伏安特性十分相似，为了分析方便，这里先介绍 CCFL 的几个重要参数。

① 启动电压：在灯管寿命范围内（一般规定灯光最大发光亮度降低至最初值的 80% 时的实际工作时间为灯管寿命），最低工作环境温度下，使灯管点亮所需要施加在灯管两端的电压值，一般为 1500~1800V（RMS）。逆变电路输出端与 CCFL 之间的连线（包括 PCB 走线、导线、接插件等）对启动电压有一定的影响。

② 工作电压：灯管点亮之后，在一定的灯管寿命时间内，在给定的灯管工作电流下，灯管两端的电压值，一般为 500~800V（RMS）。

③ 工作电流：灯管正常工作时的电流为工作电流，一般为 5~9mA。CCFL 灯管的亮度主要与其工作电流有关，但为保证使用寿命，其两端的电流要大于配屏规定的最小值，要小于配屏规定的最大值。当低于其最小值时，灯管工作极易出现起辉不正常现象，甚至不能点亮灯管；当高于其规定的最大值时，就算电流再大，亮度也不会提高多少，且电流越大，使用寿命越短。

④ 工作频率：灯管在交流激励下的频率称为工作频率，一般为 40~80kHz。在同等的工作电流、工作电压驱动下，CCFL 的发光亮度与交流激励频率有关，在工作频率激励下发光亮度最大，激励频率偏离工作频率时发光亮度下降。

⑤ 等效电阻：CCFL 类似于齐纳二极管，在未点亮时呈现无穷大的阻抗 R_{OFF}，点亮之后则基本为一个电阻性阻抗 R_{ON}。

⑥ 输出功率：具体依灯管种类、长短和数量而定，一根灯管功耗在几瓦至十几瓦。

3）CCFL 的特点

CCFL 有许多优点，包括：它是优良的白光源，低成本，高效率（光输出与输入电功率之比），长寿命（大于 25000h），稳定的工作状态；容易调节亮度，重量轻等。但是，CCFL 也存在一些问题，主要表现如下：

（1）CCFL 需要采用交流波形驱动，任何直流成分都会使一部分气体聚集在灯管的一端，造成不可逆转的光梯度，使灯管的一端比另一端更亮。此外，为了提高效率（光输出与输入电功率之比），需要用接近正弦的波形驱动灯管。因此，CCFL 通常需要一个 DC/AC 逆变器来将直流电源电压变成 40~80kHz 的交流波形，工作电压通常在 500~800V（RMS）。

（2）在液晶彩电中，CCFL 等间隔地分布在整个 LCD 背板上，以提供最佳的光分布。重要的是，所有灯要工作在相同的亮度下。尽管在 CCFL 灯管和 LCD 面板之间安排了散光器，可协助均匀分布背光，不均匀的灯管亮度仍然很容易被察觉，并影响图像质量。因 LCD 面板尺寸而异，用到的 CCFL 灯数量可能会多达十几个甚至更多。

（3）由于每一只灯管的电压、电流特性并不是完全一样，灯管不能直接并联使用，因为这种并联方式存在着几个缺陷。第一个问题是如何保持所有灯的亮度一致，以便使液晶彩电不会出现明显的亮区和暗区。用相同的波形驱动所有灯,由于灯阻抗的差异,会造成亮度不均匀。而且,CCFL 的亮度随温度而变。由于热气上升,面板顶部的灯会比面板底部的灯热,这也会造成亮度不均匀。第二个缺点是,单灯的失效(例如破损)会造成所有灯关闭。第三个缺点是,由于是并联驱动所有灯,同时打开和关闭这些灯,这就要求逆变器直流电源必须采用更大的电容增强去耦效果,这会增加逆变器的成本和尺寸。解决上述诸问题的一条途径就是每个灯用一个单独的 CCFL 逆变器。然而,这种方式的主要缺点就是增加的 CCFL 逆变器带来了额外的成本。不过,目前已生产出多通道 CCFL 控制器,它的每个通道独立驱动和监测每个 CCFL。这种多通道 CCFL 逆变器既解决了亮度不均匀和单灯失效问题,同时也降低了去耦要求。

(4) CCFL 工作在高压高频下,在工作时,其驱动频率可能会干扰液晶屏上显示的画面。如果灯频接近视频刷新频率的某个倍频,就会在屏幕上出现缓慢移动的线或带。因此,需要严格控制灯频在 ±5% 以内,以消除这种问题。

(5) 用于调节灯亮度的脉冲调光频率也要求同样的严格控制。这种调光方式通常是采用 30~200Hz 频率范围的脉宽调制(PWM)信号,在短时间内将灯关闭,达到调光目的。由于关闭时间很短,不足以使电离态消失。如果脉冲调光频率接近垂直同步频率的倍频,也会产生滚动线。同样,将脉冲调光频率严格控制在 ±5% 以内就可以消除这个问题。

(6) 有些液晶屏的 CCFL 和液晶屏是做成一个整体,不可换的,灯管损坏,只能更换整个液晶屏模块,造成维修成本增加。

2. 白光 LED 背光源

1) LED 简介

LED(Light Emitting Diode,发光二极管)的基本结构是一块电致发光的半导体材料,其核心部分是由 P 型半导体和 N 型半导体组成的晶片,在 P 型半导体和 N 型半导体之间有一个过渡层,称为 PN 结。LED 的伏安特性与普通二极管相似,只是死区电压比普通二极管要大约 2V。它除了具有普通二极管的单向导电性外,还具有发光能力。当给 LED 加上一定电压后,就会有电流流过管子,同时向外释放光子。不同的半导体材料,发出不同颜色的光。例如:磷化镓 LED 发出绿色、黄色光,砷化镓 LED 发出红色光等。一般情况下,LED 的正向电流为 10~20mA。当电流在 3~10mA 时,其亮度与电流基本成正比;但当电流超过 25mA 后,随电流的增加,亮度几乎不再加强;超过 30mA 后,就有可能把发光管烧坏。

2) 白光 LED 的结构与安装

单色 LED 灯(红、绿、黄色 LED)发光强度较弱,如果把这种光源应用在彩色液晶屏上,不但显示出的色彩会发生变化,而且亮度也达不到要求。因此,在彩色液晶屏中,需要使用一种发光强度较大的白色背光源。目前,利用先进的 LED 技术已经能够生产出发射白光的 LED。白光 LED 是 1998 年研制成功的,具有低电压驱动、体积小、重量轻、长寿命、显色和调光性能好、耐震动、色温变化时不易产生视觉误差等优点,它的诞生是 LED 发光器件研究上的一个重要突破。

图 14.82 所示为白光 LED 的结构示意图。它是在

图 14.82 白光 LED 的结构示意图

蓝色 GaN 芯片的表面涂敷 YAG 荧光粉制成的。制作时先将 LED 芯片放置在导线结构中用金属线压焊连接,然后在芯片周围涂敷 YAG 荧光粉,最后用环氧树脂封接。树脂既有保护芯片的使用,又有集光镜的作用。

白光 LED 作为背光源时,其安装方法如图 14.83 所示,图 14.83(a)为左右双侧光方式(LED 被安装在导光板的两侧),图 14.83(b)为上下双侧光式(LED 被安装在导光板的上下两边),图 14.83(c)为单侧光式(LED 被安装在导光板的上边),图 14.83(d) 为底层光式(LED 被绑定在背光板面内,分别串并联),图 14.83(e)为斜角式侧光。

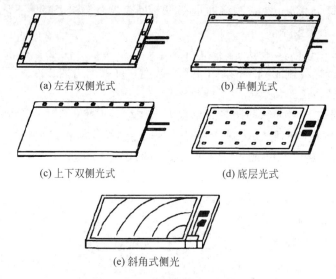

(a) 左右双侧光式　　　　　　(b) 单侧光式

(c) 上下双侧光式　　　　　　(d) 底层光式

(e) 斜角式侧光

图 14.83　LED 背光源的安装方式

3) 白光 LED 的驱动电路

LED 可以用直流驱动,也可以用交流驱动,一般多采用直流驱动。LED 是半导体器件,其 U-I(伏安)曲线如图 14.84 所示。

当施加正向电压时,PN 结导通,器件发光。如果电压提高,电流会急剧上升,亮度也上升,直至烧毁。可见,LED 是电流型器件,电流和亮度成正比,过压会导致器件烧毁。因此,白光 LED 的亮度可由管子的电流控制,最大亮度时一般约 20mA。作为背光源使用时,一般需要多只 LED,所以驱动方式有并联和串联两种。并联方式所用的电压较低,采用并联方式所需电压大致等同,但是由于 LED 产品的关系,每一只 LED 的正向电压降都有差别,很难完全一致,因此亮度会有差别,所以不可能得到完全一致的亮度,除非采用单独调光方式来解决。而串联方式可以取得一致的电流,得到均匀的亮度,但是电压高。

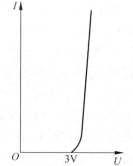

图 14.84　LED 的 U-I 曲线

白光 LED 驱动电路也比较简单,可以看作是向白光 LED 供电的特殊电源,白光 LED 正向电压的典型值为 3.15~3.85V,因此,驱动器只需为器件提供正向偏置即可得到白色光。在实际电路中,白光 LED 的驱动器一般采用开关型 DC/DC 变换器(电容或电感式)。

4）白光 LED 的应用

近年来,随着白光 LED 技术的不断进步,其性能得到了很大的提高,价格也在不断下降,这使得白光 LED 得到了广泛的应用,它不仅用于小尺寸的手机彩屏上,现已发展到作为大屏幕 GPS、笔记本电脑及台式电脑、液晶彩电的背光照明。另外,白光 LED 除用做背光照明外,还可用做照明灯,如已开发的手电筒、应急灯、节能灯、闪光灯及频闪设备等。白色 LED 也从小功率（电流几十毫安）发展到中功率（电流上百毫安）及大功率（电流达 1000mA）,具有十分广阔的发展前景。目前,白光 LED 已对 CCFL 背光源构成了极大的威胁,取代 CCFL 只是一个时间问题。

3. EL 背光源

电致发光（Electro Luminescence,EL）是一种直接将电能转化为光能的现象。EL 是通过加在两极的交流电压产生交流电场,而电场激发的电子轰击荧光物质,引起电子能级的跳跃、变化、复合而发射出高效率冷光的一种物理现象,即电致发光现象。

电致发光板就是以上述原理工作的,电致发光板是一种发光器件,简称 EL 灯、EL 片或 EL 灯光片,它由背面电极层、绝缘层、发光层、透明电极层和表面保护膜组成,利用发光材料在电场作用下能产生光的特性,将电能转换为光能。EL 电致发光板内部密封有各种颜色（以绿色为主,也有白色、蓝色等）的荧光物质,这种物质在加上一个 AC 强电流时,会激发反应而启辉照明。

EL 灯的发光效率高,功耗低,防震动,不需要维护,它属于冷光源,颜色显得很均匀。与普通的 LED 灯背光的不均匀性相比,EL 灯的背光最明显的优势是,它的光芒可以更均匀地分布在整个屏幕上。另外,EL 灯也较为省电。采用 EL 灯的缺点是,亮度低,寿命短（一般为 3000～5000h）,在点亮 EL 灯的时候,容易出现轻微的噪声。

EL 背光源需要用交流（AC 80～110V）进行驱动,通过变压器由 5V、12V 或 DC 24V 转变得到。目前,EL 主要用于 4 英寸以下小尺寸液晶显示,如手机、PDA、游戏机等。为便于对照和理解,表 14.20 对 CCFL、LED 和 EL 3 种背光源的有关情况进行了归纳和总结。

表 14.20　3 种背光源比较

光源种类		LED	EL（电致发光）	CCFL
寿命(h)		100 000	（半衰期）3000～5000	（半衰期）5000～8000
特点	优点	寿命长	分光特性好,无亮斑,薄而轻,耐震抗冲击	在可见光范围光谱峰值可任选,亮度高,寿命长,适于彩色化
	缺点	单色光,调光难	寿命短,电压高	驱动电压高,有一定厚度
发光方式		边光	背光	一般为边光
工作电压		3.8～4.5V	60～200V	500～1000V
工作频率		—	50～1000Hz	4～80kHz
工作电流		不定（由 LED 的数量决定）	0.1～0.25mA/cm²	5～9mA
功耗		不定（由 LED 的数量决定）	很小	1～4W
颜色种类		黄、红、绿、橙、白	绿、蓝、橙、白	白色
驱动电路		DC/DC 变换器	DC/AC 逆变器	DC/AC 逆变器

14.6.2 逆变电路基本组成

1. 什么是逆变电路

逆变电路也称逆变器(Inverter)、背光灯驱动电路或背光灯电源,其作用是将开关电源输出的低压直流电转换为 CCFL 所需的 1500～1800V 的交流电。在液晶彩电中,逆变电路一般独立做成一个条状电路板,且输出的交流电压很高,故逆变电路也俗称为高压条或高压板。

一般的高压条的输入电压为 8～15V,输出电流为 8mA 左右,输出频率为 45～75kHz,输出工作电压为几百伏至上千伏,多数为 600V 左右。

高压条的输入端大体上有 4 个信号:一是电源,小屏幕一般为 12V,大屏幕一般为 +24V;二是接地端;三是背光开启/关断控制端(ON/OFF);四是亮度调整端(ADJ)。

通常,液晶彩电的液晶屏灯管有 2 个、4 个、6 个、8 个或更多,这就需要高压条也应该适当配对,也就是说,这些灯管要分别由高压条的输出口进行驱动,小屏幕液晶彩电一般为 10 个以下,随着屏幕尺寸的增大,所采用的灯管数也会相应增加。图 14.85 所示为几款液晶彩电高压条实物图。

(a) 20英寸LG-Philips液晶屏高压条

(b) 30英寸齐美液晶屏高压条

(c) 30英寸AUO液晶屏高压条

图 14.85　液晶彩电高压条实物

高压条的输出口接 CCFL 背光灯管,每个输出口由两根线组成,一根为高电平,另一根为低电平。由于输出端口有高压,所以要注意在通电时不要用手去碰,以免触电,对身体造成伤害。另外需要说明的是,高压条的输出接口有窄口和宽口之分。

2. 逆变电路的组成

液晶彩电的逆变电路有很多形式,图 14.86 是一种比较常见的结构形式(其驱动电路为 Royer 形式,这种驱动形式在下面还要具体介绍)。从图中可以看出,该逆变电路主要由驱动控制电路(振荡器、调制器)、直流变换电路、驱动电路(功率输出管及高压变压器)、保护检测电路、谐振电容、输出电流取样电路、CCFL 背光灯等组成。

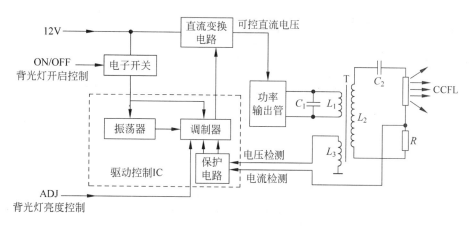

图 14.86 逆变电路的组成框图

在实际的背光灯逆变电路中,常将振荡器、调制器、保护电路集成在一起,组成一块小型集成电路,一般称之为驱动控制 IC。

在图 14.86 所示的框图中,ON/OFF 为振荡器启动/停止控制信号输入端,该控制信号一般来自微控制器(MCU)部分。当液晶彩电由待机状态转为正常工作状态后,MCU 向振荡器送出启动工作信号(高/低电平变化信号),振荡器接收到信号后开始工作,产生频率 40～80kHz 的振荡信号送入调制器,在调制器内部与 MCU 部分送来的 PWM 亮度调整信号进行调制后,输出 PWM 激励脉冲信号,送往直流变换电路,使直流变换电路产生可控的直流电压,为功率输出管供电。功率输出管及外围电容 C_1 和变压器绕组 L_1(相当于电感)组成自激振荡电路,产生的振荡信号经功率放大和高压变压器升压耦合后,输出高频交流高压,点亮背光灯管。

为了保护灯管,需要设置过流和过压保护电路。过流保护检测信号由串联在背光灯管上的取样电阻 R 上取得,输送到驱动控制 IC。过压保护检测信号从 L_3 上取得,也输送到驱动控制 IC。当输出电压及背光灯管工作电流出现异常时,驱动控制 IC 控制调制器停止输出,从而起到保护的作用。

当调节亮度时,亮度控制信号加到驱动控制 IC,通过改变驱动控制 IC 输出的 PWM 脉冲的占空比,进而改变直流变换器输出的直流电压大小,也就改变了加在驱动输出管上的电压大小,即改变了自激振荡的振荡幅度,从而使高压变压器输出的信号幅度、CCFL 两端的高压幅度发生变化,达到调节亮度的目的。

该电路只能驱动一只背光灯管,由于背光灯管不能并联和串联应用,所以,若需要驱动多只背光灯管,必须由相应的多个高压变压器输出电路及相适配的激励电路来完成。

14.6.3 液晶彩电典型逆变电路分析

根据驱动电路形式,液晶彩电的逆变电路主要有以下几种结构,下面分别进行分析。

1. 驱动电路采用 Royer 结构的逆变电路

1) Royer 结构驱动电路基本结构形式

图 14.87 是 Royer 结构的基本电路,也称为自激式推挽多谐振荡器。它是利用开关晶体管和变压器铁芯的磁通量饱和来进行自激振荡,从而实现开关管"开/关"转换的直流变换

器,它由美国人罗耶(G. H. Royer)在 1955 年首先发明和设计,故又称"罗耶变换器"。这种结构在早期液晶彩电逆变器中应用较多。Royer 结构的驱动电路和驱动控制 IC(如 BIT3101A、BIT3102A、FP1451、BA9741 等)配合使用,即可组成一个具有亮度调整和保护功能的逆变器电路。

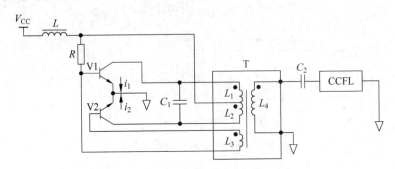

图 14.87　Royer 结构的基本电路

　　Royer 结构为自振荡形式,受元件参数偏差的影响,不易实现严格的灯频和灯电流控制,而这两者都会影响灯的亮度。尽管如此,Royer 结构由于结构简单,技术成熟,且具有价格上的优势,因此,在液晶彩电中应用比较广泛。

　　在图 14.87 所示的电路中,变压器由 3 个绕组构成。其中,两推挽管 V1、V2 集电极之间的绕组(L_1+L_2)为初级绕组(又称集电极绕组),CCFL 两端的绕组(L_4)叫次级绕组,V1、V2 基极之间的绕组(L_3)为反馈绕组(又称基极绕组)。初级电路中,L 为变压器 T 的中心抽头提供一个高交流输入阻抗,R 为 V1、V2 提供基极直流偏置,同时也决定了两只管子的集电极电流大小,而变压器 T 次级的电流值与 V1、V2 的集电极电流有关,决定流经 CCFL 的次级电流的大小。

　　由于开关管 V1、V2 的性能不可能绝对一致,所以,在接通电源的瞬间,V_{cc} 向开关管 V1、V2 基极注入的电流也不可能绝对平衡,流经两开关管集电极的电流也不可能完全一致。设 $i_1 > i_2$,则变压器的磁通大小与方向由 i_1 决定,而磁通的变化在反馈绕组上将引起感应电动势。感应电动势极性在图中反馈绕组 L_3 的"·"端为负。

　　由于反馈绕组的感应电动势使 V2 基极的电位下降,V1 的基极电位上升,从而对 V2 形成负反馈,使 V2 的集电极电流 i_2 越来越小;对 V1 形成正反馈,使 V1 的集电极电流 i_1 越来越大。合成磁通增大,磁通的变化及感应电动势的相互作用使 V1 饱和导通、V2 截止。此时,磁通达到最大值,而与磁通变化率呈正比的感应电动势为零。

　　反馈绕组上感应电动势的消失使 V1 的基极电位下降,V1 的集电极电流也下降,电流的变化率反向,引起磁通的变化率反向,从而导致绕组的感应电动势反向,即反馈绕组的"·"端为正,这样引起 V2 的基极电位上升,V1 的电位下降,从而对 V1 形成负反馈,使 V1 的集电极电流 i_1 越来越小;对 V2 形成正反馈,使 V2 的集电极电流 i_2 越来越大。合成磁通增大,磁通的变化及感应电动势的相互作用使 V2 饱和导通、V1 截止,此时,磁通达到最大值,而与磁通变化率呈正比的感应电动势为零。

　　上述两种过程不断循环,从而在变压器的次级形成振荡,而谐振电容器 C_1 的存在使振荡电路按照特定的频率进行简谐振荡。

在变压器 T 的次级,变压器的次级绕组 L_4 与电容 C_2、CCFL 的等效电阻构成一个谐振电路。在 CCFL 被电离之前,阻抗是无穷大的,因为空载谐振电路具有高 Q(功率因数)值,它可以在灯管上产生非常高的电压,实现启动,当 CCFL 启动后,CCFL 基本上是一个电阻型阻抗,因此,通过限制并维持通过 CCFL 的电流,可使 CCFL 在一定的电流作用下工作并产生相应的压降。

2)实际电路分析

驱动电路采用 Royer 结构的逆变电路较多,这里以采用 FP1451 控制芯片的康佳 LC-TM1708P 液晶彩电的逆变电路为例进行分析。

FP1451 是一个 PWM 控制芯片,在开关电源、逆变电路中有着广泛的应用,该芯片由基准电压、振荡器、误差放大器、定时器和 PWM 比较器等电路组成。利用 FP1451 可以组成各种开关电源和控制系统,不仅能使开关电源和控制系统简化,容易维修,降低成本,而且更重要的是能降低系统的故障率,提高系统设备运行的可靠性。

FP1451 为双通道驱动控制电路,可输出 2 路 PWM 控制脉冲,分 2 路驱动电路进行控制,每路驱动电路均可驱动 2 个 CCFL 背光灯工作。FP1451 适用的电源电压范围宽,可以在 3.6～40V 的单电源下工作,具有短路和低电压保护电路。FP1451 内部电路框图如图 14.88 所示,引脚功能如表 14.21 所示。另外,与 FP1451 内部电路和引脚功能基本一致的还有 TL1451、BA9741、SP9741 等。

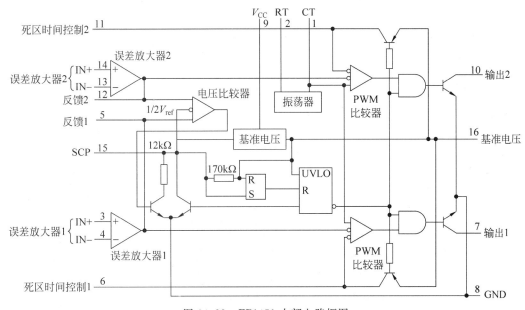

图 14.88　FP1451 内部电路框图

图 14.89 所示是 FP1451 在康佳 LC-TM1708P 液晶彩电上的应用电路。

(1)控制电路:控制电路由 PWM 控制芯片 U1(FP1451)及其外围元器件组成。

在需要点亮显示器时,微控制器输出的 ON/OFF 信号为高电平,控制 Q12、Q10 导通,于是,由开关电源产生的 12V 直流电压经导通的 Q10 加到 FP1451 的供电端⑨脚,FP1451 得电后,其内部基准电压源先工作,输出 2.5V 的基准电压,该基准电压不但供给 FP1451 片内电路,还通过⑯脚输出,为外部电路提供基准电压。然后,FP1451 启动内部振荡电路开始

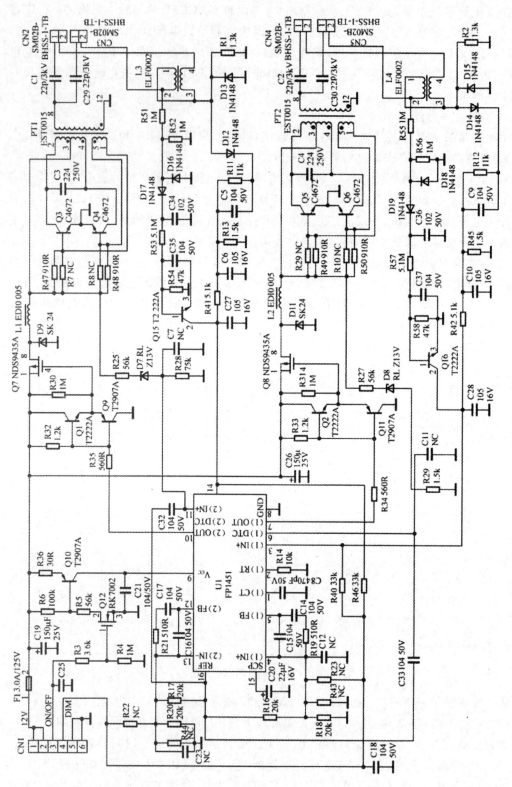

图 14.89 FP1451 在康佳 LC-TM1708P 液晶彩电上的应用电路

工作,其振荡频率由①、②脚外接的定时电阻 R14、定时电容 C8 大小决定。振荡电路工作后,产生振荡脉冲,加到 PWM 比较器 1 和 PWM 比较器 2,经过变换整形后从⑦、⑩脚输出 PWM 脉冲,去控制两路直流变换电路。

表 14.21　FP1451 引脚功能

脚　位	引　脚　名	功　　能
1	CT	外接定时电容
2	RT	外接定时电阻
3	1IN+	误差放大器 1 正输入
4	1IN−	误差放大器 1 负输入
5	IFEEDBACK	反馈 1
6	1DTC	死区时间控制 1
7	1OUT	输出 1
8	GND	地
9	V_{cc}	电源
10	2OUT	输出 2
11	2DTC	死区时间控制 2
12	2FEEDBACK	反馈 2
13	2IN−	误差放大器 2 负输入
14	2IN+	误差放大器 2 正输入
15	SCP	定时锁存器设定
16	V_{ref}	基准电压

(2) 直流变换电路:直流变换电路共两路,分别由 FP1451 的⑦脚外部 Q2、Q11、Q8、D11、L2 和⑩脚外部 Q1、Q9、Q7、D9、L1 组成,其作用是将输入的 12V 直流电压变换为可控的直流电压,为功率输出管(Q5、Q6 和 Q3、Q4)供电。由于两路的工作原理相同,这里只分析其中一路(FP1451 的⑩脚输出的那一路)的工作情况。

⑩脚外围直流变换电路的工作情况如下:FP1451 的⑩脚输出的 PWM 激励脉冲经 Q1、Q9 组成的图腾柱电路推挽放大后,加到 P 沟道场效应开关管 Q7 的栅极,使开关管 Q7 工作在开关状态。Q7 导通时,12V 电压经场效应管 Q7 的 S、D 极,电感 L_1,升压变压器 PT1 的 3—2 和 3—4 绕组分别加到功率输出管 Q3、Q4 的集电极,为 Q3、Q4 供电;Q7 截止期间,因为电感中的电流不能突变,所以 L_1 通过自感产生右正左负的脉冲电压。于是,L_1 右端正的电压经 PT1 的 3—2 和 3—4 绕组,输出管 Q3、Q4 的 ce 结,续流二极管 D9,L_1 左端构成放电回路,释放能量,继续为输出管 Q3、Q4 供电。

(3) 驱动电路:驱动电路(共 2 路)用于产生符合要求的交流高压,以驱动 CCFL 灯管工作,主要由驱动输出管(Q3、Q4 和 Q5、Q6)、升压变压器(PT1 和 PT2)等组成,下面以其中的一路(Q3、Q4、PT1)为例进行介绍。

从图中可以看出,由 Q3、Q4、PT1 等元器件组成的电路是一个典型 Royer 结构的驱动电路,即自激式多谐振荡器。电路靠变压器初级、反馈绕组同名端的正确连接来满足自激振荡的相位条件,即满足正反馈条件。而振幅条件的满足,首先是靠合理选择电路参数,使放大器建立合适的静态工作点;其次是改变反馈绕组的匝数,或它与初级绕组之间的耦合程度,以得到足够强的反馈量。稳幅作用是利用晶体管的非线性来实现的。

由自激式振荡电路产生的正弦波电压,经变压器 PT1 感生出高压,通过 C_1、C_{29} 及接插件 CN2、CN3 给 CCFL 供电。因为变压器耦合自激振荡电路的振荡波形为标准的正弦波，满足适合 CCFL 的供电要求，所以可以简化末级电路的设计。

（4）亮度调节电路：FP1451 的④脚、⑬脚为亮度控制端，由于这 2 路控制信号的控制过程相同，这里只以⑬脚的亮度控制信号为例进行分析。

当需要调节亮度时，由微控制器输出的 DIM 控制脉冲发生变化→经 C18 滤波后产生的直流电压发生变化→FP1451 的⑬脚电压发生变化→FP1451 的⑩脚输出脉冲的占空比发生变化→Q1、Q9 的基极电压发生变化→Q7 的栅极电压发生变化→Q7 输出的供电电压发生变化→Q3、Q4 振荡的幅度发生变化→PT1 输出的高压发生变化→CCFL 两端的电压发生变化，从而达到调节 CCFL 亮度的目的。

（5）保护电路：

① 过压保护电路：当某种意外原因造成 Q7 输出的电压过高时，稳压管 D7 击穿，经 R25、D7、R28 分压，使加到 FP1451 的⑪脚电压上升，通过内部电路控制 FP1451 的⑩脚停止输出 PWM 脉冲，从而达到保护的目的。

同理，当某种意外原因造成 Q8 输出的电压过高时，稳压管 D8 击穿，经 R27、D8、R29 分压，使加到 FP1451 的⑥脚电压上升，通过内部电路控制 FP1451 的⑦脚停止输出 PWM 脉冲，从而达到保护的目的。

② 欠压保护电路：当系统刚上电或者意外原因使 FP1451 供电电压不足 3.6V 时，其输出驱动晶体管很可能因为导通不良而损坏，因此，FP1451 内部设置了欠压保护电路（UVLO），欠压保护电路启动后，将切断 FP1451 的⑦脚、⑩脚输出的 PWM 脉冲，从而达到保护的目的。

③ 过流保护电路：过流保护电路分为两路，用来保护 CCFL 不致因电流过大而老化或损坏，这里以其中的一路为例进行说明。

PT1 产生的高压经过 CN2、CN3 所接的 CCFL 后，将在 R1 两端产生随工作电流变化的交流电压，电流越大，R1 两端电压越高，此电压经过 D12、D13 整流，R11、C5、C6、R41、C27 低通滤波后，加到 FP1451 的⑭脚。若 CCFL 的工作电流过大，会使 FP1451 的⑭脚电压升高很多，当达到一定值时，经 FP1451 内部处理，会控制 FP1451 的⑩脚停止输出 PWM 脉冲，从而达到保护的目的。

④ 平衡保护电路：FP1451 的⑤、⑫脚内部有一个电压比较器，电压比较器具有两个同相输入端和一个反相输入端，电压比较器的反相输入端接基准电压（2.5V）的一半（1.25V），电压比较器两个同相输入端分别与误差放大器 1 和误差放大器 2 的输出端相连，因此，电压比较器能够检测出两个误差放大器输出电压的大小。只要其中一个高于基准电压的一半（1.25V）时，电压比较器的输出即为高电平，该输出电压触发定时回路，从而使基准电压通过⑮脚向电容 C20 充电。当 C20 上的电压达到晶体管的一定电压时，内部触发器置位，控制⑦脚、⑩脚停止输出 PWM 脉冲，从而保护了后级电路和设备。

2. 驱动电路采用推挽结构的逆变电路

1）推挽结构驱动电路基本结构形式

推挽驱动器非常简单，如图 14.90 所示。推挽驱动器只用到两只沟道 MOSFET，并将升压变压器的中心抽头接于正电源，两只功率管交替工作，输出得到交流电压。由于功率晶体管共地，所以驱动控制电路简单。另外由于变压器具有一定的漏感，可限制短路电流，因而提高了电路的可靠性。

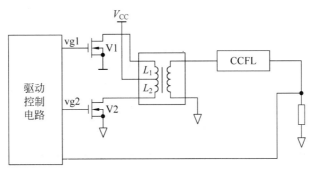

图 14.90　推挽结构驱动电路示意图

推挽结构的驱动电路最大的缺点是要求逆变器直流电源电压的范围小于 2:1。否则，当直流电源电压处于高端时，由于交流波形的高振幅因数，系统的效率会降低。这使推挽结构不适用于笔记本电脑，但对于液晶彩电非常理想，因为逆变器直流电源电压通常会稳定在±20%以内。

电路工作时，在驱动控制 IC 的控制下，推挽电路中两个开关管 V1 和 V2 交替导通，在初级绕组 L_1 和 L_2 两端分别形成相位相反的交流电压。改变输入到 V1、V2 开关脉冲的占空比，可以改变 V1、V2 的导通与截止时间，从而改变了变压器的储能，也就改变了输出的电压值。需要注意的是，当 V1 和 V2 同时导通时，相当于变压器初级绕组短路，因此应避免两个开关管同时导通。

2）由 OZ9RR 组成的推挽逆变电路分析

OZ9RR 是凸凹公司（O2Micro）生产的液晶彩电背光灯高压逆变控制电路，OZ9RR 具有如下特点：工作频率恒定，且工作频率可被外部信号所同步；内置同步式 PWM 灯管亮度控制电路，亮度控制范围宽；内置智能化灯管点火及正常工作状态控制电路；设有灯管开路及过压保护功能；可支持多灯管方式工作。OZ9RR 内部电路框图如图 14.91 所示，引脚功能如表 14.22 所示。

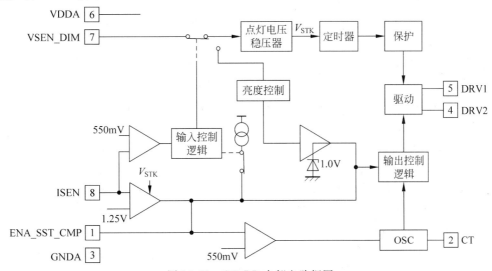

图 14.91　OZ9RR 内部电路框图

表 14.22　OZ9RR 引脚功能

脚　　位	引　脚　名	功　　能
1	ENA_SST_CMP	IC 启动控制/软启动定时/电流误差放大器补偿
2	CT	振荡器定时电容
3	GNDA	地线
4	DRV2	N 沟道 MOSFET 驱动脉冲 1 输出
5	DRV1	N 沟道 MOSFET 驱动脉冲 2 输出
6	VDDA	电源
7	VSEN_DIM	电压检测/模拟亮度控制电压输入
8	ISEN	灯管电流检测/控制

由 OZ9RR 组成的液晶彩电高压板可将输入的未稳定直流电压变换成近似正弦波的高电压推动背光灯管。图 14.92 是 OZ9RR 的实际应用电路。

(1) 控制电路：控制电路由 PWM 控制 IC U1(OZ9RR)及其外围元器件组成。

由电源电路产生的 VDD 电压(5V)经 R5 限流后加到 OZ9RR 的供电端⑥脚,为 OZ9RR 提供工作时所需的电压。当需要点亮灯管时,高压板输入端口 EN 信号(来自主板 MCU)为低电平(0~1V),控制 N 沟道场效应管 Q1 截止,进而控制 OZ9RR 的①脚为高电平(3~5V)。OZ9RR 在⑥脚得到供电,同时①脚得到高电平信号后,内部振荡电路开始工作,其振荡频率由②脚外接的定时电容 C9、C11 的大小决定。振荡电路工作后,产生振荡脉冲,加到 OZ9RR 内部逻辑控制电路和驱动电路,经过变换整形后从⑤、④脚输出 PWM 脉冲,去推动驱动电路工作。

(2) 驱动电路：驱动电路用于产生符合要求的交流高压,驱动 CCFL 灯管工作。驱动电路由双驱动管 U2、升压变压器 T1 等组成,这是一个零电压切换的推挽电路结构。工作时,电源电路输出的 VIN 电压(12V)经升压变压器 T1 的 2—1 绕组和 2—3 绕组分别加到 U2 内两只场效应管 V1、V2 的漏极;由 OZ9RR 的⑤脚和④脚产生的驱动脉冲分别加到 U2 内 V1、V2 的栅极,在驱动脉冲的作用下,使 U2 内的两个开关管 V1 和 V2 交替导通,输出对称的开关管驱动脉冲,经升压变压器升压后,产生近似正弦波的电压和电流,点亮背光灯管。

(3) 亮度调节电路：OZ9RR 的⑦脚是亮度控制端和升压变压器电压检测双功能端。当需要调整亮度时,由微控制器产生的亮度控制信号 DIM 经 R1、R2 分压和 D1 隔离,加到 OZ9RR 的⑦脚,经内部电路处理后,通过控制 OZ9RR 的⑤、④脚输出的驱动脉冲占空比,从而达到亮度控制的目的。高压板的 DIM 输入端口输入的是连续可调直流控制电压,控制电压范围是 0.5~3.6V,0.5V 对应最低亮度,3.6V 对应最高亮度。

(4) 保护电路：保护电路包括欠压保护电路、软启动保护电路、稳流电路、过压保护电路、灯管开路保护电路等。

① 欠压保护电路：OZ9RR 的⑥脚为 5V 电源端,⑥脚内部还设有欠压保护电路。当电源电压低于 3.8V 时,欠压保护电路将动作,OZ9RR 控制⑤脚、④脚停止输出驱动脉冲。

② 软启动保护电路：OZ9RR 的①脚是一个多功能引脚,除了用来引入 EN 控制电压外,还外接软启动定时电容 C5,起到软启动定时的作用。OZ9RR 工作后,①脚内电路向外接软启动定时电容 C5 进行充电,随着 C5 两端电压的升高,OZ9RR 输出的驱动脉冲控制开关管向升压变压器提供的能量也逐渐增大。软启动电路的使用,可以防止背光灯初始工作时产生过大的冲击电流。

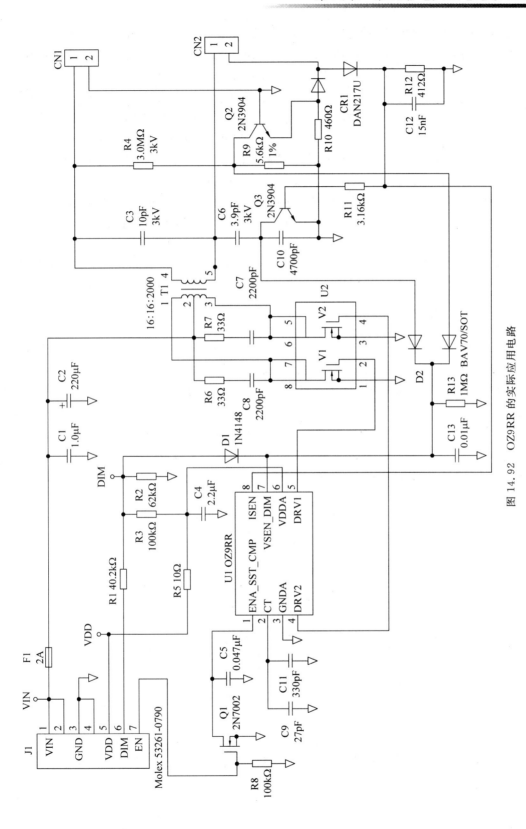

图 14.92　OZ9RR 的实际应用电路

③ 稳流电路:稳流电路用来保护 CCFL 不致因电流过大而老化或损坏。电路中,升压变压器次极端的 R12 为过流检测电阻,R12 两端的电压随工作电流变化而变化,电流越大,R12 两端电压越高,此电压经 C12 滤波后加到 OZ9RR 的⑧脚,作为电流检测端。

在背光灯管点火阶段(启动期间),高压电源需要提供较高频率的点火电压,一般来说,点火频率是正常工作频率的 1.3 倍左右,点火频率是由 OZ9RR 的②脚外接定时电容所决定的。OZ9RR 设定的点火时间是 2s,如果 2s 后⑧脚灯管电流检测端检测不到灯管电流,OZ9RR 将停止工作。在背光灯管点火后,灯管进入正常工作阶段,OZ9RR 通过⑧脚检测灯管电流,并通过控制电路稳定灯管电流。⑧脚的基准电压在 1.25V 左右。灯管正常工作时的驱动电压频率也是由②脚定时电容决定的。另外,若 CCFL 的工作电流过大,会使 OZ9RR 的⑧脚电压升高很多,当达到一定值时,经 OZ9RR 内部处理,会控制 OZ9RR 的⑤、④脚停止输出驱动脉冲,达到保护的目的。

④ 过压保护电路:OZ9RR 内的过压保护电路可以防止灯管升压变压器次级在非正常情况下产生过高的高压而损坏升压变压器。在启动阶段,OZ9RR 的⑦脚电压检测/亮度控制端检测升压变压器的次级电压,当⑦脚电压达到 3V 时,OZ9RR 将不再升高输出电压,而进入稳定输出电压阶段。

⑤ 灯管开路保护电路:如果灯管与灯座接触不良,灯管被取下,或者灯管损坏,OZ9RR 将自动切断⑤、④脚输出的驱动脉冲,从而达到保护的目的。

3. 驱动电路采用全桥结构的逆变电路

1) 全桥驱动电路基本结构形式

全桥结构最适合直流电源电压范围非常宽的应用,这就是几乎所有笔记本电脑都采用全桥方式的原因。在笔记本电脑中,逆变器的直流电源直接来自系统的主直流电源,其变化范围通常在 7V(低电池电压)至 21V(交流适配器),另外,全桥结构在液晶彩电、液晶显示器中也有较多的应用。

全桥结构驱动电路一般采用 4 只场效应管或 4 只三极管构成,根据场效应管或三极管的类型不同,全桥驱动电路有多种形式,图 14.93 是采用 4 只 N 沟道场效应管的驱动电路形式。

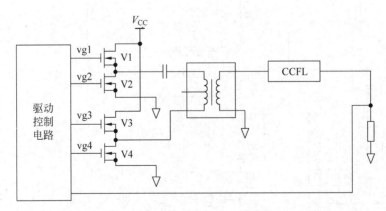

图 14.93 采用 4 只 N 沟道场效应管的全桥驱动电路示意图

电路工作时,在驱动控制 IC 的控制下,使 V1、V4 同时导通,V2、V3 同时导通,且 V1、V4 导通时,V2、V3 截止,也就是说,V1、V4 与 V2、V3 是交替导通的,使变压器初级形成交流电压,改变开关脉冲的占空比,就可以改变 V1、V4 和 V2、V3 的导通与截止时间,从而改变了变压器的储能,也就改变了输出的电压值。

需要注意的是,如果 V1、V4 与 V2、V3 的导通时间不对称,则变压器初级的交流电压中将含有直流分量,会在变压器次级产生很大的直流分量,造成磁场饱和,因此全桥电路应注意避免电压直流分量的产生。也可以在初级回路串联一个电容,以阻断直流电流。

图 14.94 是采用两只 N 沟道场效应管和两只 P 沟道场效应管的驱动电路形式。电路工作时,在驱动控制 IC 的控制下,使 V4、V1 同时导通,V2、V3 同时导通,且 V4、V1 导通时,V2、V3 截止,也就是说,V4、V1 与 V2、V3 是交替导通的,使变压器初级形成交流电压。

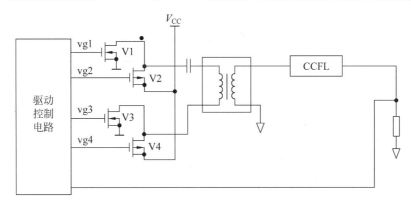

图 14.94　采用两只 N 沟道和两只 P 沟道场效应管的全桥驱动电路示意图

2) 由 OZ960 组成的全桥逆变电路分析

OZ960 是凸凹公司生产的液晶彩显背光灯高压逆变控制电路,由 OZ960 组成的背光灯高压逆变电源电路可将输入的未稳定直流电压变换成近似正弦波的高电压推动背光灯管。OZ960 具有如下特点:高效率,零电压切换,支持较宽的输入电压范围,恒定的工作频率,具有较宽的调光范围,具有软启动功能,内置开灯启动保护和过压保护等。OZ960 内部电路框图如图 14.95 所示,引脚功能如表 14.23 所示。

图 14.96 是 OZ960 的实际应用电路,这种电路在液晶彩电高压板中得到了一定的应用。

(1) 驱动控制电路:驱动控制电路由 U901(OZ960)及其外围元器件组成。

由开关电源产生的 V_{DD} 电压(一般为 5V)经 R904 限流,加到 OZ960 的供电端⑤脚,为 OZ960 提供工作时所需电压。

当需要点亮液晶彩电时,微控制器输出的 ON/OFF 信号为高电平,经 R903,使加到 OZ960 的③脚电压为高电平(大于 1.5V 的电压为高电平)。

OZ960 在⑤脚得到供电,同时③脚得到高电平信号后,内部振荡电路开始工作,其振荡频率由⑰脚、⑱脚外接的定时电阻 R908 和定时电容 C912 大小决定。振荡电路工作后,产生振荡脉冲,加到内部零电压切换移相控制电路和驱动电路,经过变换整形后从⑲、⑳、⑫、⑪脚输出 PWM 脉冲到全桥驱动电路。

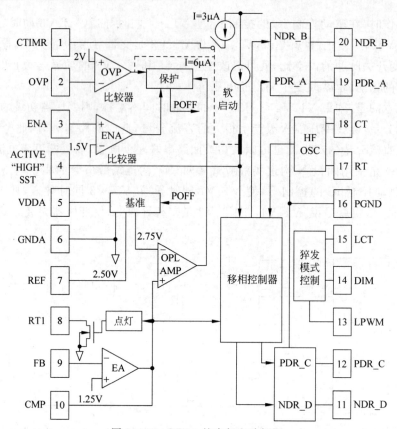

图 14.95　OZ960 的内部电路框图

表 14.23　OZ960 引脚功能

脚　　位	引　脚　名	功　　能
1	CTIMR	CCFL 点灯时间
2	OVP	过压保护输入(阈值电压为 2.0V)
3	ENA	启动输入
4	SST	软启动端
5	VDDA	供电端
6	GNDA	信号地
7	REF	参考电压输出(2.5V)
8	RT1	点灯高频电阻
9	FB	CCFL 电流反馈输入
10	CMP	电流误差放大器补偿
11	NDR_D(NDRV_D)	N 沟道场效应管驱动输出
12	PDR_C(PDRV_C)	P 沟道场效应管驱动输出
13	LPWM	低频 PWM 信号输出,供调光控制
14	DIM	低频 PWM 信号输入
15	LCT	调光三角波频率
16	PGND(PWRGND)	电源地
17	RT	外接定时电阻
18	CT	外接定时电容
19	PDR_A(PDRV_A)	P 沟道场效应管驱动输出
20	NDR_B(NDRV_B)	N 沟道场效应管驱动输出

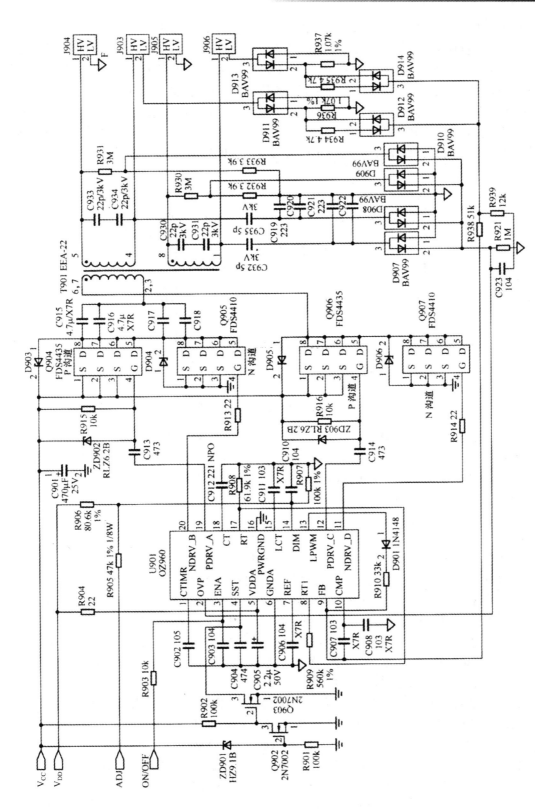

图 14.96 OZ960 的实际应用电路

（2）全桥驱动电路：全桥驱动电路用于产生符合要求的交流高压，驱动 CCFL 工作。驱动电路由 Q904、Q905、Q906、Q907、T901 等组成。这是一个具有零电压切换的全桥电路结构，V_{CC}（一般为 12V）电压加到 Q904、Q906 的源极，Q905、Q907 的源极接地，在 OZ960 输出的驱动脉冲（其波形如图 14.97 所示）控制下，Q904、Q907 同时导通，Q905、Q906 同时导通，且 Q904、Q907 导通时，Q905、Q906 截止，也就是说，Q904、Q907 与 Q905、Q906 是交替导通的，输出对称的开关管驱动脉冲，经由 C915、C916、C917、C918、升压变压器 T901 以及背光灯管组成的谐振槽路，产生近似正弦波的电压和电流，点亮背光灯管。

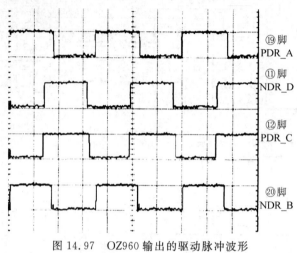

⑲脚 PDR_A
⑪脚 NDR_D
⑫脚 PDR_C
⑳脚 NDR_B

图 14.97　OZ960 输出的驱动脉冲波形

（3）亮度调节电路：OZ960 的⑭脚是亮度控制端，当需要调整亮度时，由微控制器产生的亮度控制电压 ADJ 经 R906、R907 分压，加到 OZ960 的⑭脚，经内部电路处理后，通过控制 OZ960 输出的驱动脉冲占空比，从而达到亮度控制的目的。

（4）保护电路：

① 软启动保护电路：OZ960 的④脚软启动端外接软启动电容 C904，起到软启动定时的作用。OZ960 工作后，④脚内电路向④脚外接软启动定时电容 C904 进行充电，随着 C904 两端电压的升高，OZ960 输出的驱动脉冲控制驱动管向高压变压器提供的能量也逐渐增大。软启动电路的使用，可以防止背光灯初始工作时产生过大的冲击电流。

② 过压保护电路：OZ960 内的过压保护电路可以防止灯管高压变压器次级在非正常情况下产生过高的电压而损坏高压变压器和灯管。电路中，由 T901 次级产生的高压经 R930、R932 和 R931、R933 分压后，作为取样电压，经 D909、D910 加到 OZ960 的②脚。在启动阶段，OZ960 的②脚检测高压变压器的次级电压，当②脚电压达到 2V 时，OZ960 将不再升高输出电压，而进入稳定输出电压阶段。

③ 过流保护电路：过流保护电路用来保护 CCFL 不致因电流过大而老化或损坏。电路中，R936、R937 为过流检测电阻，R936、R937 两端的电压随工作电流变化而变化，电流越大，R936、R937 两端电压越高，此电压经 D912、D914 加到 OZ960 的⑨脚，作为电流检测端，通过内部控制电路稳定灯管电流。若 CCFL 的工作电流过大，会使 OZ960 的⑨脚电压升高很多，当达到一定值时，经 OZ960 内部处理，OZ960 停止输出驱动脉冲，达到保护的目的。

3）由 BIT3106 组成的全桥逆变电路分析

图 14.98 所示是 BIT3106 在长虹 TM201F7 液晶彩电上的应用电路。

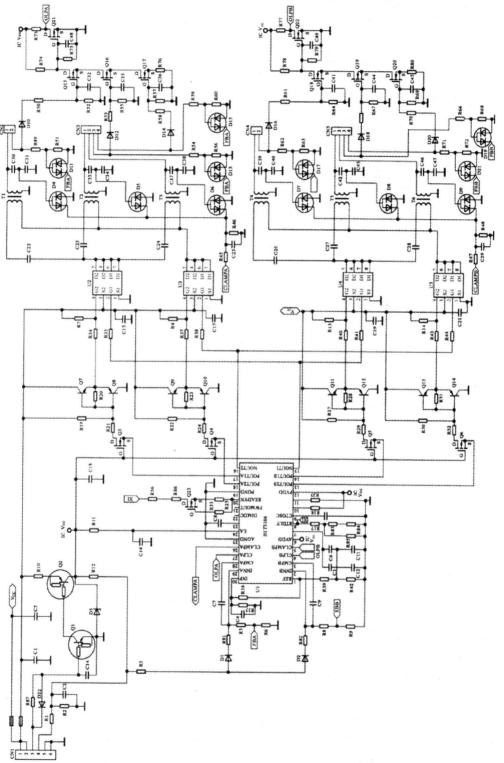

图 14.98 由 BIT3106 组成的全桥逆变电路

从图中可以看出,这是一个典型的全桥结构驱动高压板电路。图中,BIT3106 是 PWM 控制 IC,其内部电路框图如图 14.99 所示,引脚功能如表 14.24 所示。

表 14.24　BIT3106 引脚功能

脚位	引脚名	功　　能
1	VREF(REF)	参考电压输出
2	INNB	误差放大器 B 反相输入端
3	CMPB	误差放大器 B 输出端
4	CLPB	B 组灯管单元电流检测,当该脚电压低于 0.3V 或灯管开路时,电路处于保护状态
5	CLAMPB	B 组灯管单元过压保护端,当该脚电压高于 2V 时,B 组灯管将关闭
6	AVDD	模拟电路电源
7	SST	软启动端
8	RTDLY	基准电流设置。该脚与⑦脚外接电容进行组合,共同决定灯管的点亮时间;与⑨脚外接电容进行组合,共同决定灯管的工作频率;与㉓脚外接电容进行组合,共同决定亮度控制器的工作频率
9	CTOSC	振荡频率控制外接电容器端,与⑧脚外接电阻组合,共同决定灯管工作频率
10	SYNCR	同步电阻外接端
11	SYNCF	外接电阻到地
12	PVDD	驱动电路电源
13	POUT2B	驱动器 B 输出端 2,驱动 P 沟道场效应管
14	POUT1B	驱动器 B 输出端 1,驱动 P 沟道场效应管
15	NOUT1	驱动器 A、B 输出端 1,驱动 N 沟道场效应管
16	NOUT2	驱动器 A、B 输出端 2,驱动 N 沟道场效应管
17	POUT1A	驱动器 A 输出端 1,驱动 P 沟道场效应管
18	POUT2A	驱动器 A 输出端 2,驱动 P 沟道场效应管
19	PGND	地
20	READYN	系统工作指示端
21	PWMOUT	亮度脉冲输出端
22	DIMDC	亮度输入端
23	CTPWM	PWM 亮度控制频率设置端,与⑧脚外接电阻共同决定 PWM 亮度控制器的频率
24	EA	芯片使能端
25	AGND	地
26	CLAMPA	A 组灯管过压保护端,当该脚电压高于 2V 时,A 组灯管将关闭
27	CLPA	A 组灯管单元电流检测,当该脚电压低于 0.3V 或灯管开路时,电路处于保护状态
28	CMPA	误差放大器 A 输出端
29	INNA	误差放大器 A 反相输入端
30	INP	驱动器 A、B 同相输入端

(1) 驱动控制电路:驱动控制电路由 U1(BIT3106)及其外围元器件组成。

当需要点亮液晶彩电时,微控制器输出的 ON/OFF 信号为高电平,经 R87 加到 Q1 的基极,控制 Q1 导通,其集电极输出低电平,进而使 Q2 导通,于是 CN1 的①、②脚输入的 12V 电压经 R10,导通的 Q2 加到 BIT3106 的⑥脚和⑫脚,BIT3106 内部振荡电路开始工作,其振荡频率由⑧脚、⑨脚外接的定时电阻和定时电容大小决定。振荡电路工作后,产生振荡脉冲,经分频后,加到内部驱动电路,经过变换整形后从⑰、⑱、⑭、⑬脚和⑮、⑯脚输出,去全桥驱动电路。

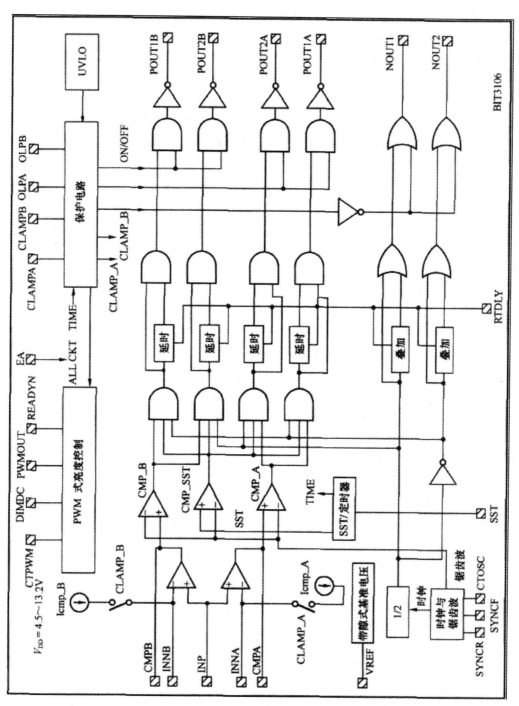

图14.99 BIT3106 内部电路框图

（2）全桥驱动电路：全桥驱动电路用于产生符合要求的交流高压，驱动 CCFL 工作。驱动电路由 Q3～Q14、U2～U5、T1～T6 等元器件共同组成，其中 T1～T6 为高压变压器，U2～U5 内含双 MOS 管（一只 P 沟道 MOS 管，一只 N 沟道 MOS 管）。U2、U3 共同完成 T1～T3 初级绕组的电压变换，以点亮 A 组 3 根灯管；U4、U5 共同完成 T4～T6 初级绕组的电压变换，以点亮 B 组 3 根灯管。

在图 14.99 所示的电路中，由 BIT3106 内部振荡电路产生的振荡脉冲，经处理后从 BIT3106 的⑰、⑱、⑭、⑬脚输出 P 沟道 MOS 驱动信号，从 BIT3106 的⑮、⑯脚输出 N 沟道 MOS 驱动信号，驱动 A、B 两组驱动电路工作。由于两组驱动电路相同，下面仅以 A 组驱动电路为例进行说明：A 组驱动电路由 Q3、Q7、Q8、Q4、Q9、Q10、U2、U3、T1、T2、T3 等组成，U2、U3 内置 P 沟道和 N 沟道 MOS 管。

从 BIT3106 的⑱脚输出的驱动信号经 Q4 放大，Q9、Q10 推挽缓冲后，经 R37 加到 U3 的④脚，经内部 PMOS 管放大后，从 U3 的⑤、⑥脚输出。

从 BIT3106 的⑮脚输出的驱动信号经 R35 送到 U2 的②脚，经内部 NMOS 管放大后，从 U2 的⑦、⑧脚输出。从 BIT3106 的⑰脚输出的信号经 Q3 放大，Q7、Q8 推挽缓冲后，经 R34 加到 U2 的④脚，经内部 PMOS 管放大后从 U2 的⑤、⑥脚输出。

从 BIT3106 的⑯脚输出的信号经 R38 送到 U3 的②脚，经内部 NMOS 管放大后从 U3 的⑦、⑧脚输出。

在驱动脉冲的驱动下，U2、U3 内部的 MOS 管交替导通与截止，并从 U2、U3 的⑤～⑧脚输出脉冲信号，经 C22～C24 加到 T1～T3 的初级绕组，经 T1～T3 变换后，在 T1～T3 变压器次级绕组输出高压。

从变压器 T1 次级输出的高压经 CN2 的①脚进入 A 组灯管 1，电流从 CN2 的②脚输出，经 R49、R51 到地形成回路，A 组灯管 1 被点亮。为保证背光灯亮度稳定，在 R51 上端产生的电压作为负反馈信号，经 D11、R5 反馈至 BIT3106 的㉙脚内部放大器反相输入端，自动稳定 BIT3106 内部放大器的工作状态。

从变压器 T2 输出的高压经 CN3 的①脚进入 A 组灯管 2，电流从 CN3 的③脚输出，经 R54、R56 到地形成回路，A 组灯管 2 被点亮。为保证背光灯亮度稳定，在 R56 上端产生的电压作为负反馈信号，经 D13、R5 反馈至 BIT3106 的㉙脚内部放大器反相输入端，自动稳定 BIT3106 内部放大器的工作状态。

从变压器 T3 输出的高压经 CN3 的②脚进入 A 组灯管 3，电流从 CN3 的④脚输出，经 R59、R60 到地形成回路，A 组灯管 3 被点亮。为保证背光灯亮度稳定，在 R60 上端产生的电压作为负反馈信号，经 D15、R5 反馈至 BIT3106 的㉙脚内部放大器反相输入端，自动稳定 BIT3106 内部放大器的工作状态。

（3）亮度调节电路：R1、R2、R3、R12、D1、D2、R81、R82 共同组成 A、B 灯管单元亮度控制电路，当需要控制灯管的亮度时，从主板送来 PWM 控制电压从 CN1 的④ 脚输入，经 R1、R2 分压、C2 滤波和 R3 限流后，分别由 D1、R81 和 D2、R82 加到 BIT3106 的㉙、② 脚，经 BIT3106 内部电路处理后，通过控制 BIT3106 输出的驱动脉冲占空比，从而达到亮度控制的目的。

（4）保护电路：

① 过流保护电路：A 组 3 根灯管的过流保护电路由 D10、D12、D14、Q15、Q16、Q17、Q21 及 BIT3106 的㉗脚内部电路组成。

接在 CN2 上的灯管 1 点亮后，将在 R49 上端形成检测电压，该电压经 D10、R50 送到 Q15 栅极；接在 CN3 上的灯管 2 点亮后，将在 R54 上端形成检测电压，该电压经 D12、R53 送到 Q16 栅极；接在 CN3 上的灯管 3 点亮后，将在 R59 上端形成检测电压，该电压经 D14、R58 送到 Q17 栅极。Q15、Q16、Q17 共同组成串联式电流检测电路。当某种原因造成 A 组 3 根灯管或其中 1 根灯管电流减小时，在 R49、R54、R59 上端获得的电压下降，Q15、Q16、Q17 组成的串联式电流检测电路电流下降，Q21 的栅极电压上升，其导通程度增强，Q21 的漏极电压下降，并送入 BIT3106 的㉗脚，当 BIT3106 的㉗脚电压下降到 0.3V 时，BIT3106 的⑰、⑱脚输出的脉冲被切断，电路处于保护状态。

同理，B 组（3 根）灯管的电流检测保护电路由 D16、D18、D20、Q18、Q19、Q20、Q22 及 BIT3106 的④脚内部电路组成，电路结构及工作原理与 A 组完全相同，所以 A 或 B 组 3 根灯管中，只要任意一根灯管电流下降或灯管开路，都将造成相应电流检测电路工作而处于保护状态。

② 过压保护电路：过压保护电路主要用于检测变压器输出的高压是否异常升高。BIT3106 有 2 个过压检测端口，分别为 BIT3106 的⑤脚、㉖脚，㉖脚用于检测 T1、T2、T3 输出的高压，⑤脚用于检测 T4、T5、T6 输出的高压。下面以 T1、T2、T3 高压保护电路为例进行说明。

T1 输出的交流高压经 C30、C31 分压，再经 D4 整流、C25 滤波，形成第一路电压；T2 输出的交流高压经 C33、C34 分压，再经 D5 整流、C25 滤波，形成第二路电压；T3 输出的交流高压经 C37、C38 分压，再经 D6 整流、C25 滤波，形成第三路电压。该 3 路电压经 R45、R46 分压后，送入 BIT3106 的㉖脚。当 T1、T2、T3 同时或任意一组次级输出的高压由于某种原因升高，C25 滤波后的电压相应升高，进而造成 BIT3106 的㉖脚电压高于 2V 时，经 BIT3106 内部电路处理后，BIT3106 的⑰、⑱脚将停止输出驱动脉冲，从而达到过压保护的目的。

4. 驱动电路采用半桥结构的逆变电路

相比全桥，半桥结构的驱动电路最大的好处是每个通道少用了两只 MOSFET，如图 14.100 所示。但是，它需要更高匝数比的变压器，这会增加变压器的成本。

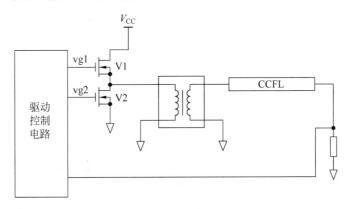

图 14.100　半桥结构驱动电路示意图

电路工作时，在驱动控制 IC 的控制下，从 vg1、vg2 端输出开关脉冲，控制 V1 与 V2 交替导通，使变压器初级形成交流电压。改变开关脉冲的占空比，就可以改变 V1、V2 的导通与截止时间，从而改变了变压器的储能，也就改变了输出的电压值。

在液晶彩电中，采用半桥结构的逆变电路较少，这里不再举例分析。

第 15 章

创维 24S20 液晶彩电
电路分析与检测

创维 24S20HR 是一款具有 VII 第二代数字引擎、支持 Uplayer 多媒体播放平台、RM/RMVB 等格式读取的酷影电视。其独特的屏变科技,有效地解决了液晶电视的"眩光污染"和"图像层次感差"两大难题;且屏幕采用了第三代六基色,高清 1920×1080 显示屏体增强了画面色彩的饱和度,使画面更真实;VGA 计算机输入端口:可做计算机显示器。

15.1 创维液晶彩电整机电路组成

创维 24S20HR 液晶彩电整机主要电路组成如图 15.1 所示,电源供电框图如图 15.2 所示,主板供电框图如图 15.3 所示。

从图 15.1 中可以看出,创维 24S20HR 液晶彩电主要由频率合成式高频头 TUNER101、中频放大器 IC101(TDA9885)、全功能超级芯片 IC701(MT8222)、音频切换电路 IC402(CD4052)、音频功放 IC401(TDA7266)、程序存储器 IC802(IC-FLASH-SOP8)、数据存储器 IC903(EEPROM24C08)以及开关电源、逆变电源、液晶面板等组成。

创维 24S20HR 液晶彩电主板电路的工作过程如下:

由高频头输出的中频信号送到全功能超级芯片 IC701(MT8222),在其内部,经解调、A/D 转换、解码、去隔行处理、图像缩放等处理,再转换成 RSDS 串行数据流信号,送到液晶面板电路,驱动液晶屏显示图像。

另外,由中频放大器输出的第二伴音中频信号送到音频切换电路 IC402(CD4052),然后送到全功能超级芯片 IC701(MT8222)进行音效处理,最后经 IC401(TDA7266)功率放大后,驱动扬声器发出声音。

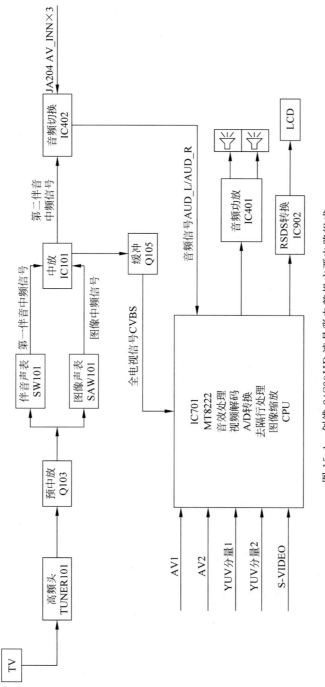

图 15.1 创维 24S20HR 液晶彩电整机主要电路组成

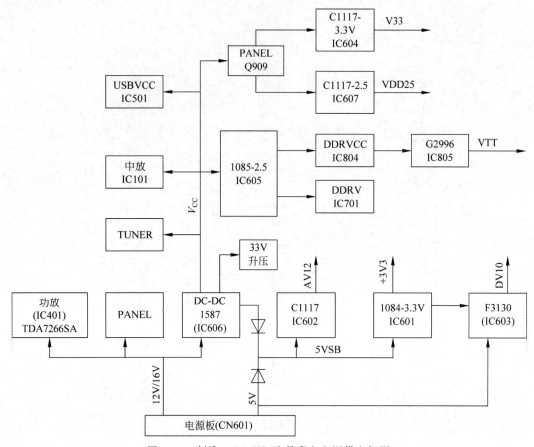

图 15.2　创维 24S20HR 液晶彩电电源供电框图

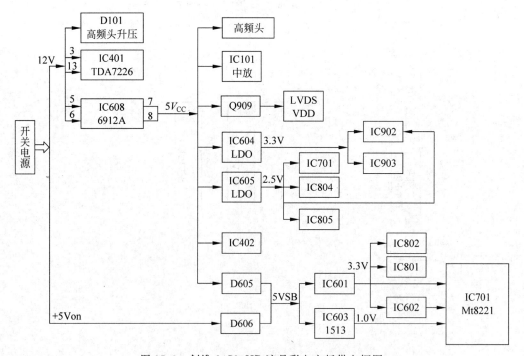

图 15.3　创维 24S20HR 液晶彩电主板供电框图

15.2 创维液晶彩电接口电路

15.2.1 AV 输入/输出接口

创维 24S20HR 彩电 AV 输入/输出接口电路如图 15.4 所示。

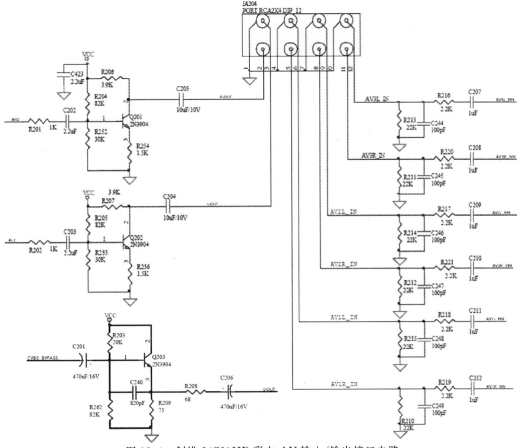

图 15.4 创维 24S20HR 彩电 AV 输入/输出接口电路

从主控芯片 MT8222 传过来的全电视信号 CVBS_BYPASS 经过 Q203 输出 V-OUT 信号,经过 JA204,分别从它的②脚输出 AR2,③脚输出 AL2 信号到彩电外部。

彩电外部视音频信号通过 JA204 的⑤、⑥、⑧、⑨、⑪、⑫脚输入三组信号,到音频切换电路 IC402(CD4052),创维 24S20HR 彩电 AV 接口实物如图 15.5 所示。

图 15.5 创维 24S20HR 彩电 AV 接口实物

15.2.2　色差分量端口

色差端子是在 S 端子的基础上,把色度(C)信号里的蓝色差(b)、红色差(r)分开发送,色差输出将 S-Video 传输的色度信号 C 分解为色差 Cr 和 Cb,这样就避免了两路色差混合译码并再次分离的过程,也保持了色度信道的最大带宽,只需要经过反矩阵译码电路就可以还原为 RGB 三原色信号而成像,这就最大限度地缩短了视频源到显示器成像之间的视频信号信道,避免了因烦琐的传输过程所带来的影像失真,所以色差输出的接口是目前模拟的各种视频输出接口中最好的方式之一。

创维 24S20HR 彩电色差分量输入接口实物如图 15.6 所示,色差分量端口电路如图 15.7 所示。

图 15.6　创维 24S20HR 彩电色差分量输入接口

JA203 的①、④、⑦脚接地,②脚信号经过 R246 匹配耦合后,输出全电视信号 CVBS1到 IC701 的⑦脚;③脚信号经过 R247 匹配耦合后,输出亮度信号 YOP 和 SOY0 分别到IC701 的 251 脚和 250 脚;⑤脚信号经过 R224 匹配耦合后,输出全电视信号 CVBS4 到IC701 的④脚;⑥脚信号经过 R226 匹配耦合后输出色差信号 PBOP 到 IC701 的 253 脚;⑧脚输出视频输出信号 V-OUT 到电视机外部;⑨脚信号经过 R225 匹配耦合后输出色差信号 PROP 到 IC701 的 254 脚。

15.2.3　VGA 接口

显卡所处理的信息最终都要输出到显示器上,显卡的输出接口就是计算机与显示器之间的桥梁,它负责向显示器输出相应的图像信号。VGA 接口是一种 D 型接口,上面共有15 针孔,分成 3 排,每排 5 个。其中,除了 2 跟 NC(Not Connect)信号、3 根显示数据总线和5 个 GND 信号,比较重要的是 3 根 RGB 彩色分量信号和 2 根扫描同步信号 HSYNC 和VSYNC 针。

创维 24 寸彩电 VGA 接口输入电路如图 15.8 所示,VGA 接口实物如图 15.6 所示。

由液晶彩电 VGA 接口①、②、③脚接收到的 R、G、B 信号,经过 FB204、FB205、FB206双向限幅,R240、R242、R243 进行阻抗匹配后,由 R241、C231、R244、C235、R245、C234 耦合,送到 IC701 的第 243 脚、241 脚、239 脚进行 A/D 转换等处理。

由液晶彩电 VGA 接口⑬脚、⑭脚接收到的行同步信号(HSYNC)和场同步信号(VSYNC),经 R234、R235 送到 IC701 的第 238 脚和第 237 脚,进入内部的同步处理电路进行处理。

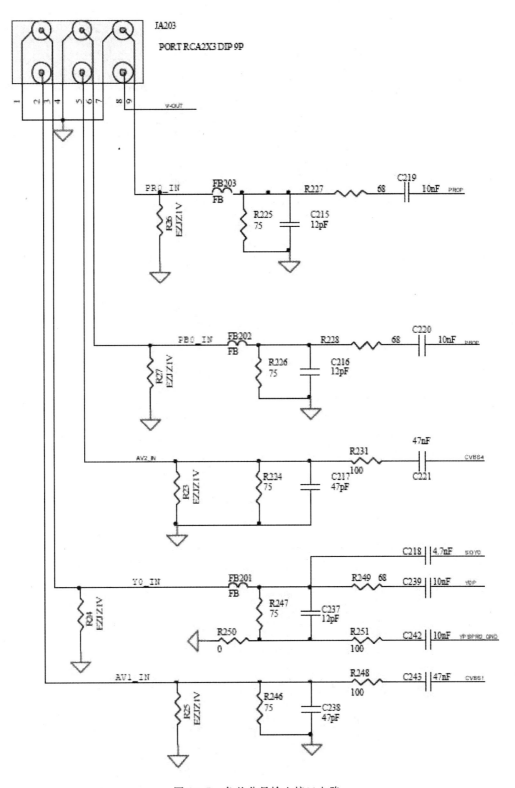

图 15.7　色差分量输入接口电路

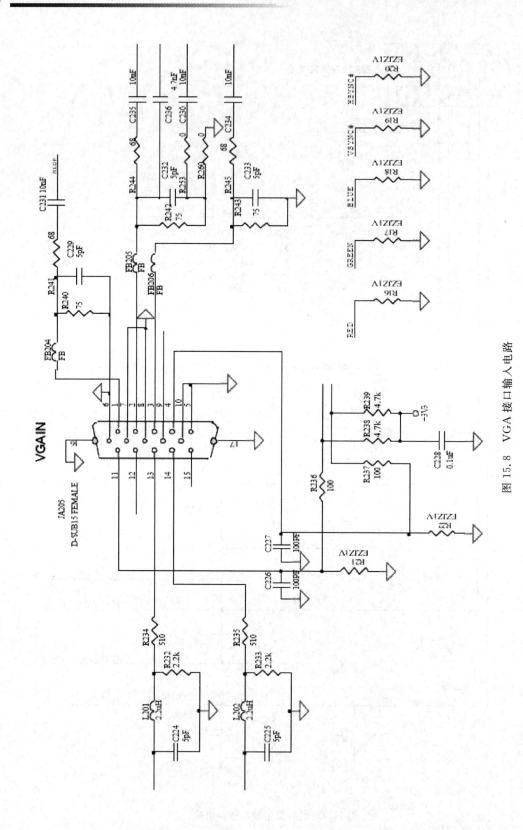

图 15.8 VGA 接口输入电路

15.2.4　HDMI 接口

HDMI,高清晰度多媒体接口(High Definition Multimedia Interface)是一种全数位化影像和声音传送接口,可以传送无压缩的音频信号及视频信号。HDMI 可以同时传送音频和影音信号,由于音频和视频信号采用同一条电缆,大大简化了系统的安装。HDMI 能高品质地传输未经压缩的高清视频和多声道音频数据,最高数据传输速度为 5Gbps。同时无须在信号传送前进行数/模或者模/数转换,可以保证最高质量的影音信号传送。

HDMI 不仅可以满足目前最高画质 1080p 的分辨率,还能支持 DVD Audio 等最先进的数字音频格式,支持八声道 96kHz 或立体声 192kHz 数码音频传送,而且只用一条 HDMI 线连接,免除数字音频接线。同时 HDMI 标准所具备的额外空间可以应用在日后升级的音视频格式中。足以应付一个 1080p 的视频和一个 8 声道的音频信号。而因为一个 1080p 的视频和一个 8 声道的音频信号需求少于 4Gbps,因此 HDMI 还有很大余量。这允许它可以用一个电缆分别连接 DVD 播放器,接收器和 PRR。此外 HDMI 支持 EDID、DDC2B,因此具有 HDMI 的设备具有"即插即用"的特点,信号源和显示设备之间会自动进行"协商",自动选择最合适的视频/音频格式。

HDMI 规格的接口在保持高品质的情况下能够以数码的形式传输未经压缩的高分辨率视频和多声道音频的数据。其卓越性能超越了以往所有的产品。HDMI 规格的连接器采用单线连接,取代了产品背后的复杂的线缆。采用 HDMI 规格接口的线缆拓宽了长度的限制。HDMI 规格可搭配宽带数字内容保护(HDCP),以防止具有著作权的影音内容遭到未经授权的复制。

创维 24S20HR 彩电 HDMI 接口实物如图 15.9 所示,HDMI 输入接口有两个,电路如图 15.10 所示。

图 15.9　HDMI 接口

HDMI 接口有两种类型,一种是有 19 个针脚的 A 型,另一种是带有 29 针脚的 B 型。B 型的接口比 A 型的接口体积更大,它可以支持双路连接。这就意味着采用 B 型接口时数据传输量将会双倍提升。A 型接口每个时钟周期可以传输 165MHz 的像素的信息,而 B 型接口每个时钟周期可以传送高达 330MHz 的像素信息。

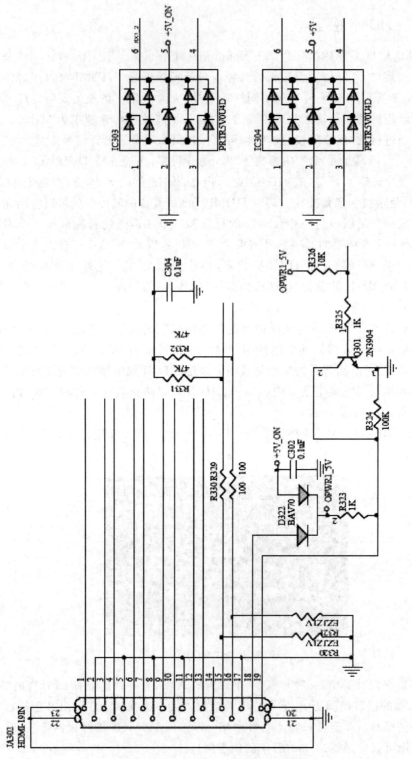

图 15.10　HDMI 接口电路

本机采用的是 A 型的结构 HDMI 插座,HDMI 电路的工作过程如下:

HDMI 信号经连接电缆送到液晶彩电的 HDMI 接口连接器上,HDMI 连接器第①、③、④、⑥、⑦、⑨脚为 3 个通道(2 通道、1 通道和 0 通道)的 TMDS 数字信号,HDMI 接口的⑩、⑫脚为 TMDS 时钟信号,这些信号经 IC303、IC304 双向限幅后,均送到 IC701 的第 217～224 脚,进行 HDMI 接收处理。

JA302 的第⑮脚、第⑯脚输出的 HDMIDDCSCL_1 和 HDMIDDCSDA_1,JA301 第⑮脚、第⑯脚输出的 HDMIDDCSCL_0 和 HDMIDDCSDA_0 信号进入 IC701 的第 214、215、226、227 脚,用来存储与 HDMI 密匙相关的解密数据,以便对接收到的 HDMI 信号进行解密处理。

HDMI 接口的第⑲脚为热插拔检测(HPD)端,HPD 是从液晶彩电输出送往 HDMI 设备的一个检测信号,HDMI 设备可以通过 HPD 引脚检测出 HDMI 的连接情况,以便作出相应响应。

15.2.5　USB 接口

通用串行总线(Universal Serial Bus,USB)是连接外部装置的一个串口汇流排标准,在计算机上使用广泛,但也可以用在机顶盒和游戏机上,补充标准 On-The-Go(OTG)使其能够用于在便携装置之间直接交换资料。

USB 是一种常用的 PC 接口,只有 4 根线,两根电源两根信号,故信号是串行传输的,USB 接口也称为串行口,USB 2.0 的速度可以达到 480Mbps。可以满足各种工业和民用需要 USB 接口的输出电压和电流是+5V/500mA 实际上有误差,最大不能超过±0.2V 也就是 4.8～5.2V。USB 接口的 4 根线一般是下面这样分配的,需要注意的是千万不要把正负极弄反了,否则会烧掉 USB 设备或者计算机的南桥芯片:黑线——GND;红线——V_{CC};绿线——data+;白线——data-。

创维 24S20HR 彩电 USB 接口电路如图 15.11 所示,USB 供电电路如图 15.12 所示,USB 接口实物如图 15.9 所示。

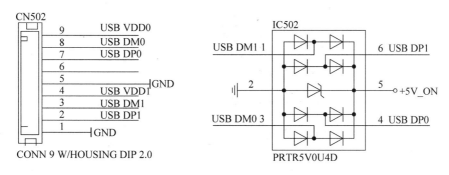

图 15.11　USB 接口电路

24S20HR 有 2 组 USB 输入(①～④脚为一组;⑤、⑦、⑧、⑨脚为另一组),信号从 CN502 输入,经过 IC502 双向限幅,进入 IC701 的 193、194、198、199 脚。

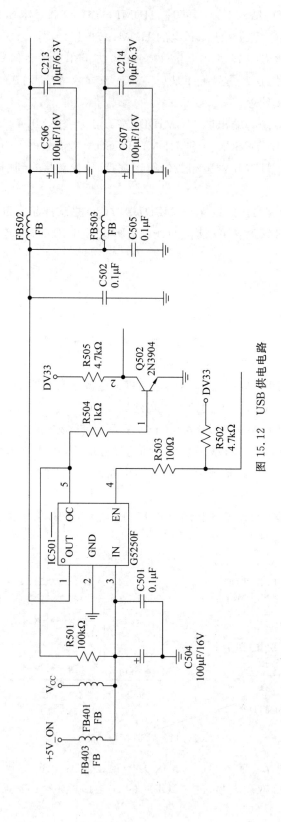

图 15.12　USB 供电电路

15.3 创维液晶彩电公共通道电路

公共通道电路是数字高清彩电的最前端电路,主要包括高频调谐器(高频头)和中频处理两部分电路,这部分电路使用模拟电路,与普通模拟彩电电路基本一致。公共通道电路对彩电的性能影响很大,出现故障时会导致彩电跑台、图、声不良等故障现象。

15.3.1 高频调谐器

高频调谐器又称高频头,是液晶彩电信号通道最前端的一部分电路。它的主要作用是调谐所收到的电视信号,即对天线接收到的电视信号进行选择、放大和变频。

高频调谐器的电路组成如图 15.13 所示,它由 VHF 调谐器和 UHF 调谐器组成。VHF 调谐器由输入回路、高频放大器、本振电路和混频电路组成,由混频电路输出中频信号。UHF 调谐器也由输入回路、高频放大器和变频电路组成。在 UHF 调谐器中,输出的中频信号还要送至 VHF 混频电路,这时 VHF 调谐器的混频电路变成了 UHF 调谐器的中放电路。由于高频调谐器的工作频率很高,为防止外界电磁场干扰和本机振荡器的辐射,高频调谐器被封装在一个金属小盒内,金属盒接地,起屏蔽作用。

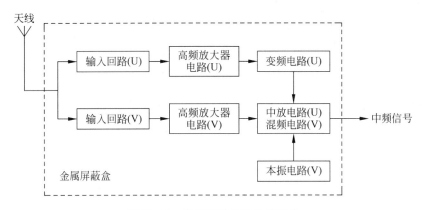

图 15.13 高频调谐器的电路组成

VHF 调谐器与 UHF 调谐器的调谐原理是基本相同的。从天线接收进来的高频电视信号,包括各种不同的频道,通过输入回路选出所需收看的频道,而抑制掉其他各种干扰信号。为提高接收灵敏度,高频电视信号先经过选频放大,然后送入混频电路,与本振电路产生的本振信号进行混频,以产生中频电视信号。

高频调谐器的功能主要有三个方面:①选频——通过频段切换和改变调谐电压选出所要接收的电视频道信号,抑制掉临近频道信号和其他各种干扰信号;②放大——将接收到的微弱高频电视信号进行放大,以提高整机灵敏度;③变频——将接收到的载频为 f_p 的图像信号、载频为 f_c 的色度信号、载频为 f_s 的伴音信号分别与本振信号 f_o 进行混频,变换成载频为 38MHz 的图像中频信号、载频为 33.57MHz 的色度中频信号和载频为 30.5MHz 的第一伴音中频信号,并将它们送至中频放大电路。

15.3.2　中频处理电路

中频处理电路也称中频通道,一般由声表面波滤波器、中频放大、视频检波、噪声抑制电路(ANC)、预视放、AGC、AFT 等电路组成,除了声表面波滤波器以外,其他部分电路通常集成在一起,称为中频处理 IC。中频处理电路的组成如图 15.14 所示。

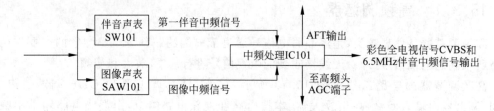

图 15.14　中频处理电路的组成

高频调谐器输出的中频信号首先经过声表面波滤波器,一次性形成中放特性曲线。然后进行中频放大,将信号放大到视频检波所需的幅度。视频检波对中频信号进行同步检波,还原出视频信号,同时输出 6.5MHz 的第二伴音中频信号,视频信号经 ANC 处理和预视放后输出。为了在接收的电视信号有强弱变化时,也能使输出的视频信号电压保持在一定范围内,电路设置了 AGC 电路。而 AFT 电路的作用是当中频信号频率发生变化时,对高频调谐器进行频率微调,以稳定中频频率。

创维 24S20HR 液晶彩电高频/中频处理电路主要以频率合成式高频头 TUNER101(5200-380651-32)和中频处理电路 IC101(TDA9885T)为核心构成。频率合成式高频头引脚排列如图 15.15 所示,高频头 TUNER101 引脚功能如表 15.1 所示,中频处理电路 IC101引脚排列如图 15.16 所示,中频处理电路 TDA9885T 内部电路框图如图 15.17 所示,其引脚功能如表 15.2 所示。

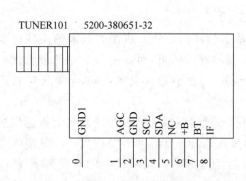

图 15.15　频率合成式高频头 TUNER101
(5200-380651-32)引脚排列

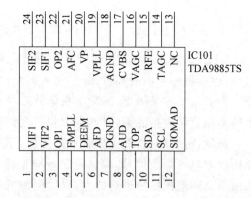

图 15.16　中频处理电路 IC101(TDA9885T)
引脚排列

TDA9885/TDA9886 是 PHILIPS 公司的中频处理 IC,两者均支持(PAL、NTSC)。

(1) 总线控制图像中频可选(33.4M、33.9M、38M、38.9M、45.75M,58.75M);

(2) 通过总线读取 4BIT AFC 数据,进行精确的 AFC 控制;

(3) AGC 中的 TOP 点通过总线来完成;

(4) 4 路可选地址;

(5) PLL 锁相环中频解调器(外挂 4MHz 晶体)。

表 15.1 频率合成高频头 TUNER101 引脚功能

脚 号	符 号	功 能
0	GND1	地
1	AGC	射频 AGC 输入端
2	GND	地
3	SCL	串行总线时钟
4	SDA	串行总线数据
5	NC	空
6	+B	+5V 供电电源
7	BT	调谐电压
8	IF	中频输出

表 15.2 TDA9885T 引脚功能

脚号	符号	功能	脚号	符号	功能
1	VIF1	图像中频输入 1	13	NC	未用
2	VIF2	图像中频输入 2	14	TAGC	射频自动增益调节
3	OP1	逻辑信号输出控制 1	15	REF	外部基准频率输入
4	FMPLL	FM 音频 PLL 滤波	16	VAGC	中频 AGC 外接电容端
5	DEEM	去加重,外接电容器	17	CVBS	彩色全电视信号输出
6	AFD	音频去耦	18	AGND	地
7	DGND	地	19	VPLL	中频锁相环滤波
8	AUD	音频解调输出	20	VP	5V 电压
9	TOP	未用	21	AFC	自动频率控制输出
10	SDA	串行总线数据	22	OP2	逻辑信号输出控制 2
11	SCL	串行总线时钟	23	SIF1	第一伴音中频输入 1
12	SIOMAD	音频内载波输出	24	SIF2	第一伴音中频输入 2

创维 24S20HR 液晶彩电公共通道电路如图 15.18 所示,有关电路分析如下。

1) 图像中频检波电路

由高频头 IF 端输出的中频信号,经过 C116 耦合、预中放 Q103 放大后,由声表面滤波器 SAW101(K7262M30)滤波后得到图像中频信号,送至中频处理电路 TDA9885T 的第①脚、第②脚。在 TDA9885T 内部经中频放大后,送至视频检波器,视频检波器采用 PLL 检波方式,可提高图像的质量,接在第⑮脚上的晶振 X101 为锁相环 PLL 提供基准振荡频率,经视频检波产生的彩色全电视信号由第⑰脚输出,经 Q105 缓冲后,送到视频解码电路进行解码。

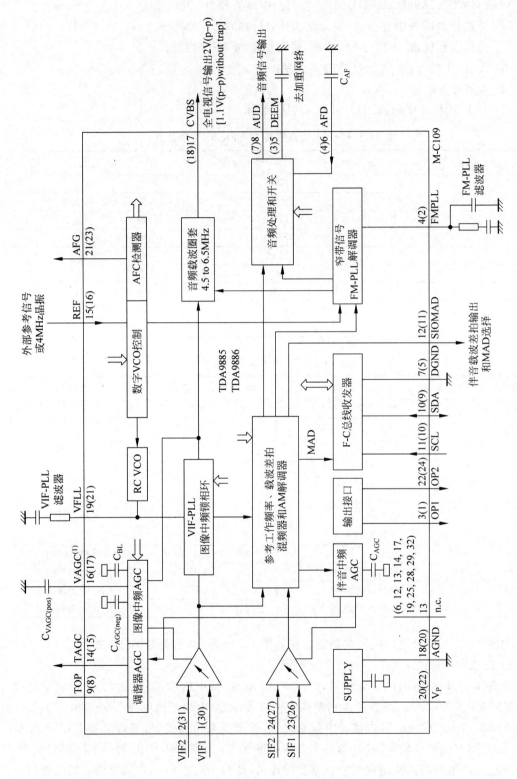

图 15.17　TDA9885 内部电路框图

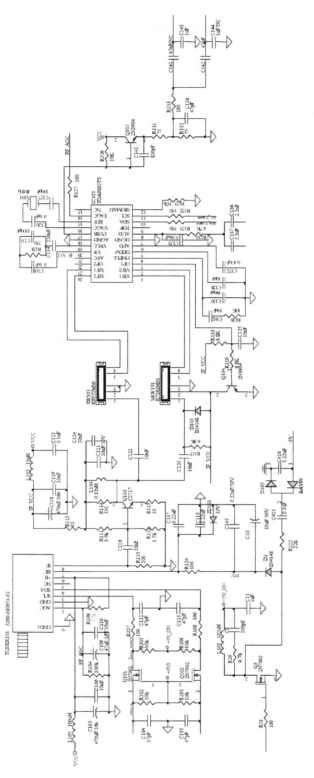

图 15.18　创维 24S20HR 液晶彩电公共通道电路

2）AGC 电路

视频检波器输出的视频信号还有一路送至中频 AGC 电路，检出的射频 AGC 电压由⑭脚送出，送至高频头的第①脚 RF AGC 端子，用于控制高放电路的增益。

3）AFT 电路

由 TDA9885T 检出的 AFT 电压由第㉑脚输出，不过该机并未采用此脚。AFT 电压是通过 I²C 总线控制频率合成高频头的本振频率，确保高频头 IF 端的载波始终为 38MHz；使 MCU 在自动搜台时，能将节目锁定在最佳位置。

4）伴音解调电路

由高频头 IF 端输出的中频信号，经 C116 耦合、预中放 Q103 放大后，由声表面滤波器 SW101（K9352M30）滤波后得到第一伴音中频信号，送至中频处理电路 TDA9885T 的第㉓脚、第㉔脚；输入的信号经内部限幅放大后，送至内部混频器，得到第二伴音中频信号从第⑧脚输出，送到外部音频处理电路。另外，第二伴音中频信号在内部还送到音频解调电路，解调出 TV 音频信号，从第⑫脚输出，不过，该机未采用此功能。

TDA9885T 的第③脚、第㉒脚为制式控制端，在接收不同制式信号时，这两个脚的电平有所不同，通过控制 Q104 的导通与截止，使 SW101、SAW101 的幅频特性发生改变，以便 TDA9885T 对不同制式的信号进行解调处理。

15.4 创维液晶彩电主板输出接口电路

RSDS（Reduced Swing Differential Signaling），即低摆幅差分信号，在某些方面，RSDS 和低压差分信号 LVDS 相似，但它们的使用方式却截然不同。采用 LVDS 接口的系统则应用在主控芯片和时序控制器（TCON）之间，而采用 RSDS 接口的系统应用在时序控制器（TCON）与液晶屏源驱动器之间。现在，一些性能优良的主控芯片已集成了 TCON 和 RSDS 发送器，也就是说，此类主控芯片可以输出 RSDS 信号，经 RSDS 接收器接收后，直接驱动液晶屏的源驱动器。RSDS 输出接口组成示意图如图 15.19 所示。

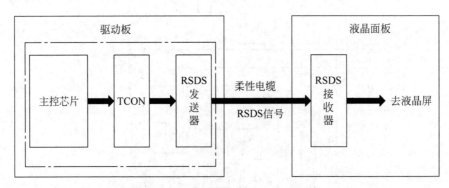

图 15.19　RSDS 输出接口组成示意图

液晶屏采用 RSDS 接口进行连接有诸多优点，包括加速性能、低功耗以及低 EMI。RSDS 使用约±200mV 低压差分摆幅，比采用 TTL 接口低得多。采用 RSDS 接口的源驱动器能工作在高压 85MHz 的时钟速率。除了低电压摆幅，RSDS 还支持差分信号对的体系结构,能抑制 EMI 沿快速信号路径的产生。创维 24S20HR 液晶彩电 RSDS 接口电路如图 15.20 所示,LVDS 接口电路如图 15.21 所示。

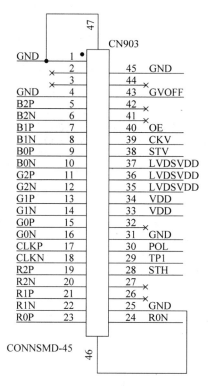

图 15.20　创维 24S20HR 液晶彩电 RSDS 接口电路

RSDS 按串行模式传送数据,信号触发是双沿的。整个总线宽度含九对数据信号和一对时钟信号。相对于 TTL 接口,可大大减少连接线数量。

RSDS 接口应用较少,有关 RSDS 接口的应用将在介绍 RSDS 接口液晶面板内容时再做介绍。

15.5　创维液晶彩电液晶面板

IPS(In-Plane Switching)技术是以液晶分子平面切换的方式来改善视角,利用空间厚度、摩擦强度并有效利用横向电场驱动的改变让液晶分子做最大的平面旋转角度来增加视角;换句话说,传统的液晶分子是以垂直、水平角度切换作为背光通过的方式,IPS 则将液晶分子改为水平旋转切换作为背光通过方式。因此,在产品的制造上不需要额外加补偿膜,显示视觉上对比也很高。在视角的提升上可达到160°,反应时间缩短至40ms 以内。Super-IPS 在视角的提升上可达到170°,反应时间缩短至30ms 以内,NTSC 色纯度比也由50％提升至60％以上。

创维 24S20HR 液晶彩电采用的是龙腾光电屏 M236MWF1,液晶屏 S2360TASA 参数如表 15.3 所示。

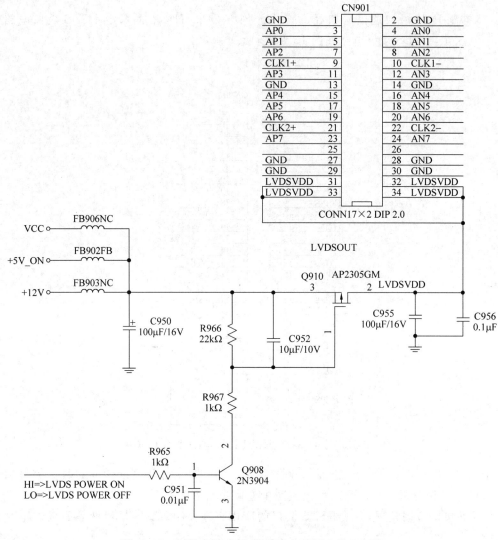

图 15.21　创维 24S20HR 液晶彩电 LVDS 接口电路

表 15.3　液晶屏 S2360TASA 参数

尺　　寸	23.6W
型号	M236MWF1
分辨率（像素）	FHD 全高清（1920×1080）
有效面积(mm)	521.3×293.2
外形尺寸(mm)	544.8×320.5×18.7
对比度	1000：1
反应时间（ms）	5
色饱和度	72%
视角（L+R/U+D）	170/160
亮度(cd/m²)	300
表面处理	炫光
重量（g）	2500
大量生产	Q2' 09

15.6　创维液晶彩电伴音电路

液晶彩电的伴音电路主要功能是处理放大音频信号,最后驱动扬声器重现声音信号,对伴音电路的要求是:频响宽、失真小、声音洪亮、音质优美,为用户提供最佳的听觉享受。

创维 24S20HR 液晶彩电采用的是"图像伴音准分离方式",其伴音电路组成如下。

1. 音频切换电路

音频切换电路以 IC402(CD4052)为核心组成,如图 15.22 所示。

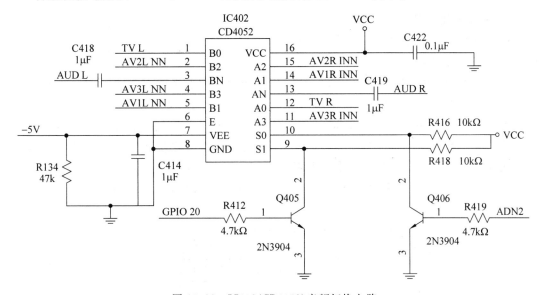

图 15.22　IC402(CD4052)音频切换电路

该电路完成 AV2、PC3 组 L、R 音频信号的切换。IC402(CD4052)是一块贴片式集成电路,是一双通道 3 选 1 电子开关,内部电子开关的工作状态受其⑨、⑩脚输入的组合电平控制。

从侧 AV 板送来的 AV1L_INN、AV1R_INN 音频信号从 IC402(CD4052)的第⑤、⑭脚输入;从 PC 音频信号接口送来的 AV2L_INN、AV2R_INN 音频信号从 IC402(CD4052)的第②、⑮脚输入;从电视机后端送来的 AV3L_INN、AV3R_INN 音频信号从 IC402(CD4052)的第④、⑪脚输入;来自高频头输出的伴音中频信号,输入到 IC402(CD4052)后,经内部解码,将数字音频信号解调成 L、R 模拟音频信号,该信号从 IC701(MT8222)的①、⑫脚输入。

4 组 L、R 音频信号送到 IC402(CD4052)后,在 IC402(CD4052)的⑥、⑨、⑩脚组合电平的控制下,选择出其中的一组音频信号从 IC402(CD4052)的③、⑬脚输出,分别经 C418、C419 耦合送到 IC701(MT8222)音效处理集成电路部分的㉟、㉟脚。IC402(CD4052)的⑥、⑨、⑩脚组合控制电平对应状态如表 15.4 所示。

从 IC101 输出的第二伴音中频信号,送入丽音解调集成电路 IC402(CD4052)的第①脚和第⑫脚输入端(TVL、TVR),在其内部完成不同制式的伴音解调及丽音信号的处理后,在第③脚和第⑬脚分别输出双声道信号(AUD_L、AUD_R)及从中提取出的超重低音信号。

表 15.4　74HC4052 真值表

控　制　脚			公　共　脚	公　共　脚
⑥脚	⑨脚	⑩脚	⑬脚(公共脚,R 音频输出)	③脚(公共脚,L 音频输出)
L	L	L	⑫脚(TV 伴音中频信号-R)	①脚(TV 伴音中频信号-L)
L	L	H	⑭脚(AV1R_INN)	⑤脚(AV1L_INN)
L	H	L	⑮脚(AV2R_INN)	②脚(AV2L_INN)
L	H	H	⑪脚(AV3R_INN)	④脚(AV3L_INN)
H	X	X	不通	不通

2. 音效处理电路

IC701(MT8222)已包含该电路。

3. 音频功放电路

从音效处理电路(IC701(MT8222))的㊸、㊹脚输出的主伴音 L、R 信号,分别经 R401、C404、R402、C403 进入 IC401 (TDA7266) 的 ⑫、④ 脚,经内部功率放大后,从 IC401 (TDA7266)的①脚输出 L 声道正极性音频信号,②脚输出 L 声道负极性音频信号,驱动 L 扬声器发出声音;从 IC401(TDA7266)的⑮脚输出 R 声道正极性音频信号,⑭脚输出 R 声道负极性音频信号,驱动 R 扬声器发出声音。IC401(TDA7266)引脚图如图 15.23 所示,IC401(TDA7266)内部原理图如图 15.24 所示,由 IC401(TDA7266)相关电路组成的音频功放电路,如图 15.25 所示。

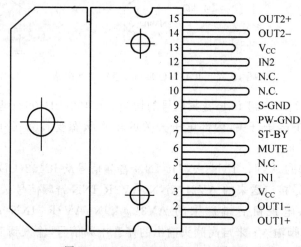

图 15.23　IC401(TDA7266)引脚图

15.7　创维液晶彩电微控制器电路

液晶彩电和 CRT 彩电一样,需要设置微控制器电路,以便对整机进行控制,并对诸如亮度/对比度、色彩、输入信号选择等参数进行调校,这样,不但可以大大简化整机电路,而且增加了机器的稳定性。

创维液晶彩电微控制器电路由以下几部分组成:

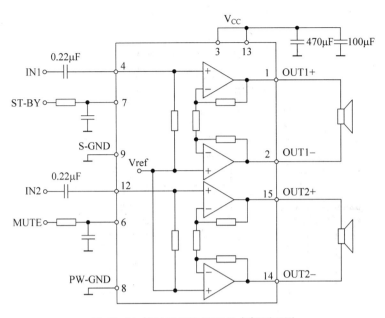

图 15.24 IC401(TDA7266)内部原理图

1. 微控制器和存储器

包含在全功能超级芯片 IC701(MT8222)中。

2. EEPROM 数据存储器

EEPROM 是电可擦写可编程只读存储器的简称,几乎所有的液晶彩电在 MCU 的外部都设有一片 EEPROM 存储器,用来存储彩电工作时所需的数据(用户数据、质量控制数据等)。这些数据断电时不会消失,但可以通过进入工厂模式或用编程器进行更改。

我们在遇到彩电软件故障时,经常会提到"擦除、编程、烧写"等概念,一般所针对的都是 EEPROM 存储器中的数据,而不是程序。"擦除、编程、烧写"的是 MCU 外部 EEPROM 数据存储器中的数据。另外,我们维修液晶彩电时,经常要进入液晶彩电工厂模式(维修模式)对有关数据进行调整,所调整的数据就是 EEPROM 中的数据。创维 24S20HR 液晶彩电 EEPROM 数据存储器电路如图 15.26 所示,有关参数如表 15.5 所示。

表 15.5 IC903(EEPROM24C08)有关参数

产品型号	工作电压(V)	接口方式	最大擦写次数	位密度	结构	最大写周期(ms)	最大时钟频率(MHz)	封装/温度(℃)	描述
CW24C08D	1.8～5.5	I²C	1M	8K	×8	5	1	SOP8L/−40～+85	两线串行EEPROM

3. FLASH ROM 程序存储器

FLASH ROM 也称闪存,是一种比 EEPROM 性能更好的电可擦写只读存储器。辅助程序和屏显图案等存储在 MCU 外部的 FLASH 程序存储器中,主程序存储在 MCU 内部的 ROM 中。FLASH ROM 程序存储器电路如图 15.27 所示。

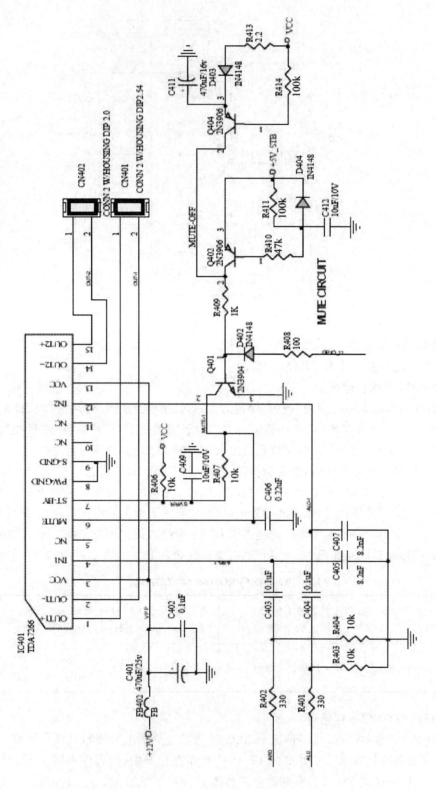

图 15.25　IC401（TDA7266）音频功放电路

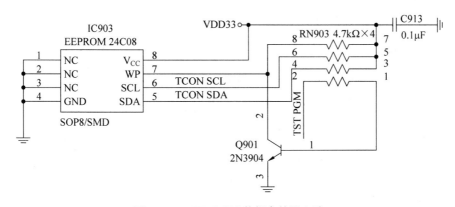

图 15.26 EEPROM 数据存储器电路

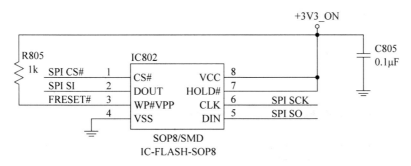

图 15.27 FLASH ROM 程序存储器电路

4. 按键和遥控输入电路

当用户对液晶彩电的参数进行调整时,是通过按键来进行操作的,按键实质上是一些小的电子开关,具有体积小、重量轻、经久耐用、使用方便、可靠性高的优点。按键的作用就是使电路通与断,当按下开关时,按键电子开关接通,手松开后,按键电子开关断开。微控制器可以识别出不同的按键信号,然后去控制相关电路进行动作。按键和遥控输入电路如图 15.28 所示,CN1100 按键电路输出的信号 ADIN3、ADIN4 直接进入 IC701(MT8222)的㉑、㉒脚。

红外接收放大器是置于电视机前面板上一个金属屏蔽罩中的独立组件,其内部设置了红外光敏二极管、高频放大、脉冲峰值检波和整形电路。红外光敏二极管能接收940nm 的红外遥控信号,并经放大、带通滤波,取出脉冲编码调制信号(其载频为38kHz),再经脉冲峰值检波、低通滤波、脉冲整形处理后,形成脉冲编码指令信号,加到 MCU 的遥控输入脚,经 MCU 内部解码后,从 MCU 相关引脚输出控制信号,完成遥控器对电视机各种功能的遥控操作。CN1100 遥控接收输出的信号 OIRI 直接进入 IC701(MT8222)的㊔脚。

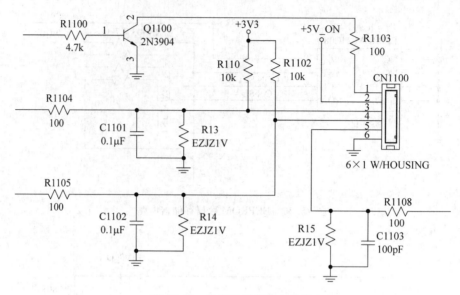

图 15.28 按键和遥控输入电路

15.8 开关电源与 DC/DC 变换器电路

15.8.1 开关电源电路

创维 24S20HR 液晶彩电的开关电源均采用并联式,电路板如图 15.29 所示。它主要由交流抗干扰电路、整流滤波电路、功率因数校正电路(部分液晶彩电有此电路)、启动电路、振荡器/开关元件、稳压电路(脉冲调制电路)、保护电路和直流稳压输出电路等几部分构成。创维 24S20HR 开关电源电路如图 15.30 所示。

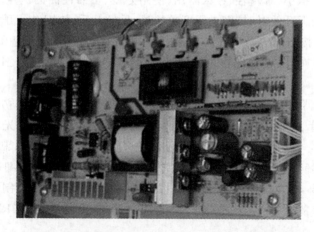

图 15.29 创维 24S20HR 液晶彩电的开关电源电路板

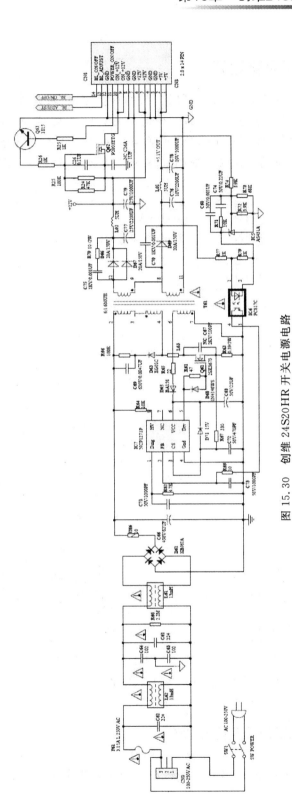

图 15.30 创维 24S20HR 开关电源电路

15.8.2 DC/DC 变换器电路

目前,液晶彩电所采用的 DC/DC 变换器可以分为两种类型,一种是采用线性稳压器(包括普通线性稳压器和低压差线性稳压器),另一种是开关型 DC/DC 变换器(包括电容式和电感式)。本机采用的是电感降压式 DC/DC 变换器,DC/DC 变换器电路中的 IC606 (NCP1587)引脚图如图 15.31 所示,其内部框图如图 15.32 所示,DC/DC 变换器电路如图 15.33 和图 15.34 所示。

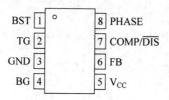

图 15.31　IC606(NCP1587)引脚图

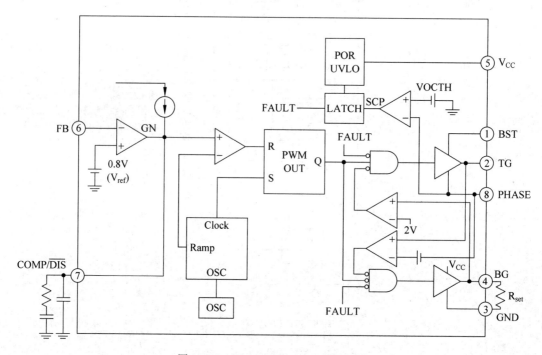

图 15.32　IC606(NCP1587)内部框图

15.9　背光源与高压逆变电路

创维 24S20HR 液晶彩电采用的是 CCFL 背光光源,有关原理分析见 14.6.1 节,本机型高压逆变电路如图 15.35 所示。

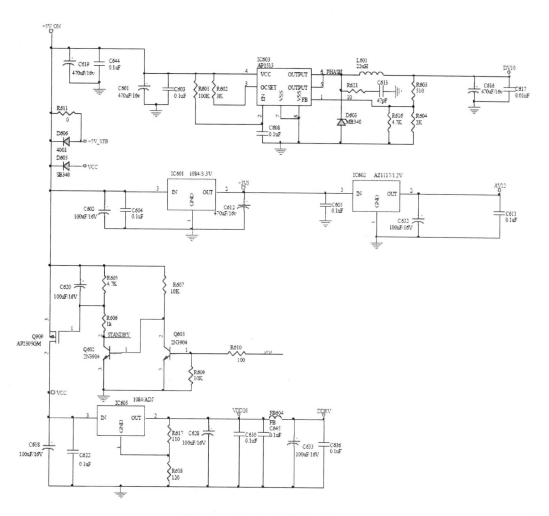

图 15.33 DC/DC 变换器电路之一

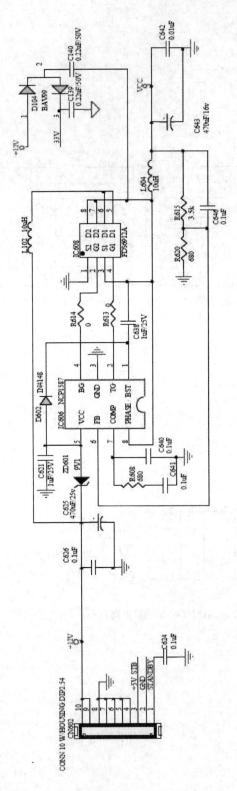

图 15.34 DC/DC 变换器电路之二

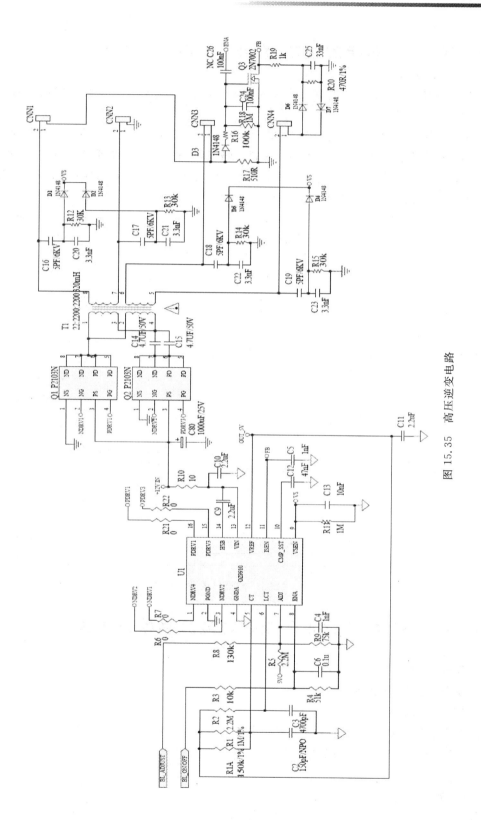

图15.35 高压逆变电路

15.10 "全功能超级芯片"MT8222

全功能超级芯片是指整机视频处理和控制由一块芯片完成,采用这种方案构成的液晶彩电,电路结构十分简捷。

本机芯采用 MTK 方案公司的 MT8222CRSU 作为主芯片,该电路是 MTK 公司专为创维提供的一种高集成度 IC,集成了 CPU、视频解码、音频解码、图像处理、HDMI 信号处理,支持 RM 高清格式电影等功能,支持视频信号画中画功能。可适应单、双路 8BIT 到 10BIT LVDS 屏,MT8222CRSU 的功能框图如图 15.36 所示。

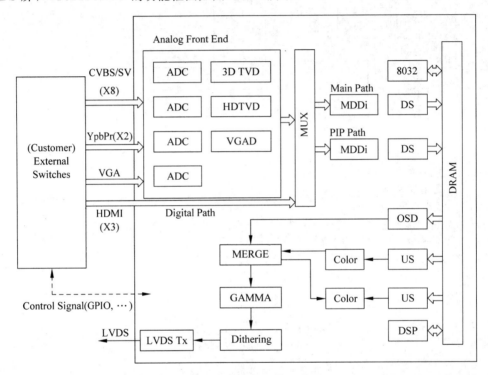

图 15.36 MT8222CRSU 的功能框图

15.11 创维 24S20HR 液晶彩电故障检测流程

1. 不开机(检测流程见图 **15.37**)

2. 黑屏(检测流程见图 **15.38**)

3. 有伴音无图像

有伴音说明电源、CPU、DRAM 等电路工作基本正常,可以按以下步骤检测:

(1) 切换至不同输入状态以确认是否只有某些状态无图像;

(2) 检查背光供电及其控制电路;

(3) 检查屏供电及其控制电路;

(4) 检查 LVDS/TTL 输出电路及其连线。

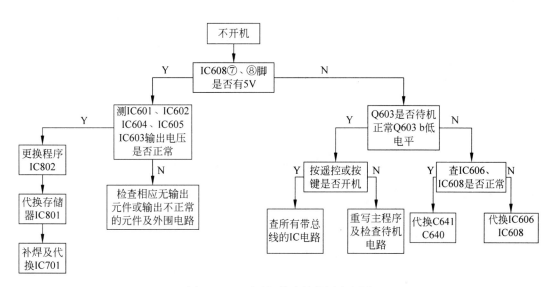

图 15.37 不开机故障的检测流程图

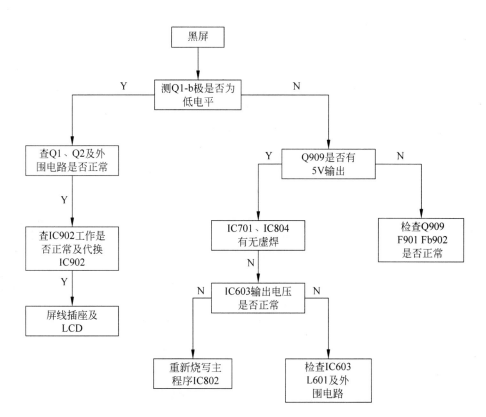

图 15.38 黑屏故障的检测流程图

4. 有图像无声音

有图像说明主电源、CPU、DRAM 等电路工作基本正常,可以按以下步骤检测:

(1) 切换至不同输入状态以确认是否只有某些状态无声音;

(2) 检查功放及其供电是否正常(可以用信号注入法);

(3) 检查静音、功放待机控制电路是否正常;

(4) 中放是否有声音信号输出;

(5) Q404、IC402、IC701、FB402 等元器件是否正常。

15.12 创维 24S20HR 液晶彩电故障检测实例

15.12.1 维修概述与注意事项

由于创维 24S20HR 主板电路高度集成,大部分单元电路都采用了集成电路设计。视频解码、A/D 转换电路、去隔行处理和图像缩放电路、微控制器电路都被包含在全功能超级芯片(IC701(MT8222))中。液晶彩电开关源电路和高压逆变电路属于高压电路,不适合开展实践训练。因此,本书的故障实例主要集中在公共通道电路和伴音电路两个部分。

液晶电视整机信号处理电路包括高频调谐器、中频处理电路、视频解码及 A/D 变换电路、信号变频及格式变换电路、液晶显示处理器、存储器、帧缓存器、数字音频解码电路、音频切换开关、音效处理及伴音功放、整机控制电路和开关稳压电源等。模拟信号处理部分、音频信号的处理及伴音部分和 CRT 电视是一样的,其维修方法与 CRT 电视的维修基本相同,而数字信号的处理部分主要由视频解码及 A/D 变换芯片、液晶屏驱动电路、微处理电路和各种存储器电路组成,其主要功能是将高频头传送来的模拟信号经过色度解调和 A/D 转换得到 8 位的数字 Y、U、V 信号,然后对数字 Y、U、V 信号(包括 YPbPr 信号、PC 信号、HDMI 信号)进行去隔行分辨率转换、矩阵处理、运动检测、画面缩放处理、OSD 显示处理,经 LVDS 编码,输出统一的 LVDS 格式信号送到液晶屏显示驱动电路,最后驱动液晶屏显示图像,这部分需要在了解 24S20HR 的数字信号处理流程和相关集成电路的基础上进行维修。液晶电视 24S20HR 的内部设计以集成电路为主,配以少量的分立元件,电视机的各种功能都集中在集成块内,外围只是一些供电、输入、输出、总线输入、振荡等元件,因此维修的重点也要放在对这些元器件的检测上。液晶电视维修流程如图 15.39 所示。

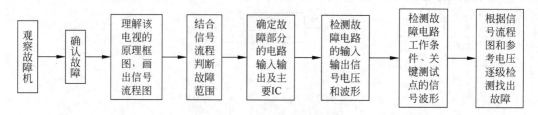

图 15.39　液晶电视维修流程图

液晶电视体积小、集成度高、工艺要求高,因此维修时要注意以下几点:

(1) 机内有大量的 MOS 电路,维修时必须采取防静电措施;

(2) PCB 板为多层板,布线细密,烙铁温度要控制在 240~300℃,操作时间不得超过 5~7s;

（3）轻拿轻放，防止损坏屏面，维修时应在屏面加保护胶片，以防撞坏屏面；

（4）维修后切记恢复断开点和原有工艺。

15.12.2 前端图像模拟信号处理电路的维修

液晶彩电中图像信号处理电路主要包括图像模拟信号处理电路与图像数字信号处理电路两大部分，在有的液晶彩电中还把图像模拟信号处理电路和图像数字信号处理电路做成两块独立的电路板，以便于生产、检修和更换。液晶彩电前端图像模拟信号处理电路是指：液晶彩电公共通道（包括高频头和中频处理电路）、图像解码电路以及常规 AV 信号输入电路等。液晶彩电前端图像模拟信号处理电路出现故障时引起的故障现象及维修方法，与常规 CRT 彩电基本相同。下面简要进行介绍。

1. 无图无声

无图无声故障主要原因有两个方面：一个是高频头故障；另一个是中频处理电路故障。可用以下方法鉴别是高频头故障还是中频处理部分故障，具体做法是：

若进行频道自动搜索，屏幕上能有各频道图像瞬间闪过，节目号不翻转，说明高频头工作正常，故障在 MCU 或者存储器软件等部位；若自动搜索一直无图像闪现，故障可能在高频头和中频处理电路。此时，用表笔串接一只 $1\mu F$ 的电容，一端接地，另一端去触碰高频头 IF 输出端，若屏幕上无干扰噪点，则说明故障在中放电路；若屏幕有干扰点，则说明故障在高频头。

2. 雪花噪点大图像不清晰

此故障现象一般是由 AGC 电路、高频头及高频头输出电路故障引起的。检修时，首先测量高频头 AGC 电压是否正常，测 TUNER101(5200-380651-32)1 脚，若低于正常值较多，则应检查中频处理电路外接的相关元件 C126、C127；若高频头 AGC 电压正常，则应检查高频头的工作电压是否正常。若 L105 开路，将导致没有 5V 供电电压加入＋B 端，高频头就不能工作。若 C106 短路，将导致供电电压直接接地，高频头也不能工作。若电压都正常，则检查中频输入、预中放电路及控制电路等。预中放电路重点检查 R113、C121、C123、C124、C116、R110、R111、R114、R115 等元件。

3. 无彩色

液晶彩电无彩色故障维修方法与 CRT 彩电大致相同，故障部位主要在图像解码电路。本机的图像解码电路已经集成在 IC701(MT8222)内，所以不予讨论。

4. 有光栅但没有雪花点噪声

故障多半出在中放集成块及其外围电路，可以重点检查此集成块的供电是否正常，测一下各脚的直流电压值。重点检查 C101、R128、C133 等元件。

5. 有图无声或者有声无图

说明从高频头的输入到中放集成块的视频信号输出端之间的电路基本上没有什么问题，故障一般出在中放集成块的视频信号输出端之后的电路。如无图像则往亮度电路方向查找，无伴音则往伴音电路方向查找。

15.12.3 音频处理电路的维修

液晶彩电伴音电路常见的故障为无伴音或伴音小，下面进行简要分析。

1. 无伴音

无伴音故障一般采用波形测试法或者信号注入法进行检修。当采用信号注入法查找故障点时,方法如下:把万用表打到 R×10 或者 R×100 挡,红表笔接地,黑表笔去碰触音频信号输入端,如果喇叭里有"喀啦喀啦"的响声,说明自此以后的电路基本正常,否则说明自此以后信号在某处被阻断。可以先检查伴音电路中末级功率放大电路的电源供电情况,如果供电正常,再检查末级功放电路的工作状态,如 C402 是否击穿短路等。

在检修时还要注意以下几个问题。

(1) 拆开后壳检查之前,先用遥控器调整一下音量,看是否被人为地调到最小;有耳机插孔的,应检查耳机插孔是否接触不良;具有外接音箱功能的电视机,应检查是否处于外接音箱状态。

(2) 要注意检查静音电路是否起控。如果静音电路起控,应对 MCU 和静音电路进行检查。

2. 伴音小、失真、有杂音

此故障应重点检查以下部位:

(1) 伴音解调电路。液晶彩电采用的伴音解调外围电路十分简单,且大多都没有鉴频线圈,因此,对于伴音解调电路,应重点检查伴音准分离声表面滤波器、伴音解调电路外围的晶振等元件是否正常。C122 不正常也会出现此类现象。

(2) 音频耦合电容不良。在音频信号传输过程中,设有很多耦合电容,当耦合电容容量下降很多时,电容器的容抗变大,会导致音频信号经过耦合电容器衰减很大,使声音变小。

(3) 功放不良。末级功放电路不正常,会导致音频信号得不到正常的放大量,从而引起声音变小。重点检查 C402、R401、R402、C405、C407 等元件。

(4) 扬声器不良,也会导致声音失真、音小、有杂音故障。

15.12.4 维修操作方法

操作时,一般电路板的地线要接地,电烙铁要接地线,仪器仪表要接地线,操作者要戴防静电腕带。拆焊与焊接时电路板要处理的一面向上放平,另一面与桌面最好有一定的距离以利于底面的散热,用专用电路板支架更好。热风枪的热气流一般情况下要垂直于电路板。如果处理的元件旁边或另一面有耐热差的元件,对于焊接在板上的,如振铃器、连接器、SIM 卡座、涤纶电容和备用电池等,可以用薄金属片、胶带或纸条挡住热气流,还可以使热气流适度倾斜,对于键盘膜片、液晶显示器及塑料支架等可以直接取下的要取下。热风枪嘴与电路板的距离一般在 1~2 厘米。如果焊点焊锡太少要用烙铁往上带锡,不要将焊锡丝放到焊点上用烙铁加热的方法加锡,以免焊锡过多引起连锡。焊点表面要光亮圆滑,焊锡不要过多过少,一般保证焊锡表面不上凸略下凹即可。如果烙铁头氧化不能挂锡,要用专用的湿泡沫塑料或湿的餐巾纸擦净,不要用刀刮或用锉刀锉,也不要将烙铁头直接放进焊油盒接触焊油。焊接可以在显微镜或放大镜下进行,焊完后还要在显微镜或放大镜下检查有无虚焊和连锡,检查有焊片的焊点时可以在显微镜或放大镜下用针小心拨动确认有无虚焊。如果焊点已经腐蚀变黑,无论是电路板上的还是元件的表面,都要用针或小刀刮出金属光亮面,放上松香小颗粒或涂少量焊油,然后用烙铁加热镀锡,再补焊或焊接。

1．电阻的焊接

电阻一般耐高温性能较好，可以用热风枪拆焊与焊接。温度高低影响不大，但温度不要太高时间不要太长，以免损坏相邻元件或使电路板的另一面的元件脱落。风量不要太大，以免吹跑元件或使相邻元件移位。拆焊时，调好热风枪的温度和风量，尽量使热气流垂直于电路板并对正要拆的电阻加热，手拿镊子在电阻旁等候，当电阻两端的焊锡融化时，迅速用镊子从电阻的两侧面夹住取下，注意不要碰到相邻元件以免使其移位。焊接时，要在焊点涂上极少量的焊油，然后用镊子夹住电阻的侧面压在焊点上，用热风枪加热，当焊锡融化后热风枪撤离，焊锡凝固后镊子松开撤离即可。如果与焊点对的不正可以在锡融化的状态下拨正。电阻的焊接一般不要用电烙铁，用电烙铁焊接时一方面由于两个焊点的焊锡不能同时融化可能焊斜，另一方面焊第二个焊点时由于第一个焊点已经焊好，如果下压第二个焊点会损坏电阻或第一个焊点。补焊时要在两焊点处涂少量焊油（以焊完后能蒸发完为准），用热风枪加热补焊或用烙铁分别加热两个焊点补焊，对于体积特别小的电阻，用烙铁加热一端时另一端也会融化，用针或镊子略下压即可补焊好。

2．电容的焊接

对于普通电容（表面颜色为灰色、棕色、土黄色、淡紫色和白色等），拆焊、焊接和补焊与电阻相同。对于上表面为银灰色，侧面为多层深灰色的涤纶电容，还有其他不耐高温的电容，不要用热风枪处理，以免损坏。拆焊这类电容时要用两个电烙铁同时加热两个焊点使焊锡融化，在焊点融化状态下用烙铁尖向侧面拨动使焊点脱离，然后用镊子取下。焊接这类电容时，先在电路板两个焊点上涂上少量焊油，用烙铁加热焊点，当焊锡融化时迅速移开烙铁，这样可以使焊点光滑。然后用镊子夹住电容放正并下压，先用电烙铁加热一端焊好，再用烙铁加热另一个焊点焊好，这时不要再下压电容以免损坏第一个焊点。这样分别焊接一般会造成位置不正，如果要焊正，可以将电路板上的焊点用吸锡线将锡吸净，再分别焊接，如果焊锡少，可以用烙铁尖从焊锡丝上带一点锡补上，体积小的不要把焊锡丝放到焊点上用烙铁加热取锡，以免焊锡过多引起连锡。对于黑色和黄色塑封的电解电容也可以和电阻一样处理，但温度不要过高，加热时间也不要过长。对于塑封的电解电容，有时边角加热会变色，但一般不影响使用。对于鲜红色的两端为焊点的扁形电解电容，更要注意不要过热。

3．电感的焊接

两端为焊点的电感拆焊、焊接和补焊与电阻相同。塑封的电感也要注意不要过热。

第 16 章

等离子体彩电的基本结构和工作原理

等离子体显示板(Plasma Display Panel,PDP),是一种新型、适合做大屏幕的显示器,属于自发光器件。其特点是:亮度高、视角宽(达 160°)、无几何失真,不受电磁干扰,图像稳定、寿命长。

16.1　等离子体显示器的基本结构和工作过程

PDP 一般由几百万个像素单元组成,每个像素单元中涂有荧光层,并充有惰性气体。在外加电压作用下,气体呈等离子状态,并且放电,放电电子轰击荧光层发光。这些像素单元被称为放电单元,它是组成图像的最小单元。整个显示板的像素数越多,清晰度就越高,图像就越细腻。等离子体电视显示器的结构如图 16.1 所示,等离子体显示单元的内部结构如图 16.2 所示。

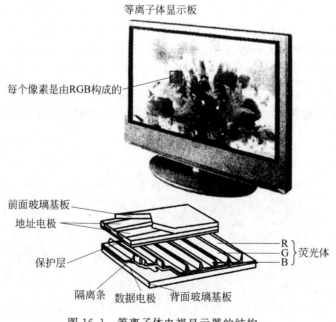

图 16.1　等离子体电视显示器的结构

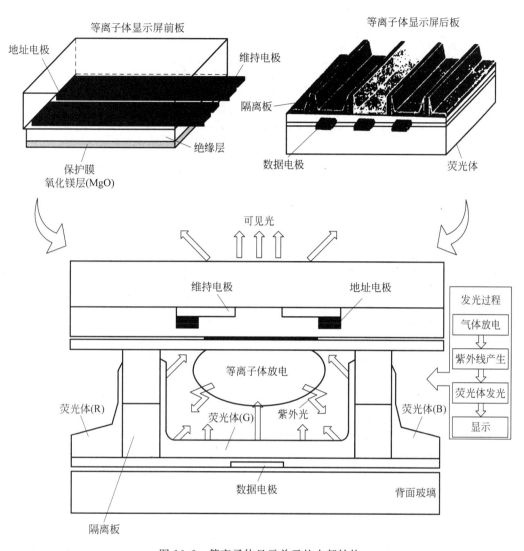

图 16.2　等离子体显示单元的内部结构

等离子体显示器的每一个单元结构都是在维持电极、地址电极和数据电极的共同作用下放电发光的。

等离子体显示单元是将一个像素单元分成 3 个小的单元,每个小的显示单元的结构如图 16.3 所示,相邻的 3 个单元内分别涂上 R、G、B 三色荧光粉构成一个像素单元,每一组单元所发的光,从远处看就是 R、G、B 三色光合成的效果。

等离子体显示单元的放电发光包括如下 4 个过程(示意图如图 16.4 所示):

(1) 预备放电—维持电极与地址电极之间加上电压,单元内的气体电离产生等离子体;

(2) 开始放电—数据电极与地址电极间加上 65～75V 电压,单元内离子开始放电;

(3) 放电发光—去掉数据电极电压,在地址电极与维持电极之间加上交流电压,使单元内形成连续放电,从而维持发光;

(4) 消去放电—去掉地址电极和维持电极之间的交流信号,在单元内变成弱放电状态,

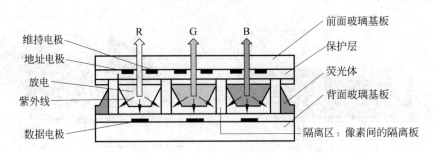

图 16.3　彩色等离子体显示单元的结构

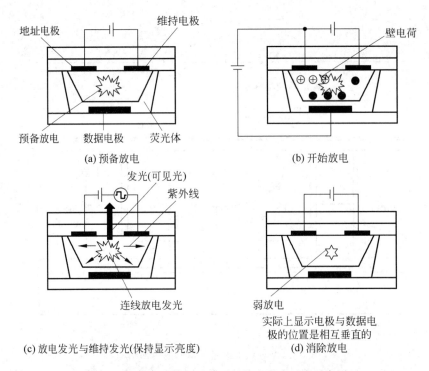

图 16.4　等离子体显示单元的放电发光过程示意图

等待下一个帧周期的放电发光激励信号。

　　等离子体从发光原理来说有两种形式：一种是在电离形成等离子体时直接产生可见光；另一种是利用等离子体产生紫外光来激发荧光体发光。通常等离子体不是固态、液态和气态，而是一种含有离子和电子的混合物。

　　各种控制电极和像素单元位置关系如图 16.5 所示，该图表明了对不同颜色的选择和控制的 关系。每个像素由 3 个子像素显示单元组成，子像素分别含有红、绿和蓝色荧光体。

　　电离可以采用直流或交流电压激励，直流激励电路简单但电压的要求是交流的一倍，而交流激励可以使用容性耦合，在电路结构上虽然复杂，但通过交流信号可以提高触发电压，降低外部输入电压，使整体电路结构得到简化。

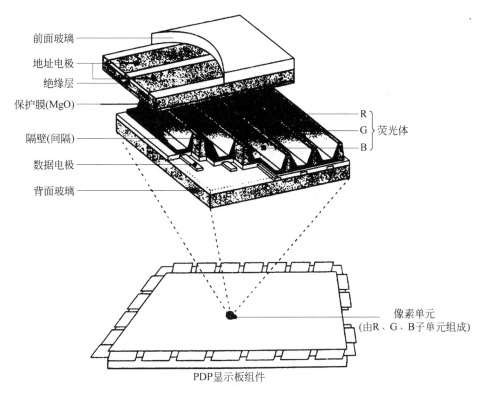

图 16.5 各种控制电极和像素单元位置关系示意图

16.2 等离子体显示板的驱动电路

等离子体显示板由水平和垂直交叉的阵列驱动电极组成,可以按像点的顺序进行控制,也可以按线或行的顺序进行控制,还可以按照整个画面的顺序显示。等离子体显示板的驱动方式如图 16.6 所示。

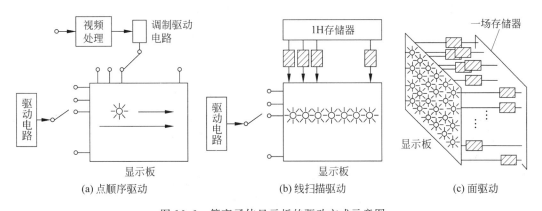

图 16.6 等离子体显示板的驱动方式示意图

　　大屏幕高清等离子彩色电视显示系统的驱动电路如图 16.7 所示。显示屏的分辨率为
1920×1035 像素,可实现高清晰的图像显示。

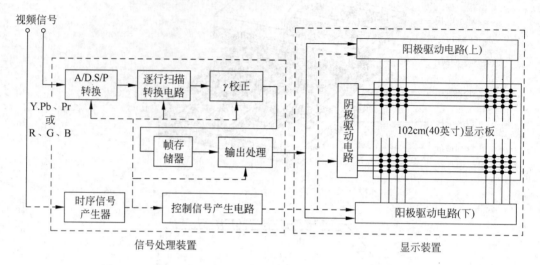

图 16.7　等离子体高清晰度大屏幕彩色电视显示系统的电路框图

　　在图 16.7 中,视频信号经解码处理后将亮度信号 Y 和色差信号 Pb、Pr 或 R、G、B 信 号
送到等离子体显示器的信号处理电路中,首先进行模数 A/D 转换和串并 S/P 转换,然后进
行扫描方式的转换,将隔行扫描的信号变成逐行扫描,再进行伽马校正。校正后的信号存入
帧存储器中,然后再逐帧输出到显示器驱动电路中。

　　来自视频信号处理电路的复合同步信号,送到时序信号发生器,以此作为同步基准信
号,为信号处理电路和扫描信号产生电路提供同步信号。

16.3　等离子体数字电视机的整机结构

　　以等离子体电视机 TCL-PPP4226 为例,整机电路框图如图 16.8 所示。主要由电视接
收部分和 TV 解调电路以及等离子体显示电路两部分组成:第一部分包括视频信号处理、
梳状滤波器和画质增强电路、音频信号处理和音频功放电路;第二部分由等离子体图像显
示器和图像信号处理电路组成。

　　1. 电视节目接收电路

　　电视节目接收电路如图 16.9 所示,它主要由调谐器、视频信号处理芯片 TDA9321,画
质增强电路、梳状滤波器 TDA9181、音频处理电路 MSP3140、微处理器、电源电路、接口电
路等部分组成。

　　2. 图像显示电路

　　图像显示逻辑控制电路结构如图 16.10 所示,这部分电路把视频信号处理成图像数据,
同步信号处理成扫描信号,再加上驱动电路共同组成图像显示。

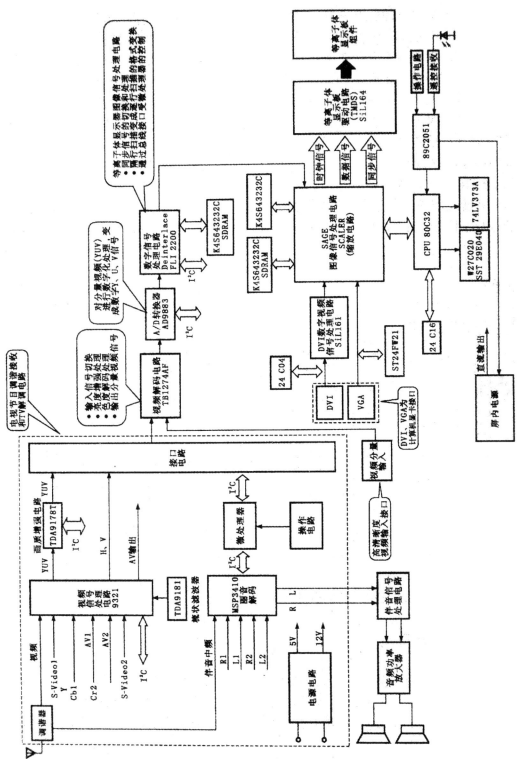

图 16.8 等离子体电视机 TCL-PPP4226 的整机电路框图

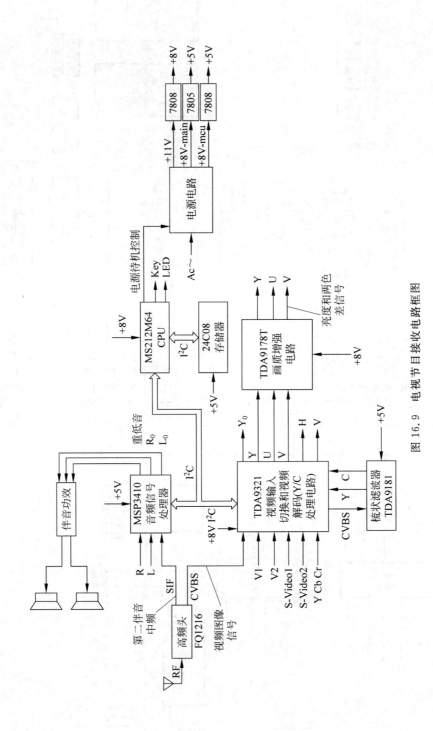

图 16.9　电视节目接收电路框图

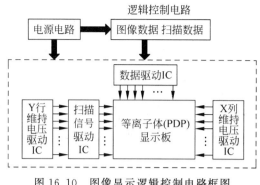

图 16.10　图像显示逻辑控制电路框图

16.4　典型等离子体彩电信号处理电路

16.4.1　调谐器电路

机顶盒调谐器电路如图 16.11 所示,调谐器 TU1 是将 I^2C 总线控制的高频头、中放和 TV 解调电路集成在一起,由微处理器输出的 I^2C 总线信号送到调谐器的 SDA 和 SCL 引脚,调谐器射频输入端接收的信号经内部高放、混频、中放、视频检波后,由⑯脚输出视频信号 CVBS,到 TDA9123,⑮脚输出第二伴音信号 SIF,经跟随器送到伴音处理芯片 MSP3456G。①脚为 31V 的电源端,②、⑰脚为两路＋5V 电源供电端。

16.4.2　视频信号处理电路

TDA9321H 是视频处理和色度解码用的大规模集成电路。其外围电路原理如图 16.12 所示,内部结构框图如图 16.13 所示。图中的 TDA9181T 是进行 Y/C 分离的梳状滤波器。

由本机调谐器输出的视频图像信号和外部音视频设备输入的分量视频信号(Y/Cb/Cr)、复合视频信号(V)以及 Y/C 分离视频信号(S-端子),都可以输入到 TDA9321H 芯片中,进行解码处理,最后输出分量视频信号(Y、U、V)到视频增强电路。

1. TDA9321H 的基本功能

(1) 带锁相环解调器的多制式中频电路。

(2) 带分离输入端的伴音中频(SIF)放大器,用于准分离音频(QSS)模式及分离自动增益控制电路。

(3) 可转换群延迟校正电路,用于补偿多制式的群延迟校正。

(4) 有多个 I^2C 总线控制开关输出端,用于转换外部电路,如音频陷波等。

(5) 灵活的输入信号选择电路:有 2 个外部 CVBS 输入端;2 个亮度(Y)、色度(C)输入端;2 个独立的可转换输出端。

(6) 梳状滤波器接口,带 CVBS 输出端及 Y/C 输入端。

(7) 集成色度陷波电路。

(8) 集成亮度延迟线电路,可调延迟时间。

(9) 集成色度带通滤波器,具有可转换的中间频率。

(10) 多制式色彩解码器,有 4 个用于晶振连接的引脚,可自动搜索制式。

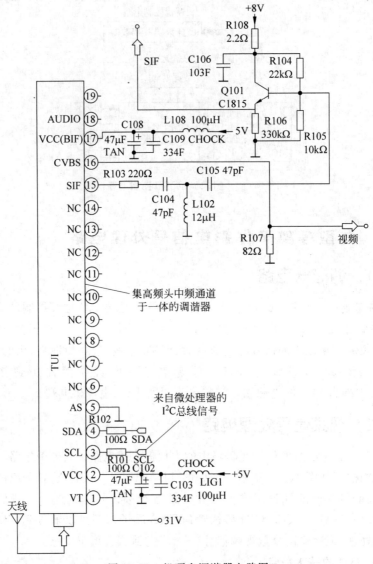

图 16.11　机顶盒调谐器电路图

（11）PAL＋辅助解调器。

（12）为 PAL＋及 EDTV－2 对辅助信号进行合理消隐。

（13）内部基带延迟线路。

（14）两个带快速消隐的线性 RGB 输入端,在送到输出端之前,RGB 信号先要转换成 YUV 信号,其中一个 RGB 输入端可以作为 YUV 输入端。

（15）为 PLL 及图像/字符选通而设的、带可转换时间常数的水平同步电路。

（16）水平同步脉冲输出或钳位脉冲输入/输出。

（17）两级沙堡脉冲输出。

（18）各种功能受 I^2C 总线控制。

2. TDA9178 图像改善电路

TDA9178 图像改善电路如图 16.14 所示,TDA9178 图像改善电路的内部功能如

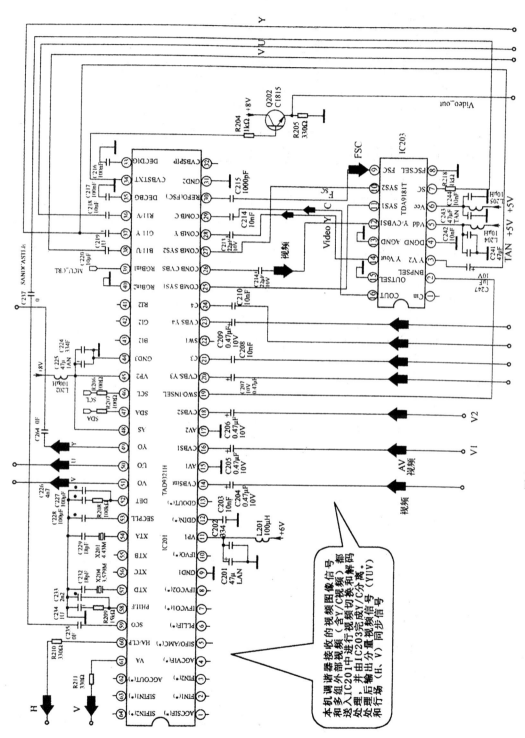

图16.12 TDA9321H 视频信号处理电路图

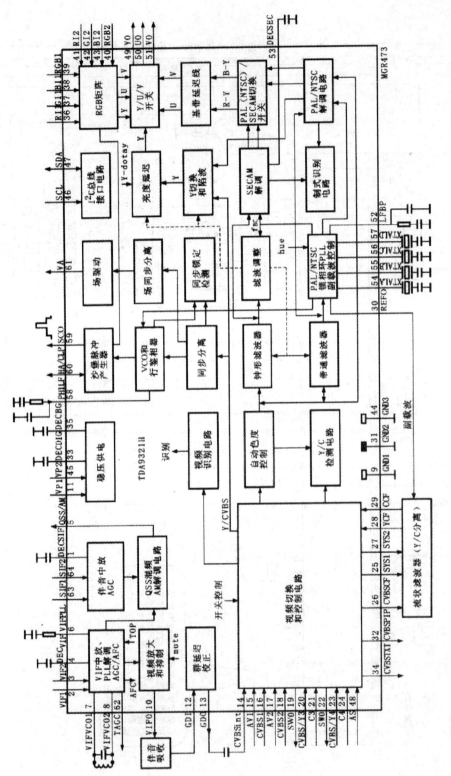

图 16.13　TDA9321H 的内部功能框图

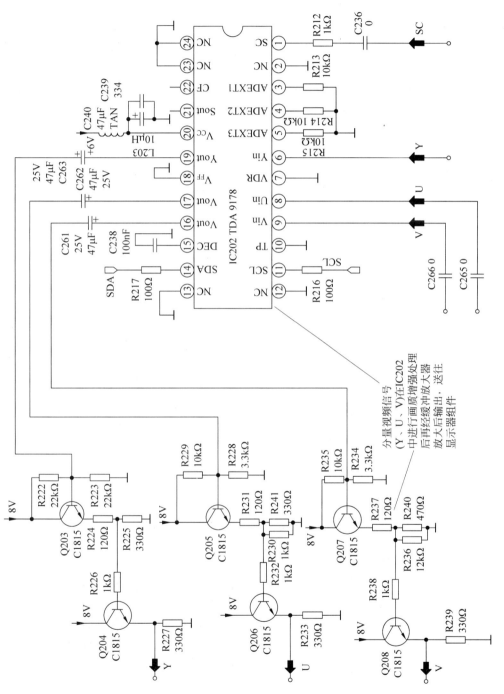

图 16.14 TDA9178 图像改善电路图

图 16.15 所示。为了改善图像画质,可利用数字存储和压缩技术提高图像的清晰度,也可以运用延迟和模拟加减运算电路提高图像的清晰度。这两种方法能跟踪信号的快速变化,图像细节效果较好。但无法实现对大面积图像的跟踪、降噪。因此一般采用数字式场内插或帧内插技术。TDA9178 就是采用行间比较、场间统计的模拟方式改善图像质量,具有 Y、U、V 分量输入和输出接口,并主要提供亮度矢量处理、色度矢量处理和频谱处理。其特点是:利用亮度信号直方图分析对图像进行有关非线性 Y、U、V 处理;具有黑电平和白电平延伸控制电路;内部设有肤色校正电路;采用了绿增强电路、蓝延伸和亮度瞬间增强电路(LTI);还有色度信号瞬态增强系统(CTI),行宽控制(LWC),色度信号鲜明度控制(CDS)等。

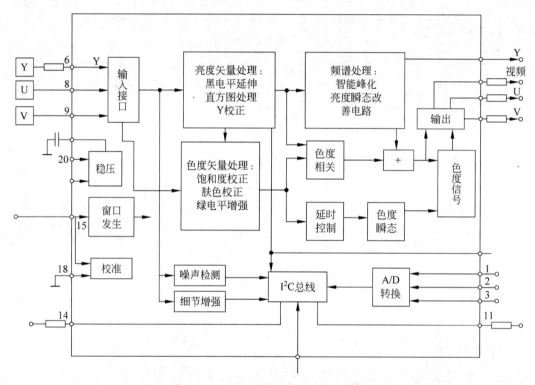

图 16.15　TDA9178 图像改善电路的内部功能框图

3. TDA9181T 梳状滤波器

TDA9181T 是专门用来进行 Y/C 信号的分离,提高亮度、色度信号的分离电路。TDA9181T 内部功能框图如图 16.16 所示。视频信号从⑫脚进入后,经钳位、延迟处理后进行梳状滤波,然后从⑭脚输出亮度信号,⑯脚输出色度信号,再回送到 TDA9321H 中。

TDA9181T 是自适应 PAL/NTSC 制式梳状滤波器,内置两个 2H/1H 延迟线,并能够确保最佳的交扰亮度和交扰色彩的衰减。支持 PALB,G,H,D,I,M,N 及 NTSC-M 标准。

此外,TDA9181 还配置了一个输出开关,用于选择梳整后的 Y/C 信号或 Y/CVBS 及 C 输入信号。

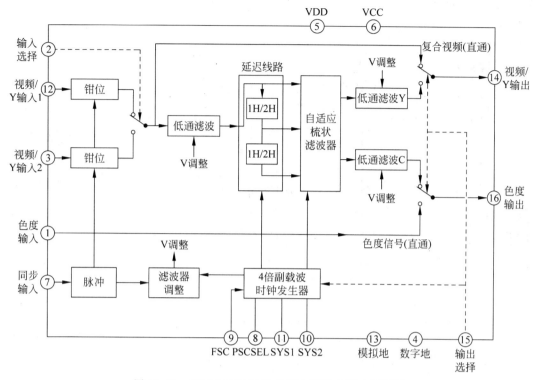

图 16.16　TDA9181T Y/C 分离电路的内部功能框图

注：PSC—色副载波信号；FSCSEL—副载波选择信号；SYS1—测试选择信号 1；SYS2—测试选择信号 2

16.4.3　音频信号处理电路

1. MSP3465 多制式音频信号处理电路

MSP3465G 多制式音频信号处理电路如图 16.17 所示，MSP3465G 系列单片多制式音频处理器的内部功能如图 16.18 所示。其内部包括 A/D 转换、解调、预处理、音源选择、D/A 转换以及多路音频压缩信号 SCART 的输入选择、A/D 转换、数字处理、D/A 转换、输出选择等功能模块电路。

2. 音频功放 LA4282

LA4282 音频功率放大器的内部功能如图 16.19 所示，LA4282 音频功率放大器的电路如图 16.20 所示。它将输入的左右声道信号进行功率放大后，输出到扬声器。该电路内部包括功率放大器、过热保护电路、滤波、静音控制等电路。

16.4.4　电源电路

机顶盒电路的电源电路如图 16.21 所示。它采用了 STRG-6653 厚膜集成电路作振荡稳压控制电路，形成开关电源控制模块，其中开关场效应晶体管集成在 IC801 的内部，加上开关变压器和整流、滤波等外围电路，共同组成机顶盒电源电路。交流 220V 电压经滤波和桥式整流电路后输出约 300V 直流电压，加到开关变压器 T801 的第⑦脚，经初级绕组⑦～⑤后加到 IC801 的第①脚。IC801 第①脚内为开关场效应晶体管的漏极。同时，交流 220V 一侧经启动电阻 R801、R814 为 IC801 的第④脚提供启动电压，于是开关电源开始启

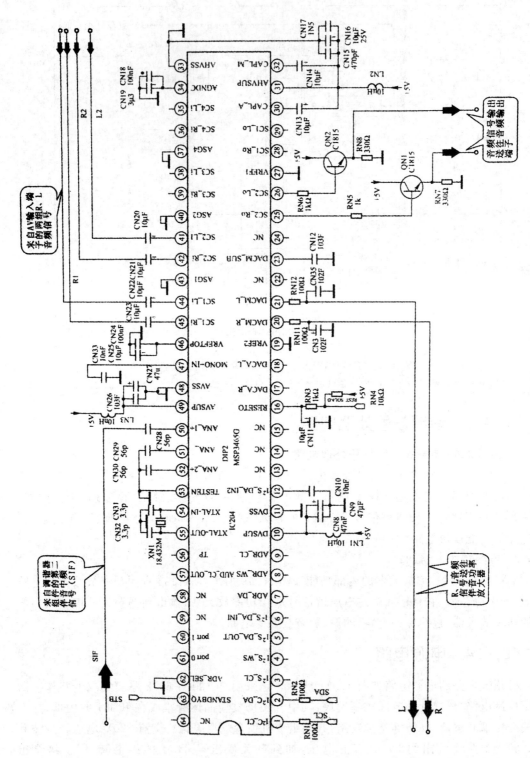

图 16.17 MSP3465G 多制式音频信号处理电路图

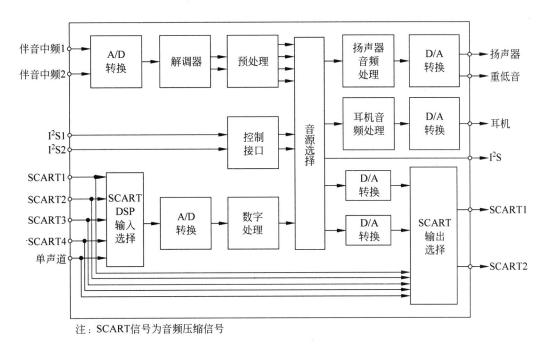

注：SCART信号为音频压缩信号

图 16.18 MSP3465G 系列单片多制式音频处理器的内部功能框图

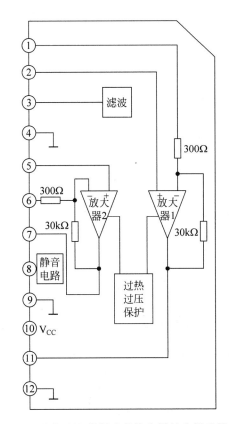

图 16.19 LA4282 音频功率放大器的内部功能框图

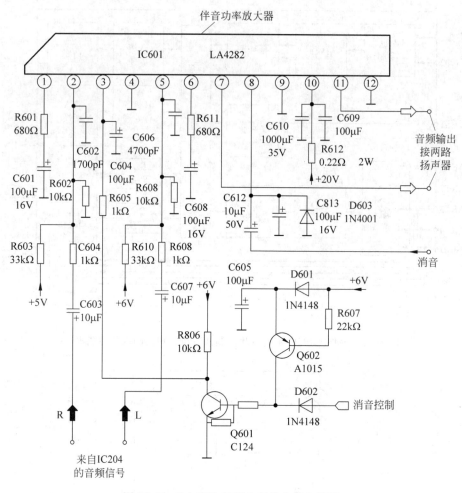

图 16.20 LA4282 音频功率放大器电路图

动,开关变压器 T801 初级绕组⑦～⑤中的启动电流使次级绕组①～②～③产生感应电压,它输出的脉冲电压经整流后形成正反馈电压,也送到 IC801 的第④脚,可以维持振荡电路连续工作。开关电路进入正常工作状态后,经过开关变压器次级可以输出多路不同功率、不同幅值的电源电压。

16.5 等离子体显示器电路

16.5.1 图像显示电路的基本结构

图像显示电路的基本结构如图 16.22 所示。该电路主要是数字视频信号处理电路。外部输入的各种视频信号,首先被输入 TB1274 视频解码电路中进行解码,视频解码电路 TB1274AF 的内部功能框图如图 16.23 所示,解码后的 YUV 信号和行场同步信号经 A/D 转换器 AD9883 变成数字视频信号,再送入 FLI220 中进行隔行扫描到逐行扫描的视频信号转换。该信号被送到功能强大的高清视频平板图像处理芯片 JAGASM 电路。其输出经 TTL 信号驱动电路和 TMDS 编码电路形成等离子体显示驱动信号,去驱动显示板。

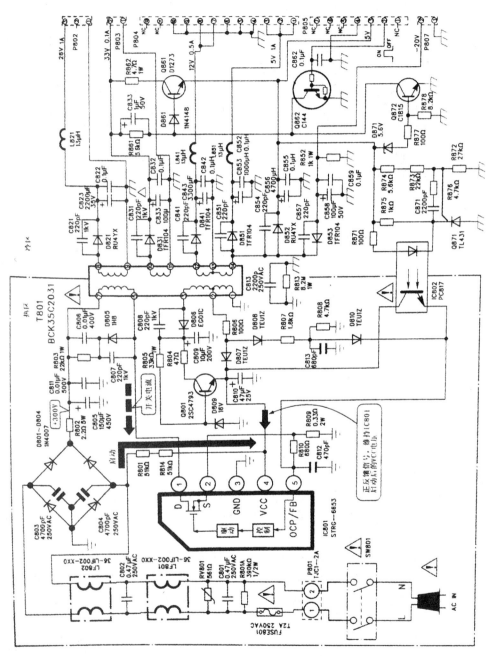

图16.21 机顶盒的电源电路图

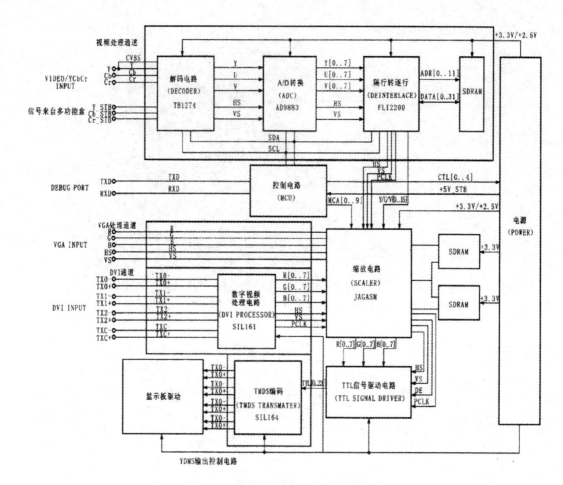

图 16.22　图像显示电路的基本结构图

16.5.2　A/D 转换器电路 AD9883

等离子体电视机显示部分的 A/D 转换器电路如图 16.24 所示。该电路将 3 路分量视频信号变成 3 组数字视频分量信号,每组为 8 路,共 24 路数字信号。该电路的核心元件是 AD9883 集成电路。

AD9883 的内部功能框图如图 16.25 所示。它是一个完整的 8 位、140MIPS 的模拟接口优化集成电路,专为个人计算机和工作站的 RGB 图像信号采集而设计,具有 140MIPS 解码能力和 300MHz 的带宽,可以支持 SXGA 计算机显示卡(1280×1024,75Hz)。该芯片对环境没有特殊要求,使用范围较广。

AD9883 具有以下性能特点:①最大转换率 140MIPS;②模拟带宽 300MHz;③模拟电压输入范围 0.5~1.0V;④电源 3.3V;⑤实时同步处理;⑥热插拔同步检测;⑦中级钳位;⑧节能模式;⑨低能耗,典型 500mW;⑩4∶2∶2 输出格式。

AD9883 的应用范围:①RGB 图像处理;②LCD 显示器和投影仪;③等离子体显示屏;④扫描切换;⑤微显示器;⑥数字电视。

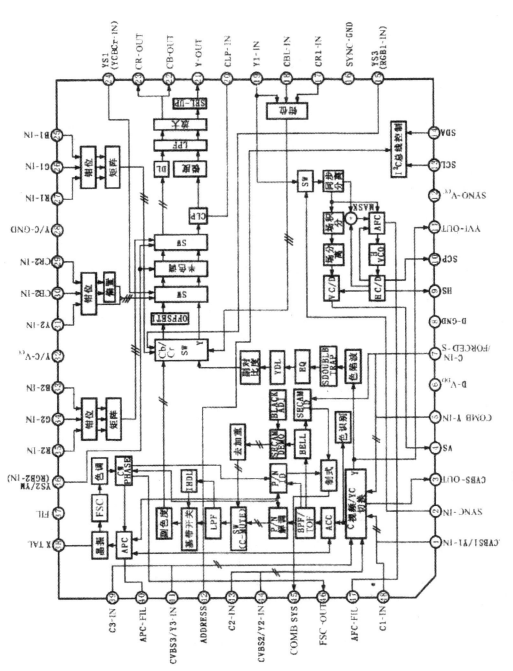

图16.23 视频解码电路 TB1274AF 的内部功能框图

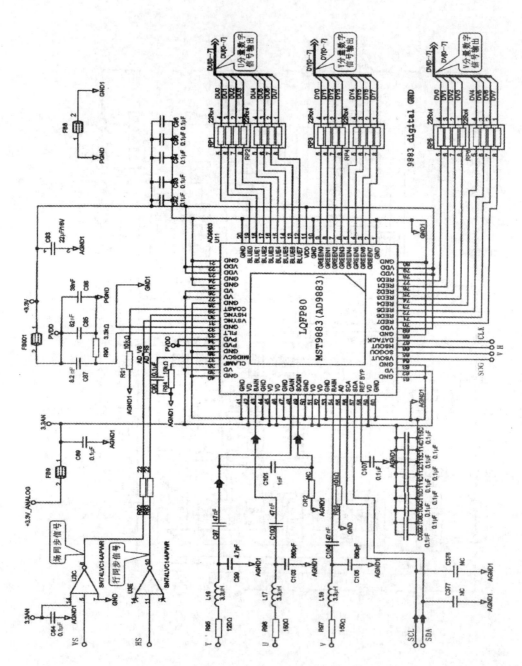

图 16.24 A/D 转换器电路图

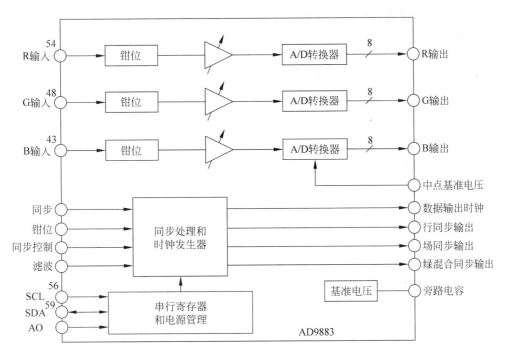

图 16.25　AD9883 的内部功能框图

16.5.3　FLI2200 平板显示信号处理电路

FLI2200 是用于平板显示器的数字图像信号处理电路,其功能框图如图 16.26 所示。它通过对数字图像信号的处理,产生高质量的图像输出,包括 525/60(NTSC)和 625/50(PAL 或 SECAM)。FLI2200 无论输入或输出以及内部处理均为 10 位/通道,但也支持在较低灵敏度下的 8 位/通道数字信号。

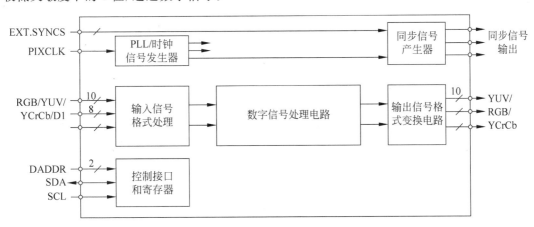

图 16.26　数字图像信号处理电路 FLI2200 的功能框图

FLI2200 最低需要 4MB 的 SDRAM 才能够达到最高质量效果。但它也可以在牺牲灵敏度,无内存的优化模式下运行,所以 FLI2200 既可以在高清电视机中应用,也可以在标清电视机中使用。

FLI2200 集合了多种信号处理和控制功能，包含片内时钟发生器、SDRAM 控制器，显示控制及输入、输出转换电路等。

FLI2200 的应用领域包括：

（1）平板电视显示器包括 LCD、PDP 显示器；

（2）先进的 TV 浏览器；

（3）多媒体投影设备；

（4）家庭影院系统；

（5）浏览切换器；

（6）多媒体 PC/工作站。

第四篇

ARTICLE

视 频 制 作

第 17 章

视频制作基础

　　作为电视技术的延伸,视频制作技术已成为我们日常生活中的一项必备技能。随着数字技术的迅猛发展,以计算机为核心的高科技设备已进入我们生活的各个领域,人们已不能只是满足于对影视作品的欣赏,大家渴望了解影视制作的过程,希望自己动手制作一部属于自己的影片。作为影视制作的经典软件,以 Premiere 为代表的数字音视频编辑软件自然成为人们编辑数字影视节目的首选工具。Premiere 是一个功能强大的基于计算机的非线性编辑软件,它不仅适合专业影视工作者制作精彩的影视节目,而且适合业余的多媒体爱好者制作出精美的多媒体作品。每个人都可以利用 Premiere 创建自己的影视工作室,体验一下"电影大师"的感觉。

　　Premiere 软件几经升级,功能已非常完善。我们在这里只是带领大家跨入影视制作的门槛,起到一个抛砖引玉的作用。我们将从早期的 Premiere 6.0 开始起步,通过简单易用的 Premiere 6.0 的操作界面和实例演示,掌握 Premiere 的基本用法,去感受一下视频制作的乐趣,探索一下视频制作的奥秘,以便激发大家的热情去学习更高版本的 Premiere 软件和其他各种功能强大的视频制作软件,为大家进入更高深的影视领域做一个铺垫。

17.1　Premiere 的特点

　　Adobe 公司推出的音视频非线性编辑软件 Premiere,是影视制作的经典软件。该软件首创了时间线编辑和素材项目管理等概念,功能十分强大,其核心技术是将视频文件逐帧展开,以帧为精度进行编辑,同时与音频文件精确同步。

　　基于 Premiere 的非线性编辑系统有以下特点:

　　1. 易学易用

　　基本操作比较简单,如同 Word 打字一样。相关网站众多,便于迅速获得技术支持。

　　2. 功能全面

　　Premiere 配合计算机音视频卡,可以对音视频信号进行实时采集和输出。Premiere 6.0 具有 99 轨视频和 99 轨音频,可精确实现声、画同步。Premiere 具有大量的视频转换效果、视频特效和运动处理功能。Premiere 具有专用的字幕制作窗口,应用十分方便。

　　3. 通用普及

　　作为开放式的体系结构,Premiere 支持众多的文件格式,可以和许多软件配合使用,目前国内流行的视频卡都支持 Premiere。

17.2 模拟视频基础知识

除了前面介绍过的三大电视制式、帧和帧速率、隔行扫描和逐行扫描、帧宽高比和像素宽高比以及色度学知识,还要熟悉 SMPTE 时间码。

SMPTE 时间码是用来确定视频片段的长度以及每一帧的时间位置,以便在编辑和播放时可以精确控制。SMPTE 时间码是一个国际标准,是专门为电影和视频应用设计的标准时间编码格式,其表示方式为"h:m:s:f",就是"小时:分:秒:帧"的意思。一个长度为 00:03:20:15 的视频片段,将播放 3 分 20 秒 15 帧,如果帧速率为 30,就可以播放 3 分 20.5 秒。

17.3 数字视频基础知识

计算机是以数字方式处理信息的,它只认识 0 和 1,因此,最初的模拟信号需要转换成数字信号,实现模数转换。

有关采样、量化和 A/D 转换前面已有所介绍,下面来认识一下压缩编码。

模拟视频信号数字化后,数据量是相当大的。以 PAL ITUR601 标准来说,每一帧按 720×576 的大小进行采样,以 4:2:2 的采样格式和 8 比特量化来计算,每秒钟图像的数据量约 21.1MB。这么大的数据量,给信号传输、存储和处理带来一定困难。因此,需要进行压缩处理。

在视频非线性编辑领域,常用的压缩编码技术有 3 种:JPEG、MPEG 和 DV。

JPEG(Joint Photographic Experts Group,联合图像专家组)标准是用于静态图像压缩的标准。其主要技术是采用了预测编码(DPCM)、离散余弦变换(DCT)以及熵编码,以去除冗余的图像和彩色数据。其图像压缩比率大约为 20:1。

MPEG(Moving Pictures Experts Group,动态图像专家组)标准是专门用来处理运动图像的标准。主要技术是利用了具有运动补偿的帧间压缩编码技术以减小时间冗余度,利用 DCT 技术来减小图像空间冗余度,并在数据表示上解决了统计冗余度问题。MPEG 有不同的压缩编码标准,如 MPEG-1、MPEG-2、MPEG-4 等。

DV 主要是指一种数字视频格式,DV 数字摄像机就是采用这种格式记录视频数据。对于 PAL 制信号来说,它采用 4:2:0 的采样格式、8 比特量化和 DCT 帧内压缩方式,固定的 5:1 压缩比,记录码率为 25Mbit/s,信噪比可达 54dB。

目前常用的还有流媒体技术,所谓流媒体技术,是指将连续的影像与声音信息经过压缩处理后,可以让用户边下载边观看,而无须等待整个视频文件全部下载到计算机才可观看的网络传输技术。主流的流媒体技术有 Real System、Windows Media Technology、Quick Time、Flash Video 等。这些技术的原理都是先在使用者的计算机上创建一个缓冲区,然后通过不断播放和更新缓冲区中的数据来实现持续不断的边下载边播放。

17.4 颜色深度

颜色深度是指每个像素可以显示的颜色数,直接反映了计算机处理色彩的能力。它和数字化过程中的量化数密切相关,量化比特数越高,每个像素可显示出的颜色数目越多。

对应视频,如果采用 4 : 2 : 2 分量采样格式,各通道都是 8 比特量化。因此,每个像素所能显示的颜色数是 24 位,即 2^{24},约 1680 万种颜色。大大超出人眼的可分辨范围,所以我们把 24 位颜色称为真彩色。

17.5 Alpha 通道

Alpha 通道是决定图像每一个像素透明度的一个通道,它使用不同的灰度值表示透明度的大小,是高质量视频处理软件的一个重要标志。

Alpha 通道采用 8 比特量化,可以表示 256 级灰度变化,就是说可以表现出 256 级的透明度变化范围。

17.6 音频基础知识

在计算机内处理音频,也要通过 A/D 转换把模拟音频信号转换成数字音频信号。A/D 转换同样由采样和量化构成,但其采样速率要比视频处理低很多。人耳能听到声音的最高频率为 20kHz,故采样速率为 40~50kHz。表 17.1 列出了常用的音频数字化标准。

表 17.1 音频数字化标准

采样速率/kHz	量 化 位 数	大小/KB·min^{-1}	声 音 质 量
11.025	8	11	广播讲话、一般语言
22.05	8	22	FM 广播音乐
44.1	16	88.2	音乐 CD
48	16	96	数字音频磁带(DAT)

17.7 多媒体制作常见文件格式

17.7.1 音频文件格式

1. "＊.wav"文件

"＊.wav"(Wave form Audio File)文件也称为波形文件,它是微软公司开发的一种声音文件格式,用于保存 Windows 平台的音频信息资源。该格式文件存放的是直接采样的没有经过压缩处理的音频数据,所以 WAV 音频文件的音质是最好的,同时它的体积也是最大的,1 分钟 CD 音质的 WAV 文件约为 10MB。

2. "＊.aif"/"＊.aiff"文件

"＊.aif"/"＊.aiff"文件是苹果公司开发的一种声音文件,被 Macintosh 平台及其应用程序所支持,该文件支持 16 位 44.1kHz 立体声。

3. "＊.mp1"/"＊.mp2"/"＊.mp3"文件

这些文件格式是 MPEG 标准中的音频部分,即 MPEG-Audio Layer 音频层。它是一种有损压缩算法的音频文件格式,"＊.mp1"、"＊.mp2"和"＊.mp3"的压缩率分别为 4∶1、6∶1～8∶1 和 10∶1～14∶1。

4. "＊.voc"文件

"＊.voc"(Voice)文件是 Creative 公司开发的一种声音文件格式,被 Windows 平台和DOS 平台所支持。

5. "＊.mid"/"＊.rmi"文件

"＊.mid"/"＊.rmi"文件只包含某种声音的指令,计算机将这些指令发送给声卡,声卡按照指令即可通过参照 MIDI 音色表将文件数据还原为电子音乐。

6. "＊.cmf"文件

"＊.cmf"(Creative Music File)文件是 Creative 公司使用的类似于 MIDI 的一种音频文件格式。

7. WMA

WMA(Windows Media Audio)是微软公司研发的新一代数字音频压缩技术,它同时兼顾了高保真度和网络传输的需求。

17.7.2　图像文件格式

1. "＊.gif"文件

"＊.gif"(Graphics Interchange Format)文件是 20 世纪 80 年代初 Compuserve 公司采用无损压缩方法推出的一种高压缩比的彩色图像格式,主要用于图像文件的网络传输。

2. "＊.bmp"文件

"＊.bmp"(Bitmap)文件是 Windows 中的标准图像文件格式,它以独立于设备的方法描述位图,可以有黑白、16 色、256 色、真彩色等多种形式。

3. "＊.tif"/"＊.tiff"文件

"＊.tif"/"＊.tiff"(Tag Image File Format)文件由 Aldus 和微软公司联合开发,该格式支持 24 位颜色深度,存储质量较高,但兼容性较差。

4. "＊.tga"文件

"＊.tga"(Tagged Graphics)文件是由美国 Truevision 公司为其显示卡开发的一种图像文件格式,用于采集和输出电视图像,属于一种图形、图像数据的通用格式,大部分文件为24 位或 32 位真彩色。

5. "＊.jpg"/"＊.jpeg"文件

"＊.jpg"/"＊.jpeg"文件是一种高效率的 24 位图像文件压缩格式,适合在网络和光盘读物上使用。

6. "＊.png"文件

"＊.png"(Portable Network Graphics)文件是一种可以存储 32 位信息的图像文件格式,采用无损压缩方式,显示速度快,但不支持动画。

7. "∗.wmf"文件

"∗.wmf"(Windows Metafile Format)文件是 Windows 中常见的一种图元文件格式,具有文件小、图案造型化的特点,但整个图形比较粗糙。

8. "∗.emf"文件

"∗.emf"(Enhanced Metafile)文件是微软公司开发的一种 Windows 32 位扩展图元文件格式。

9. "∗.eps"文件

"∗.eps"(Encapsulated PostScript)文件是用 PostScript 语言描述的一种 ASCII 文件格式,它既可以存储矢量图,也可以存储位图,能表示 32 位颜色深度。

10. "∗.dxf"文件

"∗.dxf"(Autodest Drawing Exchange Format)文件是 AutoCAD 中的图形交换格式文件,它以 ASCII 方式存储,可被许多软件调用。

17.7.3 视频文件格式

1. "∗.avi"文件

"∗.avi"(Audio Video Interleaved)文件是微软公司研发的一种数字视频文件格式,它允许影像的视频部分和音频部分交错在一起同步播放,图像质量较好,但文件体积过于庞大。该格式主要用于保存电影、电视等各种影像信息,多用于多媒体光盘。

2. "∗.mov"/"∗.moov"/"∗.movie"文件

"∗.mov"/"∗.moov"/"∗.movie"文件是苹果公司研发的一种数字视频文件格式,其压缩比率较大,质量较高,在 Windows 中可以用 Quicktime 软件进行播放。

3. "∗.mpeg"/"∗.mpg"/"∗.dat"文件

"∗.mpeg"/"∗.mpg"/"∗.dat"文件都是由 MPEG 编码技术压缩而成的数字视频文件格式,被广泛应用于 VCD、DVD 和 HDTV 的视频编辑与处理等方面。

4. "∗.ra"/"∗.rm"/"∗.ram"/"∗.rmvb"文件

"∗.ra"/"∗.rm"/"∗.ram"/"∗.rmvb"(Real Audio 和 Real Video)文件是 Real Networks 公司研发的一种新型流式音频/视频文件格式,RM 格式只适合本地播放,而 RMVB 还可通过互联网进行流式播放,可以不间断地长时间欣赏影视节目。

5. WMV

这是一种可在互联网上实时传播的视频文件类型,其特点是:可扩充的媒体类型、本地或网络回放、可伸缩的媒体类型、流的优先级化、多语言支持、扩展性等。

6. ASF

ASF(Advanced Streaming Format)文件是微软公司研发的一种可以直接在网上观看视频节目的高级流文件压缩格式,它使用了 MPEG-4 压缩算法,压缩率和图像质量都较好。

17.8 非线性编辑

从狭义上讲,非线性编辑是指剪切、复制和粘贴素材时无须在存储介质上对其重新安排的视频编辑方式。从广义上讲,非线性编辑是指在计算机上编辑视频的同时,还能实现诸多的处理效果,像添加转换效果、更改视觉效果、增加电脑特技等。

非线性编辑的特点主要表现在:

(1)在复制素材时信号质量始终如一,同一段素材无论使用多少次,都不会影响画面质量。

(2)硬盘上的大量素材随时备用,不仅可以瞬间播放,还可以用不同速度播放,或进行逐帧播放、反向播放等。

(3)允许用户随时调整素材长度,并通过时码标记实现精确编辑。

(4)各段素材间的相互位置可以随时调整,可以随时删除或插入一段素材。

(5)可以在调整特技参数的同时观察特技对画面的影响。

(6)采用易于升级的开放式系统结构,支持许多第三方的硬件、软件,可随时扩充和升级软件的特效模块。

(7)可充分利用网络方便地传输数字视频,实现资源共享。

第 18 章

CHAPTER 18

视频制作入门

在学习了视频制作相关的基础知识后,我们将开始认识 Premiere 6.0,主要看看 Premiere 的运行环境、操作界面和初始设置。为了更好地展现 Premiere 强大的功能和优良的性能,我们将通过一个实例,讲述使用 Premiere 制作影视节目的基本过程。

18.1 系统要求

早期的 Premiere 6.0 软件对系统要求是很低的,其系统要求如下: Intel Pentium 300MHz 处理器; 128MHz 的 RAM; 85MHz 以上的可用硬盘空间; 256 色以上显卡; Microsoft Windows 98/2000 操作系统。

后来的 Premiere Pro 1.5 软件对系统要求就提高了,其系统要求如下: Pentium 4 3.6GHz 处理器; 1GHz 的内存; 800MB 以上可用硬盘空间; 1024×768 分辨率显示器; Windows XP 操作系统。

现在的 Premiere Pro CS5 软件对系统的要求更高,功能更强大,其系统要求如下: Intel® Core™2 Duo 或 AMD Phenom® Ⅱ 处理器; 2GB 以上内存; 10GB 可用硬盘空间; 1280×900 屏幕,64 位操作系统。

18.2 安装过程

(1) 运行“setup.exe”安装文件,出现图 18.1 所示的窗口。

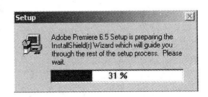

图 18.1 运行“setup.exe”安装文件

（2）进入欢迎界面，出现软件的安装要求与提示，如图 18.2 所示。单击 Next 按钮，进入下一步。

（3）选择用户所在国家的语言，如图 18.3 所示，直接单击 Next 按钮，进入软件协议界面，如图 18.4 所示，单击 Accept 按钮接受协议进入下一步。

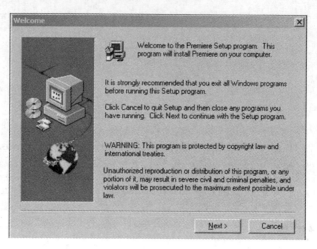

图 18.2　安装要求与提示

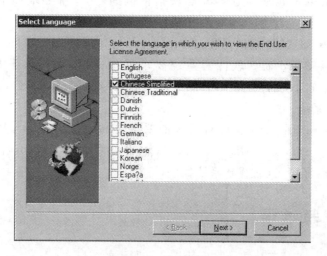

图 18.3　选择语言

（4）选择安装方式，如图 18.5 所示，有 3 种方式可供选择："Typical"为典型安装；"Compact"为压缩安装；"Custom"为自定义安装。典型安装适合大多数用户的一般要求，单击 Next 按钮进入下一步。

（5）填写用户信息和序列号，如图 18.6 所示，单击 Next 按钮进入下一步。

（6）确认用户信息后，进入开始复制文件界面，如图 18.7 所示，单击 Next 按钮进入下一步。

（7）进入安装过程，还可以选择安装 QuickTime、RealMedia 等插件。

（8）安装完成后，进入重启界面，如图 18.8 所示，选择"Yes,I want to restart my computer now"选项，重新启动计算机。

图 18.4　许可协议

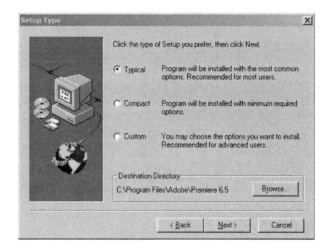

图 18.5　选择安装方式

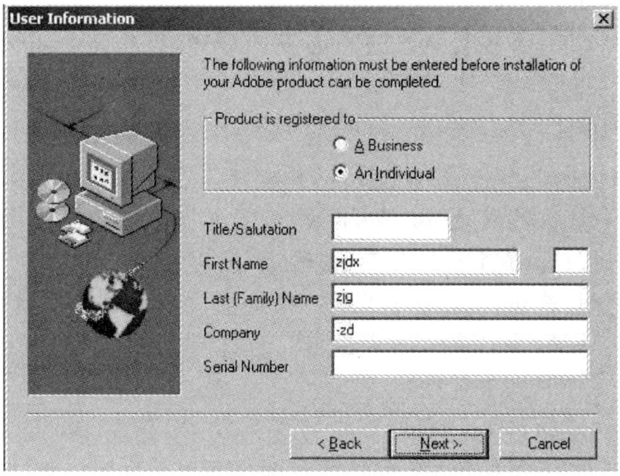

图 18.6　填写用户信息和序列号

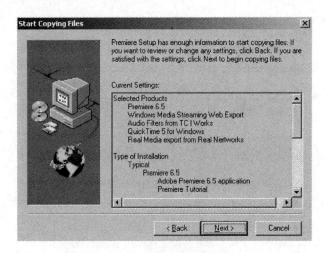

图 18.7　开始复制文件

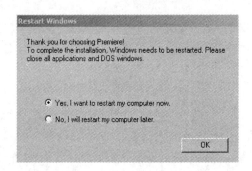

图 18.8　选择是否重启计算机

18.3　启动 Premiere 6.0

启动 Premiere 有两种方法：方法一，双击桌面快捷图标；方法二，单击"开始"→"所有程序"，选择 Premiere 命令进入。

启动 Premiere 6.0 后，系统会要求进行必要的设置，以决定采用何种方式来制作一个新节目。

设置新节目过程如下：

（1）运行 Premiere 6.0，软件会自动打开"初始化工作区"窗口，如图 18.9 所示。

（2）单击"选择 A/B 轨编辑"按钮，打开"载入工程设置"窗口，如图 18.10 所示。选择一种模板，如 PAL Video for Windows，单击"确定"按钮退出。

（3）如果单击"定制"按钮，可以进入"新工程设置"窗口，对新项目参数进行设置，也可以在进入项目后，选择菜单"工程"→"工程设置"，对有关参数进行设置。"常规"参数设置如图 18.11 所示。

（4）单击"下一步"按钮进入"视频"参数设置对话框，如图 18.12 所示。其中"压缩模式"取决于"时间线"窗口中播放视频素材时所采用的数字信号解码器，"颜色深度"取决于压缩器的设置，用来指定视频所能使用的颜色数。

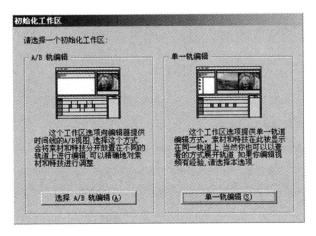

图 18.9 "初始化工作区"窗口

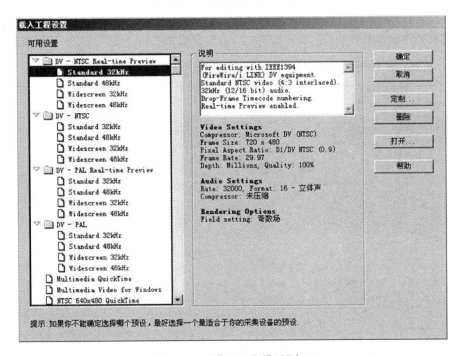

图 18.10 "载入工程设置"窗口

图 18.11 "常规"设置

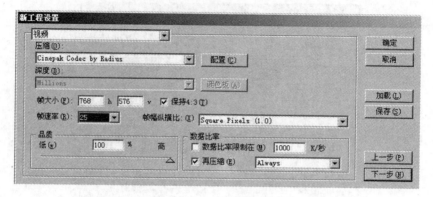

图 18.12 "视频"设置

（5）单击"下一步"按钮进入"音频"参数设置对话框，如图 18.13 所示。其中"采样速率"取决于"时间线"窗口播放节目时所使用的采样速率，"格式"取决于"时间线"窗口播放节目时所使用的声音量化数。

图 18.13 "音频"设置

（6）单击"下一步"按钮进入"关键帧和生成选项"参数设置对话框，如图 18.14 所示。它控制着从"时间线"窗口中播放节目时相关帧的特性。其中"优化静止画面"用于优化静态画面显示，"场设置"用于设置是否使用场。

图 18.14 "关键帧和生成选项"设置

（7）单击"下一步"按钮进入"采集"设置对话框，如图 18.15 所示。

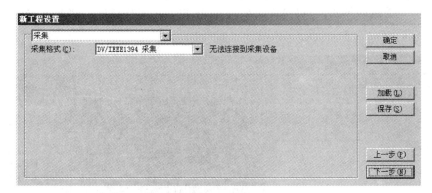

图 18.15 "采集"设置

（8）在图 18.15 所示的窗口中，单击"保存"按钮，打开
"保存工程设置"窗口，如图 18.16 所示，在窗口中输入一
个名字"Test"，在"描述"的空白处填入注释说明，单击"确
定"按钮退出。

（9）在图 18.15 所示的窗口中，单击"加载"按钮，打开
"载入工程设置"窗口，如图 18.17 所示。可以看到刚才存
储的"Test"已经出现在左边的模板列表框中，选中它会在
右边编辑框显示相应的方案说明。

图 18.16 "保存工程设置"窗口

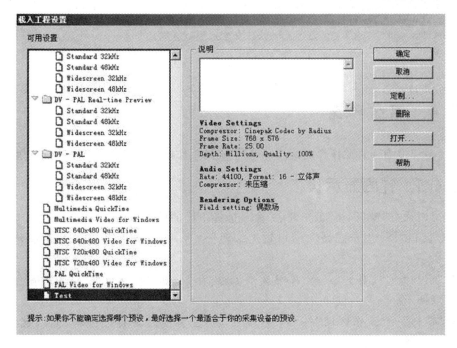

图 18.17 "载入工程设置"窗口

（10）单击"确定"按钮，系统将创建一个空白的新节目，如图 18.18 所示。如果出现的界面不是 A/B 轨编辑模式，可以进入菜单选择"窗口"→"工作区域"→"A/B 轨道编辑"进行切换。

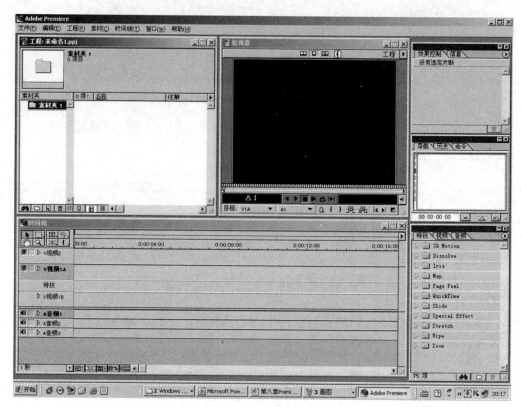

图 18.18　Premiere 6.0 的主界面

18.4　系统界面

Premiere 6.0 有 4 种操作界面，可以根据不同的工作要求随时切换，呈现出不同的界面。

18.4.1　界面显示状态

我们可以通过"窗口"→"工作区域"命令选择不同的操作界面。

选择"窗口"→"工作区域"→"单轨道编辑"命令，操作界面呈现单轨道编辑模式，如图 18.19 所示。

选择"窗口"→"工作区域"→"A/B 轨道编辑"命令，操作界面呈现 A/B 轨道编辑模式，如图 18.20 所示。

选择"窗口"→"工作区域"→"特效"命令，操作界面呈现特效编辑模式，如图 18.21 所示。

选择"窗口"→"工作区域"→"音频"命令，操作界面呈现音频编辑模式，如图 18.22 所示。

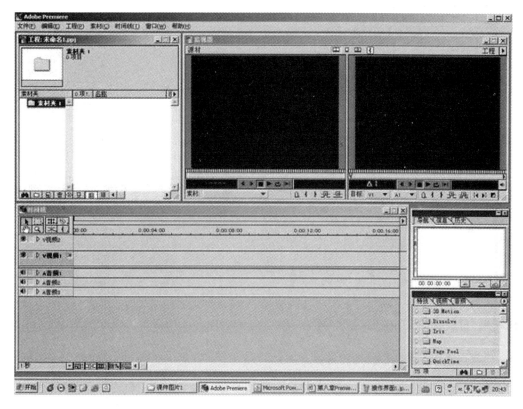

图 18.19　单轨道编辑模式

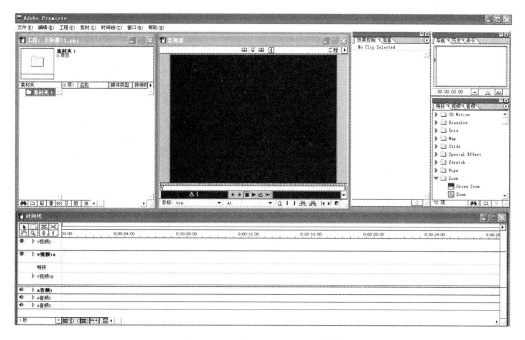

图 18.20　A/B 轨道编辑模式

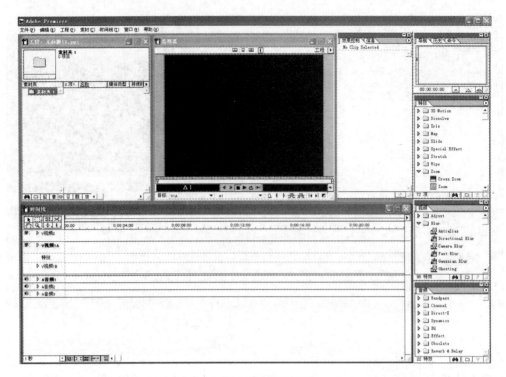

图 18.21　特效编辑模式

图 18.22　音频编辑模式

18.4.2　主要窗口

和其他软件一样,不管操作界面如何,主要窗口总是打开的,而其他窗口也可以随时打开或关闭。

1."项目"窗口

用于组织、管理本节目需要的所有原始素材。在项目窗口中,可以显示素材的缩略图、名称、注释说明、标签等属性,还可以预览素材片段。"项目"窗口如图 18.23 所示。

图 18.23　"项目"窗口

从图 18.23 中可以看出,"项目"窗口主要由三部分组成,最上面是项目素材预览窗口,可以预览素材并显示所选素材的基本信息;中间是素材目录栏,将导入的素材按目录组织起来;最下面是工具栏,可以方便地进行常用操作。

导入素材的方法很多,例如单击"文件"→"导入"命令;在素材目录栏空白处单击鼠标右键,选择"导入"命令;双击素材目录栏空白处,打开"导入"对话框导入;用快捷键 F3 导入。

2."时间线"窗口

用于组接"项目"窗口中的各种素材片段。"时间线"窗口是 Premiere 的核心,我们的大部分工作是在这个窗口中完成的。通过"时间线"窗口,可以轻松地对素材进行剪辑、复制、插入、调整等操作,"时间线"窗口如图 18.24 所示,它包括视频轨道、音频轨道、转换轨道和各种工具等组成部分。

默认状态下,"时间线"窗口显示三个视频轨道和三个音频轨道,Premiere 6.0 视、音频轨道最多可扩展到 99 个;音频轨道支持单声道、立体声和 5.1 声道三种不同类型音频信号;工具栏相对独立,操作简单快捷,如"选择工具"用于选择素材、移动素材、调节素材关键帧,将该工具移到素材的边缘,通过拉伸可以改变素材的入点和出点;"剃刀工具"用于分割素材,可直接将素材分为两段,产生新的入点和出点;"缩放工具"可以调整"时间线"窗口的时间单位,按住 Alt 键,可以在放大和缩小模式间进行切换。

3."监视"窗口

"监视"窗口有 3 种显示模式:"双屏显示"模式、"单屏显示"模式和"修剪"模式,3 种显

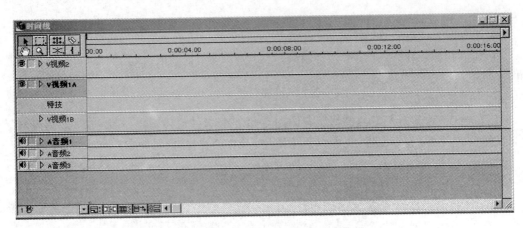

图 18.24 "时间线"窗口

示模式可以通过"监视"窗口上部的 3 个小图标进行切换。"监视器"窗口如图 18.25 所示，它可以实现对视频或音频片段的剪辑和播放等功能。在"双屏显示"模式中，左边的"源材"视窗用于剪辑和播放单独的原始片段，右边的"工程"视窗用于预演"时间线"上片段编辑后的节目内容。

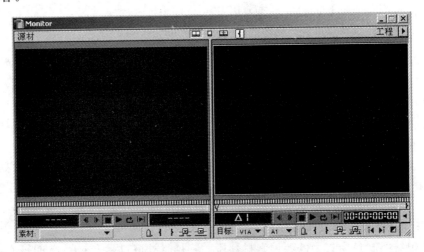

图 18.25 "监视器"窗口

"监视器"窗口下部有一些功能按钮，如：设置"入点和出点"按钮 ，可将标尺所在位置设为素材的入点和出点；"单步后退和前进"按钮 ，每单击一次，素材可以倒退或前进一帧；"停止/播放"按钮 ，可播放或停止播放所选的素材；"循环"按钮 ，可以循环播放素材。

4. "特技/视频/音频"窗口

"特技"窗口提供了片段之间转换所需要的特技效果，如图 18.26 所示。

"视频"窗口提供了视频片段需要的特效，如图 18.27 所示。

"音频"窗口提供了音频片段需要的特效，如图 18.28 所示。

图 18.26 "特技"窗口

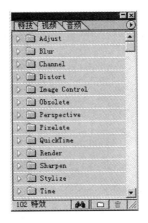

图 18.27 "视频"窗口

图 18.28 "音频"窗口

5. "效果控制/信息"窗口

"效果控制"窗口可以调整特效、运动、叠加方式等效果,如图 18.29 所示。

"信息"窗口可以比较详细地显示素材的信息,如图 18.30 所示。

图 18.29 "效果控制"窗口

图 18.30 "信息"窗口

6. "导航/历史/命令"窗口

"导航"窗口能够以缩略图的形式显示并调整"时间线"窗口中节目的显示形式,如图 18.31 所示。

"历史"窗口能使你返回以前的操作步骤,及时纠正操作中的错误,如图 18.32 所示。

"命令"窗口能显示大部分命令的快捷方式,还可以创建新的快捷方式,如图 18.33 所示。

7. "声音混合"窗口

"声音混合"窗口是调整音频的控制面板,如图 18.34 所示。

图 18.31 "导航"窗口

图 18.32 "历史"窗口

导航 \ 历史 \ 命令	
新建工程	F2
导入文件	F3
导入文件夹	F4
影片采集	F5
批量采集	F6
插入到编辑线	Shift + F2
覆盖到编辑线	Shift + F3
涟漪删除	Shift + F4
复制素材	Shift + F6
输出到显示器	F7
输出影片	F8
新建字幕	F9
单轨编辑工作区域	Shift + F9
A/B轨工作区域	Shift + F10
效果工作区域	Shift + F11
音频工作区域	Shift + F12

16 命令

图 18.33　"命令"窗口

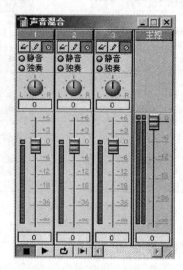

图 18.34　"声音混合"窗口

18.4.3　菜单栏

Premiere 6.0 的菜单栏共有 7 个菜单,如图 18.35 所示。编辑字幕时,还会出现一个"字幕"菜单。

图 18.35　菜单栏

1. "文件"菜单

此菜单主要是对节目文件进行操作,包括节目的创建、打开、保存、导入素材片段、输出电影文件以及打印窗口内容等,"文件"菜单下的命令如图 18.36 所示。

在"文件"菜单中,"打开"项目命令用于打开一个已经存在的项目文件;"关闭"命令用于关闭当前激活的窗口;"保存"命令以原有文件名保存当前编辑的项目文件;"另存为"命令可以将当前编辑的项目文件重新命名后保存;"采集"命令可以利用视音频采集卡来采集多媒体素材;"导入"命令可以为当前项目导入需要的各种素材;"时间线输出"命令可以输出 AVI 格式的电影文件。

2. "编辑"菜单

此菜单主要提供一些常规的编辑操作,如撤销、剪切、复制、粘贴、清除、选择以及参数设置等,"编辑"菜单下的命令如图 18.37 所示。

在"编辑"菜单中,"撤销"命令用于取消对文件所做的最后一次修改;"清除"命令用于删除所选的内容。

图 18.36 "文件"菜单命令

图 18.37 "编辑"菜单命令

3. "工程"菜单

此菜单主要是对节目片段进行管理,如工程项目设置、替换素材以及从工程中输出素材库等,"工程"菜单下的命令如图 18.38 所示。

4. "素材"菜单

此菜单主要是对素材片段进行操作,如锁定、更名、视频选项、音频选项、改变播放速度以及设置与使用标记等,"素材"菜单下的命令如图 18.39 所示。

5. "时间线"菜单

此菜单汇集了"时间线"窗口的大量编辑命令,主要用于对项目中当前的活动序列进行编辑处理,如项目预演、设置转场效果、缩小、放大、添加视频和音频轨道以及设置"时间线"标记等,"时间线"菜单下的命令如图 18.40 所示。

图 18.38 "工程"菜单命令

图 18.39 "素材"菜单命令

图 18.40 "时间线"菜单命令

6. "窗口"菜单

此菜单主要用于实现对各种编辑窗口和控制面板的管理,如活动窗口设置、显示时间线窗口、显示预演窗口、显示信息窗口、转换窗口以及设置操作界面模式等。"窗口"菜单下的命令如图 18.41 所示。

7. "字幕"菜单

此菜单在创建字幕时出现,主要用于字幕制作过程中的各项编辑和调整,如字体、大小、风格、位置以及滚屏字幕选项等,"字幕"菜单下的命令如图 18.42 所示。

8. "帮助"菜单

此菜单可以帮助我们解决使用中遇到的问题,用法和其他软件的"帮助"菜单一样,"帮助"菜单如图 18.43 所示。

图 18.41 "窗口"菜单命令　　图 18.42 "字幕"菜单命令　　图 18.43 "帮助"菜单

18.5　系统参数设置

和节目设置一样,系统环境参数的设置也是非常重要的。在"编辑"菜单中,选择"常用参数"命令,便可进入系统参数设置。

1. "常规和静止图像"参数设置

选择"编辑"→"常用参数"→"常规和静止图像"命令,弹出"参数选择"窗口,如图 18.44 所示,首先对"常规和静帧图像"参数进行设置。

2. "自动保存和恢复"参数设置

单击"下一步"按钮,进入"自动保存和恢复"设置窗口,如图 18.45 所示。

3. "临时磁盘和控制设备"参数设置

单击"下一步"按钮,进入"临时磁盘和控制设备"设置窗口,如图 18.46 所示。

图 18.44 "参数选择"窗口

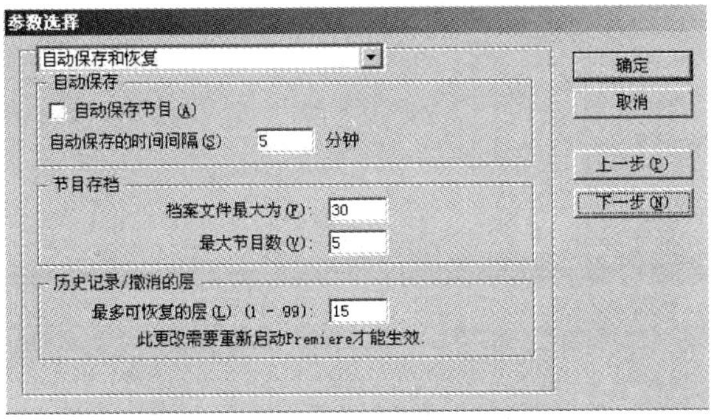

图 18.45 "自动保存和恢复"窗口

图 18.46 "临时磁盘和控制设备"窗口

18.6 成长轨迹

本节将通过一个名为"成长轨迹"的实例,讲述使用 Premiere 6.0 制作影视节目的基本过程,初步展示 Premiere 强大的功能和卓越的性能,体会一下影视编辑给我们带来的快乐。

18.6.1 规划准备

影视节目制作前,需要制定一个分镜头稿本来体现编导者意图和整个作品的总体规划,其主要内容包括片段的编排顺序、持续时间、转换效果、视频特效和运动处理以及相互间的叠加处理等。

制作影视节目需要足够的原始片段,并以文件形式存在。我们的这个实例,使用 Premiere 6.0 自带的演示片段,素材片段保存在 Premiere 6.0 安装目录的"Sample Folder"文件夹中,分别为"Boys. avi"、"Cyclers. avi"、"Fastslow. avi"、"Finale. avi"、"Veloman . eps"、"Music. aif",其中"Veloman. eps"是一幅静止的图像,"Music. aif"是一段音乐,还要制作一幅名为"Title. ptl"的字幕。

完成以上准备工作后,就可以开始影视节目的编辑制作。整个过程包括创建一个新节目、创建字幕、导入原始片段、查看和剪辑片段、基本编辑操作、使用转换特效、改变片段的播放速度、使用视频特效、使用叠加、使用运动、配音、保存节目、预演节目、生成节目等几个步骤。

18.6.2 创建一个新节目

每次启动 Premiere 6.0 时会自动创建一个新节目,打开"载入工程设置"窗口。在软件运行过程中,选择"文件"→"新建工程"命令或按 Ctrl+N 快捷键,也可以打开"载入工程设置"窗口,调用节目设置模板。这里,我们选择"PAL Video for Windows"或"Multimedia Video for Windows"设置模板,如图 18.47 所示。单击"确定"按钮,进入主界面。

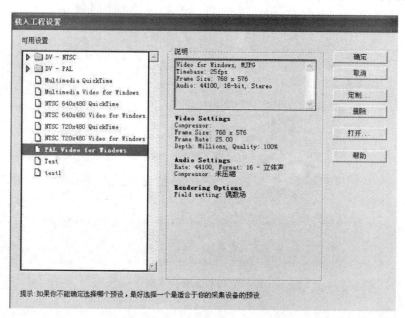

图 18.47 选择"PAL Video for Windows"

18.6.3 创建字幕

字幕是影视制作中的一个重要元素,精美的字幕会给你的作品锦上添花,下面就来制作一幅字幕。

(1) 单击"文件"→"新建"→"Title"命令,打开"字幕"窗口对话框,如图 18.48 所示。字幕界面上有两个虚线框,里面的一个是字幕安全框,外面的一个是图像安全框。感觉默认的屏幕太大,会使影片显示的字幕太小,可以对"字幕窗口"进行设置。

(2)选择"窗口"→"窗口选项"→"字幕窗口选项"命令,打开"字幕窗口选项"窗口,如图18.49所示进行设置,然后单击"确定"按钮。

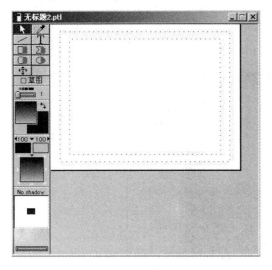

图18.48 "字幕"窗口　　　　　　　　　　图18.49 "字幕窗口选项"窗口

(3)在主界面菜单中,选择"字幕"→"字体"命令,打开"字体"窗口,按如图18.50所示进行设置,然后单击"确定"按钮退出。

(4)在"字幕"窗口工具栏中,选择"打字工具" T ,单击"字幕"窗口空白处,输入"成长轨迹",输入文字后,单击左键并拖动选中文字,在字框内单击右键打开快捷菜单,分别选择"风格"→"斜体"和"风格"→"浮雕"命令,单击"字幕"窗口空白处退出,"斜体"和"浮雕"效果如图18.51所示。我们可以用"选择工具" 并按住鼠标左键拖动文字到合适的位置,再来改变字体颜色。

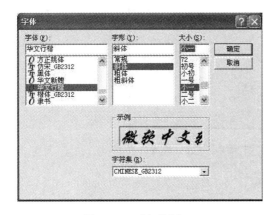

图18.50 "字体"窗口　　　　　　　　　图18.51 输入文字并添加"斜体"
　　　　　　　　　　　　　　　　　　　　　　　和"浮雕"效果

（5）单击图 18.51 中的"目标颜色"色块，打开"颜色选取"窗口，按如图 18.52 所示进行设置，直接选择一种颜色或输入三基色数值，单击"确定"按钮退出。接着单击图 18.51 中的"阴影颜色"色块，打开"颜色选取"窗口，选择一种阴影颜色或输入数值："红"取 100、"绿"取 50、"蓝"取 0，单击"确定"按钮退出。添加"目标颜色"和"阴影颜色"后的最终效果如图 18.53 所示。除了可以用"选择工具" 将字幕拖动到合适的位置外，也可以用鼠标右键单击文字，选择"左对齐、右对齐、对中"等命令调整位置。

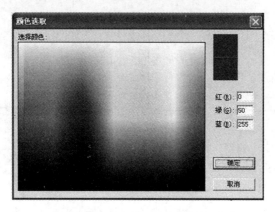

图 18.52 "颜色选取"窗口

（6）选择"文件"→"保存"命令，将字幕命名为"Title.ptl"存储，同时字幕文件出现在项目窗口。关闭字幕窗口，进入下一步。

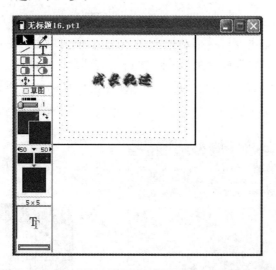

图 18.53 添加"目标颜色"和"阴影颜色"后的最终效果

18.6.4 导入原始片段

新建的节目没有任何内容，因此需要向"项目"窗口中导入原始片段，这就好比制作一道美味佳肴需要准备好各种优质材料一样。

（1）选择"窗口"→"工作区域"→"A/B轨道编辑"命令，进入 A/B 轨编辑模式。

（2）选择"文件"→"导入"→"文件"命令，打开"导入"窗口，如图 18.54 所示。

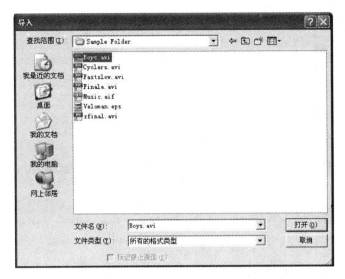

图 18.54　"导入"窗口

（3）进入 Premiere 6.0 安装目录下的"Sample Folder"文件夹，选择"Boys.avi"文件，单击"打开"按钮，"Boys.avi"就被导入到"项目"窗口，如图 18.55 所示。

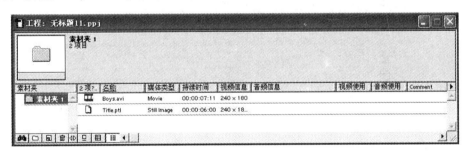

图 18.55　"项目"窗口

（4）可以采用多种方法，分别将"Cyclers.avi"、" Fastslow.avi"（导入三次）、"Finale.avi"（导入三次）、"Music.aif"、"Veloman.eps"导入"项目"窗口。由于后面节目编辑的需要，" Fastslow.avi"和"Finale.avi"片段内的不同内容要多次使用，因此需要导入三次，如图 18.56 所示。

18.6.5　检查和剪辑片段

1. 检查片段内容

（1）在"项目"窗口中，用鼠标左击某片段，如"Cyclers.avi"被选中，并以蓝底色显示。在"项目"窗口的左上方，将会出现"Cyclers.avi"的帧画面，如图 18.57 所示。单击 ▶ 按钮，开始播放"Cyclers.avi"的内容。

（2）选中 "Cyclers.avi"片段，在左边图标处按下鼠标左键，并将该片段拖动到"监视器"窗口左边的"源材"视窗，如图 18.58 所示。单击"源材"视窗下方的 ▶ 按钮，也可以播放检

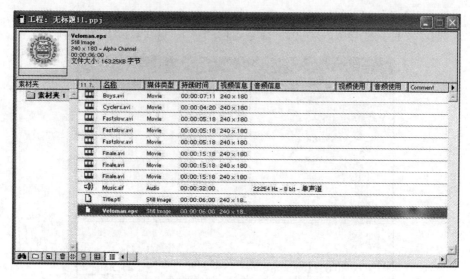

图 18.56 "项目"窗口

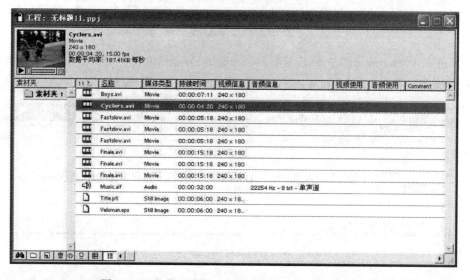

图 18.57 "项目"窗口中显示"Cyclers.avi"的帧画面

查"Cyclers. avi"的内容。

(3) 分别用以上两种方法播放"Boys. avi"、"Fastslow. avi"、"Finale. avi"、"Music. aif"等片段,检查一下各片段的内容。

2. 剪辑片段

检查完片段后,会发现有些节目中不需要整个片段,就是说只要截取部分画面就能满足要求。这就需要对原始片段进行剪辑,我们可以通过设置片段的入点和出点来实现。

下面先来设置 Boys. avi 的入点和出点:

(1) 拖动"Boys. avi"到"监视器"的"源材"窗口,将滑块 定位在 00∶00∶00∶00 处。

(2) 单击入点按钮 ，则当前位置设为新的入点,"Boys. avi"片段将从此帧开始使用。该帧画面的滚动条和上方位置会显示入点标志,如图 18.59 所示。

图 18.58　"监视器"窗口

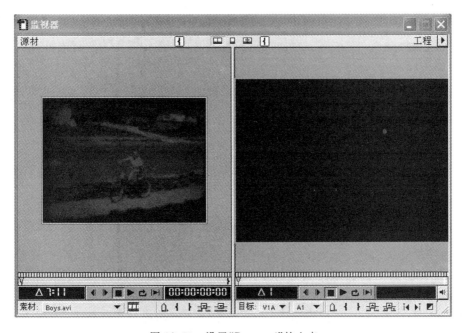

图 18.59　设置"Boys. avi"的入点

（3）拖动滑块 ，将该片段的出点定位在 00：00：06：23。单击出点按钮 ，则当前位置设为新的出点，"Boys. avi"片段将使用到此帧为止。该帧画面的滚动条和上方位置会显示出点标志，如图 18.60 所示。通过以上设置，项目窗口中的该片段已被截取，等待选用。

用同样的方法，按表 18.1 所示，分别设置"Cyclers. avi"、" Fastslow. avi"、"Finale. avi"片段的入点和出点位置。

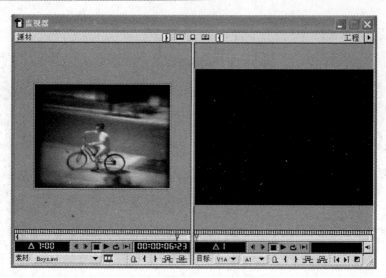

图 18.60 设置"Boys. avi"的出点

表 18.1 片段的入点、出点设置

片 段 名	入 点 位 置	出 点 位 置
Cyclers. avi	00：00：01：00	00：00：04：05
Fastslow. avi	00：00：03：15	00：00：05：16
Finale. avi	00：00：00：00	00：00：02：18
Fastslow. avi	00：00：01：00	00：00：01：23
Fastslow. avi	00：00：05：11	00：00：05：16
Finale. avi	00：00：01：00	00：00：08：13
Finale. avi	00：00：00：00	00：00：15：16

18.6.6 基本编辑操作

1. 组接片段

在"时间线"窗口中，按照规划好的编辑顺序，将多个片段组接起来形成节目。要在节目中使用某个片段，需要将其输入到"时间线"窗口。

（1）在"项目"窗口中，将鼠标指向"Boys. avi"左侧的图标处，鼠标指针变成手形。按住鼠标左键，拖动该片段到"时间线"窗口的"视频 1A"轨道。移动矩形块到视轨的最左端，释放鼠标，"Boys. avi"即被放置在"视频 1A"轨道的最左端位置，如图 18.61 所示。

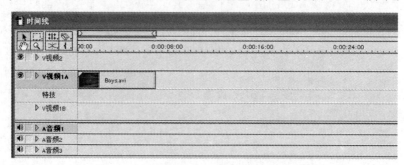

图 18.61 把"Boys. avi"放到"视频 1A"轨道

（2）与此同时，"监视器"窗口的"工程"视窗自动显示该片段的首帧画面。

（3）同上面的方法，将"Cyclers.avi"拖放到"时间线"窗口的"视频1B"轨道。移动它的位置，使两个片段的首尾部分重叠，如图18.62所示。

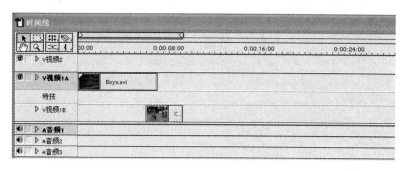

图18.62 片段间首尾切换组接

（4）将片段"Title. ptl"、"Fastslow. avi"、"Finale. avi"、"Fastslow. avi"、"Fastslow. avi"、"Finale. avi"、"Finale. avi"、"Veloman. eps"依次拖放到"时间线"窗口指定视轨的指定位置，如图18.63所示。

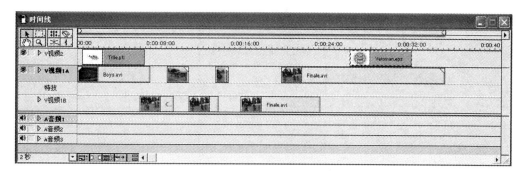

图18.63 "时间线"窗口

2. 调整片段的持续时间

对于输入"时间线"窗口的视频、音频和图像片段，如果长度不能满足节目要求，则需要调整它们的持续时间，如本例的"Title. ptl"、"Veloman. eps"等。

（1）在"时间线"窗口左上侧的工具栏中选择 工具。

（2）将鼠标移到"Title. ptl"的右边界，鼠标变成 形状，按住鼠标左键向右拖动，延长片段持续时间，当片段"Title. ptl"和"Boys. avi"的右边界对齐时，释放鼠标。

（3）同样的方法，调整片段"Veloman. eps"右边界与最后一段"Finale. avi"的右边界对齐，其效果如图18.64所示。

18.6.7 使用转换

片段间使用转换效果，可以避免简单衔接产生的单调感觉，Premiere 6.0为我们提供了大量的转换效果。使用之前，必须将两个片段分别放在"视频1A"和"视频1B"视轨，以便把转换效果放到"转换特技"轨道上两个片段的重叠部分。

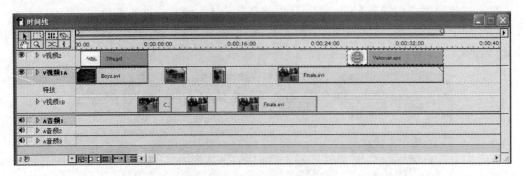

图 18.64 调整"Title. ptl"和"Veloman. eps"的持续时间

下面给各个片段之间加入"Cross Dissolve"转换效果：

（1）激活"时间线"窗口，调整各个片段之间的位置，如图 18.64 所示。

（2）选择"窗口"→"显示特技"命令，打开转换特技窗口，在"Dissolve"分类夹左侧单击 ▷ 按钮，打开"Dissolve"分类夹，单击左键选择"Cross Dissolve"选项，如图 18.65 所示。

图 18.65 转换特技窗口

（3）按住鼠标左键将其拖到"时间线"窗口的"特技"轨道上，并放在"Boys. avi"和"Cyclers. avi"两片段的重叠处，释放鼠标，它会根据重叠时间长度自动调整持续时间，如图 18.66 所示。

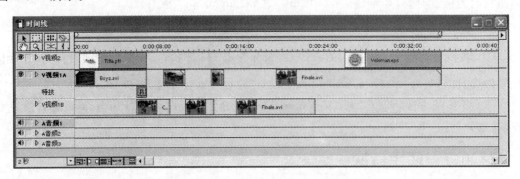

图 18.66 使用"Cross Dissolve"转换

（4）用上述方法分别在有关片段之间加入"Cross Dissolve"转换效果，如图 18.67 所示。

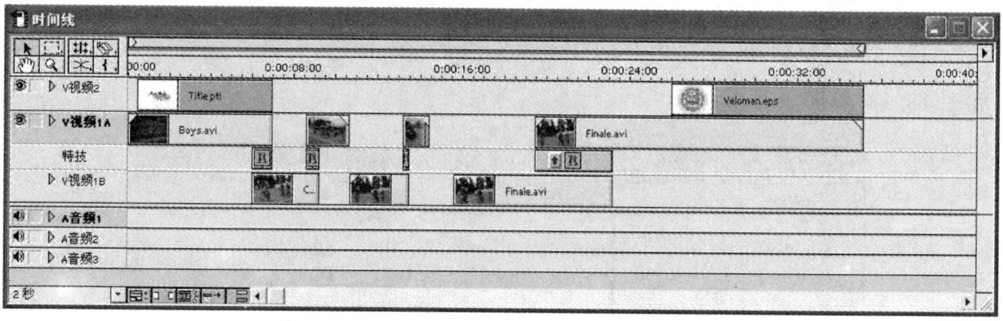

图 18.67 使用转换

18.6.8 改变片段的播放速度

影视节目中常见的快慢镜头，在 Premiere 6.0 中很容易实现。本例中，我们制作一组慢镜头，对“视频 1A”轨道中只有几帧的第 4 个片段“ Fastslow. avi”施以 30%的播放速度。

(1) 在“时间线”窗口中，从左侧工具栏选择 工具，用鼠标单击“ Fastslow. avi”，使其选中，该片段周围出现虚框。

(2) 选择“素材”→“播放速度”命令，打开“素材速率”对话框，将“新速率”设为 30%，如图 18.68 所示。

(3) 单击“确定”按钮退出，此时该片段持续时间自动延长，以适应新的播放速度，如图 18.69 所示。

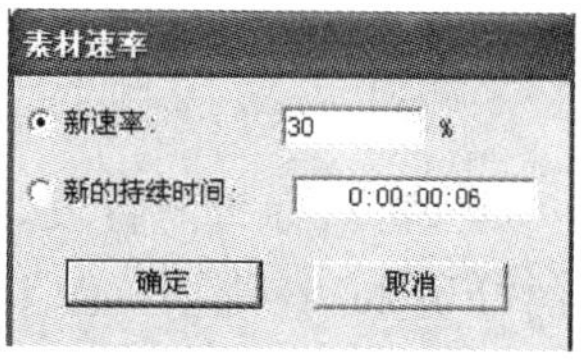

图 18.68 “素材速率”对话框

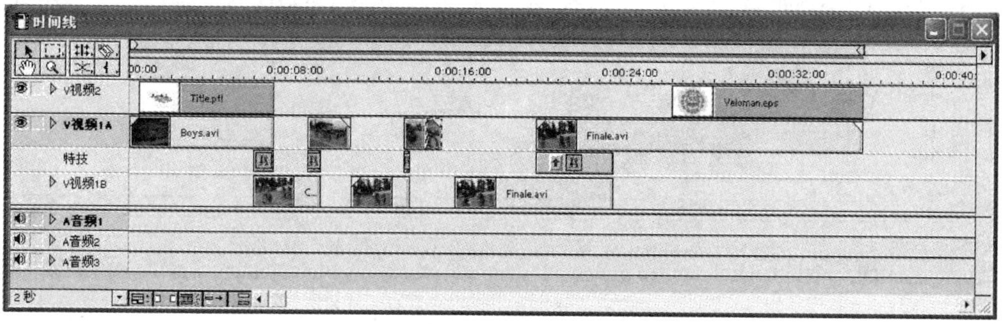

图 18.69 “时间线”窗口

18.6.9 使用视频特效、叠加、运动

使用特效、叠加和运动等特技对片段进行处理，可以丰富、强化画面，给观众带来更强的视觉冲击，并能更好地体现编导者的创作意图。

1. 使用视频特效

使用特效对片段进行处理，类似于 Photoshop 中的滤镜，它们有许多相同的处理效果。

下面我们使用“Camera Blur”特效对本例的“Finale. avi”进行处理：

(1) 在“时间线”窗口中，选择 工具，单击“视频 1B”视轨上的第二个片段“Finale. avi”，使其被选中。

（2）选择"窗口"→"显示视频效果"命令，打开"视频"窗口，如图 18.70 所示。

（3）在"视频"窗口中，单击"Blur"分类夹左侧的 ▷ 按钮，打开并选择"Camera Blur"特效，如图 18.71 所示。

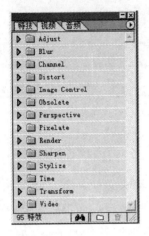

图 18.70　"视频"窗口　　　　　　　　图 18.71　"Camera Blur"特效

（4）将鼠标指向特效，鼠标变成手形，按住鼠标左键，拖动"Camera Blur"到"时间线"窗口的"Finale. avi"片段上，释放鼠标，该片段即被赋予视频特效，同时其顶部出现一条灰绿色横线以示区别，如图 18.72 所示。

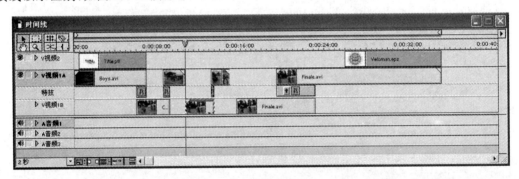

图 18.72　给"Finale. avi"片段赋予"Camera Blur"效果

（5）选择"窗口"→"显示效果控制"命令，打开"效果控制"参数设置窗口，拖动 △ 滑块，把"Percent"参数设为 50，如图 18.73 所示。该视频片段虚化程度明显增加。

（6）同上述方法，给"视频 1B"视轨上的第三个片段"Finale. avi"赋予同样的视频特效，"Percent"参数设为 25。

图 18.73　"Percent"参数设置

2. 使用叠加

在 Premiere 6.0 中，使用叠加对片段进行处理，可以合成多个片段。

下面我们对"Veloman. eps"进行叠加处理：

（1）在"时间线"窗口中，选中"Veloman. eps"片段。

（2）选择"素材"→"视频选项"→"透明设置"命令，打开"透明度设置"窗口。

（3）在"键类型"下拉菜单中选择"White Alpha Matte"，单击"确定"按钮退出，如图18.74所示。

图18.74 "透明度设置"窗口

3. 使用运动

Premiere 6.0可以为视频片段定义一个运动轨迹，使其沿给定的路径运动。运动路径的设置是通过关键点来实现的，这些关键点称为键，键通常作为运动的转折点，用来改变运动方向。

下面我们对"Veloman. eps"片段施加运动效果：

（1）在"时间线"窗口中，选择 工具，单击"视频2"视轨上的第二个片段"Veloman. eps"，使其被选中。

（2）选择"素材"→"视频选项"→"运动设置"命令，打开"运动设置"窗口，如图18.75所示。

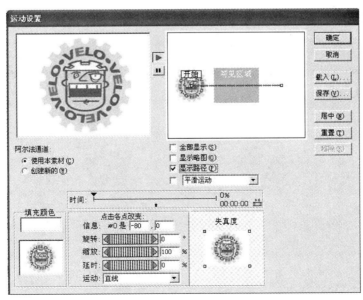

图18.75 "运动设置"窗口

（3）将鼠标移向运动路径，鼠标变成手形，在中间位置单击，可以设置一个新键，如图 18.76 所示。

（4）将鼠标移向左边的开始键，按住鼠标左键，拖动鼠标，可改变键的位置，同时改变了运动方向，如图 18.77 所示。

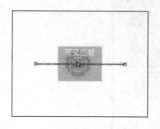
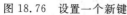

图 18.76　设置一个新键

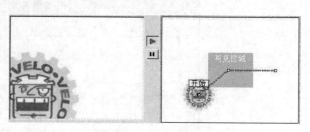

图 18.77　调整路径

（5）在"运动设置"窗口的下方，有"旋转"、"缩放"、"延时"三个滚动条，用于设置片段在选定键处的旋转、缩放和延时效果。选中各键，"开始"键为♯0，"中间"键为♯1，"结束"键为♯2，按表 18.2 所示的参数对各键进行设置，如图 18.78 所示。

表 18.2　各键的设置参数

	旋　　转	缩　　放	延　　迟
键 0	0	0	0
键 1	720	200	5
键 2	0	0	0

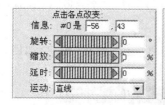
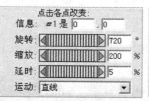
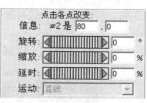

图 18.78　各键的参数设置

（6）将♯0 键移到♯1 键，♯2 键移到♯1 键，使几个键重合，路径形状如图 18.79 所示。单击"确定"按钮退出。

图 18.79　三键重合后的路径

如果对一个片段施加了运动，在"时间线"窗口中，该片段的底部将出现一条深红色的横线以示区别，如图 18.80 所示。

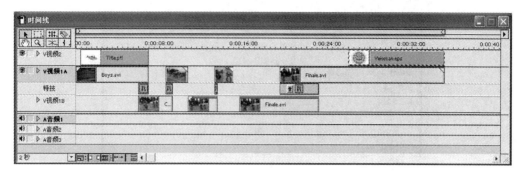

图 18.80 "时间线"窗口

18.6.10 配音

再好的节目,如果没有声音,就像在和哑巴交流一样,是一件憾事。

下面给本节目配一段音乐:

(1) 在"时间线"窗口中,选择"Music.aif"片段,按住鼠标左键将其拖到"时间线"窗口的"音频1"轨道。

(2) 移动它的位置,使其与音轨的左边界对齐,感觉音乐长度不够,再放一段上去,拖动左右边界,调整它的持续时间与视频节目同宽,如图 18.81 所示。

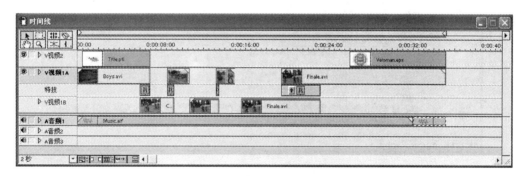

图 18.81 给节目配音

至此,大功告成,下面该保存我们的工作成果了。

18.6.11 保存节目

保存节目可以将我们对各片段所做的有效编辑、现有各片段的指针以及屏幕中各窗口的位置和大小全部保存在节目文件中,节目文件的扩展名为".ppj"。

(1) 选择"文件"→"保存"命令,打开"保存文件"窗口,如图 18.82 所示。

(2) 选择保存位置,在文本框中输入"成长轨迹",单击"保存"按钮,节目自动以".ppj"为扩展名被保存。同时,"项目"窗口标题中显示节目名称,如图 18.83 所示。

在生成最终节目之前,最好预演一下节目,看看有没有需要修改的地方。

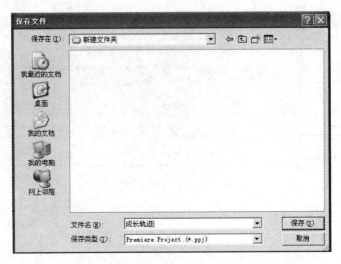

图 18.82 "保存文件"窗口

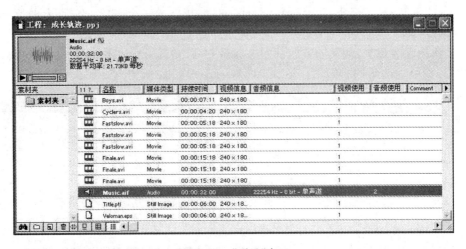

图 18.83 "项目"窗口

18.6.12 预演节目

预演是在"时间线"窗口中播放节目的有关内容,主要用来检查各片段首尾组接情况,赋予片段的转换、特效、运动等效果是否达到预设目的,有没有遗漏和需要修改的地方等。

预演有两种方法,手动拖时间线滑块和直接生成预演文件。

(1) 在"时间线"窗口中,把播放头 ▽ 拖到时间线的最左边,先按住键盘 Alt 键,鼠标呈"向下箭头"状,再按下鼠标左键,向右拖动编辑线,如图 18.84 所示。此时,在"时间线"窗口的"工程"视窗中就可以看到我们编辑的节目和效果。

(2) 激活"时间线"窗口,选择"时间线"→"预演"命令或直接按 Enter 键预演节目。如果预演文件不存在,系统将自动打开"创建预演"窗口,生成预演文件。

通过观察"工程"视窗内的预演,发现问题并做修改,接下来就可以生成最终节目。

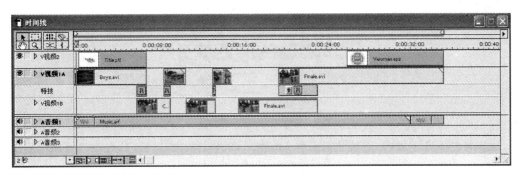

图 18.84 在"时间线"窗口预览节目

18.6.13 生成节目

这是影视制作的最后一步,将前面编辑好的节目生成一个可单独使用的节目文件,如.avi 文件,这类文件可以在各种多媒体应用软件中使用。

下面我们将以上编辑好的节目生成一个电影文件。

(1) 激活"时间线"窗口,选择"文件"→"时间线输出"→"电影"命令,打开"输出影片"窗口,如图 18.85 所示。

图 18.85 "输出影片"窗口

(2) 在下方的文本框中,输入影片的文件名"成长轨迹"。如果单击"设置"按钮,可以打开"输出电影设置"窗口,在"常规"选项中进行设置,如图 18.86 所示,单击"确定"按钮退出。

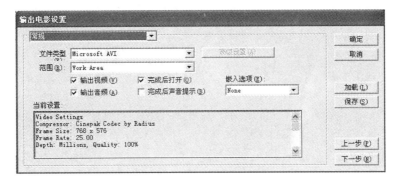

图 18.86 "输出电影设置"窗口

（3）单击"保存"按钮，系统打开"输出"窗口，开始生成电影文件，如图 18.87 所示。

图 18.87 "输出"窗口

（4）生成节目完成后，系统将打开"Clip"窗口，如图 18.88 所示，其内容就是新生成影片的画面。

图 18.88 "Clip"窗口

（5）单击"Clip"窗口下方的 ▮▶ 按钮，即可播放新节目。

至此，一部完整的电影节目就制作完成了。

第 19 章

视频制作应用

本章将进一步熟悉 Premiere 6.0 常用工具的基本操作和综合应用,对该软件的超强功能有一个全面的了解。

19.1　基本编辑

在"时间线"窗口中,可以利用许多工具来编辑片段,实现片段的有效组接。

19.1.1　分离片段

分离片段就是将原片段分成几个各自独立的片段。分离片段有两种方式:第一是对音频和视频进行分离,使它们能单独处理;第二是对片段进行分割,但分割后片段的音视频仍是一体。

先用"软连接工具"分离片段的视频、音频。

(1) 新建一个项目,把"Zfinal. avi"导入"项目"窗口,再将其拖到"时间线"窗口的"视频1A"视轨。可以看到,"音频 1"轨道同时显示音频部分,如图 19.1 所示。

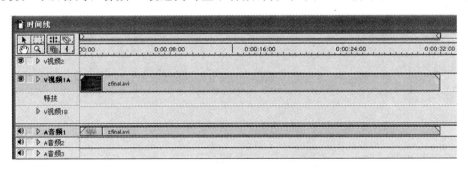

图 19.1　拖入"Zfinal. avi"的"时间线"窗口

(2) 在"时间线"窗口中,选择工具栏的第 2 行、第 3 列的"交叉淡化工具",用鼠标左键按住该工具,出现三个工具,选择第 3 个"软连接工具" ,先单击"Zfinal. avi"文件的视频部分,再把鼠标移到音频部分,鼠标变为断开的锁链,单击音频部分,这样就把视频、音频的连接分离了。

(3) 在"时间线"窗口中,选择 工具,把视频部分向后拖动一段距离,可以发现视频、音频已经分开了,而且视频的颜色由原来的绿色变成了黄色,音频的颜色由原来的绿色变成了蓝色,如图 19.2 所示,视音频中间的标记有助于它们重新对齐。

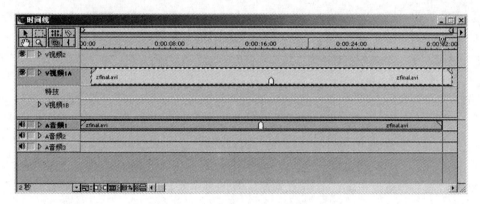

图 19.2 分离片段后的视频音频

（4）用鼠标拖动视频片段使其与音频片段对齐。

（5）选取 工具,先单击视频片段,再单击音频片段,分离的视频、音频又恢复如初了。

下面来分割一片段。

（1）接上例,将编辑线定位在片段的空标记处。

（2）选择"剃刀工具" ,在"时间线"窗口视频片段的编辑线处单击。

（3）此时视频片段以标记为中心被分割为两段,如图 19.3 所示,还可以利用"修剪"模式来精确调整分割的位置。用这种方法分割的片段不能再重新连接,但可以通过调整出入点恢复成原始片段。

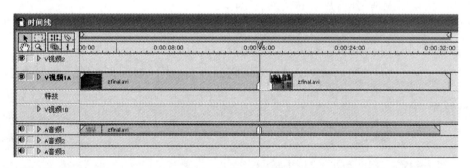

图 19.3 分割片段

还可以利用多重剃刀工具 ,在"时间线"窗口中的同一点同时分割多个轨道上的片段。

下面就来对多段视频进行多重分割。

（1）接上例,导入"Boys.avi"片段,并拖放到"视频 2"视轨的时间标尺起点处。

（2）在"时间线"窗口中,选择工具栏的第 1 行、第 4 列的"剃刀工具" ,用鼠标左键按住该工具,出现三个工具,选择第二个"多重剃刀工具" ,在第 3 秒处单击"Boys.avi"片段,此时所有非锁定轨道上的片段都被一分为二,如图 19.4 所示。

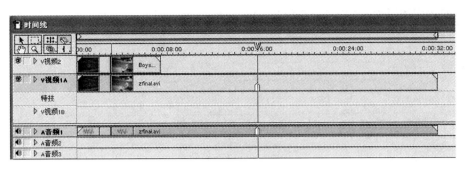

图 19.4　多重分割

19.1.2　复制、剪辑和粘贴片段

和在 Word 中进行字处理一样，片段在"时间线"窗口中可以进行复制、剪切和粘贴操作。

（1）新建一个工程，导入"Boys.avi"和"Cyclers.avi"片段，将它们拖到"时间线"窗口的"视频 1A"轨道，并在两者之间留一点空隙，如图 19.5 所示。

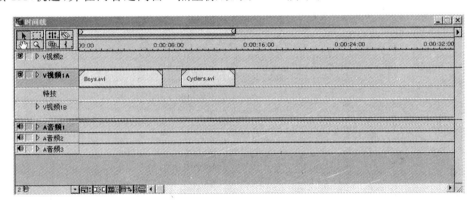

图 19.5　放置片段

（2）在"时间线"窗口工具栏中选择 ![工具] 工具，用鼠标右击"Cyclers.avi"片段，在打开的快捷菜单中选择"复制"命令。

（3）在两片段的空隙处单击左键，使其选中，选择"编辑"→"粘贴并适应"命令，打开"素材匹配"窗口，如图 19.6 所示。

图 19.6　"素材匹配"窗口

（4）单击"改变速率"按钮退出，"Cyclers.avi"片段的速率被改变后匹配在两片段之间，如图 19.7 所示。如果选择"调整源"按钮，会改变被粘贴片段的出点来匹配所选区域。

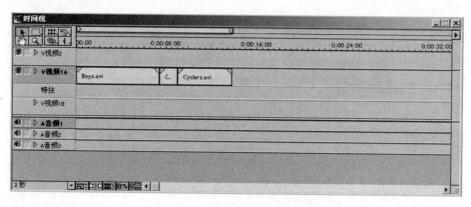

图 19.7　片段改变速率匹配

（5）在"时间线"窗口中，单击选中"Boys. avi"，选择"时间线"→"涟漪删除"命令，"Boys. avi"被删除，紧跟在后面的两个片段左移补充其位置，如图 19.8 所示。

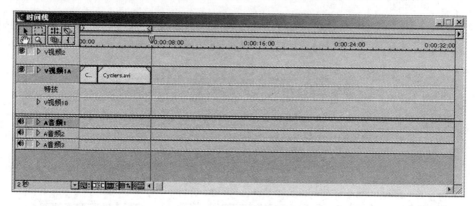

图 19.8　涟漪删除片段

（6）用鼠标右击改变速率后的"Cyclers. avi"片段，在打开的快捷菜单中选择"剪切"命令，片段被剪切，留下相应的空白区域，如图 19.9 所示。

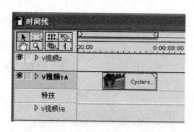

图 19.9　剪切片段

19.2　使用转换

我们平时看影视节目时，比较常见的是切换，就是一个片段结束时立即换成另一个片段，这是一种无技巧转换。我们现在要学的是有技巧转换，使一个片段以某种效果逐渐换成另一个片段。

19.2.1 加入转换效果

（1）选择"窗口"→"工作区域"→"A/B轨道编辑"命令，进入 A/B 轨编辑状态。此时，"特技"窗口是打开的，如图 19.10 所示。如果"特技"窗口没有打开，可以执行"窗口"→"显示特技"命令打开。

图 19.10 "特技"窗口

（2）在"项目"窗口中，导入"Boys. avi"和"Cyclers. avi"片段，将它们拖入"视频 1A"和"视频 1B"视轨，并使部分重叠，如图 19.11 所示。

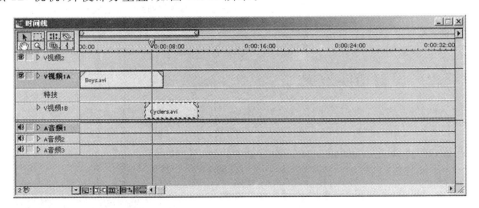

图 19.11 放置两个部分重叠片段

（3）在"特技"窗口中，单击"3D Motion"分类夹左侧的三角图标，展开此分类夹，从中选择"Cube Spin"转换效果，将其拖放到"特技"轨道中两个片段之间，如图 19.12 所示。根据重叠时间长短，转换效果会自动调整持续时间。

（4）先按住"Alt"键，在"时间线"窗口的标尺上，再按住滑块拖动鼠标，预演转换效果。

（5）在"特技"窗口中，选择"Door"转换效果，将其拖放到"特技"轨道的"Cube Spin"转换效果上，松开鼠标后"Cube Spin"转换效果被替换成"Door"转换效果，如图 19.13 所示。

（6）在"时间线"窗口中按住 Alt 键，用鼠标拖动标尺上的滑块，预演转换效果，如图 19.14 所示。这是一种开门式的转换效果，已把前一种效果替换了。

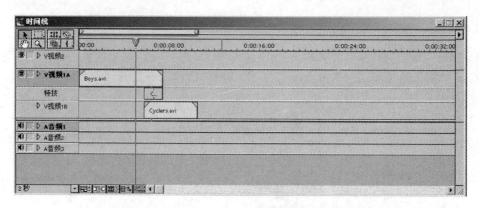

图 19.12 选择使用转换

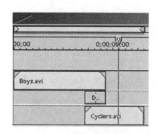

图 19.13 替换转换效果

图 19.14 "Doors"转换效果

19.2.2 设置转换效果

对同一种转换效果,通过不同的参数设置,可以实现各种效果的变化。

(1)用鼠标双击"特技"轨道上的"Doors"转换,打开"Doors 设置"窗口,如图 19.15 所示进行设置,单击"确定"按钮退出。选择"时间线"→"特技设置"命令,也可以对所选转换进行设置。

在图 19.15 所示的窗口中,"开始"和"结束"滑条,可以改变转换开始与结束的程度;"边框"用来调整转换效果的边界宽度;"颜色"可以设定边界的颜色;"轨道选择"按钮■,可以选择 AB 轨道的转换方向;"正反方向"按钮■,可以改变转换运动的方向;"抗锯齿"按钮■,可以改变两个片段相交边缘的抗锯齿效果;边框上的四个小三角形,可以改变转换效果的基准方向。

(2)使用手动预演,查看调整后的转换效果。

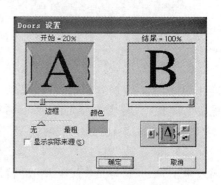

图 19.15 "Doors 设置"窗口

19.3 浏览各种转换效果

Premiere 6.0 提供了 75 种转换效果，它们按效果归类放在不同的分类夹中。

19.3.1 "3D 运动"分类夹

"3D 运动"分类夹包含 11 种转换效果，如图 19.16 所示。

其中，"Cube Spin"能产生立方体旋转的三维效果；"Curtain"可以产生类似窗帘左右掀开的效果；"Filp Over"可以使片段在反转过程中实现转换，如图 19.17 所示；"Motion"使片段 B 根据给定的路径在片段 A 上运动；"Swing In"使片段以某条边缘为中心转入。

图 19.16 "3D 运动"分类夹

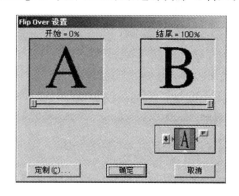

图 19.17 "Flip Over 设置"窗口

19.3.2 "叠化"分类夹

"叠化"分类夹包含 5 种转换效果，如图 19.18 所示。

其中，"Cross Dissolve"使两个片段逐渐叠化转换；"Dither Dissolve"使两个片段抖动叠化转换；"Random Invert"可以使开始片段先以随机块形式反转色彩，然后结束片段以随机块形式逐渐显示，如图 19.19 所示。

图 19.18 "叠化"分类夹

图 19.19 "Random Invert 设置"窗口

19.3.3 "光圈"分类夹

"光圈"分类夹包含 7 种转换效果,如图 19.20 所示。

其中,"Iris Cross"能产生十字交叉状的转换效果,如图 19.21 所示;"Iris Shapes"能产生几个菱形、矩形或椭圆形的转换效果。

图 19.20 "光圈"分类夹

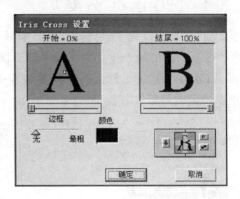

图 19.21 "Iris Cross 设置"窗口

19.3.4 "映射"分类夹

"映射"分类夹包含两种转换效果,如图 19.22 所示。

其中,"Channel Map"可以从片段 A 或片段 B 中选择通道并映射到输出,如图 19.23 所示。它可以改变片段的颜色,如图 19.24 所示。

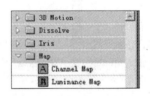

图 19.22 "映射"分类夹

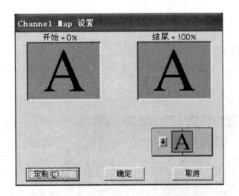

图 19.23 "Channel Map 设置"窗口

图 19.24 利用映射改变颜色

19.3.5 "翻页"分类夹

"翻页"分类夹包含 5 种转换效果,如图 19.25 所示。

其中,"Center Peel"可以将片段从中心分裂成四块卷入或卷出,如图 19.26 所示。"Roll Away"能产生使片段像纸一样被卷走的转换效果。

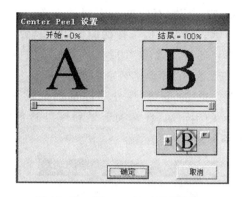

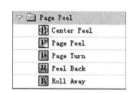

图 19.25　"翻页"分类夹

图 19.26　"Center Peel 设置"窗口

19.3.6　"滑动"分类夹

"滑动"分类夹包含 12 种转换效果，如图 19.27 所示。

其中，"Band Slide"能产生使片段以带状滑动进入的转换效果，如图 19.28 所示，通过定制可以设置带状滑块的数目，如图 19.29 所示；"Multi-Spin"使片段分裂成若干方块旋进或缩小，通过定制可以设置水平和垂直方向上方块的数目；"Push"可以用结束片段推走开始片段；"Slash Slide"使片段产生一些自由线条划入或划出的转换效果，可以设置自由线条的数目；"Split"能产生片段被分裂滑出或滑入的转换效果。

图 19.27　"滑动"分类夹

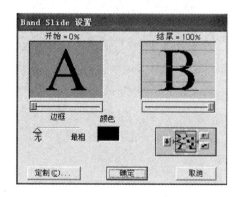

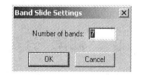

图 19.28　"Band Slide 设置"窗口

图 19.29　"联合滑动设置"窗口

19.3.7　"特效"分类夹

"特效"分类夹包含 6 种转换效果，如图 19.30 所示。

其中，"Displace"不是一个转换效果，而是产生一种画面特效，如图 19.31 所示。单击"定制"按钮，打开"Displace Settings"窗口，如图 19.32 所示。它可以用一个片段的像素决定另一个片段相同像素的位置，产生扭曲效果。

"Image Mask"能够依据所选择的图像产生"抠像"效果,如图 19.33 所示。它可以将选择的图像用作蒙版,其中开始片段代替蒙版的黑色部分,而结束片段代替蒙版的白色部分。所选图像中,灰度小于 50% 的像素点转变为黑色,灰度大于 50% 的像素点转变为白色。单击"定制"按钮可以选择蒙版图像,如"Veloman.eps"片段。使用预演,在转换区域就可以看到两个片段的合成效果,如图 19.34 所示。

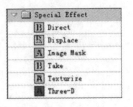

图 19.30 "特效"分类夹

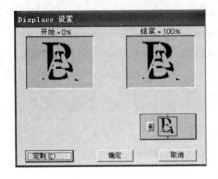

图 19.31 "Displace 设置"窗口

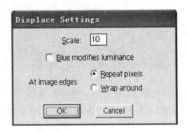

图 19.32 "Displace Settings"窗口

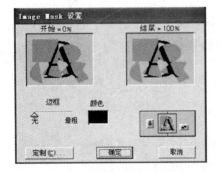

图 19.33 "Image Mask 设置"窗口

图 19.34 "Image Mask"转换效果

19.3.8 "伸展"分类夹

"伸展"分类夹包含 5 种转换效果,如图 19.35 所示。

其中,"Cross Stretch"使片段从一边伸展进入,同时另一个片段收缩消失;"Funnel"使片段呈漏斗形收缩消失并露出另一个片段;"Stretch In"可以使片段结合淡变效果从画外放大伸展进入,如图 19.36 所示。单击"定制"按钮,打开"Stretch In Settings"窗口,如图 19.37 所示,通过设置可以将片段垂直分成几段进入。

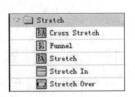

图 19.35 "伸展"分类夹

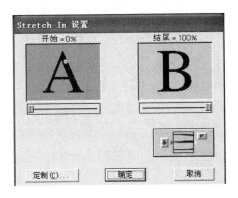

图 19.36 "Stretch In 设置"窗口

图 19.37 "Stretch In Settings"窗口

19.3.9 "划变"分类夹

"划变"分类夹包含 17 种转换效果,如图 19.38 所示。

其中,"Band Wipe"使片段呈带状线条形式逐渐擦抹为另一个片段;"Barn Doors"能产生开、关双扇拉门式转换效果;"Checker Wipe"能产生棋盘格移动的转换效果;"Clock Wipe"能产生时钟转动式的转换效果,如图 19.39 所示;"Pinwheel"能产生类似风车叶片旋转的转换效果,如图 19.40 所示;"Wedge Wipe"可以从画面的中心产生锥形划变的效果。

19.3.10 "变焦"分类夹

"变焦"分类夹包含 4 种转换效果,如图 19.41 所示。

其中,"Cross Zoom"可以使开始片段放大虚化,切换到结束片段由放大虚化到缩小还原,如图 19.42 所示;"Zoom"使片段由画面中心放大出现或缩小消失;"Zoom Trails"能产生变焦拖尾的转换效果。

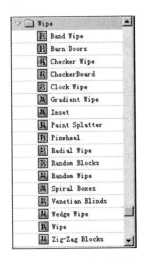

图 19.38 "划变"分类夹

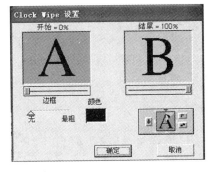

图 19.39 "Clock Wipe 设置"窗口

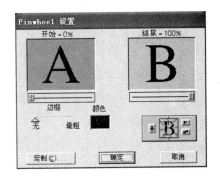

图 19.40 "Pinwheel 设置"窗口

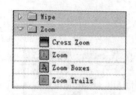

图 19.41 "变焦"分类夹

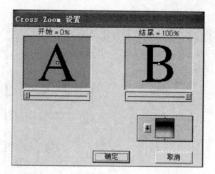

图 19.42 "Cross Zoom 设置"窗口

19.4 创建字幕与叠加片段

在影视节目制作中,字幕起到非常重要的作用。漂亮的字幕设计制作,会让人赏心悦目,吸引眼球,为影片增色不少。

19.4.1 制作字幕

制作完成的字幕可以先保存为" *.ptl"文件,然后就可以像处理片段一样来处理它。在字幕窗口中对文字和图形对象进行编辑前,应先进行一些准备设置工作。

1. 设置字幕窗口

(1) 选择"文件"→"新建"→"Title"命令,打开"Title"窗口,如图 19.43 所示。

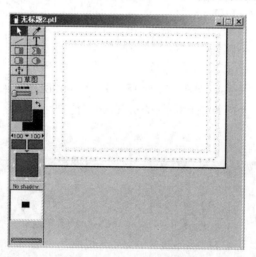

图 19.43 "Title"窗口

在图 19.43 所示的窗口中,"箭头工具" 用来选择调整对象;"吸管工具" 用于吸取颜色,赋予对象;"直线工具" 可以画直线,按住 Shift 键可画 45°直线;"文字工具" 用来输入文字;"矩形工具" 用于画矩形,按住 Shift 键拖动可画正方形;"多边形工具" 用于绘制多边形;"圆角矩形工具" 用来画圆角矩形;"椭圆工具"用来画椭圆,按住 Shift 键拖动可画圆形;"滚屏文字"用于制作滚屏文字,可以进行上、下、左、右的滚屏;"线宽调节工具"可以增加几何图形边线的宽度;"对象颜色"用于设置目标对象的颜色;"阴影颜色"用于设置对象的阴影颜色;"透明度"用来设置对象的透明度;"渐变色"左边色块对应开始颜色,右边色块对应结束颜色;"渐变/透明度方向"为红色箭头代表开始颜色,相对位置就是结束颜色;"阴影位置"按住鼠标拖动,可以调整阴影位置;"预览滚屏文字"拖动滑块可以预览滚屏效果。还有两个虚线框,里面的一个是字幕安全显示框,外面的一个是图像安全显示框。

(2)选择"窗口"→"窗口选项"→"字幕窗口选项"命令,打开"字幕窗口选项"对话框,如图 19.44 所示进行设置,单击"确定"按钮退出。

图 19.44　"字幕窗口选项"对话框

2. 建立文字对象

为了在低分辨率的情况下达到足够的清晰度,制作的字幕要求"大"而"粗",以免较细的笔画产生闪烁。

(1)选择文字工具，在字幕窗口需要位置单击鼠标左键,输入文字"音像实验室",如图 19.45 所示。

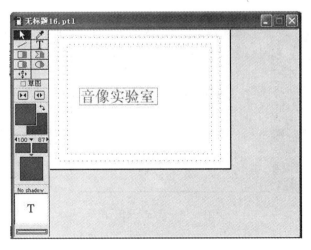

图 19.45　建立文字对象

（2）在文本框外单击鼠标左键，用  工具拖动文字放置到合适位置。

（3）确信文字对象被选中，从菜单栏选择"字幕"命令打开下拉菜单，如图 19.46 所示。

（4）设置"字体"为华文行楷，"大小"为 24，"风格"为粗体，发现"音像实验室"的"室"跑到第二行，如图 19.47 所示。拖动调整文字周围的句柄，使"音像实验室"处于同一行，如图 19.48 所示。

（5）选择文字工具 $\boxed{\text{T}}$ ，单击"音像实验室"文字，使其处于编辑状态，拖动鼠标选中"音像"两字，如图 19.49 所示。

（6）单击"对象颜色"色块，打开"颜色选取"窗口，将颜色设为纯紫，如图 19.50 所示。单击"确定"按钮退出，此时，在文本框外单击鼠标左键，发现"音像"两字已变成了紫色。

（7）按住 Ctrl 键同时拖动文字对象的句柄，可以对文字进行拉伸，如图 19.51 所示。

图 19.46　字幕下拉菜单

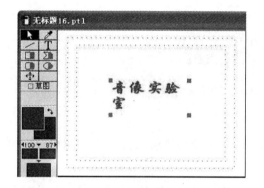

图 19.47　设置字体

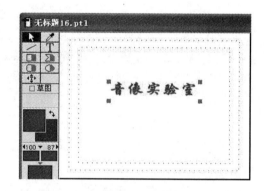

图 19.48　调整句柄

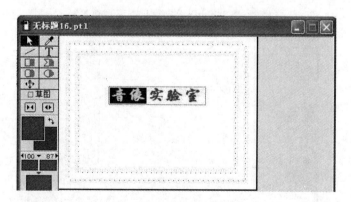

图 19.49　选中"音像"两字

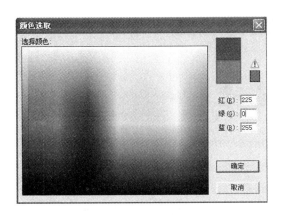

图 19.50　设置颜色

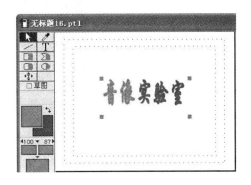

图 19.51　拉伸文字

（8）再选择文字工具 [T]，单击"音像实验室"文字，使其处于编辑状态，将光标放在"像"字与"实"字之间，单击 6 次左侧工具栏中新出现的"增大/减小字间距"按钮 ◀▶，使两字的间距增大，如图 19.52 所示。如果同时选中五个字，然后单击 ◀▶ 图标，五个字的间距会均匀增大。

（9）选择"字幕"→"阴影"→"立体"命令，在"阴影位置"区域按住鼠标左键拖动调整阴影位置，如图 19.53 所示。"阴影位置"区域上方的数字，表示阴影与字符的偏移量。要消除阴影，只要将鼠标移到框外或框中心，松开鼠标即可。

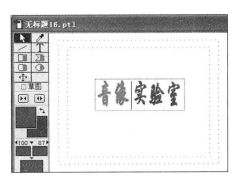

图 19.52　调整字间距

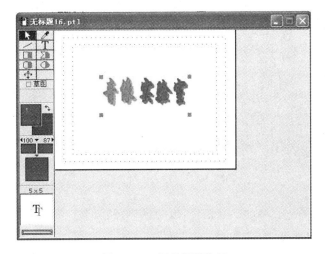

图 19.53　调整阴影位置

（10）单击"阴影颜色"色块，打开"颜色选取"窗口，将阴影颜色设为深绿色，如图 19.54 所示。

（11）选择"文件"→"保存"命令，将这个字幕保存为"音像.ptl"文件。

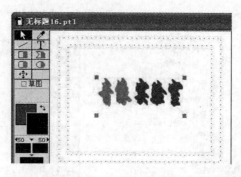

图 19.54　设置阴影颜色

19.4.2　制作滚屏文字

滚屏文字可以垂直滚动或者水平滚动,其移动速度取决于字幕片段在"时间线"窗口中的长度。

(1) 选择"文件"→"新建"→"Title"命令,打开"字幕"窗口。

(2) 选择滚屏文字工具 ，在空白处拖出制作滚屏文字的方框,选择"字幕"→"字体"命令,打开"字体"窗口,将"字体"选宋体,"字形"选粗体,"大小"选 26,在方框中输入文字,如图 19.55 所示。文本需要换行时按键盘的 Enter 键。

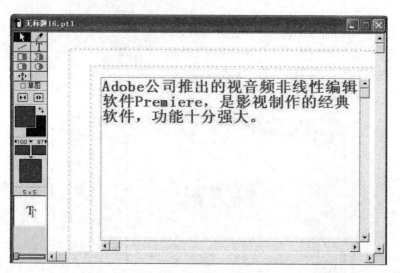

图 19.55　输入滚屏文字

(3) 发现文本的第一行略超出其他行,拖动鼠标将它们选中,单击减小间距图标 ，使第一行与其他行对齐,如图 19.56 所示。

(4) 选择"字幕"→"滚屏字幕选项"命令,打开"滚屏字幕选项"对话框,如图 19.57所示。

(5) 使用默认的"上移",单击"确定"按钮。

(6) 在"字幕"窗口左下角的预览滚屏文字滑条上拖动滑块,预演滚屏效果,发现滚屏运

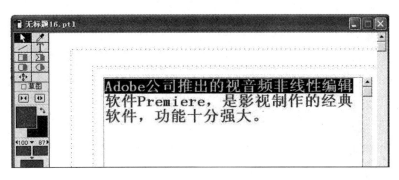

图 19.56　减小字符间距

图 19.57　"滚屏字幕选项"对话框

动没有发生,原因是没有给滚屏文字足够的运动空间。

(7) 再次选择　⬍　工具并单击滚屏文字,将光标移到最后一行句号的后面,按 Enter
键,在滚屏文字后面加空行,直到滚屏文字向上移出方框,如图 19.58 所示。

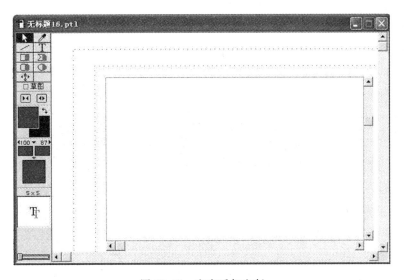

图 19.58　文字后加空行

(8) 向上拖动方框右侧的滑块,使滚屏文字复原,将光标移到第一行字母 P 的前面,按
Enter 键,在滚屏文字前加空行,使滚屏文字向下移出方框,如图 19.59 所示。

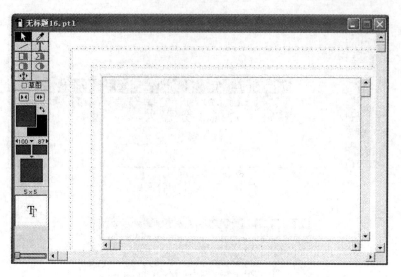

图 19.59　文字前加空行

（9）拖动"字幕"窗口左下角滚动条上的滑块,预演滚屏文字,可以看到文字由下方滚入,从上方滚出。

（10）在滚屏文字方框外单击,用箭头工具,分别选择"字幕"→"水平对中"命令和"字幕"→"垂直对中"命令,使滚屏文字在水平和垂直方向上居中,如图 19.60 所示。

图 19.60　使滚屏文字居中

（11）单击"对象颜色"色块,将滚屏文字的颜色设为纯红,如图 19.61 所示。

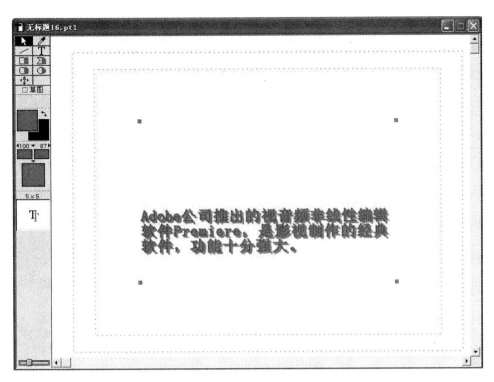

图 19.61 设置滚屏文字的颜色

如果希望文字水平滚动,同样需要给滚屏文字足够的运动空间,这时可以通过加空格来产生滚屏运动。

19.4.3 添加字幕

字幕是影视节目不可或缺的组成部分,对于一些难以用视频表达的内容以及曾经发生过的事件,必须用字幕加以说明。

下面就来在一段视频上加入字幕。

(1)在"项目"窗口的空白处单击鼠标右键,选择"导入"→"文件"命令,输入"Sample Folder"文件夹中的"Cyclers.avi"片段,并将其拖到"时间线"窗口的"视频 1"视轨。

(2)字幕在被引入"时间线"窗口前必须保存为一个"∗.ptl"字幕文件,本例我们取名"滚屏文字.ptl"存储。

(3)将"滚屏文字.ptl"文件拖到"时间线"窗口的"视频 2"视轨,调整其时间长度为 3 秒,如图 19.62所示。

(4)使用预演,可以看到滚屏字幕与"Cyclers.avi"产生了叠加效果,滚屏时间持续 3 秒,其中一帧如图 19.63 所示。

(5)在"项目"窗口中,导入我们前面制作并保存的"音像.ptl"文件,打开激活制作该字幕的"Title"窗口,在空白处,按住鼠标向"时间线"窗口的"视频

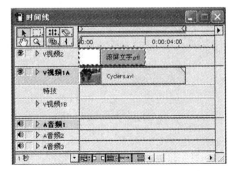

图 19.62 调整"滚屏文字.ptl"时间长度

图 19.63　滚屏字幕效果

2"视轨拖动,释放后,"音像.ptl"加到了"视频 2"视轨,同时在"项目"窗口中也出现了"音像.ptl"文件。

　　(6) 在"时间线"窗口中,调整"音像.ptl"的持续时间,如图 19.64 所示。

　　(7) 对节目进行预演,可以看到滚屏文字消失后,"音像实验室"五个字又叠加显示了。

图 19.64　调整"音像.ptl"的持续时间

　　(8) 选择"文件"→"保存"命令,将该节目保存为"音像.ppj"文件。

　　对于已经保存过的字幕文件,可以像其他片段一样使用。在"项目"和"时间线"窗口中双击字幕片段,可以打开相应的"Title"窗口进行修改。修改完成后,使用"文件"→"保存"原名存储即可。

　　那么,字幕为什么能够叠加到其他片段上? 它采用了什么技术来实现,下面就来解答这个问题。

19.4.4　叠加片段

　　叠加的实现,采用的是透明技术,其过程就是使上面的片段部分或全部变得透明,这样,下面的片段就能同时显示出来。Premiere 6.0 主要采用"淡化"和"键"两种方法来改变片段的透明度。

1. 使用淡化器叠加片段

　　(1) 选择"窗口"→"工作区域"→"单轨道编辑"命令,再选择"文件"→"导入"→"文件"

命令,输入"Sample Folder"文件夹中的"Cyclers.avi"和"Fastslow.avi"文件。

(2)在"项目"窗口中,将"Fastslow.avi"拖入"视频1"视轨,将"Cyclers.avi"拖入"视频2"视轨,如图19.65所示。

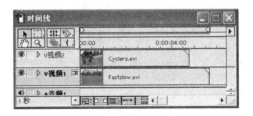

图19.65 放置片段

(3)在"时间线"窗口中,单击"视频2"视轨名称左侧的三角,展开"视频2"视轨,会看到片段下方出现了一条红线,这就是淡化器,如图19.66所示。默认的不透明度是100%,即完全不透明,同时在红线两端即片段的入点和出点各出现一个控制句柄。

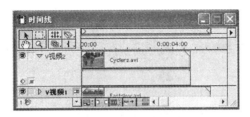

图19.66 展开淡化器

(4)在 工具被选中的情况下,将鼠标移到第一个句柄,单击并向下拖动,使其透明度为0%,如图19.67所示。

图19.67 调整淡化器句柄

(5)用鼠标在红线上对应1秒处单击,增加一个控制句柄,并向上拖动使其不透明度为100%。同样,在2秒处增加一个控制句柄,如图19.68所示。

图19.68 增加并调整控制句柄

（6）在工具栏中选择"剪刀工具" ✂，在红线 3 秒处单击，可以产生两个相邻的句柄。

（7）选择 ▶ 工具，单击并拖动 3 秒处的句柄，使其中一个句柄位于 4 秒处，它们的不透明度均为 100%。单击并拖动出点句柄，使其不透明度为 0%，如图 19.69 所示。

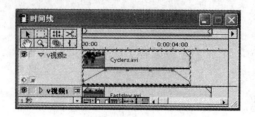

图 19.69　剪切调整出点句柄

如果想删除一个多余句柄，只要把它拖到视轨外释放鼠标即可。

（8）选择"淡化调节工具" ⬍，向下拖动 2 秒和 3 秒之间的控制线段，可以调整淡化数值，如图 19.70 所示。

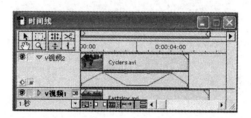

图 19.70　调整淡化数值

（9）再次选择 ▶ 工具，按住 Shift 键向下拖动倒数第二个句柄，可以分几次拖动，将其淡化值设为 70%。整个淡化控制线的设置，如图 19.71 所示。

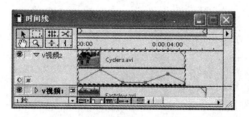

图 19.71　整个淡化设置

（10）按住 Alt 键，拖动"时间线"上的滑块进行手动预演，可以看到使用淡化器产生的叠加效果。

淡化器可以在同一时间对整个叠加片段的像素设置相同等级的不透明度，能够制作出片段淡入和淡出的效果。

2. 使用键叠加片段

Premiere 6.0 提供了 15 种键用于实现片段叠加，对同一个片段使用不同的键，将产生不同的叠加效果。

（1）选择"文件"→"打开"命令，打开以前保存的"音像.ppj"文件。

（2）在"时间线"窗口中选择"音像.ptl"，选择"素材"→"视频选项"→"透明设置"命令，打开"透明度设置"窗口,可以看到"键类型"中已经选择了"White Alpha Matte"键,如图 19.72 所示。单击"确定"按钮退出。

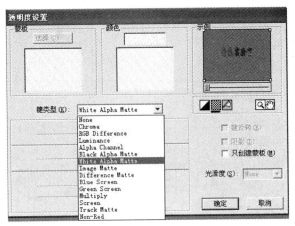

图 19.72 "透明度设置"窗口

键可以对要叠加片段的像素在同一时间实现不同等级的透明设置。

19.5 使用视频特效

视频特效类似于 Photoshop 中的滤镜,能幻化出各种艺术效果。大多数的视频滤镜可随时间产生动态变化,是形成视觉冲击的有力武器。

19.5.1 应用和控制视频特效

下面我们来给一个片段赋予一个或多个视频特效,并对主要参数进行设置。

(1) 选择"文件"→"导入"→"文件"命令,打开 Premiere 6.0 自带的"Sample Folder"文件夹,选择"Fastslow.avi"输入项目窗口。

(2) 用鼠标将"Fastslow.avi"拖入"时间线"窗口的"视频 1"轨道,如图 19.73 所示。

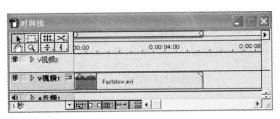

图 19.73 导入片段

(3) 选择"窗口"→"显示视频特效"命令,打开"视频"窗口,如图 19.74 所示。

(4) 在"视频"窗口中,用鼠标单击"Blur"分类夹左侧的三角图标,打开该分类夹,选择"Blur"分类夹下的"Camera Blur"特效,如图 19.75 所示。

(5) 按住鼠标左键拖动"Camera Blur"特效,将其放到"时间线"中的"Fastslow.avi"片段上,松开鼠标,"Camera Blur"特效就赋予了"Fastslow.avi"片段,如图 19.76 所示。使用了特效的片段,其上部会出现一条绿线。

图 19.74　"视频"窗口

图 19.75　选择"Camera Blur"特效

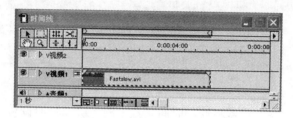

图 19.76　将特效赋予片段

（6）选择"窗口"→"显示效果控制"命令，打开"效果控制"窗口，有些特效被赋予片段时，会自动打开特效设置窗口，可以看到"Camera Blur"特效已出现在"效果控制"窗口中，如图 19.77 所示。

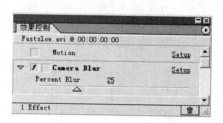

图 19.77　"效果控制"窗口

（7）将"时间线"窗口中的播放滑块置于"Fastslow.avi"片段内，在"效果控制"窗口中，调整三角滑块的位置，使虚化数值为 70，在"监视器"窗口的"工程"视窗中可以看出明显的虚化效果，如图 19.78 所示。

（8）在"效果控制"窗口中，单击"Camera Blur"特效右侧的"Setup"，打开"镜头模糊设置"对话框，其虚化数值也是 70，如图 19.79 所示，以上两种方法的效果是完全一样的，但并不是所有的特效都有这两种设置，有些甚至没有设置可以调整。

（9）在"视频"窗口中，选择"Stylize"分类夹下的"Mosaic"特效，将其拖入"效果控制"窗口，"Mosaic"特效赋给了一直被选择的"Fastslow.avi"片段。

（10）在"效果控制"窗口中，单击"Mosaic"特效名称左侧的三角图标，打开特效参数设置，对"Mosaic"特效的参数进行设置，如图 19.80 所示。

在"效果控制"窗口中，当多个特效同时存在的时候，特效按从上到下的顺序执行。

（11）在"效果控制"窗口中，用鼠标单击"Camera Blur"特效的名称，将其选中，然后拖

图 19.78 设置虚化数值

图 19.79 "镜头模糊设置"对话框

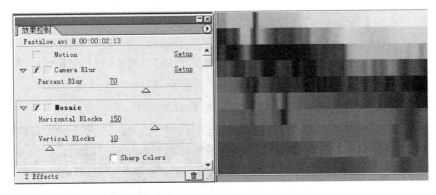

图 19.80 设置"Mosaic"特效的参数

动到"Mosaic"特效的下面,调整两个特效的先后顺序,如图 19.81 所示。被选择特效名称的字体会加粗。

(12) 在"时间线"窗口中,将鼠标放在时间标尺上,先按住 Alt 键,再按住鼠标左键拖动,可以看到调整特效顺序后所产生的不同效果。

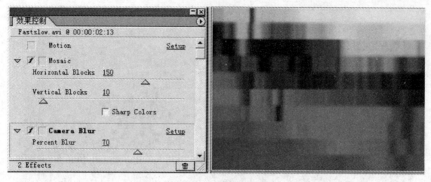

图 19.81　调整特效的顺序

单击"效果控制"窗口右侧的  按钮，可以打开面板的下拉菜单，如图 19.82 所示，这些都是有关特效设置的命令。

19.5.2　Premiere 6.0 自带的视频特效

在 Premiere 6.0 中包含 73 个视频特效，它们分别放在 13 个分类夹中。

1. Adjust（调整）分类夹

Adjust 分类夹中包含 7 个特效，如图 19.83 所示，它们主要用来调整画面。

图 19.82　特效设置菜单　　　　图 19.83　"Adjust"分类夹

其中，Brightness & Contrast（亮度和对比度特效）可以调整片段的亮度和对比度，其参数设置和效果如图 19.84 所示；Color Balance（颜色平衡）特效通过调节 RGB 三色的设置来改变片段的颜色，达到校色的目的，其参数设置和效果如图 19.85 所示。

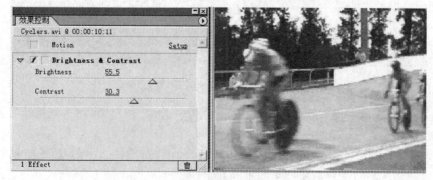

图 19.84　"亮度和对比度"参数设置及效果

图 19.85 "颜色平衡"参数设置及效果

2. Blur(虚化)分类夹

Blur 分类夹中包含 7 个特效,如图 19.86 所示,它们主要用于对片段进行虚化处理。

其中,Directional Blur(方向虚化)特效可以对片段产生方向虚化,使片段产生运动效果,其参数设置与效果如图 19.87 所示。

图 19.86 Blur 分类夹

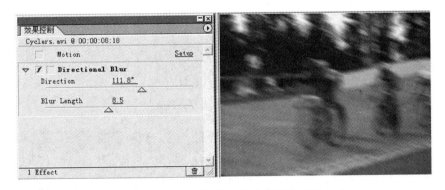

图 19.87 "方向虚化"参数设置及效果

Radial Blur(射线虚化)特效通过模拟摄像机的快速变焦和旋转,制作出环绕的虚化效果,其参数设置与效果如图 19.88 和图 19.89 所示。

3. Channel(通道)分类夹

Channel 分类夹只包含一个特效,如图 19.90 所示,它可对片段的通道进行处理。

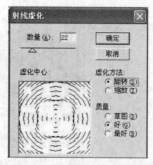

图 19.88 "射线虚化"参数设置

图 19.89 "射线虚化"参数设置及效果

Invert(反转)特效可以把片段指定通道的颜色改变成相应的补色,其参数设置与效果如图 19.91 所示。

图 19.90 Channel 分类夹

图 19.91 "反转"参数设置及效果

4．Distort（扭曲）分类夹

Distort 分类夹中包含 11 个特效，如图 19.92 所示，它们主要用于片段的几何变形。

其中，Bend（弯曲）特效可使片段在水平和垂直方向产生弯曲。其参数设置与效果如图 19.93 所示；Polar Coordinates（极坐标）特效可把片段从直角坐标转成极坐标，或从极坐标转成直角坐标，其参数设置及效果如图 19.94 所示。

图 19.92　Distort 分类夹

图 19.93　"弯曲"参数设置及效果

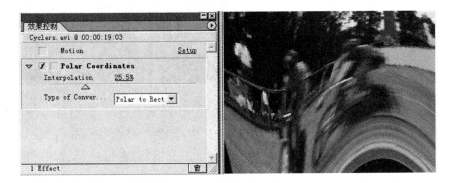

图 19.94　"极坐标"参数设置及效果

5．Image Control（图像控制）分类夹

Image Control 分类夹中包含 11 个特效，如图 19.95 所示，它们主要用于改变片段的色彩值。

其中，Black & White（黑白）特效没有参数设置，它可以使彩色片段变成灰度片段；Color Replace（颜色取代）特效用一种新颜色取代所选择的颜色，其参数设置及效果如图 19.96 所示。

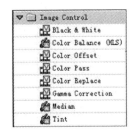

图 19.95　Image Control 分类夹

6．Perspective（透视）分类夹

Perspective 分类夹中包含 5 个特效，如图 19.97 所示，它们主要用于调整画面片段在虚拟三维空间中的位置。

其中，Basic 3D（基本 3D）特效在一个虚拟三维的空间中调整片段，其参数设置及效果如图 19.98 所示。

图 19.96 "颜色取代"参数设置及效果

图 19.97 Perspective 分类夹

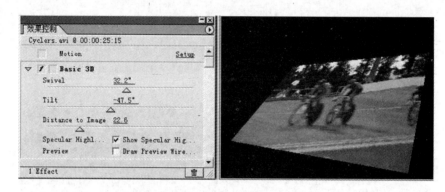

图 19.98 "基本 3D"参数设置及效果

Trasform(变换)特效对片段应用二维几何变换,产生片段沿任何轴向倾斜的效果,其参数设置及效果如图 19.99 所示。单击 ⊞ 图标,在"监视器"窗口的"工程"视窗中出现一个带圆圈的十字线,先按住鼠标并拖动,可设置定位点中心和位置中心,再设置缩放片段的高度、宽度和倾斜值即可。

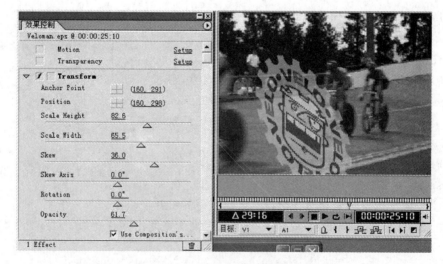

图 19.99 "变换"参数设置及效果

7. Pixelate(像素化)分类夹

Pixelate 分类夹包含 3 个特效,如图 19.100 所示,它们主要通过对像素的处理,产生一些特殊效果。

其中,Facet(面)特效将具有相似颜色的像素结合成一个个多边形,产生油画效果；Pointillize(点化)特效把片段中的颜色打碎成一个个随意放置的点,就像用点化法绘画,其参数设置与效果如图 19.101 和图 19.102 所示。

图 19.100　Pixelate 分类夹　　　　　图 19.101　"点化"参数设置窗口

图 19.102　"点化"参数设置及效果

8. Render(渲染)分类夹

Render 分类夹只有一个特效,如图 19.103 所示,它产生的效果除了时间长度,往往不依赖所在片段的任何像素。

Lens Flare(透镜光晕)特效能够模拟亮光进入透镜所产生的折射,在画面上设定位置产生不同的光晕效果,其参数设置与效果如图 19.104 和图 19.105 所示。

▽ □ Render
　　 Lens Flare

图 19.103　Render 分类夹　　　　　图 19.104　"透镜光晕"设置窗口

图 19.105 "透镜光晕"参数设置及效果

9. Sharpen(锐化)分类夹

Sharpen 分类夹包含 3 个特效,如图 19.106 所示,它们的效果与 Blur(虚化)分类夹相反,能强化片段的显示。

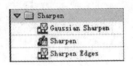

图 19.106 Sharpen 分类夹

其中,Sharpen(锐化)特效可以在片段颜色发生变化的地方增加对比度,其参数设置与效果如图 19.107 所示;Sharpen Edges(锐化边)特效用于在片段中发现一些颜色变化明显的区域并锐化它们的边缘。

图 19.107 "锐化"参数设置及效果

10. Stylize(风格化)分类夹

Stylize 分类夹包含 12 个特效,如图 19.108 所示,它们主要用于产生印象派或抽象派作品效果。

图 19.108 Stylize 分类夹

其中,Find Edges(勾边)特效能够确定片段中彩色变化较大的区域,强化其边缘,产生原始片段的素描或底片效果,其参数设置与效果如图 19.109 所示;Replicate(复制)特效可把屏幕分成若干块并在每一块中显示整个片段,其参数设置与效果如图 19.110 所示,拖动滑块可以改变块数。

11. Time(时间)分类夹

Time 分类夹包含两个特效,如图 19.111 所示,它们主要用于控制片段的时间特性。

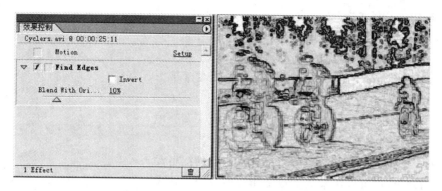

图 19.109 "勾边"参数设置及效果

图 19.110 "复制"参数设置及效果

图 19.111 Time 分类夹

其中,Echo(反射)特效能从片段的各个不同时间来组合帧,以实现各种效果,从简单的视觉反射到条纹和拖尾效果等,其参数设置与效果如图 19.112 所示。

图 19.112 "反射"参数设置及效果

12. Transform(变换)分类夹

Transform 分类夹包含 10 个特效,如图 19.113 所示,它们主要使片段产生几何变化的显示。

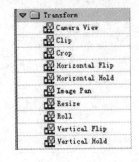

图 19.113 Transform 分类夹

其中,Horizontal Flip(水平反转)特效能够在水平方向上反转片段,相当于从反面看片段;Horizontal Hold(水平同步)特效可在水平方向上倾斜片段,相当于调整电视机的水平同步。

Image Pan(镜头运动)特效可以模拟摄像机的摇运动和推拉运动效果,也可以用来放大或缩小片段以符合输出尺寸,其参数设置与效果如图 19.114 所示,可以按住 Alt 键或 Shift 键拖动控制点,使图像按比例进行调整;Roll(滚屏)特效可以使片段向左或右、向上或下滚屏运动;Vertical Flip(垂直反转)特效可以把片段从上向下反转,相当于倒看片段;Vertical Hold(垂直滚动)特效可以把片段向上滚动,其效果类似于电视上调整垂直同步。

图 19.114 "镜头运动"参数设置及效果

13. Video(视频)分类夹

Video 分类夹包含 3 个特效,如图 19.115 所示,它们主要用于使片段符合电视输出要求。

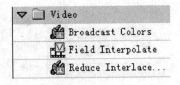

图 19.115 Video 分类夹

其中,Broadcast Colors(广播级色彩)特效用于调整像素的色彩值,以便片段能够在电视中精确显示,其参数设置如图 19.116 所示;Reduce Interlace Flicker(减少交错闪烁)特效用于减少较高的垂直频率,使其更适合像电视这样的交错显示介质。

图 19.116　"广播级色彩"参数设置

19.6　使用运动

影视艺术的生命力在于运动,如何化静为动,将静止的图像、图形都能动起来,是我们在编辑过程中需要解决的问题。Premiere 6.0 的"Motion"(运动设置)命令为我们提供了一种比较理想的运动特技处理方法。

下面我们通过对三个片段的运动设置来感受一下运动的基本使用。

(1) 选择"文件"→"导入"→"文件"命令,在"Sample Folder"文件夹中选择"Boys.avi"、"Cyclers.avi"和"Fastslow.avi"文件并导入"项目"窗口,如图 19.117 所示。

(2) 在"项目"窗口中,双击"Boys.avi",打开并使其出现在"片段"监视窗口中,设置出点使"Boys.avi"的持续时间为 6 秒,如图 19.118 所示。

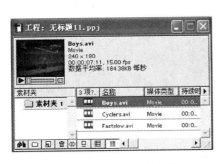

图 19.117　导入视频文件

图 19.118　设置片段持续时间

(3) 同样的方法,使"Cyclers.avi"和"Fastslow.avi"的持续时间均为 3 秒。

(4) 用鼠标右击"时间线"窗口视轨,在跳出的快捷菜单中选择"添加视频轨道"命令,增加"视频 3"视轨。将"Boys.avi"、"Cyclers.avi"和"Fastslow.avi"分别拖到"视频 2"、"视频 1A"和"视频 3"视轨,编辑三个片段,如图 19.119 所示,其中"Fastslow.avi"一定要从 3 秒处开始。

(5) 在"时间线"窗口中,单击选中"Cyclers.avi"片段,选择"素材"→"视频选项"→"运动设置"命令,打开"运动设置"窗口。

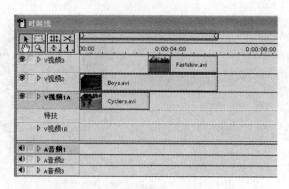

图 19.119　编辑三个片段

（6）在打开的"运动设置"窗口中，保持默认设置，画面在编辑的开始键处，单击"居中"按钮，使开始画面出现在"可见区域"的中心，如图 19.120 所示。单击"确定"按钮退出。

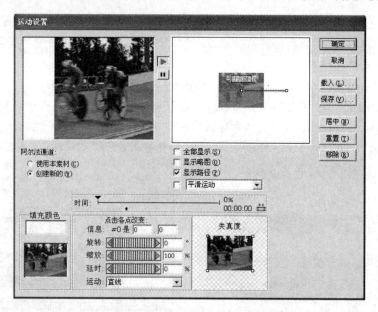

图 19.120　"Cyclers.avi"的"运动设置"窗口

（7）单击选中"Boys.avi"片段，打开"运动设置"窗口后，保持默认设置，如图 19.121 所示，直接单击"确定"按钮退出。

（8）选择"Fastslow.avi"片段，打开"运动设置"窗口后，单击时间路径上的结尾键，使画面出现在编辑的结尾键处，单击"居中"按钮，使结束画面出现在"可见区域"的中心，如图 19.122 所示。单击"确定"按钮退出。

（9）先按住 Alt 键，然后用鼠标左击"时间线"标尺并按住拖动进行手动预演，可以看到类似电影胶片的图像效果，一格一格地从左到右划过屏幕，如图 19.123 所示为其中一帧。

制作这个运动效果，关键在于调整片段的持续时间、位置，只要保持第 1 片段、第 3 片段等长，第 2 片段是第 1 片段、第 3 片段的两倍，就能实现各片段之间的无缝连接。

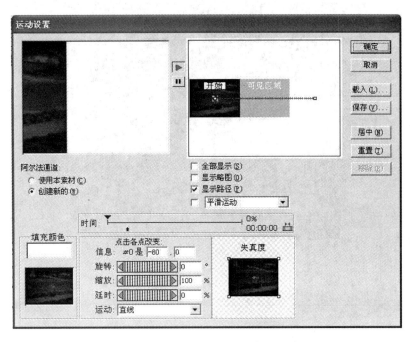

图 19.121 "Boys.avi"的"运动设置"窗口

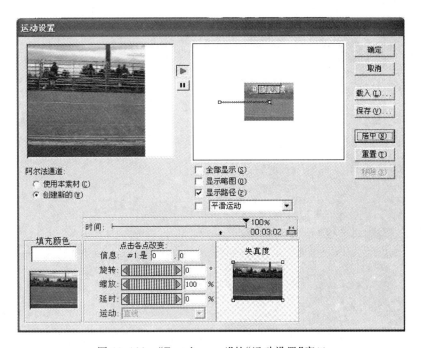

图 19.122 "Fastslow.avi"的"运动设置"窗口

图 19.123　流动的视频节目

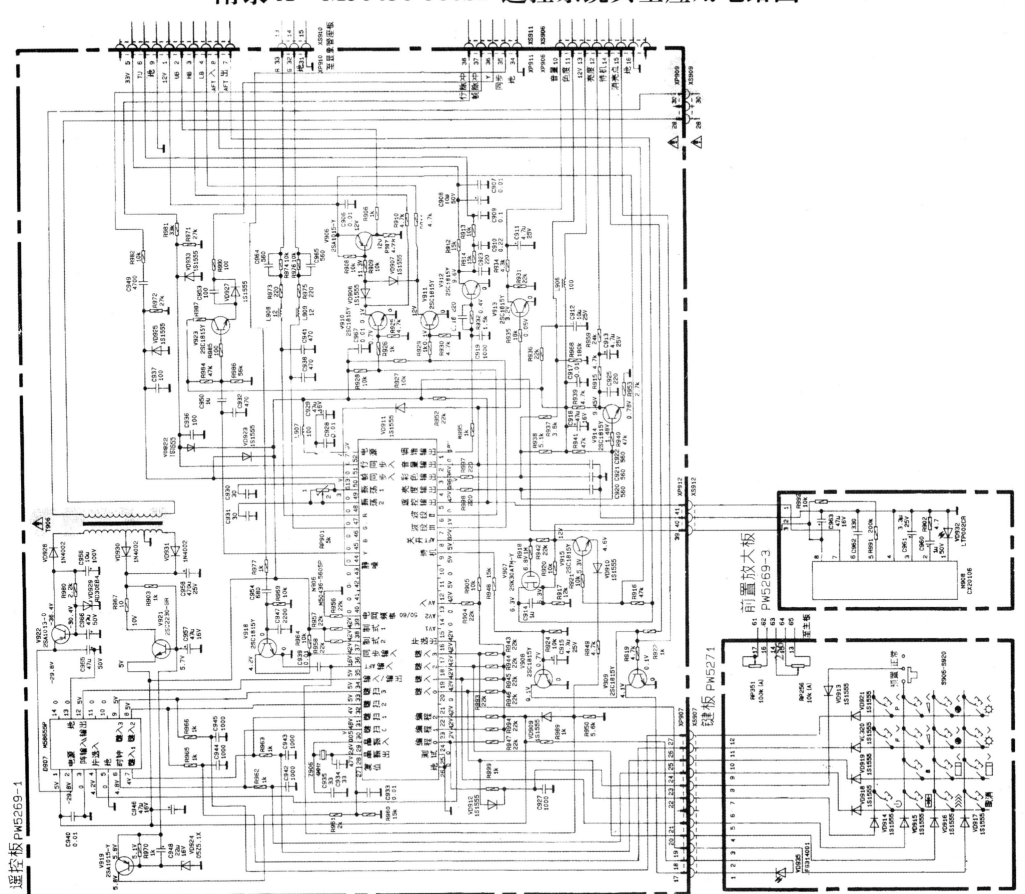